中国科协碳达峰碳中和系列丛书

碳达峰碳中和
导论

王金南　徐华清 ◎ 主编

中国科学技术出版社
·北 京·

图书在版编目（CIP）数据

碳达峰碳中和导论 / 王金南，徐华清主编 . -- 北京：中国科学技术出版社，2023.5

（中国科协碳达峰碳中和系列丛书）

ISBN 978-7-5046-9911-4

Ⅰ.①碳… Ⅱ.①王… ②徐… Ⅲ.①二氧化碳 – 节能减排 – 研究 – 中国 Ⅳ.① X511

中国国家版本馆 CIP 数据核字（2023）第 031473 号

策　　划	刘兴平　秦德继
责任编辑	李双北
封面设计	北京潜龙
正文设计	中文天地
责任校对	邓雪梅
责任印制	李晓霖

出　　版	中国科学技术出版社
发　　行	中国科学技术出版社有限公司发行部
地　　址	北京市海淀区中关村南大街 16 号
邮　　编	100081
发行电话	010-62173865
传　　真	010-62173081
网　　址	http://www.cspbooks.com.cn

开　　本	787mm×1092mm　1/16
字　　数	525 千字
印　　张	27.75
版　　次	2023 年 5 月第 1 版
印　　次	2023 年 5 月第 1 次印刷
印　　刷	北京长宁印刷有限公司
书　　号	ISBN 978-7-5046-9911-4 / X・150
定　　价	128.00 元

（凡购买本社图书，如有缺页、倒页、脱页者，本社发行部负责调换）

"中国科协碳达峰碳中和系列丛书"编委会

主任委员

张玉卓　　中国工程院院士，国务院国资委党委书记、主任

委　　员（按姓氏笔画排序）

王金南　　中国工程院院士，生态环境部环境规划院院长
王秋良　　中国科学院院士，中国科学院电工研究所研究员
史玉波　　中国能源研究会理事长，教授级高级工程师
刘　峰　　中国煤炭学会理事长，教授级高级工程师
刘正东　　中国工程院院士，中国钢研科技集团有限公司副总工程师
江　亿　　中国工程院院士，清华大学建筑学院教授
杜祥琬　　中国工程院院士，中国工程院原副院长，中国工程物理研究院研究员、高级科学顾问
张　野　　中国水力发电工程学会理事长，教授级高级工程师
张守攻　　中国工程院院士，中国林业科学研究院原院长
舒印彪　　中国工程院院士，中国电机工程学会理事长，第36届国际电工委员会主席
谢建新　　中国工程院院士，北京科技大学教授，中国材料研究学会常务副理事长
戴厚良　　中国工程院院士，中国石油天然气集团有限公司董事长、党组书记，中国化工学会理事长

《碳达峰碳中和导论》编写组

组　　长

王金南　　中国工程院院士，生态环境部环境规划院院长，
　　　　　中国环境科学学会理事长

成　　员（按姓氏笔画排序）

马爱民　　国家应对气候变化战略研究和国际合作中心
马翠梅　　国家应对气候变化战略研究和国际合作中心
王丽娟　　生态环境部环境规划院
王慧丽　　生态环境部环境规划院
付　琳　　国家应对气候变化战略研究和国际合作中心
匡舒雅　　国家应对气候变化战略研究和国际合作中心
曲世琳　　中国建筑科学研究院有限公司
吕　晨　　生态环境部环境规划院
朱建华　　中国林业科学研究院
苏明山　　国家应对气候变化战略研究和国际合作中心
杜艳春　　生态环境部环境规划院
李晓梅　　国家应对气候变化战略研究和国际合作中心
杨　楠　　北京交通发展研究院
余　柳　　北京交通发展研究院
汪旭颖　　生态环境部环境规划院
张　立　　生态环境部环境规划院
张　昕　　国家应对气候变化战略研究和国际合作中心
张　哲　　生态环境部环境规划院
张东雨　　国家应对气候变化战略研究和国际合作中心

张泽宸	生态环境部环境规划院
陈潇君	生态环境部环境规划院
金　玲	生态环境部环境规划院
周　全	生态环境部环境规划院
庞凌云	生态环境部环境规划院
郑　铁	清华大学
赵立欣	中国农业科学院农业环境与可持续发展研究所
姚宗路	中国农业科学院农业环境与可持续发展研究所
贺晋瑜	生态环境部环境规划院
秦圆圆	国家应对气候变化战略研究和国际合作中心
袁闪闪	中国建筑科学研究院有限公司
柴麒敏	国家应对气候变化战略研究和国际合作中心
徐华清	国家应对气候变化战略研究和国际合作中心
高　翔	国家应对气候变化战略研究和国际合作中心
曹　颖	国家应对气候变化战略研究和国际合作中心
曹丽斌	生态环境部环境规划院
董战峰	生态环境部环境规划院
简尊吉	中国林业科学研究院
蔡博峰	生态环境部环境规划院
霍丽丽	中国农业科学院农业环境与可持续发展研究所

主　编

王金南	中国工程院院士，生态环境部环境规划院院长，中国环境科学学会理事长
徐华清	国家应对气候变化战略研究和国际合作中心主任

章节执笔人

第 1 章　苏明山　　国家应对气候变化战略研究和国际合作中心
第 2 章　马爱民　　国家应对气候变化战略研究和国际合作中心
第 3 章　蔡博峰　　生态环境部环境规划院
　　　　张　立　　生态环境部环境规划院
第 4 章　曹　颖　　国家应对气候变化战略研究和国际合作中心
　　　　匡舒雅　　国家应对气候变化战略研究和国际合作中心
　　　　张东雨　　国家应对气候变化战略研究和国际合作中心
　　　　付　琳　　国家应对气候变化战略研究和国际合作中心
第 5 章　徐华清　　国家应对气候变化战略研究和国际合作中心
第 6 章　柴麒敏　　国家应对气候变化战略研究和国际合作中心
　　　　李晓梅　　国家应对气候变化战略研究和国际合作中心
第 7 章　董战峰　　生态环境部环境规划院
　　　　周　全　　生态环境部环境规划院
第 8 章　王丽娟　　生态环境部环境规划院
　　　　王慧丽　　生态环境部环境规划院
　　　　张泽宸　　生态环境部环境规划院
第 9 章　曹丽斌　　生态环境部环境规划院
　　　　汪旭颖　　生态环境部环境规划院
　　　　贺晋瑜　　生态环境部环境规划院
　　　　金　玲　　生态环境部环境规划院
第 10 章　杜艳春　　生态环境部环境规划院
　　　　陈潇君　　生态环境部环境规划院
　　　　袁闪闪　　中国建筑科学研究院有限公司
　　　　曲世琳　　中国建筑科学研究院有限公司

第 11 章	吕　晨	生态环境部环境规划院
	杨　楠	北京交通发展研究院
	余　柳	北京交通发展研究院
第 12 章	赵立欣	中国农业科学院农业环境与可持续发展研究所
	霍丽丽	中国农业科学院农业环境与可持续发展研究所
	姚宗路	中国农业科学院农业环境与可持续发展研究所
第 13 章	庞凌云	生态环境部环境规划院
	张　哲	生态环境部环境规划院
第 14 章	朱建华	中国林业科学研究院
	简尊吉	中国林业科学研究院
第 15 章	张　立	生态环境部环境规划院
	蔡博峰	生态环境部环境规划院
	郑　铁	清华大学
第 16 章	张　昕	国家应对气候变化战略研究和国际合作中心
第 17 章	马翠梅	国家应对气候变化战略研究和国际合作中心
第 18 章	秦圆圆	国家应对气候变化战略研究和国际合作中心
	高　翔	国家应对气候变化战略研究和国际合作中心

总　序

中国政府矢志不渝地坚持创新驱动、生态优先、绿色低碳的发展导向。2020年9月，习近平主席在第七十五届联合国大会上郑重宣布，中国"二氧化碳排放力争于2030年前达到峰值，努力争取2060年前实现碳中和"。2022年10月，党的二十大报告在全面建成社会主义现代化强国"两步走"目标中明确提出，到2035年，要广泛形成绿色生产生活方式，碳排放达峰后稳中有降，生态环境根本好转，美丽中国目标基本实现。这是中国高质量发展的内在要求，也是中国对国际社会的庄严承诺。

"双碳"战略是以习近平同志为核心的党中央统筹国内国际两个大局作出的重大决策，是我国加快发展方式绿色转型、促进人与自然和谐共生的需要，是破解资源环境约束、实现可持续发展的需要，是顺应技术进步趋势、推动经济结构转型升级的需要，也是主动担当大国责任、推动构建人类命运共同体的需要。"双碳"战略事关全局、内涵丰富，必将引发一场广泛而深刻的经济社会系统性变革。

2022年3月，国家发布《氢能产业发展中长期规划（2021—2035年）》，确立了氢能作为未来国家能源体系组成部分的战略定位，为氢能在交通、电力、工业、储能等领域的规模化综合应用明确了方向。氢能和电力在众多一次能源转化、传输与融合交互中的能源载体作用日益强化，以汽车、轨道交通为代表的交通领域正在加速电动化、智能化、低碳化融合发展的进程，石化、冶金、建筑、制冷等传统行业逐步加快绿色转型步伐，国际主要经济体更加重视减碳政策制定和碳汇市场培育。

为全面落实"双碳"战略的有关部署，充分发挥科协系统的人才、组织优势，助力相关学科建设和人才培养，服务经济社会高质量发展，中国科协组织相关全国学会，组建了由各行业、各领域院士专家参与的编委会，以及由相关领域一线科研教育专家和编辑出版工作者组成的编写团队，编撰"双碳"系列丛书。

丛书将服务于高等院校教师和相关领域科技工作者教育培训，并为"双碳"战略的政策制定、科技创新和产业发展提供参考。

"双碳"系列丛书内容涵盖了全球气候变化、能源、交通、钢铁与有色金属、石化与化工、建筑建材、碳汇与碳中和等多个科技领域和产业门类，对实现"双碳"目标的技术创新和产业应用进行了系统介绍，分析了各行业面临的重大任务和严峻挑战，设计了实现"双碳"目标的战略路径和技术路线，展望了关键技术的发展趋势和应用前景，并提出了相应政策建议。丛书充分展示了各领域关于"双碳"研究的最新成果和前沿进展，凝结了院士专家和广大科技工作者的智慧，具有较高的战略性、前瞻性、权威性、系统性、学术性和科普性。

2022年5月，中国科协推出首批3本图书，得到社会广泛认可。本次又推出第二批共13本图书，分别邀请知名院士专家担任主编，由相关全国学会和单位牵头组织编写，系统总结了相关领域的创新、探索和实践，呼应了"双碳"战略要求。参与编写的各位院士专家以科学家一以贯之的严谨治学之风，深入研究落实"双碳"目标实现过程中面临的新形势与新挑战，客观分析不同技术观点与技术路线。在此，衷心感谢为图书组织编撰工作作出贡献的院士专家、科研人员和编辑工作者。

期待"双碳"系列丛书的编撰、发布和应用，能够助力"双碳"人才培养，引领广大科技工作者协力推动绿色低碳重大科技创新和推广应用，为实施人才强国战略、实现"双碳"目标、全面建设社会主义现代化国家作出贡献。

中国科协主席　万　钢
2023年5月

前　言

实现碳达峰碳中和是以习近平同志为核心的党中央经过深思熟虑作出的重大战略决策，是中国向国际社会的庄严承诺，也是推动高质量发展的内在要求。积极应对气候变化，推动实现碳达峰碳中和目标，具有重大的现实意义和深远的历史意义。进入新发展阶段，推进"双碳"工作是破解资源环境约束突出问题、实现可持续发展的迫切需要，是顺应技术进步趋势、推动经济结构转型升级的迫切需要，是满足人民群众日益增长的优美生态环境需求、促进人与自然和谐共生的迫切需要，是主动担当大国责任、推动构建人类命运共同体的迫切需要。做好"双碳"工作，对于加快形成以国内大循环为主体、国内国际双循环相互促进的新发展格局，走以生态优先、绿色低碳发展为导向的高质量发展新路子具有重要意义。

实现"双碳"目标是一场广泛而深刻的经济社会变革，面临前所未有的挑战和机遇，并不是轻轻松松就能够达成的，需要做出艰苦卓绝的努力。目前，在战略和政策层面，国家已经陆续出台碳达峰碳中和"1+N"政策体系，逐步完成"双碳"目标的顶层设计，实现碳达峰碳中和已成为全党全社会的共识和行动。但是，也应看到，与完成工业化的发达国家不同，中国在工业化、城镇化还在深入推进，能源消费继续保持一定增长的情况下开启"双碳"进程，用全球历史上最短的时间实现全球最高碳排放强度降幅，任务重、时间紧；挑战更在于，中国经济产业偏重、能源偏煤、效率偏低，多年来形成的高碳路径依赖存在较大惯性，碳排放锁定效应问题非常突出。总体上看，中国的碳达峰碳中和是世界上碳排放规模最大、达峰中和降幅最快、减排工程技术最复杂、减排投入成本最高的超大系统工程。

《碳达峰碳中和导论》是"中国科协碳达峰碳中和系列丛书"之一。丛书以传播"双碳"理念、深度服务"双碳"目标为出发点，把新理念、新技术、新知识传播到最迫切需要的人才群体和行业领域，切实为经济社会全面绿色低碳转型提供支撑。根据中国科学技术协会的总体安排，《碳达峰碳中和导论》由中国环境科学学会王金南理事长和李春红副理事长统筹负责，主要由中国环境科学学会气候变化分会和碳达峰碳中和专委会承担完成。

《碳达峰碳中和导论》以中国应对气候变化工作的发展历程到开启碳达峰碳中和新征程为逻辑线，系统梳理了全球气候变化的基本科学认识，回顾了全球和中国应对气候变化的发展历程，借鉴了主要发达国家和经济体的碳中和路径模式，全面分析中国碳达峰碳中和的总体思路和战略路径，从发展绿色低碳循环经济体系、绿色低碳能源革命和转型、发展绿色低碳工业、发展绿色低碳建筑、发展绿色低碳交通、发展绿色低碳农业、促进全民绿色低碳行动、加强生态系统碳汇建设八大领域，系统阐述推进"双碳"目标面临的主要形势和重大任务，提出系统创新"双碳"技术、构建"双碳"政策制度、建立碳排放统计核算体系等重要保障措施。

《碳达峰碳中和导论》由生态环境部环境规划院、国家应对气候变化战略研究和国际合作中心、中国农业科学院、中国林业科学研究院等长期从事气候变化和低碳发展研究的专业人员共同撰写，大量研究数据和观点来自研究人员的常年积累和专业洞察。王金南和徐华清负责拟定编写思路，提出本书大纲，组织研讨撰写，提出修改意见，逐章完善定稿。本书由苏明山、马爱民、蔡博峰、曹颖、徐华清、柴麒敏、董战峰、王丽娟、曹丽斌、杜艳春、吕晨、赵立欣、庞凌云、朱建华、张立、张昕、马翠梅、高翔等领衔撰写，蔡博峰和庞凌云协助书稿的统筹协调工作。

在本书的撰写过程中，张玉卓院士和丛书编委会对本书给予了全面的指导和支持。中国环境科学学会国际发展部承担了协调管理工作。在此，我们表示诚挚的感谢。由于碳达峰碳中和研究是一个跨学科的新兴领域，作者研究和认知仍存在很多不足，书稿难免存在偏差和纰漏，欢迎读者给予批评指正。

王金南

2022 年 9 月

目 录

总　序 .... 万　钢

前　言 .... 王金南

第1章　气候变化的科学认知　001
1.1　全球气候变化　001
1.2　人为温室气体排放　003
1.3　全球碳循环　006
1.4　人类活动对全球气候变化的影响　008
1.5　未来全球气候变化趋势　010
1.6　IPCC 和气候变化科学共识　012

第2章　全球应对气候变化历程　018
2.1　应对气候变化国际合作的缘起　018
2.2　应对气候变化国际谈判历程　020
2.3　国际谈判主要焦点议题进展　026
2.4　主要国家和国家集团的基本立场　031
2.5　全球气候治理体系现状特点　033

第3章　典型国家和地区碳中和战略路径　038
3.1　碳中和路径研究方法与目标　038

3.2　欧盟碳中和进程与主要举措 ································· 040
　　3.3　美国碳中和进程与主要举措 ································· 043
　　3.4　英国碳中和目标与主要举措 ································· 046
　　3.5　日本碳中和目标与主要举措 ································· 050
　　3.6　巴西碳中和进程与主要举措 ································· 054

第4章　中国应对气候变化发展历程　059
　　4.1　中国应对气候变化管理机构 ································· 059
　　4.2　中国应对气候变化国家战略与规划 ··················· 062
　　4.3　中国应对气候变化政策框架 ································· 072
　　4.4　中国应对气候变化主要制度 ································· 076
　　4.5　中国应对气候变化治理体系基本架构 ··············· 083

第5章　全面开启中国碳达峰碳中和新征程　088
　　5.1　碳达峰碳中和目标的战略背景 ···························· 088
　　5.2　碳达峰碳中和目标的战略认知 ···························· 090
　　5.3　碳达峰碳中和目标的战略意义 ···························· 092
　　5.4　碳达峰碳中和目标的战略思想 ···························· 094
　　5.5　碳达峰碳中和目标的战略思维 ···························· 097
　　5.6　碳达峰碳中和目标的战略原则 ···························· 099

第6章　实现中国碳达峰碳中和的目标与路径　103
　　6.1　实现碳达峰碳中和目标的战略思路 ··················· 103
　　6.2　实现碳达峰碳中和目标的战略布局 ··················· 105
　　6.3　实现碳达峰碳中和目标的战略部署 ··················· 115
　　6.4　实现碳达峰碳中和目标的战略保障 ··················· 119
　　6.5　实现碳达峰碳中和目标的挑战分析 ··················· 123
　　6.6　实现碳达峰碳中和目标的贡献评估 ··················· 124

第7章　加快发展绿色低碳循环经济体系　130
　　7.1　绿色低碳循环经济体系发展现状 ······················· 130

7.2	发展绿色低碳循环经济体系的基本思路	141
7.3	发展绿色低碳循环经济体系的重点任务	144
7.4	健全绿色低碳循环经济体系的法规与政策	150

第8章 加快绿色低碳能源革命和转型 154

8.1	能源碳排放现状与趋势	154
8.2	我国能源革命面临的挑战与机遇	159
8.3	非化石能源发展方向及潜力	164
8.4	化石能源清洁高效利用	170
8.5	储能与低碳能源转型	175
8.6	电力行业碳达峰碳中和路径分析	178

第9章 加快发展绿色低碳工业 186

9.1	工业碳排放现状与趋势分析	186
9.2	钢铁行业碳达峰碳中和路径与措施	199
9.3	水泥行业碳达峰碳中和路径与措施	205
9.4	铝冶炼行业碳达峰碳中和路径与措施	212
9.5	石化化工行业碳达峰碳中和路径与措施	217
9.6	工业减污降碳与数智化绿色低碳转型	227

第10章 加快发展绿色低碳建筑 233

10.1	建筑发展与碳排放现状分析	233
10.2	建筑绿色低碳发展面临的挑战	241
10.3	建筑碳排放主要情景分析	244
10.4	建筑碳达峰碳中和战略路径	252
10.5	促进建筑碳达峰碳中和政策保障	256

第11章 加快发展绿色低碳交通 260

11.1	交通发展趋势与碳排放现状	260
11.2	交通绿色低碳发展面临的挑战	271
11.3	交通碳达峰碳中和情景与路径分析	275

11.4 加快交通运输绿色低碳转型的措施 ································ 282

第12章　加快发展绿色低碳农业　290
12.1 农业农村碳排放与控制现状 ·· 290
12.2 农业农村绿色低碳发展面临的挑战 ································ 297
12.3 实施农业绿色低碳发展的战略路径 ································ 299
12.4 推进农业绿色低碳发展的保障措施 ································ 302

第13章　促进全民绿色低碳行动　307
13.1 全民绿色低碳是碳达峰碳中和的根本 ···························· 307
13.2 全民绿色低碳行动目标与体系 ····································· 308
13.3 促进全民绿色低碳行动的政策措施 ································ 310

第14章　加强生态系统碳汇建设　328
14.1 中国生态碳汇现状和趋势 ··· 328
14.2 提升生态系统碳汇面临的问题和挑战 ···························· 332
14.3 加强陆地和海洋生态碳汇建设 ····································· 335
14.4 全国生态碳汇提升战略路径 ·· 338

第15章　创新构建碳达峰碳中和技术体系　345
15.1 能源领域重大关键技术创新 ·· 345
15.2 工业领域重大关键技术创新 ·· 349
15.3 交通领域重大关键技术创新 ·· 351
15.4 建筑领域重大关键技术创新 ·· 354
15.5 碳移除领域重大关键技术创新 ····································· 356

第16章　促进碳达峰碳中和的政策创新　362
16.1 碳排放总量控制政策 ·· 362
16.2 碳市场与碳价格政策 ·· 364
16.3 全国碳排放权交易市场建设 ·· 368

表 1.2 全球温室气体排放及吸收状况

	1750—2019 年 累积碳排放 （10 亿吨）	1990—1999 年 平均年增长率 （10 亿吨 / 年）	2000—2009 年 平均年增长率 （10 亿吨 / 年）	2010—2019 年 平均年增长率 （10 亿吨 / 年）
化石燃料燃烧和水泥工业生产过程排放	445±20	6.3±0.3	77±0.4	94±0.5
土地利用变化排放	240±70	1.4±0.7	1.4±0.7	1.6±0.7
大气层二氧化碳增加	285±5	3.2±0.02	4.1±0.02	5.1±0.02
海洋二氧化碳吸收	170±20	2.0±0.5	2.1±0.5	2.5±0.6
陆地生态系统二氧化碳吸收	230±60	2.6±0.7	2.9±0.8	3.4±0.9

1.4 人类活动对全球气候变化的影响

人类活动产生的二氧化碳排放导致了大气中二氧化碳浓度的增加，并产生了温室效应。人类活动和自然因素是影响气候变化的重要因素。

1.4.1 全球气候变化的主要影响因子

地质时期的气候经历着以几十年到几亿年为周期的变化，引起地质时期气候变化的主要原因是自然因素[42]。

工业革命以来，引起气候系统变化的原因可以分为自然因素和人为因素两大类。前者包括太阳活动、火山活动；后者包括人类燃烧化石燃料以及毁林引起的大气中温室气体浓度的增加、大气中气溶胶浓度的变化[10]。

太阳活动存在 11 年和更长时间的周期性波动。当太阳活动比较强时，太阳发射出的辐射量或光照一般也比较强。关于太阳活动的影响，科学界的认识尚不一致。多数专家认为，在 250 年或近 100 年，太阳输出辐射的长期趋势不显著，1750 年以来由于太阳输出辐射量的变化，仅造成直接辐射强迫增加 0.12 瓦 / 平方米左右。但是，也有研究表明，最近 150 年来太阳输出辐射的变化及其影响可能更大[16]。

强烈火山喷发后，地球气候在短期内将显著变冷。如果在一个较长时期内强火山活动比较频繁，则可能引起年代以上尺度气候变冷[16]。但由于火山活动气候效应的影响因素很多，准确认识火山活动对全球和特定地区长期气候变化的影响性质和机理还有很大难度。

16.4 碳财政与税收政策 373
 16.5 减碳投资与消费政策 375
 16.6 绿色低碳金融政策 378
 16.7 低碳政策衔接协调增效 382

第17章 建立碳排放核算体系 385
 17.1 中国碳排放核算体系框架构建 385
 17.2 建立区域层面碳排放核算体系 388
 17.3 建立企业、项目和产品碳排放核算体系 394

第18章 积极参与和引领全球气候治理 403
 18.1 参与和引领全球气候治理的理念 403
 18.2 积极参与联合国气候谈判 405
 18.3 积极践行气候治理国际承诺 410
 18.4 力所能及帮助其他发展中国家 415
 18.5 积极开展与发达国家的气候合作 418

第 1 章　气候变化的科学认知

碳达峰碳中和是减缓全球气候变化的重要中长期目标，减缓气候变化的有效性依赖于人类对气候变化的科学认知。本章介绍全球气候变化的基本事实、人为温室气体的排放情况、全球碳循环的基本规律、人类活动对全球气候变化的影响，预测未来全球气候的变化趋势，阐述政府间气候变化专门委员会（Intergovernmental Panel on Climate Change，IPCC）的工作机制及其影响。

1.1　全球气候变化

全球气候变化一般指全球范围内气候平均状态统计学意义上的显著改变或者持续较长一段时间的变动。根据《联合国气候变化框架公约》（本书简称《公约》）的定义，气候变化是指除在类似时期内所观测的气候的自然变异外，由于直接或间接的人类活动改变了地球大气的组成而造成的气候变化。描述气候平均状态的变量主要包括气温、降水、风、日照和辐射等，下面主要介绍气温变化、海平面上升和极端气候事件变化。

1.1.1　气温变化

2021 年 8 月，IPCC 发布了第六次评估第一工作组报告《气候变化 2021：自然科学基础》（以下称 IPCC 第六次评估报告）[1]。IPCC 第六次评估报告指出，大气、海洋、冰冻圈和生态系统的证据表明世界正在变暖：2011—2020 年全球地表年平均气温比 1850—1900 年高 1.09℃；全球地表年平均温度呈明显增加趋势，1950 年以来尤其显著。变暖程度方面，北半球比南半球明显，大陆比海洋明显，陆地夜间比白天明显，北半球中高纬度地区冬季比夏季明显[2]。报告进一步指出，全球陆地地面年平均气温温升高于全球海洋表面，这一结论与城市化影响地面温升的观点是互相支持的。

我国国家基准气候站和基本气象站记录的1961—2004年全国年平均气温增加趋势中，城市化引起的增温率为每10年0.06~0.09℃，有些地区高达每10年0.10℃，全国年平均城市化增温贡献率占27%，各季城市化增温贡献率在18%~38%。可见，城市化及城市热岛效应加强因素已经对国家级气象台站的地面气温观测记录产生了明显的影响[3]。这也从一个方面反映了地面气温增高信息的不确定性。

地面气温增高信息的不确定性还表现为，不同研究者对于同一个地区的温升估计有明显的差异。研究人员通过分析关于我国温度变化的多篇研究报告，发现不同研究序列间的差别比较明显（表1.1）[4]。

表1.1　1906—2005年不同研究序列的中国温度变化速率

序列	温度变化速率（℃/100年）
王绍武、叶瑾琳和龚道溢等建立的序列[5]	0.53
林学椿、于淑秋和唐国利建立的序列[6]	0.34
唐国利和任国玉建立的序列[7]	0.95
唐国利建立的序列[8]	0.86
利用东安格利亚大学气候研究组资料建立的序列[9]	1.20

工业革命以来，全球地面气温呈现较稳定的增温趋势。然而，工业革命以前，全球气温变化更加多样。研究表明，1000—1300年北半球许多地区比较温暖，称为中世纪暖期或中世纪气候异常期；1500—1900年气候偏冷，称为小冰期[2]。全新世中期是第四纪以来相对温暖的间冰期[10]。有研究者认为，中国大暖期盛期持续千年以上，平均比现代偏暖2~3℃[11-13]，也有研究者认为平均气温比现代高0.7℃[14]。需要指出的是，上述结论建立在代用资料重建的基础上，在几十年以上尺度上存在较高的不确定性。

1.1.2　海平面上升

20世纪以来，全球海平面呈现加速上升的趋势。根据验潮仪资料估计，全球平均海平面上升的平均速率，1902—2010年为每10年15毫米，1901—1990年为每10年13.8毫米，1970—2015年为每10年20.6毫米[10, 15]。根据验潮仪资料和地质资料，19世纪中叶到20世纪中叶，海平面上升速率有所加快。利用现有潮位记录对追溯至1870年的海平面变化进行了重建，海平面在1870—2000年有加速上升现象。地质资料表明，在过去的2000年里，海平面变化很小。现有证据表明，现代海平面上升始于19世纪中叶到20世纪中叶的这一时期。

1.1.3 极端气候事件变化

当某地的天气状态严重偏离其平均状态时，就可以认为是极端气候事件。干旱、洪涝、高温热浪和低温冷害等都可以看作极端气候事件。常见的极端气候事件包括高温、低温、强降水或暴雨、干旱、热带风暴或台风、沙尘暴等，会对人类社会和经济活动造成严重负面影响[16]。

观测结果显示，近年来全球中纬度区域霜冻日数大范围减少，极端暖日数增加，极端冷日数减少。冷夜日数变化最显著，1951—2003年，在有观测资料的所有区域，76%的陆地冷夜日数均减少。20世纪下半叶以来，热浪一直在持续增长，约1970年以来，北大西洋的强热带气旋活动增加，这与热带海表温度上升相关[10]。20世纪70年代以来，在更大范围地区，尤其是在热带和副热带地区，气象干旱的强度和持续时间似乎增加了[17]。

研究结果表明，近几十年中国区域极端气温、极端热记录呈增多趋势，极端冷记录普遍呈减少趋势，且极端冷指数的变化幅度甚于极端热指数[18-24]。1961年以来，中国区域平均年极端高温和年极端低温记录的升高趋势分别为每10年0.21℃和每10年0.51℃；平均极端冷夜和极端冷日显著减少；极端暖夜及极端暖日则显著增多，增加率分别为每10年2.80%和每10年1.68%[25]。

1.2 人为温室气体排放

根据《公约》的定义，温室气体指大气中那些吸收和重新放出红外辐射的自然和人为的气态成分，下面主要介绍人类活动导致的全球温室气体排放总体情况以及发达国家当前温室气体排放情况。

1.2.1 全球温室气体排放

根据《公约》相关决定，不同类型国家应按照不同的要求报告其国家温室气体排放。其中，《公约》附件一国家包括澳大利亚、加拿大、法国、德国、意大利、日本、英国、美国等发达国家，以及爱沙尼亚等正在进行市场经济过渡的国家；非附件一国家指没有列入《公约》附件一的国家，都是发展中国家。附件一国家向《公约》秘书处报告二氧化碳、甲烷、氧化亚氮、氢氟碳化物、全氟化碳、六氟化硫和三氟化氮的人为活动温室气体排放，非附件一国家向《公约》秘书处报告上述除三氟化氮的人为活动温室气体排放。这些国家向《公约》秘书处递交的温室气体清单是全球温室气体排放的权威资料。

一些研究者也在开展全球温室气体排放的研究，研究结果表明，2010—2019

年，包括化石燃料燃烧和水泥工业生产过程的全球人类活动年均二氧化碳排放约为344亿吨。化石燃料燃烧和水泥工业生产过程的全球人类活动二氧化碳排放，在1990—1999年的年均增长率为0.9%，2000—2009年为3.0%，2010—2019年为1.2%。

2010—2019年，土地利用变化年均排放约59亿吨二氧化碳[26]。此土地利用变化的计算范围相当于《IPCC国家温室气体清单指南（1996年修订版）》土地利用变化的计算范围，只是土地利用、土地利用变化和林业（Land Use, Land Use Change and Forest, LULUCF）的一部分。

从人类活动累积排放看，1750—2019年，人类活动导致的二氧化碳排放约为2.5万亿吨[26]。

根据各国温室气体清单，《公约》附件一国家的2020年温室气体排放量（包括LULUCF）为134.1亿吨二氧化碳当量，其中二氧化碳101.5亿吨[27]。

由于非附件一国家在其提交的国家信息通报和两年更新报告所包含的温室气体清单的年份不完全一致，暂时还不能比较准确地估计出所有非附件一国家的温室气体排放总量。根据国际能源机构（International Energy Agency，IEA）的计算，2019年非附件一国家的二氧化碳排放为221亿吨[28]。

1.2.2 发达国家温室气体排放

列为《公约》附件一的发达国家，根据《2006年IPCC国家温室气体清单指南》[29]核算并报告其国家温室气体排放。发达国家2020年温室气体排放总量（包括LULUCF）为134.1亿吨二氧化碳当量，其中二氧化碳和甲烷所占比重分别为75.7%和14.0%。LULUCF的温室气体吸收汇为17.9亿吨二氧化碳当量，如不考虑温室气体吸收汇，温室气体排放总量为152.0亿吨二氧化碳当量。根据《公约》缔约方大会相关决定，发达国家把不同种类温室气体折算成二氧化碳当量所用的全球增温潜势值为IPCC第四次评估报告中100年时间尺度下的数值。此外，根据《2006年IPCC国家温室气体清单指南》，LULUCF的计算范围比1.2.1节介绍的"土地利用变化"要宽。在LULUCF概念下，土地利用一般指用作林地、农地、草地、湿地、建设用地和其他用地的土地利用状况及与此相联系的温室气体排放情况。土地利用变化指人类活动导致的土地利用状况的改变，包括不同土地类型之间的土地利用状况的改变，也包括同一种土地利用状况下不同利用方式和管理方式的变动（详见第14章和第17章）。

从排放源构成看，能源活动是发达国家温室气体的主要排放领域。2020年发达国家能源活动排放量占温室气体总排放量（不包括LULUCF）的78.6%（图1.1）。

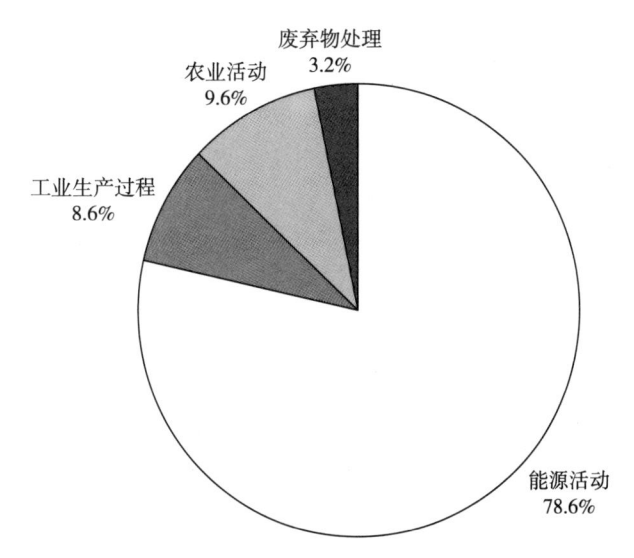

图 1.1 2020 年发达国家温室气体排放源构成（不包括 LULUCF）

从排放气体看，2020 年发达国家二氧化碳排放（包括 LULUCF）101.5 亿吨，若不包括 LULUCF，排放 120.7 亿吨；甲烷排放（包括 LULUCF）18.7 亿吨二氧化碳当量，若不包括 LULUCF，排放 17.8 亿吨二氧化碳当量；氧化亚氮排放（包括 LULUCF）9.6 亿吨二氧化碳当量，若不包括 LULUCF，排放 9.2 亿吨二氧化碳当量；含氟气体排放 4.2 亿吨二氧化碳当量。

2020 年发达国家能源活动的温室气体排放为 119.4 亿吨二氧化碳当量，其中燃料燃烧占 93.5%，逃逸排放占 6.5%（图 1.2）。

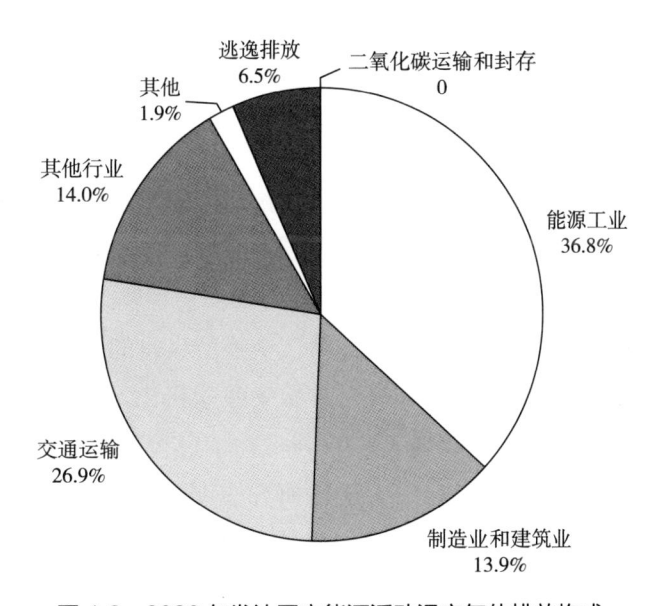

图 1.2 2020 年发达国家能源活动温室气体排放构成

2020年发达国家工业生产过程的温室气体排放为13.0亿吨二氧化碳当量,其中非金属矿物制品占23.7%(图1.3)。

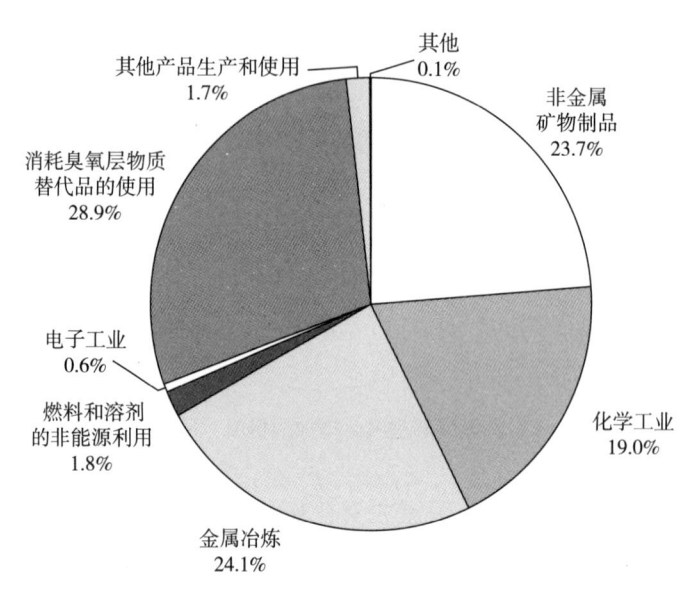

图1.3 2020年发达国家工业生产过程温室气体排放构成

1.3 全球碳循环

人类活动产生的二氧化碳,一部分被海洋系统吸收,一部分被陆地系统吸收,其他排入大气圈,构成一个全球碳循环。

1.3.1 海洋系统碳吸收

海洋覆盖了大约71%的地球表面,海洋系统碳吸收是全球碳循环的重要组成部分。海洋吸收大气二氧化碳的机制主要包括溶解度泵、碳酸盐泵和生物泵。溶解度泵的原理在于二氧化碳在海水中化学平衡以及物理输运,尤其是低温和高盐造成的高密度海水在重力作用下携带通过海气交换所吸收的二氧化碳输入深海[30]。碳酸盐泵主要基于海水二氧化碳体系平衡和碳酸盐析出及沉降[31]。生物泵指的是海洋中有机物生产、消费、传递等一系列生物学过程以及由此导致的颗粒有机碳由海洋表层向深海的转移过程[32]。最新研究表明,1750—2019年,全球海洋系统累积吸收二氧化碳约0.62万亿吨。尽管某些季节局部海域表现为净零碳排放[33,34],但整体上,全球海洋系统表现为碳吸收汇,2010—2019年年均吸收约

92亿吨二氧化碳[26]。

研究表明，海洋吸收了大量二氧化碳。大气二氧化碳溶于海水后，导致了全球海洋表面酸碱度变化，出现海洋酸化现象[35]。海洋酸化及伴随的海水化学环境的变化，对海洋微型生物乃至整个海洋生态系统有着深远的影响。酸化破坏了海水中碳酸盐体系的动态平衡，对不同类群微生物的生存、生长、光合作用、新陈代谢、钙化作用和固氮速率等产生多重影响。从这一角度看，这也是二氧化碳排放对海洋生态系统的负面影响。

1.3.2 陆地系统碳吸收

陆地系统在全球碳循环中发挥着重要的作用。陆地生态系统的植被一方面通过光合作用固定大气中的二氧化碳，另一方面植被和土壤的呼吸作用向大气释放二氧化碳[36]。

最新研究表明，1750—2019年，陆地系统累积吸收约0.84万亿吨二氧化碳。2010—2019年，陆地系统年均吸收约125亿吨二氧化碳[26]，明显高于1980—1989年的年均73亿吨。1980年以来，陆地系统碳吸收有明显增加，主要是大气二氧化碳浓度增加产生的二氧化碳施肥效应导致的[37, 38]。

除了陆地生态系统，陆地系统的碳酸盐岩也有碳吸收过程存在。研究表明，全球碳酸盐岩年吸收约22亿吨二氧化碳[39, 40]。

1.3.3 碳循环和二氧化碳浓度

在没有人类大规模干扰之前，植物、微生物通过光合作用从大气中吸收碳的速率，与通过生物的呼吸作用将碳释放到大气中的速率大体相等，因此，大气中二氧化碳含量还是相当稳定的[10, 16]。可以说，人类活动强度的加剧扰动了生态系统的平衡。

排放到大气中的二氧化碳，约50%在30年内被清除，30%在几百年内被清除，其余的20%通常将在大气中留存数千年。研究表明，1750—2019年，主要由于人类活动的温室气体排放，大气中二氧化碳累积增加了1.04万亿吨，使得大气二氧化碳浓度已从工业化前的约280ppm（百万分之一）增加到2020年的413ppm，大气甲烷浓度也已从工业化前的约760ppb（十亿分之一）增加到2020年的1889ppb[41]。根据南极冰芯资料，当前地球大气中的二氧化碳浓度已经远超过去65万年中的任何时期，也远超工业化前的纪录（表1.2）。

人为因素包括向大气中排放温室气体和气溶胶，以及改变土地利用方式和土地覆盖类型。气溶胶是空气中悬浮的固态或液态颗粒的总称，典型大小为0.01~10微米，能在空气中滞留至少几个小时。气溶胶有自然和人为两种来源，可以从两方面影响气候：通过散射辐射和吸收辐射产生直接影响，以及作为云凝结核或改变云的光学性质和生存时间而产生间接影响。总体上，气溶胶是人类向大气中排放的各种微粒物质，一般造成负的辐射强迫，即引起气候变冷。研究表明，所有气溶胶的总直接辐射强迫减少（0.5±0.4）瓦/平方米。在北半球许多大陆地区，可以清楚地辨别出主要由硫酸盐、有机碳、黑碳、硝酸盐和工业粉尘组成的工业气溶胶。根据模式估算，硫酸盐的辐射强迫约减少（0.4±0.2）瓦/平方米，来自化石燃料的有机碳的辐射强迫减少（0.05±0.05）瓦/平方米，来自化石燃料的黑碳的辐射强迫增加（0.2±0.15）瓦/平方米[16]。

上述自然因素和人为因素综合影响下，大气辐射强迫将发生变动。辐射强迫是由于气候系统外部驱动因子的变化，如二氧化碳浓度或太阳辐射量的变化等，造成对流层顶净辐照度（向上辐射与向下辐射的差）发生变化。用固定在未受扰动值上的所有对流层特性计算辐射强迫；若受到扰动，则在平流层温度重新调整到辐射动力平衡之后再进行计算。在不考虑平流层温度变化的情况下，辐射强迫被称为瞬时强迫[16]。IPCC评估把辐射强迫定义为相对于1750年的变化量，这里采用IPCC评估关于辐射强迫的定义。

1.4.2 气候变化归因方法

随着全球气候变化问题研究的深入，气候变暖的归因研究成为国际社会关注的焦点和科学研究的热点。随着研究的深入、观测资料的增加和气候模式的发展，气候变化归因方法也在逐步完善，主要研究方法有最优指纹法和推理法。最优指纹法是基于气候模式的定量化鉴别，一般通过强化人为气候变化信号特征，使之排除低频自然变率噪声干扰[43,44]。推理法是将演绎与对标量因子的假设估计结合的方法，具体实施时可分为标准最高频率法和贝叶斯法[44]。

目前，全球气候变化的归因方法仍然存在一定的不确定性。由于实际观测资料的缺乏，对于过去气候变化的检测分析还存在着一定的不确定性。由于对自然气候变化规律的认识不足，对气候系统各种关键过程和反馈机制还没有充分了解，因此，所构造的数值模型也需不断完善。此外，最优指纹法依赖于所采用的气候模式，气候模式的不确定性也影响方法的有效性。

1.4.3 人类活动对全球增温的贡献

IPCC评估报告根据已公开发表的学术文献，总结得出关于人类活动对全球增温的基本结论。IPCC第二次至第六次评估报告的基本结论依次是：各种证据的对比分析表明了人类对全球气候有可辨别的影响；最近50年观测到的大部分变暖可能（66%）是由于温室气体浓度的增加；观测到的20世纪中叶以来大部分的全球平均温度的升高很可能（90%）是由于观测到人为温室气体浓度增加所导致的；人类对气候系统的影响是明确的，极有可能（95%）的是，观测到的1951—2010年全球平均地表温度升高的一半以上是由温室气体浓度的人为增加和其他人为强迫共同导致的；工业革命以来大气中二氧化碳、甲烷和氧化亚氮浓度的增加是人类活动导致的，人类活动是大气、海洋、冰冻圈和生物圈变化的主要驱动因子。随着研究的深入，科学界对于人类活动对全球增温的贡献的认识在不断加深。《公约》各缔约方承认地球气候的变化及其不利影响是人类共同关心的问题，人类应该采取积极措施应对全球气候变化。

1.5 未来全球气候变化趋势

研究者不仅研究过去的气候变化及人类活动的影响，也研究未来的气候变化趋势。下面简述几种气候模式，对未来气温变化作出预测，并讨论未来气温预测的不确定性。

1.5.1 气候模式简介

为应对全球气候变化，特别是开展未来气候变化预测，研究者在原有的全球大气环流模式、陆面过程模式、海洋环流模式、全球海冰模式等基础上，研究开发了耦合气候系统模式。

为了准备IPCC第六次评估报告，科研工作者建立了第六阶段气候耦合模式比较计划（Coupled Model Intercomparison Project Phase 6，CMIP6）[45, 46]。在CMIP6中，未来气候变化预估的排放情景部分除了之前所用的典型浓度路径外，同时采用共享社会经济路径。

全球和区域气候模式已经具有一定的模拟能力，其中对于地表温度空间分布和时间变化的模拟能力较强。但是，由于气候系统观测资料的缺乏、对自然气候变化规律的认识不足，对气候系统各种关键的过程和反馈机制还没有充分了解，气候模式本身还不是很完善。

总体上看，目前的气候模式对于降水和极端气候事件气候态和气候变化的再现能力比较弱，对于极端强降水和热带气旋等的模拟能力很低，对于年代以上时间尺度气候自然变异性特点也无法再现。因此，气候模式还需要持续改进和完善。就气候变化预估的可靠性来说，气候模式对未来温度变化的预估结果比较可信，但对于降水和极端气候事件变化的预估，还有很大的不确定性[16, 47]。

1.5.2 未来气温变化预测

CMIP6多模式综合研究结果表明，除非未来几十年内全球深度消减二氧化碳和其他温室气体，否则，21世纪全球地表温度升高幅度将超过1.5℃甚至2℃。针对全球1.5℃温控目标，即便在极低排放情景下，2021—2040年全球地表温度温升也将达到1.5℃（相对于1850—1900年），经短暂超调回落后，2081—2100年的温升将达到1.4℃。针对全球2℃温控目标，在中等排放情景下，21世纪全球温升有大于95%的可能性会超过2℃（表1.3）[48, 49]。模型工作者也对与未来气温相联系的未来二氧化碳排放量和累积二氧化碳排放量进行预测，并计算了今后剩余可排放量[1]。

表1.3 不同情景的全球表面温度变化预估（℃）

	近期（2021—2040年）		中期（2041—2060年）		远期（2081—2100年）	
	最佳估计	很有可能区间	最佳估计	很有可能区间	最佳估计	很有可能区间
极低排放	1.5	1.2~1.7	1.6	1.2~2.0	1.4	1.0~1.8
较低排放	1.5	1.2~1.8	1.7	1.3~2.2	1.8	1.3~2.4
中等排放	1.5	1.2~1.8	2.0	1.6~2.5	2.7	2.1~3.5
较高排放	1.5	1.2~1.8	2.1	1.7~2.6	3.6	2.8~4.6
极高排放	1.6	1.3~1.9	2.4	1.9~3.0	4.4	3.3~5.7

1.5.3 未来气温预测的不确定性

科研人员对于未来气温预测的不确定性有清醒的认识。

除了来自气候模式在模拟过程中所采用的观测数据和计算参数的随机性质的不确定性，更主要的不确定性来自气候模式本身带来的系统性误差。例如，现有的气候模式对于太阳活动和火山活动对未来气温的影响机理的认识仍有不确定性。一般认为，太阳活动和火山活动均可对地球气候造成明显影响。但目前对于历史上太阳辐射变化历史和火山气溶胶浓度变化历史了解不够，对于太阳辐射微小变化如何影响地球气候的机理认识不清楚，对于未来太阳和火山活动的演化趋势不能给出准确估计。因此，当前对于太阳和火山活动究竟在过去全球气候变化中发挥了多大作用，以及未来这些因素将在多大程度上影响地球气候演化趋势，还知之甚少。

另外，CMIP6的所有模式均是模拟18世纪以后的气候系统，中世纪暖期的相关信息还没有被这些模式考虑进去。如果把中世纪暖期的相关信息整合到可研究未来气温的气候模式需要开展什么样的工作也没有在IPCC评估报告讨论过。此外，在五千万年前出现过的大气二氧化碳浓度1150~2500ppm[2]的影响因素是什么？这些因素是否有可能会影响现代气候系统？这些也还没有讨论。

1.6 IPCC和气候变化科学共识

1.6.1 IPCC及其工作模式

世界气象组织和联合国环境规划署于1988年成立了政府间气候变化专门委员会（IPCC）。创立IPCC的目的主要是基于最新的科学成果，评估气候变化的科学事实、对自然生态系统和人类社会经济系统的影响，以及可采用的应对策略。IPCC的评估结果以报告的形式发布，分别于1990年、1996年、2001年、2007年、2014年和2022年完成第一次至第六次评估报告的编撰和发布工作[50]。

IPCC组建三个工作组编撰评估报告。根据每一轮编写评估报告的需求，各国政府推选专家组成三个工作组，并组建主席团。综合评估报告编写大纲经IPCC成员国确认后，由专家开展编写工作，最终成果完成后，评估报告的"决策者摘要"提交成员国大会谈判审议通过。第一工作组报告归纳总结气候变化相关的自然科学基础，第二工作组报告介绍人类、自然在应对气候变化方面的脆弱性和如何采取有效的适应措施，第三工作组报告评估现有减缓技术、政策的成效和不足。

IPCC还组建了国家温室气体清单任务组。该任务组于1996年发布了《IPCC国家温室气体清单指南（1996年修订版）》，在2000年补充提出了《IPCC国家温室气体清单优良做法指南和不确定性管理》，在2006年全面更新了《2006年IPCC国家温室气体清单指南》，并于2013年发布了《对2006年IPCC国家温室气体清单指南的2013年增补：湿地》，2019年发布了《2006年IPCC国家温室气体清单指南（2019年修订版）》。

IPCC的工作以"基于文献"为原则，即工作组的编写工作、专家审议和政府审议，均需要以公开发表的科学文献为依据，国际条约、公开发布的政府政策等文件被作为"灰色文献"也允许引用。专家审议和政府审议提出的意见，如果没有文献支撑，工作组可以拒不采纳。

1.6.2 IPCC 评估报告和特别报告

已经发布的六次 IPCC 评估报告均分三卷，分别由三个工作组编写，其中第六次评估报告是迄今为止最详尽的。

根据授权，IPCC 还可以编写发布特别评估报告。如 IPCC 于 2018 年发布《全球升温 1.5℃特别报告》，于 2019 年发布《气候变化和土地特别报告》和《气候变化中的海洋和冰冻圈特别报告》等（表 1.4）。特别评估报告的编写程序与所有 IPCC 报告相同：由成员国政府、观察员机构提名的专家提供报告大纲和内容范围；经委员会审议通过后，委员会制订报告的编写工作计划，并确定相关时间安排和预算；IPCC 主席团从成员国政府、观察员机构提名的专家中，选定报告的作者。

表 1.4 IPCC 已发布的报告

发布年份	报告名称
1990 年	IPCC 第一次评估报告
1996 年	IPCC 第二次评估报告
1996 年	IPCC 国家温室气体清单指南（1996 年修订版）
2000 年	IPCC 国家温室气体清单优良做法指南和不确定性管理
2001 年	IPCC 第三次评估报告
2006 年	2006 年 IPCC 国家温室气体清单指南
2007 年	IPCC 第四次评估报告
2013 年	对 2006 年 IPCC 国家温室气体清单指南的 2013 年增补：湿地
2014 年	IPCC 第五次评估报告
2018 年	全球升温 1.5℃特别报告
2019 年	气候变化和土地特别报告
2019 年	气候变化中的海洋和冰冻圈特别报告
2019 年	2006 年 IPCC 国家温室气体清单指南（2019 年修订版）
2022 年	IPCC 第六次评估报告

1.6.3 气候变化科学共识

IPCC 评估报告对全球气候治理产生了重大影响。IPCC 科学评估与《公约》政治谈判之间，形成了往复互动的关系。1992 年，IPCC 第一次评估报告对构造《公约》的谈判起到了科学支撑作用。在 1995 年召开的第一次《公约》缔约方大会上，各方启动了《柏林授权书》的谈判，旨在推动达成《公约》下的议定书。1997年，第二次评估报告为《京都议定书》谈判达成提供了科学依据。第三次评估报告指出，有越来越多的证据证明全球温升是人类活动造成的，促进国际社会对气候变化问题的重视。第四次评估报告指出，全球变暖给全世界的生态系统造成了负面影响，并提出发达国家应当强化2020年和2050年量化减排目标，发展中国家也需要使其排放显著偏离基准线，这一报告为2007年《公约》缔约方大会完成《巴厘岛路线图》谈判提供了科学支撑。第五次评估报告介绍了气候变化的社会经济影响和人类实现可持续发展所面临的挑战，对2100年以前的全球排放控制路径进行了系统性展望，为2015年《巴黎协定》谈判达成提供了科学依据。第六次评估报告揭示了人类活动致使全球气候正以千年未有的速度变暖，警示全球应迅速采取并强化行动来减缓和适应气候变化，助推全球"气候危机"科学氛围和提高减排目标政治呼声。此外，IPCC国家温室气体清单指南已经被《公约》缔约方大会决定确认为缔约方编制国家温室气体清单的指南。

IPCC评估报告和清单指南已经发挥的和今后仍将要发挥的作用，我们需要高度重视并全面准确地理解应用。同时，我国研究者应充分认识应对气候变化问题的复杂性和综合性[51]，在系统观和科学观指导下[52]，积极发表更好反映我国等发展中国家特定发展阶段排放特征、控排努力等方面的研究成果，为国际社会更准确地了解中国和其他发展中国家作出贡献。

参考文献

[1] ARIAS P A, BELLOUIN N, COPPOLA E, et al. Climate Change 2021: The Physical Science Basis [M]. Cambridge: Cambridge University Press, 2021.

[2] GULEV S K, THORNE P W, AHN J, et al. Changing State of the Climate System [M]//Climate Change 2021: The Physical Science Basis. Cambridge: Cambridge University Press, 2021, 287-422.

[3] 任国玉, 初子莹, 周雅清, 等. 中国气温变化研究最新进展 [J]. 气候与环境研究, 2005, 10 (4): 701-716.

[4] 唐国利, 丁一汇, 王绍武, 等. 中国近百年温度曲线的对比分析 [J]. 气候变化研究进展, 2009, 15 (2): 71-78.

[5] 王绍武, 叶瑾琳, 龚道溢, 等. 近百年中国年气温序列的建立 [J]. 应用气象学报, 1998, 9 (4): 392-401.

[6] 林学椿, 于淑秋, 唐国利. 中国近百年温度序列 [J]. 大气科学, 1995, 19 (5): 525-534.

[7] 唐国利，任国玉. 近百年中国地表气温变化趋势的再分析［J］. 气候与环境研究，2005，10（4）：791-798.

[8] 唐国利. 器测时期中国温度变化研究［D］. 北京：中国科学院大气物理研究所，2006.

[9] 闻新宇，王绍武，朱锦虹，等. 英国 CRU 高分辨率格点资料揭示的 20 世纪中国气候变化［J］. 大气科学，2006，30（5）：894-904.

[10] STOCKER T F, QIN D, PLATTNER G K. Climate Change 2013: The Physical Science Basis [M]. Cambridge: Cambridge University Press, 2013.

[11] 竺可桢. 中国近五千年来气候变迁的初步研究［J］. 考古学报，1972（1）：15-38.

[12] 施雅风，孔昭宸，王苏民，等. 中国全新世大暖期鼎盛阶段的气候与环境：B 辑［J］. 中国科学，1993，23（8）：865-873.

[13] 王绍武，龚道溢. 全新世几个特征时期的中国气温［J］. 自然科学进展，2000，10（4）：325-332.

[14] 吴海斌，李琴，于严严，等. 全新世中期中国气候格局定量重建［J］. 第四纪研究，2017，37（5）：982-998.

[15] CHURCH J A, WHITE N J. Sea-Level Rise from the Late 19th to the Early 21st Century [J]. Surv Geophys, 2011 (32): 585-602.

[16] 任国玉. 气候变化的科学问题［EB/OL］. http://www.ccchina.org.cn/.

[17] SENEVIRATNE S I, ZHANG X, ADNAN M, et al. Weather and Climate Extreme Events in a Changing Climate [M] //IPCC. Climate Change 2021: The Physical Science Basis. Cambridge: Cambridge University Press, 2021.

[18] TAO H, KLAUS F, CHRISTOPH M, et al. Trends in Extreme Temperature Indices in the Poyang Lake Basin, China [J]. Stoch Env Res Risk A, 2014, 28 (6): 1543-1553.

[19] SUN W Y, MU X M, SONG X Y, et al. Changes in Extreme Temperature and Precipitation Events in the Loess Plateau (China) During 1960-2013 Under Global Warming [J]. Atmos Res, 2016, 168 (Feb): 33-48.

[20] 黄小燕，王小平，王劲松，等. 1960—2013 年中国沿海极端气温事件变化特征［J］. 地理科学，2016，36（4）：612-620.

[21] ZHU J X, HUANG G, WANG X Q, et al. Investigation of Changes in Extreme Temperature and Humidity Over China Through a Dynamical Downscaling Approach [J]. Earth's Future, 2017 (5): 1136-1155.

[22] WANG Y J, ZHOU B T, QIN D H, et al. Changes in Mean and Extreme Temperature and Precipitation Over the Arid Region of Northwestern China: Observation and Projection [J]. Adv Atmos Sci, 2017, 34 (3): 289-305.

[23] WANG G, YAN D H, HE X Y, et al. Trends in Extreme Temperature Indices in Huang-Huai-Hai River Basin of China During 1961-2014 [J]. Theoretical and Applied Climatology, 2018, 134 (1-2): 51-65.

[24] QIAN C, ZHANG X, LI Z. Linear Trends in Temperature Extremes in China, With an Emphasis on Non-Gaussian and Serially Dependent Characteristics [J]. Climate Dyn, 2019, 53 (1): 533-550.

[25] 尹红, 孙颖. 基于ETCCDI指数2017年中国极端温度和降水特征分析 [J]. 气候变化研究进展, 2019, 15 (4): 363-373.

[26] FRIEDLINGSTEIN P M, SULLIVAN O, JONES M W, et al. Global Carbon Budget 2020 [J]. Earth System Science Data, 2020, 12 (4): 3269-3340.

[27] UNFCCC. GHG Profile [R/OL]. https://di.unfccc.int/ghg_profile_annex1.

[28] IEA. CO_2 Emission from Fuel Combustion [R/OL]. https://webspace.iea.org/co2-emission-from-fuel-combustion-2020-highlights.

[29] IPCC. 2006 IPCC Guidelines for National Greenhouse Gas Inventories [R]. Japan, 2006.

[30] RAVEN J, FALKOWSKI P. Oceanic Sinks for Atmospheric CO_2 [J]. Plant Cell Environ, 1999 (22): 741-755.

[31] VOLK T, HOFFERT M I. Ocean Carbon Pumps: Analysis of Relative Strengths and Efficiencies in Ocean-Driven Atmospheric CO_2 Changes [M] //The Carbon Cycle and Atmospheric CO_2 Natural Variations Archean to Present. Washington D C: AGU, 1985, 99-110.

[32] 焦念志. 海洋固碳与储碳——并论微型生物在其中的重要作用 [J]. 中国科学（地球科学）, 2012, 42 (10): 1473-1486.

[33] XUE L, ZHANG L, CAI W J, et al. Air-Sea CO_2 Fluxes In The Southern Yellow Sea: An Examination of The Continental Shelf Pump Hypothesis [J]. Cont Shelf Res, 2011 (31): 1904-1914.

[34] JIAO N Z, LIANG Y T, ZHANG Y Y, et al. Carbon Pools and Fluxes in the China Seas and Adjacent Oceans [J]. Science China Earth Sciences, 2018, 61 (11): 1535-1563.

[35] CALDEIRA K, WICKETT M E. Anthropogenic Carbon and Ocean pH [J]. Nature, 2003, 425 (6956): 365.

[36] 黄耀. 关于中国陆地生态系统碳循环研究的几点思考 [J]. 世界科技研发与发展, 2001, 23 (1): 66-68.

[37] ARORA V K, MELTON J R. Reduction in Global Area Burned and Wildfire Emissions Since 1930s Enhances Carbon Uptake By Land [J]. Nature Communications, 2018, 9 (1): 1326.

[38] YIN Y, BLOOM A A, WORDEN J, et al. Fire Decline in Dry Tropical Ecosystems Enhances Decadal Land Carbon Sink [J]. Nature Communications, 2020, 11 (1).

[39] 刘再华. 岩石风化碳汇研究的最新进展和展望 [J]. 科学通报, 2012, 57 (2): 95-102.

[40] 蒲俊兵, 蒋忠诚, 袁道先, 等. 岩石风化碳汇研究进展：基于IPCC第五次气候变化评估报告的分析 [J]. 地球科学进展, 2015, 30 (10): 1081-1090.

[41] WMO. State of the Global Climate 2021 (WMO-No.1290) [R/OL]. https://library.wmo.int.

［42］气候变化国家评估报告编辑委员会. 气候变化国家评估报告［M］. 北京：科学出版社，2017.

［43］HASSELMANN K. Conventional and Bayesian Approach to Climate-change Tetetion and Attribution［J］. Quart J R Met Soc，1998（124）：2541-2565.

［44］丁一汇. 中国的气候变化及其预测［M］. 北京：气象出版社，2016.

［45］EYRING V，BONY S，MEEHL G A，et al. Overview of the Coupled Model Intercomparison Project Phase 6（CMIP6）Experimental Design and Organization［J］. Geoscientific Model Development，2016，9（5）：1937-1958.

［46］EYRING V，GILLETT N P，ACHUTA RAO，et al. Human Influence on the Climate System ［M］//IPCC. Climate Change 2021：The Physical Science Basis. Cambridge：Cambridge University Press，2021.

［47］任国玉. 气候变暖成因研究的历史、现状和不确定性［J］. 地球科学进展，2008，23（9）：16-23.

［48］IPCC. Future Global Climate：Scenario-Based Projections and Near-Term Information［M］// IPCC. Climate Change 2021：The Physical Science Basis Contribution of Working Group I to the Sixth Assessment Report of the Intergovernmental Panel on Climate Change. Cambridge：Cambridge University Press，2021.

［49］樊星，秦圆圆，高翔. IPCC第六次评估报告第一工作组报告主要结论解读及建议［J］. 环境保护，2021（9）：44-48.

［50］甄妮，高翔. 政府间气候变化专门委员会［J］. 气候战略研究，2022（增1）：1-6.

［51］苏明山. 资源综合管理技术［M］. 北京：中国环境科学出版社，2005.

［52］钱学森. 论系统工程［M］. 长沙：湖南科学技术出版社，1982.

第 2 章 全球应对气候变化历程

气候变化是全球性问题，不论其发生的原因还是产生的影响，都具有全球性的特点，任何国家都不能完全避免气候变化的影响。气候变化又是一个具有典型外部性的问题，任何一个国家都不愿也不能独力解决气候变化问题。气候变化问题的特点决定了我们需要全球性的解决方案。20 世纪 80 年代以来，国际社会为应对气候变化做出了长期不懈的努力，走过了不平凡的历程。本章系统回顾和分析了国际社会从认识气候变化的事实到采取应对气候变化具体政策措施，从个别零星行动到全面系统行动的历程。

2.1 应对气候变化国际合作的缘起

第二次世界大战以后，科学技术进步日新月异，全球经济高速发展，与此同时，环境污染问题日益突出，引发人们的关注。1972 年，联合国在瑞典斯德哥尔摩举行人类环境大会，发表了《人类环境宣言》，标志着国际社会对环境问题全面开战。20 世纪 80 年代后，主要发达国家污染治理逐渐取得成效，但生物多样性锐减、土地荒漠化蔓延、臭氧空洞扩大等区域性、全球性环境问题凸显，推动全球可持续发展成为大势所趋[1]。在一系列环境问题中，气候变化更是以其影响的广泛性和应对的艰难性成为全球关注的热点。开展应对气候变化国际合作，需要两个方面的条件：一是对于气候变化的科学认识，深入了解气候变化的成因、气候变化的影响以及如何应对气候变化；二是达成应对气候变化的政治共识，建立全球气候治理规则体系。

2.1.1 IPCC 推进气候变化问题的科学认知

科学界对气候变化问题的研究和探索开始得很早，但在很长时间内，大多是基于科学家的兴趣或科研机构的支持，世界各国对气候变化问题开展研究的广度、深度参差不齐。

世界气象组织在推进气候变化相关研究方面发挥了积极作用。1987年，世界气象组织提出，已有国别和国际关于气候变化的研究都表明，大气中温室气体浓度的提高将导致全球气候变化，而气候变化可能造成潜在的严重后果。为理解温室气体浓度提高对地球气候的影响以及气候变化对社会经济影响的方式，需要多学科的参与。为此，世界气象组织将通过世界气候计划向成员国提供有关全球气候长期变化的最新预测，并要求成员国开展对气候重要的大气组分及其影响的研究，要求其执行理事会评估现有关于温室气体的国际协调机制，评估世界气候计划在理解温室气体在全球气候中的作用以及在预测全球气候变化的能力方面取得的进展，并评估世界气候计划与其他大气化学和相关环境影响方面的国际计划的工作协调。

1989年签署的IPCC谅解备忘录，确定IPCC的工作任务是：评估已有气候变化科学信息；评估气候变化的环境和社会、经济影响；提出应对气候变化挑战的战略。截至2022年，IPCC先后组织完成了六次气候变化评估报告，并编写了多份特别报告和技术报告，这些成果一方面总结了科学界对气候变化及其影响的认识，突出表明了气候变化挑战的严峻性，另一方面也提出了应对气候变化的对策措施，展示了应对气候变化的可能性。

1990年，第二届世界气候大会通过的《部长宣言》指出：自工业革命以来，人类的大量生产活动导致温室气体不断积聚，未来全球气候变暖速度将是史无前例的，人类的生存与发展将因此而遭到严重威胁，作为温室气体主要排放源的西方工业国家对此负有特殊的责任，因而必须起带头作用；同时还必须加强同发展中国家的合作，向发展中国家提供充分的额外资金，并以公平和最优惠的条件转让技术。

2.1.2 联合国大会决议启动全球气候治理进程

IPCC的建立及其开展的全球气候变化评估，促进了各国政府和社会对气候变化问题的理解和认识，奠定了应对气候变化的科学基础。

1988年9月9日，马耳他常驻联合国代表奥列维尔致信联合国秘书长，要求将"宣布气候为人类共同继承财产的一部分宣言"列入第43届联合国大会临时议程，随函所附的解释性备忘录指出，"气候是一种自然资源，它可因人类的活动而在区域和全球范围内发生重大变化，必须制定一项全面的战略，以为人类的利益维护气候"。马耳他政府建议大会宣布气候为人类的共同继承财产，并建立一种机制审议和协调联合国系统内外的各主管机关和方案正在进行的有关工作，并审查目前的状况,以便制定一项维护气候的全球战略,确保地球上生物的继续生存。

1988年12月6日,第43届联合国大会通过题为《为今世后代保护全球气候》的43/53号决议,承认气候变化是人类共同关心的问题,断定必须及时采取行动以便在全球性方案范围内处理气候改变问题,核准成立IPCC,敦促各国政府、各政府间和非政府组织以及科学机构将气候变化作为优先问题,呼吁联合国系统所有有关组织支持IPCC的工作,呼吁各国政府和各政府间组织进行合作,防止对气候的有害影响和各种影响生态平衡的活动,并呼吁各非政府组织、工业界和各生产部门发挥其适当作用。

1989年12月22日,第44届联合国大会的208号决议再次敦促各国政府与政府间组织合作,尽力限制、减少和防止能对气候产生不利影响的活动,并呼吁非政府组织、工业界和其他生产部门发挥其应有的作用。208号决议支持联合国环境规划理事会在其15/36号决议中要求联合国环境规划署执行主任同世界气象组织秘书长合作,开始筹备关于气候问题的纲领性公约的谈判。决议敦促各国政府、政府间和非政府组织及科学机构通力合作,紧急拟订关于气候问题的纲领性公约和相关议定书。

1990年12月21日,第45届联合国大会通过45/212号决议,注意到IPCC已经完成了第一次评估报告,决定在大会主持下,联合国环境规划署及世界气象组织支持下成立一个单一的政府间谈判机构,以拟定一项有效的气候变化纲要公约,列载适当的承诺,要求相关工作应在1992年6月联合国环境与发展会议之前完成,并在会议期间开放签署。

2.2 应对气候变化国际谈判历程

2.2.1 《联合国气候变化框架公约》
2.2.1.1 《联合国气候变化框架公约》的谈判历程及焦点

按照联合国大会决议的授权,IPCC从1991年2月开始,历经15个月,到1992年5月9日在美国纽约通过《联合国气候变化框架公约》,完成了文本的谈判任务。谈判的时间虽然不算长,但却是相当艰难的。在谈判中,各国政府根据自己对问题的理解和自身的利益诉求,充分表达了自己的观点和关注。对于气候变化问题的重要性,形成了基本一致的认识。但在不少问题上,也存在尖锐的对立[2]。

在谈判成果的形式上,有的国家认为,考虑到谈判时间的限制和问题的紧迫性，谈判应首先聚焦在起草一个框架公约，而相关的议定书等谈判可在1992年联合国环境与发展大会后启动，也有的国家认为应同步谈判框架公约和议定书[3]。

在《公约》的内容上，一些国家认为框架公约应包含基本原则和一般性义务，此后谈判的议定书可以确定更具体的有约束力的义务，另一些国家则强调一个有效的框架公约应该包括坚定的承诺。

在《公约》的原则问题上，许多国家强调一个有效的框架公约应该基于"公平和共同但有区别"的责任原则。发展中国家强调全球应对气候变化的努力必须遵循"共同但有区别"的责任原则，充分考虑发展中国家的特殊情况，充分考虑发展中国家能源增长以促进经济发展的需求。一些国家强调"污染者付费"原则应该成为框架公约的基石。

在各方义务问题上，一些国家提出所有国家都应作出应对气候变化的承诺，许多国家提出发达国家应作出向发展中国家提供技术转让和额外资金支持的承诺。一些国家强调那些人均排放高、总量排放多的国家应减少其排放，并通过提供增量成本补偿的方式与发展中国家合作。

在气候变化不确定性问题上，所有国家都承认需要继续开展研究加强对全球气候变化及其影响的理解。一些国家提出应对气候变化行动应基于预防原则和当前的最佳科学知识，科学上的不确定性不应成为拒绝行动的借口，一味等待科学证据将威胁到人类共同的未来。

在温室气体减排目标方面，各方同意应充分考虑所有的温室气体源与汇，要考虑灵活的、阶段性的长期战略。各方比较一致的看法是，当前就应采取那些不管有无气候变化都应采取的行动，例如提高能源效率、发展可再生能源。一些国家提出到2000年温室气体的排放应稳定在1990年的水平，应制定温室气体减排目标；一些国家要求工业化国家应该立即大幅消减二氧化碳和其他温室气体排放；有些国家认为发达国家应该改变他们的消费模式。

在政府间谈判委员会第一次会议上，决定建立两个工作组来完成相关任务，并确定最后达成的《公约》应包括以下内容：①排放；②碳汇；③技术转让；④支持发展中国家的资金机制；⑤国际科技合作；⑥应对气候变化影响的措施，特别是对小岛屿发展中国家、海岸带低地、干旱半干旱地区、易发季节性洪水热带地区和易发干旱与荒漠化地区。

经过紧张激烈的谈判，各方于1992年5月在纽约完成了《公约》文本的谈判。1992年6月，在巴西里约热内卢举行的联合国环境与发展大会上正式开放签署《公约》。1994年3月21日，《公约》正式生效。

2.2.1.2 《联合国气候变化框架公约》的主要内容

《公约》为应对气候变化国际合作进程打下了良好的基础，其取得的最重要的成果是确立了目标、原则和各方义务[4]。

第一，《公约》第二条确立了应对气候变化的目标，即"将大气中温室气体的浓度稳定在防止气候系统受到危险的、人为干扰的水平上。这一水平应当在足以使生态系统能够自然地适应气候变化、确保粮食生产免受威胁并使经济发展能够可持续地进行的时间范围内实现。"尽管没有量化的浓度目标或减排目标，《公约》这段话还是为后续的减缓和适应气候变化指明了方向。

第二，《公约》明确了应对气候变化国际合作应遵循的原则，包括公平原则、共同但有区别的责任原则、各自能力原则、预防原则、成本有效性原则、考虑特殊国情和需求原则、可持续发展原则和鼓励合作原则，为各国参与和开展国际合作提供了基础和遵循。

第三，《公约》根据各国的历史责任和现实能力做出了国家分类，即将所有缔约方分为附件一国家、附件二国家和非附件一国家，并明确了各类缔约方应对气候变化的不同义务：附件一国家应率先开展控制和减少温室气体排放的行动，到2000年将排放降低至1990年的水平；附件二国家应为非附件一国家提供新的和额外的资金支持，并采取有效措施促进气候友好技术向非附件一国家的转让。

第四，《公约》建立了缔约方会议及其附属机构，建立了若干机制包括资金机制、国家信息通报、争端解决机制等来保障其实施。

同时，《公约》还明确指出，注意到历史上和目前全球温室气体排放的最大部分源自发达国家，发展中国家的人均排放仍相对较低，发展中国家在全球排放中所占的份额将会增加，以满足其社会和发展需要。

2.2.2 《京都议定书》

2.2.2.1 《柏林授权书》与《京都议定书》的谈判

鉴于《公约》虽然明确了国际合作应对气候变化的原则和缔约方的一般义务，但没有确定具体的减、限排温室气体目标。为此，1995年举行的《公约》第一次缔约方大会通过了第1号决议，即《柏林授权书》，决定启动一项进程，包括通过一项议定书或另外一种法律文书，以强化附件一国家的义务。决定指出，在这一进程中，发达国家缔约方应当率先应对气候变化及其不利影响，应对考虑发展中国家实现经济持续增长和消除贫穷的合理需要，"对附件一未包括的缔约方（即发展中国家）不引入任何新的承诺"。

为完成新的谈判任务，《柏林授权书》特设工作组在1995年8月—1997年10

月组织召开了 8 次会议。在关于议定书文本的谈判中，最引人注目的当属关于减限排温室气体目标问题。尽管《柏林授权书》非常明确，仍然还有国家提出所有国家都应承担目标。讨论比较多的有：包括哪些温室气体种类、确定国别目标考虑的因素、目标期和具体目标、帮助各国完成减排义务的手段等。小岛屿国家联盟建议，2005 年实现减少二氧化碳排放 20%，有的提出附件一国家在 2000 年后保持 1990 年温室气体排放水平，也有提议要求 2010 年达到比 1990 年减少 5%~10% 的目标。还有的提出到 2020 年等不同目标期。在确定每个国家减排责任时，提出考虑的因素包括人均国内生产总值、人均和单位面积净排放量、碳吸收汇、人均能源生产和消费水平等。在具体的政策方面，则提出能效标准、自愿协议、碳税/能源税、联合开展活动和排放量交易等。最终，1997 年底《公约》第三次缔约方大会上达成了《京都议定书》（以下简称《议定书》）。

2.2.2.2 《京都议定书》的主要内容

第一，《议定书》充分体现了共同但有区别的责任原则，首次确定发达国家具有法律约束力的量化减限排目标。按照规定，附件一国家应该确保其 6 种温室气体排放总量在 2008—2012 年承诺期内比 1990 年水平减少 5.2% 以上；到 2005 年，附件一缔约方应在履行这些承诺方面取得能够证实的进展。《议定书》还为其确定了有差别的减排指标，其中，欧盟国家 8%、美国 7%、日本和加拿大均为 6%；根据实际情况，允许俄罗斯、乌克兰、新西兰零减排；澳大利亚增排 8%、冰岛增排 10%。

第二，《议定书》为帮助发达国家实现减排目标建立了排放贸易、联合履约机制和清洁发展三种灵活机制，旨在通过经济手段为承担减排义务的缔约方提供更灵活、更低成本的履约方式，使发达国家可以通过这些机制获得国外的减排量，从而能够以比较低的成本实现其在《议定书》下承担的减排义务。

第三，《议定书》的其他规定，包括对温室气体排放源与汇估算的方法学问题、附件一缔约方提交信息问题以及所提交信息的审评问题做出了原则性规定，并提请缔约方会议规定具体指南。《议定书》重申了《公约》确定的所有缔约方的义务，并要求制定一个有关《议定书》的遵约程序"用以断定和处理不遵守本《议定书》规定的情势"。

按照《议定书》规定，其生效条件是"双 55"，即需要至少 55 个《公约》缔约方批准，且其中附件一国家缔约方 1990 年排放量之和要占到全部附件一国家缔约方 1990 年总排放量的 55% 以上。由于占当时附件一缔约方排放量 36% 的美国宣布将不批准《议定书》，使得占比超过 17% 的俄罗斯的批准成为关键。尽管 2001 年缔约方会议就通过了关于《议定书》的实施细则（即《马拉喀什协定》），

2002年底批准《议定书》的国家已经超过100个,但直到2004年俄罗斯完成核准后,《议定书》才最终满足生效条件,于2005年2月16日得以生效[5]。

2.2.2.3 《京都议定书》第二承诺期步履艰难

《议定书》仅仅规定了发达国家到2012年的减排目标,并没有明确第一承诺期后有关国家减排义务问题。美国国会以影响美国的就业和经济发展为借口,提出美国不能签署只包含发达国家减排承诺的法律文书,其他一些发达国家也力图促使发展中国家承担减排义务。

按照《议定书》有关规定,需在第一承诺期(2008—2012年)结束前7年开始审议后续承诺期的减排目标。为此,2005年在加拿大蒙特利尔召开的《议定书》第一次缔约方大会启动了这一进程;2007年底在巴厘岛召开的缔约方大会达成了《巴厘岛路线图》,启动双轨谈判进程,即一方面在《议定书》轨道下磋商确定发达国家2012年后第二承诺期相关安排,另一方面在《公约》轨道下通过《巴厘岛行动计划》,明确长期愿景、减缓、适应、资金、技术、能力建设等实施安排。

本应完成谈判任务的2009年丹麦哥本哈根缔约方大会,提高了国际社会对气候变化问题的关注度,也在形成21世纪末将全球温升控制在2℃以内的长期目标、发达国家到2020年每年要为发展中国家提供1000亿美元的资金以及技术支持等方面取得进展,但最终仅达成了一个不具法律约束力的《哥本哈根协议》,未能取得成功。此后,经过在墨西哥坎昆、南非德班两次缔约方会议的努力,2012年卡塔尔多哈缔约方大会最终完成了《巴厘岛路线图》进程相关谈判,通过了关于《议定书》第二承诺期的《〈京都议定书〉多哈修正案》,为发达国家规定了2012—2020年的减排目标。

但是,个别发达国家始终拒绝批准《〈京都议定书〉多哈修正案》,受此影响,《〈京都议定书〉多哈修正案》生效条件直到2020年才满足,到本应是《京都议定书》第二承诺期结束时间的2020年12月底才生效,实际上没有真正发挥应有的作用。

2.2.3 《巴黎协定》

2011年南非德班缔约方大会决定启动一个名为"加强行动德班平台"(简称"德班平台")的新进程,要求于2015年达成一项具有法律约束力的国际协议,对各方2020年后加强行动作出安排,协议应包括减缓、适应、资金、技术、能力建设、透明度等要素。2012年的多哈会议进一步提出要在2014年形成协议案文基本要素,以确保2015年如期达成协议。2013年波兰华沙缔约方大会首次提出了"国家自主贡献"的概念,初步确立"自下而上"的行动模式,并邀请各方于

2015年提交国家自主贡献。2014年秘鲁利马缔约方大会明确了巴黎气候大会产生的协议要体现《公约》"共同但有区别"的责任原则和各自能力原则,并形成了协议案文基本要素,为达成《巴黎协定》做好了准备。

2015年在法国巴黎召开的《公约》第21次缔约方大会,主要目标是要达成关于2020年后应对气候变化的安排。在各缔约方共同努力下,最终通过了具有里程碑意义的《巴黎协定》。协定规定了全球温升幅度的限制和温室气体减排的长期目标,即到21世纪末将全球平均温度升高控制在工业革命前2℃之内,并努力控制在1.5℃之内。全球温室气体排放需尽快达峰,到21世纪下半叶实现排放源与碳汇之间的平衡,即实现净零排放。巴黎会议不仅在减缓、适应、资金、技术等方面做出了安排,确定了各国以国家自主贡献形式做出承诺,还建立了全球盘点机制,旨在未来强化全球行动力度[6]。

《巴黎协定》获得了广泛的支持,在通过后不到一年的时间里即迅速生效,充分体现了各国采取行动的决心。然而,美国特朗普政府上台后,宣布退出《巴黎协定》,一度给《巴黎协定》的前景投下阴影。但众多国家未受影响,中国政府多次重申坚持《巴黎协定》,信守承诺的立场,提振了国际社会积极应对气候变化的决心与信心。作为一份全面、均衡、有力度、体现各方关切的协定,毫无疑问,《巴黎协定》是继《公约》《议定书》后,国际气候治理历程中第三个具有里程碑意义的文件。事实上,美国拜登政府上台后即宣布美国重返《巴黎协定》,也充分表明《巴黎协定》具有强大的生命力。

2018年,在波兰卡托维兹举行的缔约方会议上,各国基本完成了关于《巴黎协定》实施细则的谈判,但仍遗留若干问题并未彻底解决,包括《巴黎协定》第六条、国家自主贡献共同时间框架、透明度等,最终经过努力在2021年格拉斯哥会议上得以达成共识(表2.1)。

表2.1 气候变化国际谈判历程重大事件

年份	事件
1988年	通过《为今世后代保护全球气候》
1990年	启动气候变化公约谈判
1992年	通过《联合国气候变化框架公约》并开放供各国签署
1995年	通过关于议定书谈判的《柏林授权书》
1997年	通过《京都议定书》,首次为发达国家规定量化减排温室气体义务
2001年	通过《波恩政治协议》和《马拉喀什协议》(即《京都议定书》实施细则)
2007年	通过《巴厘岛路线图》,建立了双轨谈判机制
2009年	未能完成预定谈判任务,仅通过不具约束力的《哥本哈根协议》
2012年	通过《〈京都议定书〉多哈修正案》,规定发达国家2020年减排目标

续表

年份	事件
2015 年	通过《巴黎协定》，确定应对气候变化长期目标和各国自主贡献承诺方式
2018 年	基本完成关于《巴黎协定》实施细则的谈判
2021 年	达成《格拉斯哥协议》

2.3 国际谈判主要焦点议题进展

2.3.1 减缓

鉴于地球表面平均温度升高与大气中的温室气体浓度直接相关，通过减少人为活动温室气体排放和增加碳吸收汇，从而降低大气中温室气体浓度，就成为解决气候变化问题的关键，也是气候变化国际谈判中的核心内容。

《公约》要求所有的缔约方都要根据自身的责任和能力制定和实施减缓气候变化的政策措施，《议定书》则为发达国家规定了量化的减排义务，并提供了清洁发展机制、联合履行和排放贸易等三种市场机制，《马拉喀什协定》确定了《议定书》的实施细则。在《哥本哈根协议》和《坎昆协议》后，发达国家通报了其到 2020 年的量化减排目标，而发展中国家也同意在获得发达国家支持的情况下实施国家适当减缓行动（Nationally Appropriate Mitigation Actions，NAMA）。此外，关于《议定书》第二承诺期的《〈京都议定书〉多哈修正案》规定了发达国家到 2020 年的减排目标。《巴黎协定》提出了要将全球温升控制在工业革命前 2℃，并努力控制在 1.5℃的目标，为此要求所有缔约方都要提出有力度的国家自主贡献目标。迄今为止，大多数国家已经提出了或更新了其国家自主贡献目标，所提目标的种类多种多样，既有绝对量目标，也有相对量目标，既有全经济范围目标，也有局限于部门领域的目标。但根据有关机构的评估，当前各国提出的目标仍不足以实现《巴黎协定》提出的目标，未来将需要各方强化目标。

值得指出的是，鉴于来自国际航空和航海的排放不断增长，国际民航组织和国际海事组织正在主持谈判相关领域的减排目标和机制。

2.3.2 适应

在多年的气候变化谈判中，广大发展中国家一直关注适应气候变化问题，虽然始终没有成为谈判的重点，重减缓、轻适应问题没有根本改变，但也取得了一些进展。

2005 年第 11 次缔约方会议在附属科学和技术机构下设立了《内罗毕工作计划》，以促进适应相关知识的产生和传播。2007 年第 13 次缔约方大会通过了《巴厘岛行动计划》，首次将适应、减缓、资金、技术列为应对气候变化的四要素，并提出了包括国际合作、风险管理、灾害防治、经济多元化等在内的适应增强行动。2010年第16次缔约方大会通过了《坎昆适应框架》，强调必须给予适应与减缓一样的优先级，并通过增强适应行动减少脆弱性和建设恢复力。《坎昆适应框架》开启了最不发达国家编制和实施国家适应计划的谈判进程，明确《公约》下现有最不发达国家基金和气候变化特别基金支持最不发达国家和其他发展中国家的国家适应计划进程，成立了适应委员会作为《公约》下咨询机构，明确要求发达国家为发展中国家实施适应气候变化的行动、计划、规划，以及项目提供长期的、不断增加的、可预测的、新的、额外的资金、技术和能力建设支持。

在"德班平台"谈判中，缔约方围绕全球适应目标、长期愿景、国家适应计划、国家自主贡献和适应的关系、机构安排、适应的监测和评估、适应信息通报等问题进行了全方位的激烈交锋，谈判成果最终体现在《巴黎协定》相关内容，包括确立了与全球温升目标相联系、提出了开展适应行动的基本原则，即"国家驱动、注重性别问题、参与性、充分透明和基于现有最佳科学，并考虑到脆弱群体、社区和生态系统"，要求缔约方增强适应行动方面的合作，开展适应规划进程和行动，定期提交和更新适应信息通报等。

总体来看，发达国家试图用每个国家都面临着气候变化的不利影响、适应活动应该是国家行动的借口，试图模糊发达国家的历史责任；而发展中国家则强调适应行动本身就是对全球应对气候变化的重要贡献，适应是其国家发展过程中面临最紧迫的气候变化问题，发展中国家的适应行动需要发达国家提供的资金、技术和能力建设支持。

2.3.3 技术转让

从一开始，气候技术开发和转让就是谈判的核心议题之一。《公约》包括了关于技术问题的条款，要求所有国家应该在研发和转让减排技术方面合作，并要求发达国家采取切实的步骤，促进向发展中国家的技术转让。《公约》还明确指出，发展中国家履行《公约》的情况将取决于发达国家提供技术转让与资金的情况。

了解技术需求是采取气候行动的重要条件。为此，2001年起，许多发展中国家开展了技术需求评估工作。2010年以后，发展中国家还制订了技术行动计划。全球环境基金为发展中国家开展技术需求评估提供了支持。

2010年的缔约方会议建立了技术机制，目的是加速气候友好技术研发和转让。技术机制包括两个组成部分，即技术执行委员会和气候技术中心与网络。

技术执行委员会由来自发展中国家和发达国家的 20 位专家组成,是技术机制的政策分支,主要职能是进行政策分析和提供政策建议,以支持有关国家强化技术的努力。气候技术中心与网络则是技术机制的实施分支,主要有三项功能,即为发展中国家提供技术支持、为了解气候技术提供途径、培育气候技术相关方之间的合作。已有 150 多个国家确定了其负责技术和转让的国家指定实体,各国可以通过国家指定实体向气候技术中心与网络提出技术支持的要求。

《巴黎协定》也充分认识到技术开发和转让对减缓和适应气候变化的重要意义,并建立了一个技术框架对技术机制提供指导。2018 年,卡托维兹会议通过了《巴黎协定》下的技术框架,该框架将在改进技术机制的效率方面发挥重要作用,包括创新、实施、适宜环境和能力建设、合作与相关方参与以及支持。

2.3.4 资金

气候资金问题是气候变化国际谈判与合作的核心要素之一,不论是采取温室气体减排行动,还是采取适应气候变化措施,资金支持都是必不可少的。《公约》《议定书》和《巴黎协定》都呼吁发达国家加强对发展中国家应对气候变化行动的资金支持和援助,可以说,发展中国家在应对气候变化方面采取行动的力度,在很大程度上将取决于发达国家能够提供多少资金支持。

自 1992 年《公约》签署以来,经过一轮又一轮艰难谈判,在全球气候治理体系下已经建立起多个资金机制。这些资金机制如下。

全球环境基金:成立于 1992 年里约热内卢地球峰会,是最早运营的国际环境资金机构之一,核心优势在于其同时担当包括《公约》在内的六个国际环境公约的多边资金机制并以提供赠款为主,其中气候资金占有相当大的比重,是其重要业务领域。

绿色气候基金:按照《哥本哈根协议》和《坎昆协议》的要求,发达国家要在 2010—2012 年出资 300 亿美元作为快速启动资金,2013—2020 年每年提供 1000 亿美元的长期资金,用于帮助发展中国家应对气候变化。2010 年墨西哥的坎昆气候变化会议上,决定为解决绿色气候基金问题而成立绿色气候基金过渡委员会,对绿色气候基金的运作提出意见。2011 年 12 月德班气候大会通过决议,正式启动绿色气候基金。

气候变化特别基金:根据 2001 年马拉喀什缔约方大会的决定而成立,于 2004 年开始运行。基金建立的初衷是补充全球环境基金重点领域和其他双边、多边资金的不足,作为气候变化其他融资渠道补充融资的种子基金,与最不发达国家基金不同,气候变化特别基金向所有脆弱的发展中国家开放。它由全球环境基金进行管理,也是自愿捐赠性的信托基金。

最不发达国家基金:于 2002 年开始运行,主要为 51 个最不发达国家提供援助,由全球环境基金进行管理。该基金是自愿捐赠性的信托基金,主要资助最不发达国家编制国家适应气候变化计划、履行国家适应气候变化计划中确定的紧急和优先适应措施。

气候适应基金:2001 年马拉喀什缔约方大会议上批准设立,基金的资金来源于清洁发展机制收益的 2%和各国政府自愿认捐,旨在帮助《议定书》缔约方中的发展中国家减轻由于气候变化带来的有害影响。

发达国家在 2020 年坎昆会议承诺,到 2020 年每年动员 1000 亿美元资金,用于支持发展中国家应对气候变化行动。巴黎气候大会确认了这个目标,要求制定到 2020 年实现目标的具体路线图,并决定在 2025 年前就发达国家出资目标以 1000 亿美元为起点确定新的量化目标。尽管《巴黎协定》对资金问题给予高度重视,资金首次被写入协定的目标宗旨,协定重申了《公约》下原有出资承诺,明确了发达国家出资义务和发展中国家的受援资格,以及"提供更大规模的资金资源"。但必须说明,到目前为止,发达国家并未真正实现出资目标,一些国家还在想方设法逃避责任,甚至企图向发展中国家转嫁出资义务。

2.3.5 全球盘点

《巴黎协定》改变了《议定书》自上而下规定缔约方减限排温室气体目标的方式,代之以由各国以国家自主贡献方式承诺减排目标,其优点是各国易于接受,但可能出现各国自愿承诺与落实《巴黎协定》目标的需求不相匹配的情况。为此,《巴黎协定》设立了全球盘点机制,规定作为《巴黎协定》缔约方会议的《公约》缔约方会议应定期总结协定的执行情况,以评估实现协定宗旨和长期目标的集体进展情况,要求评估工作应以全面和促进性的方式开展,同时考虑减缓、适应问题以及执行和资助的问题,并顾及公平和利用现有的最佳科学。协定还明确《公约》缔约方会议应在 2023 年进行第一次全球盘点,此后每五年进行一次,其结果应为缔约方提供参考,以国家自主的方式根据协定的有关规定更新和加强它们的行动和支助,以及加强气候行动的国际合作[7]。

全球盘点将分为三个步骤进行。

第一步是信息收集和准备。缔约方会议决定明确规定了开展全球盘点时所依据的信息类型,包括温室气体排放源与吸收汇的情况,各国国家自主贡献及其实施进展的情况,有关适应的努力、支持等情况,有关资金流的情况,有关减少由气候变化所致不利影响带来的损失损害的行动和支持,发展中国家在资金、技术和能力建设等方面面临的障碍与挑战，在《巴黎协定》下增强减缓与适应国际合作的好的做法、经验与潜在机会。缔约方会议还确定了用于全球盘点的信息来源，包括：缔约方提交的报告和信息通报，特别是在《公约》和《巴黎协定》下提交的；IPCC最新报告；附属机构的有关报告；在《公约》和《巴黎协定》下、或服务于《公约》和《巴黎协定》的机构的报告；秘书处编写的综合报告；支持《公约》进程的联合国机构和其他政府间组织发布的相关报告；缔约方自愿提交的报告；由区域集团和其他机构提交的报告；非缔约方利益相关方和相关观察员组织提交的报告。

第二步是技术评估。技术评估主要聚焦评估为实现《巴黎协定》长期目标取得的集体进展，以及未来进一步强化行动和支持的机会。技术评估将举行技术对话，对话将是公开、透明、促进性的。技术对话将由分别来自发达国家和发展中国家的联合协调员主持，负责准备关于对话的综合报告。

最后一步是审议产出。主要是讨论技术评估有关发现对缔约方更新和强化国家自主贡献行动和支持的含义，以及对于强化气候行动国际合作的含义。

2.3.6 透明度

对于一个成熟的国际机制来说，确保透明度是建立政治互信、维护机制运行的重要基础。在气候变化谈判中，各方对透明度问题给予了高度关注。各方的争议主要集中在是否应对发达国家和发展中国家区别对待，以及在哪些方面、在多大程度上允许差别对待。

在《公约》下的透明度安排，主要包括国家信息通报、两年期报告和两年期更新报告、国际评估和审评以及国际协商和分析。在上述相关机制中，按照《公约》发达国家和发展中国家共同但有区别的责任原则以及各自能力的原则，均对发展中国家和发达国家提出了不同的要求。

《公约》第4条第1款为所有缔约方规定了应该履行的义务，包括要提供所有温室气体各种排放源和吸收汇的国家清单，制订、执行、公布国家计划，包括减缓气候变化以及适应气候变化的措施，促进有关气候变化和应对气候变化的信息交流，以及依照《公约》第12条向缔约方会议提供有关履行的信息，即国家信息通报。

从一开始，"共同但有区别"的责任原则就体现在国家信息通报上，主要是：第一，在信息通报的内容上，发达国家要提交有关其履行有别于发展中国家义务的相关措施；第二，关于提交的频率，发达国家缔约方应每3~5年提交一次，并且除在国家信息通报中提交温室气体清单外，还要提交年度国家清单，而对发展中国家，最初只规定了提交第一次国家信息通报的时间，对提交频率未做出具体规定；第三，在所需费用问题上，发达国家需自行承担编制国家信息通报的费用，而发展中国家则可获得《公约》资金机制即全球环境基金的资助；第四，在使用 IPCC 相关方法学上，给予发展中国家一定灵活性；第五，在提交国家信息通报后，发达国家需经过有关专家审议，而对发展中国家没有这一程序。虽然此后一些规定有所变化，但总体上，仍然赋予发展中国家有较大灵活性。

《巴黎协定》对透明度也作出了规定。要求行动透明度框架按照《公约》第 2 条所列目标，明确了解气候变化行动，包括明确和追踪缔约方在第 4 条下实现各自国家自主贡献方面所取得的进展；以及缔约方在第 7 条之下的适应行动，包括良好做法、优先事项、需要和差距，以便为第 14 条下的全球盘点提供参考。资助透明度框架明确各相关缔约方在第 4 条、第 7 条、第 9 条、第 10 条和第 11 条下的气候变化行动方面提供和收到的资助，并尽可能反映所提供的累计资金资助的全面概况，以便为第 14 条下的全球盘点提供参考。

在《巴黎协定》下透明度相关安排中，考虑到发展中国家能力存在不足，因此在透明度的要求方面也给发展中国家提供了一定灵活性。同时，建立透明度机制要求为发展中国家履行透明度义务提供能力建设支持。各缔约方共同的责任是要定期提供一份温室气体源的人为排放量和汇的清除量的国家清单报告，根据第 4 条执行和实现国家自主贡献方面取得的进展，与气候变化影响和适应相关的信息。对发达国家，要求提供向发展中国家缔约方提供资金、技术转让和能力建设资助的情况，而发展中国家缔约方则应提供有关需要和接受的资金、技术转让和能力建设资助情况[8]。

2.4 主要国家和国家集团的基本立场

由于在气候变化问题的历史责任和利益诉求上的不同，以及在经济发展水平方面的差别，气候变化国际谈判从一开始就呈现出发达国家和发展中国家两大阵营的态势，而在发达国家中，欧盟国家以及美国、加拿大、澳大利亚等国家对待气候变化问题的态度也有明显差异。反映在全球气候治理的谈判中，既有欧盟国家、美国为首的伞形集团国家和由发展中国家组成的"七十七国集团 + 中国"三大势力的对垒，也有发达国家和发展中国家内部的分化。围绕包括全球长期目标、减排、适应、损失和损害、资金、技术、能力建设、透明度等诸多议题，各集团之间存在尖锐的矛盾和激烈的冲突，其最根本的分歧在于是否坚持发达国家和发展中国家"共同但有区别"的责任原则，其实质在于维护自身的发展权益和发展空间，争夺在国际治理体系中的话语权和影响力。

2.4.1 七十七国集团＋中国

七十七国集团（G77）最早于 1964 年成立，包括 133 个发展中国家。在气候变化国际谈判中，以"七十七国集团＋中国"的名义集体发声，共同维护广大发展中国家的利益。其基本立场是要求承认发展中国家未来发展的需求和当前的发展状况，坚决维护《公约》关于发达国家和发展中国家"共同但有区别"的责任原则，主张发达国家应基于其温室气体排放的历史责任和经济发展水平较高的现实能力，率先采取积极应对气候变化的行动，并对发展中国家适当行动提供资金、技术和能力建设等方面的支持，帮助发展中国家增强应对气候变化的能力；认为发展中国家的优先事项是发展，应在可持续发展框架下采取应对气候变化的措施。

2.4.2 欧盟

2020 年英国"脱欧"后，欧盟现有 27 个成员国，均为发达国家。欧盟始终是推动全球气候治理进程的重要力量。由于其长期以来形成的技术优势和产业优势，推动应对气候变化有利于欧盟国家在未来的全球低碳转型中获得竞争优势，并且在全球气候治理方面占据道义制高点，从而增强其国际地位和影响力。因此，欧盟在推动各方提出更大力度的温室气体减排目标的同时，积极主张建立国际审评和提高目标力度的机制，以确保各方采取行动达成目标。在资金问题上，欧盟不否认发达国家应率先作出贡献，但同时认为除最不发达国家以外的所有国家都应为此作出贡献，试图将压力转嫁给发展中国家。在为发展中国家提供资金的来源方面，欧盟强调私人资金的重要性，提倡创新型融资方式和新市场机制，实际上是想减轻和逃避自身公共资金出资责任。

2.4.3 伞形集团国家

伞形集团国家是《议定书》谈判中形成的气候谈判集团，其成员主要来自欧洲、美洲、亚洲，覆盖了欧盟以外的主要发达国家，包括澳大利亚、白俄罗斯、加拿大、冰岛、以色列、日本、新西兰、哈萨克斯坦、挪威、俄罗斯、乌克兰和美国。

伞形集团国家在全球气候治理中的作用具有双重性。一方面具有推动的作用，体现在积极要求各国提高自主贡献力度、推动建立市场机制、增强透明度等方面；另一方面也有消极作用，例如美国没有批准《京都议定书》，日本、澳大利亚等国拒绝批准《〈京都议定书〉多哈修正案》，美国还是唯一曾批准加入《巴黎协定》但又宣布退出的国家,这些都对全球气候变化合作带来了负面影响。

伞形集团国家采取上述立场主要基于其利益诉求,即担心控制温室气体排放会削弱其经济竞争力、减少就业、影响生活方式和生活水平,因此不愿意承诺更高的减排目标,不愿意为发展中国家提供支持,反而要求发展中国家特别是发展中大国不断提高减排力度,并承担出资责任。

2.4.4 气候谈判中的其他集团

由于气候变化问题影响的广泛性和深远性,各国的利益诉求和立场主张复杂交错,发达国家和发展中国家阵营内部也并非在所有议题上都利益一致,也形成了不同的小集团。在发展中国家内部,出现的集团主要有"基础四国"、立场相近发展中国家集团、非洲集团、最不发达国家集团、小岛屿国家集团、阿拉伯集团、埃拉克集团等,在发达国家集团中又有环境完整性集团等。

"基础四国"包括中国、印度、巴西和南非四个在气候变化问题上立场相近的发展中国家,作为发展中国家中的排放大国,在谈判中的利益基本一致,致力于维护发展中国家利益。立场相近发展中国家集团是谈判中形成较晚的一个集团,其成员包括"基础四国"的中国和印度,石油输出国组织的委内瑞拉、伊朗、沙特、伊拉克等。最不发达国家集团成员如苏丹、马里,在《巴黎协定》谈判过程中发挥了积极作用。非洲集团和最不发达国家集团更关注适应问题和对发展中国家的资金及技术援助问题,小岛屿国家集团关注气候变化带来海平面上升等问题,要求各国大幅减排并为其提供支持,阿拉伯集团则担心减排、限排措施会影响其石油生产与出口。

2.5 全球气候治理体系现状特点

从1990年开始谈判气候《公约》起,全球气候治理已经走过了30多年的历程,经历了冷战结束和颜色革命、全球性经济危机、新冠肺炎疫情等风云变幻,形成了颇具特点的全球气候治理体系。在30年全球气候治理进程中,气候变化科学认识不断深化推动国际合作持续前行,公众应对气候变化意识不断增强成为各国采取切实行动的民意基础。全球气候治理体系的规则框架已经基本形成,为国际社会合作应对气候变化提供了基本遵循。气候治理中发达国家和发展中国家两大阵营的基本格局保持稳定,参与气候治理的主体更加多元,大国博弈作用仍然突出。气候治理的基本模式发生变化,各国自主承诺目标成为各方共同接受的选项。但是,气候治理中的不和谐声音依然存在,全球应对气候变化成效难称满意。

面对关乎全人类生存和发展及子孙后代福祉的重大全球性挑战,建立一个公平合理、合作共赢、普遍参与的全球气候治理体系,对于实现应对气候变化目标至关重要。

2.5.1 气候变化科学认识推动形成政治共识

从1842年法国物理学家约瑟夫·傅里叶（Joseph Fourier）论证了温室效应的存在,到1958年美国科学家查尔斯·大卫·基林（Charles David Keeling）在夏威夷莫纳罗亚火山天文台建立二氧化碳浓度观测站,科学家对气候变化问题开展了多学科、长时间的观测和研究,逐步认识气候变化问题的成因,意识到人类活动排放大量温室气体是造成现代全球气候变化的主因。20世纪80年代以后,科学界更加关注气候变化问题,围绕气候变化的成因、影响和对策等开展了大量的科学研究工作,取得了丰硕的研究成果。

1988年IPCC成立后,数以千计的相关领域专家参加了对气候变化科学研究进展的评估,评估报告加深了人们对气候变化问题的认识。正是在科学认识的基础上,国际社会形成了应对气候变化的政治共识。IPCC相关报告在推出的时间节点上与气候变化国际谈判的进程紧密联系,充分反映了科学认识推动了国际社会为应对气候变化达成政治共识并采取行动。

2.5.2 全球气候治理的规则框架基本形成

各国政府先后谈判达成了《公约》《议定书》《巴黎协定》三个重要文件,构成国际社会合作应对气候变化的政治共识和法律遵循。《公约》的主要贡献是确立了应对气候变化的基本原则,包括公平原则（共同但有区别的责任原则）、充分考虑发展中国家的具体需要和特殊情况原则等,指导了30年间的谈判进程。《议定书》为发达国家确定了量化的温室气体减限排义务,其建立的排放贸易、联合履行和清洁发展机制不仅在"京都周期"帮助发达国家履行其义务,且对此后各国建立碳交易市场产生了很大影响。《巴黎协定》则首次明确了将全球温升控制在2℃以内并努力争取控制在1.5℃以内的长期目标,开创了"自下而上"由各国以国家自主贡献承诺控制温室气体排放目标的模式。三个里程碑式的成果明确了全球气候治理的原则、目标、模式和具体制度,确立了基本框架规则。

2.5.3 全球气候治理的主体日益多元化

《公约》谈判初期,形成以主权国家为主体、发达国家和发展中国家两大阵营交锋的基本谈判格局。随着谈判的深入,各国的利益诉求开始显现多样化,在发达国家和发展中国家内部，都依据谈判立场相似性形成多个谈判集团，如发达国家中除欧盟国家外，还有美、日、加、澳等组成的伞形集团；发展中国家形成了小岛屿国家集团、立场相近发展中国家集团等。我国除作为"七十七国集团＋中国"成员外，还是"基础四国"和立场相近发展中国家集团成员。国际民航组织、国际海事组织等政府间国际组织以及关于消耗臭氧层物质的《蒙特利尔议定书》等加入了管控温室气体排放的行动。

在全球气候治理进程中，越来越多的利益相关方加入其中。除主权国家政府外，政府间国际组织、各类非政府组织、企业界、科技界和越来越多的个人也加入了全球应对气候变化的行动，反映了社会各界对应对气候危机的关注。

2.5.4 全球气候治理的基本模式发生变化

变化表现在为各缔约方确定温室气体减排义务方面。在《议定书》框架下，通过政府间谈判对温室气体减排进行强制性分配，以"自上而下"的方式为发达国家确定减排的目标。而在《巴黎协定》框架下，由于世界各国要普遍采取行动，采取了"自下而上"的方式，即由各国以提出国家自主贡献的方式自主确定控制温室气体排放的目标。

2.5.5 全球气候治理进程远非一帆风顺

在《议定书》和《巴黎协定》谈判和实施进程中都出现了波折。批准和加入《议定书》的缔约方有192个，但美国始终拒绝批准。批准《〈京都议定书〉多哈修正案》的缔约方只有147个，美国、日本、澳大利亚、俄罗斯等均未批准，使得规定发达国家2020年减排目标的修正案迟迟无法生效，事实上不能发挥应有作用。《巴黎协定》通过后一年即快速生效，缔约方达到190个，反映出国际社会对其高度认同。其中出现了美国特朗普政府于2017年宣布退出，拜登总统2021年上任后又立即重返《巴黎协定》的插曲。此外，2000年海牙第六次缔约方会议、2009年哥本哈根第15次缔约方会议，均因种种原因未能取得预期成果。

2.5.6 全球气候治理的矛盾焦点始终未变

在谈判全球气候治理体系的进程中，始终存在发展中国家和发达国家之间的矛盾，而矛盾的焦点，主要是围绕着减缓气候变化以及为发展中国家提供支持的问题。具体来说，就是确定目标，应该减排多少温室气体；确定责任分担，谁应该减少温室气体排放；确定路径，应该以什么样的方式实现减排目标；确定条件，发达国家应该为发展中国家提供什么样的支持。

2.5.7 全球气候治理的效果不尽如人意

尽管全球气候治理体系建设取得了积极进展，各国开始了应对气候变化的努力，但目前取得的成效难说满意。部分发达国家缺少率先大幅减排温室气体的政治意愿，也未能充分履行为发展中国家提供资金、技术和能力建设支持的承诺。在全球气候进程中重减缓、轻适应的倾向一直存在，未能做到两者并重。各缔约方第一轮国家自主贡献承诺距离实现《巴黎协定》目标要求仍有相当大差距，一些国家重承诺、轻落实，未来必将要求各方持续提高行动目标和力度。

2.5.8 建设全球气候治理体系任重道远

气候变化谈判正面对着双重挑战：一方面，全球温室气体排放继续增长，气候变化形势更为严峻，各国现有减排承诺不足以实现《巴黎协定》的长期目标，迫切需要各方的携手合作；另一方面，发达国家一直试图抹杀"共同但有区别"的责任原则，要求发展中国家承担更多义务，但又不愿履行自身提供资金、技术支持的义务。在未来相当一段时间，这种形势不会根本改变。要建设公平合理、合作共赢的全球气候治理体系，必须坚持共同但有区别的责任原则，正确解读《巴黎协定》的要求，切实采取应对气候变化国内行动，加强应对气候变化国际交流与合作，加大对发展中国家应对气候变化的支持，防止气候变化领域的单边主义风险。

中国要积极参与和引领全球气候治理，必须坚持统筹国际国内两个大局。国内工作，以落实碳达峰碳中和目标愿景为主线，实施积极应对气候变化国家战略，加快经济发展、能源系统和消费模式的低碳转型，有效控制温室气体排放，确保如期实现碳排放达峰目标，为我参加并引领国际气候谈判进程奠定基础。国际层面，坚持发展中国家定位，坚守《公约》和《巴黎协定》，巩固广大发展中国家依托，加强与各方对话交流，以更加积极姿态参与全球气候谈判议程和国际规则制定，积极贡献中国方案和中国智慧，推动建立公平合理、合作共赢的全球气候治理体系。

参考文献

[1] 国家气候变化对策协调小组办公室，中国 21 世纪议程管理中心. 全球气候变化——人类面临的挑战 [M]. 北京：商务印书馆，2004.

[2] 孙振清. 全球气候变化谈判历程与焦点 [M]. 北京：中国环境科学出版社，2013.

［3］复旦国际关系评论. 气候谈判与国际政治［M］. 上海：上海人民出版社，2021.

［4］联合国气候变化框架公约［R/OL］. https://unfccc.int/files/essential_background/background_publications_htmlpdf/application/pdf/conveng.pdf.

［5］UNFCCC. Kyoto Protocol［R/OL］. https://unfccc.int/sites/default/files/resource/docs/cop3/l07a01.pdf.

［6］UNFCCC. The Paris Agreement［R/OL］. https://unfccc.int/sites/default/files/english_paris_agreement.pdf.

［7］有关联合国大会决议［R/OL］. https://research.un.org/en/docs/ga/quick/regular/76.

［8］气候变化公约有关缔约方会议决议［R/OL］. https://unfccc.int/documents.

第 3 章 典型国家和地区碳中和战略路径

实现碳中和是应对气候变化、控制全球升温的必然选择。目前，世界大多数国家都提出了各自的碳中和目标与计划，并通过法律、政策、承诺或提议等进行宣示。开展碳中和路径研究是推动实现国家碳中和愿景的基础性工作。本章总结了国际机构碳中和战略路径研究的最新进展，并以欧盟、美国和英国等典型国家和地区为例，阐述碳中和目标和任务举措，以期对中国的碳中和路径提供启发和借鉴，从而科学谋划我国碳中和路线图，制定配套政策和措施。

3.1 碳中和路径研究方法与目标

3.1.1 碳中和路径研究方法

IPCC 基于全球升温控制和排放特征，结合社会经济发展情景，提出了气候变化约束下的全球共享社会经济路径（IPCC-SSPs），以阐述全球社会经济发展的可能状态和演变趋势[1-3]。IPCC-SSPs 设计了 5 种密切相关但又情景各异的社会经济发展路径，以反映不同气候政策的可能后果[4]。目前 IPCC-SSPs 已经获得了广泛应用，在 IPCC 各类评估报告、《公约》谈判和各国政府气候决策中发挥了关键支撑作用[5-8]。

IEA 成立以来，一直致力于协调世界主要发达经济体及其成员国的能源政策，促进各经济体之间的对话与合作，在其发布的《世界能源展望 2020》中，主要使用世界能源模型来研究全球能源和排放路径，开展了对可持续发展情景等 3 种情景和路径的分析[9]。该模型以经济增长、人口变化和技术发展为外生变量，通过宏观模型分析未来不同情景下的排放特征[9, 10]。欧盟结合自上而下行业模型（FORecasting Energy Consumption Analysis and Simulation Tool，FORECAST）与技术发展，开展欧盟排放情景和路径研究[11]。FORECAST模型是一种考虑技术动态和社会经济驱动因素的模拟方法，对欧盟温室气体排放途径所使用的模型套件进行了补充。

学术研究中，二氧化碳排放路径和碳达峰研究主要是基于长时间序列的排放数据或者大量数据、多要素综合分析。例如，直接基于排放水平或者历史轨迹设定目标[12-15]；基于综合模型分析温室气体排放的影响因素，从而通过主要影响因素的变化趋势判断排放趋势或者达峰[16-20]；基于排放的某种演化规律判断未来的排放轨迹[21-26]；以及耦合自上而下宏观模型和自下而上演化模型的综合路径模型[27-29]。

3.1.2 主要国家（地区）碳达峰碳中和目标

从碳中和目标时间上看，已提出碳中和目标的国家和地区，大部分计划在2050年实现碳中和，如欧盟、美国、英国、加拿大、日本、新西兰、南非等。一些国家计划实现碳中和的时间更早，如马尔代夫将实现碳中和年份设定在2030年、芬兰为2035年、冰岛和奥地利为2040年、德国和瑞典为2045年。另外，苏里南和不丹已经分别于2014年和2018年实现了碳中和目标，进入负排放时代。发展中国家多计划在2060年实现碳中和，如中国（2060年前）和巴西（2060年）承诺将在21世纪后半叶实现碳中和。越来越多的国家开始将碳中和转变为国家战略，并提出了未来愿景。从实现碳达峰和碳中和的时间上看，不少发达国家已实现碳排放和经济脱钩，从碳达峰到碳中和平均用时48年。

碳中和政策状态包括写入法律、提出政策、承诺和提议等不同程度的宣示（表3.1）。加拿大、丹麦、法国、匈牙利、德国、新西兰、日本、瑞典和英国等国家，将碳中和写入法律。中国、智利、芬兰、新加坡、奥地利、乌克兰等，将实现碳中和作为目标并提出政策（政策宣示）。阿根廷、巴西、哥伦比亚、南非等，提出了碳中和承诺。瑞士、斯洛伐克、尼泊尔和格林纳达等国的碳中和目标还在提议中。

表3.1 世界主要国家（地区）实现碳达峰和碳中和时间

国家（地区）	碳达峰时间	碳中和时间	碳达峰到碳中和间隔（年）	当前状态	国家（地区）	碳达峰时间	碳中和时间	碳达峰到碳中和间隔（年）	当前状态
阿根廷	2015年	2050年	35	承诺	马绍尔群岛	—	2050年	—	提出政策
比利时	1972年	2050年	78	提出政策	马拉维	—	2050年	—	承诺

续表

国家（地区）	碳达峰时间	碳中和时间	碳达峰到碳中和间隔（年）	当前状态	国家（地区）	碳达峰时间	碳中和时间	碳达峰到碳中和间隔（年）	当前状态
巴西	2014年	2060年	46	承诺	马尔代夫	—	2030年	—	提出政策
加拿大	2018年	2050年	32	法律	毛里求斯	—	2050年	—	提议
中国	2030年前	2060年前	30	提出政策	瑙鲁	—	2050年	—	提议
智利	2019年	2050年	31	提出政策	尼泊尔	—	2045年	—	提议
哥斯达黎加	—	2050年	—	提出政策	新西兰	2019年	2050年	31	法律
丹麦	1996年	2050年	54	法律	挪威	2004年	2050年	46	法律
埃塞俄比亚	—	2050年	—	提议	巴拿马	—	2050年	—	提出政策
欧盟	1979年	2050年	71	法律	葡萄牙	2005年	2045年	40	法律
斐济	—	2050年	—	法律	斯洛伐克	1984年	2050年	66	提议
芬兰	2003年	2035年	32	提出政策	南非	2020—2025年	2050年	25~30	承诺
法国	1973年	2050年	77	法律	韩国	2018年	2050年	32	法律
匈牙利	1978年	2050年	72	法律	西班牙	2007年	2050年	43	法律
冰岛	2018年	2040年	22	联盟协议	瑞典	1979年	2045年	66	法律
德国	1973年	2045年	72	法律	瑞士	2001年	2050年	49	提议
爱尔兰	2007年	2050年	43	法律	英国	1973年	2050年	77	法律
日本	2008年	2050年	42	法律	美国	2007年	2050年	43	提出政策
哈萨克斯坦	—	2050年	—	承诺	乌拉圭	—	2050年	—	提出政策
老挝	—	2050年	—	提出政策	奥地利	2003年	2040年	37	提出政策
哥伦比亚	—	2050年	—	承诺	格林纳达	—	2050年	—	提议
新加坡	2017年	2050年	33	提出政策	乌克兰	—	2060年	—	提出政策

数据来源：BP 和 Net Zero Tracker，更新于2022年6月6日[30, 31]。

3.2 欧盟碳中和进程与主要举措

3.2.1 欧盟碳中和战略进程

欧洲是全球应对气候变化、减少温室气体排放行动的有力倡导者，近年来坚定履行《巴黎协定》承诺，引领经济绿色低碳发展。欧盟2019年出台的碳中和计划，更是走在各国应对气候变化的前列。

2018年11月28日，欧盟委员会在《给所有人一个清洁星球》（A Clean Planet

for All）中，首次提出将在 2050 年前实现气候中性，成为世界上第一个实现气候中性的主要经济体[11, 32]。2019 年 12 月，联合国在马德里召开气候变化大会之际，新一届欧盟委员会发布了《欧洲绿色协议》，阐明欧洲迈向气候中性循环经济体的行动路线，提出欧盟 2030 年温室气体排放量在 1990 年基础上减少 50%~55%，2050 年实现净零排放的碳中和目标。2020 年 3 月，欧盟理事会向《公约》秘书处提交了《欧盟及其成员国长期温室气体低排放发展战略》，承诺将于 2050 年前实现气候中性（净零排放）。为保障欧盟长期温室气体低排放发展战略和绿色新政的顺利实施，2020 年 3 月 4 日，欧盟委员会还公布了《欧洲气候法》的草案，旨在为 2050 年前实现碳中和目标建立法律框架并启动修订相关法规，该法案为欧盟所有政策设定了目标和努力方向。2020 年 10 月，欧洲议会投票通过，到 2030 年温室气体排放在 1990 年基础上减少 60%，这一目标比欧盟委员会此前提出的目标更高。

欧盟从包括能源、交通、工业和农业在内的所有关键经济部门着眼，研究了 2050 年碳中和愿景的实现之道。欧盟还探讨了一系列备选情景，意在强调基于现有以及一些新兴技术的解决方案可以在 2050 年之前实现温室气体净零排放，在产业政策、金融或研究等关键领域赋权于民并统一行动，同时确保社会公平，实现公平转型。

3.2.2 欧盟碳中和主要举措

在欧盟提出的各种减排情景下，电力部门是脱碳最快的部门。电力部门是第一个通过使用与碳捕集和封存（Carbon Capture and Storage，CCS）技术相关的生物能源在所有情景下达到零排放，甚至在最雄心勃勃的情景下达到净负排放的部门。得益于能源效率的提高，建筑部门和第三产业部门的脱碳速度也快于平均水平。相反，在工业部门（包括过程中的二氧化碳排放）和交通部门中，减排量体量较小，这在交通部门尤为显著。就 CCS 技术的部署而言，不同情景设想的途径差异很大，但在任何净零温室气体情景下，用于使用或存储的二氧化碳的捕集量都很大，尤其是在 1.5 技术情景下捕集的二氧化碳达到 6 亿吨（图 3.1）。

提高能源效率将帮助欧盟比 2005 年减少多达一半的能耗，因此对于到 2050 年实现温室气体净零排放起着关键作用。可再生能源的大规模部署将去中心化并增加发电量。到 2050 年，欧盟超过 80% 的电力将来自可再生能源，而电力将满足欧盟境内一半的最终能源需求。欧盟于 2020 年 7 月发布了氢能战略，推进氢技术开发。就工业过程碳排放而言，部分碳排放虽然很难消除，但仍然可以使用 CCS 等技术来减少。此外，可再生氢和可持续生物质可以取代化石燃料，成为某些工业生产过程中的原料（如钢铁生产）。生物质可以取代碳密集型材料，也

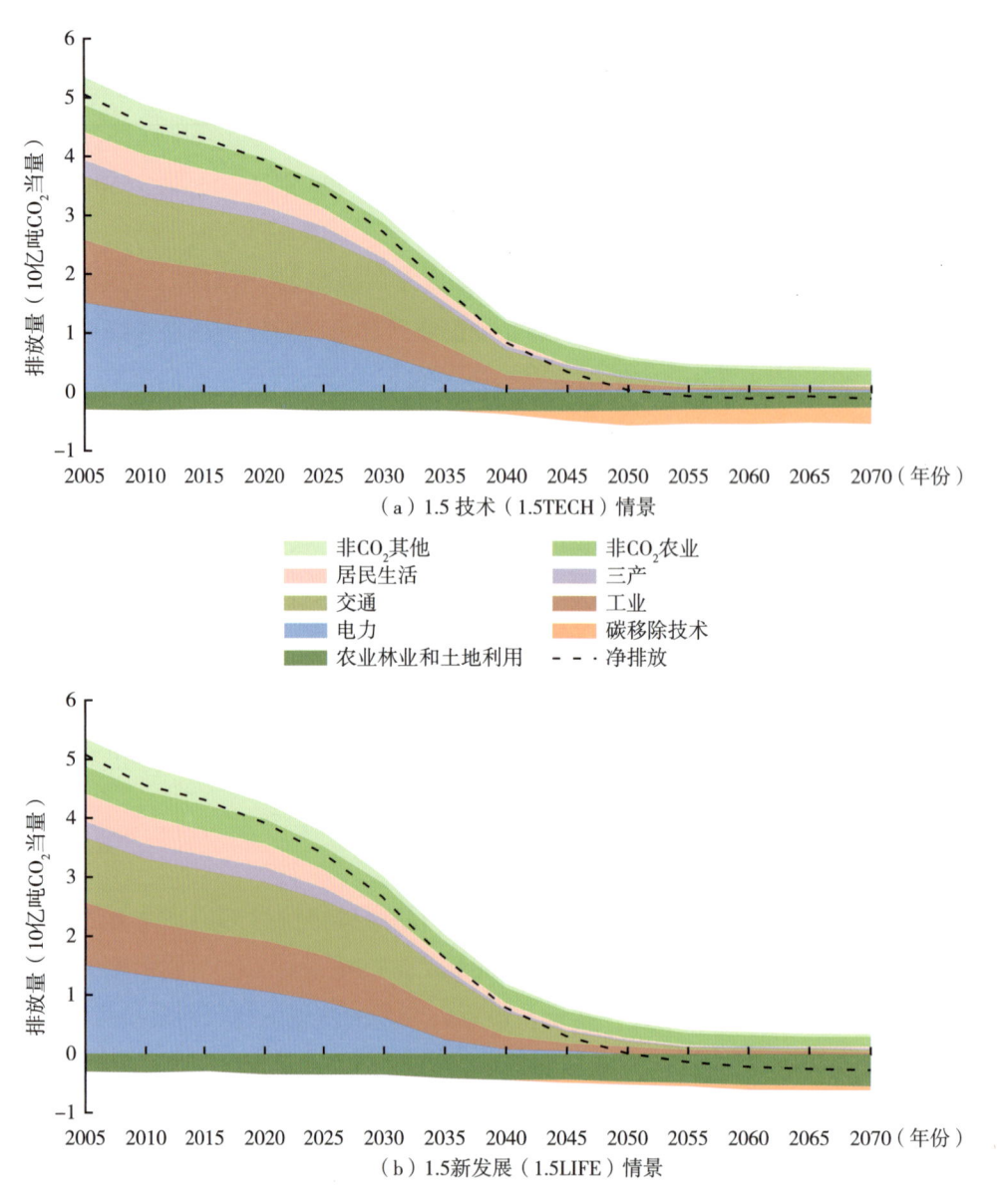

图 3.1 欧盟实现温室气体净零排放的两种途径

注：1.5TECH 情景专注于实现温室气体净零排放的技术解决方案，假设来自土地利用碳汇的改善有限；
1.5LIFE 情景更关注需求方措施以及增加土地利用碳汇来解决减排问题。

可以直接供热，转化为生物燃料和沼气，并通过供气网输送，成为天然气的替代品。如果使用生物质来发电，可运用 CCS 技术实现负排放。CCS 技术最初被视为电力生产的主要去碳化方式。如今，由于可再生能源的成本下降，工业部门存在其他的减排方式，再加上 CCS 技术的社会接受度低，对它的潜在需求似乎降低了。尽管如此，它作为生产氢的潜在途径以及工业中不可避免的排放物的一种消除机制，还能与可持续生物质结合形成二氧化碳去除技术，所以仍然有其存在的必要性。

3.3 美国碳中和进程与主要举措

3.3.1 美国碳中和长期战略

2021年,美国决定重返《巴黎协定》,并制定了雄心勃勃的国家自主贡献,同时发起全球甲烷承诺,在国内和国际上采取更多应对气候变化的行动。2021年11月,美国发布了《美国长期战略:到2050年实现温室气体净零排放的途径》(以下简称《战略》),阐述了美国如何在2050年前实现其净零排放的最终目标[33]。《战略》表明,最晚在2050年实现净零排放将需要跨部门的行动。美国2050年净零排放目标是颇具雄心的,它对清洁能源、交通和建筑电气化、工业转型、减少甲烷和其他非二氧化碳温室气体排放提出了要求,需要通过30年的投资来实现。美国最新提交的国家自主贡献中承诺到2030年将温室气体净排放量比2005年的水平减少50%~52%。2020—2030年是决定减排趋势的关键十年,这要求美国迅速扩大部署如电动汽车和热泵等新技术,以及建设国家电网等关键系统的基础设施,从而使得近期的减排行动能够为2050年目标奠定基础(图3.2)。

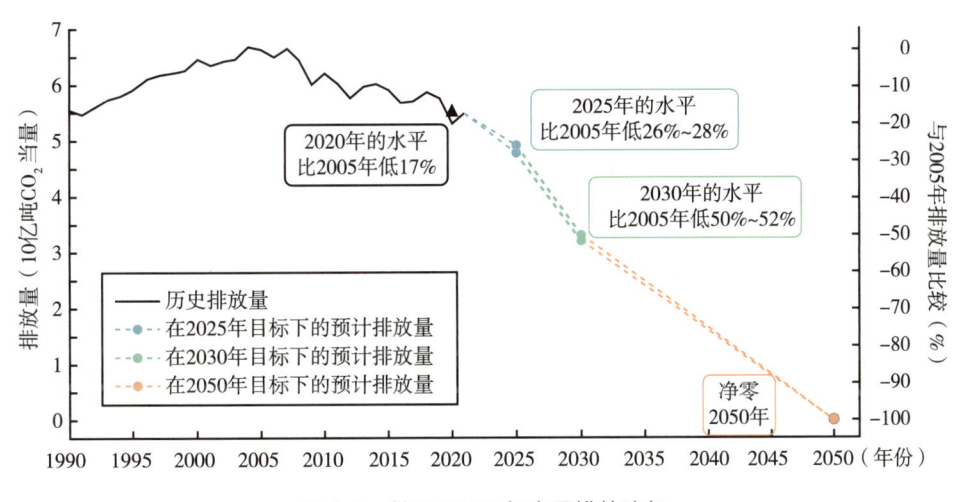

图 3.2 美国 2050 年净零排放路径

《战略》指出,采取行动实现净零排放将为美国带来巨大的净收益。降低温室气体排放将刺激投资,加速美国经济现代化,解决环境污染和气候脆弱性问题,同时改善社区的公共卫生状况,并降低气候变化带来的严重风险。具体包括:①经济增长方面,对新兴清洁产业的投资将提高竞争力并推动经济持续增长,使美国在电池、电动汽车和热泵等关键清洁技术方面处于领先地位。②公共卫生方面，到 2030 年，通过清洁能源减少空气污染将避免 8.5 万~30 万人的过早死亡，以及减少 150 亿~2500 亿美元的健康和气候损失。仅在美国，到 2050 年将避免 1 万亿~3 万亿美元的损失。③环境公平性方面，减排措施还将有助于减轻有色人种社区、低收入社区和土著社区不成比例地承担着污染负担的问题。④减少冲突方面，美国国防部认为气候变化是一个至关重要的、破坏全球稳定的国家安全威胁[34]。气候变化引发的干旱、洪水和其他灾害会导致大规模流离失所和冲突，迅速减缓气候变化的行动对于安全和稳定有益。⑤居民生活质量方面，经济现代化可以从根本上改善生活方式，如高铁和交通发展等措施不仅可以减少排放，还可以创造更互联、更方便、更健康的社区。

美国可以通过多种途径实现 2050 年净零排放，核心都涉及五个关键方面的转变。①电力脱碳。电力为美国经济的所有部门提供支撑服务。近年来，在太阳能和风能技术成本下降、联邦和地方政策的推动下，电力一直在加速向清洁电力系统的转型。美国制定了到 2035 年实现 100% 清洁电力的目标，这将是 2050 年实现净零排放的重要基础。②终端电气化和清洁燃料转变。无论是汽车、建筑还是工业过程中，都可以用经济、高效的电气化来替代现有能源。对于电气化颇具挑战性的领域，例如航空、航运和部分工业行业，可以考虑用清洁燃料（如氢能和生物质能）替代现有能源。③提升能效，减少能源浪费。利用现有技术和技术创新，在保证相同服务的情况下减少能源使用，以更快速、低成本和可行的方式向清洁能源转变，如使用更高效的设备设置、提高既有建筑和新建建筑能效水平和可持续的工业制造流程。上述三项能源系统转型，每年可以贡献约 45 亿吨二氧化碳当量的减排，占总减排的 70%。

其他温室气体和碳移除也是关键，具体为：④减少甲烷和其他非二氧化碳温室气体排放。考虑到甲烷、氢氟碳化物、氧化亚氮等对气候变暖有着显著贡献，单是甲烷就贡献了全球升温 1℃ 的一半。可以考虑通过低成本的方式，例如对石油和天然气系统实施甲烷泄漏检测和维修，以及在冷却设备中从氢氟碳化物转向气候环境友好的工质。此外，美国将优先考虑技术研发以实现深度减排。这项措施每年将减少 10 亿吨二氧化碳当量减排。⑤增加二氧化碳移除量。考虑到 2050 年来自农业的非二氧化碳排放将很难完全脱碳，因此需要碳移除技术来保证净零目标的实现，有必要扩大陆地碳汇和碳移除战略工程，这将带来每年 10 亿吨的负排放（图 3.3）。

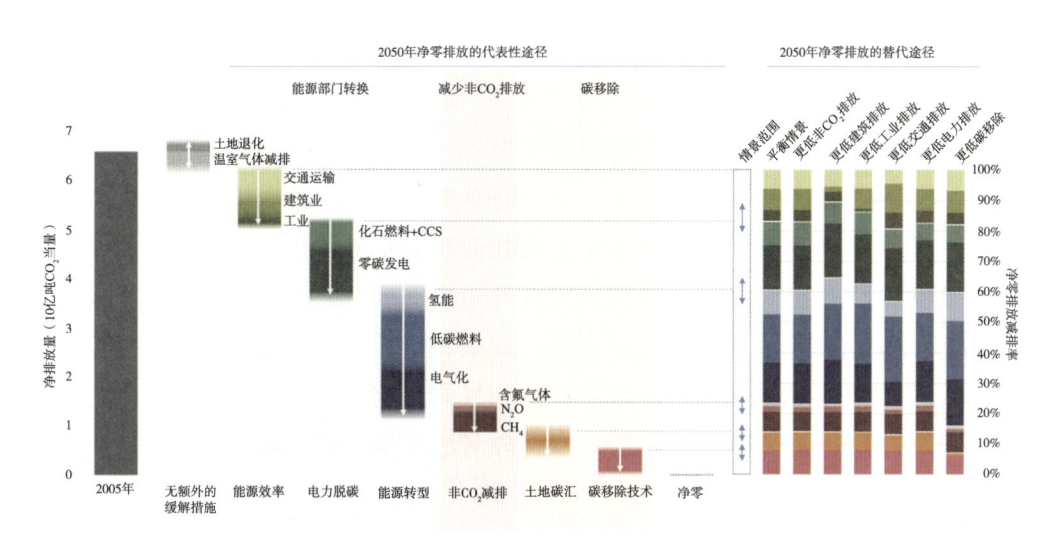

图 3.3 美国实现 2050 年净零排放的减排路径

3.3.2 美国应对气候变化行政令

2021年1月27日，美国总统拜登签署了新的应对气候变化行政令①，主要包括七个方面[35]。①将气候危机置于美国外交政策和国家安全考虑的中心：该命令明确将气候因素确定为美国外交政策和国家安全的基本要素。在实施和巩固《巴黎协定》的目标的过程中，美国将发挥领导作用，以促进全球雄心的显著增加；设立总统气候问题特使；启动根据《巴黎协定》以及气候融资计划制订美国国家自主贡献的过程。②对气候危机采取一整套政府措施：成立白宫国内气候政策办公室及国家气候工作组，来采取一整套应对气候危机的措施。③利用联邦政府的碳足迹和购买力来以身作则：指示联邦机构采购零碳电力和零排放汽车，以创造高薪的工作机会，刺激清洁能源产业；指示内政部长尽可能暂停在公共土地或近海水域签订新的石油和天然气租赁协议，对在公共土地和水域的与化石燃料开发有关的所有现有租赁和许可进行严格审查，并确定到 2030 年采取措施，使海上风能的发电量翻一番；指示联邦机构在符合法律的情况下取消化石燃料补贴，并确定刺激清洁能源技术和基础设施的创新、商业化和部署的新机会。④为可持续经济重建基础设施：促进建筑业、制造业、工程和技术行业的就业，采取措施确保每项联邦基础设施投资能降低气候风险，在联邦选址和许可程序下以环境可持续的方式加快清洁能源和输电项目。⑤促进保护、农业和再造林：致力于到 2030 年保护至少 30% 的土

---

① 行政令是总统签署的一项宣布政府政策的文件，在很大程度上与联邦法律有相同效力的指令。总统通过下达行政令来达到其政策目的、为管理行政机构设定统一的标准、发布政策概要以影响普通民众的行为。通常而言，总统签署行政令的目的是要绕过国会，避免相关政策在国会被卡和拖延。

地和海洋，并确定让各方人员广泛参与的战略；呼吁建立民间气候团倡议，致力于保护和恢复公共土地和水域，增加再造林，增加农业部门的碳封存，保护生物多样性。⑥振兴能源社区：设立煤炭和发电厂社区及经济振兴机构间工作组，并指示联邦机构协调投资和其他工作，以协助煤炭、石油、天然气以及发电厂社区；推进旨在减少现有和废弃基础设施中有毒物质和温室气体排放的项目，以及防止损害社区和对公共健康和安全构成风险的环境损害项目。⑦确保环境公平和刺激经济机会：通过指示联邦机构制定方案、政策和活动，促进环境公平，降低对处于不利社区的不相称的健康、环境、经济和气候影响；设立白宫环境公平机构间委员会和白宫环境公平咨询委员会，以优先考虑环境公平，解决当前和历史上的环境不公正问题。

3.4 英国碳中和目标与主要举措

3.4.1 英国绿色工业革命计划

2019年，英国成为世界上第一个通过净零排放法的主要经济体，以在2050年前结束其对全球变暖的"贡献"。英国提出目标，到2050年将实现所有温室气体净零排放，而之前的目标是在1990年的排放水平上至少减少80%，同时致力于将经济清洁绿色发展作为现代工业战略的核心[36]。

英国于2020年11月发布了《绿色工业革命十点计划》(以下简称"碳十条")[37]，旨在推动社会低碳发展，引领全球新一轮绿色工业革命，通过绿色技术的发展普及，实现2050年全社会净零排放，同时带动就业、促进经济发展、帮助本国重夺工业大国地位。"碳十条"涵盖了能源、交通、建筑等多个领域，其中新能源发展摆在十分突出的位置。每个领域都给出了具体的阶段性目标和措施，并进行了成本效益分析。总体来看，英国"碳十条"将引入120亿英镑政府投资和三倍以上的私人投资，创造至少25万个就业岗位，减排4.9亿吨二氧化碳当量碳排放。碳达峰和碳中和立法是确保应对气候变化目标实现的重要基础，法律、战略和计划构成了英国建设净零社会的政策框架，技术、项目和资金的支持是实现战略目标的根本保障。英国"碳十条"各项领域目标明确，任务具体，成本效益分析科学合理，同时提出了技术创新方向和案例，对实现绿色经济转型具有重大促进意义，值得我国学习借鉴。

"碳十条"具体内容包括10个方面。能源领域包括：①推进海上风电。通过海上风力发电为每家每户供电，到2030年实现风力发电量翻两番，达到40吉瓦。到2030年，吸引约200亿英镑私人投资，届时可提供多达6万个就业岗位，并且在 2023—2032 年减少排放 2100 万吨二氧化碳当量。②推动氢能的增长。到 2030 年，实现 5 吉瓦的低碳氢能产能，供给建筑、交通和工业部门；英国将支持工业界开始大规模的农村氢气供暖试验，并制订在十年内可行的氢能城镇试点计划。到 2030 年，预计吸引约 400 亿英镑私人投资，可提供多达 8000 个就业岗位（到 2050 年创造多达 10 万个就业岗位），并且在 2023—2032 年减少排放 4100 万吨二氧化碳当量。③提供新型先进核能。核能发展包括大型核电站及开发下一代小型先进的核反应堆。英国政府宣布向先进核基金提供高达 3.85 亿英镑的资金。将提供约 1 万个就业岗位，每吉瓦的核电发电足以为 200 万个家庭提供清洁电力。

交通和建筑领域包括：④加速向零排放汽车转变。英国政府正在采取果断行动，到 2030 年停售新汽油车、柴油汽车和货车，同时要求所有车辆自 2030 年起须具备良好的零排放能力（如插电式和全混合动力），并自 2035 年起实现 100% 零排放。英国政府还将投资 13 亿英镑，用于加快建设充电基础设施，并且政府将投入 5.82 亿英镑，将插电式汽车、货车、出租车和摩托车补助延长至 2022—2023 年，以降低新车零售价。到 2026 年，吸引约 30 亿英镑私人投资。在 2030 年可提供约 4 万个新就业岗位。到 2032 年减少排放约 500 万吨二氧化碳当量；到 2050 年减少排放 3 亿吨二氧化碳当量。⑤绿色公交、骑行和步行。英国政府将投资数百亿英镑用于完善和更新铁路网络，投资 42 亿英镑用于城市公共交通，投资 50 亿英镑用于公共汽车、骑行和步行。2023—2032 年绿色公共汽车、骑行和步行减少排放约 200 万吨二氧化碳当量。⑥喷气飞机零排放及绿色航运。通过推动可持续航空燃料的使用，增加研发投入、开发零排放飞机，以及发展机场和海港的低碳基础设施，将使英国成为绿色航空航运之乡。到 2032 年清洁航运将减少排放高达 100 万吨二氧化碳当量，到 2050 年可持续航空燃料减少排放近 1500 万吨二氧化碳当量。⑦绿色建筑。政府将寻求在尽可能短的时间内实施未来住宅标准，并在短期内就提高非住宅建筑的标准，以便新建筑维持高水平的能源效率，并保证实现低碳供暖。到 2028 年每年安装 60 万台热泵，延长绿色住房补助金计划，加强对私营行业业主的能效要求，提高家居用品的能效标准，并启动绿色住房金融市场，2023—2032 年节约 7100 万吨二氧化碳当量。

碳移除、自然环境保护和配套政策方面：⑧投资碳捕集、利用和封存（Carbon Capture, Utilization and Storage, CCUS）。英国政府计划到 2025 年在两个产业集群建立 CCUS，计划到 2030 年建成四个产业集群，每年捕集多达 1000 万吨二氧化碳。到 2025 年公共投资将达 10 亿英镑，到 2030 年提供约 5 万个就业岗位，2023—2032 年减排 4000 万吨二氧化碳当量。⑨保护自然环境。英国政府将通过建立新的国家公园和自然风景区来保护自然环境，到 2030 年保护和改善

30%英国土地。在未来四年内建立10个长期景观修复项目。投资52亿英镑,实施一项为期六年的防洪和海岸防御计划。到2027年通过改善防洪设施提供多达2万个就业岗位。通过保护国家景观使气候和生物多样性受益。⑩绿色金融与创新。英国政府将推出"10亿英镑净零排放创新投资组合",根据市场形势发行首只主权绿色债券。在信息披露方面,英国政府打算在2025年前在整个经济体中引入气候相关财务信息的强制性报告,其中大部分强制性要求将在2023年前落实。到2050年,建立净零排放经济体系。政府提供10亿英镑的净零排放创新资金,以及来自私营行业的10亿英镑的配套资金和潜在的25亿英镑后续资金,到2030年预计可提供数10万个就业岗位。

3.4.2 英国碳净零排放战略

"碳十条"为英国从新冠肺炎疫情中实现经济绿色复苏奠定了基础,使得英国处于全球绿色经济增长的前沿。在此基础上,英国于2021年10月发布了"净零战略"[38],该战略将通过科学的方式,使得英国未来的碳预算、2030年的国家自主贡献和2050年的净零排放保持正轨,明确列出了各部门减排政策和建议,以及2050年实现净零排放的脱碳途径、情景和支撑转型的行动(图3.4)。

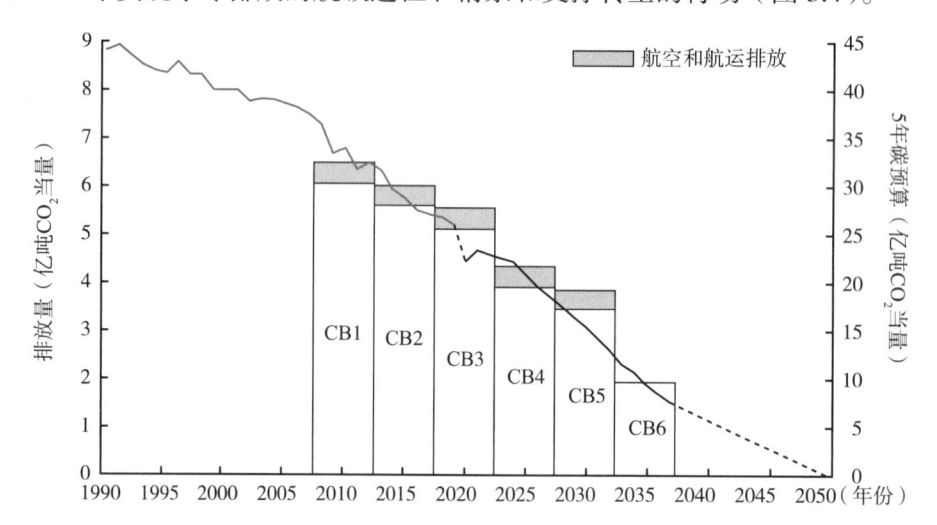

图 3.4 英国实现碳排放预算、国家自主贡献目标和2050年净零排放的路径

注:碳排放预算(Carbon Budget, CB);CB6碳排放预算包括国家航空和航运的排放,CB1~CB5则没有包括该部分;英国2030年国家自主贡献目标为比1990年下降至少68%(不包括国家航空和航运排放)。

"净零战略"具体内容包括以下方面。

首先是能源领域。①电力系统:英国将在2035年实现电力系统完全脱碳,通过额外引入对核电的投资,发展海上风电以及其他低碳发电技术,实现100%清洁电力。②燃料供应和氢能：通过建立工业脱碳和氢能收入支持计划，为工业碳捕集和氢能提供资金。英国将提供高达 1.4 亿英镑来建立该计划，其中 1 亿英镑用于 250 兆瓦的电解氢发展。同时，通过修订后的官方战略以最大限度减少温室气体的方式，对石油和天然气行业进行监管。

其次是工业、建筑和交通领域。③工业部门：通过支持工业能源向清洁能源转型、提高资源和能源效率以及公平的碳定价，推动工业深度脱碳。同时，发展氢能、可再生能源和 CCUS，到 2030 年提供四个碳捕集利用与封存集群，每年将捕集 2000 万~3000 万吨二氧化碳，同时提供 3.15 亿英镑的工业能源转型基金。④供暖和建筑：到 2035 年，在成本降低的情况下，所有新的家用和商用电器将搭配低碳技术，如电热泵和氢能炉具。提供为期三年、4.5 亿英镑的锅炉升级计划，将为家庭提供 5000 英镑的低碳供暖系统资金；提供 6000 万英镑的热泵就绪计划，将为创新热泵技术提供资金，并将支持政府到 2028 年实现每年安装 600 万台的目标；通过重新平衡电费和燃气费的成本，以提供更便宜的电力。⑤交通部门：兑现 2030 年停止销售新汽油和柴油汽车的承诺，以及 2035 年所有汽车必须完全实现零排放的承诺。进一步为零排放车辆拨款和电动汽车基础设施提供 6.2 亿英镑资金；从 10 亿英镑的汽车转型基金中再拨款 3.5 亿英镑，以支持英国汽车及其供应链的电气化；扩大零排放公路货运试验；投资 20 亿英镑使得到 2030 年城镇中一半的行程能够通过骑自行车或步行来完成；投资 30 亿英镑用于创建综合公交网络和公交专用道，以加快出行速度；到 2050 年实现净零排放铁路网络；为低碳船舶和基础设施提供示范和技术试验；对铁路电气化和城市快速交通系统投资；力争成为零排放飞行的世界领先者，并启动英国可持续航空燃料的商业化。

最后是自然资源、其他温室气体、碳移除和配套政策行动。⑥自然资源、废弃物和含氟气体：通过农业投资基金和农业创新计划投资设备、技术和基础设施，以支持低碳农业发展和农业创新，提高盈利能力、造福环境并实现减排；为现有的自然气候基金提供额外资金，确保到 2025 年在泥炭恢复、新增林地和管理方面的总支出超过 7.5 亿英镑，使得农民和土地所有者有更多机会通过改变土地使用来支持净零排放；到 2050 年在英格兰恢复大约 28 万公顷的泥炭，实现将种植率提高到每年 3 万公顷的总体目标；提供 7500 万英镑用于自然资源、废弃物和含氟气体相关的净零研发；提供 2.95 亿英镑的资金来支持可生物降解的市政垃圾和垃圾填埋研究。⑦温室气体移除：提供 1 亿英镑的投资用于温室气体移除创新，探索温室气体移除的监测、报告和核查制度。⑧转型支撑行动：提供至少 15 亿英镑的资金来支持净零创新项目；利用英国基础设施银行吸引私人融资，引入超过400亿英镑的投资，推动低碳技术和行业成熟化和规模化；引入新的可持续性披露制度，包括强制性气候相关财务披露和英国绿色分类系统；改革技能体系，以激励培训者、雇主和学习者有能力在实现向净零过渡的过程中发挥自己的作用；发布年度进展更新报告。

3.5 日本碳中和目标与主要举措

3.5.1 日本《绿色增长战略》与政策

2020年，日本宣布将在2050年实现碳中和目标。在此背景下，日本经济产业部于2020年12月25日发布日本2050碳中和《绿色增长战略》（以下简称《战略》）[39]。《战略》提到，电力行业脱碳化是大前提；除电力部门外，各行业都在加快电气化发展，通过氢能和二氧化碳回收来满足能源需求；在电力、工业、交通和建筑等领域还需发展储能和数字基础设施建设（图3.5）。

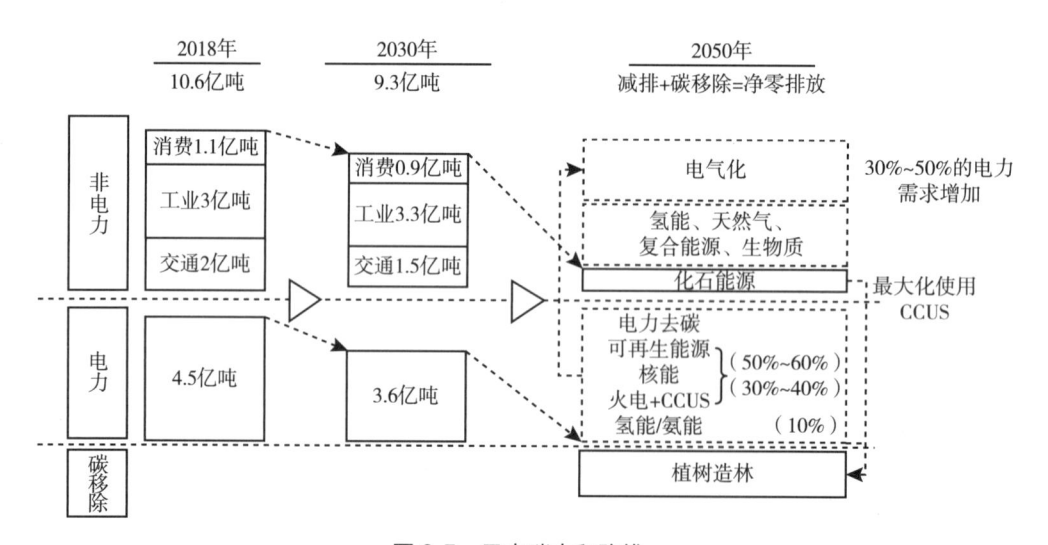

图3.5 日本碳中和路线

《战略》的具体目标包括：①非电力部门。电气化方面，2050年，因住宅、交通运输业、建筑业进一步电气化，电力需求将比2018年增加30%~50%，为1.3万亿~1.5万亿千瓦·时；使用低碳燃料如氢气、生物质等；同时加大对化石燃料中二氧化碳回收和再利用。②最大限度部署可再生能源。可能面临的问题如可再生能源高比例并网、波动性、基础设施、成本控制等问题；可再生能源无法满足所有的电力需求，到2050年将有50%~60%发电量由可再生能源提供；如果不考虑灾害时的停电风险，每年估计有30%~40%的发电量来源于可再生能源，即使在发电站选址限制问题上放宽限制，估计可再生能源发电量最多也只能满足50%的电力需求。③电力部门二氧化碳回收技术和氢能发电。二氧化碳回收相关技术依然处于开发、示范阶段，因此其应用取决于今后的技术和产业发展情况，核电和配备二氧化碳回收设施的火力发电占发电量的30%~40%。此外，氢能发电方面，假设按照计划顺利进行，未来氢气和氨气发电约占10%。

《战略》的实现途径主要通过预算、税收、金融、监管改革与标准化、国际合作等政策工具实现，具体如下：①预算。十年内设立一个2万亿日元的绿色创新基金，作为推进企业研发和资本投资的激励手段（撬动15万亿日元）。②税收。建立促进碳中和投资和研发的税收优惠制度，预计在未来十年内撬动约1.7万亿日元的民间投资。③金融。建立碳中和的转型金融体系，设立长期资金支持机制和成果利息优惠制度（3年内1万亿日元的融资规模），大力引导尖端低碳设备投资超过1500亿日元，成立"绿色投资促进基金"提供风险资金支持，推进企业信息公开促进脱碳融资。④监管改革与标准化。加强制定环境监管法规和碳交易市场、碳税等制度激励优先使用无碳技术，制定减排技术与设备国际标准，向国际市场推广应用。⑤国际合作。加强与欧美在创新政策、关键技术标准化和规则制定等方面的合作，从争取市场的角度推进与新兴经济体的双边和多边合作。

3.5.2 日本《绿色增长战略》主要举措

为了落实上述目标，《战略》针对包括海上风电、燃料电池、氢能等在内的14个产业提出了具体发展目标和重点发展任务。

能源领域。①海上风电产业。发展目标：到2030年安装10吉瓦海上风电装机容量，到2040年达到30~45吉瓦，同时在2030—2035年将海上风电成本削减至89日元/千瓦·时；到2040年风电设备零部件的国内采购率提升到60%。重点任务：推进风电产业人才培养，完善产业监管制度；强化国际合作，推进新型浮动式海上风电技术研发，参与国际标准的制定工作；打造完善的具备全球竞争力的本土产业链，减少对外国零部件的进口依赖。②氨燃料产业。发展目标：到2030年实现氨作为混合燃料在火力发电厂的使用率达到20%，并在东南亚市场进行市场开发，计划吸引5000亿日元投资；到2050年实现纯氨燃料发电。重点任务：开展混合氨燃料/纯氨燃料的发电技术实证研究；建造氨燃料大型存储罐和输运港口；与氨生产国建立良好合作关系，构建稳定的供应链，增强氨的供给能力和安全，到2050年实现1亿吨的年度供应能力。③氢能产业。发展目标：到2030年将年度氢能供应量增加到300万吨，到2050年达到2000万吨。力争在发电和交通运输等领域将氢能成本降低到 30 日元/立方米，到 2050 年降至 20 日元/立方米。重点任务：发展氢燃料电池动力汽车、船舶和飞机；开展燃氢轮机发电技术示范；推进氢还原炼铁工艺技术开发；研发废弃塑料制备氢气技术；新型高性能低成本燃料电池技术研发；开展长距离远洋氢气运输示范，参与氢气输运技术国际标准制定；推进可再生能源制氢技术的规模化应用；开发电解制氢用的大型电解槽；开发高温热解制氢技术研发和示范。④核能产业。发展目标：到 2030 年争取成为小型模块化反应堆全球主要供应商，到 2050 年将相关业务拓展到全球主要的市场地区（包括亚洲、非洲、东欧等）；到 2050 年将利用高温气冷堆过程热制氢的成本降至 12 日元/立方米；在 2040—2050 年开展聚变示范堆建造和运行。重点任务：积极参与小型模块化反应堆国际合作（如参与技术开发、项目示范、标准制定等），融入国际小型模块化反应堆产业链；开展利用高温气冷堆高温热能进行热解制氢的技术研究和示范；继续积极参与国际热核聚变反应堆计划，学习先进的技术和经验，同时利用国内的聚变设施开展自主聚变研究，为最终的聚变商用奠定基础。

交通和建筑领域。⑤汽车和蓄电池产业。发展目标：2030 年实现新车销量全部转变为纯电动汽车和混合动力汽车的目标，实现汽车全生命周期的碳中和目标；到 2050 年将替代燃料的经济性降到比传统燃油车价格还低的水平。重点任务：制定更加严格的车辆能效和燃油指标；加大电动汽车公共采购规模；扩大充电基础设施部署；出台燃油车换购电动汽车补贴措施；大力推进电化学电池、燃料电池和电驱动系统技术等领域的研发和供应链的构建；利用先进的通信技术发展网联自动驾驶汽车；推进碳中性替代燃料的研发降低成本；开发性能更优异但成本更低廉的新型电池技术。⑥船舶产业。发展目标：2025—2030 年开始实现零排放船舶的商用，到 2050 年将现有传统燃料船舶全部转化为氢、氨、液化天然气等低碳燃料动力船舶。重点任务：促进面向近距离、小型船只使用的氢燃料电池系统和电推进系统的研发和普及；推进面向远距离、大型船只使用的氢、氨燃料发动机以及附带的燃料罐、燃料供给系统的开发和实用化进程；积极参与国际海事组织主导的船舶燃料性能指标修订工作，以减少外来船舶二氧化碳排放；提升液化天然气燃料船舶的运输能力，提升运输效率。⑦交通物流和建筑产业。发展目标：2050 年实现交通、物流和建筑行业的碳中和目标。重点任务：制定碳中和港口的规范指南，在全日本范围内布局碳中和港口；推进交通电气化、自动化发展，优化交通运输效率，减少排放；鼓励民众使用绿色交通工具（如自行车），打造绿色出行；在物流行业中引入智能机器人、可再生能源和节能系统，打造绿色物流系统；推进公共基础设施节能技术开发和部署；推进建筑施工过程中的节能减排，如低碳燃料替代传统的柴油应用于各类建筑机械设施中，制定更加严格的燃烧排放标准等。⑧航空产业。发展目标：推动航空电气化、绿色化发展，到2030年左右实现电动飞机商用，到2035年左右实现氢动力飞机的商用，到2050年航空业全面实现电气化，碳排放较2005年减少一半。重点任务：开发先进的轻量化材料；开展混合动力飞机和纯电动飞机的技术研发、示范和部署；开展氢动力飞机技术研发、示范和部署；研发先进低成本、低排放的生物喷气燃料；发展回收二氧化碳，并利用其与氢气合成航空燃料技术；加强与欧美厂商合作，参与电动航空的国际标准制定。⑨下一代住宅、商业建筑和太阳能产业。发展目标：到2050年实现住宅和商业建筑的净零排放。重点任务：针对下一代住宅和商业建筑制定相应的用能、节能规则制度；利用大数据、人工智能、物联网等技术实现对住宅和商业建筑用能的智慧化管理；建造零排放住宅和商业建筑；先进的节能建筑材料开发；加快包括钙钛矿太阳电池在内的具有发展前景的下一代太阳电池技术研发、示范和部署；加大太阳能建筑的部署规模，推进太阳能建筑一体化发展。

其他领域。⑩半导体和通信产业。发展目标：将数据中心市场规模从2019年的1.5万亿日元提升到2030年的3.3万亿日元，实现将数据中心的能耗降低30%；2030年半导体市场规模扩大至1.7万亿日元；2040年实现半导体和通信产业的碳中和目标。重点任务：扩大可再生能源电力在数据中心的应用，打造绿色数据中心；开发下一代云软件、云平台以替代现有基于半导体的实体软件和平台；开展下一代先进的低功耗半导体器件及其封装技术研发，并开展生产线示范。⑪食品、农林和水产产业。发展目标：打造智慧农业、林业和渔业，发展陆地和海洋的碳封存技术，助力2050碳中和目标实现。重点任务：在食品、农林和水产产业中部署先进的低碳燃料用于生产电力和能源管理系统；智慧食品供应链的基础技术开发和示范；智慧食品连锁店的大规模部署；积极推进各类碳封存技术（如生物固碳），实现农田、森林、海洋中二氧化碳的长期、大量贮存。⑫碳循环产业。发展目标：发展碳回收和资源化利用技术，到2030年实现二氧化碳回收制燃料的价格与传统喷气燃料相当，到2050年二氧化碳制塑料实现与现有的塑料制品价格相同的目标。重点任务：发展将二氧化碳封存进混凝土技术；发展二氧化碳氧化还原制燃料技术，实现2030年100日元/升目标；发展二氧化碳还原制备高价值化学品技术，到2050年实现与现有塑料相当的价格竞争力；研发先进高效低成本的二氧化碳分离和回收技术，到2050年实现大气中直接回收二氧化碳技术的商用。⑬资源循环产业。发展目标：到2050年实现资源产业的净零排放。重点任务：发展各类资源回收再利用技术（如废物发电、废热利用、生物沼气发电等）；

通过制定法律和计划来促进资源回收再利用技术开发和社会普及；开发可回收利用的材料和再利用技术；优化资源回收技术和方案降低成本。⑭生活方式相关产业。发展目标：到2050年实现碳中和生活方式。重点任务：普及零排放建筑和住宅；部署先进智慧能源管理系统；利用数字化技术发展共享交通（如共享汽车），推动人们出行方式转变。

3.6 巴西碳中和进程与主要举措

3.6.1 巴西碳中和进程与目标

巴西在2020年12月向《巴黎协定》提交的更新国家自主贡献中承诺，到2060年实现碳中和的"指示性"目标。如果发达国家每年能够提供100亿美元援助，这一目标有可能提前实现。同时，巴西政府公布了9条措施，包括2025年排放量比2005年减少37%，2030年比2005年减排43%等。为了实现这些目标，巴西政府承诺到2030年全面禁止非法毁林，重新造林1200万公顷，以及将可再生能源在全国所有能源使用的比例提升至45%。巴西在其新的气候计划中还表示，将使用碳信用额度帮助实现2060年的目标。巴西潜在的减排量较大，就绝对减排量而言，仅次于美国、中国和印度。此外，巴西减排成本较低，到2030年，全球平均每吨二氧化碳减排成本为18欧元，而巴西仅为9欧元。

2018年8月，巴西总统米歇尔·特梅尔要求巴西联邦军事委员会递交一份巴西到2060年成为温室气体净零排放国家的评估报告。估算显示，巴西2060年前脱碳主要来自土地利用变化的碳排大幅度减少，该部门碳排放最早在2030年将达到负值，在2005—2060年将减少153%。

3.6.2 巴西碳中和主要举措

农业、林业和其他土地利用部门是巴西温室气体排放的主要来源，森林砍伐（尤其是在亚马孙生物群落中）的排放量占总排放量的55%。到2060年，巴西将是土地利用部门碳固存潜力最大的国家。巴西往届政府对气候变化问题持推动态度，积极主动应对乱砍滥伐，在国家自主贡献目标中提出到2030年实现零非法毁林。2019年新政府上台后，放松了对亚马孙地区毁林放牧的管控。据评估，巴西减少温室气体的最大潜力是消除森林砍伐并促进退化土地的重新造林，将贡献70%以上的减排潜力。

农业部门排放占巴西温室气体排放量的25%以上，主要来自动物、牲畜粪便的消化过程、种植前焚烧土地以及合成肥料的使用。农业部门的减排途径需要改变饮食结构、增加有机耕作和减少肥料用量。建筑和废物处理部门排放占总排放3%。巴西是热带国家，建筑供暖的能源需求较少，建筑相关举措的减排潜力占巴西减排潜力的0.4%。就废物处理而言，巴西很少处理垃圾填埋气或回收固体废物，此方面的减排潜力将占总减排潜力的3%。工业部门排放占总排放量的13%，未来钢铁等木炭供应原材料来自重新造林或可持续来源，该部门排放可进一步降低，减排潜力占总减排潜力的7%。电力和交通部门占总排放量的13%，水力发电以及乙醇作为汽车燃料的高普及率对减排产生了积极影响。这两个部门减排潜力占巴西减排总潜力的4%（图3.6）。

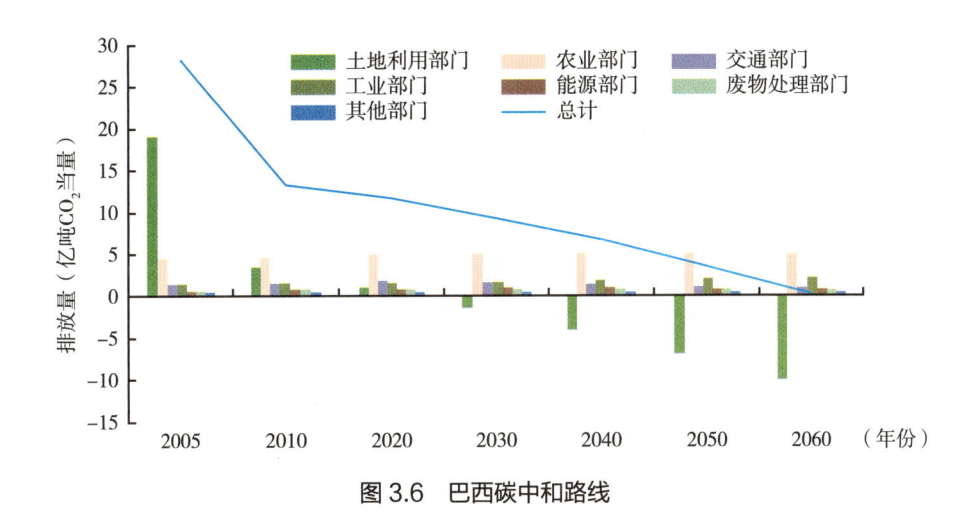

图3.6 巴西碳中和路线

参考文献

［1］DELLINK R，CHATEAU J，LANZI E. Long-Term Economic Growth Projections in the Shared Socioeconomic Pathways［J］. Global Environ Chang，2017（42）：200-214.

［2］JIANG L，O'NEILL B C. Global Urbanization Projections for the Shared Socioeconomic Pathways［J］. Global Environ Chang，2017（42）：193-199.

［3］SAMIR K C，LUTZ W. The Human Core of the Shared Socioeconomic Pathways：Population Scenarios by Age，Sex and Level of Education for All Countries to 2100［J］. Global Environ Chang，2017（42）：181-192.

［4］RIAHI K，VUUREN D P V，KRIEGLER E，et al. The Shared Socioeconomic Pathways and Their Energy，Land Use，and Greenhouse Gas Emissions Implications：An Overview［J］. Global Environmental Change，2017（42）：153-168.

［5］IPCC. AR5 Climate Change 2013：The Physical Science Basis：Contribution of Working Group I to the Fifth Assessment Report of the Intergovernmental Panel on Climate Change [M]. Cambridge: Cambridge University Press, 2013.

[6] IPCC. AR5 Climate Change 2014: Impacts, Adaptation, and Vulnerability: Contribution of Working Group II to the Fifth Assessment Report of the Intergovernmental Panel on Climate Change [M]. Cambridge: Cambridge University Press, 2014.

[7] IPCC. AR5 climate change 2014: Mitigation of Climate Change: Contribution of Working Group III to the Fifth Assessment Report of the Intergovernmental Panel on Climate Change [M]. Cambridge: Cambridge University Press, 2014.

[8] UNFCCC. Climate Technology Negotiations [EB/OL]. [2021-06-29]. https://unfccc.int/ttclear/negotiations.

[9] IEA. World Energy Outlook 2020 [R/OL]. https://www.iea.org/reports/world-energy-outlook-2020.

[10] IEA. World Energy Model [EB/OL]. [2021-06-29]. https://www.iea.org/reports/world-energy-model.

[11] European Commission. A Clean Planet For All [EB/OL]. [2021-06-29]. https://eur-lex.europa.eu/legal-content/EN/TXT/?uri=CELEX: 52018DC0773.

[12] WRI. Designing and Preparing Intended Nationally Determined Contributions (INDCs) [J]. World Resources Institute ES, 2015.

[13] C40. 27 Cities Have Reached Peak Greenhouse Gas Emissions Whilst Populations Increase and Economies Grow [EB/OL]. [2021-06-29]. https://www.c40.org/press_releases/27-cities-have-reached-peak-greenhouse-gas-emissions-whilst-populations-increase-and-economies-grow.

[14] UNEP. Emissions Gap Report 2018 [M/OL]. [2021-06-29]. https://www.unep.org/resources/emissions-gap-report-2018.

[15] 张立, 谢紫璇, 曹丽斌, 等. 中国城市碳达峰评估方法初探[J]. 环境工程, 2020, 38 (11): 1-5, 43.

[16] LI H, QIN Q. Challenges for China's Carbon Emissions Peaking in 2030: A Decomposition and Decoupling Analysis [J]. Journal of Cleaner Production, 2019 (207): 857-865.

[17] SHI C. Decoupling Analysis and Peak Prediction of Carbon Emission Based on Decoupling Theory Sustain [J]. Computer Information Systems, 2020, 28 (12): 1-17.

[18] SU K, LEE C M. When Will China Achieve Its Carbon Emission Peak? A Scenario Analysis Based on Optimal Control and the Stirpat Model [J]. Ecological Indicators, 2020 (112): 106-138.

[19] SU Y, LIU X, JI J, et al. Role of Economic Structural Change in the Peaking of China's CO_2 Emissions: An Input-output Optimization Model [J]. Sci Total Environ, 2021 (761): 143306.

[20] 何建坤. CO_2 排放峰值分析：中国的减排目标与对策[J]. 中国人口·资源与环境, 2013, 23 (12): 1-9.

[21] CUI C, WANG Z, CAI B. Evolution-based CO$_2$ Emission Baseline Scenarios of Chinese Cities in 2025 [J]. Applied Energy, 2021 (281): 116.

[22] WANG Z, HUANG W, CHEN Z. The Peak of CO$_2$ Emissions In China: A New Approach Using Survival Models [J]. Energy Economics, 2019 (81): 1099-1108.

[23] CHEN X, SHUAI C, WU Y, et al. Analysis on the Carbon Emission Peaks of China's Industrial, Building, Transport, And Agricultural Sectors [J]. Science of The Total Environment, 2020 (709): 135768.

[24] DONG K, SUN R, LI H, et al. Does Natural Gas Consumption Mitigate CO$_2$ Emissions: Testing the Environmental Kuznets Curve Hypothesis For 14 Asia-Pacific Countries Renew [J]. Sustain Energy Rev, 2018 (94): 419-429.

[25] SHEN L, WU Y, SHUAI C, et al. Analysis on the Evolution of Low Carbon City From Process Characteristic Perspective [J]. Clean Prod, 2018 (187): 348-360.

[26] 蒋含颖, 段祎然, 张哲, 等. 基于统计学分析的中国典型大城市二氧化碳排放达峰研究 [J]. 气候变化研究进展, 2021, 17 (2): 1-9.

[27] 蔡博峰, 曹丽斌, 雷宇, 等. 中国碳中和目标下的二氧化碳排放路径 [J]. 中国人口·资源与环境, 2021, 31 (1): 7-14.

[28] CAI B, ZHANG L, XIA C, et al. A New Model For China's CO$_2$ Emission Pathway Using the Top-Down and Bottom-Up Approaches [J]. Chin J Popul Resour, 2021 (19): 291-4.

[29] CAI B, ZHANG L, LEI Y, et al. A Deeper Understanding of the CO$_2$ Emission Pathway Under Carbon Peak and Neutrality Goals [J]. Engineering, 2022 (Accepted).

[30] BP. Statistical Review of World Energy [EB/OL]. https://www.bp.com/en/global/corporate/energy-economics/statistical-review-of-world-energy.html.

[31] Net Zero Tracker. Net Zero Emissions Race [EB/OL]. [2022-6-10]. https://eciu.net/netzerotracker.

[32] European Commission. Going Climate-Neutral By 2050: A Strategic Long-Term Vision For a Prosperous, Modern, Competitive and Climate-Neutral EU Economy [R/OL]. https://op.europa.eu/en/publication-detail/-/publication/92f6d5bc-76bc-11e9-9f05-01aa75ed71a1.

[33] United States Department of State and the United States Executive Office of the President. The Long-Term Strategy of the United States: Pathways to Net-Zero Greenhouse Gas Emissions by 2050 [R]. Washington DC, 2021.

[34] United States Department of Defense. Department of Defense Climate Risk Analysis [R/OL]. https://media.defense.gov/2021/Oct/21/2002877353/-1/-1/0/DOD-CLIMATE-RISK-ANALYSIS-FINAL.PDF.

[35] The White House. Executive Order on Tackling the Climate Crisis at Home and Abroad [EB/OL]. https://www.whitehouse.gov/briefing-room/presidential-actions/2021/01/27/executive-order-on-tackling-the-climate-crisis-at-home-and-abroad/.

[36] HM Government. UK Sets Ambitious New Climate Target Ahead of UN Summit [EB/OL]. https://www.gov.uk/government/news/uk-sets-ambitious-new-climate-target-ahead-of-un-summit.

[37] HM Government. The Ten Point Plan for a Green Industrial Revolution [EB/OL]. https://www.gov.uk/government/publications/the-ten-point-plan-for-a-green-industrial-revolution.

[38] HM Government. Net Zero Strategy: Build Back Greener [EB/OL]. https://www.gov.uk/government/publications/net-zero-strategy.

[39] METI. Green Growth Strategy Through Achieving Carbon Neutrality in 2050 [R/OL]. https://www.meti.go.jp/english/press/2020/1225_001.html.

第 4 章　中国应对气候变化发展历程

中国应对气候变化经历了从被动参与、谨慎参与、保守承诺，到积极参与、勇于担当，成为全球生态文明建设的重要贡献者、引领者的发展阶段。在这个进程中，中国应对气候变化管理机构和工作机制逐步完善，政策框架更趋健全，制度建设不断创新，中国应对气候变化发生历史性变化，已经成为推进生态文明和美丽中国建设的重要抓手。本章主要介绍中国参与全球应对气候变化历程、国家主张、管理体制及其主要制度和措施。

4.1　中国应对气候变化管理机构

从最初的科学问题到经济社会发展问题，再到国家安全问题，中国对气候变化问题的认识在不断深化，关于应对气候变化的管理机构也在不断完善。主管机构经历了中国气象局、国家发改委到生态环境部的变迁，目前已经形成由生态环境部统一协调管理、有关部门和地方分工负责、智库机构有力支撑的管理机构体系。

4.1.1　应对气候变化政府协调与管理机构

1988 年末，为更好地参与全球气候治理，中国成立了机构间协调小组，以便为气候谈判事务做准备。1990 年，国务院环境保护委员会成立了国家气候变化协调小组，其主要任务是协调及制定气候变化相关政策，为中国在国际气候变化谈判中的立场做准备。1998 年，国家发展计划委员会（即后来的国家发改委）牵头的国家应对气候变化对策协调小组成立，作为部门间的议事协调机构，由 14 个部委组成。2003 年，小组调整为 15 个部门，办公地点设在国家发展计划委员会。2007 年，国家应对气候变化及节能减排工作领导小组成立，对外视工作需要可称国家应对气候变化领导小组或国务院节能减排工作领导小组（一个机构、两块牌子），作为国家应对气候变化和节能减排工作的议事协调机构（图4.1）。领导小组负责制定国家应对气候变化的重大战略、方针和对策，协调解决有关重大问题。国家发改委承担领导小组具体工作，并内设专门职能机构，负责统筹协调和归口管理国家应对气候变化工作，组织了一支跨部门、跨领域的稳定的技术支撑和工作队伍。

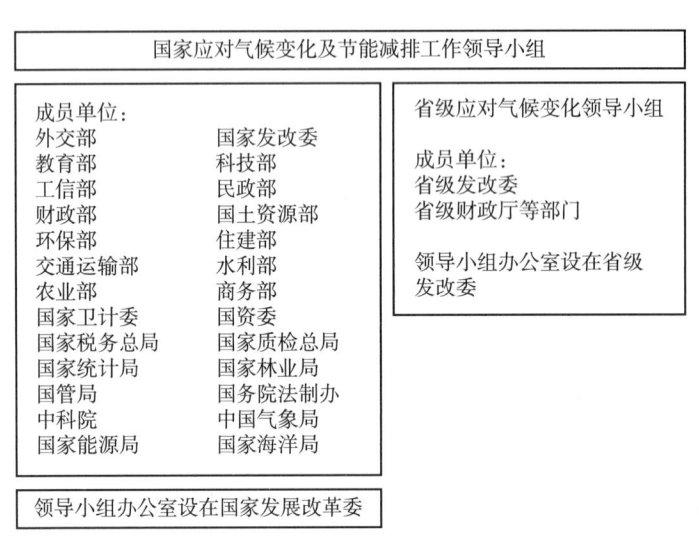

```
┌─────────────────────────────────────────────────────┐
│          国家应对气候变化及节能减排工作领导小组         │
└─────────────────────────────────────────────────────┘
┌──────────────────────────┬──────────────────────────┐
│ 成员单位：                │ 省级应对气候变化领导小组   │
│ 外交部      国家发改委    │                          │
│ 教育部      科技部        │ 成员单位：                │
│ 工信部      民政部        │ 省级发改委                │
│ 财政部      国土资源部    │ 省级财政厅等部门          │
│ 环保部      住建部        │                          │
│ 交通运输部  水利部        │ 领导小组办公室设在省级    │
│ 农业部      商务部        │ 发改委                    │
│ 国家卫计委  国资委        │                          │
│ 国家税务总局 国家质检总局 │                          │
│ 国家统计局  国家林业局    │                          │
│ 国管局      国务院法制办  │                          │
│ 中科院      中国气象局    │                          │
│ 国家能源局  国家海洋局    │                          │
└──────────────────────────┴──────────────────────────┘
┌─────────────────────────────────────────────────────┐
│          领导小组办公室设在国家发展改革委              │
└─────────────────────────────────────────────────────┘
```

图4.1 国家应对气候变化及节能减排工作领导小组

2008年，国家发改委为做好国家应对气候变化领导小组的具体工作，设置应对气候变化司，负责统筹协调和归口管理应对气候变化工作，进一步加强了对应对气候变化工作的领导，国家应对气候变化领导小组的成员单位由原来的18个扩大到20个，领导规格和层级也越来越高。同时，有关政府部门也成立了相关职能司局以应对气候变化。2010年，在国家应对气候变化领导小组框架内设立协调联络办公室，加强了部门间协调配合。2013年，领导小组成员单位由20个调整至26个。2014年，由国家发改委、国家统计局等23个部门组成的应对气候变化统计工作领导小组成立，强化应对气候变化基础统计工作和能力建设[1]。

2018年，在最新的国务院机构改革中，应对气候变化司由国家发改委调整到新组建的生态环境部，进一步增强了应对气候变化与环境污染防治的协同性和整体性，成为应对气候变化历程中最重大的机构调整之一。2021年5月，中央层面成立了碳达峰碳中和工作领导小组，作为指导和统筹做好碳达峰碳中和工作的议事协调机构，标志着中国"双碳"工作又迈出重要一步。领导小组办公室设在国家发改委，按照统一部署，已经初步形成"1+N"政策体系，建立起碳达峰碳中和工作的"四梁八柱"。

4.1.2 应对气候变化决策支撑机构

在政府管理机构逐步完善的同时，应对气候变化的决策支撑机构也相继成立。2007年，中国气象局成立了由31位顶级专家组成的国家气候变化专家委员会，作为国家应对气候变化领导小组的专家咨询机构，就气候变化的相关科学问题及我国应对气候变化的长远战略、重大政策提出咨询意见和建议，委员会秘书处办公地点设在中国气象局。2010年，第二届国家气候变化专家委员会成立，就气候变化科学问题、适应行动、"十二五"及"十三五"目标、排放峰值、长期目标、低碳发展、国际谈判策略、排放核算等方面开展了大量卓有成效的工作。2012年，国家应对气候变化战略研究和国际合作中心成立，作为中国首家关于气候变化的全国性智库，组织开展应对气候变化政策、法规、战略、规划及国际合作相关研究及支撑工作。2022年，第四届国家气候变化专家委员会成立，专家委员会由38位委员组成，包括环境、能源、大气、海洋、水文、地质、生态、林业、交通、建筑、经济、法律及国际关系等诸多领域的院士和高级别专家。专家委员会作为我国应对气候变化工作的重要决策支撑机构，一直以来都是我国应对气候变化、低碳发展科学研究和政策制定的重要科技支撑力量（图4.2）。

- 国家气候变化专家委员会 — 2007年
- 2010年 — 第二届国家气候变化专家委员会
- 国家应对气候变化战略研究和国际合作中心 — 2012年
- 2015年 — 中国环境科学学会气候变化分会
- 第三届国家气候变化专家委员会 — 2016年
- 2021年 — 碳达峰碳中和工作领导小组、碳达峰碳中和工作领导小组办公室、碳排放统计核算工作组等
- 第四届国家气候变化专家委员会、中国环境科学学会碳达峰碳中和专业委员会、碳排放交易专业委员会、中国能源研究会碳中和专委会等 — 2022年

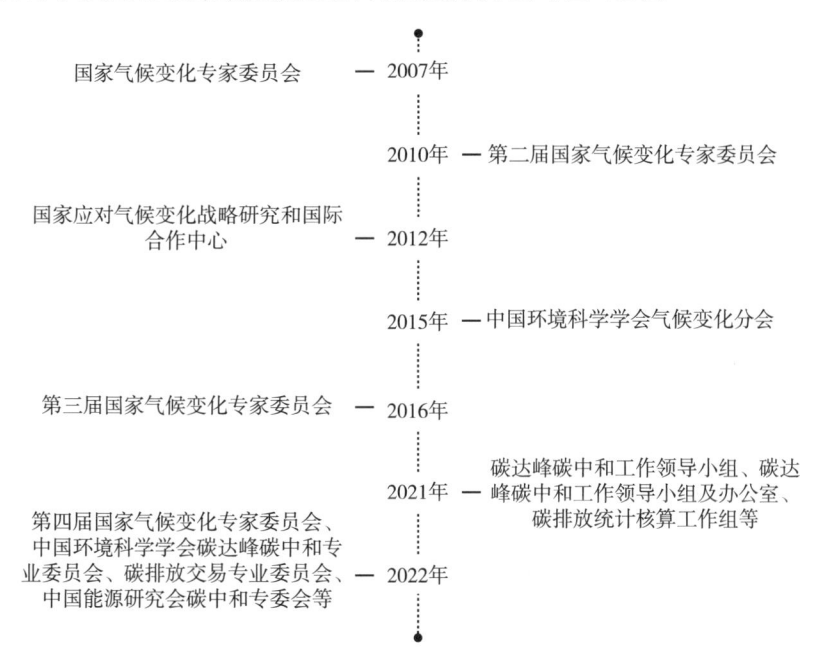

图 4.2 我国应对气候变化决策支撑机构

为深入贯彻党中央、国务院关于碳达峰碳中和的决策部署，国资委、市场监管总局以及生态环境部环境规划院、中国环境科学学会等政府部门和有关研究机构相继成立专门的碳达峰碳中和领导小组、办公室或研究部门，深化本领域的

研究应用，开展国内外学术交流与合作，推动各方面工作形成整体合力，为我国如期实现碳达峰碳中和目标提供支撑和保障。国资委成立碳达峰碳中和工作领导小组，全面统筹推进中央企业碳达峰碳中和工作。市场监管总局成立碳达峰碳中和工作领导小组及办公室，充分发挥计量、标准、认证认可、价监竞争、特种设备等多项监管职能作用，按照职责开展碳达峰碳中和有关工作，为如期实现碳达峰碳中和目标提供重要支撑和保障。中国环境科学学会和中国能源研究会作为国内生态环境和能源领域规模大、学术水平高、有重要影响力的社团组织，基于双方在专家会员、数据信息、成果推广等方面的既有优势，本着资源共享、交流互鉴、合作共赢的原则，围绕碳达峰碳中和国家重大战略，整合研究资源，形成系统合力，积极推进碳达峰碳中和领域的大学术、大创新和大传播，共同为做好碳达峰碳中和政策研究与技术支撑、实现我国碳达峰碳中和目标作出贡献。

此外，2021年7月，教育部制定《高等学校碳中和科技创新行动计划》，旨在发挥高校基础研究主力军和重大科技创新策源地作用，为实现碳达峰碳中和目标提供科技支撑和人才保障。目前，一些学校已经成立了和"双碳"有关的研究院或学院，助力实现"双碳"目标。

4.2 中国应对气候变化国家战略与规划

实现碳达峰碳中和是以习近平同志为核心的党中央经过深思熟虑作出的重大战略决策，是着力解决资源环境约束突出问题、实现中华民族永续发展的必然选择，是构建人类命运共同体的庄严承诺。中国将碳达峰碳中和纳入经济社会发展全局，坚持系统观念，统筹发展和减排、整体和局部、短期和中长期的关系，以经济社会发展全面绿色转型为引领，以能源绿色低碳发展为关键，加快形成节约资源和保护环境的产业结构、生产方式、生活方式、空间格局，坚定不移走生态优先、绿色低碳的高质量发展道路[2]。

4.2.1 应对气候变化战略概念内涵

应对气候变化战略，即明确中长期应对气候变化的指导思想、主要目标、区位格局及保障措施，为国家统筹协调开展应对气候变化工作提供指导，对于积极应对气候变化带来的机遇与挑战、实现经济社会可持续发展、缓解国际气候谈判压力以及引领全球气候治理至关重要。应对气候变化战略也是落实党中央、国务院关于生态文明和现代化强国建设重大战略思想所提出的重大的、全局性的、未来的应对气候变化目标、任务的谋划。作为受气候变化影响最大的发展中国家之一，中国政府一直高度重视气候变化问题，把积极应对气候变化作为关系经济社会发展全局的重大议题，逐步纳入了经济社会发展宏观战略。

4.2.2 社会经济发展战略发生重大转变

从"四个现代化"发展战略，到"三步走"战略，到1998年在提前实现小康水平目标的基础上，确立了到2020年全面建成小康社会的第一个百年发展目标和2050年基本实现社会主义现代化的第二个百年发展目标，再到"新三步走"战略框架的提出，重申了到2020年全面建成小康社会，做出了2035年基本实现现代化和2050年建成社会主义现代化强国的新的战略安排，并从物质文明、政治文明、精神文明、社会文明、生态文明及和平发展等方面进行了战略部署[3]，我国社会经济发展总体战略已发生了重大转变。

2002年11月，党的十六大提出了要抓住我国发展的重要战略机遇期，在21世纪前20年全面实现小康社会的宏伟目标。

2005年10月，党的十六届五中全会上强调坚持以科学发展观为指导，提出了国民经济和社会发展第十一个五年规划的建议，在发展战略上实现了一系列有重大战略意义的转变，强调坚持以科学发展观统领经济社会发展全局，加快转变经济增长方式，把节约资源作为基本国策，发展循环经济，保护生态环境，加快建设资源节约型、环境友好型社会，促进经济发展与人口、资源、环境相协调。这些要求充分说明中国已经把坚持科学发展观的理念落实到了制定国民经济和社会发展战略的具体行动中，实现了中国经济社会发展战略的重大转变。

2007年10月，党的十七大进一步指出，科学发展观的第一要义是发展，核心是以人为本，基本要求是全面协调可持续性，根本方法是统筹兼顾，明确了科学发展观是我国经济社会发展的重要指导方针，是发展中国特色社会主义必须坚持和贯彻的重大战略思想。

2012年11月，党的十八大首次将生态文明建设作为"五位一体"总体布局的重要组成部分，把生态文明建设放在突出地位，纳入中国特色社会主义事业"五位一体"总体布局，融入经济建设、政治建设、文化建设、社会建设各方面和全过程。做出"大力推进生态文明建设"的战略决策，描绘生态文明建设的宏伟蓝图。

2015年5月，中共中央、国务院印发《关于加快推进生态文明建设的意见》。强调了生态文明建设是中国特色社会主义事业的重要内容，关系人民福祉，关乎民族未来，事关"两个一百年"奋斗目标和中华民族伟大复兴中国梦的实现。

2015年10月，党的十八届五中全会提出了"创新、协调、绿色、开放、共享"的新发展理念,并强调坚持绿色发展,必须坚持节约资源和保护环境的基本国策,坚持可持续发展,坚定走生产发展、生活富裕、生态良好的文明发展道路,加快建设资源节约型、环境友好型社会,形成人与自然和谐发展现代化建设新格局,推进美丽中国建设,为全球生态安全作出新贡献。

2017年10月,党的十九大提出了习近平新时代中国特色社会主义思想,将生态文明建设作为社会主义现代化强国建设的重要指标和关键内容,提出分两步走建成富强民主文明和谐美丽的社会主义现代化强国,生态文明的战略地位进一步提升。

2019年10月,党的十九届四中全会上提出坚持和完善生态文明制度体系,促进人与自然和谐共生。强调了生态文明建设是关系中华民族永续发展的千年大计,必须践行绿水青山就是金山银山的理念,坚持节约资源和保护环境的基本国策,坚持节约优先、保护优先、自然恢复为主的方针,坚定走生产发展、生活富裕、生态良好的文明发展道路,建设美丽中国。

2021年11月,党的十九届六中全会上强调,党中央以前所未有的力度抓生态文明建设,美丽中国建设迈出重大步伐,我国生态环境保护发生历史性、转折性、全局性变化。

推动生态文明建设,是保障经济社会可持续发展的必然要求,不仅为人民群众创造良好生产生活环境,而且拓展了我国现代化建设的领域和范围[4]。在我国社会经济发展总体战略中,把生态文明建设放在越来越突出的地位,对于缓解资源环境压力、破解我国经济社会发展面临资源环境瓶颈制约难题,满足人民群众对生态环境的愿望和诉求、实现中华民族世代永续发展,推进中国特色社会主义事业、促进人类生态文明进步来说是迫切需要[5]。

4.2.3 应对气候变化在国家战略的定位逐步提升

随着中国社会经济发展战略的逐步转变以及对气候变化问题认识的不断深入,应对气候变化在社会经济发展宏观战略中的地位也在逐渐提升。实施应对气候变化的各种措施已日益成为我国贯彻落实科学发展观、实现经济社会协调可持续发展的内在要求,与我国转变发展方式、推进结构调整的战略目标相一致,也有利于促进我国经济竞争力的不断提高。改革开放的前二十年,中国应对气候变化的国家战略主要是关注国内气候灾害,并逐步形成对全球气候变化的科学认知,从国际上来看基本处于从属地跟进和参与阶段。随着改革开放的深入实施,气候变化问题在中国总体发展战略中的地位不断提升,应对气候变化也逐步成为中国社会经济可持续发展的重要政策导向。

2005年7月，胡锦涛总书记在出席"G8+5"峰会时指出，气候变化既是环境问题，也是发展问题，归根到底是发展问题，这个问题是在发展进程中出现的，应该在可持续发展框架下解决。这一论断明确指出了气候变化问题的本质，即气候变化问题与发展问题紧密结合，既坚持了可持续发展的基本国策，也充分体现出气候变化与社会发展的内在联系，这就为应对气候变化战略的制定实施奠定了理论基础。

2007年10月，党的十七大明确提出将"加强应对气候变化能力建设，为保护全球气候作出新贡献"作为重要战略任务。这一论述是中国政府真正把应对气候变化纳入国家可持续发展战略框架中的代表。

2008年6月，在主持中央政治局第六次集体学习时，胡锦涛总书记强调，必须以对中华民族和全人类长远发展高度负责的精神，充分认识应对气候变化的重要性和紧迫性，各级党委和政府要把应对气候变化作为贯彻落实科学发展观、实现可持续发展的重要内容，并提出当前应对气候变化要重点抓好五个方面的工作：一是要大力落实控制温室气体排放的措施；二是要大力增强适应气候变化能力；三是要大力发挥科技进步和创新的作用；四是要大力健全应对气候变化的体制机制；五是要大力提高全社会参与的意识和能力。

2010年2月，在主持中央政治局第十九次集体学习时，胡锦涛总书记强调，我们要从全面建设小康社会、加快推进社会主义现代化的全局出发，科学判断应对气候变化对我国发展提出的新要求，充分认识应对气候变化工作的重要性、紧迫性、艰巨性，统一思想，明确任务，坚定信念，扎实工作，把应对气候变化作为我国经济社会发展的重大战略和加快经济发展方式转变和经济结构调整的重大机遇，进一步做好应对气候变化各项工作，确保实现2020年我国控制温室气体排放行动目标。

2012年11月，党的十八大将低碳发展作为三大发展之一，从国内国际两个方面对气候变化问题进行表述。国内着力推进绿色发展、循环发展、低碳发展，支持节能低碳产业和新能源、可再生能源发展，进一步将应对气候变化融入国家经济社会发展大局；国际上坚持共同但有区别的责任原则、公平原则、各自能力原则，同国际社会一道积极应对全球气候变化。

2017年10月，党的十九大从国际合作、维护生态安全、深化全球治理以及建设现代化经济体系等四方面就气候变化问题提出新的战略定位和战略任务。报告提出，引导应对气候变化国际合作，成为全球生态文明建设的重要参与者、贡献者、引领者。要积极参与全球环境治理，落实减排承诺，合作应对气候变化，保护好人类赖以生存的地球家园，维护全球生态安全，阻止气候变化等非传统安全威胁持续蔓延。要坚持人与自然和谐共生，坚定走生产发展、生活富裕、生态良好的文明发展道路，建设美丽中国，为人民创造良好生产生活环境，为全球生态安全作出贡献。要在绿色低碳领域培育新增长点、形成新动能，建立健全绿色低碳循环发展的经济体系，构建清洁低碳、安全高效的能源体系，倡导简约适度、绿色低碳的生活方式。十九大报告提出的新思想、新目标更是为应对气候变化工作提供了前所未有的机遇。

2021年3月，习近平总书记在中央财经委员会第九次会议上发表重要讲话强调，实现碳达峰碳中和是一场广泛而深刻的经济社会系统性变革，要把碳达峰碳中和纳入生态文明建设整体布局，拿出抓铁有痕的劲头，如期实现2030年前碳达峰、2060年前碳中和的目标。

从上述一系列重要会议和国家重大战略文件中对气候变化问题的表述可以看出，中国对气候变化问题重视程度不断提高，应对气候变化的战略地位在逐步提升。

4.2.4 应对气候变化纳入国民经济和社会发展规划

在国家五年规划纲要中针对气候变化做出的具体规定，是应对气候变化战略全面纳入经济社会宏观战略的重要体现。从发展进程来看，统筹国内和国际两个大局，对应对气候变化的定位和要求越来越明确、具体，并逐渐将绿色低碳全面融入社会经济发展。在"十一五"积累的节能减排成功经验的基础上，2011年3月印发的《中华人民共和国国民经济和社会发展第十二个五年规划纲要》（以下简称"十二五"规划）中首次明确将绿色低碳作为指导原则之一，以"降低温室气体排放强度，推广低碳技术，积极应对全球气候变化"为指导思想，主要目标中新增非化石能源占比、单位国内生产总值二氧化碳排放下降、森林蓄积量三项气候变化约束性指标，并将"积极应对全球气候变化"作为独立的一章，坚持减缓和适应并重，充分发挥技术进步的作用，改进机制体制和政策体系，增强其应对气候变化的能力，将"绿色发展，建设资源节约型、环境友好型社会"，与应对气候变化、推动低碳绿色发展目标相吻合，涉及政府职能、制度改革、政策激励、结构调整、市场要素、技术创新等内容构成一个有机统一的整体，形成推动低碳发展的强大合力。可以说，"十二五"规划是发展经济与应对气候变化相得益彰的最好体现。

2016年3月，《中华人民共和国国民经济和社会发展第十三个五年规划纲要》（以下简称"十三五"规划）印发，国家对应对气候变化提出了更高要求。"十三五"规划中首次提出控制碳排放总量，并要求将低碳融入生产、生活、能源等社会经济发展多个方面；在主要目标中强调生产方式和生活方式绿色、低碳水平上升，碳排放总量得到有效控制，并提出支持绿色低碳产业发展壮大，推动运输服务低碳智能安全发展，建设清洁低碳、安全高效的现代能源体系，建设绿色低碳的现代产业走廊，推行节能低碳电力调度等；同时强调要积极应对全球气候变化，坚持减缓与适应并重，主动控制碳排放，落实减排承诺，增强适应气候变化能力，深度参与全球气候治理，为应对全球气候变化作出贡献。

2021年3月，《中华人民共和国国民经济和社会发展第十四个五年规划和2035年远景目标纲要》（以下简称"十四五"规划）印发，提出"广泛形成绿色生产生活方式，碳排放达峰后稳中有降，生态环境根本好转，美丽中国建设目标基本实现"的2035年远景目标。并在"积极应对气候变化"章节中提出，落实2030年应对气候变化国家自主贡献目标，制定2030年前碳排放达峰行动方案；完善能源消费总量和强度双控制度；实施以碳强度控制为主、碳排放总量控制为辅的制度，支持有条件的地方和重点行业、重点企业率先达到碳排放峰值；锚定努力争取2060年前实现碳中和，采取更加有力的政策和措施；并从能源清洁低碳安全高效利用，工业、建筑、交通等领域低碳转型，生态系统碳汇，适应气候变化能力建设，以及国际合作等方面进一步开展应对气候变化行动。

应对气候变化逐步纳入我国国民经济和社会发展规划，不仅为落实应对气候变化相关战略规划提供了遵循和保障，而且体现出对"绿水青山就是金山银山""尊重自然、顺应自然、保护自然""节约优先、保护优先、自然恢复为主"等理念的坚持，是我国实施可持续发展战略，完善生态文明领域统筹协调机制，构建生态文明体系，推动经济社会发展全面绿色转型，建设美丽中国的重要一步。

4.2.5 应对气候变化战略与目标逐步清晰

2006年，中国提出2010年单位国内生产总值能耗比2005年下降20%左右的约束性指标。2009年哥本哈根会议前，中国宣布到2020年单位国内生产总值二氧化碳排放比2005年下降40%~45%，作为约束性指标纳入国民经济和社会发展中长期规划，并制定相应的国内统计、监测、考核办法。"十二五"规划纲要首次将碳排放强度下降作为约束性指标纳入。2011年11月，国务院发布《"十二五"控制温室气体排放工作方案》，提出"2015年全国单位国内生产总值二氧化碳排放比2010年下降17%，非化石能源占比达到11.4%"。2014年，中美两国发表气候变化联合声明，中国提出计划2030年左右二氧化碳排放达到峰值且将努力早日达峰，并计划到2030年将非化石能源占一次能源消费比重提高到20%左右。2015年，中国政府向联合国提交《强化应对气候变化行动——中国国家自主贡献》，进一步明确提出中国二氧化碳排放2030年左右达到峰值并争取尽早达峰、单位国内生产总值二氧化碳排放比2005年下降60%~65%等自主行动目标。2016年

10月，国务院发布《"十三五"控制温室气体排放工作方案》，提出"2020年全国单位国内生产总值二氧化碳排放比2015年下降18%，非化石能源占比达到15%"。

2020年9月，我国正式提出"二氧化碳排放力争于2030年前达到峰值，努力争取2060年前实现碳中和"的庄严承诺。同年12月，进一步宣布了中国碳排放强度、非化石能源占比、森林蓄积量和风电、太阳能发电总装机容量等其他更新的国家自主贡献目标。自2020年12月中央经济工作会议首次将"做好碳达峰碳中和工作"作为重点任务起，中央高度重视碳达峰碳中和工作，《中共中央 国务院关于完整准确全面贯彻新发展理念做好碳达峰碳中和工作的意见》和《2030年前碳达峰行动方案》等一系列顶层政策文件均强调了如期实现碳达峰碳中和目标的重要性和必要性，进一步对做好碳达峰碳中和工作作出了明确部署，把"双碳"工作纳入生态文明建设整体布局和经济社会发展全局，真正做到了站在人与自然和谐共生的新高度来谋划中国未来的经济社会发展（图4.3）。

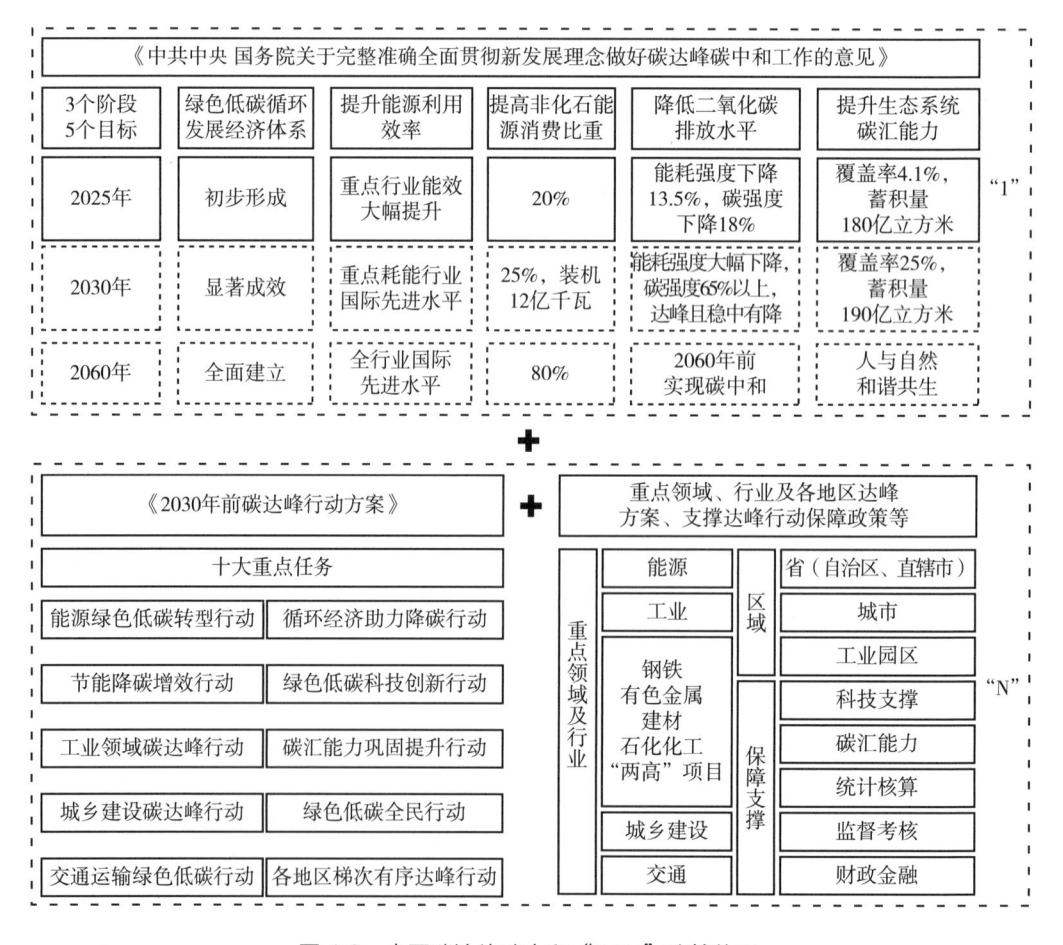

《中共中央 国务院关于完整准确全面贯彻新发展理念做好碳达峰碳中和工作的意见》						
3个阶段 5个目标	绿色低碳循环 发展经济体系	提升能源利用 效率	提高非化石能 源消费比重	降低二氧化碳 排放水平	提升生态系统 碳汇能力	
2025年	初步形成	重点行业能效 大幅提升	20%	能耗强度下降 13.5%，碳强度 下降18%	覆盖率4.1%， 蓄积量 180亿立方米	"1"
2030年	显著成效	重点耗能行业 国际先进水平	25%，装机 12亿千瓦	能耗强度大幅下降， 碳强度65%以上， 达峰且稳中有降	覆盖率25%， 蓄积量 190亿立方米	
2060年	全面建立	全行业国际 先进水平	80%	2060年前 实现碳中和	人与自然 和谐共生	

＋

《2030年前碳达峰行动方案》		＋	重点领域、行业及各地区达峰方案、支撑达峰行动保障政策等		
十大重点任务			重点领域及行业	能源	区域	省（自治区、直辖市）
能源绿色低碳转型行动	循环经济助力降碳行动			工业		城市
节能降碳增效行动	绿色低碳科技创新行动			钢铁 有色金属 建材 石化化工 "两高"项目		工业园区
工业领域碳达峰行动	碳汇能力巩固提升行动				保障支撑	科技支撑
						碳汇能力
城乡建设碳达峰行动	绿色低碳全民行动			城乡建设		统计核算
						监督考核
交通运输绿色低碳行动	各地区梯次有序达峰行动			交通		财政金融

图4.3 中国碳达峰碳中和"1+N"政策体系

4.2.6 应对气候变化战略与规划渐成体系

2007年,中国发布首个应对气候变化国家方案——《中国应对气候变化国家方案》,提出了中国到2010年应对气候变化的主要目标、基本原则、主要行动领域、政策和措施等,中国31个省、自治区、直辖市也在2009年按照要求编制完成省级应对气候变化方案。2014年,国家发改委发布《国家应对气候变化规划(2014—2020年)》,这是第一部专门针对气候变化的国家规划,成为指导中国应对气候变化的中长期纲领性文件。规划分析了全球气候变化趋势及对我国影响、应对气候变化工作现状、面临的形势及战略要求,提出了我国应对气候变化工作的指导思想、目标要求、政策导向,明确了控制温室气体排放、适应气候变化影响等重点任务,并提出政策措施和实施途径,确保规划目标任务落实,这对于将减缓和适应气候变化要求融入经济社会发展各方面和全过程,加快构建中国特色的绿色低碳发展模式具有重要意义。

从2008年开始,中国持续编制并发布《中国应对气候变化政策与行动》年度报告,总结其在当年所实施的气候政策和措施,截至2021年底已经发布12份年度报告。同时,国务院新闻办公室于2011年和2021年两次发布《中国应对气候变化的政策与行动》白皮书。系列年度报告和白皮书的发布,使国内公众和国际社会能够更加全面地了解中国气候变化的国情,以及中国为应对气候变化做出的巨大努力和已经取得的显著成效。

4.2.6.1 减缓气候变化

2011年,国务院印发《"十二五"控制温室气体排放工作方案》,其核心是落实"十二五"控制温室气体排放目标,将2015年全国单位国内生产总值二氧化碳排放比2010年下降17%的减排目标分解到了全国各省(自治区、直辖市)。2016年,国务院印发《"十三五"控制温室气体排放工作方案》,明确提出加快推进绿色低碳发展,确保完成"十三五"规划纲要确定的低碳发展目标任务,推动我国二氧化碳排放2030年左右达到峰值并争取尽早达峰。2021年,国务院印发《2030年前碳达峰行动方案》,提出制定能源、工业、城乡建设、交通运输、农业农村等分领域分行业碳达峰实施方案,积极谋划科技、财政、金融、价格、碳汇、能源转型、减污降碳协同等保障方案,加快形成目标明确、分工合理、措施有力、衔接有序的政策体系和工作格局,全面推动碳达峰碳中和各项工作取得积极成效。能源、工业、建筑、交通、林业等领域也提出了具体的方案或规划(图4.4)。

4.2.6.2 适应气候变化

1994年颁布的《中国21世纪议程》首次提出适应气候变化的概念。2007年,《巴厘岛行动计划》将适应气候变化与减缓气候变化放在同样重要的位置。中国

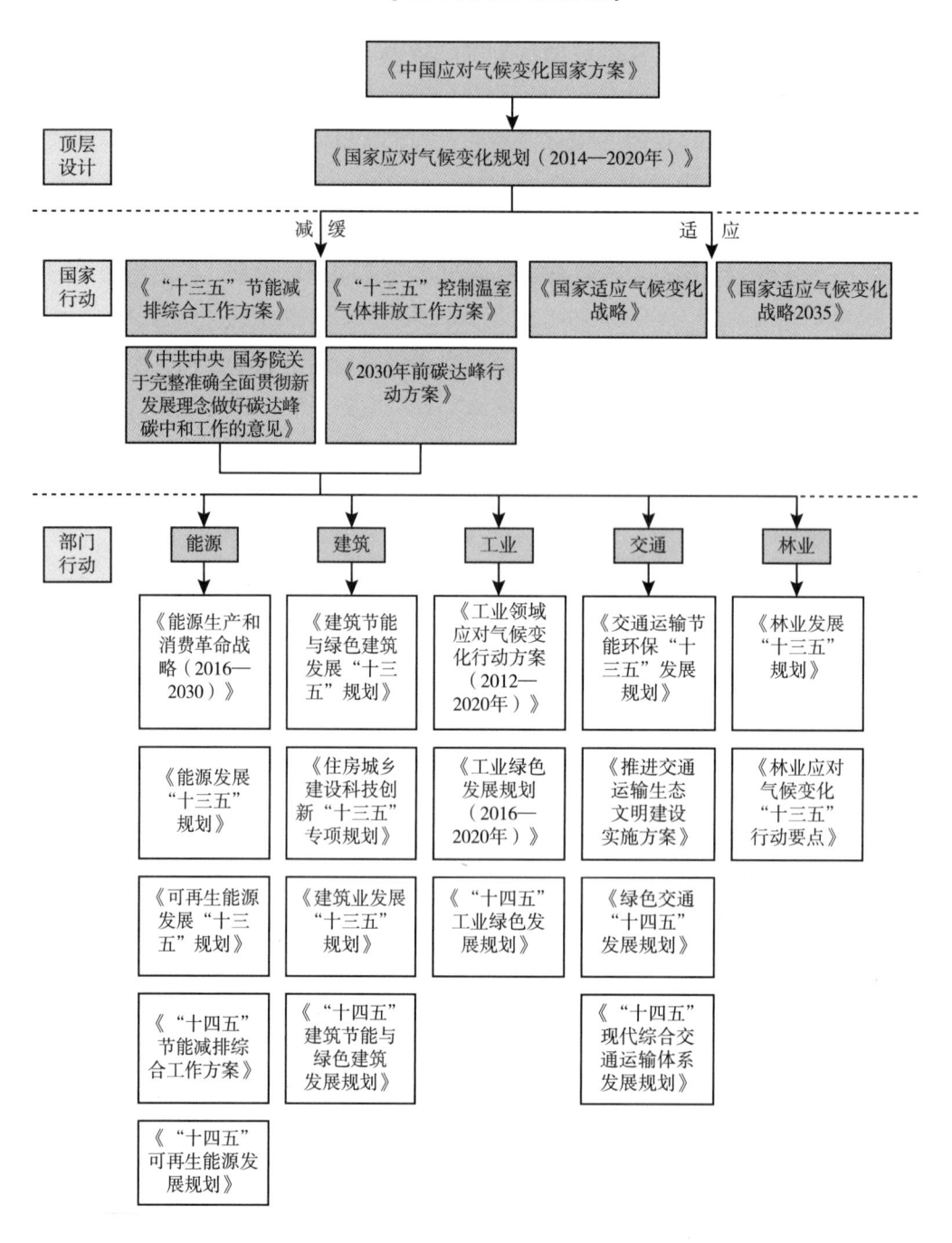

图 4.4　中国应对气候变化战略与规划体系

是世界上受气候变化影响最严重的国家之一，气候变化的负面影响已在多个领域呈现，并且某些影响具有不可逆性，如果不采取有效的适应措施，气候变化所造成的损失将进一步加大，并可能阻碍经济社会的进一步发展，因此适应在气候变化领域和国家发展过程中的战略地位不断提高。

在适应气候变化方面，2007 年《中国应对气候变化国家方案》从政策落实、能力建设、健全体制机制、加强组织领导等方面，详细描述了适应气候变化的各项任务。"十二五"规划提出了提高适应气候变化的能力以及在规划和建设中对气候变化因素进行考量的战略要求。

2013 年，《国家适应气候变化战略》发布，这是中国首次将适应气候变化提高到国家战略高度。其在充分评估当前和未来气候变化对我国影响的基础上，明确了国家适应气候变化工作的指导思想和原则，提出了适应目标、重点任务、区域格局和保障措施，指明了中国适应气候变化的战略框架，推动重点领域和区域积极探索趋利避害的适应行动，为统筹协调开展适应工作提供指导，在国际社会产生了较好的影响和示范效应，也取得了积极进展与成效。但在实施过程中也发现，我国适应气候变化工作仍然存在气候变化影响和风险分析评估不足、协调机制和治理体系有待完善、适应气候变化理念意识和行动力度有待进一步加强等问题。

2015 年，我国在向联合国提交的国家自主贡献文件中对适应气候变化做出了全面具体的安排。2016 年，国家发改委、住建部会同有关部门发布《城市适应气候变化行动方案》，指导城市从规划、基础设施、建筑、水系统、城市绿化、灾害风险管理等方面开展工作，并选取 28 个城市作为气候适应型城市试点，力争打造一批具有国际先进水平的典型范例城市，形成一系列可复制、可推广的试点经验。

2022 年，《国家适应气候变化战略 2035》印发，在深入分析气候变化影响风险和适应气候变化工作基础及机遇挑战的基础上，对我国当前至 2035 年适应气候变化工作作出系统谋划，提出新阶段下我国适应气候变化工作的指导思想、基本原则和主要目标，进一步明确我国适应气候变化工作重点领域、区域格局和保障措施。与 2013 年《国家适应气候变化战略》相比，《国家适应气候变化战略 2035》更加突出气候变化监测预警和风险管理，划分了自然生态系统和经济社会系统，多层面构建适应气候变化区域格局，也更加注重机制建设和部门协调。战略对气候风险与适应、重点领域和区域格局、自然生态和经济社会等不同维度的统筹考虑，为提升气候韧性、有效防范气候变化不利影响和风险提供了重要指导（图 4.5）[6]。

作为全球生态文明建设的参与者、贡献者、引领者，应对气候变化战略规划是我国大力推进生态文明建设、推动绿色低碳发展、切实推进国内应对气候变化工作的重要抓手，也是顺应国际携手应对气候变化和低碳发展潮流、树立我国积极负责任大国形象的必然要求，是我国主动承担气候变化国际责任的重要体现，

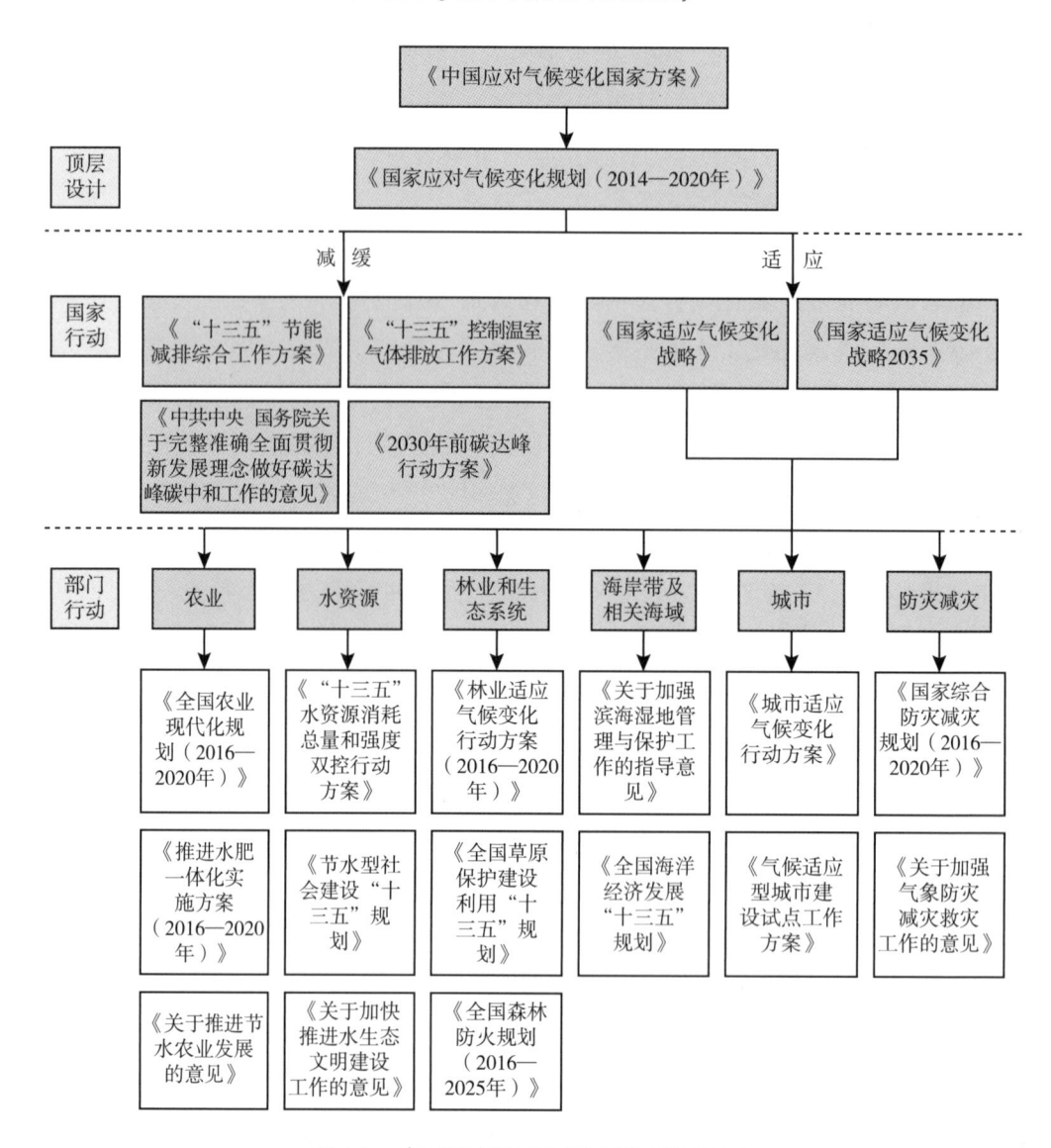

图 4.5 中国适应气候变化战略与规划体系

有助于中国积极参与全球气候治理,增强应对气候变化领域的影响力和话语权,为国际社会特别是发展中国家贡献中国方案和中国智慧。

4.3 中国应对气候变化政策框架

中国政府高度重视应对气候变化,积极实施了一系列应对气候变化的战略、法规、政策、标准与行动,初步形成了层级清晰、覆盖全面、多样化的应对气候变化政策体系。

4.3.1 应对气候变化政策分类

根据公共政策的一般分类方法，可以将公共政策分为元政策、基本政策和具体政策[7]。

元政策是政策体系中统率或具有统摄性的政策，对其他各项政策起指导和规范的作用，是其他各项政策的出发点和基本依据，对其他政策具有指导价值和意义[8]。应对气候变化的元政策通常包括中共中央、国务院及其直属机构出台的有关应对气候变化及推动绿色低碳发展的意见等，如《中共中央 国务院关于完整准确全面贯彻新发展理念做好碳达峰碳中和工作的意见》已经成为指导我国做好碳达峰碳中和工作的顶层指导性文件。

基本政策通常是高层次的、大型的、长远的、带有战略性的政策方案，侧重于目标陈述，为领域内的所有具体政策规定总体目标。除各部门出台的相关战略规划，应对气候变化的基本政策还包括生态文明体制改革总体方案、2030年前碳达峰行动方案、各领域已经出台的碳达峰实施方案等。

具体政策是指在元政策和基本政策范畴之外的政策，是对特定而具体的政策问题作出的规定，由对应的部门或机构来具体实施。从政策意图来说，具体政策还可以进一步分为策略型政策和规则型政策，其中策略型政策表现为一系列的行动方案，如万家企业节能低碳行动实施方案等；规则型政策表现为一系列的行动步骤，为某一特定领域的工作流程和行动提供规定，如碳排放权结算管理规则等。

4.3.2 应对气候变化具体政策

从应对气候变化政策的支持方式来看，又可以将应对气候变化的具体政策分为财政政策、监管政策、税收政策、市场机制政策、金融政策、标准标识、政府采购政策和自愿减排政策[9-11]。

财政政策方面，涵盖清洁能源、新能源汽车、淘汰落后产能等政策。其中，为了支持清洁能源的发展，我国从2008年陆续出台有关风力发电、太阳能光电、金太阳示范工程、可再生能源电价补贴、生物质发电等一系列规则型财政政策，财政部于2015年印发《可再生能源发展专项资金管理暂行办法》，旨在规范和加强可再生能源发展专项资金管理，提高资金使用效益，从而促进可再生能源开发利用，优化能源结构，保障能源安全。为了促进新能源汽车产业加快发展，按照国务院办公厅《关于加快新能源汽车推广应用的指导意见》等文件要求，财政部、科技部、工信部、国家发改委于2015年出台《关于2016—2020年新能源汽车推广应用财政支持政策的通知》，明确指出将在全国范围内开展新能源汽车推广应用工作，中央财政对购买新能源汽车给予补助，实行普惠制，并在2020年继续出台《关于完善新能源汽车推广应用财政补贴政策的通知》，适当延长补贴期限，并对2020年新能源汽车推广补贴方案及产品技术要求进行规定。在支持淘汰落后产能方面，财政部于2012年出台《关于支持煤炭行业淘汰落后产能的通知》，明确提出将在"十二五"期间，由中央财政安排专项资金对经济欠发达地区淘汰煤炭落后产能工作给予奖励。

监管政策方面，涵盖针对新能源发电行业的规则制定，对控制煤炭消费任务、清洁能源消纳任务进行布置，以及有关应对气候变化其他方面的内容进行规定。在新能源发电方面，国家能源局从2011年陆续制定发布《风电开发建设管理暂行办法》《分布式光伏发电项目管理暂行办法》《2015年光伏发电建设实施方案》《分散式风电项目开发建设暂行管理办法》等，旨在加强新能源发电项目管理，规范新能源发电的产业发展和保障并网运行。在控制煤炭消费方面，国家发改委在2014年出台《重点地区煤炭消费减量替代管理暂行办法》，随后出台《加强大气污染治理重点城市煤炭消费总量控制工作方案》《关于进一步做好煤电行业淘汰落后产能工作的通知》等一系列监管政策，旨在加快淘汰煤电行业落后产能，促进我国煤电行业转型升级、结构优化，不断提升高效清洁发展水平。在提升清洁能源消纳水平方面，国家发改委和国家能源局从2016年起陆续出台《关于做好"三北"地区可再生能源消纳工作的通知》《关于加快浅层地热能开发利用促进北方采暖地区燃煤减量替代的通知》《清洁能源消纳行动计划（2018—2020年）》等，针对清洁能源发展不平衡不充分的矛盾，建立清洁能源消纳的长效机制，明确提出要求各地区必须落实清洁能源电力市场消纳条件作为安排本区域新增清洁能源项目规模的前提条件，严格执行风电、光伏发电投资监测预警机制等。此外，我国还制定出台了其他有关应对气候变化的监管政策，包括旨在支撑全国碳排放权交易市场建设运行的《关于加强企业温室气体排放报告管理相关工作的通知》，提升能源消费总量管理弹性、提供能耗双控差别化管理措施的《完善能源消费强度和总量双控制度方案》，明确新型储能项目备案管理规则的《新型储能项目管理规范（暂行）》等。

税收政策方面，包括清洁能源、节水节能产品、新能源汽车的相关税收优惠。清洁能源方面，财政部、国家税务总局制定出台了一系列清洁能源发电和电价相关的税收优惠政策，包括《关于核电站用地征免城镇土地使用税的通知》《关于大型水电企业增值税政策的通知》《关于风力发电增值税政策的通知》《关于继续执行光伏发电增值税政策的通知》等。在节水节能产品方面，制定出台了《关于执行环境保护专用设备企业所得税优惠目录节能节水专用设备企业所得税优惠目录和安全生产专用设备企业所得税优惠目录有关问题的通知》《关于环境保护节能节水安全生产等专用设备投资抵免企业所得税有关问题的通知》《享受车船税减免优惠的节约能源 使用新能源汽车车型目录》等，旨在以税费抵免、税费优惠等方式为节水节能环保产品提供经济激励。在新能源汽车方面，财政部、国家税务总局、工业和信息化部制定出台了《关于新能源汽车免征车辆购置税有关政策的公告》和《享受车船税减免优惠的节约能源 使用新能源汽车车型目录》，旨在支持新能源汽车产业发展，促进汽车消费。此外，我国还出台了其他内容的应对气候变化税收政策，如对气缸容量较低车型减少税率、对气缸容量较高车型提升税率的《关于调整乘用车消费税政策的通知》等。

市场机制政策方面，主要为全国碳排放权交易市场的支持性政策，如2020年的《2019—2020年全国碳排放权交易配额总量设定与分配实施方案（发电行业）》、2021年的《碳排放权结算管理规则（试行）》《关于做好全国碳排放权交易市场数据质量监督管理相关工作的通知》《碳排放权交易管理办法（试行）》，旨在落实党中央、国务院关于建设全国碳排放权交易市场的决策部署，在应对气候变化和促进绿色低碳发展中充分发挥市场机制作用，推动温室气体减排，规范全国碳排放权交易及相关活动。

金融政策方面，既包含支持绿色低碳发展的元政策，也包部分规则型具体政策。元政策方面，国务院办公厅于2013年出台《关于金融支持经济结构调整和转型升级的指导意见》，人民银行等七部委于2016年制定出台《关于构建绿色金融体系的指导意见》，生态环境部2020年出台《关于促进应对气候变化投融资的指导意见》，旨在更好发挥金融对经济结构调整和转型升级、应对气候变化的支撑作用。具体政策方面，2021年我国接连出台《关于引导加大金融支持力度 促进风电和光伏发电等行业健康有序发展的通知》《绿色债券支持项目目录（2021年版）》《气候投融资试点工作方案》，旨在支持风电、光伏发电、绿色融资、应对气候变化等工作，形成有利于气候融资的政策环境和发展模式。

标准标识方面，我国现行应对气候变化标准以能源、交通、建筑、工业以及重点行业标准数量最多。能源领域中，多数为清洁能源发电及相关设备设计制造类标准，如《浅层地热能开发工程勘查评价规范》《低温型风力发电机组》《光伏发电工程验收规范》等。交通领域中，以车船能耗标准、电动汽车及其配套设施的设计建造标准为主，如《乘用车燃料消耗量限值》《船舶能效设计指数计算方法》《电动汽车充换电设施电能质量技术要求》《电动汽车能耗折算方法》《电动汽车能量消耗率限值》等。建筑领域中，以建筑及用能设备的节能标准、建筑新能源利用等相关标准为主，如《公共建筑节能检测标准》《供热系统节能改造技术规范》《空气源热泵辅助的太阳能热水系统（储水箱容积大于 0.6m³）技术规范》《可再生能源建筑应用工程评价标准》等。工业领域中，以工业用能设备节能标准、循环经济相关标准为主，如《工业电热设备节能监测方法》《工业锅炉系统节能管理要求》《离心鼓风机能效限定值及节能评价值》《工业固体废物综合利用技术评价导则》等。行业标准中，以钢铁、有色金属、建材、化工、煤炭工业的节能标准为主，如《循环经济评价 钢铁行业》《节能评估技术导则 风力发电项目》《节能评估技术导则 燃煤发电项目》等。温室气体管理标准方面，主要是温室气体排放核算与报告要求标准，如《温室气体排放核算与报告要求 第 5 部分：钢铁生产企业》《温室气体排放核算与报告要求 第 8 部分：水泥生产企业》等。

政府采购政策方面，主要以支持绿色节能产品为主，如 2007 年《国务院办公厅关于建立政府强制采购节能产品制度的通知》，旨在加强政府机构节能工作，发挥政府采购的政策导向作用；2019 年的《关于调整优化节能产品、环境标志产品政府采购执行机制的通知》，旨在完善政府绿色采购政策，简化节能（节水）产品、环境标志产品政府采购执行机制，优化供应商参与政府采购活动的市场环境；2020 年的《关于政府采购支持绿色建材促进建筑品质提升试点工作的通知》，旨在加快推广绿色建筑和绿色建材应用，促进建筑品质提升和新型建筑工业化发展。

自愿减排政策方面，主要为针对企业和公民的示范征集类政策，以及应对气候变化相关工作试点为主。例如，《万家企业节能低碳行动实施方案》《关于印发能效"领跑者"制度实施方案的通知》《关于组织开展节能自愿承诺活动的通知》《关于鼓励可再生能源发电企业自建或购买调峰能力增加并网规模的通知》，旨在引导用能单位自主节能提高能效，增强全社会节能减排动力、推动节能环保产业发展、节约能源资源、保护环境等。针对城市和区域低碳行为的，如《绿色出行创建行动方案》，针对公民绿色低碳行为的，如《公民生态环境行为规范（试行）》，旨在倡导简约适度、绿色低碳的生活方式。在试点工作方面，包括《关于开展重点行业建设项目碳排放环境影响评价试点的通知》《关于在产业园区规划环评中开展碳排放评价试点的通知》，旨在针对建设项目开展碳减排及二氧化碳与污染物协同控制措施可行性论证，核算二氧化碳产生和排放量，分析建设项目二氧化碳排放水平，从而实现对建设项目碳排放的前置管理。

4.4 中国应对气候变化主要制度

应对气候变化必须依靠制度[12]。积极应对气候变化事关我国经济社会发展全局和人民群众切身利益，事关人类生存和各国发展，应对气候变化制度体系建设是我国生态文明建设、建设美丽中国的重要任务和根本保证,既要加强国家顶层设计,又要发挥地方探索创新,推动应对气候变化事业迈上新台阶。

4.4.1 控制温室气体排放目标责任制度

为有效传导国家控制温室气体排放的战略意图和压力,使地方明确目标、落实任务,激发出控制温室气体排放的活力和潜力,"十二五"时期,我国在控温方案中将国家碳排放强度下降目标分解到省级地区,并通过评价考核不断推动地方碳排放强度控制目标与任务的有效落实。

一是地区目标分解制度注重体现分类指导。"十二五"时期地区碳排放强度下降目标和能耗强度下降目标一致性较好,碳排放强度下降目标地区分解时主要参照节能目标,并在节能目标基础上适当调整。"十三五"时期分类确定省级碳排放控制目标时,综合考虑了各省(区、市)发展阶段、资源禀赋、战略定位、生态环保等因素[13]。

二是评价考核制度不断修改完善。2013年,国务院应对气候变化主管部门会同有关部门研究制定了《"十二五"单位国内生产总值二氧化碳排放降低目标考核体系实施方案》,提出由12项基础指标和1项加分指标构成的"十二五"省级人民政府控制温室气体排放目标责任评价考核指标体系。2014年,国务院应对气候变化主管部门发布了《单位国内生产总值二氧化碳排放降低目标责任考核评估办法》。2017年,国务院应对气候变化主管部门提出了《"十三五"省级人民政府控制温室气体排放目标责任考核办法》,将考核指标扩充为十大类27项指标。2018年,国务院应对气候变化主管部门又对考核办法及评分细则进行了修订。

三是评价考核体系基本形成。根据上述考核评估办法,2013年国务院组织有关部门及专家对全国31个省(区、市)人民政府2012年度控制温室气体排放目标责任进行了试评价考核,2014年之后国家逐年对各地区进行了正式考核评估。2019年起,根据中办、国办关于统筹规范考核工作的通知,对考核工作进行了调整,增加了对未完成目标地区的工作调度,同时取消了现场考核环节。

4.4.2 温室气体排放统计核算制度

构建科学、完整、统一的应对气候变化统计指标体系,建立完善温室气体排放统计核算制度,能够客观反映我国应对气候变化基本情况,系统展示我国控制温室气体排放努力与成效。自"十二五"时期开始,我国在应对气候变化统计指标体系和温室气体排放统计核算制度建设等方面取得了长足进展。

一是应对气候变化统计制度基本建立。国务院应对气候变化主管部门同国家统计局于2013年5月印发了《关于加强应对气候变化统计工作的意见》，研究提出了应对气候变化统计指标体系。2014年，应对气候变化统计工作领导小组成立，以政府综合统计为核心、相关部门分工协作的工作机制基本建立。为落实《关于加强应对气候变化统计工作的意见》，国家统计局印发了《应对气候变化统计指标体系》《应对气候变化部门统计报表制度（试行）》《应对气候变化统计报表制度（2018年统计年报）》《政府综合统计系统应对气候变化统计数据需求表》等文件。

二是重点行业企事业单位温室气体报告制度初步建立。国务院应对气候变化主管部门于2014年1月发布了《关于组织开展重点企（事）业单位温室气体排放报告工作的通知》，明确规定开展重点单位温室气体排放报告的责任主体。2014年12月，国务院应对气候变化主管部门发布《碳排放权交易管理暂行办法》，原则性地提出了重点排放单位应根据国家标准或国务院碳交易主管部门公布的企业温室气体排放核算与报告指南，每年编制其上一年度的温室气体排放报告。

三是国家层面清单编制和年度核算体系逐步走向常态化。2004—2019年，我国提交了三次国家信息通报和两次两年更新报告，其中包括1994年、2005年、2010年、2012年和2014年国家温室气体清单。初步形成了全球环境基金提供资金支持、国务院应对气候变化主管单位组织协调、国家统计局和相关机构提供基本统计数据、国家应对气候变化战略研究和国际合作中心等机构负责具体实施以及国家应对气候变化领导小组成员单位和行业专家等提供外部清单审评的工作架构。

四是地方层面清单编制和碳排放核算体系逐步走向规范化。2010年9月，国家发改委办公厅下发了《关于启动省级温室气体清单编制工作有关事项的通知》。国务院应对气候变化主管部门于2011年3月发布了《关于印发省级温室气体清单编制指南（试行）的通知》，为编制方法科学、数据透明、格式一致、结果可比的省级温室气体清单提供了具体指导。目前，31个省市区和新疆生产建设兵团已编制完成2005年、2010年、2012年和2014年四年省级温室气体清单。

五是企业层面温室气体排放核算和报告体系基本建成。国家分三批陆续发布了23个重点行业及1个工业其他行业企业温室气体排放核算方法与报告指南，并逐步推进其修订及标准化工作。国务院应对气候变化主管部门先后发布了《关于切实做好全国碳排放权交易市场启动重点工作的通知》《关于做好2016、2017年度碳排放报告与核查及排放监测计划制定工作的通知》《关于做好2018年度碳排放报告与核查及排放监测计划制定工作的通知》《关于做好2019年度碳排放报告与核查及发电行业重点排放单位名单报送相关工作的通知》，规定了纳入碳排放权交易体系管控范围的八大重点行业及数据报告的相关安排。

4.4.3 碳排放管理技术标准制度

标准作为推动技术进步、促进产业转型、规范市场秩序、发展出口贸易、实现高新技术产业化和经济高质量发展的重要手段，对我国应对气候变化的总体工作，以及助力碳达峰碳中和，将起到十分重要的技术支撑作用[14]。碳排放管理标准是以实现控制碳排放为目的，依据低碳发展制度体系中各项措施的需求与经验，对控制碳排放过程中的各个环节所制定和发布的一系列相关标准与规范指南。我国政府高度重视应对气候变化标准化工作，已在多个政策文件中明确应对气候变化标准的制定需求。"十二五"以来，我国碳排放标准体系建设取得以下进展。

一是初步构建起碳排放管理标准化的工作机制。2014年成立对口国际标准化组织二氧化碳捕集、运输与地质封存技术委员会和环境管理技术委员会温室气体管理及相关活动分技术委员会的全国碳排放管理标准化技术委员会，统筹规划碳排放管理标准的制定工作，负责碳排放管理术语、统计、监测，区域碳排放清单编制，企业、项目层面的碳排放核算与报告，低碳产品、碳捕获与碳封存等低碳技术与装备，碳中和与碳汇等领域的国家标准制修订工作，该委员会由生态环境部负责主管，归口管理的相关国家标准由国家市场监督管理总局和国家标准委发布。

二是出台了一系列应对气候变化标准。"十二五"以来，以生态环境部、国家标准委、国家发改委、国家认监委等国家机关和机构为主共出台了19项涉甲烷排放控制的移动源排放标准、11项温室气体监测分析方法标准、13项碳排放核算国家标准、24个行业企业温室气体排放核算方法与报告指南文件、3项碳减排量评估报告，有效促进了应对气候变化各项工作的规范化和制度化。从标准类型来看，包括碳足迹量化标准等通用基础类标准，24个行业企业温室气体排放核算方法与报告指南（试行）、11个行业工业企业温室气体排放核算和报告通则、200个自愿减排方法学以及《温室气体审定和核查机构认可要求》应用准则与指南等核算、报告与核查类标准，"十二五"单位国内生产总值二氧化碳排放降低目标责任考核评估指标及评分细则、低碳社区试点建设指南等评价考核标准与建设规范，国家重点节能低碳技术推广目录、绿色建筑评价标准等产品认证与标识类标准。

4.4.4 碳排放权交易制度

建立健全碳排放权交易市场机制是我国生态文明制度建设的重要内容，是提高环境治理水平、完善环境资源价格机制的重要抓手，是应对气候变化重要的机制体制创新，是探索利用市场机制控制温室气体排放的政策工具。当前，我国已经初步建成制度要素齐全、各具特色、初具市场规模和减排成效的 7 个试点碳市场，并顺利启动了全国碳排放权交易，取得了积极的进展。

试点碳市场方面，一是构建政策法规体系。各试点地区出台了一系列碳交易政策法规，初步构建了试点地区碳排放权交易政策法规体系，明确了试点碳市场的目的和作用，制定了试点碳市场的基础制度，规定了碳交易各参与方的责任、义务和惩罚措施。在碳排放权交易基础法律法规框架下，各试点地区还分别出台了碳排放监测、报告和核查（Monitoring, Report and Vertication, MRV）制度以及配额分配、交易监管、配额清缴履约等配套地方政府部门规章和/或规范性文件，为构建碳排放 MRV 制度、配额分配和履约管理制度以及交易监管制度奠定了基础。

二是建立 MRV 制度。目前各试点碳市场根据自身情况发布了 20 多个分行业的碳排放核算与报告技术指南，建立了电子报送系统并不断修改完善碳排放核算方法。深圳、北京碳市场还尝试将重点排放单位温室气体排放核算和报告指南转化为地方标准。多数试点碳市场出台了第三方核查机构管理办法，对核查机构采取备案管理，北京、深圳和湖北碳市场还采用核查机构和核查员"双备案"的方式进一步加强管理。试点碳市场出台了核查技术规范并加强对核查工作的监管，确保核查工作质量。

国家碳市场方面，我国高度重视全国碳排放权交易市场。2014 年，在碳排放权交易试点和温室气体自愿减排交易体系建设的基础上，国务院碳交易主管部门会同相关部门和各省区市政府，开始着手全国碳排放权交易市场基础制度体系、支撑系统的顶层设计和建议。

一是构建"1+N"型政策法规体系。"1"指《碳排放权交易管理条例》（以下简称《管理条例》），"N"指与《管理条例》相关配套的多个管理细则。2015 年以来，国务院碳交易主管部门在《碳排放权交易管理暂行办法》基础上，研究提出了《管理条例》初稿，规定了碳排放权交易市场覆盖范围、配额清缴和排放核查、配额分配、交易监管的基本原则和规范，多次召开研讨会和听证会。国务院主管部门积极开展研究制定《碳排放报告管理办法》《碳排放核查管理办法》《碳排放配额分配技术指南》《碳排放权注册登记交易结算管理办法》等相关配套规章和技术规范。2019 年 4 月，《碳排放权交易管理暂行条例（征求意见稿）》在生态环境部公示。

二是全国碳市场建设方案出台。2017 年 12 月，国务院碳交易主管部门印发了《全国碳排放权交易市场建设方案（发电行业）》（以下简称《全国碳市场建设方案》），翌日宣布正式启动全国碳排放权交易体系，并对全国碳排放权交易市场建设任务进行了部署。《全国碳市场建设方案》要求以"稳中求进"为总基调，以发电行业为突破口，开展市场要素、参与主体、制度体系和支撑系统建设，分阶段有步骤地建立归属清晰、保护严格、流转顺畅、监管有效、公开透明的全国碳市场。

三是排放 MRV 制度不断完善。持续完善碳排放 MRV 技术和管理规范体系建设，积极组织开展重点排放单位排放数据核查与报送。分三批发布电力、钢铁、有色、水泥、化工、民航等 24 个行业企业温室气体排放核算方法与报告指南，发电、钢铁、化工、石化等 11 个行业企业温室气体排放与报告国家标准。发布《全国碳排放权交易第三方核查机构及人员参考条件》《全国碳排放权交易第三方核查参考指南》，明确了核查机构和核查人员的遴选条件以及核查技术规范。

四是开展重点排放单位排放报告与核算。国务院碳交易主管部门组织各省区市开展年度重点排放单位碳排放数据核查与报送，先后发布了《关于组织开展重点企（事）业单位温室气体排放报告工作的通知》《关于切实做好全国碳排放权交易市场启动重点工作的通知》和《关于做好 2016、2017 年度碳排放报告与核查及排放监测计划制定工作的通知》，要求重点排放单位先后开展 2013—2017 年排放数据核查与报告，填报碳排放补充数据核算报告表等。2019 年 1 月，生态环境部布置组织开展 2018 年度、2019 年度碳排放数据报告与核查及排放监测计划制订工作。

4.4.5 碳排放自愿减排交易制度

温室气体自愿减排交易体系是我国碳排放权交易市场的主要组成部分之一。2012 年 6 月，国家发改委发布了《温室气体自愿减排交易管理暂行办法》，明确了主管部门和管理范围，确定了温室气体自愿减排方法学、交易机构、项目审定和减排量核证机构申请备案的要求和程序，制定了交易规则。2017 年 3 月，结合国务院"简政放权、放管结合、优化服务"的相关要求，温室气体自愿减排交易国务院主管部门发布公告暂缓受理温室气体自愿减排交易减排项目、减排量、审定与核证机构、方法学、交易机构备案申请，并组织修订自愿减排管理办法，目前已初步建立了统一、规范、公信力强的温室气体自愿减排交易体系。

一是构建规范化技术支撑体系。温室气体自愿减排交易的技术支撑体系主要包括《温室气体自愿减排项目审定与核证指南》（以下简称《审定与核证指南》）、项目审定和减排量核证程序与方法学、审定与核证机构等。2017 年 12 月，国家发改委已备案了12家中国核证减排量（Chinese Certified Emission Reduction，CCER）项目审定和CCER核证机构。截至2017年3月已经备案200个具有中国特色的温室气体自愿减排项目审定与CCER核证方法学，覆盖可再生能源、生物质利用、碳汇、低碳技术减排等多个领域。

二是备案多种类多领域CCER。温室气体自愿减排项目可分为四种类别，即一类项目：采用经国务院主管部门备案的方法学开发的自愿减排项目；二类项目：获得国家批准作为联合国清洁发展机制（Clean Development Mechanism，CDM）项目，但未在联合国CDM执行理事会注册的项目；三类项目：获得国家批准作为CDM项目且在CDM执行理事会注册前就已经产生减排量的项目；四类项目：在CDM执行理事会注册但减排量未获得签发的项目。截至2017年3月，累计公示温室气体自愿减排项目2871个，备案审定项目1315个，签发CCER的项目391个（若计入项目多次签发，签发项目共454项目次），相应签发的CCER约7800万吨二氧化碳当量。

三是积极参与试点碳市场履约抵消。CCER参与试点碳市场履约抵消，为重点排放单位降低履约成本提供了有效途径。2015年，CCER开始参与试点碳市场履约；目前，除重庆碳市场外，其他试点碳市场均将用CCER用于履约抵消，并制定了严格的限制条件。对CCER参与试点碳市场履约抵消设定严格的限制条件，确保试点碳市场减排成效，引导温室气体自愿减排项目的发展。截至2019年8月（试点碳市场履约期结束），各试点碳市场累计使用约1800万吨二氧化碳当量的CCER用于配额履约抵消，约占备案签发CCER总量的22%。

4.4.6　低碳产品认证制度

低碳产品认证是由认证机构证明产品符合低碳排放的要求或标准，是以产品为链条，吸引整个社会在生产和消费环节参与到应对气候变化。建立低碳产品认证制度，既是为了规范和管理我国低碳产品认证活动，也有利于帮助企业突破国外技术性贸易措施，提高中国制造的国际竞争力[15, 16]。

2013年，为了落实"十二五"规划纲要要求，提高全社会应对气候变化意识，引导低碳生产和消费，规范和管理低碳产品认证活动，国家发改委和国家认监委联合发布《低碳产品认证管理暂行办法》，标志着我国正式建立低碳产品认证制度；该办法自2013年2月18日起施行，2015年11月1日废止。2015年，国家发改委、国家质检总局联合发布《节能低碳产品认证管理办法》，代替原《低碳产品认证管理暂行办法》，建立统一的低碳产品认证制度。2016年，国务院办公厅发布《关于建立统一的绿色产品标准、认证、标识体系的意见》，提出将低碳、环保、有机等系列产品统一整合为绿色产品。国家认监委加快整合环保、节能、节水、循环、低碳、再生、有机等产品评价制度，推动建立统一的针对覆盖产品全生命周期的环境友好、资源节约并兼顾消费友好等综合指标的"中国绿色产品"认证（合格评定）体系。

2015—2016年，国家发改委、国家质检总局、国家认监委分两批发布《低碳产品认证目录》。2017年1月，国家发改委发布《关于就第三批低碳产品认证范围向社会公开征求意见的公告》，明确第三批低碳产品认证范围。目前，国家推行的低碳产品认证目录共包括七大类产品：通用硅酸盐水泥、平板玻璃、铝合金建筑型材、中小型三相异步电动机、建筑陶瓷砖（板）、轮胎、纺织面料。预计到2020年，低碳产品目录范围将扩大至30大类，逐步构建由产品碳足迹、减碳产品、碳中和产品和国家低碳产品认证组成的产品温室气体排放控制评价体系。截至2019年7月，共颁发国家低碳产品认证证书327张，涉及企业168家。

认证机构方面，2013年8月30日，根据国家认监委《关于开展低碳产品认证机构审批有关事项的公告》，国家认监委网站公布从事低碳产品认证活动的认证机构的条件和审批程序。2016年3月，根据《节能低碳产品认证管理办法》的有关规定，国家认监委对从事低碳产品认证活动的认证机构审批相关要求进行了更新，明确了认证机构从事低碳产品认证活动应具备的相关技术能力。

4.5 中国应对气候变化治理体系基本架构

建立有效的政策制度体系和工作机制是应对气候变化的重要保障。我国不断强化应对气候变化与生态环境保护工作的统筹协调，完善国家应对气候变化及节能减排工作领导小组的工作机制，领导小组统一领导、主管部门归口管理、各部门相互配合、各地方全面参与的应对气候变化工作机制已经初步形成。中央主管机构通过政策引导、工作指导、资金支持、设立试点和指标考核等方式，指导地方主管机构开展应对气候变化工作，推动地方应对气候变化事业的发展。

4.5.1 以规划方案为引领

近年来，各地区、各部门积极践行新发展理念，应对气候变化规划方案渐成体系，推动应对气候变化工作取得显著成效。虽然中国关于应对气候变化的专门立法尚处于研究制定过程中，但以中期长期战略、应对气候变化规划和实施方案为引领和部署，国家、地方、行业应对气候变化行动有条不紊地推进，形成了独有的中国特色。2014年,《国家应对气候变化规划（2014—2020年）》发布；"十二五"和"十三五"时期均有独立的控制温室气体工作方案出台，全国31个省（区、市）均发布了省级"十三五"控制温室气体排放的相关方案或规划，其中25个省（区、市）发布了"十三五"控制温室气体排放工作方案，6个省（区、市）以相关规划、方案或意见的形式对"十三五"控制温室气体排放工作进行了安排，另有各行业的专项低碳发展或控温方案；2021年,《2030年前碳达峰行动方案》发布，初步形成目标明确、分工合理、措施有力、衔接有序的政策体系和工作格局。

4.5.2 以专项政策为导向

我国也已经配套形成了门类齐全、覆盖广泛的应对气候变化政策体系。能源、工业、城乡建设、交通运输、农业农村等领域或制定了该领域应对气候变化相关政策，或在本领域的相关规划、方案中对应对气候变化相关工作加以规定。在此基础上，各领域进一步出台了具体的政策措施，以保障目标和任务的有效落实。"十四五"期间，为推动碳达峰碳中和"1+N"政策体系的加快构建，各领域在"双碳"的大背景下提出了具体的方案或规划。能源领域发布了《"十四五"节能减排综合工作方案》《"十四五"可再生能源发展规划》《"十四五"能源领域科技创新规划》等文件；工业领域发布了《"十四五"工业绿色发展规划》《"十四五"全国清洁生产推行方案》等文件；建筑领域发布了《"十四五"建筑节能与绿色建筑发展规划》《"十四五"住房和城乡建设科技发展规划》等文件；交通领域发布了《绿色交通"十四五"发展规划》《"十四五"现代综合交通运输体系发展规划》等文件；农业领域发布了《"十四五"推进农业农村现代化规划》《"十四五"全国农业农村科技发展规划》等文件。为平衡减排和发展目标、统筹推进各领域应对气候变化工作提供了导向。

4.5.3 以试点示范为抓手

为了充分调动各方面积极性，在我国不同地域、不同自然条件、不同发展基础的地区探索符合当地实际、各具特色的发展模式。2010年起，国家发改委牵头，分批次开展我国低碳省市试点、低碳社区试点、低碳城（镇）试点、低碳工业园区试点四类低碳试点工作。我国已开展三批共87个低碳省市试点，24个省区市已经建立了低碳社区试点或试点示范，8个城（镇）作为首批国家低碳城（镇）试点，两批51个国家低碳工业园区试点，低碳试点工作全面有序开展。2017年初，我国以全面提升城市适应气候变化能力为核心，以实现城市的安全运行与可持续发展为目标，启动了江西省九江市、山东省济南市等 28 个地区为气候适应型城市建设试点的创建工作。此外，近零碳排放、低碳产品认证示范、CCUS 等试点示范工作的不断深入，有利于充分调动各方面积极性，有利于积累对不同地区和行业分类指导的工作经验，已成为我国积极应对气候变化的重要抓手。

4.5.4 以资金机制为支撑

近年来，我国绿色金融发展迅猛，气候投融资作为绿色金融的重要组成部分，也在其带动下经历了快速发展。为更好发挥投融资对应对气候变化的支撑作用，对落实国家自主贡献目标的促进作用，以及对绿色低碳发展的助推作用，我国出台了一系列政策并开展了相关地方实践。2016 年 8 月，《关于构建绿色金融体系的指导意见》印发，从充分发挥资本市场优化资源配置、服务实体经济功能的角度，提出了构建绿色金融体系的总体目标和具体任务。2018 年 3 月，《绿色贷款专项统计制度》印发，从用途、行业、质量维度分别对金融机构发放的节能环保项目及服务贷款和存在环境、安全等重大风险企业贷款进行统计。2020 年 10 月，《关于促进应对气候变化投融资的指导意见》发布，首次从国家政策层面将气候投融资提上议程，为气候变化领域的建设投资、资金筹措和风险管控进行了全面部署。明确了气候投融资的定义，并分别从政策体系、标准体系、社会资本、地方实践、国际合作、组织实施等方面阐述了下一阶段推进气候投融资的具体工作。2021 年 12 月，《气候投融资试点工作方案》印发，将通过选择实施意愿强、基础条件较优、具有带动作用和典型性的地方，开展以投资政策指导、强化金融支持为重点的气候投融资试点。期望通过 3~5 年的努力，试点地方基本形成有利于气候投融资发展的政策环境，培育一批气候友好型市场主体、探索一批气候投融资发展模式。

4.5.5 以市场机制为突破

建设全国统一碳排放权交易市场，是利用市场机制控制和减少温室气体排放、推动经济发展方式绿色低碳转型的一项重要制度创新。"十二五"以来，市场政策工具在应对气候变化领域的应用从起步到加速，逐步与行政手段并驾齐驱。2011 年，国家发改委选择北京、天津、上海、重庆、广东、湖北、深圳 7 个省市开展碳排放权交易试点工作，探索利用市场机制控制温室气体排放，取得积极进展，为建设全国统一碳市场积累了经验，奠定了基础。2017 年底，全国碳市场完成总体设计并正式启动。《全国碳排放权交易市场建设方案（发电行业）》明确了碳市场是控制温室气体排放的政策工具，碳市场的建设将以发电行业为突破口，分阶段稳步推进。2021年7月，全国碳排放权交易市场正式启动上线交易，第一个履约周期纳入发电行业重点排放单位2162家，通过有效发挥市场机制的激励约束作用，控制温室气体排放，推动绿色低碳发展。

4.5.6 以评价考核为保障

评价考核制度的实施能够有效传导国家控制温室气体排放战略意图和压力，能够让地方明确目标、落实任务，激发出控制温室气体排放的活力和潜力，是确保实现国家应对气候变化目标与行动的有效保障。为督促地方完成国家下达的碳排放强度控制目标，2013年国家发改委首次启动控制温室气体排放目标责任试评价考核工作。通过国家对各省（区、市）人民政府碳排放强度控制年度目标及累计进度目标完成情况、主要任务措施及基础工作落实情况进行的考核评估工作，极大地促进了地方碳排放强度控制目标与任务的有效落实。此外，在我国应对气候变化顶层设计文件中也多次强调评价考核制度的保障作用。在《"十二五"控制温室气体排放工作方案》和《"十三五"控制温室气体排放工作方案》中均提出了要加强目标责任考核，将二氧化碳排放强度下降指标完成情况纳入各地区（行业）经济社会发展综合评价体系和干部政绩考核体系。《"十三五"节能减排综合工作方案》中提出每年组织开展省级人民政府节能减排目标责任评价考核。在关于开展第二批、第三批低碳省区和低碳城市试点工作的通知中也增加了目标考核制度的相关内容，对各考核主体的减排任务完成情况开展跟踪评估和考核，以保障碳排放控制目标的实现。《2030年前碳达峰行动方案》中强调严格监督考核，实施以碳强度控制为主、碳排放总量控制为辅的制度，对能源消费和碳排放指标实行协同管理、协同分解、协同考核，逐步建立系统完善的碳达峰碳中和综合评价考核制度。

参考文献

［1］朱松丽，朱磊，赵小凡，等."十二五"以来中国应对气候变化政策和行动评述［J］.中国人口·资源与环境，2020，30（4）：1-8.

［2］中华人民共和国国务院新闻办公室.中国应对气候变化的政策与行动［M］.北京：人民出版社，2021.

［3］马建堂.中国发展战略的回顾与展望［J］.管理世界，2018（10）：1-10.

［4］生态文明建设的重要性，建设社会主义生态文明有何重要意义［EB/OL］.（2020-4-14）［2022-8-5］.http://www.wlagri.cn/cydz/14653.html.

［5］张薇.生态文明是建设中国特色社会主义的必然选择［J］.全国商情，2014（28）：2.

[6] 徐华清, 周泽宇. 专家解读 | 坚定不移实施积极应对气候变化国家战略 主动做好适应气候变化工作［EB/OL］.（2022-6-13）[2022-8-5]. https://www.mee.gov.cn/zcwj/zcjd/202206/t20220613_985406.shtml.

[7] 李民, 肖旭东. 元政策视角下科学发展观的价值分析［J］. 江汉论坛, 2009（11）: 17-20.

[8] 李遵白. 社会化网络时代中国互联网管理的元政策分析［J］. 前沿, 2011（1）: 144-147.

[9] 郑石明, 要蓉蓉, 魏萌. 中国气候变化政策工具类型及其作用——基于中央层面政策文本的分析［J］. 中国行政管理, 2019（12）: 87-95.

[10] 罗敏, 朱雪忠. 基于政策工具的中国低碳政策文本量化研究［J］. 情报杂志, 2014, 33（4）: 12-16.

[11] IPCC. Climate Change 2022: Mitigation of Climate Change. Contribution of Working Group III to the Sixth Assessment Report of the Intergovernmental Panel on Climate Change［R］. Cambridge: Cambridge University Press, 2022.

[12] 戴亦欣. 中国低碳城市发展的必要性和治理模式分析［J］. 中国人口·资源与环境, 2009, 19（3）: 12-17.

[13] 周丽, 张希良, 何建坤. 我国碳强度目标地方分解的主要问题与建议［J］. 科技导报, 2013, 31（1）: 11.

[14] 杨雷, 杨秀. 碳排放管理标准体系的构建研究［J］. 气候变化研究进展, 2018, 14（3）: 281-286.

[15] 吴旭, 胡晓娟, 程纪华. 我国低碳产品认证策略研究——以浙江省温州市为例［J］. 生态经济, 2016, 32（1）: 58-62.

[16] 龚叶萌, 陈泽勇. 我国低碳产品认证制度存在的问题及建议［J］. 认证技术, 2013（7）: 29-30.

第5章 全面开启中国碳达峰碳中和新征程

中国二氧化碳排放力争于2030年前达到峰值，努力争取2060年前实现碳中和，是党中央统筹国内国际两个大局作出的重大战略决策，是我们对国际社会的庄严承诺，也是推动高质量发展的内在要求。碳达峰碳中和已成为中国人民满怀信心地走向生态文明新时代，开启全球应对气候变化新征程的"国之大者"。本章重点探讨中国碳达峰碳中和的战略背景、战略意义、战略思想、战略思维和战略原则等。

5.1 碳达峰碳中和目标的战略背景

气候变化、疫情防控等全球性问题对人类社会带来的影响前所未有，新冠肺炎疫情启示我们，人类需要一场自我革命，加快形成绿色发展方式和生活方式，建设生态文明和美丽地球。

5.1.1 全球气候危机

全球气候危机是当今人类社会面临的最为重大的非传统安全问题。气候变化是全人类的共同挑战，气候变化带给人类的挑战是现实的、严峻的、长远的，现有科学认识已进一步认识到气候危机的严峻性和紧迫性。2019年，IPCC主席李会晟在联合国气候变化马德里缔约方大会上明确指出："我们正在进入气候危机中。"2021年发布的IPCC第六次评估报告第一工作组报告警示，目前全球气温较工业化之前已升高1.1℃，未来20年内或升高超过1.5℃。如果二氧化碳浓度延续过去的增长态势，2021年将达到或超过414ppm，快速逼近"气候临界"，全球温升一旦突破临界点，气候灾害发生频率和强度将大幅上升。2021年以来，气候变化带来的极端气候灾害在全球肆虐，特别是2022年全球范围发生的极端高温与干旱等气候事件，使得"气候临界"加速迫近，气候变化对人类生存所依赖的自然与社会带来的巨大风险与安全效应进一步凸显。

以气候安全为支柱构建新的国际安全架构正成为国际政治博弈焦点。2021年以来，气候危机对国际安全的核心驱动效应日趋凸显。联合国秘书长古特雷斯明确指出，气候破坏是危机的放大器和倍增器，气候变化加剧了动荡和冲突的风险。美国总统拜登一上任就宣布了国内外应对气候危机的行政命令，指出美国和世界面临着一场深刻的气候危机，美国需要立即在国内外采取气候行动以避免其不利影响，需要及时抓住应对气候变化的机遇，并牵头召开了领导人气候峰会，设立气候安全议题，试图重夺全球气候治理的领导力。《中美应对气候危机联合声明》明确提出，中美致力于相互合作并与其他国家一道解决气候危机。《中美关于在21世纪20年代强化气候行动的格拉斯哥联合宣言》中，两国承诺通过各自在21世纪20年代的关键十年采取加速行动，并在多边进程中开展合作来应对气候危机[1]。

5.1.2 全球低碳发展

低碳发展已成为协调经济社会发展、保障能源安全与应对气候变化的基本途径。低碳发展是以应对全球气候变化、保护人类地球家园为导向，以控制二氧化碳排放为载体，以低碳技术和低碳制度创新为保障，加快形成以低碳为特征的产业体系、能源体系和生活方式，实现社会经济的可持续发展。发展是人类社会的永恒主题，需要国际社会在可持续发展框架下，将气候变化挑战变为绿色低碳发展机遇，坚持走绿色低碳发展道路，共建清洁美丽的地球家园。

实现《巴黎协定》确定的长期目标需要史无前例的大规模低碳转型和变革。推动绿色低碳发展是国际潮流所向、大势所趋，低碳经济已成为全球产业竞争制高点。IPCC特别报告也指出，实现温升控制在1.5℃以内目标，既需要实施史无前例的大规模低碳转型和变革，也需要在除碳技术上有重大突破和实质性贡献。

5.1.3 当代科技革命

碳达峰碳中和将引领科技革命和产业变革。当前新一轮科技革命和产业变革带来的激烈竞争前所未有，《欧洲绿色新政》以实现气候中和为核心目标，明确提出充分挖掘人工智能、第五代移动通信技术、云计算、物联网等数字转型的潜力，在绿氢、燃料电池、储能以及CCUS等领域率先实现突破性技术的商用。能否在低碳零碳负碳技术引领世界科技革命和产业变革潮流、赢得国际竞争的主动，事关碳中和目标能否实现，也事关中国现代化经济体系建设，要顺应当代科技革命和产业变革大方向，抓住绿色转型带来的巨大发展机遇，以创新为驱动，加快绿色低碳科技革命，狠抓绿色低碳技术攻关，加快先进适用技术研发和推广应用，推动互联网、大数据、人工智能、第五代移动通信技术等新兴技术与绿色低碳产业深度融合，建设绿色制造体系和服务体系，提高绿色低碳产业在经济总量中的比重。[2]

5.1.4 人类命运共同体

宇宙只有一个地球，人类共有一个家园。人类进入工业文明时代以来，在创造巨大物质财富的同时，也加速了对自然资源的攫取，打破了地球生态系统平衡，人与自然深层次矛盾日益显现。近年来，气候变化、生物多样性丧失、荒漠化加剧、极端气候事件频发，给人类生存和发展带来严峻挑战。面对全球气候治理前所未有的困难，没有哪个国家能够独自应对人类面对的各种挑战，也没有哪个国家能够退回到自我封闭的孤岛，国际社会要以前所未有的雄心和行动，勇于担当，勠力同心，共同构建人与自然生命共同体。各国要顺应和平、发展、合作、共赢的时代潮流，向着构建人类命运共同体的正确方向，携手迎接挑战，合作开创未来。

携手合作与务实行动是推动构建人类命运共同体的关键。人类面临的所有全球性问题，任何一国想单打独斗都无法解决，必须开展全球行动、全球应对、全球合作。《巴黎协定》的达成是全球气候治理史上的里程碑，它不是终点，而是新的起点，作为全球治理的一个重要领域。作为世界上最大的发展中国家，中国实施积极应对气候变化国家战略，秉持人类命运共同体理念，以更加积极姿态参与全球气候谈判议程和国际规则制定，推动和引导建立公平合理、合作共赢的全球气候治理体系，彰显负责任大国形象，推动构建人类命运共同体。

5.2 碳达峰碳中和目标的战略认知

"十四五"是中国碳达峰的关键期、窗口期，需要我们保持战略定力，科学研判新形势，强化战略认知[3]。

5.2.1 气候变化的科学认识

全球正在发生范围广、速度快、强度大、风险高、数千年未见的气候变化。2021年，全球平均大气二氧化碳浓度和海平面等四项气候变化核心指标均创下新纪录，气候系统变暖趋势仍在持续，高温热浪、极端降水、强风暴、区域性气象干旱等高影响和极端天气气候事件频发,全球气候风险日益加剧。气候变化给自然界造成严峻而广泛的危害,并影响着全球数十亿人的生活。

虽然受新冠肺炎疫情影响,2020年全球二氧化碳排放量比2019年降低了5.8%,但将温升水平控制在不超过工业化前2℃以内,全球温室气体排放需在2025年前达到峰值,2030年比2019年减排27%,到2050年全球对煤炭、石油和天然气的使用量需在2019年基础上分别下降85%、30%和15%,要求能源系统率先实现深度减排并在全经济范围内进行系统性转型。

5.2.2 《巴黎协定》的政治共识

《巴黎协定》开启了全球合作应对气候变化新阶段,为2020年后全球合作应对气候变化指明了方向。《巴黎协定》确定了全球温升控制在2℃以内并争取实现1.5℃等长期目标,成功解决了全球气候治理体系建设中一些关键的遗留问题,初步形成了以《公约》和《巴黎协定》为核心,现有各类技术规则为基础的合作共赢、公正合理的全球治理体系。《巴黎协定》成为历史上批约生效最快的国际条约之一,向世界传递了国际社会合作应对气候变化的积极信号。

多边主义是落实好应对气候变化《巴黎协定》的良方。《公约》及《巴黎协定》是国际社会合作应对气候变化的基本法律遵循。《巴黎协定》符合全球发展大方向,成果来之不易,应该共同坚守,不能轻言放弃,这是我们对子孙后代必须担负的责任。《巴黎协定》代表了全球绿色低碳转型的大方向,是保护地球家园需要采取的最低限度行动,各国应该遵循共同但有区别的责任原则,根据国情和能力,最大程度强化行动,同时发达国家要切实加大向发展中国家提供资金、技术、能力建设支持,形成各尽所能的气候治理新体系。

5.2.3 大国领导的战略胆识

元首外交对全球气候治理具有重要的战略导向作用。2009年12月,在丹麦哥本哈根召开的联合国气候变化大会,共有110个国家的领导人出席会议,为哥本哈根会议形成全球长期目标等政治共识发挥了重要作用。2015年11月召开的巴黎气候大会邀请了150多个国家的领导人与会,习近平主席应邀参加了开幕式并作重要讲话。2021年4月,由美国总统拜登召集的领导人气候峰会在线上举行,峰会邀请了38个国家的领导人以及欧盟委员会主席和欧洲理事会主席出席会议,这是继美国重新加入《巴黎协定》回归多边气候治理进程后,拜登政府重拾美国气候领导力又一标志性举动。

大国领导人需展现气候治理的大国胆识和责任担当。元首外交在新时代中国特色大国外交中发挥了决定性作用,气候外交是中国外交的优势领域。习近平主席出席巴黎会议并发表重要讲话,倡议二十国集团发表了首份气候变化问题主席声明,率先签署了《巴黎协定》,中国领导人为《巴黎协定》的达成、签署、生效和实施作出了历史性突出贡献,极大提升了中国在全球气候治理中的影响力和引导力。2020 年 9 月,习近平主席在第七十五届联合国大会一般性辩论上的讲话时指出,大国更应该有大的样子,要提供更多全球公共产品,承担大国责任。2021 年 4 月,习近平主席应邀出席领导人气候峰会并发表重要讲话,提出了"共同构建人与自然生命共同体"等重要主张,并强调中国承诺实现从碳达峰到碳中和的时间,远远短于发达国家所用时间,需要中方付出艰苦努力,彰显了中国重信守诺、为全球应对气候变化作出更大贡献的大国担当。

5.2.4 全民参与的低碳意识

全民低碳意识是推动应对气候变化的民意基础。《公约》明确要求促进和合作进行与气候变化有关的教育、培训和提高公众意识的工作,并鼓励人们广泛参与,包括鼓励各种非政府组织的参与。《欧洲应对气候变化法》第 9 条"公众参与",提出致力于注重社会平衡、公平转型,推动各阶层之间包容性、可利用性的合作进程。《欧洲气候公约》旨在让公民、社会各界人士和利益攸关方有效参与。只有增强全民节约意识、低碳意识,倡导简约适度、绿色低碳、文明健康的生活方式,才能把绿色理念转化为全体人民的自觉行动。

全民参与是各国气候治理的重要行动基石。应对气候变化与每个人的生活息息相关,公众行为改变是温室气体减排不可或缺的一部分,社会全面动员、企业积极行动、全民广泛参与是实现生活方式和消费模式绿色转变的重要推动力。增强全民节约意识,倡导简约适度、绿色低碳、文明健康的生活方式,引导绿色低碳消费,鼓励绿色出行,反对奢侈浪费和过度消费,深入开展"光盘"等粮食节约行动,广泛开展创建绿色机关、绿色家庭、绿色社区、绿色出行等行动,开展绿色低碳社会行动示范创建。坚持全国动员、全民动手、全社会共同参与,深入开展大规模国土绿化行动。

5.3 碳达峰碳中和目标的战略意义

碳达峰碳中和是在全球气候危机加剧,中国进入全面建设社会主义现代化国家新发展阶段,生态文明建设已进入以降碳为重点战略方向关键时期提出的国家重大战略,从这个大的时代背景出发,充分认识实现"双碳"目标的重要性、紧迫性和艰巨性，才能深刻认识开启新征程的战略意义。

5.3.1 实现可持续发展

积极应对气候变化是实现可持续发展的内在要求。气候变化归根结底还是发展问题。发展必须是遵循经济规律的科学发展，必须是遵循自然规律的可持续发展，必须是遵循社会规律的包容性发展。加大应对气候变化力度，推动可持续发展，关系人类前途和未来。做好碳达峰碳中和工作是维护能源安全的重要保障，能源是经济社会发展须臾不可缺少的资源，坚持先立后破，以保障安全为前提构建现代能源体系，以绿色、可持续的方式满足经济社会发展所必需的能源需求，提高能源自给率，增强能源供应的稳定性、安全性、可持续性。

推进碳达峰碳中和是破解资源环境约束突出问题的迫切需要。当前中国生态文明建设仍然面临诸多矛盾和挑战，生态环境稳中向好的基础还不稳固，从量变到质变的拐点还没有到来。中国能源结构偏煤，产业结构偏重，资源环境对发展的压力越来越大。做好碳达峰碳中和工作，遏制高耗能、高排放项目盲目发展，有利于改变传统的"大量生产、大量消耗、大量排放"的生产模式和消费模式，建立健全绿色低碳循环发展的经济体系。推进碳达峰碳中和，大力推行绿色低碳生产方式，促进经济社会发展全面绿色转型，是切实降低发展的资源环境成本、解决中国资源环境生态问题的基础之策，也是建设现代化经济体系的重要内容。

5.3.2 推动经济结构转型升级

推动绿色低碳技术实现重大突破是顺应技术进步趋势的内在要求。顺应当代科技革命和产业变革大方向，抓住绿色转型带来的巨大发展机遇，以科技创新为驱动，推进能源资源、产业结构、消费结构转型升级，推动经济社会绿色发展，探索发展和保护相协同的新路径。

推进碳达峰碳中和是推动产业结构优化升级的迫切需要。做好碳达峰碳中和工作，是推动产业结构调整的强大推动力和倒逼力量，不仅对产业结构调整提出更加紧迫的要求，加快发展现代服务业，提升服务业低碳发展水平，运用高新技术和先进适用技术改造推动传统制造业水平提升，也要求严控高耗能高排放行业产能，发展战略性新兴产业，提升产品增加值率，生产更多绿色低碳产品。推进碳达峰碳中和，也为产业结构优化升级创造了重大战略机遇，不仅为加快经济社会全面绿色低碳转型创造条件，而且将带来巨大的绿色低碳转型收益。

5.3.3 促进人与自然和谐共生

加快绿色低碳发展是促进人与自然相和谐共生的内在要求。"十四五"时期，中国生态文明建设进入了以降碳为重点战略方向、推动减污降碳协同增效、促进经济社会发展全面绿色转型、实现生态环境质量改善由量变到质变的关键时期。坚持绿色低碳，致力于将发展建立在高效利用资源、严格保护生态环境、有效控制温室气体排放的基础上，促进人与自然和谐共生[4]。

推进碳达峰碳中和是满足人民群众日益增长的优美生态环境的迫切需要。实现碳达峰碳中和，有利于减少主要污染物和温室气体排放，实现减污降碳协同增效，有利于减缓气候变化不利影响，提升生态系统服务功能，满足人民日益增长的优美生态环境需要。推进碳达峰碳中和，不仅可以推动实现更高质量、更有效率、更加公平、更可持续、更为安全的发展，建设美丽中国，而且也可以提升人民群众的参与感、获得感、幸福感和安全感。

5.3.4 推动构建人类命运共同体

积极参与和引领全球气候治理是推动构建人类命运共同体的内在要求。中国实施积极应对气候变化国家战略，积极参与全球气候治理，推动和引导建立公平合理、合作共赢的全球气候治理体系，为《巴黎协定》的达成和生效实施发挥了重要作用，引导应对气候变化国家合作，成为全球生态文明建设的重要参与者、贡献者、引领者。

推进碳达峰碳中和是主动担当大国责任的迫切需要。中国历来重信守诺，狠抓国内控制温室气体排放工作，2020年单位GDP碳排放较2005年累计下降48.4%，超额完成应对气候变化行动目标。中国作为世界上最大的发展中国家，把碳达峰碳中和纳入生态文明建设整体布局和经济社会发展全局，将完成碳排放强度全球最大降幅，用历史上最短的时间从碳排放峰值实现碳中和，不仅体现了雄心力度，也体现了同世界各国一道合作应对气候变化的坚定决心和务实行动，为推进全球气候治理进程贡献了中国智慧、中国方案和中国力量。

5.4 碳达峰碳中和目标的战略思想

以新发展理念为引领，实施积极应对气候变化国家战略，将碳达峰碳中和纳入"五位一体"总体布局和"四个全面"战略布局，系统性重塑绿色低碳循环发展的经济体系，整体性重构清洁低碳、安全高效能源体系，加快形成绿色低碳的生活新风尚，建设美丽中国，为建设现代化强国作出新贡献。

5.4.1 坚持新发展理念引领

绿色发展是新发展理念的重要组成部分。坚持创新、协调、绿色、开放、共享的新发展理念，绿色发展注重的是解决人与自然和谐共生问题。坚持新发展理念是关系中国发展全局的一场深刻变革，是构建高质量现代化经济体系的必然要求，目的是改变传统的生产模式和消费模式，使资源、生产、消费等要素相匹配、相适应，推动形成节约适度、绿色低碳、文明健康的生产方式和消费模式，实现经济社会发展和生态环境协调统一、人与自然和谐共处。

完整、准确、全面贯彻新发展理念。坚持新发展理念是引领中国发展全局深刻变革的科学指引，真正做到崇尚创新、注重协调、倡导绿色、厚植开放、推进共享。理念引领行动，方向决定出路。保持战略定力，站在人与自然和谐共生的高度来谋划经济社会发展，坚持节约资源和保护环境的基本国策，坚持节约优先、保护优先、自然恢复为主的方针，统筹污染治理、生态保护、应对气候变化，促进生态环境持续改善，努力建设人与自然和谐共生的现代化。

5.4.2 纳入生态文明建设整体布局

生态文明建设是关系中华民族永续发展的根本大计。在"五位一体"总体布局中生态文明建设是其中一位，在新时代坚持和发展中国特色社会主义基本方略中坚持人与自然和谐共生是其中一条基本方略，在新发展理念中绿色是其中一大理念，在三大攻坚战中污染防治是其中一大攻坚战，统筹国内国际两个大局作出了碳达峰碳中和国家重大战略决策。这些新的论断不仅体现了我们党对生态文明建设规律的把握，体现了生态文明建设在新时代党和国家事业发展中的地位，体现了党对建设生态文明的部署和要求，也体现了负责任大国的责任担当和共谋合作共赢的大计。

把"双碳"工作纳入生态文明建设整体布局。习近平生态文明思想是新时代生态文明建设的根本遵循和行动指南，其中加强党对生态文明建设的全面领导是生态文明建设的根本保证，绿色发展是发展观的深刻革命是生态文明建设的战略路径，统筹山水林田湖草沙系统治理是生态文明建设的系统观念，把建设美丽中国转化为全体人民自觉行动是生态文明建设的社会力量，共谋全球生态文明建设之路是生态文明建设的全球倡议。加强党对"双碳"工作的领导，强化统筹协调，推动形成政策与工作合力。严把新上项目的碳排放关，坚决遏制高耗能、高排放、低水平项目盲目发展，推动形成绿色低碳发展方式。实施好生态保护修复工程，提升生态系统适应气候变化能力，推动形成山水林田湖草沙生命共同体；把降碳摆在更加突出、优先的位置，统筹推进减污降碳协同增效，深入打好污染防治攻坚战。

5.4.3 纳入经济社会发展全局

站在人与自然和谐共生的高度来谋划经济社会发展。自觉把经济社会发展同生态文明建设统筹起来，将应对气候变化全面融入国家经济社会发展的总战略，并将应对气候变化作为实现发展方式转变的重大机遇，积极探索符合中国国情的低碳发展道路，坚决摒弃"先污染、后治理"的老路，坚决摒弃损害甚至破坏生态环境的增长模式，加快构建新发展格局，加快构建绿色低碳循环发展的经济体系，加快构建清洁低碳、安全高效的能源体系，加快形成绿色低碳的生活方式，加快形成有效的激励约束机制。

必须坚定不移走生态优先、绿色低碳的高质量发展道路。高质量发展是"十四五"乃至更长时期中国经济社会发展的主题，关系中国社会主义现代化建设全局。走高质量发展之路，就要坚持新发展理念，以经济社会发展全面绿色转型为引领，以能源绿色低碳发展为关键，切实发挥重大区域战略带动作用，大力发展新能源产业和新能源汽车，加快建设绿色低碳制造体系和服务体系，扩大绿色低碳产品供给，并把实现减污降碳协同增效作为促进经济社会发展全面绿色转型的总抓手，加快推动产业结构、能源结构、交通运输结构、用地结构调整。绿色低碳发展是经济社会发展全面转型的复杂工程和长期任务，减污降碳是经济结构调整的有机组成部分，能源结构、产业结构调整不可能一蹴而就，坚持先立后破、通盘谋划，并将"双碳"工作相关指标纳入各地区经济社会发展综合评价体系，增加考核权重，加强指标约束。

5.4.4 坚持降碳、减污、扩绿、增长协同推进

把降碳放在更加突出的重要位置。严把新上项目碳排放关，坚决遏制高污染、高能耗（"两高"）项目盲目发展，大力发展新能源等战略性新兴产业，加快传统产业绿色低碳改造，实施重点行业领域减污降碳行动，开展大规模国土绿化行动，加快形成经济增长新动能。把"双碳"工作纳入生态文明建设整体布局和经济社会发展全局，加快制定出台相关规划、实施方案和保障措施，组织实施好"碳达峰十大行动"，加强政策衔接。以落实《减污降碳协同增效实施方案》为着力点，加快推广应用减污降碳源头治理技术，加快形成减污降碳的激励约束机制，推动重点地区碳排放达峰和空气质量达标，实现系统治理的最佳减排效果和最大经济效益，协同提升社会效应、市场效率和政府效能。

积极稳妥推进碳达峰碳中和工作。实现双碳目标必须立足国情，不能脱离实

际，急于求成，搞运动式"降碳"，踩"急刹车"，又要充分考虑区域资源分布和产业分工的客观现实，研究确定各地产业结构调整方向和"双碳"行动方案，不搞齐步走、"一刀切"，更不能运动式搞"碳冲锋"。坚持先立后破，稳住存量，拓展增量，以保障国家能源安全和经济发展为底线，争取时间实现新能源的逐渐替代，推动能源低碳转型平稳过渡。

5.5 碳达峰碳中和目标的战略思维

实现"双碳"目标是一场广泛而深刻的变革，也是一项复杂的系统工程，需要我们提高战略思维能力，把系统观念贯穿"双碳"工作全过程，准确把握进入新发展阶段、贯彻新发展理念、构建新发展格局对做好"双碳"工作提出的新任务新要求，重点处理好发展和减排等重大关系。

5.5.1 坚持系统观念

应对气候变化是一项系统工程。控制温室气体排放涉及经济社会发展诸多方面，需要在多重目标中寻求动态平衡和优化路径，从系统工程和全局角度寻求新的治理之道。

实现碳达峰碳中和是一场广泛而深刻的经济社会系统性变革。强化系统观念，加强前瞻性思考，科学预见全球温室气体排放趋势及未来走势，科学研判全球绿色低碳转型的机遇和挑战，把握低碳发展规律；加强全局性谋划，统筹国内国际两个大局，既维护好国家利益，又树立负责任大国形象，在降碳的同时确保能源等安全。加强战略性布局，推动新兴技术与绿色低碳产业深度融合，聚焦可再生能源大规模利用、新型电力系统、氢能、储能等实施一批具有战略性国家重大前沿科技项目。加强整体性推进，发挥有条件地区、重点行业、重点企业三大主体率先达峰带动，确保有力有序有效做好碳达峰工作。

5.5.2 处理好发展和减排的关系

发展和减排是辩证统一的关系。在经济结构、技术条件没有明显改善的条件下，资源安全供给、环境质量、温室气体减排等约束强化，将压缩经济增长空间。减排不是减生产力，也不是不排放，而是要走生态优先、绿色低碳发展道路，在经济发展中促进绿色转型、在绿色转型中实现更大发展。

处理好减污降碳和能源安全。统筹发展和安全，是新时代国家安全的必然要求，既要高度警惕"黑天鹅"事件，也要防范"灰犀牛"事件。能源安全是关系国家经济社会发展的全局性、战略性问题，抓住能源就抓住了国家发展和安全战略的"牛鼻子"。粮食安全是实现经济发展、社会稳定、国家安全的重要基础，耕地是粮食生产的命根子，守住耕地红线是底线。保障国家能源安全，必须推动能源生产和消费革命，坚持节约优先，推动能耗"双控"向碳排放总量和强度"双控"转变，坚持先立后破，加大力度规划建设新能源供给消纳体系，加快推动产业结构和能源结构调整，加快推进绿色低碳科技革命[6]。

5.5.3 处理好整体和局部的关系

统筹好整体和重点关系。实现碳达峰碳中和不是"就碳论碳"，而是要在多重目标、多重约束条件下通盘谋划、整体推进，从现实出发，坚持目标导向，持续跟进发力，才能走出一条实现"双碳"目标的可持续发展之路。降碳、减污、扩绿、增长是一个有机联系的整体，需要从经济社会与生态系统整体性出发，更加注重综合治理、系统治理、源头治理。工业是中国二氧化碳排放的主要领域，占全国二氧化碳排放量的85%左右，因此实现重点行业尽早达峰并快速跨过平台期，是保证全国2030年前达峰的关键，要明确重点行业达峰目标，推动钢铁、建材等重化工行业尽早实现达峰[7]。

把握好全局和局部关系。心怀"国之大者"，站在全球和战略的高度想问题办事情，一切工作都要以贯彻落实党中央决策部署为前提，不能为了局部利益损害全局利益，为了暂时利益损害根本利益和长远利益。坚持全国一盘棋、一体推进，既要立足实际、因地制宜，结合自身特点科学设定碳达峰目标，又要充分考虑不同地区间、上下游产业链以及行业内部工序间等相互影响，不能简单层层分解和摊派任务。统筹确定各地区梯次达峰目标任务，以自上而下为约束，鼓励各地自下而上主动作为，鼓励国家优化开发区域和有条件地区尽早实现率先达峰。

5.5.4 处理好长远目标和短期目标的关系

把握好目标导向和问题导向的关系。坚持目标导向就是要制定顺应时代要求、符合客观实际、富有号召力的发展目标，碳达峰碳中和的目标任务极其艰巨，需要我们科学认识并准确把握两个"前"的战略导向，科学把握节奏。坚持问题导向，就是要跟着问题走、奔着问题去，把解决实际问题作为打开工作局面的突破口，必须深入分析推进碳达峰碳中和工作面临的新问题新挑战，围绕加快推进煤炭有序替代转型和可再生能源发展，加快推动"双碳"的市场化机制和能耗"双控"向碳排放总量和强度"双控"转变等重大问题深化研究，形成可操作的政策举措。把握好两者关系就是坚持目标导向和问题导向相结合，既要放眼长远目标抓好顶层设计,又要解决问题落实好任务。

处理好长远目标和短期目标的关系。就是坚持中长期目标和短期目标相贯通,明确时间表、路线图。既要制定远景目标和长期规划,又要设置阶段性任务和短期目标,以长远规划引领阶段性任务,以战术目标的实现支撑战略目标的达成。既要立足当下,一步一个脚印解决具体问题,积小胜为大胜,又要放眼长远,克服急功近利、急于求成的思想,把握好降碳的节奏和力度,实事求是、循序渐进、持续发力。锚定努力争取2060年前实现碳中和,采取更加有力的政策和措施,就是要在明确时间表、路线图、施工图的基础上,坚持方向不变、力度不减,坚决遏制"两高"项目发展等有力有序有效政策和行动推动重点任务与行动落实。

5.5.5 处理好政府和市场的关系

坚持政府和市场两手发力。推动有为政府和有效市场更好结合,着力解决市场体系不完善、政府干预过多和监管不到位等问题,减少政府对资源的直接配置,减少政府对微观活动的直接干预,用好"看得见的手"和"看不见的手",推动资源配置实现效益最大化和效率最优化。政府和市场两手发力,构建新型举国体制,强化科技和制度创新,加快绿色低碳科技革命。深化能源和相关领域改革,发挥市场机制作用,形成有效激励约束机制。

发挥市场在资源配置中起决定性作用、更好发挥政府作用。完善绿色低碳政策和市场体系,完善能源"双控"制度,完善有利于绿色低碳发展的财税、价格、金融、土地、政府采购等政策,加快推进碳排放权交易,积极发展绿色金融。充分发挥市场机制作用,完善碳定价机制,加强碳排放权交易、用能权交易、电力交易衔接协调,更好发挥中国制度优势、资源条件、市场活力。

5.6 碳达峰碳中和目标的战略原则

推进"双碳"工作,必须坚持全国统筹、节约优先、双轮驱动、内外畅通、防范风险的原则,保持战略定力,增强战略自信,科学研究制定时间表、路线图、施工图,扎扎实实把党中央的决策部署落到实处,开创团结一心、合作共赢的气候治理新局面。

5.6.1 坚持全国统筹

坚持全国统筹,就是要树立全国一盘棋,强化顶层设计,发挥制度优势,实行党政同责，压实各方责任。根据各地实际分类施策，鼓励主动作为、率先达峰。

树立全国一盘棋。碳达峰碳中和是一个整体概念，不可能由一个地区、一个单位"单打独斗"，需要地方、行业、企业和社会公众的共同参与和努力。保持战略定力，抓住战略机遇，统筹发展和安全、统筹国内和国际、统筹合作和斗争、统筹存量和增量、统筹整体和重点，积极应对挑战，趋利避害。加强党对"双碳"工作的领导，加强统筹协调，严格监督考核，推动形成工作合力。

鼓励主动作为。中国宣布力争2030年前实现二氧化碳排放达到峰值、2060年前实现碳中和，这是我们主动作为，而不是被动为之。压实各方责任，加强形势研判，抓住机遇，赢得主动，把握策略的灵活性，支持有条件的地方和重点行业、重点企业率先实现碳达峰，尽快实现经济社会发展与二氧化碳排放的脱钩。鼓励先行先试，组织开展碳达峰碳中和先行示范，探索有效模式和有益经验，提升绿色低碳创新水平[8]。

5.6.2 坚持节约优先

坚持节约优先，就是要把节约能源资源放在首位，实行全面节约战略，持续降低单位产出能源资源消耗和碳排放，提高投入产出效率，倡导简约适度、绿色低碳生活方式，从源头和入口形成有效的碳排放控制阀门。

实施全面节约战略。落实节约优先方针，把节能放在首要位置，完善能源消费强度和总量双控制度，严格控制能耗强度，合理控制能源消费总量，推动能源消费革命，推进各领域节约行动，建设节约型社会。增强全民节约意识，倡导简约适度、绿色低碳的生活方式，反对奢侈浪费和过度消费，深入开展"光盘"等粮食节约行动，广泛开展创建绿色机关、绿色家庭、绿色社区、绿色出行等行动。

提高投入产出效率。深入推进资源全面节约、集约、循环利用，降低单位产品能耗物耗，提高投入产出效率，抓住能源资源利用这个源头，推进资源总量管理、科学配置，全面提高能源资源利用效率。围绕建设现代化经济体系，以供给侧结构性改革为主线，把握数字化、网络化、智能化融合发展契机，在质量变革、效率变革、动力变革中发挥人工智能作用，提高全要素生产率[8]。

5.6.3 坚持双轮驱动

坚持双轮驱动，就是要坚持政府和市场两手发力，构建新型举国体制，强化科技和制度创新，加快绿色低碳科技革命。深化能源和相关领域改革，发挥市场机制作用，形成有效激励约束机制。

强化科技创新。加快创新驱动，以低碳零碳新经济推动绿色低碳发展，形成新的增长点、培育新的动能，以关键低碳零碳负碳技术突破支撑能源、交通、建筑等重点行业战略性减排。实施绿色低碳科技创新行动，发挥科技创新的支撑引领作用，完善科技创新体制机制，强化创新能力，强化企业创新主体地位，加快绿色低碳科技革命。

强化制度创新。增加制度供给，实施以碳强度控制为主、碳排放总量控制为辅的制度，完善碳排放权交易等制度配套，健全企业碳排放报告和信息披露制度，强化碳市场制度执行，让制度成为刚性的约束和不可触碰的高压线。加快制度改革，完善能耗"双控"制度，深化能源和相关领域改革，加强碳排放权交易、用能权交易、电力交易衔接协调，形成有效的激励约束机制[8]。

5.6.4 坚持内外畅通

坚持内外畅通，就是要立足国情实际，统筹国内国际能源资源，推广先进绿色低碳技术和经验。统筹做好应对气候变化对外斗争与合作，不断增强国际影响力和话语权，坚决维护中国发展权益。

统筹国内国际能源资源。明确重要能源资源国内生产自给的战略底线，加快油气等资源先进开采技术开发应用，提升能源资源供应保障能力，加大力度规划建设新能源供给消纳体系。充分利用国际国内两个市场、两种资源，在有效防范对外投资风险的前提下，加强同有关国家的能源资源合作，扩大海外优质资源权益，大力支持发展中国家能源绿色低碳发展，不再新建境外煤电项目。

加快建立绿色贸易体系。大力发展高质量、高技术、高附加值绿色产品贸易，严格管理高耗能高排放产品出口，积极扩大绿色低碳产品等进口。推进绿色"一带一路"建设，加快"一带一路"投资合作绿色转型，支持共建"一带一路"国家开展清洁能源开发利用，大力推动"南南合作"，积极推动中国新能源等绿色低碳技术和产品走出去[8]。

5.6.5 坚持防范风险

坚持防范风险，就是要处理好减污降碳和能源安全、产业链供应链安全、粮食安全、群众正常生活的关系，有效应对绿色低碳转型可能伴随的经济、金融、社会风险，防止过度反应，确保安全降碳。

有效应对转型风险。以新发展理念为引领，保持加强生态文明建设的战略定力，在推动高质量发展中促进经济社会发展全面绿色转型，在绿色转型过程中努力实现社会公平正义。加强风险管控，有效应对绿色低碳转型过程中可能伴生的经济、金融、社会风险，确保能源安全稳定供应和平稳过渡。

确保安全有效降碳。坚持先立后破，处理好减污降碳和能源安全、产业链供应链安全、粮食安全和群众正常生活的关系，加快形成有效激励约束机制，有效化解结构性产业过剩矛盾，加快形成有效的碳排放控制阀门，确保安全降碳。强化底线思维，有效应对一些西方国家对中国进行"规锁"的企图，提出公平、合理、有效的全球应对气候变化解决方案[8]。

参考文献

［1］中国中央宣传部，中央国家安全委员会办公室.总体国家安全观学习纲要［M］.北京：学习出版社，2022.

［2］解振华.加快新一轮科技革命是推动实现碳中和的重要途径［EB/OL］.［2022-9-20］. https://view.inews.qq.com/a/20210908A0836I00.

［3］中共中央 国务院关于完整准确全面贯彻新发展理念做好碳达峰碳中和工作的意见［EB/OL］.［2022-9-20］. http://www.gov.cn/zhengce/2021/10/24/content_5644613.htm.

［4］徐华清.促进人与自然和谐共生为应对气候变化作出更大贡献［N］.人民日报，2021-04-13.

［5］黄润秋.把碳达峰碳中和纳入生态文明建设整体布局［N］.学习时报，2021-11-18.

［6］国务院.2030年前碳达峰行动方案［EB/OL］.［2021-10-26］. http://www.gov.cn/xinwen/2021-10/26/content_5645001.htm.

［7］王金南，蔡博峰.打好碳达峰碳中和这场硬仗［EB/OL］.［2022-05-16］. http://www.qstheory.cn/dukan/qs/2022-05/16/c_1128649600.htm.

［8］何立峰.完整准确全面贯彻新发展理念扎实做好碳达峰碳中和工作［N］.人民日报，2021-10-25.

第6章 实现中国碳达峰碳中和的目标与路径

迈向碳中和的转型行动正在成为一场关乎经济社会高质量发展和持续繁荣的系统性变革。我国已向联合国正式提交《中国本世纪中叶长期温室气体低排放发展战略》，如何更好地把碳达峰碳中和纳入经济社会发展全局和生态文明建设整体布局并科学制定时间表、路线图、施工图，仍是当前需要深入研究的重大理论与实践问题。本章主要介绍实现碳达峰碳中和目标的战略阶段判断、供给侧和消费侧碳达峰碳中和路线图、碳达峰碳中和转型难点和重点以及支持碳达峰碳中和的投融资政策。

6.1 实现碳达峰碳中和目标的战略思路

《巴黎协定》形成了"把全球平均温升控制在工业化前水平2℃以内，并努力控制在1.5℃以内"的目标。该目标在《巴黎协定》第四条被进一步阐释为"尽快达到温室气体排放的全球峰值，在本世纪下半叶实现温室气体源的人为排放与汇的清除之间的平衡"[4]。为实现上述长期目标，《巴黎协定》规定所有缔约方每五年提交一次"国家自主贡献"，第一次是2015年，第二次是2020年，以此类推，但前两次提交的都是到2030年的行动目标。同时，《巴黎协定》及其相关决议还要求所有缔约方在2020年提交"本世纪中叶长期温室气体低排放发展战略"，全球碳达峰碳中和目标就此提出。截至2022年11月，全球已有139个国家、116个地区、241个城市和800个企业承诺要实现碳中和，占到了全球GDP的91%、人口的80%、温室气体排放的83%[5]；已有57个国家向联合国正式提交21世纪中叶长期温室气体低排放发展战略，52个国家提出2050年前实现碳中和的目标[6]。

作为全球最大的发展中国家，气候变化已对中国粮食安全、水安全、生态安全、能源安全、基础设施安全以及人民生命财产安全构成了较为严重的威胁。中国把应对气候变化作为推动中国经济高质量发展、引领全球绿色低碳发展的重大战略机遇，通过持续推动能源、工业、建筑、交通等领域的低碳发展，基本扭转了温室气体排放快速增长的局面，在为全球应对气候变化作出重要贡献的同时，也有效促进了经济高质量发展和生态环境高水平保护的协同，并正在逐步实现经济增长和温室气体排放的脱钩[8]。

碳达峰是指二氧化碳年排放量出现峰值拐点，并在此后逐步进入平台期或下降通道，意味着经济社会发展与二氧化碳排放的脱钩，一般出现在工业化、城镇化的中后期，计算峰值时不考虑碳抵消和碳汇。碳中和是指温室气体年排放量通过技术和政策创新大幅削减之后，剩余的少量二氧化碳排放以自然系统碳汇或工程碳移除技术实现抵消，意味着人类活动对碳平衡的干扰降低到极低水平。碳中和的实现首先要求能源、工业、建筑和交通领域最大限度地减排，但受资源、技术局限或安全、经济等因素，少部分排放并不能完全避免，这其中一方面可以通过森林、海洋等碳汇进行自然吸收，另一方面可能还需要额外的、一定规模的碳移除技术的应用，比如生物质碳捕获、利用和封存（Bioenergy with Carbon Capture, Utilization and Storage, BECCUS）、直接空气捕获（Direct Air Capture, DAC）等。也就是说，到2060年前，我国并非是要实现"绝对的零排放"，而是要将人为活动排放对自然的影响通过技术创新降低到几乎可以忽略的程度，达到人为排放源和汇新的平衡，真正实现人和自然的和谐共生。

党的十九大报告明确提出，我国经济已由高速增长阶段转向高质量发展阶段，高质量发展是进入新发展阶段的必由之路，绿色低碳发展是高质量发展的应有之义。以碳达峰碳中和目标推动能源生产和消费革命、绿色工业体系创建、城镇化低碳发展和绿色低碳交通运输体系构建，推动碳排放从生产模式和消费模式的总量减排、源头减排、结构减排，减少高耗能高碳产业的温室气体排放，同时减少主要污染物的排放，实现产业结构、能源结构、交通运输结构、用地结构的绿色低碳转型[9, 10]。

2020年宣布"双碳"目标以来，我国正式向《公约》秘书处提交了《中国本世纪中叶长期温室气体低排放发展战略》《中国落实国家自主贡献成效和新目标新举措》[11, 12]，并发布了《中共中央 国务院关于完整准确全面贯彻新发展理念做好碳达峰碳中和工作的意见》和《2030年前碳达峰行动方案》等"1+N"政策。中央经济工作会议、中央财经委员会会议、中共中央政治局集体学习、碳达峰碳中和工作领导小组全体会议等对"双碳"目标实施进行决策部署，多次强调要正确认识和把握碳达峰碳中和，相关工作取得了积极进展。实现"双碳"目标的政策体系正在不断完善，国家部委、省（区、市）、企业已经或预期要出台的"双碳"直接相关政策数量超过了300个，政策涉及面之广前所未有。

6.2 实现碳达峰碳中和目标的战略布局

6.2.1 碳达峰碳中和目标实施的路径研究

我国"双碳"目标提出后，通过对国内外主要研究机构的相关报告进行了综合分析[13-19]，结果表明，我国在2025年前后进入碳达峰平台期，到2035年能源活动排放将有望下降到90亿吨左右，煤炭、油气、非化石能源在能源消费中的比重将实现"三分天下"。能源生产和消费将在未来40年经历颠覆性变化，尽管存在一定的轨迹范围，但我国未来排放路径选择受到时间、技术、成本、安全等多因素约束，当前主要研究结论趋向于收敛（表6.1）。

表6.1 主要研究机构对能源消费和二氧化碳排放趋势预测

项目	年份	清华大学	国务院发展研究中心	全球能源互联网发展合作组织	国家发改委能源所	生态环境部环境规划院	国际能源机构	劳伦斯伯克利国家实验室
一次能源消费总量（亿吨标准煤）	2020年	49.4	49		48.9	49.6	49.9~50.6	50
	2025年	55.0	55	55.7	52.5	54.8		
	2030年	55~60.6	60	60.4	55.5	60.3	51.2~55.8	54（2029年）~60（2030年）
	2035年	54~60.0	60	61.1~61.5	56.0	62.9		
	2050年	50~62.3	54	60~61.5	57.7	63.2	42.7~53.7	
	2060年			59~61.8		63.5		
非化石在一次能源消费中占比（%）	2020年	16	16		14	16.4		15
	2025年	20~21	21	28	19	20.3		
	2030年	22~39	26	23~36	30	24.4		19.7
	2035年	35~41	34	43	43	29.2		
	2050年	36~86	66	76~77	66	66.3		29
	2060年					94.3		
能源活动碳排放（亿吨CO_2）	2020年	100	101		101	99	114	
	2025年	105	104		100	103		109.3
	2030年	103~111	104	97	89	105	94~114	
	2035年	79~94	90	77	70	102		
	2050年	15~91	24		4	39	13~83	50.1
	2060年					0~6		

通过对主要研究机构实现碳达峰碳中和目标情景进行综合分析,并进行均化处理以构建碳达峰碳中和平均化情景发现,该平均化情景下,煤炭一次能源消费占比逐步减少,煤炭消费量在"十四五"期间出现峰值,之后稳定下降,并在 2035 年后下降速度明显加快(年均 1.2 亿~2 亿吨实物量),直到 2060 年实现基本脱煤(5.5 亿~9 亿吨实物量)。"十四五""十五五"时期,石油在能源消费中占比基本保持在 16%~19%,之后逐步下降。天然气一次能源消费占比在 2025—2035 年呈上升趋势,在 2035 年左右达到峰值平台期,之后缓慢下降。非化石能源一次能源消费占比稳步增加,在 2030 年过后增长速率加快,直到 2050 年非化石能源在一次能源消费占比有望超过 70%。对应的,能源活动二氧化碳排放量在"十四五"时期进入峰值平台期,2030 年之后开始逐渐下降,直至 2060 年前实现净零排放(图 6.1)。

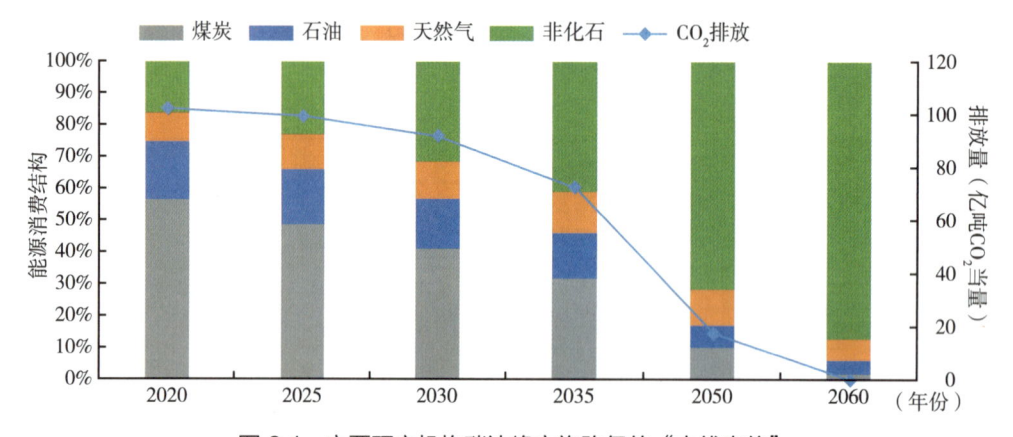

图 6.1 主要研究机构碳达峰实施路径的"中线定位"

基于国家应对气候变化战略研究和国际合作中心自主开发的气候变化综合评估模型(Integrated Assessment Model for Climate Change,IAMC)对我国到 21 世纪末的温室气体排放进行了情景分析。在较为严格的假设条件下,能源活动的二氧化碳排放在 2030 年前经历较短的约为 105 亿吨的平台期后就将进入一个快速的下降通道,到 2035 年排放约为 90 亿吨,到 2050 年下降至 25 亿吨左右,2060 年则在 10 亿吨以下。同时,工业生产过程的二氧化碳排放将从当前的 12 亿吨左右,下降至 2060 年的 5 亿吨以下。碳汇的水平将接近于 15 亿吨,能够实现二氧化碳的净零排放。如果进一步考虑非二氧化碳的温室气体排放,一方面需要此类排放从当前的 22 亿吨二氧化碳当量左右,下降至 2060 年的 9 亿吨以下,另一方面需要增加与此相当的自然系统碳汇或工程碳移除技术用于抵消[20](图 6.2)。

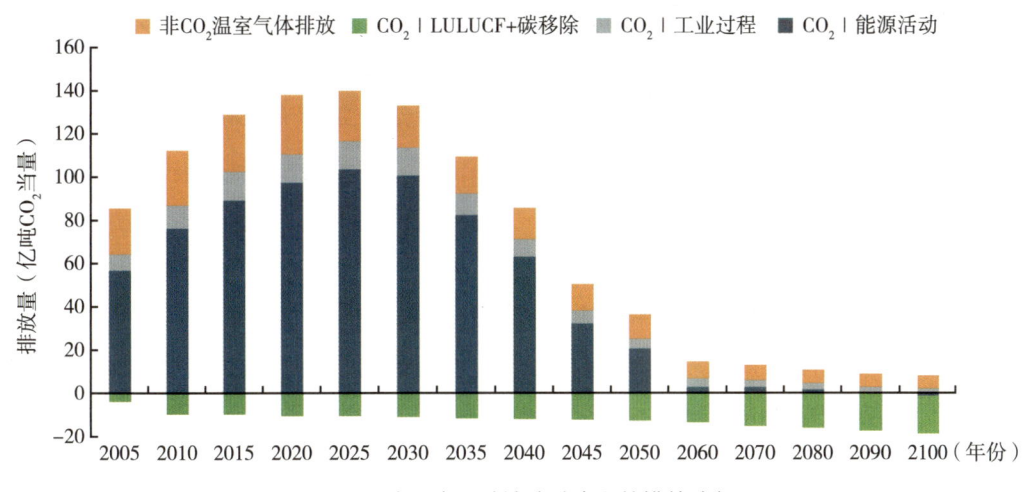

图 6.2 我国实现碳达峰碳中和的排放路径

尽管存在不同的技术组合，但由于我国从碳达峰到碳中和只有 30 年左右的时间，因此技术和经济可行的区间并不大。我国的碳汇及主要的负排放技术受限于我国的土地规模和粮食安全问题，从目前大部分的研究评估来看，可能的抵消规模在 15 亿~24 亿吨。因此，就需要在源头，也就是能源结构作出根本性调整，其中电力系统在 2045 年左右要实现近零排放，整个能源供给系统在 2050 年左右要实现近零排放，2060 年要实现负排放。非化石能源在能源消费中的占比到 2035 年、2050 年和 2060 年分别要达到 35% 左右、68% 左右和 80% 以上。

实现碳达峰目标，需要从"十四五"开始有效控制碳排放，提高应对气候变化的政策和行动力度，在 2030 年前达到一个相对合理的峰值，进入先缓后急的下降阶段。"十四五"时期要提前布局规划碳排放总量目标以及碳达峰路径，五中全会也已经提出，支持有条件的地方率先达到碳排放峰值，部分地区需要在"十四五"期间达峰。除此之外，"十四五"期间布局的基础设施，上马的煤电、煤化工、石油石化等高能耗高排放项目的高碳锁定效应，特别是能源和交通等基础设施寿命都在 30~40 年，提前淘汰或弃之不用将有可能造成规模化的搁置资产，"硬着陆"带来的损失，年均将额外产生 1.3 万亿元的经济代价。通过对"十四五"上马的火电、炼钢、水泥等高碳产业加上碳捕集装置进行末端治理，但基于目前的技术评估，这一方式比源头减排的治理成本要高很多。只有在"十四五"提高政策力度，才能保障我国在 2030 年前达峰，并把峰值稳定在合理水平，并从碳达峰到碳中和这一曲线更为平滑，实现"软着陆"。

实现碳中和目标，要求在 2040 年左右就不再会有不装 CCUS 的化石能源消费，在 2050 年左右留给整个能源系统排放的空间可能是现在的五分之一不到，到

2060年整个电力系统和能源系统可能就要实现净零，要把碳汇和一部分碳移除的空间，留给相对来说技术上还比较难解决的工业过程二氧化碳排放和非二氧化碳的温室气体排放，所以能源系统要在这个过程中发生非常大的跃迁和变化，大部分的研究都指明到2050年左右我们的非化石能源在一次能源当中的占比可能要达到75%~80%。

6.2.2 实现碳达峰碳中和目标的阶段任务

立足于对我国国情和发展战略的预判，并借鉴主要经济体长期低排放发展战略及主要机构研究结论，有关我国碳中和愿景的实施路径可以分为三个阶段。

一是达峰平台期（2035年前）。经济社会发展绿色低碳转型将在这个时期取得显著成效，生态环境根本好转，美丽中国目标基本实现，绿色生产生活方式广泛形成，气候变化影响的观测、评估及风险管控得到加强，适应气候变化能力和韧性发展达到先进水平，重点领域、行业和地方创造条件尽早实现能耗"双控"向碳排放总量和强度"双控"转变。目前，大部分研究都表明我国二氧化碳排放峰值有望控制在120亿吨以内，其中能源活动二氧化碳排放峰值控制在110亿吨左右（能源消费总量预期为60亿吨左右）。"十五五"时期煤炭消费量逐步减少、石油消费进入峰值平台期，破立并举，推动化石能源和新能源优化组合。鼓励经济发展位于前列或资源禀赋条件较好的地方率先达峰，工业领域二氧化碳排放尽早达峰，钢铁、建材、有色等重点行业碳排放实现稳中有降。到2035年，非化石能源消费比重达到35%左右，实现工业过程二氧化碳排放持续削减，工业领域排放进入下降通道，交通和建筑电气化、低碳化水平持续提升，温室气体排放总量控制制度得到全面实施。届时，全国二氧化碳排放量有望控制在105亿吨左右，其中能源活动二氧化碳排放量控制在95亿吨左右（能源消费总量预期为65亿吨左右），温室气体排放总量控制在125亿吨二氧化碳当量左右，主要绿色低碳产业和科技将有望达到国际先进水平。这一阶段的政策施力不应该过大，应避免转型所带来的安全风险，是夯实基础的阶段，但这个阶段的峰值水平高低也决定了下一阶段减排的压力和代价大小。

二是深度脱碳期（2035—2050年）。这个阶段要争取实现近零碳和数智经济"两翼"驱动，带动生产和生活方式的根本性转变，逐步打造与高比例非化石能源相适应的智慧能源产业生态和政策市场体系，到2045年，电力系统实现二氧化碳净零排放，非化石能源消费比重达到70%左右，没有采取碳捕集措施的火电和工业设施基本退出。到2050年，全国二氧化碳排放量有望控制在25亿吨左右，其中能源活动二氧化碳排放量控制在20亿吨左右（能源消费总量继续维持在65

亿吨左右的水平），温室气体排放总量控制在 30 亿吨二氧化碳当量左右。到 21 世纪中叶，我国将有望全面建成以低排放为特征的现代工业体系、先进智慧的现代化交通体系和高效零碳的城乡建设发展体系，并建成全球最大的低碳、零碳和负排放技术创新中心。

三是源汇中和期（2050—2060 年）。这一时期距离我国全面建成富强民主文明和谐美丽的社会主义现代化强国约有 10 年时间，智能零碳领域的创新能力和国际影响力将全球领先。到 2060 年，先进核能、可再生能源及能效技术得到持续进步与发展，非化石能源消费比重将达到 80% 以上，能源系统实现二氧化碳净零排放，工业、建筑和交通等终端用能领域电气化率达到 70% 以上，绿氢、生物燃料、合成原料等零碳技术在钢铁、水泥、航空、航海等领域实现规模化应用。我国将有望建成全球最大的以非化石能源为主体的新型电力系统和储能基地，以及绿氢冶金、零碳建材、零碳载运工具的制造业基地。到 2060 年，我国温室气体排放总量有望控制在 15 亿吨二氧化碳当量左右，森林等自然生态系统碳汇以及 BECCS、DAC 等高效率、低成本的工程碳移除技术将得到系统性开发，从而推动我国在较高的发展水平上最终实现温室气体源的人为排放与汇的清除之间的平衡，为全球共同走向绿色繁荣、永续发展和生态文明新时代作出中国贡献。

综合来看，为实现"双碳"目标，要重点部署如下重点行动：一是通过能效提升、结构变革、城市规划和生活方式改变，在维持较高生活水平的同时，实现终端部门可持续能源消费；二是通过逐步淘汰常规燃煤发电，快速增加以可再生能源为主，核能及 CCUS 为辅的多样化技术组合发电量，实现电力部门脱碳；三是加快交通运输领域电动汽车、铁路、船舶的普及，促进钢铁、水泥、化工、玻璃等工业领域以电产热，加速建筑供暖、热水供应的电气化；四是工业（如钢铁、水泥、化工）和交通（如长途货运、航运和航空）领域燃料和原料改用绿氢、绿氨、生物燃料、合成燃料等替代；五是将碳封存在自然系统中，有效发挥森林、草原、湿地、海洋、土壤、冻土的固碳作用，或采用工程碳移除技术减少碳排放量。

此外，在减少二氧化碳排放量的同时，还必须加大力度减少能源利用、工业生产过程、废弃物处理、农业、土地利用变化和林业等活动中的甲烷、氧化亚氮、六氟化硫、氢氟碳化物、全氟碳化物等非二氧化碳温室气体的排放量。

6.2.3 地方实现碳达峰碳中和目标的实践

《中共中央 国务院关于完整准确全面贯彻新发展理念做好碳达峰碳中和工作的意见》提出支持有条件的地方和重点行业、重点企业率先实现碳达峰，组织开展碳达峰碳中和先行示范。《2030年前碳达峰行动方案》则进一步提出，各地区要准确把握自身发展定位，结合本地区经济社会发展实际和资源环境禀赋，坚持分类施策、因地制宜、上下联动，梯次有序推进碳达峰。其中，碳排放已经基本稳定的地区要巩固减排成果，在率先实现碳达峰的基础上进一步降低碳排放；产业结构较轻、能源结构较优的地区要坚持绿色低碳发展，坚决不走依靠"两高"项目拉动经济增长的老路，力争率先实现碳达峰；产业结构偏重、能源结构偏煤的地区和资源型地区要把节能降碳摆在突出位置，大力优化调整产业结构和能源结构，逐步实现碳排放增长与经济增长脱钩，力争与全国同步实现碳达峰。

"十三五"期间，北京、天津、山西等11个省（区、市）均提出了明确的碳排放达峰目标，在我国陆续开展的三批共计87个低碳省市试点中，共有82个试点省市研究提出达峰目标，其中提出在2020年和2025年前达峰的分别为18个和42个。

在全国"一盘棋"的部署下，截至2022年11月，河北、内蒙古、吉林等17个地方出台了《关于完整准确全面贯彻新发展理念做好碳达峰碳中和工作的实施意见》，完善了地方开展碳达峰碳中和工作的"1"顶层设计，明确了2025年、2030年和2060年的目标，提出了经济社会转型、产业、能源、城乡建设、交通、科技、碳汇等方面的重点任务。江西、上海等八个省（市、区）出台了碳达峰实施方案，提出了2030年前实现碳达峰的目标，但并未明确具体达峰时间表。

上海市加快打造国际绿色金融枢纽服务碳达峰碳中和目标。2021年11月，《上海加快打造国际绿色金融枢纽服务碳达峰碳中和目标的实施意见》发布，围绕2025年的目标"上海绿色金融市场能级显著提升，绿色直接融资主平台作用更加凸显，绿色信贷占比明显提高，绿色金融产品业务创新更加活跃，绿色金融组织机构体系进一步完善，形成国际一流绿色金融发展环境，对全国绿色低碳发展的支撑更加有力，在全球绿色金融合作中的角色更加重要，基本建成具有国际影响力的碳交易、定价、创新中心，基本确立国际绿色金融枢纽地位"，提出了加强绿色金融市场体系建设、创新绿色金融产品业务、健全绿色金融组织机构体系、强化绿色金融保障体系、加大金融对产业低碳转型和技术创新的支持力度、深化绿色金融国际合作、营造良好绿色金融发展环境等七方面24项举措，加快打造国际绿色金融枢纽。上海浦东新区作为首批国家气候投融资试点之一，将围绕"建设一个平台（气投中心）、抓住三个关键（信息披露机制、气投标准体系、数据库平台）、组织五个行动（项目库、专项基金、气候金融产品、碳金融产品、国际资金通道）"建成具有国际影响力的气候投融资合作平台。

四川省以实现碳达峰碳中和目标为引领推动绿色低碳优势产业高质量发展。

2021年12月,《中共四川省委关于以实现碳达峰碳中和目标为引领推动绿色低碳优势产业高质量发展的决定》发布,提出加快建设"一地三区"(先进绿色低碳技术创新策源地、绿色低碳优势产业集中承载区、实现碳达峰碳中和目标战略支撑区、人与自然和谐共生绿色发展先行区),围绕清洁能源产业、清洁能源支撑产业和清洁能源应用产业等提出了2025年、2030年、2035年的具体目标。此外,四川省和重庆市还在2022年2月15日印发了《成渝地区双城经济圈碳达峰碳中和联合行动方案》,提出要打造成渝"电走廊""氢走廊""智行走廊",推动区域创新发展。

浙江省以数字化改革为牵引深化"双碳"数智平台建设推动制造业转型升级。湖州建立全国首个工业企业碳平台,覆盖全市381个行业3700余家规模企业的碳效标识赋码。浙江省碳账户管理应用场景以企业碳排放量、碳排放强度等数据为基础,从政府端、企业端建立数智控碳应用场景。浙江省率先出台了《浙江省碳达峰碳中和科技创新行动方案》,提出浙江省绿色低碳技术创新的关键核心技术、高端平台体系、创新人才团队和创新创业生态等目标和八大重点任务。2022年6月15日,率先发布浙江省减污降碳协同增效指数,实现对协同效果和措施进展的定量化跟踪、评估、反馈,并将指数纳入污染防治攻坚战成效考核,推动全省减污降碳协同增效工作。上线"减污降碳在线"应用场景,探索构建从源头、过程到末端全过程减污降碳协同管理服务体系。

6.2.4 行业实现碳达峰碳中和目标的定位

我国碳达峰碳中和"N"的体系包括能源、工业、交通运输、城乡建设等重点领域,以及科技支撑、能源保障、碳汇能力、财政金融价格政策、标准计量体系、督察考核等保障措施。

能源领域是实施碳达峰碳中和战略的核心领域。2022年1月,国家发改委和国家能源局印发《"十四五"现代能源体系规划》,从增强能源供应链稳定性和安全性、加快推动能源绿色低碳转型、优化能源发展布局、提升能源产业链现代化水平、增强能源治理效能等方面推动构建现代能源体系,提出了"到2025年,非化石能源消费比重提高到20%左右,非化石能源发电量比重达到39%左右,电气化水平持续提升,电能占终端用能比重达到30%左右"等一系列目标,并展望到2035年"非化石能源消费比重在2030年达到25%的基础上进一步大幅提高"。2021年10月,国家发改委、国家能源局等9部委联合印发《"十四五"可再生能源发展规划》,提出统筹配套一批风电和光伏发电基地,充分提升输电通道中新能源电量占比,扩大跨省跨区可再生能源消纳规模。我国自2006年以来建成33

条交直流特高压线路，2021年11月世界首个100%输送清洁能源的特高压输电大通道"青海–河南特高压直流线路"通电，"十四五"加大推进"三交九直"特高压工程的建设。2021年9月，国家能源局下发《第一批以沙漠、戈壁、荒漠地区为重点的大型风电光伏基地建设项目清单的通知》；2022年2月，《以沙漠、戈壁、荒漠地区为重点的大型风电光伏基地规划布局方案》提出，到2030年，规划建设风光基地总装机约4.55亿千瓦。2021年，分布式光伏累计装机突破1亿千瓦，约占全部光伏发电并网装机容量的三分之一，新增光伏发电装机中，分布式光伏约占55%，历史上首次超过集中式电站。2021年9月，国家能源局下发了《公布整县（市、区）屋顶分布式光伏开发试点名单的通知》[21]，启动了676个县（市、区）整县屋顶分布式光伏开发试点工作，进一步扩大屋顶分布式光伏建设规模，削减电力尖峰负荷，节约优化配电网投资。

工业领域是推动碳达峰碳中和工作的主要阵地。我国呈现非常重的生产性排放特征，六大高耗能工业的直接和间接排放占74%，这与工业化国家的情况几乎相反，也决定了我国减排的重点领域在"两高"行业。2022年7月，《工业领域碳达峰实施方案》提出，"十四五"期间筑牢工业领域碳达峰基础；到2025年，规模以上工业单位增加值能耗较2020年下降13.5%，单位工业增加值二氧化碳排放下降幅度大于全社会下降幅度，重点行业二氧化碳排放强度明显下降；"十五五"期间，工业能耗强度、二氧化碳排放强度持续下降，努力达峰削峰，在实现工业领域碳达峰的基础上强化碳中和能力，基本建立以高效、绿色、循环、低碳为重要特征的现代工业体系。确保工业领域二氧化碳排放在2030年前达峰。同时，提出布局深度调整产业结构、深入推进节能降碳、积极推行绿色制造、大力发展循环经济、加快工业绿色低碳技术变革、主动推进工业领域数字化转型等六项重点任务，聚焦钢铁、建材、石化化工、有色金属等重点行业的达峰行动和提升绿色低碳产品供给两大行动。

城乡建设领域和交通运输领域是实现碳达峰碳中和目标的重点领域。2022年6月，《城乡建设领域碳达峰实施方案》提出2030年前，城乡建设领域碳排放达到峰值，力争到2060年前，城乡建设方式全面实现绿色低碳转型；并从绿色低碳城市、绿色低碳县城和乡村两个维度布局了重点任务，从优化城市结构和布局、开展绿色低碳社区建设、全面提高绿色低碳建筑水平、建设绿色低碳住宅、提高基础设施运行效率、优化城市建设用能结构、推进绿色低碳建造等方面建设绿色低碳城市。从提升县城绿色低碳水平、营造自然紧凑乡村格局、推进绿色低碳农房建设、推进生活垃圾污水治理低碳化、推广应用可再生能源等方面打造绿色低碳县城和乡村。2022年6月，交通部、国家铁路局、中国民用航空局、国家邮政局出台贯彻落实《中共中央 国务院关于完整准确全面贯彻新发展理念做好碳达峰碳中和工作的意见》的实施意见，分别从优化交通运输结构、推广节能低碳型交通工具、积极引导低碳出行、增强交通运输绿色转型新动能等方面推动交通运输高质量发展。

农林业领域是保障碳达峰碳中和实现不可或缺的方面。农业农村部、国家发改委于 2022 年 6 月印发了《农业农村减排固碳实施方案》，提出到 2025 年，农业农村减排固碳与粮食安全、乡村振兴、农业农村现代化统筹融合的格局基本形成，粮食和重要农产品供应保障更加有力，农业农村绿色低碳发展取得积极成效，农业生产结构和区域布局明显优化，种植业、养殖业单位农产品排放强度稳中有降，农田土壤固碳能力增强，农业农村生产生活用能效率提升；到 2030 年，农业农村减排固碳与粮食安全、乡村振兴、农业农村现代化统筹推进的合力充分发挥，种植业温室气体、畜牧业反刍动物肠道发酵、畜禽粪污管理温室气体排放和农业农村生产生活用能排放强度进一步降低，农田土壤固碳能力显著提升，农业农村发展全面绿色转型取得显著成效。同时，部署了种植业节能减排、畜牧业减排降碳、渔业减排增汇、农田固碳扩容、农机节能减排、可再生能源替代等六大重点任务，稻田甲烷减排行动、化肥减量增效行动、畜禽低碳减排行动、渔业减排增汇行动、农机绿色节能行动、农田碳汇提升行动、秸秆综合利用行动、可再生能源替代行动、科技创新支撑行动、监测体系建设行动等十项重大行动（表 6.2）。

表 6.2 各领域碳达峰碳中和实施方案或指导意见

部委	时间	名称
国资委	2021 年 11 月 27 日	关于推进中央企业高质量发展做好碳达峰碳中和工作的指导意见
国家发改委、工信部、住建部、商务部、市场监管总局、国管局、中直管理局	2022 年 1 月 18 日	促进绿色消费实施方案
交通运输部、国家铁路局、中国民用航空局、国家邮政局	2022 年 4 月 18 日	交通运输部、国家铁路局、中国民用航空局、国家邮政局贯彻落实《中共中央 国务院关于完整准确全面贯彻新发展理念做好碳达峰碳中和工作的意见》的实施意见
教育部	2022 年 4 月 24 日	加强碳达峰碳中和高等教育人才培养体系建设工作方案
农业农村部、国家发改委	2022 年 5 月 7 日	农业农村减排固碳实施方案

续表

部委	时间	名称
财政部	2022年5月25日	财政支持做好碳达峰碳中和工作的意见
生态环境部、国家发改委、工信部、住建部、交通运输部、农业农村部、国家能源局	2022年6月13日	减污降碳协同增效实施方案
住建部、国家发改委	2022年6月30日	城乡建设领域碳达峰实施方案
科技部、国家发改委、工信部、生态环境部、住建部、交通运输部、中科院、工程院、国家能源局	2022年6月24日	科技支撑碳达峰碳中和实施方案（2022—2030年）
工信部、国家发改委、生态环境部	2022年7月7日	工业领域碳达峰实施方案
国家发改委、国家统计局、生态环境部	2022年8月19日	关于加快建立统一规范的碳排放统计核算体系实施方案
国家能源局	2022年9月20日	能源碳达峰碳中和标准化提升行动计划
工信部、国家发改委、生态环境部、住建部	2022年11月2日	建材行业碳达峰实施方案
工信部、国家发改委、生态环境部	2022年11月10日	有色金属行业碳达峰实施方案

6.2.5 企业实现碳达峰碳中和目标的探索

企业作为市场主体，不仅要履行应有的社会责任，也是"双碳"创新的推动者。企业通过提前布局低碳转型发展战略，以科创产融一体新发展模式为目标，加强"双碳"顶层设计，提升"碳中和新赛道"企业竞争力。同时，提升企业低碳管理水平，运用绿色金融、市场机制等手段，有效应对气候贸易壁垒和高碳搁置资产风险，强化气候政策风险应对能力。企业通过加强新型电力系统、氢能冶金和化工、零碳装备制造、碳移除和资源化应用等项目投入，加强零碳智能技术的产业转化。为企业提供重点产业和金融碳中和综合解决方案，增加的绿色投资、贸易和就业，共同分享低碳转型的绿色效益。截至2022年11月，已有超过200家企业提出了碳达峰碳中和相关目标。

中央企业发挥践行碳达峰碳中和战略的示范引领作用。中央企业作为碳排放重点单位，关系国家安全与国民经济命脉，在推进碳达峰碳中和发挥示范引领作用。2021年12月，国资委印发《关于推进中央企业高质量发展做好碳达峰碳中和工作的指导意见》，提出到2025年，中央企业万元产值综合能耗比2020年下降15%，万元产值二氧化碳排放比2020年下降18%，可再生能源发电装机比重达到50%以上，战略性新兴产业营收比重不低于30%；到2030年，中央企业万元产值综合能耗大幅下降，万元产值二氧化碳排放比2005年下降65%以上，中央企业二氧化碳排放量整体达到峰值并实现稳中有降，有条件的中央企业力争碳排放率先达峰；到2060年，中央企业绿色低碳循环发展的产业体系和清洁低碳安全高效的能源体系全面建立，能源利用效率达到世界一流企业先进水平，形成绿色低碳核心竞争优势。石化化工行业方面，中石化确保在国家碳达峰目标前实现二氧化碳达峰，力争比国家目标提前10年实现碳中和。电力行业方面，中国华电提出力争2025年实现碳达峰，中国大唐提出到2060年前实现碳中和并力争提前碳中和。冶金行业方面，宝武钢铁成立了国内市场上规模最大的碳中和主题基金。

科技赋能绿色金融助力碳达峰碳中和目标实现。2022年6月，《科技支撑碳达峰碳中和实施方案（2022—2030年）》发布，提出到2025年，实现重点行业和领域低碳关键核心技术的重大突破，支撑单位GDP二氧化碳排放比2020年下降18%，单位GDP能源消耗比2020年下降13.5%；到2030年，进一步研究突破一批碳中和前沿和颠覆性技术，形成一批具有显著影响力的低碳技术解决方案和综合示范工程，建立更加完善的绿色低碳科技创新体系，有力支撑单位GDP二氧化碳排放比2005年下降65%以上，单位GDP能源消耗持续大幅下降。加强科技支撑碳达峰碳中和涉及能源低碳转型、低碳与零碳工业流程再造技术、建筑交通低碳零碳技术、负碳及非二氧化碳温室气体减排技术、前沿颠覆性低碳技术、低碳零碳技术示范、管理决策、创新项目基地人才协同增效、绿色低碳科技企业培育与服务、国际合作等十大行动。科技金融机构方面，联想集团承诺到2030年实现公司运营性直接及间接碳排放减少50%，部分价值链的碳排放强度降低25%，并在2050年底前实现净零排放；腾讯公司承诺不晚于2030年实现自身运营及供应链的全面碳中和，不晚于2030年实现100%绿色电力；百度公司提出到2030年实现集团运营层面的碳中和目标。金融机构方面，国家开发银行发布《实施绿色低碳金融战略 支持碳达峰碳中和行动方案》；华夏银行提出力争在2025年前实现自身碳中和目标；中信集团提出力争于2025年实现碳达峰，2050年实现碳中和；邮储银行提出2030年前建成碳达峰银行，实现自身运营与投融资碳达峰，2060年前建成碳中和银行，实现自身运营和投融资碳中和（图6.3）。

6.3 实现碳达峰碳中和目标的战略部署

要实现碳达峰碳中和的长期愿景，供给侧和消费侧必须发生与之相适应的、深刻的、跃迁式的变革。建立工业、建筑、交通和能源领域新的生产力和生产关系，几乎是在不牺牲经济增长及人民美好生活品质的前提下高质量实现碳中和的唯一方式。

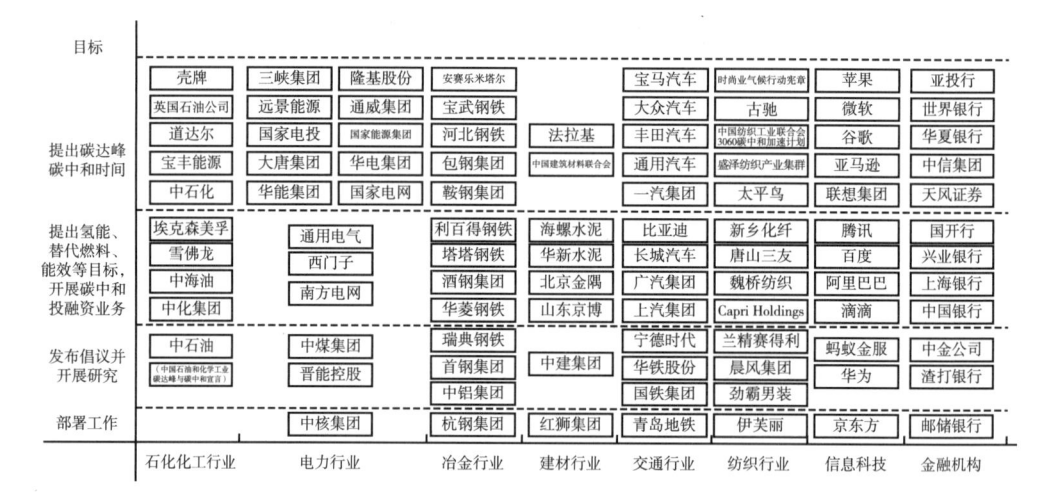

目标	石化化工行业	电力行业	冶金行业	建材行业	交通行业	纺织行业	信息科技	金融机构
提出碳达峰碳中和时间	壳牌 英国石油公司 道达尔 宝丰能源 中石化	三峡集团 远景能源 国家电投 大唐集团 华能集团	隆基股份 通威集团 国家能源集团 华电集团 国家电网	安赛乐米塔尔 宝武钢铁 河北钢铁 包钢集团 鞍钢集团	法拉基 中国建筑材料联合会	宝马汽车 大众汽车 丰田汽车 通用汽车 一汽集团	时尚气候行动宪章 中国纺织工业联合会3060碳中和加速计划 盛泽纺织产业集群	苹果 古驰 谷歌 亚马逊 太平鸟	亚投行 世界银行 华夏银行 中信集团 天风证券
提出氢能、替代燃料、能效等目标，开展碳中和投融资业务	埃克森美孚 雪佛龙 中海油 中化集团	通用电气 西门子 南方电网	利百得钢铁 塔塔钢铁 酒钢集团 华菱钢铁	海螺水泥 华新水泥 北京金隅 山东京博	比亚迪 长城汽车 广汽集团 上汽集团	新乡化纤 唐山三友 魏桥纺织 Capri Holdings	腾讯 百度 阿里巴巴 滴滴	国开行 兴业银行 上海银行 中国银行
发布倡议并开展研究	中石油 （中国石油和化学工业碳达峰与碳中和宣言）	中煤集团 晋能控股	瑞典钢铁 首钢集团 中铝集团	中建集团	宁德时代 华铁股份 国铁集团	兰精赛得利 晨风集团 劲霸男装	蚂蚁金服 华为	中金公司 渣打银行
部署工作		中核集团	杭钢集团	红狮集团	青岛地铁	伊芙丽	京东方	邮储银行

图6.3 企业实现碳达峰碳中和目标的探索

6.3.1 供给侧碳达峰碳中和路线图

在达峰平台期（2035年前），以创新驱动促进产业全面绿色低碳转型，加快构建绿色低碳产业体系，推动经济增长从物质要素投资驱动模式转向科技创新驱动发展模式，推动经济增长质量的有效提升。以供给侧改革为抓手，以"工业互联网+绿色制造"为重点，以高附加值产业、新兴产业作为驱动工业发展的新动能，通过绿色零碳工厂的建设推动重点行业单位工业增加值能耗水平达到世界先进水平，单位工业增加值能耗持续下降。在保障能源安全供应的前提下，大力推动节能增效，合理控制终端能源需求，有效控制化石能源消费，积极推动非化石能源发展，"十四五"期间严控煤炭消费增长，煤炭仍将作为能源安全的稳定器和压舱石，基本解决散煤、淘汰小型工业燃煤锅炉和窑炉，以及农村居民供热和炊事散煤燃烧，"十五五"时期逐步减少，钢铁、建材等耗煤行业也将进入产业调整阶段，将带动煤炭消费转入快速下行通道。

在深度脱碳期（2035—2050年），以新的科技革命和产业革命为引领，大力提升我国产业低碳发展水平，推动工业部门能源生产效率达到世界领先水平，建成全球最高效的工业生产体系。到2050年，工业部门碳排放量显著下降，单位工业增加值能耗和二氧化碳排放量分别比2015年下降75%和90%左右。深入推进能源生产和消费部门的去煤化，淘汰未采用CCUS技术的燃煤发电，全面推进终端部门的电气化，推动可再生能源成为电力供应的主体，实现能源消费总量进入下行区间，建成清洁低碳、气候友好型、可持续的能源生产和消费体系。

在源汇中和期（2050—2060年），工业部门实现高比例电气化，钢铁、水泥、化工、玻璃等以电产热将成为新的生产工艺，特别是千度以下中低温的热源替代，并通过在钢铁、水泥等行业部署CCUS技术实现零排放。以先进核能和可再生能源为代表的非化石能源利用技术将与化石能源的深度脱碳技术形成成本的竞争和替代，可再生能源在电力系统中的装机和发电量比重有可能达到80%以上，先进节能技术、需求侧响应技术等的普及和应用，旋转备用容量紧张、频率和电压波动性调节问题得到解决，建成全球最大的以非化石能源为主体的智慧电力系统和储能基地。

为高质量推动供给侧碳达峰碳中和进程，需实施如下重点任务：

一是构建绿色低碳供给侧体系。以构建绿色低碳工业体系为目标，以加快产业结构优化升级为关键，淘汰落后产能，提升钢铁、有色、石化化工、建材等重点耗能行业产品的综合能耗；以提升绿色低碳产品的供给能力为重点，提升能源生产领域、交通运输领域、城乡建设领域绿色低碳产品供给能力；加快推动产业结构高端化、能源消费低碳化、资源利用循环化、生产过程清洁化、产品供给绿色化、生产方式数字化构建现代化产业体系。严控煤电项目，大力推进以电代煤，有序推进以电代油，结合能源和产业发展、城市化进程、大气污染防治等工作，提高终端部门的电气化水平。

二是提供高质量的供给侧需求。以高质量、高性能、轻量化、绿色低碳产品保障高质量低碳工业产品的供给，降低工业部门中高耗能行业、轻工业的单位增加值能耗水平，推动绿色低碳材料的全生命周期减碳，提高低碳工业产品的供给质量。推动研发低碳、近零碳、零碳技术的工艺和产品，开展非高炉炼铁、水泥窑高比例燃料替代、可再生能源电解制氢、百万吨级CCUS等重大降碳工程示范。以不断优化产业结构、提升能源资源利用效率、提高清洁生产水平、大力发展绿色低碳产业、构建绿色制造体系等措施，降低工业碳排放强度。根据相关统计[23]，制造业主要产品中约有40%的产品能效接近或达到国际先进水平，通过优化生产流程和工艺、提高单位能源资源产出效率，促进节能降耗、提质增效。

三是优化供给侧结构的用能结构。推动工业锅炉煤改电、热泵电锅炉技术等流程降碳，钢铁行业发展短流程等工艺降碳，大规模应用氢能实现交通运输的燃料替代、钢铁和化工行业的原料替代，推动工业生产过程降碳。推广氢能炼钢、石化电解水制氢、生物汽油脱水制乙烯等新能源在高耗能行业的规模化应用。以数字化、智能化、信息化技术赋能绿色制造、智造。

6.3.2 消费侧碳达峰碳中和路线图

在达峰平台期（2035年前），按照"控制总量、提升效率、普及可再生和加速电气化"的基本思路，转变城乡建设模式，突出抓好建筑增量与建筑能耗增量控制，有效控制建筑部门碳排放增速。要将绿色低碳发展理念贯穿到城市规划、建设、运营的统筹管理，探索集约、智能、绿色、低碳的新型城镇化发展道路，通过提升建筑节能水平、推进建筑节能改造、加大可再生能源建筑应用，全面提升建筑用能的低碳化和清洁化，强化对建筑碳排放的总量控制。以提升运输效率、优化运输结构方式、发展清洁能源为重点，全面系统的提高交通运输效能，大力推广和研发低碳交通的创新技术，广泛应用新能源汽车，绿色出行方式基本形成，燃油经济性标准达到世界先进水平，节能和新能源、清洁能源汽车逐步成为汽车保有量的主体，加快建成绿色集约、智能先进的现代化高质量国家综合立体交通网。

在深度脱碳期（2035—2050年），以大力推进电气化、推动居住模式创新和精细化管理为重点，实现建筑领域碳排放持续下降。顺应人口规模下降、城镇化进程趋于完成、建筑总规模基本稳定等形势，推进建筑领域的电气化和智能化，加强建筑和居住模式的智能化管理，提升建筑领域节能低碳的精细化运营管理水平。以大力推进交通运输领域技术变革、持续推进交通用能电气化为重点，全面提升交通综合运输体系的节能低碳精细化管理水平，实现交通部门碳排放的持续下降。交通运输技术进一步突破创新并实现商业化应用，建成低碳高效的综合交通运输体系，人人享有绿色低碳、高质量的交通服务，电动汽车全面普及。

在源汇中和期（2050—2060年），坚持走我国特色新型城镇化道路，在逐步提高城乡居民生活质量的基础上推动建筑部门实现建筑部门高比例电气化，公共、商用和民用建筑中供暖、热水进行电气化改造，高效使用生物质燃料，实现信息技术、智能电网及微网技术的应用，大力发展灵活性电源并在建筑部门发展柔性用电终端，发展近零能耗、零能耗建筑。交通部门运输体系实现高比例电气化，电力驱动的汽车、铁路、船舶需要得到更大范围的普及，合理引导交通运输需求，优化城际和城市的交通运输结构，实现交通领域高比例电气化，实现航空、水运大规模应用生物燃料、氢能，光储直柔建筑、工业离散制造等灵活用电的体量和随机性加大，上亿级点位的交互受电充电、负荷响应弹性要求大幅上升。

为高质量推动需求侧碳达峰碳中和进程，需实施如下重点任务：

一是引导消费侧的高质量发展。结合现有的人均建筑面积水平，考虑到2060年城镇化率的水平将达到75%左右，根据相关测算[24]，人均建筑面积达50平方米，其中城镇居住建筑人均将超过35平方米，农村居住建筑面积更高，而公共建筑和商业建筑人均也将超过10平方米，要合理控制未来开工房屋数量和新建建筑面积，坚持"房住不炒"的定位，合理有序地控制建筑规模总量。严格控制非必需的大拆大建，优化城市空间结构和管理格局，从源头降低不合理的建筑能耗。

二是优化消费侧能源结构。积极推动可再生能源应用，大力发展光伏建筑，充分利用城市和农村的建筑屋顶和可接受太阳光照射的外表面的建筑发展光伏建筑，积极推广光伏在城乡建筑和公共建筑中分布式、一体化应用，建立光伏建筑应用的政策体系、标准体系和技术体系[25]。大力发展光储直柔建筑，大力推动北方地区清洁取暖。推动运输工具装备的清洁低碳化转型，加快交通领域非电力燃料低碳的转换，用氢能、生物燃料、新型合成燃料进行替代传统能源动力。大力推广新能源汽车，提升新能源汽车在新车产销和汽车保有量中的占比。积极扩大氢燃料汽车的发展，推广氢燃料在重型货运车辆的应用。积极推广先进生物液体燃料在民航领域的应用。推广发展液化天然气动力船舶，积极推进新能源、清洁能源动力船舶的应用。完善基础设施建设，支持高速公路服务区、港区、客运枢纽、物流园区、公交场站等区域充电桩、充电站建设，鼓励加快液化天然气加注站建设。

三是引导消费侧绿色低碳方式。引导居民充分利用自然条件，增强节约能源资源的意识。倡导清洁炉灶、低碳烹饪、健康饮食，实现炊事用具的电气化，促进城市燃气炊事、农村燃气和燃煤的传统炊事方式转变。构建绿色出行体系，深入实施城市公交优先发展战略，构建多层次城市公共交通服务体系。持续加强快速公交、公交专用道、轨道交通的建设，持续推动"公交都市"创建示范工程，落实票价优惠政策，推广定制公交、旅游公交等品质公交的模式，实现民众出行的优先选择公共交通，提高公交出行分担率。推动构建以城市轨道交通为骨干的绿色出行体系，促进干线铁路、城际铁路、市域（郊）铁路和城市轨道交通融合发展，提高轨道交通出行比例。持续推动共享单车、共享汽车等共享交通的模式，完善共享交通的基础设施建设，探索鼓励居民使用共享交通的激励机制、提升服务水平、加强共享系统的信息化建设等。完善城市步行绿色、自行车专用道路，鼓励慢行交通。

6.4 实现碳达峰碳中和目标的战略保障

6.4.1 全球碳中和进程下气候资金现状

资金是解决气候变化问题最重要的实施手段之一。气候投融资是指为实现国家自主贡献目标和低碳发展目标，引导和促进更多资金投向应对气候变化领域的投资和融资活动，是绿色金融的重要组成部分[26]。气候投融资就是以积极应对气候变化和推动低碳发展为导向，为控制温室气体排放和提高适应气候变化能力提供资金支持，以及在投融资过程中评估气候变化影响和风险、优化碳排放资源设置的活动总称，涉及气候资金的决策、筹措和使用等，具有财政与金融两种特性[27]。

目前，全球在气候领域的投资规模已经达到6120亿美元的历史高点，增量主要来自中国、美国、印度等国的可再生能源、能效和土地利用变化的投资。不少地区和国家都已经出台绿色复苏计划，引导资金投向新能源、建筑翻新、清洁交通等领域，我国也在经济刺激中大力鼓励新基建、新能源汽车等绿色投资。以世界银行为代表的多边金融机构近年来在气候变化领域卓有贡献，向发展中国家政府提供贷款和赠款，并通过债权、股权和担保等方式为私人部门提供融资，发挥了撬动社会资本的积极作用。

在过去十年中，公共部门和私营部门对于气候投融资逐步增加，资金流量趋于稳定。从投资部门来看，公共部门和私营部门的投资基本相当，公共部门以国内、双边和多边发展金融机构的投资为主，私营部门以企业和商业金融机构为主。从投资工具来看，61%为贷款，其次为股权投资，赠款占比仅为6%且主要来源于公共部门。从投资领域来看，90%的资金流向了减缓气候变化领域，2019—2020年的年平均投资为5710亿美元，适应领域占比约为7%，多目标的资金占比达2.3%；可再生能源和交通运输项目的资金是最主要的流向，分别占总资金的53%、27%，减缓资金的58%、30%[28]。

全球碳中和进程引发新一轮的投融资热潮，快速增长的各项数据表明我们正处在转型机遇期。2021年全球能源转型投资总额达7550亿美元，中国连续多年成为全球最大投资国[29]；电力装机容量建设投资总计5300亿美元，其中可再生能源约占70%[30]；全球绿色债券发行规模6210亿美元，累计超过1.8万亿美元，中国是全球最大绿债发行国之一；全球碳市场交易总额约7594亿欧元，相比2020年增长了164%，尤其我国在2021年启动了全球覆盖温室气体排放量规模最大的碳市场，交易额及市场流动性有较大上升空间。在全球碳中和的热潮下，光伏、风电、储能、氢能和新能源汽车板块在资本市场持续保持高估值，各研究机构纷纷调整对未来能源需求和结构的预期。根据世界银行的预测，碳交易市场未来有可能会超过油气期货市场，成为全球能源和环境权益类市场中最大的板块。

6.4.2 我国气候投融资需求及最新进展

《中华人民共和国气候变化第三次国家信息通报》[31]中，根据国家气候战略中心的测算，2016—2030年中国实现国家自主贡献减缓目标的累计资金需求约为32万亿元（2015年不变价），年均约2.1万亿元，其中新增节能投资需求约为13

万亿元，低碳能源投资需求约为17.6万亿元，森林碳汇投资需求约为1.3万亿元；实现国家自主贡献适应目标的资金需求约为24万亿元，年均约1.6万亿元。综合来看，我国实现国家自主贡献目标的总资金需求规模将达约56万亿元，平均每年约3.7万亿元，相当于2016年中国全社会固定资产投资总额的6.3%。同时，随着应对气候变化力度的提高和面临气候变化风险的增加，年均应对气候变化资金需求呈现加速增长态势。

根据国家气候战略中心IAMC模型的最新预测，要实现2060年前碳中和愿景，总资金需求规模将达约139万亿元，占当年GDP的2.5%左右，长期资金缺口年均在1.6万亿元以上（图6.4）。2005年以来，国内通过直接赠款、以奖代补、税收减免、政策型基金、投资国有资产等形式投向气候变化领域，支持了大量应对气候变化行动，并撬动了广泛的社会资金（图6.5）。碳达峰碳中和已逐步成为全球能源市场、产业投资、国际贸易、资金流动中非常重要的新规则，会对全球未来几十年诸多产业领域发展产生深远的影响，对于能源、金融、碳市场等领域的投资和资金流向已产生了巨大的影响。

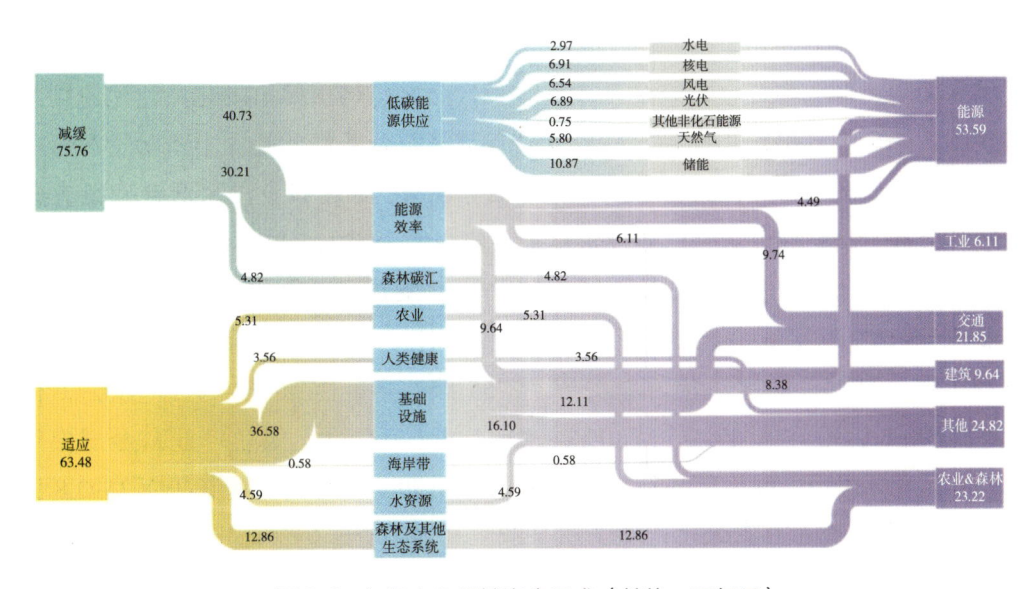

图6.4 气候变化领域资金需求（单位：万亿元）

6.4.3 支持"双碳"投融资政策创新

《中共中央 国务院关于完整准确全面贯彻新发展理念做好碳达峰碳中和工作的意见》提出，要有序推进绿色低碳金融产品和服务开发，设立碳减排货币政策工具，将绿色信贷纳入宏观审慎评估框架，引导银行等金融机构为绿色低碳项目

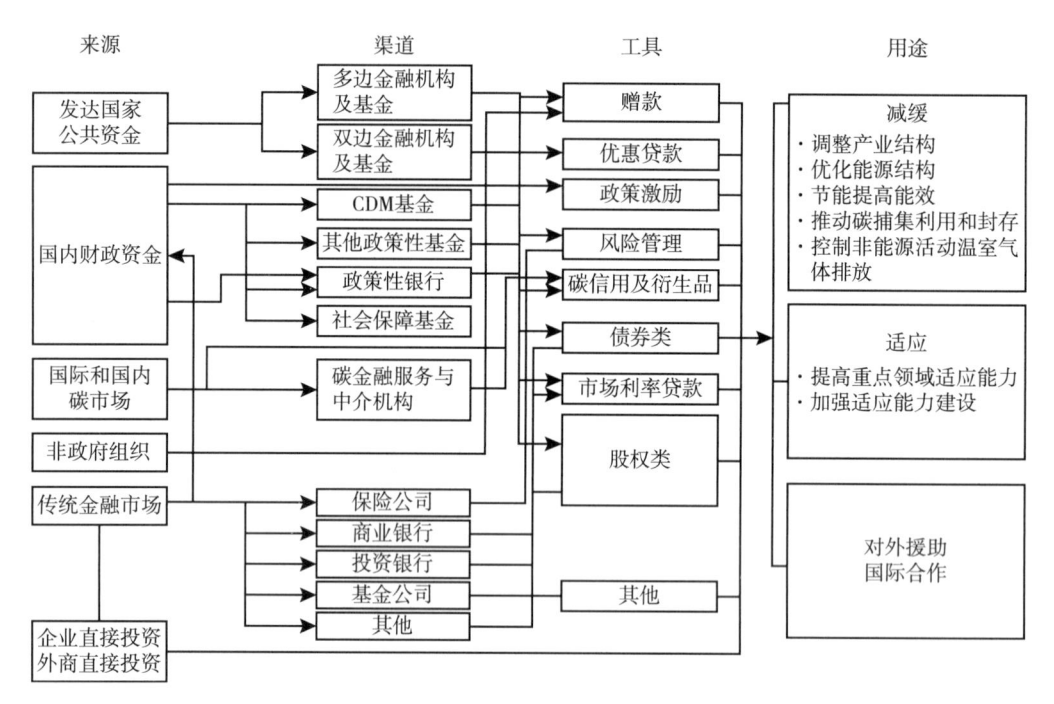

图 6.5 我国气候投融资的来源、渠道、工具和用途

提供长期限、低成本资金；鼓励开发性政策性金融机构按照市场化法治化原则为实现碳达峰碳中和提供长期稳定融资支持；支持符合条件的企业上市融资和再融资用于绿色低碳项目建设运营，扩大绿色债券规模；研究设立国家低碳转型基金；鼓励社会资本设立绿色低碳产业投资基金；建立健全绿色金融标准体系。

2021年，我国在绿色低碳领域年公共财政支出约7000亿元；本外币绿色贷款余额15.9万亿元，同比增长33%，占其各项贷款的比重超过10.6%，存量规模居全球第一；绿色债券共计发行755只（存量达到1643只）、8027.6亿元（17290.1亿元），同比增长180%，余额达1.1万亿元；绿色产业基金规模约1176.6亿元人民币；绿色信托新增资产规模为1199.9亿元（存续资产为3592.8亿元）；A股共计约150家绿色产业上市企业，其中主营绿色产业上市公司105家，总市值近万亿元；2018—2020年累计提供绿色保险保额共计45.0万亿元，赔付共计533.8亿元。其中，人民银行通过"先贷后借"的直达机制，对金融机构向碳减排重点领域内相关企业发放的符合条件的碳减排贷款，按贷款本金的60%提供资金支持，利率为1.75%。截至2022年9月，碳减排工具累计使用2400亿元，支持碳减排贷款4000亿元，带动减少碳排放超过8000万吨。

我国在气候投融资方面也进行了有益的探索，从气候投融资科学理论研究、人才队伍建设、顶层制度设计、配套标准编制、地方试点示范等取得初步成效。

《"十三五"控制温室气体排放工作方案》着重提出了出台综合配套政策，完善气候投融资机制，更好发挥我国清洁发展机制基金作用，积极运用政府和社会资本合作模式及绿色债券等手段，支持应对气候变化和低碳发展工作，同时提出要以投资政策引导、强化金融支持为重点，推动开展气候投融资试点工作。2019年10月，中国环境科学学会气候投融资专业委员会成立，成为气候投融资领域的专业权威机构、打造促进气候投融资项目落地的重要信息平台和我国气候投融资国际交流与合作的重要窗口。2020年10月，气候投融资领域的首个顶层制度文件《关于促进应对气候变化投融资的指导意见》发布，明确提出加快构建气候投融资政策体系，并在引导和支持气候投融资地方实践中提出开展气候投融资地方试点。2021年12月，《关于开展气候投融资试点工作的通知》《气候投融资试点工作方案》发布，要求组织有意愿、基础好、代表性强的地方申报气候投融资试点。"十四五"规划纲要的分工中，央行也提出金融支持碳达峰碳中和的专项政策和行动。我国牵头倡议发起的亚洲基础设施投资银行，宣布2025年气候融资比例要超过50%，意味着亚投行接下来很可能会变成一个类似英格兰银行、欧洲投资银行的"气候银行"。

6.5 实现碳达峰碳中和目标的挑战分析

我国实现碳达峰碳中和目标时间紧任务重。用不到10年的时间实现碳排放达峰，再经过不到30年实现碳中和，这不仅仅是我国气候治理的"两步走"，更指明了未来40年的国家发展战略。纵观发达国家的碳排放情况，西方发达国家从碳排放的最高点到最低点的时间将近70年，而我国目前承诺从碳达峰到碳中和仅为30年左右，作为最大的发展中国家，我国将完成碳排放强度全球最大降幅，用历史上最短的时间从碳排放峰值实现碳中和。仅以能源系统为例，2020年我国非化石能源在一次能源中的消费占比约为15.9%，未来30~40年能源系统要发生非常大的跃迁。研究表明，2060年左右我国非化石能源比重在一次能源消费中的比重将可能达到80%左右，这将带来重大的产业调整、资产重估和经济空间转移，这样的转型力度可以说是前所未有的，充分展现了我国实施积极应对气候变化国家战略的雄心和决心，体现真正的大国格局、大国战略、大国担当。

支撑碳中和目标的突破性技术尚未成熟。风电光伏、绿氢/绿氨冶金化工、绿色建材、新能源汽车、新型储能、碳移除和资源利用、先进核能（核聚变）、数字信息智能技术与低碳零碳负碳技术的系统化耦合和规模化应用等突破性技术是支撑碳达峰碳中和目标实现的重要保障。IEA清洁能源技术指南包括建筑、交通、工业、电力和燃料转型领域超400多项有助于实现净零排放目标的技术，其中成熟的技术仅20项，聚焦在建筑和电力部门，早期运用的技术达136项，其中50项技术在建筑领域应用，其次为工业（29）、交通（24）、电力（19）、燃料转型（10），这两类技术占所有能源清洁技术的35%，实现净零排放目标仍具有巨大的挑战[33]。IEA在可持续发展情景中提出了聚焦工业、建筑和交通部门的电气化、CCUS、氢能、可持续的替代燃料等重点脱碳战略方面，以我国碳捕集、输送、地质利用、化工利用、生物利用、地质封存各环节39项主要技术为例[34]，其中燃烧前化学吸收、车运、强化石油开采、铀矿地浸开采、转化为食品和饲料5项技术已发展到商业应用。

实现碳达峰碳中和目标的资金缺口较大。从全球来看，发达国家并未完全兑现此前为发展中国家提供充分资金支持的承诺，到2020年1000亿美元的长期资金仍然不足，气候资金缺口仍然很大。除了资金机制外，技术研发和转让、能力建设等实施手段仍然较为有限，这无疑将会大大影响碳中和目标的实现。《中华人民共和国气候变化第三次国家信息通报》表明，我国减缓气候变化未来投资需求一般在每年1.3万亿~2.9万亿人民币[35]。清华大学气候变化与可持续发展研究院的研究报告估算，未来30年我国能源系统需新增投资100万亿~138万亿元，占每年GDP的1.5%~2.5%。到2060年我国新增的总投资为139万亿人民币左右，还需要撬动大量社会资本。

实现碳达峰碳中和目标面临短期问题的权衡。实现碳达峰碳中和目标，既要立足当下，解决具体问题；又要放眼长远，把握好降碳的节奏和力度，实事求是、循序渐进、持续发力[36]。2021年9月，由于"市场煤、计划电"制度下的火电发电成本骤增，引发电力紧缺，造成供需缺口，以及部分地区能耗双控指标的压力，叠加东北地区供暖季的需求，黑龙江、吉林、广东、江苏等10余省份的"拉闸限电"不仅影响了企业的生产，还影响到居民日常生活。尽管该问题并非"双碳"所引起的，但不可避免的，未来"双碳"实施过程也会遇到类似问题，如果处理不当反而会阻碍长期战略的实施。不能用短期的困难来否定长期目标，也不能过度牺牲长期利益来解决短期问题。同样，因为长期的碳中和愿景而忽略能源系统转型基础和条件的局限，片面夸大当前新能源的潜力，否定化石能源的作用也是不切实际的。要理性看待煤炭等传统化石能源退出的问题，空谈过激的退煤措施并不一定是好事，反而会增加转型过程中不必要的代价或阻力。

6.6 实现碳达峰碳中和目标的贡献评估

我国碳达峰碳中和目标为全球的温控目标作出了重大贡献。我国碳达峰碳中和目标的提出向世界释放出了中国将坚定走绿色低碳发展道路、引领全球生态文明和美丽世界建设的积极信号,也为各方共同努力全面有效落实《巴黎协定》注入了强大动力,彰显了中国引导应对气候变化国际合作,成为全球生态文明建设的重要参与者、贡献者、引领者的决心和信心。根据《中国长期低碳发展战略与转型路径研究》[37],其中2℃情景(即长期低碳转型情景)下,到2050年二氧化碳排放需比2030年下降80%,人均二氧化碳排放约1.5吨,符合全球2℃目标下的减排路径;1.5℃情景(即2050年净零排放情景)下,到2050年全经济尺度的二氧化碳排放将减少到0.6亿吨左右,基本实现二氧化碳的净零排放,全部温室气体排放比峰值年份下降约90%,到2050年努力实现二氧化碳净零排放和其他温室气体的深度减排,为尽快实现全部温室气体净零排放奠定基础[37]。根据IPCC最新的评估模型和情景研究[38-41],全球要实现2℃温控目标,中国相应需要在2065—2100年实现碳中和;要实现1.5℃温控目标,中国相应需要在2050—2075年实现碳中和。这就意味着,中国2060年碳中和目标与全球范围内实现1.5~2℃温控目标的"成本最优"路径大体一致,甚至还有可能将全球碳中和的时间往前推动10年左右,这是一个负责任但实现难度非常高的目标,将对全球温控目标的实现作出重大贡献(表6.3)。

表6.3 IPCC相关情景下中国碳排放轨迹分析的综述

温升目标	2011—2050年累计CO_2排放量(10亿吨)		相比2015年CO_2排放量排放下降(%)		实现碳中和的时间(年)		
	CO_2(含碳汇)	CO_2(能源相关)	2030年	2050年	CO_2(含碳汇)	CO_2(能源相关)	温室气体
1.5℃	200~250	175~235	30~65	80~100	2050—2075	2050—2080	2060—2085
2℃	250~300	220~280	20~40	60~80	2065—2100	2065—2100	2070—2100

我国在全球新能源产业发展中作出了中国贡献。我国已连续多年成为全球能源转型最大投资国,发电量、装机量、市场规模、装备制造业的完备程度、专利数都是全球第一,巨大投资将直接刺激技术创新,在实现碳达峰碳中和目标的同时,更能助力我国经济在国际竞争中"弯道超车"。2021年,我国能源转型投资2660亿美元,其中可再生能源投资占51%,占全球可再生能源转型投资的37%。2021年我国风电、光伏发电装机均突破3亿千瓦,稳居世界首位[42],在支撑经济高速发展的同时也为碳排放减排做出了成效。我国可再生能源的装机已连续18年全球第一,2021年占全球装机容量的33%。依托于国内国际双循环和统一大市场,可再生能源发电成本下降速度非常快,已逐步成为我国继第五代移动通信技

术以后具有全球领先性的行业之一，风电、光伏度电成本较十年前分别下降69%和90%，在部分地区可以和煤电价格竞争。

我国生态文明建设制度创新为全球碳达峰碳中和目标贡献了中国方案。党的十八大把生态文明建设纳入中国特色社会主义事业"五位一体"总体布局，将"中国共产党领导人民建设社会主义生态文明"写入党章，党的十九大又在党章中增加了"增强绿水青山就是金山银山的意识"内容，2018年3月通过的宪法修正案将生态文明写入宪法，谋划开展了一系列根本性、开创性、长远性工作，我国生态文明建设发生历史性、转折性、全局性变化，为建设美好世界贡献中国方案。"十四五"时期，我国生态文明建设进入了以降碳为重点战略方向、推动减污降碳协同增效、促进经济社会发展全面绿色转型、实现生态环境质量改善由量变到质变的关键时期，要把"双碳"工作纳入生态文明建设整体布局和经济社会发展全局，坚持降碳、减污、扩绿、增长协同推进。党中央、国务院高度重视应对气候变化工作，在2015年提出了要实施积极应对气候变化国家战略，并在2018年全国生态环境保护大会中再次得以强调。实现"双碳"目标是我国从战略和长远的高度，将应对气候变化作为统筹国内国际两个大局，倒逼高质量发展和争取外交主动的重要战略安排，既是对国际社会的庄严承诺，也是我国经济社会发展全面绿色转型的目标和方向。党的十九大报告特别指出，引导应对气候变化国际合作，我国已成为全球生态文明建设的重要参与者、贡献者、引领者。

共谋全球生态文明建设之路是习近平生态文明思想的全球倡议。生态文明建设关乎人类未来，建设绿色家园是人类的共同梦想，保护生态环境、应对气候变化需要世界各国同舟共济、共同努力，任何一国都无法置身事外、独善其身。习近平总书记曾讲到，对气候变化等全球性问题，如果抱着功利主义的思维，希望多占点便宜、少承担点责任，最终将是损人不利己。尽管多边主义和基于规则的国际秩序近年来频频遭遇挑战，但从更长的历史周期来看，人类社会致力于可持续发展的努力不会白费、增进人类福祉的事业不会遏制、追求更高文明的脚步不会停歇。相信我们有智慧和能力，通过科技和政策创新共建清洁美丽世界，最终实现全球生态文明的共同繁荣。

参考文献

[1] IPCC. Summary for Policymakers [M] //Climate Change 2021: The Physical Science Basis. Cambridge: Cambridge University Press, 2021.

[2] WMO. State of the Global Climate 2021: WMO Provisional report [EB/OL]. https://library.wmo.int/index.php?lvl=notice_display&id=21982#.Ys6nfzdBzSK.

[3] WMO. WMO Atlas of Mortality and Economic Losses from Weather, Climate and Water Extremes (1970–2019) [R/OL]. https://library.wmo.int/doc_num.php?explnum_id=10989.

[4] UNFCCC. The Paris Agreement [EB/OL]. (2015–12–12) [2022–07–15]. https://unfccc.int/sites/default/files/chinese_paris_agreement.pdf.

[5] ECIU. Zero Tracker Database [EB/OL]. http://www.zerotracker.net.

[6] UNFCCC. Long–term Strategies Portal [EB/OL]. https://unfccc.int/process/the-paris-agreement/long-term-strategies.

[7]《第三次气候变化国家评估报告》编写委员会. 第三次气候变化国家评估报告 [M]. 北京：科学出版社, 2015.

[8] 中国政府网. 中国应对气候变化的政策与行动 [EB/OL]. (2021–10–28) [2022–07–15]. http://www.gov.cn/zhengce/2021-10/27/content_5646697.htm.

[9] 黄润秋. 把碳达峰碳中和纳入生态文明建设整体布局 [EB/OL]. (2021–11–18) [2022–07–15]. http://www.gov.cn/xinwen/2021/11/18/content_5651789.htm.

[10] 新华社. 落实"双碳"行动，共建美丽家园——来自"全国低碳日"活动现场的观察 [EB/OL]. (2022–06–15) [2022–07–15]. http://www.news.cn/politics/2022-06/15/c_1128744882.htm.

[11] UNFCCC. China's Mid–Century Long–Term Low Greenhouse Gas Emission Development Strategy [EB/OL]. (2021–10–28) [2022–07–15]. https://unfccc.int/process/the-paris-agreement/long-term-strategies.

[12] UNFCCC. China's Achievements New Goals and New Measures for Nationally Determined Contributions [EB/OL]. (2021–10–28) [2022–07–15]. https://unfccc.int/NDCREG.

[13] 项目综合报告编写组.《中国长期低碳发展战略与转型路径研究》综合报告 [J]. 中国人口·资源与环境, 2020, 30（11）：1–25.

[14] 李继峰，郭焦锋，高世楫. 我国实现2060年前碳中和目标的路径分析 [J]. 发展研究, 2021, 38（4）：37–47.

[15] 全球能源互联网发展合作组织. 中国2030年能源电力发展规划研究及2060年展望 [R]. 2021.

[16] 戴彦德，康艳兵，熊小平，等. 2050中国能源和碳排放情景暨能源转型与低碳发展路线图 [M]. 北京：中国环境科学出版社, 2017.

[17] 蔡博峰，曹丽斌，雷宇，等. 中国碳中和目标下的二氧化碳排放路径 [J]. 中国人口·资源与环境, 2021, 31（1）：7–14.

[18] IEA. World Energy Outlook 2021 [2021–10–29]. https://www.iea.org/reports/world-energy-outlook-2021.

[19] ZHOU N, LU H Y, KHANNA N, et al. China Energy Outlook: Understanding China's Energy and Emissions Trends [EB/OL]. [2021–11–30]. https://china.lbl.gov/sites/default/files/China Energy Outlook 2020.pdf.

[20] 柴麒敏. 美丽中国愿景下我国碳达峰、碳中和战略的实施路径研究[J]. 环境保护, 2022, 50(6): 21-25.

[21] 国家能源局. 国家能源局综合司关于公布整县（市、区）屋顶分布式光伏开发试点名单的通知[EB/OL]. [2021-09-15]. http://www.gov.cn/zhengce/zhengceku/2021-09-15/content_5637323.htm.

[22] 柴麒敏, 李墨宇. 全球碳中和进程下数智技术的应用场景与效应评估[J]. 阅江学刊, 2022, 5(14): 51-60.

[23] 人民日报. 我国工业节能减碳技术发展迅速[EB/OL]. [2021-02-01]. http://www.gov.cn/xinwen/2021-02/01/content_5584043.htm.

[24] 江亿, 胡姗. 我国建筑部门实现碳中和的路径[J]. 暖通空调, 2021, 51(5): 1-13.

[25] 住房城乡建设部. "十四五"建筑节能与绿色建筑发展规划[EB/OL]. [2022-03-12]. http://www.gov.cn/zhengce/zhengceku/2022-03/12/content_5678698.htm.

[26] 生态环境部.《气候投融资试点工作方案》[EB/OL]. [2021-12-25]. http://www.gov.cn/zhengce/zhengceku/2021-12/25/5664524/files/10bf58f69f4d40269e07f3b84a47bb78.pdf.

[27] 柴麒敏, 傅莎, 温新元. 我国气候投融资发展现状与政策建议[J]. 中华环境, 2019(4): 30-33.

[28] CPI. Global Landscape of Climate Finance 2021[EB/OL]. [2021-12-14]. https://www.climatepolicyinitiative.org/publication/global-landscape-of-climate-finance-2021/.

[29] Bloomberg NEF. 2022. Energy Transition Investment Trends, 2022[EB/OL]. [2022-07-15]. https://about.bnef.com/energy-transition-investment/.

[30] IEA. World Energy Investment 2021[EB/OL]. https://www.iea.org/reports/world-energy-investment-2021.

[31] 生态环境部. 中华人民共和国气候变化第三次国家信息通报[EB/OL]. [2019-07-01]. https://www.mee.gov.cn/ywgz/ydqhbh/wsqtkz/201907/P020190701762678052438.pdf.

[32] IEA. World Energy Outlook 2021[EB/OL]. [2021-10-29]. https://www.iea.org/reports/world-energy-outlook-2021.

[33] IEA. ETP Clean Energy Technology Guide[EB/OL]. https://www.iea.org/articles/etp-clean-energy-technology-guide.

[34] 中国21世纪议程管理中心. 中国碳捕集、利用与封存技术发展路线图（2019）[M]. 北京: 科学出版社, 2019.

[35] 生态环境部. 中华人民共和国气候变化第三次国家信息通报[EB/OL]. [2019-07-01]. https://www.mee.gov.cn/ywgz/ydqhbh/wsqtkz/201907/P020190701762678052438.pdf.

[36] 中共中央宣传部, 中华人民共和国生态环境部. 习近平生态文明思想学习纲要[M]. 北京: 学习出版社, 2022.

[37] 清华大学气候变化与可持续发展研究院. 中国长期低碳发展战略与转型路径研究[M]. 北京: 中国环境出版有限责任公司, 2020.

［38］IPCC. Climate Change 2014［R］. 2014.

［39］IIASA. AR5 Scenario Database［EB/OL］. https://secure.iiasa.ac.at/web-apps/ene/AR5DB/dsd?Action=htmlpage&page=about.

［40］HOHNE N, ELZEN M D, ESCLANTE D. Regional GHG Reduction Targets Based on Effort Sharing: A Comparison of Studies［J］. Climate Policy, 2014, 14（1）: 122-147.

［41］IPCC. Global Warming of 1.5℃［R］. Geneva: World Meteorological Organization, 2018.

［42］李俊峰. 碳达峰、碳中和，中国发展转型的挑战和机遇［EB/OL］.［2021-01-09］. http://esgzh.com/SustainableDevelopment/1546.html.

第7章 加快发展绿色低碳循环经济体系

建立健全绿色低碳循环发展的经济体系是建设现代化经济体系的重要组成部分，也是实现碳达峰碳中和战略目标的重要途径和措施。2021年2月，国务院印发了《关于加快建立健全绿色低碳循环发展经济体系的指导意见》（以下简称《指导意见》）。针对建立健全绿色低碳循环发展的经济体系作出了系统部署：要健全绿色低碳循环发展的生产体系、流通体系、消费体系，加快基础设施绿色升级、构建市场导向的绿色技术创新体系、完善法律法规政策体系。本章主要阐述我国当前绿色低碳循环经济体系的发展现状，从碳达峰碳中和角度分析经济体系全面绿色化、低碳化、循环化转型中存在的问题，最后提出绿色低碳循环经济体系的发展思路、重点任务和法规政策方向。

7.1 绿色低碳循环经济体系发展现状

7.1.1 绿色低碳循环经济体系内涵

绿色低碳循环经济体系是融合了绿色发展、低碳发展和循环发展原则、规律及特征的一种经济发展形式。构建绿色低碳循环经济体系，就是把绿色发展、低碳发展、循环发展的理念和模式贯穿到资源开采、产品制造、商品流通、产品消费和废弃产品回收再利用的整个过程，并形成有机联系的整体[1]。

绿色经济、低碳经济和循环经济的本质都遵循了可持续发展的理念，是生态文明建设的重要载体和基本途径，但三者各有侧重，需要注重统筹协同。绿色发展强调经济发展与生态环境质量改善的协同；低碳发展强调单位生产总值带来的二氧化碳排放量不断下降，或者化石能源消耗量与经济总量脱钩；循环发展强调经济发展中资源消耗减量化、废旧产品再利用、废弃物再循环，实现有限资源的高效利用[2]。

绿色低碳循环经济体系由绿色生产体系、绿色基础设施体系、绿色贸易体系和绿色消费体系四大模块构成，绿色技术创新体系、法律法规政策体系是绿色低碳循环经济体系的有力支撑（图7.1）。

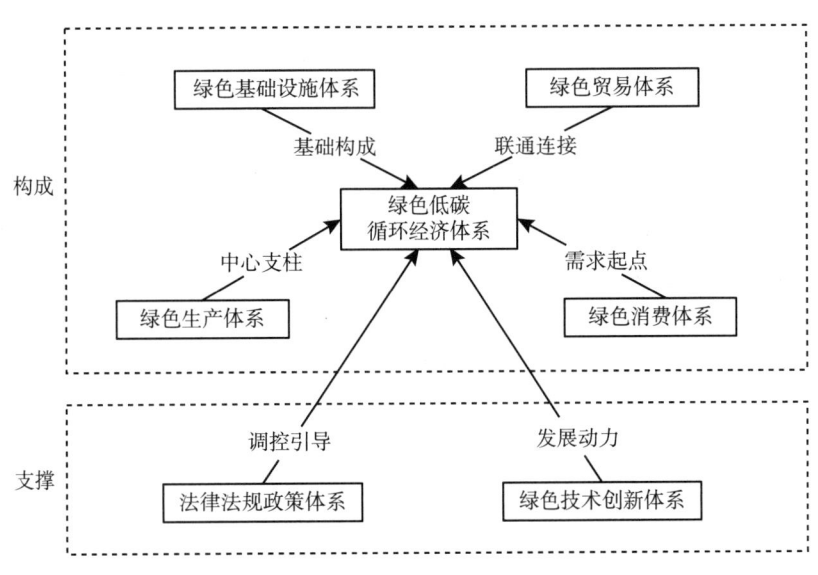

图 7.1　绿色低碳循环经济体系构成

生产是社会经济的基础，绿色生产在绿色低碳循环经济体系中起到支柱作用[3]。绿色贸易正在成为衡量一个国家国际竞争力的重要标志，绿色低碳的贸易体系对于我国国内生产与外贸的高质量发展都具有正向效应。构建绿色低碳循环经济体系离不开绿色基础设施，其不仅包括促进生态环境质量持续优化的生态环境基础设施，也包含了建筑、交通、产业园区等基础设施的绿色化改造。绿色消费是绿色经济体系的需求起点和导向，是各类绿色产品和服务的重要消纳环节，城乡居民的各类消费也需要逐步走向绿色化、低碳化与节能化。绿色技术的创新与应用则为经济体系提供了源源不断的发展动力，有效助推新兴产业发展、传统产业升级。法律法规政策体系则发挥着关键的调控、引导作用，能够保障经济稳定运行、规范行业产销行为。

7.1.2　绿色低碳循环经济体系建设情况

绿色经济规模持续扩大，发展水平显著提升。一是作为绿色经济重点行业的环保产业规模保持增长，对国民经济发展及就业的贡献进一步提升。《中国环保产业发展状况报告（2021）》显示，2020年全国环保产业营业收入约1.95万亿元，较 2019 年增长约 7.3%；2020 年全国环保产业营业收入总额与国内 GDP 的比值为 1.9%，较 2011 年增长 1.14 个百分点，对国民经济直接贡献率为 4.5%，较 2011 年增长 3.35 个百分点。二是环保投资规模不断加大。2016—2020 年，全国财政一般公共预算中，生态环保支出累计 4.42 万亿元，受疫情、减税降费、经济下行等多重因素影响，2020 年支出规模同比下降 8.8%，全社会累计完成生态环保投资较"十二五"期间投资总量提高 16.1%[4]。三是金融机构绿色投资规模逐年稳步增长。截至 2020 年末，中国绿色信贷规模达到 11.95 万亿元；绿色债券存量 8132 亿元，位居全球第二。四是单位 GDP 的二氧化碳排放水平下降明显。"十三五"期间，全国单位 GDP 二氧化碳排放下降 18.8%，比 2005 年下降 48.4%，超过向国际社会承诺的 40%~45% 目标，是全球能耗强度降低最快的国家之一，基本扭转了二氧化碳排放快速增长的局面（图 7.2）。

图 7.2 单位 GDP 二氧化碳排放水平变化情况

绿色消费市场快速发展，促进生产生活方式绿色转型。一是绿色消费理念正在全社会逐步普及。截至 2021 年底，全国已累计创建绿色商场 500 多家，其中 2021 年新增将近 200 家；2021 年前三季度，餐饮外卖平台提供小份菜商家同比增长 25.4%，购买外卖选择不带餐具的已超 1 亿人次；2021 年"双 11"期间，节能电风扇、节能中央空调成交额同比分别增长 274.1% 和 118.1%；2021 年新能源汽车销量同比增长 1.6 倍，我国新能源汽车保有量占全球新能源汽车保有量一半左右。二是绿色产品标准、认证、标识体系推动绿色消费市场体系建设。我国已出台了 18 项绿色产品评价国家标准，印发了 3 批绿色产品评价标准清单及认证产品目录，将 19 类近 90 种产品纳入认证范围；下一步，将稳步拓展认证范围，探索对相关行业标准、团体标准进行评估，适时纳入绿色产品评价标准清单及认证目录。

优化产品贸易结构，绿色贸易份额大幅增加。我国对外开放程度不断扩大，绿色产品交换活动日趋活跃。绿色产品出口呈现快速增加趋势，从2007年的1159亿美元增长到2020年的3468亿美元，年均增长率远高于全球平均水平，成为绿色产品出口最多的国家。绿色产品多元化水平较高，技术水平不断上升。2007—2020年，我国共计出口绿色产品32813亿美元，占全球比重17.5%；进口绿色产品19143亿美元，为全球总量的10.6%；贸易顺差为13670亿美元，位列世界第一[5]。

7.1.3 绿色低碳循环经济体系发展政策状况

党的十八大以来，生态文明建设纳入中国特色社会主义建设事业"五位一体"总布局，置于治国理政、执政兴国的突出地位，我国绿色低碳循环发展的相关立法与政策工作在持续推进。

绿色低碳循环经济发展政策引导逐步加强。国家层面出台了系列绿色低碳循环发展方面的政策（表7.1），覆盖我国经济社会发展的多方面、多环节。

表7.1 国家层面绿色低碳循环发展经济体系相关政策

政策	发布时间	发布部门
关于加快推行清洁生产的意见	2003年10月	国家发改委、教育部、科技部等部门
国务院关于加快发展循环经济的若干意见	2008年3月	国务院
废弃电器电子产品回收处理管理条例	2009年2月	国务院
国务院关于加强再生资源回收利用管理工作的通知	2010年12月	国务院
绿色建筑行动方案	2013年1月	国家发改委、住建部
循环经济发展战略及近期行动计划	2013年1月	国务院
2014—2015年节能减排低碳发展行动方案	2014年5月	国务院办公厅
碳排放权交易管理暂行办法	2014年12月	国家发改委
关于建立统一的绿色产品标准、认证、标识体系的意见	2016年12月	国务院办公厅
生产者责任延伸制度推行方案	2017年1月	国务院办公厅
关于加快推进快递包装绿色转型的意见	2020年12月	国家发改委、国家邮政局、工信部等部门
关于加快建立健全绿色低碳循环发展经济体系的指导意见	2021年2月	国务院
关于推动城乡建设绿色发展的意见	2021年10月	中共中央办公厅、国务院办公厅
2030年前碳达峰行动方案	2021年10月	国务院
关于组织开展可循环快递包装规模化应用试点的通知	2021年12月	国家发改委办公厅、商务部办公厅、国家邮政局办公室
关于做好"十四五"园区循环化改造工作有关事项的通知	2021年12月	国家发改委办公厅、工业和信息化部办公厅

续表

政策	发布时间	发布部门
促进绿色消费实施方案	2022年1月	国家发改委、工信部、住建部等部门
"十四五"建筑节能与绿色建筑发展规划	2022年3月	住建部
关于加快推进废旧纺织品循环利用的实施意见	2022年3月	国家发改委、商务部、工信部

绿色经济政策体系基本构建。早在2003年,《关于加快推行清洁生产的意见》发布,我国推行清洁生产、推进节能减排拉开序幕。2013年,《绿色建筑行动方案》发布,促进城乡建设模式和建筑业发展方式绿色化。2016年,《关于建立统一的绿色产品标准、认证、标识体系的意见》发布,着力推进培育我国绿色市场发展。近年来,我国又先后发布了《关于加快推进快递包装绿色转型的意见》《关于推动城乡建设绿色发展的意见》《促进绿色消费实施方案》等重要政策,政策范围覆盖了生产、消费、快递包装、建筑、城乡发展等多个领域,绿色经济发展政策体系基本构建形成。

低碳经济政策快速发展。低碳经济发展是应对气候变化的战略行动,我国针对低碳经济发展的政策仍处于快速发展阶段。2014年,国务院办公厅印发《2014—2015年节能减排低碳发展行动方案》,明确节能减排降碳指标、量化工作任务。2021年,《指导意见》发布,明确了低碳发展的战略意义和地位。同年10月,国务院发布《2030年前碳达峰行动方案》,部署我国实现碳达峰的"十大行动"。我国生态文明建设已经进入以降碳为重点战略方向的新阶段,尽管当前低碳相关政策仍然存在立法缺位、体系不健全、刚性不足等问题,但是在"双碳"目标的牵引下,我国将采取更加有力的政策措施,稳步有序推进低碳发展。

循环经济政策助推提升行业绿色发展效能。2008年,《国务院关于加快发展循环经济的若干意见》发布,提出发展循环经济要坚持"减量化、再利用、资源化"原则;2009年,国务院发布《废弃电器电子产品回收处理管理条例》,自2011年1月1日起对废弃电器电子产品实行多渠道回收和集中处理。2010年,《国务院关于加强再生资源回收利用管理工作的通知》发布,积极推进再生资源回收利用。近年,国家发改委先后发布了《关于组织开展可循环快递包装规模化应用试点的通知》《关于做好"十四五"园区循环化改造工作有关事项的通知》《关于加快推进废旧纺织品循环利用的实施意见》等政策,循环经济发展模式得到更广泛推广,再生资源回收行业规模不断壮大,资源利用效率大幅提高,循环经济对资源安全的支撑保障作用也进一步凸显。

7.1.4 绿色低碳循环经济体系重点发展领域

产业结构绿色化、流通结构低碳化、绿色供应链、再生资源回收利用和绿色贸易是构建绿色低碳循环发展经济体系的重点任务，是我国实现高质量发展的关键举措。

7.1.4.1 产业结构

加快构建绿色低碳循环发展的产业体系是全面建立绿色低碳循环发展经济体系的核心任务，是推动经济社会发展全面绿色转型、重塑经济发展新优势、形成可持续发展新动力、开拓高质量发展新局面的重要举措，更是2060年前实现碳中和目标的基础和保障[6]。党的十八大以来，我国三次产业结构持续优化，不断加大落后产能淘汰力度，促进能效持续提升，逐步迈向绿色低碳转型路径。

产业结构不断优化。第三产业在我国经济体系中的比重加大，2020年第三产业比重比2000年提高11.1%，比2012年提高2.3%；传统产业通过引入第五代移动通信技术、工业互联网等新技术加快转型升级，2022年第一季度，高技术制造业增加值同比增长14.2%，快于规模以上工业增速。第二产业占比虽然有所下降，但其在经济增长中仍然发挥着重要的支柱作用，但煤炭、钢铁、石油化工等高消耗高排放产业占第二产业的比重仍超过70%，产业结构调整任务依然十分艰巨。

落后产能加快淘汰。淘汰落后产能是转变经济发展方式、调整经济结构、提高经济增长质量和效益的重大举措[7]，我国已初步建立落后产能退出长效机制，钢铁行业提前完成1.5亿吨去产能目标，电解铝、水泥行业落后产能已基本退出。山东省是落后煤电机组较为集中的省份，也是"十三五"期间落后煤电产能淘汰较为积极的省份，淘汰量位居全国第一位。"十三五"以来，山东省累计淘汰落后燃煤机组超500万千瓦，是国家下达任务的3.5倍。

能源资源利用效率显著提升。"十三五"期间，规模以上工业单位增加值能耗降低约16%，单位工业增加值用水量降低约40%。重点大中型企业吨钢综合能耗水耗等已达到世界先进水平。2020年，10种主要品种再生资源回收利用量达到3.8亿吨，工业固废综合利用量约20亿吨。近年来我国单位GDP能耗持续下降，能源结构进一步优化，但是与发达国家仍有一定差距。

7.1.4.2 流通结构

流通连接了生产和消费，在经济体系中具有关键性作用，"十三五"时期，我国交通运输绿色发展取得了积极成效。

绿色低碳交通基础设施快速发展。我国"五纵五横"综合运输大通道全面贯通，基本形成了由铁路、公路、水路、民航等多种运输方式构成的综合交通基础设施网络。我国铁路里程由1978年的5.17万千米，增长到2020年的14.63万千米，位居世界第二，增长1.83倍；其中高速铁路里程由2008年的700千米，增长到2020年的3.8万千米，位居世界第一，增长500倍。经初步测算，2020年，通过交通结构调整累计节约车辆燃油约18.71万吨，减少碳氢化合物排放约1482.16吨。

新能源和清洁能源运输普及力度加大。近年来，城市公交、出租车和货运配送成为我国新能源汽车应用的重要领域，使用量超过120万辆，其中城市公交车中新能源车辆占比超过66%；水运行业应用液化天然气也在积极推进，内河船舶液化天然气加注站达到20个；全国港口岸电设施覆盖泊位约7500个，高速公路服务区充电桩超过1万个。与2015年相比，营运货车、营运船舶的二氧化碳排放量分别下降8.4%和7.1%，港口生产二氧化碳排放量下降10.2%。深圳等地方政府在该方面探索积累了丰富的经验，取得显著的减污降碳效益。

交通运输结构不断优化。2020年底，环渤海、长三角地区等17个沿海主要港口的煤炭集港已全部改由铁路和水路运输；沿海主要港口矿石疏港采用铁路、水运和皮带机的比例达到61.3%，比2017年提高近20个百分点。我国加快完善内河水运网络，水路承担的大宗货物运输量持续提高，2020年，水路货运量达76.16亿吨。铁路货运量占比不断提高，2020年，全国铁路货运量为45.52亿吨，在全社会货运量中占比由2017年的7.7%提高至9.7%。先后组织实施70个多式联运示范工程、46个城市绿色货运配送示范工程、87个城市公交都市建设示范工程。

交通服务设施的生态化建设不断强化。"十三五"期间建成了20条绿色公路主题试点工程，开展了33条绿色公路典型示范工程，探索实施与生态环境更加融合协调的公路工程建设模式。建成了11个绿色港口主题性试点工程，以及荆江生态航道等一批绿色航道工程，在泰州、岳阳等地开展了长江航道疏浚砂综合利用工作。支持完善交通服务设施旅游服务功能，各地建设了一批特色旅游公路、旅游航道和旅游服务区。

7.1.4.3 绿色供应链

不同于传统供应链管理，绿色供应链嵌入了全生命周期、生产者责任延伸等理念，提高企业的产品竞争力与社会责任感，推动产业链协同、共赢与高质量发展，我国绿色供应链仍然处于起步发展阶段[8]。

绿色供应链管理政策体系基本形成。国家出台了系列绿色供应链政策，持续推进构建绿色供应链政策体系（表7.2）。《指导意见》明确提出全方位全过程推行绿色规划、绿色设计、绿色投资、绿色建设、绿色生产、绿色流通、绿色生活、绿色消费，使发展建立在高效利用资源、严格保护生态环境、有效控制温室气体排放的基础上，确保实现碳达峰碳中和目标。《"十四五"工业绿色发展规划》提出构建完整贯通的绿色供应链，鼓励工业企业开展绿色制造承诺机制，倡导供应商生产绿色产品，创建绿色工厂，打造绿色制造工艺、推行绿色包装、开展绿色运输、做好废弃产品回收处理，形成绿色供应链。推动绿色产业链与绿色供应链协同发展，鼓励汽车、家电等生产企业构建数据支撑、网络共享、智能协作的绿色供应链管理体系。《关于推动电子商务企业绿色发展工作的通知》明确了持续推动电商企业节能增效；强化绿色发展理念，提升低碳环保水平，增强数字化运营能力；鼓励电商企业应用大数据、云计算、人工智能等现代信息技术，加强供需匹配，提高库存周转率，推动多渠道物流共享，应用科学配载，降低物流成本和能耗；推动快递包装减量，鼓励电商企业通过产地直采、原装直发、聚单直发等模式，减少快递包装用量。

表7.2 绿色供应链体系建设相关政策

政策	发布时间	发布部门
关于积极推进供应链创新与应用的指导意见	2017年10月	国务院办公厅
关于开展供应链创新与应用试点的通知	2018年4月	商务部、工信部、生态环境部等部门
关于促进绿色消费的指导意见	2016年2月	国家发改委、中宣部、科技部等部门
关于积极发挥环境保护作用促进供给侧结构性改革的指导意见	2016年4月	（原）环境保护部
工业绿色发展规划（2016—2020年）、绿色制造工程实施指南（2016—2020年）、关于开展绿色制造体系建设的通知	2016年7月	工信部
推进绿色制造工程工作方案	2016年12月	（原）环境保护部
工业节能与绿色标准行动计划（2017—2019年）	2017年5月	工信部
机械行业绿色供应链管理企业评价指标体系、汽车行业绿色供应链管理企业评价指标体系、电子电器行业绿色供应链管理企业评价指标体系	2019年1月	工信部
关于加强产融合作推动工业绿色发展的指导意见	2021年11月	工信部

绿色低碳产业初具规模。截至2020年底，新能源汽车累计推广量超过550万辆，连续多年位居全球第一。太阳能电池组件在全球市场份额占比达71%。实现"双碳"战略目标将进一步促进低碳经济产业的高速增长，据相关研究，在碳中和背景下，我国未来30年的绿色低碳投资需求高达487万亿元[9]。

绿色制造体系建设深入推进。"十三五"以来，工业领域以传统行业绿色化改造为重点，大力实施绿色制造工程，工业绿色发展取得明显成效，绿色制造体系基本构建。"十三五"期间，共研究制定468项节能与绿色发展行业标准，建设

2121家绿色工厂、171家绿色工业园区、189家绿色供应链企业，推广近2万种绿色产品。2021年，工信部公布了2021年度绿色制造名单，包括绿色工厂662家、绿色设计产品989种、绿色工业园区52家、绿色供应链管理企业107家。

政府绿色采购发挥重要引导作用。长期以来，我国政府将环境保护和节约能源作为政府采购政策的重要目标之一，绿色采购政策不断完善，推动国家机关、事业单位和团体组织积极采购和使用绿色低碳产品。截至2021年，环境标志产品政府采购规模已达1.3万亿，据测算，2016—2020年采购的环境标志台式计算机和便携式计算机产生的二氧化碳减排量为171.9万吨，相当于19.1万公顷森林的年碳汇量。

绿色供应链标准制定工作加快发展。2021年1月26日，国家标准《电子信息制造业绿色供应链管理规范》正式对外征求意见。同年4月22日，广东省节能中心组织召开《陶瓷企业绿色供应链管理评价技术规范》团体标准审定会，引导和规范陶瓷企业系统地构建绿色供应链管理体系，带动供应链上的相关企业协同绿色发展，为第三方机构或企业开展绿色供应链企业评价及自评价提供依据。6月，上海市市场监督管理局批准发布上海市地方标准《纺织产品绿色供应链管理与评价导则》，是国内首个纺织行业绿色供应链管理评价的地方标准[10]。

绿色物流尚处于快速发展阶段。随着消费模式转变、技术进步和基础设施趋于齐全，近几年我国物流业增长迅猛，2021年我国物流行业交易数量达到190宗，同比增长38%，交易金额达到2247亿元。我国多地启动绿色物流试点，创新包装、运输、转运等新模式，但总体上绿色物流占比仍然偏低，存在制度、技术、人才缺口。

7.1.4.4 再生资源回收利用

再生资源产业是循环经济的重要组成部分，加强再生资源的回收利用是我国节能减排工作的根本要求，有助于促进经济社会可持续发展，随着多项利好政策相继出台，我国再生资源回收利用体系得到空前发展。

再生资源利用能力显著增强。2020年，我国主要资源产出率比2015年提高约26%。2020年，大宗固废综合利用率达56%，农作物秸秆综合利用率达86%上；废纸利用量约5490万吨、废钢利用量约2.6亿吨、再生有色金属产量1450万吨，资源循环利用已成为保障我国资源安全的重要途径。

大宗工业固体废物综合利用取得积极进展。"十三五"期间，累计综合利用各类大宗工业固体废物约130亿吨，减少占用土地超过100万亩，提供了大量资源综合利用产品，促进了煤炭、化工、电力、钢铁、建材等行业高质量发展，资源环境和经济效益显著，对缓解我国部分原材料紧缺、改善生态环境质量发挥了重要作用。但整体上，我国工业固体废物综合利用水平有待进一步提升，同时存在工业固体废物大量产生、源头分类模糊、大量贮存处置、循环利用不畅、污染防治和规范化环境管理工作亟待加强等突出问题。截至2021年10月，中央生态环境保护督察集中通报的71个典型案例中，有工业固体废物污染案例16个，其中涉及尾矿10个、工业污泥处置2个、废钢渣1个、煤矸石1个、磷石膏1个、废弃船舶拆解1个。

固体废物资源利用行业规模呈扩大趋势。固体废物处理利用行业企业营业收入和规模进一步提高。据《中国环保产业发展状况报告（2021）》，固体废物处理处置与资源化领域的企业有2313个，占比14.87%，从业人数829701人；营业收入及环保业务营业收入较2019年分别同比增长了11.6%、10%。从企业规模来看，大、中型企业占比分别为32.5%、24.5%。此外，在2020年成功完成A股上市的21家环保企业中，有8家属于固体废物领域，占比38.10%。

"无废城市"建设全面铺开。自"无废城市"建设试点工作启动以来，深圳等11个城市和雄安新区等5个地区积极开展试点，扎实推进各项改革任务，取得明显成效。截至2020年底，试点城市实施固体废物源头减量、资源化利用，最终处置工程项目422项，取得了较好的生态环境、社会和经济效益。"无废"理念逐步得到推广，产生了示范带动作用。通过"无废城市"建设试点工作，形成了一批"无废城市"建设模式，为"十四五"时期推动100个左右地级及以上城市开展"无废城市"建设试点进一步提供了基础与经验。

推进实施生活垃圾分类回收。2019年起，我国地级及以上城市全面启动生活垃圾分类，到2020年底，46个重点城市基本建成垃圾分类处理系统。以上海市为例，《上海市生活垃圾管理条例》实施以来，上海居民区分类达标率从实施前的15%提高到90%，完成2.1万余个分类投放点规范化改造。北京市2022年4月调查结果显示，北京市居民生活垃圾分类满意度达到92.2%，较《北京市生活垃圾管理条例》实施前的2020年1月提升34.8个百分点，垃圾分类参与率达到99.4%。多个省市还鼓励有条件的地区、企业或公共场所开展再生资源回收系统与生活垃圾收运系统"两网衔接"，鼓励环卫系统与再生资源回收企业开展合作，推动回收体系与垃圾收运体系各环节有机结合。

建筑垃圾和农业固体废物资源化水平持续提升。在建筑垃圾方面，2018年以来，住房和城乡建设部在35个城市（区）开展了建筑垃圾治理试点工作。初步建立了建筑垃圾分类管理、全过程监管体系，消纳设施和资源化利用项目也在加快建设，2020年建筑垃圾综合利用率达50%。在农业固体废物方面，畜禽粪污、农作物秸秆综合利用和农用地膜、农药包装废弃物回收处置水平不断提高。全国畜禽粪污、秸秆综合利用率分别达到76%、87.6%，农膜回收率达到80%。

7.1.4.5 绿色贸易

我国已经建立起了广泛的贸易伙伴关系，在世界贸易网络中的地位与作用不断提高，绿色低碳贸易体系持续发展[11]。

绿色贸易政策不断健全。我国出台实施了一系列绿色贸易政策（表7.3）。2017年《关于推进绿色"一带一路"建设的指导意见》提出推进绿色贸易发展，促进可持续生产和消费；2019年《关于推进贸易高质量发展的指导意见》提出了获得节能、低碳等绿色产品认证的要求；2021年《指导意见》将建立绿色贸易体系列为重点任务之一，商务部《"十四五"对外贸易高质量发展规划》中也提出落实绿色贸易体系建设具体措施。

表7.3 绿色低碳贸易体系建设相关政策

政策	发布时间	发布部门
关于中国环境标志产品认证工作有关事项的公告	2003年12月	（原）国家环境保护总局
能源效率标识管理办法	2004年8月	国家发改委、国家质检总局
低碳产品认证管理暂行办法	2013年2月	国家发改委、国家认监委
节能低碳产品认证管理办法	2015年9月	国家质检总局、国家发改委
关于推进绿色"一带一路"建设的指导意见	2017年4月	环境保护部、外交部、国家发改委、商务部
关于推进贸易高质量发展的指导意见	2019年11月	中共中央、国务院
关于加快建立健全绿色低碳循环发展经济体系的指导意见	2021年2月	国务院
"十四五"对外贸易高质量发展规划	2021年11月	商务部

绿色贸易发展面临挑战。欧盟是我国重要的绿色商品贸易伙伴，双边贸易额不断扩大，2019年中欧绿色商品贸易额560.38亿美元，是2000年的约14倍。2021年中欧经贸合作仍延续快速发展势头，中欧双向投资规模累计超过2700亿美元，在金融、疫苗研发、新能源、电动汽车、物流等领域投资合作非常活跃。但欧盟绿色新政对我国出口的钢铁、食品、纺织品和化学品等产业带来冲击，为维护中欧重要贸易伙伴关系、大力发展环保产业，开展绿色贸易将成为我国应对欧盟绿色贸易壁垒的关键[12, 13]。

高污染、高能耗和资源性（"两高一资"）产品出口退税逐步降低或取消。积极实施降低、取消"两高一资"产品出口退税等政策推动绿色低碳贸易发展。2007年以来，原环境保护部组织开展环境保护综合名录制定工作，明确了高污染、高环境风险（"双高"）产品名录，2015年"双高"产品名录包含50余种生产过程中产生二氧化硫、氮氧化物、化学需氧量、氨氮量大的产品，30多种产生大量挥发性有机污染物的产品，近200种涉重金属污染的产品，500多种高环境风险产品。该名录中的400余种"双高"产品被取消出口退税。2010年财政部取消部分初级产品退税，包括钢材、医药、化工产品、有色金属加工材等；2021年，原来享有出口退税的169个税号钢铁产品出口退税全部取消，铬铁、高纯生铁的出口关税提高。

7.2 发展绿色低碳循环经济体系的基本思路

7.2.1 发展绿色低碳循环经济体系面临的挑战

我国绿色低碳循环发展经济体系建设初见成效，但仍然面临着总体发展水平较低、发展效率有待提升、法律制度体系不完善、政策标准支撑不足、绿色低碳循环技术支撑与基础设施发展不够等一系列问题。

工业结构转型升级难度大。部分地区老旧工业体系升级成本高，产业升级改造缓慢，实现全面绿色低碳转型的难度较大。绿色低碳循环产业规模小、集聚程度低。受技术水平、产业环境、市场环境等因素影响，个别产业环节薄弱，产业链条不完整，尚未形成专业化、规模化产业体系。同时，绿色低碳循环产业低端化、分散化现象普遍，专业化、集聚化发展趋势不明显。

交通运输结构有待优化。2020年我国公路运输在全社会客运总量和货运总量中的占比分别高达72%和74%，公路运输的能源消耗占比达75%，公路的碳排放占整个交通运输系统的74%。可见，我国运输方式仍以高耗能、高污染、高碳排放的公路为主，铁路和水运货运量占比偏低，多式联运发展总体滞后。统一、完善、标准化的绿色流通行业信息平台尚未建立，物流数据采集与分析难度较高。此外，私人汽车保有量和出行比重过高，社会公众绿色出行分担率总体偏低，流通结构低碳技术有待进一步推广应用。

绿色供应链转型升级内驱力不足。绿色供应链模式要求产业链各环节实施绿色化、低碳化创新与应用，对于产业链上下游转型以及企业生产内部清洁低碳升级提出了较高要求。对于大部分中小企业，创新成本较高，投入与收益不明确，转型意愿不强烈。绿色供应链全生命周期管理制度尚未建立。在我国绿色供应链实践中，绿色低碳转型升级的扩散影响多存在一级范围内，上下游多级范围扩散效应较弱[14]。当前供应链管理部门较多，全链条协同管理存在一定难度，造成了一定的资源浪费与效率低下的问题。

循环再生回收利用行业的资源产出效率不高。再生资源回收利用规范化水平低，回收设施缺乏用地保障，低值可回收物回收利用难，大宗固废产生强度高、利用不充分、综合利用产品附加值低等突出问题。我国单位 GDP 能源消耗、用水量仍大幅高于世界平均水平，铜、铝、铅等大宗金属再生利用仍以中低端资源化为主。动力电池、光伏组件等新型废旧产品产生量大幅增长，回收拆解处理难度较大。稀有金属分选的精度和深度不足，循环再利用品质与成本难以满足战略性新兴产业关键材料要求，亟需提升高质量循环利用能力。

出口产品隐含碳排放占比较大。我国经济发展和就业高度依赖工业与制造业，其中，化工产品能源密度较高对生态和环境影响较大，单位产值能耗高，我国直接和间接出口的一次能源占能源消费总量的 1/4。在资源型（煤炭、石化、木材等）制造业中，我国处于价值链分工上游，耗费了原本稀缺的资源，加剧了环境污染，而出口附加值并未相应增加。

绿色产品标识尚不能支撑贸易低碳化。我国对绿色、低碳、节能产品的认证分属于不同部门，其他国家、国际组织也有各类认证标识，贸易市场上出现的绿色低碳标识种类较多、标准不统一，效果无法简单换算，对消费者选购判断造成干扰[15]，且能效虚标情况难以及时发现和杜绝。国际贸易不确定因素多，贸易保护措施也是把"双刃剑"。面对国际政治、经济、贸易、环境的诸多复杂和不确定因素，我国在利用和应对绿色贸易规则的能力与欧美还有很大差距，经常处于被动状态。关税既有可能在经济危机爆发时起到一定的缓解作用，也有可能造成产能过剩、企业竞争力丧失，同时其他产业会受到对方反制措施的影响。

法律制度体系有待完善。20 世纪 90 年代末起，我国先后在节约能源、清洁生产、循环经济、环境保护以及大气、固废和环评等领域颁布了一系列法律法规，初步建立起以生态环境保护与低碳循环经济发展为核心的生态环境保护法律体系。但与西方发达国家相比，我国的绿色低碳循环经济体系建设起步较晚，相关法律基础较薄弱、门类不齐全、系统性不足，如绿色建筑、绿色金融、绿色产品等具体领域仍然缺乏法律制度与相关政策支撑。从地方实践进展来看，存在一定程度的政策"重出台，轻落实"的现象，造成政策执行不力[16]。要尽快加强绿色低碳循环发展领域的立法工作，使保护生态环境、节能减碳、资源保护与高效利用有法可依，走向法制化、制度化道路。

政策标准体系保障不足。针对绿色低碳循环经济发展的政策体系不完善，财政资金对绿色低碳循环项目专项支出引导不足，税收优惠目录有待加速更新，绿色金融标准需要加强与国际接轨，针对绿色低碳创新产业与技术革新的融资需求支持力度有待加强，碳金融、碳市场的蓬勃发展与规范管理亟待相关政策支撑。

绿色低碳产品标准覆盖不足、数字化技术运用有待提升等。

绿色低碳循环技术支撑与基础设施发展不够。我国绿色低碳循环技术起步晚，技术体系发展不成熟，技术战略储备不充分，关键核心技术自给率低，初期研发与应用多以科研机构与高校为主，企业参与主动性较弱，技术研发创新的内生能力和产业化动力薄弱，产业化程度低，基础设施建设绿色化发展水平相对滞后[17]。而且，当前我国绿色低碳循环技术研发与示范优化存在投资金额大、反馈周期长、生产替代成本高等特点，市场需求不足，企业和产业链条创新应用主要依靠国家财政补贴和税收减免，导致持续优化创新的市场驱动力不够。同时，因技术转移平台不完善、评估体系不完善、绿色金融体系不健全、社会资本投入积极性不高等问题，造成研究成果的转化机制与实践反馈机制不顺畅，绿色低碳循环创新研发与应用发展存在不少困难[18]。

7.2.2 绿色低碳循环经济体系的发展思路

在建设绿色低碳循环经济体系的全程中，逐步解决完善制度性问题、结构性障碍和持续性风险，深入推进绿色低碳循环发展的政策、法规、标准的制定与优化，加强绿色低碳循环技术创新、基础设施研发与应用。

一是优化绿色低碳循环经济体系，推进工业、农业与服务业绿色低碳转型升级，倡导全民绿色低碳生活与绿色消费；二是构建绿色低碳循环的产业结构，积极培育绿色低碳循环发展新动能，加快产业体系绿色低碳循环重构，推进绿色低碳循环产业与信息技术产业融合发展，加快发展以CCUS为核心的新型产业；三是健全绿色低碳循环的流通结构，促进重点区域运输结构绿色低碳调整，推动绿色低碳运输工具应用与港口岸电设施建设；四是完善绿色供应链体系，创新企业供应链绿色低碳管理模式，强化产品碳足迹的生命周期管理，完善供应链管理制度；五是强化再生资源回收利用体系建设，推动再生资源数字化建设与提升监管水平；六是深化绿色低碳贸易体系，积极参与和引导制定国际规则，持续深化调整绿色低碳贸易结构，加强低碳发展全方位国际合作，强化绿色低碳标准的基础研究。

7.2.3 绿色低碳循环经济体系的发展目标

到2030年，产业结构、能源结构、运输结构基本实现绿色低碳循环转型，绿色产业比重大幅提升，基础设施绿色化水平不断提高，生产生活方式绿色转型成效显著，主要污染物排放总量持续减少，碳排放强度显著降低，市场导向的绿色低碳循环技术创新体系更加完善，法律法规政策体系更加有效，绿色低碳循环发展的生产体系、流通体系、消费体系基本形成。

到 2035 年，绿色发展内生动力显著增强，重点行业、重点产品能源资源利用效率达到国际先进水平，广泛形成绿色生产生活方式，碳排放达峰后稳中有降，形成完善的市场导向的绿色低碳循环技术创新体系，形成健全的法律法规政策体系，绿色低碳循环发展的生产体系、流通体系、消费体系等较为成熟完善，全面助推我国 2060 年前实现碳中和目标。

我国未来中长期的绿色低碳循环经济体系发展思路与目标如图 7.3 所示。

加快建立健全绿色低碳循环发展经济体系		
主体 政府 企业 消费者 行业协会	**关键要素** 一二三产业转型升级、全民深度参与的绿色低碳循环经济体系 + ◆动能强劲、数字化智能化升级的绿色低碳循环产业体系 ◆结构优化调整、绿色低碳的综合交通运输体系 ◆管理模式创新、产品生命周期全覆盖的绿色供应链体系 ◆行业规范管理、生产者责任延伸的再生资源回收利用体系 ◆接轨领跑国际、结构深化调整的绿色低碳贸易体系	**重要支撑** 完善有效的法律法规政策标准体系 市场导向的绿色技术创新体系 绿色低碳化升级的基础设施

将绿色低碳循环理念全方位全过程融入生产、流通、贸易、消费与循环再生中，使发展建立在高效利用资源、严格保护生态环境、有效控制温室气体排放的基础上，推动美丽中国建设目标基本实现，确保实现碳达峰碳中和目标

2030年	2035年
绿色低碳循环发展的生产体系、流通体系、消费体系基本形成，市场导向的绿色技术创新体系更加完善，法律法规政策体系更加有效，生产供应、交通运输、贸易消费、再生回收等领域逐步实现碳达峰	绿色发展内生动力显著增强，重点行业、重点产品能源资源利用效率达到国际先进水平，广泛形成绿色生产生活方式，绿色低碳循环发展的生产体系、流通体系、消费体系等较为成熟完善，稳定全面助推我国实现2060年前实现碳中和目标

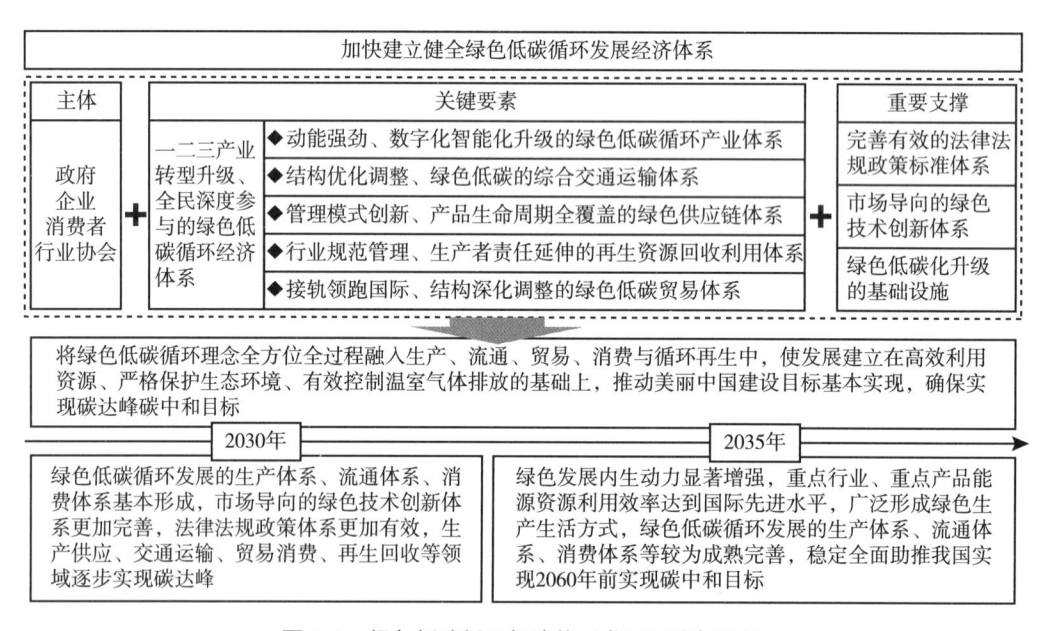

图 7.3 绿色低碳循环经济体系发展思路与目标

7.3 发展绿色低碳循环经济体系的重点任务

7.3.1 优化绿色低碳循环经济体系

推进工业绿色升级。一是调整优化用能结构。重点控制化石能源消费，有序推进钢铁、建材、石化化工、有色金属等行业煤炭减量替代，稳妥有序发展现代煤化工，促进煤炭分质分级高效清洁利用。二是发挥节约资源和降碳的协同作用。通过资源高效循环利用降低工业领域碳排放，加快增材制造、柔性成型等关键再制造技术创新与产业化应用。面向交通、钢铁、石化化工等行业机电设备维护升级需要，培育再制造解决方案供应商，实施智能升级改造。三是加快实施节能降碳改造升级。实施工业节能改造工程，聚焦钢铁、建材、石化化工、有色金

属等重点行业,完善差别电价、阶梯电价等绿色电价政策,鼓励企业对标能耗限额标准先进值或国际先进水平,加快节能技术创新与推广应用[19, 20]。

加快农业绿色发展。一是推动绿色种养循环。强化畜禽废弃物资源化利用,减少温室气体的排放强度,提高土壤固碳增汇的能力,助力碳达峰碳中和。加强粪肥还田利用,减少化肥施用,降低农业生产成本,提高农民的种植收益和农民的种植积极性。二是鼓励发展生态种植与生态养殖。加强绿色食品、有机农产品认证和管理;发展生态循环农业;强化耕地质量保护与提升,推进退化耕地综合治理;大力推进农业节水,推广高效节水技术;推行水产健康养殖,实施农药、兽用抗菌药使用减量和产地环境净化行动。三是加强管理与融合发展。依法加强养殖水域滩涂统一规划,完善相关水域禁渔管理制度;推进农业与旅游、教育、文化、健康等产业深度融合,加快产业融合发展。

提高服务业绿色发展水平。促进商贸企业绿色升级,培育一批绿色流通主体。有序发展出行、住宿等领域共享经济,规范发展闲置资源交易。加快信息服务业绿色转型,做好大中型数据中心、网络机房绿色建设和改造,建立绿色运营维护体系。推进会展业绿色发展,指导制定行业相关绿色标准,推动办展设施循环使用。推动汽修、装修装饰等行业使用低挥发性有机物含量原辅材料。倡导酒店、餐饮等行业不主动提供一次性用品。

积极倡导绿色低碳生活与绿色消费。一是倡导厉行节约,避免浪费。坚决制止餐饮浪费行为[21],因地制宜推进生活垃圾分类和减量化、资源化,开展宣传、培训和成效评估。扎实推进塑料污染全链条治理,推进过度包装治理,推动生产经营者遵守限制商品过度包装的强制性标准。二是推进绿色生活。积极引导绿色出行,提升交通系统智能化水平,开展绿色生活创建活动。加大政府绿色采购力度,扩大绿色产品采购范围,逐步将绿色采购制度扩展至国有企业。三是鼓励绿色消费。加强对企业和居民采购绿色产品的引导,鼓励地方采取补贴、积分奖励等方式促进绿色消费。推动电商平台设立绿色产品销售专区。加强绿色产品和服务认证管理,完善认证机构信用监管机制。推广绿色电力证书交易,引领全社会提升绿色电力消费。严厉打击虚标绿色产品行为,有关行政处罚等信息纳入国家企业信用信息公示系统。

7.3.2 构建绿色低碳循环的产业结构

积极培育产业绿色低碳循环发展新动能。经济发展新动能是有别于传统经济发展高能源投入和消耗依赖,以战略性新兴产业和高技术产业为主体,以绿色低碳循环发展为特征实现经济社会高质量发展的全新动力。加快构建绿色低碳循环发展的产业体系，必须大力培育经济发展新动能，打破老旧工业体系原有平衡，加速产业"腾笼换鸟"。一是加快传统工业生产体系的全面生态化转型，构建以碳循环、碳转化、碳利用为核心的全新工业生态链，促进二氧化碳工业体系内部吸收转化、高效利用，实现工业体系内部碳中和。二是大力发展绿色制造产业，在不影响制造业发展质量和效益的前提下，有序实现制造业"退""补"平衡，高效降碳。三是持续提升以绿色低碳循环为特征的战略性新兴产业、高技术产业在工业体系中的比重，打造经济高质量发展重要引擎。

加快产业体系绿色低碳循环重构。加快绿色低碳循环技术创新与应用，提升绿色低碳循环产业支柱作用，全面构建以绿色低碳循环产业为基础的现代化产业体系。一是系统推进绿色低碳循环技术渗透到产业发展各环节、经济社会发展各领域。加快农业减排增吸技术创新和利用，减少农业生产环节碳排放，提升农作物碳汇能力，加快实现农业固碳增效；提高工业体系绿色低碳循环技术应用水平，着力打造绿色工业链、工业循环链；大力发展绿色低碳循环服务业，特别是生产性服务业，推动形成产业发展与技术创新协同系统。二是大力发展以绿色低碳循环技术为支撑的新能源及其关联产业，打造以新能源技术创新、能源生产、装备制造、产品应用、再生利用等为关键环节的新能源产业链与新能源产业生态系统。三是加快以绿色低碳循环产业为核心的产业空间重构。打破传统资源依赖、资金依赖型产业空间布局，推动构建以绿色低碳循环产业为核心的人与自然和谐共生、产业空间与生态空间协调发展的产业空间布局。四是以绿色低碳循环技术创新和应用为支撑，加快补齐绿色低碳循环产业短板，推动绿色低碳循环产业链"串并联"，形成专业化产业体系。

推进绿色低碳循环产业与信息技术融合发展。推动现代信息技术深入广泛融入绿色低碳循环产业体系，融入生产、消费、分配、流通各环节，构建绿色化、低碳化、循环化、智能化、数字化相融合的现代产业体系[22]。一是推动现代信息技术在工业体系碳治理中的应用，建立以现代信息技术为支撑的碳排放智能管理系统，建立健全以智能化监测、核算、预测、评价、反馈为核心的碳吸收控制系统。二是顺应新一轮科技革命趋势，推动绿色低碳循环产业信息化、智能化、数字化发展，实现绿色低碳循环产业基础高级化、产业链现代化目标。三是推动新一代信息技术产业绿色化、低碳化、循环化发展，着力推进新一代信息技术发展所必需的新型基础设施建设领域，实现绿色低碳和节能减排目标。

加快发展以CCUS为核心的新型产业。碳吸收及其产业化仍是实现碳中和的关键环节，以CCUS为核心的碳汇产业是绿色低碳循环产业体系的重要组成部分[23,24]。完善生态资源价值转化机制，推动生态资源碳汇功能产业化发展。大力发展CCUS产业，利用市场机制形成碳吸收的根本动力。激发碳汇金融产业活力，活跃碳汇交易，全面推进碳汇产业繁荣发展。

7.3.3 健全绿色低碳循环的流通结构

促进重点区域运输结构调整。加快推进港口集疏运铁路、物流园区及大型工矿企业铁路专用线建设，推动大宗货物及中长距离货物运输"公转铁""公转水"。推进港口、大型工矿企业大宗货物主要采用铁路、水运、封闭式皮带廊道、新能源和清洁能源汽车等绿色运输方式。统筹江海直达和江海联运发展，积极推进干散货、集装箱江海直达运输，提高水中转货运量。

推广绿色低碳运输工具。积极推动新能源和清洁能源车船、航空器应用，推动在高速公路服务区和港站枢纽规划建设充换电、加气等配套设施。在港区、场区短途运输和固定线路运输等场景示范应用新能源重型卡车。淘汰更新或改造老旧车船，港口和机场服务、城市物流配送、邮政快递等领域要优先使用新能源或清洁能源汽车。加大推广绿色船舶示范应用力度，推进内河船型标准化。

加快港口岸电设施建设。加快现有营运船舶受电设施改造，不断提高受电设施安装比例。有序推进现有码头岸电设施改造，主要港口的五类专业化泊位，以及长江干线、西江航运干线2000吨级以上码头（油气化工码头除外）岸电覆盖率进一步提高。加强低压岸电接插件国家标准宣贯和实施，加强岸电使用监管，确保已具备受电设施的船舶在具备岸电供电能力的泊位靠泊时按规定使用岸电。

提高技术装备绿色化水平。整合优化综合交通运输信息平台，完善综合交通运输信息平台监管服务功能，推动在具备条件地区建设自动驾驶监管平台。建设基于区块链技术的全球航运服务网络，优化整合民航数据信息平台。提升物流信息平台运力整合能力，加强智慧云供应链管理和智慧物流大数据应用，精准匹配供给需求。有序建设城市交通智慧管理平台，加强城市交通精细化管理。

7.3.4 加快完善绿色供应链体系

创新企业绿色供应链管理模式。构建绿色供应链减少资源消耗、降低原材料浪费、减少有害物质排放并且高效增加物质资源的循环利用率，不断降低运营成本和风险。我国中小企业数量众多，虽然单个中小企业的碳排放量不大，但其总体碳排放量较高。绝大多数中小企业在环保理念、管理能力、资金实力、技术水平等方面相对薄弱，虽然其有着比大企业更为广阔的节能减排空间，但是参与碳减排工作的积极性却普遍不高[25]。建议加强对核心企业的引导，发挥其对供应链上相关企业特别是中小企业节能减碳的带动作用，形成大企业带动供应链上中小企业协同减碳的新模式。同时，立足正在开展的绿色制造示范的天津、东莞等试点，结合碳达峰与碳中和工作实际，不断完善试点工作方案，积极引导既有的以及将纳入试点的企业创新供应链管理模式，特别是加强对供应链上相关企业的低碳管理。

健全产品生命周期管理。在全球推进执行气候变化协议的背景下，欧洲、美国和日本对于碳排放的关注点已经从单个企业转向产品全生命周期，其使用或计划使用的碳税、碳关税、产品生态设计、碳标签等，都体现出了产品全生命周期碳管理要求。此外，不少欧洲、美国和日本的跨国企业已经提前布局，提出零碳供应链目标，这将带动全球供应链、产业链格局的变化，加剧低碳领域的竞争。加强参与全球竞争的光伏、风电、高铁、电动汽车等行业借助试点项目引导，推动核心企业特别是海外市场份额较大的跨国企业打造零碳供应链，以获取国际竞争新优势。

完善绿色供应链管理制度。发挥供应链上核心企业的主体作用，做好自身的节能减排和环境保护工作，不断扩大对社会的有效供给；引领带动供应链上下游企业持续提高资源能源利用效率，改善环境绩效，实现绿色发展。减少供应链的碳排放，加强供应链上相关企业协同，共同优化用能结构、提高能源使用效率和减少温室气体排放。改进企业生产工艺、提升数字化管理水平、使用可再生能源、采用节能减碳技术等。开展上述工作往往会增加企业成本，而且这些成本会随着供应链逐级向下游传递，最终体现在终端产品的价格上。现阶段，由于尚未形成绿色消费氛围，绿色产品竞争优势并不明显。为了引导更多的企业关注供应链上的碳减排工作，需要建立健全绿色采购、绿色信贷、绿色税收、碳排放权交易、用能权交易等基于市场的正向激励机制，形成有利于企业打造零碳供应链的制度环境。同时，发挥好行业协会、产业联盟、科研院所等各方的作用，做好企业动员、政策宣贯、培训、咨询和辅导等工作，为试点企业打造零碳供应链提供全方位服务。

7.3.5 强化再生资源回收利用体系

完善废旧物资回收网络。将废旧物资回收相关设施纳入国土空间总体规划，保障用地需求，合理布局、规范建设回收网络体系，统筹推进废旧物资回收网点与生活垃圾分类网点"两网融合"。放宽废旧物资回收车辆进城、进小区限制并规范管理，保障合理路权。规范废旧物资回收行业经营秩序，提升行业整体形象与经营管理水平。因地制宜完善乡村回收网络，推动城乡废旧物资回收处理体系一体化发展。支持供销合作社系统依托销售服务网络，开展废旧物资回收[27, 28]。

加强再生资源循环利用。实施废钢铁、废有色金属、废纸、废塑料、废旧轮胎等再生资源回收利用行业规范管理，鼓励符合规范条件的企业公布碳足迹。延伸再生资源精深加工产业链条，促进钢铁、铜、铝、铅、锌、镍、钴、锂、钨等高效再生循环利用。研究退役光伏组件、废弃风电叶片等资源化利用的技术路线和实施路径。围绕电器电子、汽车等产品，推行生产者责任延伸制度。

提升再生资源数字化建设水平。积极推行"互联网+回收"模式，实现线上线下协同，提高规范化回收企业对个体经营者的整合能力，进一步提高居民交投废旧物资便利化水平。培育壮大资源循环骨干企业，通过增资扩股、兼并重组、股权置换、合伙合作等形式引进战略投资者，实现资源整合。支持资源循环骨干企业加大研发投入，搭建行业性创新平台。支持骨干企业数字化、智能化技术改造，打造智能制造样板工厂、样板车间，推动产业转型升级。

7.3.6 深化绿色低碳贸易体系

积极参与和努力引领国际规则制定。坚持应对气候变化的"共同但有区别"的责任原则，争取全球碳交易市场规则制定的话语权。围绕碳边境调节机制的合法合规性及影响进行深入研究，进一步加强对欧盟碳边境调节机制内容及实施方案等的跟踪评估，重点围绕碳边境调节机制的核算体系、工作机制、透明度及其与世界贸易组织规则协调性等内容，考量其合法合规性，积极主动做好应对。加强与欧盟的碳对话机制建立，特别是针对碳边境调节机制的关键问题如贸易产品的隐含碳测算、碳排放基准值设定等，与欧盟积极开展双边对话，克服政策和技术差距，妥善解决贸易和知识产权分歧。加强对话与协调，在国际多边气候治理框架加深中欧碳合作。通过务实合作提升应对气候变化的努力，降低碳边境调节机制的影响。此外，要警惕打着全球环境治理名义的单边贸易保护行为，在必要时考虑诉诸世界贸易组织争端解决机制或采取对等的贸易反制措施。

持续深化调整绿色低碳贸易结构。通过优化贸易结构，提升中国绿色低碳竞争力，构建新型国内产业和国际产业链，为国内国际双循环发展提供助力。一方面，进一步完善促进绿色贸易发展的配套政策，发挥出口退税政策和绿色关税的导向性作用，逐步降低直至取消"两高一资"产品和低端工艺产品的出口退税政策，并针对高耗能高污染产品的出口加征关税[29,30]。同时，建立出口产品全生命周期碳足迹追踪评价体系，完善出口产品碳记录，为准确核算出口产品碳强度提供数据支撑。另一方面，优化出口贸易结构，推动出口低碳化发展，积极推动绿色产品、资源和服务的出口贸易，扩大节能环保技术、清洁能源、环境治理等产品和服务的进出口规模，减少出口产品的隐含碳排放强度。

加强低碳发展全方位国际合作。推动建设"绿色丝绸之路",充分发挥"一带一路"绿色发展国际联盟作用。注重同印度、巴西、俄罗斯等发展中大国交流合作,重点依托"金砖+""一带一路"倡议等合作机制推动建设"绿色丝绸之路",通过绿色投资、零碳低碳技术贸易等方式构建绿色发展多边合作平台,深化与沿线国家的绿色合作,提高应对气候变化的联动性,为中国积极推动全球气候治理及持续推进国内产业绿色低碳升级拓展新空间。

强化绿色低碳标准的基础研究。强化绿色低碳标准的基础研究,包括对产品整个生命周期的消耗、排放核算,打造简洁、明确、易操作、可信赖的绿色标准和认证体系,制定绿色低碳产品的"黑名单""白名单",供产业、财税、商务部门和普通公众使用,加大对碳关税、国际标准、贸易规则的研究等。完善绿色标准、绿色认证体系和统计监测制度。开展绿色标准体系顶层设计和系统规划,形成全面系统的绿色标准体系。加快标准化支撑机构建设,加快绿色产品认证制度建设,培育一批专业绿色认证机构。加强节能环保、清洁生产、清洁能源等领域统计监测,健全相关制度,强化统计信息共享。

7.4 健全绿色低碳循环经济体系的法规与政策

7.4.1 完善绿色低碳循环法规和标准

构建全面绿色低碳循环发展转型的法律法规体系。加快推动相关法律法规的绿色化进程,统筹推进应对气候变化法、能源法、煤炭法、电力法、节能法、可再生能源法等法律法规的制修订;统筹修订清洁生产促进法、循环经济促进法,进一步明确相关主体权利义务,不断提高生产绿色低碳化和资源综合利用水平;研究修订废弃电器电子产品回收处理管理条例,健全配套政策,更好发挥市场作用;补齐减污降碳立法短板,强化应对气候变化与生态环境治理协同增效。积极推进不同层级促进循环经济发展的地方性法规研究制定。强化绿色低碳循环相关立法的执法监督,加大违法行为查处和问责力度,加强行政执法机关与监察机关、司法机关的工作衔接配合。

统筹推动标准体系绿色化与低碳化。开展绿色标准体系系统规划,健全完善方法科学、实施有效、更新及时的标准制修订工作机制,构建起体现国家和地区特色、指标水平先进、系统全面的绿色低碳循环标准体系。健全绿色设计、清洁生产、再制造、再生原料、绿色包装、利废建材等标准规范,深化国家绿色低碳循环经济标准化试点工作。加快绿色产品认证制度建设,培育一批专业绿色认证机构。

7.4.2 健全绿色低碳循环政策和手段

强化财税金融政策支持。加大财税扶持引导力度，加大预算内投资，支持环境基础设施、绿色环保产业发展、能源高效利用、资源循环利用等，继续落实节能节水环保、资源综合利用以及合同能源管理、环境污染第三方治理等方面税收优惠政策。落实资源综合利用税收优惠政策，扩大环境保护、节能节水等企业优惠目录范围。完善政府绿色采购标准，加大政府绿色低碳循环产品采购力度。鼓励金融机构加大对绿色低碳循环经济领域重大工程的投融资力度，加强绿色金融产品创新，加大绿色信贷、绿色债券、绿色基金、绿色保险对绿色低碳循环经济有关企业和项目的支持力度。发挥国家及地方产融合作平台作用，引导银行、证券、保险、基金等商业性金融机构投资绿色低碳循环产业及项目建设。引导金融机构为绿色低碳循环项目提供长期限、低成本资金，鼓励开发性政策性金融机构按照市场化、法治化原则为绿色低碳循环体系建设提供长期稳定融资支持。

培育市场经济政策体系。继续推进碳排放总量和强度"双控"，推动全国碳市场的建设运转，推进碳交易机制成为 2030 年前碳达峰的重要手段，逐步扩大参与碳市场的行业范围拓展到钢铁、水泥、化工等其他重点行业，进一步健全排污权、用能权、用水权、碳排放权等交易机制，降低交易成本，提高运转效率。拓展交易主体范围，增加交易品种，全面建立环境权益交易的 MRV 能力，完善全国碳交易平台和市场。引导地方政府、社会机构以及银行等金融机构探索设立市场化的碳基金。研究将碳税纳入环境保护税税种范围。完善森林、草原、湿地等的生态补偿机制，提升碳汇能力和质量。健全绿色低碳收费价格机制，完善污水处理收费政策，健全标准动态调整机制，建立健全生活垃圾处理收费制度，实行分类计价、计量收费等差别化管理。完善差别化电价、分时电价和居民阶梯电价政策，推进农业水价综合改革，继续落实好居民阶梯电价、气价、水价制度，加快推进供热计量改革和按供热量收费，加快形成具有合理约束力的碳价机制。

完善统计评价与监管体系。加强节能环保、清洁生产、清洁能源、循环再生等领域的统计监测与评价，逐步建立包括重要资源消耗量、回收利用量等在内的统计制度，优化统计核算方法，强化统计信息共享，提升统计数据对绿色低碳循环经济工作的支撑能力。加强碳排放统计核算能力建设，深化核算方法研究，加快建立统一规范的碳排放统计核算体系。完善绿色低碳循环经济发展评价指标体系，健全绿色低碳循环经济评价制度，鼓励开展第三方评价。加强对绿色低碳循环经济体系运行的监督管理，加强对报废机动车、废弃电器电子产品、废旧电池回收利用企业的规范化管理，强化废旧物资回收、利用、处置等环节的环境监管。实施以碳强度控制为主、碳排放总量控制为辅的制度，对绿色环保、能源消费和碳排放、资源循环利用指标实行协同管理、协同分解、协同考核，逐步建立系统完善的绿色低碳循环、碳达峰、碳中和综合评价考核制度。

健全全社会参与机制。营造绿色低碳循环发展良好氛围，各类新闻媒体要讲好我国绿色低碳循环发展故事，积极宣传显著成就与先进典型，适时曝光破坏生态、污染环境、严重浪费资源和违规乱上高污染、高耗能项目等方面的负面典型。推动绿色低碳循环主体多元化，引导全民树牢绿色低碳意识，组织形成社区、企业网格化协调机制，发展壮大志愿者队伍，动员全社会力量，努力营造全社会减污降碳浓厚氛围。扩大绿色低碳产品供给和消费，全面推动吃、穿、住、行、用、游等各领域消费绿色转型，增强全民节约意识，深化绿色生活建设行动，加快形成简约适度、绿色低碳、文明健康的生活方式和消费模式。结合碳达峰碳中和目标，推广统一的绿色低碳生活行为准则，健全绿色低碳标识认证，加大对绿色低碳标准和标识第三方认证的事中事后监管。建立公众参与的绿色低碳积分激励制度，将碳作为重要的供应链要素，推进产业链和供应链低碳化，加强指导和鼓励企业开展碳足迹核算。

参考文献

［1］张友国，窦若愚，白羽洁. 中国绿色低碳循环发展经济体系建设水平测度［J］. 数量经济技术经济研究，2020，37（8）：83-102.

［2］吕指臣，胡鞍钢. 中国建设绿色低碳循环发展的现代化经济体系：实现路径与现实意义［J］. 北京工业大学学报（社会科学版），2021，21（6）：35-43.

［3］王跃堂，赵子夜. 环境成本管理：事前规划法及其对我国的启示［J］. 会计研究，2002（1）：54-57.

［4］刘双柳，陈鹏，程亮，等. "十三五"生态环保投资进展及机制创新建议［J］. 环境污染与防治，2022，44（7）：955-959.

［5］北大汇丰智库. 全球绿色产品贸易特征与中国出口机遇［R］. 2021.

［6］周颖，王洪志，迟国泰. 基于因子分析的绿色产业评价指标体系构建模型及实证［J］. 系统管理学报，2016，25（2）：338-352.

［7］李正旺，周靖. 产能过剩的形成与化解：自财税政策观察［J］. 改革，2014（5）：106-115.

［8］朱庆华，窦一杰. 基于政府补贴分析的绿色供应链管理博弈模型［J］. 管理科学学报，2011，14（6）：86-95.

［9］毛涛. 绿色供应链管理实践进展、困境及破解对策［J］. 环境保护，2021，49（2）：61-65.

［10］中国金融学会绿色金融专业委员会课题组. 碳中和愿景下机构投资者面临的机遇与挑战［J］. 金融市场研究，2022（1）：41-51.

［11］杜强. 全球绿色贸易壁垒与我国对外贸易发展对策［J］. 亚太经济，2003（2）：44-47.

[12] 朱明晶. 国际贸易中绿色贸易壁垒的应对管理措施[J]. 中国商论, 2020（5）: 93-94.

[13] 曲如晓, 李婧, 杨修. 绿色合作伙伴建设下中欧绿色贸易的机遇与挑战[J]. 国际贸易, 2021（5）: 32-40.

[14] 金书秦, 牛坤玉, 韩冬梅. 农业绿色发展路径及其"十四五"取向[J]. 改革, 2020（2）: 30-39.

[15] 毛涛. 碳达峰碳中和背景下绿色供应链管理的新趋势[J]. 中国国情国力, 2021（11）: 12-15.

[16] 王献哲. 能效标识要标"实"——解决我国家用电器能效标识虚标问题的措施建议[J]. 研究, 2022（4）: 66-67.

[17] 于法稳, 林珊. "双碳"目标下企业绿色转型发展的促进策略[J]. 改革, 2022（2）: 144-155.

[18] 刘峰, 郭林峰, 赵路正. 双碳背景下煤炭安全区间与绿色低碳技术路径[J]. 煤炭学报, 2022, 47（1）: 1-15.

[19] 彭星. 环境分权有利于中国工业绿色转型吗？——产业结构升级视角下的动态空间效应检验[J]. 产业经济研究, 2016（2）: 21-31, 110.

[20] 董思曼. 中国环境规制对工业绿色转型升级影响研究[D]. 武汉: 中南财经政法大学, 2019.

[21] 赵元浩, 张力小, 梁赛, 等. 生命周期视角下废弃餐饮油脂炼制生物柴油的环境效益分析[J]. 环境科学学报, 2019, 39（3）: 1006-1012.

[22] 胡鞍钢, 周绍杰. 绿色发展: 功能界定、机制分析与发展战略[J]. 中国人口·资源与环境, 2014, 24（1）: 14-20.

[23] 徐玖平, 李斌. 发展循环经济的低碳综合集成模式[J]. 中国人口·资源与环境, 2010, 20（3）: 1-8.

[24] 张卫东, 张栋, 田克忠. 碳捕集与封存技术的现状与未来[J]. 中外能源, 2009, 14（11）: 7-14.

[25] 仲平, 彭斯震, 贾莉, 等. 中国碳捕集、利用与封存技术研发与示范[J]. 中国人口·资源与环境, 2011, 21（12）: 41-45.

[26] 马士华, 王一凡, 林勇. 供应链管理对传统制造模式的挑战[J]. 华中理工大学学报（社会科学版）, 1998（2）: 66-68, 112.

[27] ZHAO Y H, WANG C B, ZHANG L X, et al. Converting Waste Cooking Oil to Biodiesel in China: Environmental Impacts and Economic Feasibility[J]. Renewable and Sustainable Energy Reviews, 2021, 140（3）: 110661.

[28] 周灵灵. 中国废弃资源综合利用业发展状况及前景[J]. 中国经济报告, 2019（2）: 118-125.

[29] 付帆. 基于低碳环保经济环境下对国际贸易的研究[J]. 经济师, 2021（8）: 61-62.

[30] 周明媚. 考虑市场结构与溢出效应的低碳供应链竞合模型研究[D]. 成都: 电子科技大学, 2019.

第8章 加快绿色低碳能源革命和转型

能源是人类文明进步的重要物质基础和动力，攸关国家安全和经济发展全局，也关乎生态环境保护与应对气候变化进程。为增强能源供应链稳定和安全、推动构建清洁低碳安全高效的能源体系，面对碳达峰碳中和要求，《"十四五"现代能源体系规划》和《"十四五"可再生能源发展规划》相继出台。本章结合国家能源革命和转型战略，重点分析能源碳排放现状和面临的挑战，提出了碳达峰碳中和战略下的非化石能源、化石能源、储能行业和电力行业绿色低碳转型路径和政策措施。

8.1 能源碳排放现状与趋势

8.1.1 全球能源体系低碳化变革

8.1.1.1 能源结构低碳化

21世纪以来，全球能源结构加快调整，新能源技术水平和经济性大幅提升，风能和太阳能利用实现跃升发展，规模增长了数十倍。全球应对气候变化开启新征程，《巴黎协定》得到国际社会广泛支持和参与，近五年来可再生能源提供了全球新增发电量的约60%[1]。目前已有多个国家宣布在21世纪中叶实现碳中和目标，为实现这个目标，清洁低碳能源仍是未来重要发展方向。

8.1.1.2 能源系统多元化

能源系统形态加速变革，分散化、扁平化、去中心化的趋势特征日益明显，分布式能源快速发展，能源生产逐步向集中式与分散式并重转变，系统模式由大基地、大网络为主，逐步向与微电网、智能微网并行转变，推动新能源利用效率提升和经济成本下降。新型储能和氢能有望规模化发展并带动能源系统形态根本性变革，构建新能源占比逐渐提高的新型电力系统蓄势待发，能源转型技术路线和发展模式趋于多元化。

8.1.2 我国能源体系重大变革

我国能源探明储量中，煤炭占94%、石油占5.4%、天然气占0.6%，这种"贫油、少气、富煤"的能源资源特点决定了我国能源生产以煤为主的格局长期不会改变。2021年，我国能源利用的现状是：一次能源比例巨大，替代能源较少，煤炭在我国一次能源的消费占56%。

从"十一五"时期开始，我国政府高度重视能源转型与气候变化，通过能源强度和碳强度的双控约束性指标持续推动转型进程。2011年，非化石能源在一次能源消费中的占比指标首次提出，该指标在"十二五"规划中确定2015年达到11.4%，《能源发展战略行动计划（2014—2020年）》中提出2020年达到15%，《中美气候变化联合声明》中提出到2030年达到20%。气候雄心峰会上国家主席习近平在《继往开来，开启全球应对气候变化新征程》提出，到2030年非化石能源占一次能源消费比重将达到25%左右，风电、太阳能发电总装机容量将达到12亿千瓦以上。该战略目标一直在有力地推动我国能源体系的变革。

8.1.2.1 能源消费结构不断优化

近年来，我国能源消费不断攀升，特别是2000年后，中国的能源消费增长速度明显加快，2021年中国能源消费总量为52.4亿吨标准煤，是2000年的3.6倍（图8.1）。2021年中国能源消费总量稳居世界第一，占全世界消费总量的26.5%，是世界能源消费第二位美国的1.7倍。

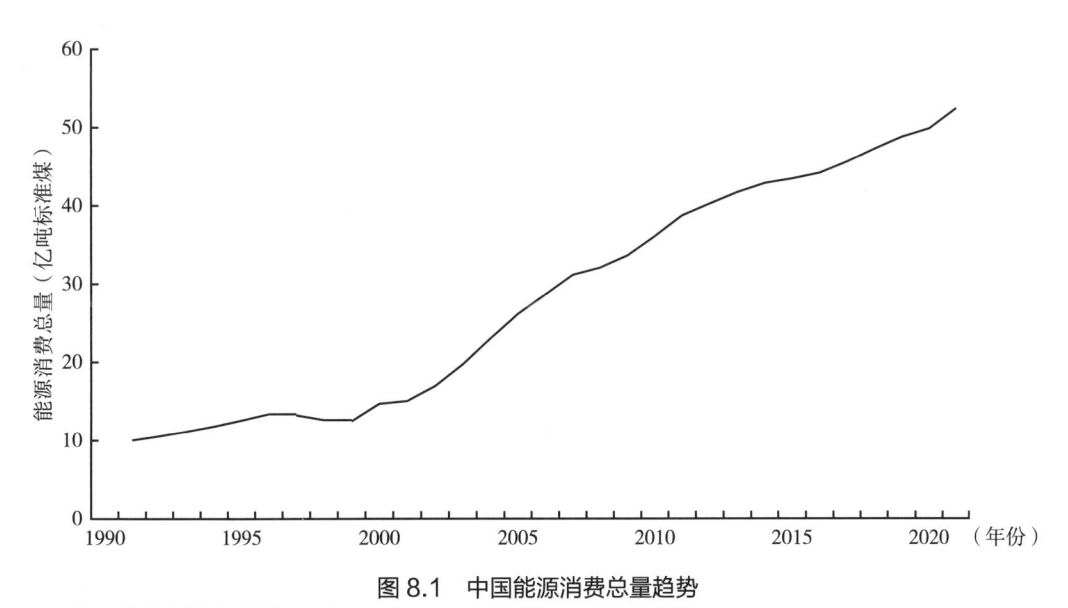

图 8.1 中国能源消费总量趋势

注：数据来源于国家统计局。

"十三五"期间,能源消费结构不断优化。2020年,中国能源消费总量达49.8亿吨标准煤,较2015年增加6.4亿吨标准煤,年均增速达2.8%,较"十二五"年均增速下降0.7%。2020年,煤炭在一次能源消费总量中的占比为56.8%,比2015年下降7%;石油占18.9%,较2015年提高0.5%;天然气占8.4%,提高2.6%;非化石能源约占15.9%,提高3.9%。

8.1.2.2 非化石能源比例逐步上升

"十三五"时期,我国能源结构持续优化,低碳转型成效显著,非化石能源消费比重达到15.9%,煤炭消费比重下降至56.8%,常规水电、风电、太阳能发电、核电装机容量分别达到3.4亿千瓦、2.8亿千瓦、2.5亿千瓦、0.5亿千瓦,非化石能源发电装机容量稳居世界第一。

2020年,全国水、核、风、光等非化石电源装机容量9.8亿千瓦,占总装机44.8%,比2010年提高18%;发电量2.6万亿千瓦·时,占总发电量的比例由2010年的19%上升至2020年的34%。其中,水电、核电、风电、太阳能发电装机容量分别为3.7亿千瓦、0.5亿千瓦、2.8亿千瓦、2.5亿千瓦,发电量分别为1.4万亿千瓦·时、0.4万亿千瓦·时、0.5万亿千瓦·时、0.3万亿千瓦·时(图8.2~图8.4)。

8.1.2.3 能源技术不断革新

中国积极推进分布式能源、储能、氢能等新能源技术创新,促使光伏发电、风电、动力电池等技术经济性得到大幅提升,页岩油气、新能源汽车、"互联网+"智慧能源等能源新业态快速成长,能源产业转型升级取得明显成效。

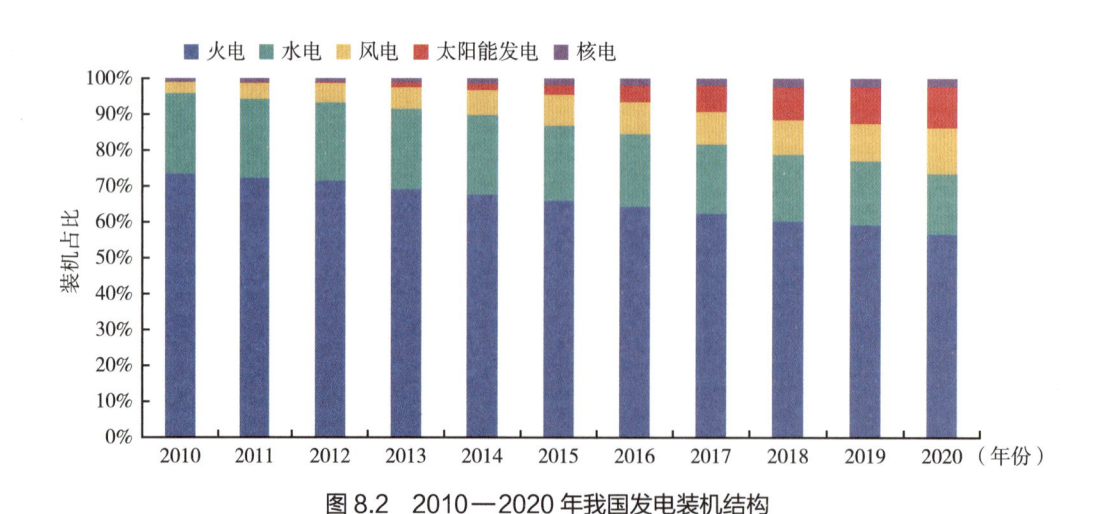

图8.2 2010—2020年我国发电装机结构

注:数据来源于中国电力企业联合会。

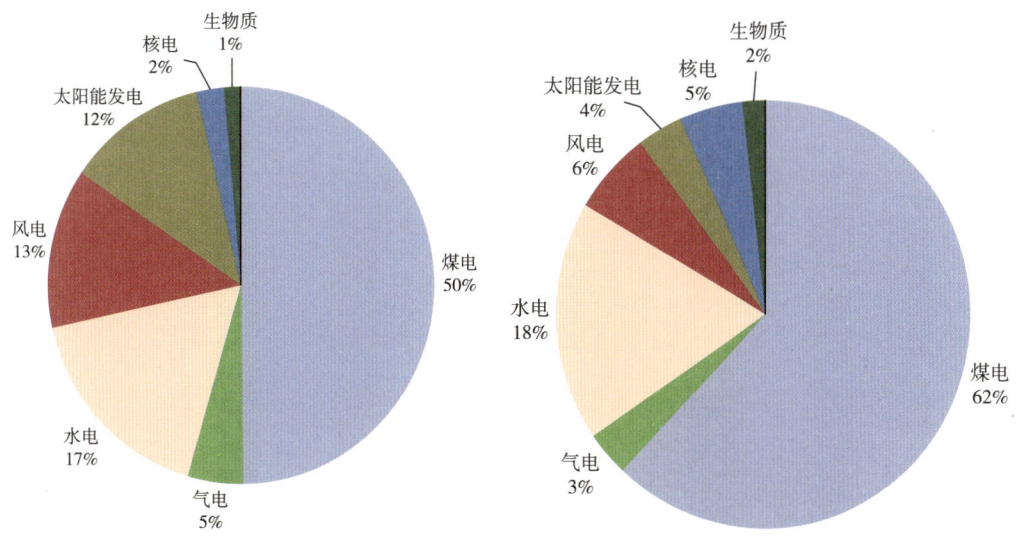

图 8.3　2020 年我国发电装机结构
注：数据来源于中国电力企业联合会。

图 8.4　2020 年我国发电量结构
注：数据来源于中国电力企业联合会。

8.1.3　能源碳排放现状与趋势

中国自 2015 年起成为世界最大的二氧化碳排放国。2019 年，世界二氧化碳排放量排在前六位的国家和地区分别是中国、美国、欧盟、印度、俄罗斯、日本（图 8.5）。

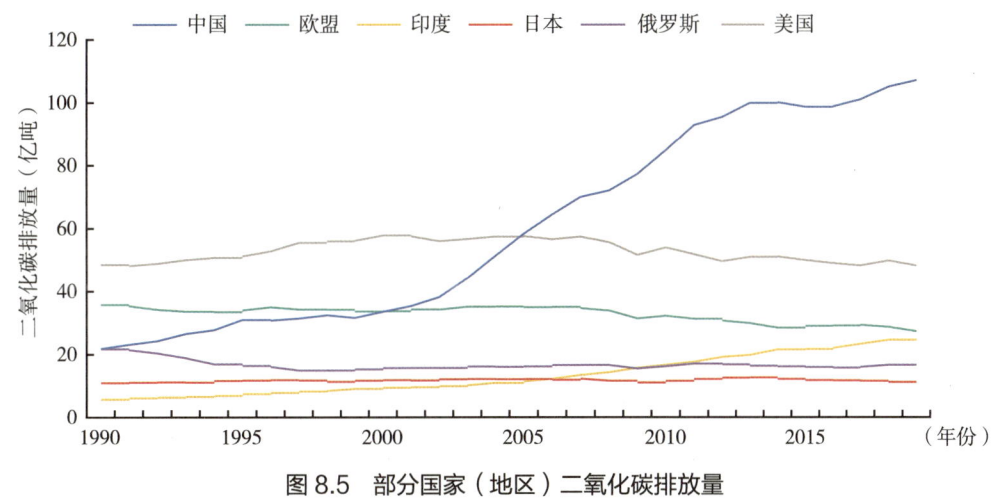

图 8.5　部分国家（地区）二氧化碳排放量
注：数据来源于世界银行。

2021 年，世界能源消费结构中，煤炭、石油、天然气、可再生能源和核电的比例分别为 26.9%、31.0%、24.4%、13.5%、4.3%。与世界平均水平或其他主要碳排放国家相比，中国的能源消费结构中煤炭消费比重较高，煤炭、石油、天然气、可再生能源和核电的比例分别为 54.7%、19.4%、8.6%、15.0%、2.3%（图 8.6）。

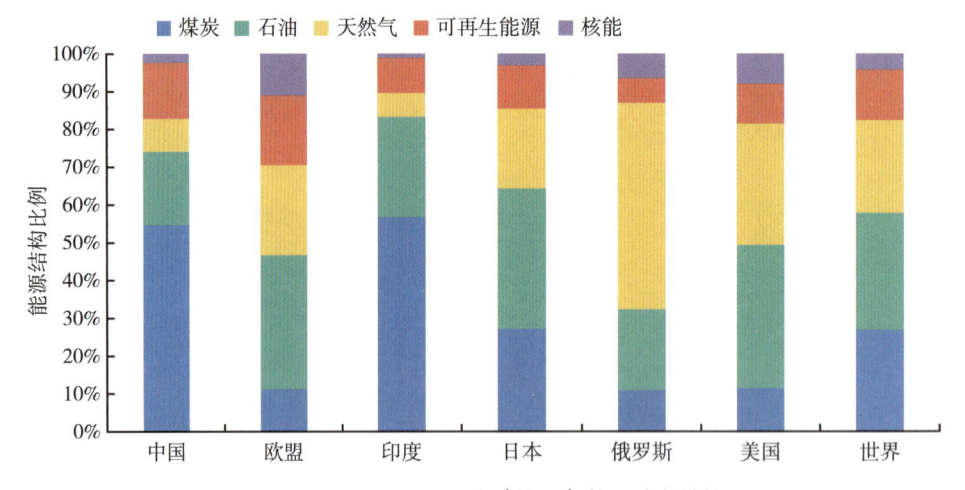

图 8.6　世界和部分国家（地区）能源消费结构

注：数据来源于 BP 世界能源统计年鉴 2022。

根据中国二氧化碳排放路径模型，2020 年我国能源消费与工业过程二氧化碳排放合计为 115 亿吨。电力（包括热电联产供热）、钢铁、水泥、铝冶炼、石化化工、煤化工等重点行业及交通、建筑领域碳排放合计占我国总排放量（不含港澳台地区数据）的 90% 以上[2]（图 8.7）。

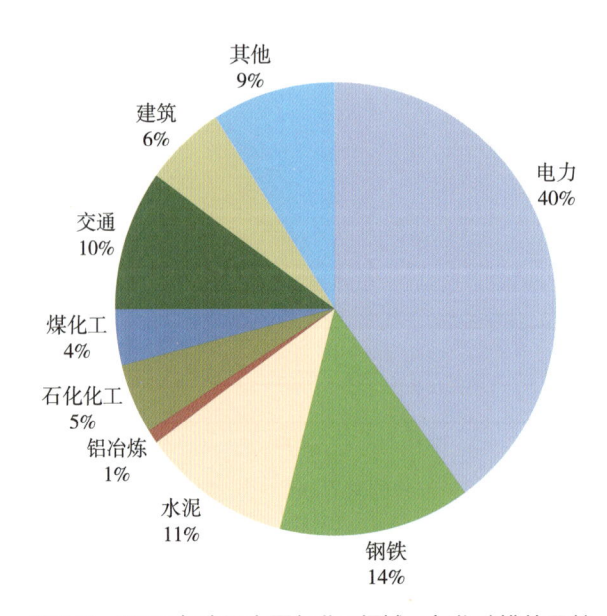

图 8.7　2020 年我国主要行业/领域二氧化碳排放贡献

注：各行业/领域碳排放量包含能源消费和工业过程的直接排放。

8.2 我国能源革命面临的挑战与机遇

到2030年，中国单位国内生产总值二氧化碳排放将比2005年下降65%以上，非化石能源占一次能源消费比重将达到25%左右，森林蓄积量将比2005年增加60亿立方米，风电、太阳能发电总装机容量将达到12亿千瓦以上。碳达峰碳中和将给我国能源系统带来革命性变化，我国也将面临诸多挑战与机遇。

8.2.1 能源革命的基本内涵

能源转型通常是指能源供给侧的能源结构发生根本性的变革[3]。人类历史上经历过两次重要的能源转型。第一次为18世纪后期至19世纪中期，以蒸汽机为代表的生产力变革引发了第一次工业革命，促使煤炭替代柴薪成为全球第一大能源。第二次为19世纪后期至20世纪中期，内燃机的发明和推广使得油气逐渐取代煤炭成为全球主导能源。目前，世界范围内正在经历第三次能源转型，即随着人类技术进步和环保意识的日益提高，从化石能源转向以风电、太阳能为主的新能源。本轮能源转型并非自发性的变革，而是一个受控过程，其转型的根本动力不仅是生产力进步，而且是为了解决经济增长与日益恶化的环境、气候和安全问题之间的矛盾[4]。

从世界主要国家能源转型规律来看[3]，第一类是以德国为代表的重视气候变化且油气资源匮乏的国家，这类国家往往会加速退煤进程，同时在一定程度上摆脱对石油的依赖，而天然气作为过渡能源受制于资源约束会稳定在一定区间内，大部分欧盟国家都属于此类范畴；第二类是以日本为代表的重视能源安全且油气资源匮乏的国家，这类国家会以天然气和煤炭共同作为过渡能源，同时致力于大规模削减既不安全又污染较为严重的石油，这也是日本长期大力发展氢能及燃料电池的原因；第三类是以美国为代表的重视能源安全且油气资源富集的国家，这类国家同样会加速退煤，但会形成以天然气为主、石油为辅的过渡能源体系，天然气消费呈上升趋势，石油消费短期稳定但长期会呈下降趋势；第四类是以挪威为代表的重视气候变化且油气资源富集的国家，其与第一类国家的区别在于能够在不增加进口风险的情况下支撑天然气的增长，对气候变化的重视使其在一定程度上削减石油的生产和消费，实现经济与石油的脱钩。

我国能源转型是以应对气候变化为核心，兼顾能源安全。由于油气资源匮乏，我国路径可参考上述分类中的欧盟国家。从实践经验来看，控制煤炭消费总量，削减石油消费，并以天然气作为过渡能源。我国居民的基础用气量并未达到饱和，因此天然气消费短期内仍会增长，但不会出现如美国一样天然气大规模替代煤炭的情况。我国转型的重点领域有两个，其一是供给侧能源结构的调整，特别是非化石能源在一次能源中的占比不断提高；其二是消费侧能源强度的降低，既包括能源利用效率的提高，也包括产业结构的调整[3]。

8.2.2 能源革命面临的挑战

8.2.2.1 经济处于增长期，能源消费仍将保持刚性增长

我国工业化、城镇化还在深入发展，发展经济和改善民生的任务还很重，能源消费仍将保持刚性增长。相比发达国家，我国工业化、城镇化等进程远未结束，将近一半以上的城市第二产业占比超过50%，且主要以高耗能高碳排放的建材、钢铁、石化、化工、有色金属冶炼等产业为主。在此条件下，我国提出2030年前实现碳达峰，一方面要通过政策手段遏制高耗能高排放项目盲目发展，快速缩短达峰时间和降低达峰峰值，另一方面又要在这一过程中保持经济社会平稳健康发展，特别要保证能源安全、产业链供应链安全和粮食安全，这无疑是一场硬仗。

碳达峰分为自然达峰和政策驱动达峰。自然达峰与国家经济发展、产业结构及城镇化水平有着密切关系，一些发达国家达峰过程都是在经济发展过程中因产业结构变化、能源结构变化、城市化完成而自然形成的。欧盟承诺的碳中和时间与达峰时间的距离是70~80年，中国承诺的碳中和时间与达峰时间的距离是30年，达峰之后几乎没有平台期的缓冲是中国的最大挑战[5]。

8.2.2.2 非化石能源快速增长，能源系统变革面临困难

当前非化石能源发展总体比较顺利，但也存在一些阻碍，"弃水、弃风、弃光"问题虽有改善但仍有不足，水电、核电发展不及预期。水电开发受移民安置、生态环境保护等制约更加严峻，且大部分经济技术条件较好的水电已得到开发，未来发展空间受限；核电受先进核电新机组成本相对较高及因安全所致的公众接受性等因素影响，稳步发展难度增大。随着财政补贴退坡，风电、光伏发电产业整体进入平价时代，分布式能源实现高比例并网的成本不断增加，倒逼加速突破关键技术、进一步降低成本，在完善投融资渠道、理顺电价机制、多渠道解决并网消纳等方面的压力日益增大；加上调峰机制极不完善、灵活性电源建设不足和布局不合理，分布式能源发展已跟不上能源高质量发展要求的弊端日益凸显[6]。

传统能源是集中式的、稳定的，而以风能、太阳能为主的新能源是分散式的、波动的。这意味着现有的能源传输、调度体系都要系统的调整。我国新能源

消纳问题与负荷规模、电源调节、电网互联等关键因素呈强相关性[7]。目前支撑新能源未来持续高效消纳利用的基础还不牢固，体现在两个方面：一是系统调节能力建设总体处于滞后状态。"十三五"期间，火电灵活性改造、抽水蓄能、调峰气电的规划新增目标，仅分别完成了40%、50%、70%左右。新型储能的成本仍然较高，安全性还有待提升，当前总体规模仍然较小。二是新能源跨省区输送比例偏低。由于配套电源建设滞后或受电网安全稳定运行的限制，部分跨省跨区通道的新能源电量占比低于30%，跨省区消纳能力还有待提升。考虑当前大电网特别是"三北"地区的新能源消纳空间裕度不大，如果出现新能源装机短期大幅增长、用电负荷增速明显下降等情况，新能源消纳的平衡状态极易被打破，弃风弃光存在着发生反复的潜在风险[8]。

8.2.2.3 新能源体系尚未建立，技术发展存在短板

我国的能源体制机制改革与能源转型同时进行，而欧美一些发达国家的体制改革是先于能源转型的，并且针对转型出现的新问题来动态调整市场机制。这不仅增加了我国转型的难度，还抑制了市场驱动在转型初期的作用。目前我国能源体系存在四方面问题：一是能源安全基础仍不稳固；二是能源供应保障能力存在短板；三是能源消费结构有待优化；四是能源市场及价格形成机制不完善，市场在能源资源优化配置中发挥的作用仍不够充分。

我国能源消费体量过于庞大，受到资源、生产力、供应链等方面的制约，技术演化理论认为技术扩散呈现发展速度的有限性，这意味着我国需要更早采取行动来弥补转型速度上的劣势[3]。现代能源体系建设需要技术驱动。目前，我国在煤炭清洁利用技术、化石能源储备和调度技术等方面存在短板，这将是构建现代能源体系的一大瓶颈[9]。

8.2.3 能源革命面临的机遇
8.2.3.1 降低能源安全风险

"十四五"期间，能源行业要走上高质量发展新征程，化石能源要尽可能适应能源转型需要，如煤炭要实现清洁高效利用，石油行业仍要"稳油增气"，大力发展非化石能源。我国要以较低的能源弹性系数（小于0.4%），满足能源消费2%的年增速，主要抓手即为"非化石能源+天然气"[10]。随着碳减排的不断深入，控制石油消费增长和减油也可能在"十四五"末提上日程[11]。

受我国资源禀赋等多层因素影响，近年来国内原油的产量一直低于消费增长，对外依存度持续升高。除大力提升勘探开发、加快天然气产供储销体系建设、切实保障天然气的供应、加强国内管网的互联互通和储气能力的建设外，加

大可再生能源投资也是降低化石能源对外依存度过高带来的能源安全风险的重要途径。

8.2.3.2 促进产业结构升级

目前，我国能源科技创新能力显著提升，产业发展能力持续增强，新能源和电力装备制造能力全球领先，低风速风力发电技术、光伏电池转换效率等不断取得新突破，全面掌握三代核电技术，煤制油气、中俄东线天然气管道、±500千伏柔性直流电网、±1100千伏直流输电等重大项目投产，超大规模电网运行控制实践经验不断丰富，从总体看，我国能源技术装备形成了一定优势。围绕做好碳达峰碳中和工作，能源系统面临全新变革需要，迫切要求进一步增强科技创新引领和战略支撑作用，全面提高能源产业基础高级化和产业链现代化水平。

工业领域长期以来是我国能源消费和二氧化碳排放的第一大户，是影响全国整体碳达峰碳中和的关键。要在坚决遏制"两高"项目盲目发展的基础上，围绕产业结构调整和资源能源利用效率提升，推动互联网、大数据、人工智能、第五代移动通信等新兴技术与绿色低碳产业深度融合。交通领域要加快公转铁、公转水建设，优化调整交通运输结构，全面提速新能源车发展，推进绿色低碳出行，形成绿色低碳交通运输方式。城乡建筑领域要通过乡村振兴推进县城和农村绿色低碳发展，坚持能效提升与用能结构优化并举，推进既有建筑节能改造和新建建筑节能标准提升，逐步建设超低能耗、近零能耗和零碳建筑[5]。

8.2.3.3 推动能源消费方式变革

推动形成节能高效的新型能源消费模式。节能提效应列为我国能源战略之首，是保障国家能源供需安全和能源环境安全的要素。特别是在当前以化石能源为主的能源结构下，节能提效应是减排的主力[10]。构造节能高效的新型能源消费模式，深化能源体制的改革优化，有重点地开发能源关键核心技术，积极在培育可再生能源和可持续发展新动力等方面取得突破。

构建以建筑和交通部门为终端能源消费主体消费结构。以电气化、高效化、智能化为导向的能源消费方式升级进一步加快[11]，电代煤、气代煤比例不断提高，煤炭消费大幅降低。随着人均生活水平的提升，建筑和交通部门耗能占比持续提高。居民生活、公共建筑和商业建筑需要大量的采暖、电器、烹饪、空调等用能服务，主要消耗电力、天然气、煤炭；居民出行和电子商务催生公路、铁路、水路和航空客运及货运的快速发展，主要消耗成品油、电力、天然气等能源[6]。

8.2.4 未来全国能源消费预测

国内外学者多从经济增长、产业结构变动、技术进步、城市化水平以及终端用能等方面,探讨未来能源消费发展趋势。研究显示,在不同的假设下,中国能源消费总量达峰年份跨度较大,在2025—2050年。碳中和愿景下,化石能源消费,特别是煤炭的消费比重都会大幅下降。

IEA的研究显示[12],在国家承诺目标情景下,中国的一次能源需求将在2020—2030年增加18%,随后到2060年下降26%,即2060年比2020年低12%。相比之下,既定政策情景中,2020—2060年的增幅约为10%。承诺目标情景下,能源需求降低的主要原因包括能效和材料效率大幅提高,以及从重工业向低能耗经济活动转型。到2030年,能效的提高将使能源需求增长放缓到18%,重工业生产在此期间达峰;之后,能源需求将开始下降。终端用能电气化将助推上述趋势,因为与传统化石技术相比,电力能够以更高效的方式提供多种能源服务。例如,电动汽车的能效是同等内燃机汽车的2~4倍,而电热泵与传统燃气锅炉相比,加热相同空间的节能幅度可高达75%(表8.1)。

表8.1 承诺目标情景下中国能源需求量

	2020年	2030年	2060年
煤炭(亿吨)	41.6	41.1	7.6
石油(亿吨)	6.2	7.6	2.6
天然气(亿立方米)	3371.9	4214.9	1967.0
核能(艾焦)	4	7	19
可再生能源(艾焦)	18	32	76
非化石能源比重	15%	23%	74%

注:数据来源于IEA。

清华大学[13]采用了"自下而上"和"自上而下"相结合的研究方法,对各部门能源消费进行情景分析和技术评价。不同情景下,2030年能源消费为52.5亿~60.6亿吨标准煤,2060年为50.0亿~62.3亿吨标准煤。能源消费总量将在2025—2050年达峰,煤炭消费比重将大幅下降,2℃情景分部门分品种能源消费构成见表8.2。

表 8.2 全国一次能源需求预测（单位：亿吨标准煤）

	情景	2020 年	2030 年	2050 年
一次能源需求	政策情景	49.4	60.6	62.3
	强化政策情景		59.8	56.3
	2℃情景		56.4	52.0
	1.5℃情景		52.5	50.0
2℃情景下分部门分品种能源消费构成	煤炭	28.4	24.4	4.7
	石油	8.9	8.7	4.0
	天然气	4.3	7.1	5.2
	非化石能源	7.8	16.2	38.1

注：数据来源于《中国长期低碳发展战略与转型路径研究》。

中石油经研院研究显示[14]，中国一次能源需求将于 2030—2035 年达峰，为 41.7 亿~42.5 亿吨标油（60 亿吨标准煤左右），之后有所回落，2060 年降至 39.4 亿~41.1 亿吨标油（57 亿吨标准煤左右）。经济发展动能转变、产业结构优化、循环经济体系建立、绿色低碳生产生活模式形成和能源提升是主要因素。从能源结构角度看，预计 2030 年和 2060 年非化石能源占一次能源比重分别增至 26.9% 和 80%。煤炭占比持续下降，2030 年和 2060 年分别降至 42.8% 和 5%；2040 年前油气占比稳定在 30% 左右，2060 年降至 15%。

国网能源研究院[15]认为，未来能源需求总量将逐步放缓，终端能源需求将于 2025—2030 年达峰，一次能源需求将于 2030 年前后达峰。低碳转型趋势明显，非化石能源占比将在 2040—2045 年超过 50%，2060 年有望达到 80%（表 8.3）。

表 8.3 全国能源消费量及构成预测

	2050 年	2060 年	峰值水平
一次能源需求量（亿吨标准煤）	51~57	46~53	56~59
非化石能源占比	55.7%~69.1%	63.4%~81.0%	

注：数据来源于《中国能源电力发展展望 2020》。

8.3 非化石能源发展方向及潜力

"十四五"时期是为力争在 2030 年前实现碳达峰、2060 年前实现碳中和打好基础的关键时期，必须协同推进能源低碳转型与供给保障，加快能源系统调整以适应新能源大规模发展，推动形成绿色发展方式和生活方式。

8.3.1 风电与光伏发电

8.3.1.1 风电光伏发电面临的问题

（1）新能源日内波动幅度显著大于用电负荷日内波动幅度

新能源日内波动幅度显著大于负荷日内波动幅度，供需协调、匹配面临较大挑战。

风电功率单日波动最大可超装机容量的80%。风电日内以小幅度波动为主，单日最大波动处于0.1~0.2pu（标幺值，电力系统分析中常用表示各物理量及参数的相对值，标幺值＝有名值/基准值）的概率最高，约为28.7%，90%的波动在0.5pu以下，但最大波动幅度可达0.88pu。

光伏功率单日波动更为剧烈。光伏日内波动以幅度处于0.3~0.8pu的波动为主，单日最大波动处于0.6~0.7pu的概率最高，约为23%，50%的波动在0.51pu以下，90%的波动在0.7pu以下，最大波动幅度为0.82pu。

用电负荷波动规律明显，幅度较小。负荷日内波动分布在10%~25%最大负荷的概率较高，波动幅度低于20%、25%日内最大负荷的概率分别约为65%、87%[16]。

（2）新能源对电力平衡支撑能力弱

从保证供电充裕性的角度看，电源规划中无法将光伏发电容量考虑为可信容量，将风电装机容量按照一定比例考虑为可信容量也存在挑战。

极端情况下风电参与电力平衡的能力几乎为0。平均来看，风电日均出力占日均负荷比例在6.5%以上，晚高峰期间为8%~9%。但若选取极端的一天，风电出力占负荷比例为0%~1%，从保证电力系统长周期供应的角度看，需要审慎适当地将风电装机容量按照一定比例考虑为可信容量。

晚高峰光伏参与平衡能力为0。晚高峰，光伏出力为0，无法参与电力平衡，不适合将光伏装机容量按照一定比例考虑为可信容量[16]。

（3）高比例新能源实践经验与新能源替代的启示

2019年6月9—23日，青海电网开展连续15天、360小时全清洁能源供电实践。伦敦时间2019年5月17日15:12至6月4日20:30，英国电网连续18天5小时（共437小时）无煤电运行。青海省"绿电15日"和英国"连续18日无煤电运行"特点如下。

相比参与电力平衡的贡献，新能源发电提供的电量贡献替代效应更加显著。"绿电15日"，新能源发电日均电量贡献占比高达34.7%，晚峰期间，风电出力占负荷比例为2.8%~31.8%（装机占比13%），光伏为0。英国"连续18日无煤电运行"，新能源发电日均电量贡献占比13.86%，负荷高峰期间，风电出力占负荷比例为1.9%~31.6%（装机占比19%）。

新能源出力日内波动大，满足日内电力平衡隐形成本大。青海电网新能源装机占比49%，光伏装机占比尤其高，午高峰新能源最大出力占当时负荷的83.8%，但晚高峰最低仅2.8%，日内出力差高达600万千瓦，调度运行部门面临净负荷"鸭型曲线"的挑战，从管理措施、方式安排（水电、联络线交换功率等）、市场交易等方面，努力调动各方面资源服务于"绿电15日"，为高比例新能源电力系统运行做出有益的探索和尝试，积累宝贵的经验。英国电网则严重依赖燃气机组调节风电、光伏的波动。

以上经验带来如下启示：高度关注高比例新能源电力系统的电力平衡问题，要考虑无风、无光时怎么保障负荷供给。新能源发挥作用更多的是现行条件下显性的电量效应，参与电力平衡能力较弱，高比例新能源电力系统波动性显著增大，系统中可控、可调度电源是保障电力实时平衡的"压舱石"（青海电网是水电，英国电网是燃气机组和核电）；同时，系统也承担了较大的隐形经济代价，充分发挥各方面灵活调节能力需要有相关疏导机制[16]。

8.3.1.2 风电光伏重点发展技术

我国风电、光伏技术总体处于国际先进水平，风机、光伏电池产量和装机规模世界第一。10兆瓦级海上风电机组完成吊装。晶硅电池、薄膜电池最高转换效率多次创造世界纪录，量产单多晶电池平均转换效率分别达到22.8%和20.8%。太阳能热发电技术进入商业化示范阶段。风电光伏发电"十四五"期间重点突破以下技术[17]。

深远海域海上风电开发及超大型海上风机技术。面向国内未来深远海风力发电规模化开发利用的需求，开展海上超大型风电机组试验与检测技术与装置开发，形成超大型海上风电机组供货能力。"十四五"期间，开展新型高效低成本风电技术研究，突破多风轮梯次利用关键技术，显著提升风能捕获和利用效率；突破超长叶片、大型结构件、变流器、主轴轴承、主控制器等关键部件设计制造技术，开发15兆瓦及以上海上风电机组整机设计集成技术、先进测试技术与测试平台；开展轻量化、紧凑型、大容量海上超导风力发电机组研制及攻关。

高效低成本太阳电池技术。持续提升效率、降低成本，对于未来光伏平价上网、大规模利用具有重要推动作用。在新型太阳电池基础理论、制备关键技术方面取得重大突破，支撑我国在光伏技术领域实现国际引领。"十四五"期间，开展新型晶体硅电池低成本高质量产业化制造技术研究；突破硅颗粒料制备、连续拉晶、N型与掺镓P型硅棒制备、超薄硅片切割等低成本规模化应用技术。开展高效光伏电池与建筑材料结合研究，研发高防火性能、高结构强度、模块化、轻量化的光伏电池组件，实现光伏建筑一体化规模化应用。

8.3.1.3 风电光伏发展潜力

根据"十三五"时期全国风电和光伏发电新增装机比例研判，新增光伏发电装机规模约为风电的 1.3 倍（图 8.8）。

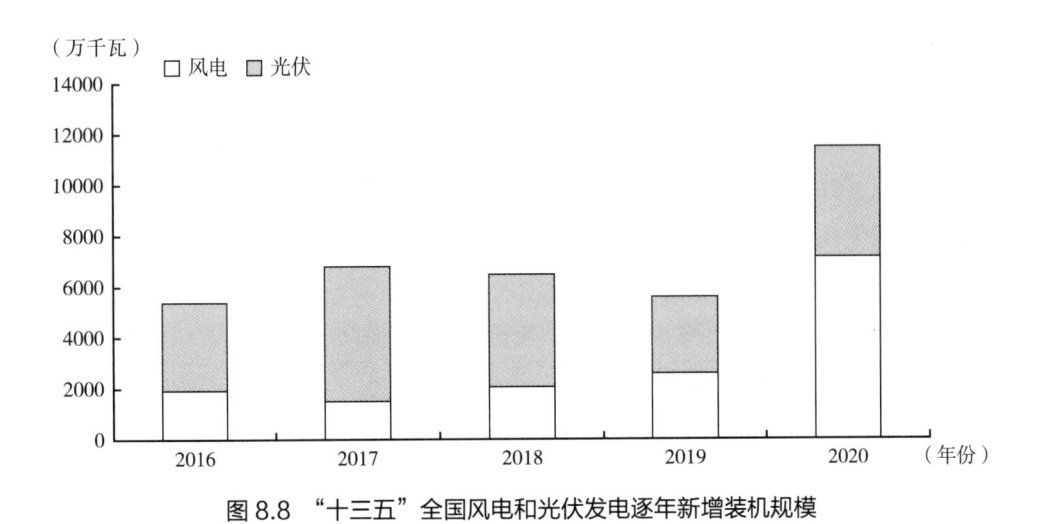

图 8.8 "十三五"全国风电和光伏发电逐年新增装机规模

我国已提出 2030 年前二氧化碳排放达峰、2060 年前实现碳中和目标。为实现上述目标，预计 2025 年非化石能源在一次消费中的占比将达到 20%，2030 年非化石能源在一次消费中的占比将达到 25%。非化石能源发电的主要形式为水电、核电、生物质发电、风电和光伏发电等。其中，水电和核电建设周期相对较长，2025 年及 2030 年新增项目投产时序和规模基本确定。生物质发电产业体系尚不完善，建设运行成本较高，大规模发展潜力有限。因此，2025 年及 2030 年水电、核电和生物质发电装机规模相对确定。新能源发电具有资源存量丰富、建设周期短的特点，风电和光伏发电发展规模是影响非化石能源一次消费占比的重要因素。

"十四五"及"十五五"时期，全国风电和光伏发电新增装机比例按照"十三五"时期考虑，约为 1:1.3。根据 2025 年及 2030 年新能源发电量需求和新增装机比例测算，2025 年全国风电和光伏发电装机总容量约为 5 亿千瓦和 5.4 亿千瓦，到 2060 年约为 20.2 亿千瓦和 25.8 亿千瓦。

8.3.2 水力发电技术
8.3.2.1 水能发电技术

"十四五"期间，重点研发基于气象水文预报和流域综合监测技术，防洪、发电、航运、供水、生态等综合利用多目标协调，满足安全稳定运行和市场需求的流域梯级水电站联合调度技术；研发基于风光水储多能互补、容量优化配置的新型水能资源评估与规划技术，构建基于可再生能源发电预报技术的多能互补调度模型，支撑梯级水电、抽水蓄能电站与间歇性可再生能源互补协同开发运行。研发并示范特高压直流送出水电基地可再生能源多能互补协调控制技术；研究基于梯级水电站的大型储能项目技术可行性及工程经济性，适时开展工程示范[17]。

8.3.2.2 水力发电潜力

我国水能资源技术可开发量居全球首位（表8.4）。根据最新复核成果，全国水电站技术可开发装机容量6.87亿千瓦[18]。结合水电开工建设情况及开发规划，预计2025年、2030年、2060年常规水电装机规模将分别达到3.8亿千瓦、4.1亿千瓦、4.3亿千瓦左右。

表8.4 我国水电已开发利用情况

地区	2020年	2030年	2050年
东部地区	3520万千瓦，基本开发完毕	3550万千瓦	3550万千瓦
中部地区	6150万千瓦，开发程度90%以上	6800万千瓦	7000万千瓦
西部地区	2.54亿千瓦，开发程度54%，其中广西、重庆、贵州等省市开发基本完毕，四川、云南、青海、西藏还有较大开发潜力	3.26亿千瓦，开发程度69%，四川、云南、青海的水电开发基本结束，西藏水电还有较大开发潜力	4.06亿千瓦，开发程度86%，剩余主要在西藏自治区
总计	3.5亿千瓦	4.2亿千瓦	5.1亿千瓦

注：数据来源于《中国水电发展形势与展望（2013）》。

8.3.3 生物质技术

8.3.3.1 生物质能转化与利用技术

"十四五"期间，重点研发生物质炼厂关键核心技术，生物质解聚与转化制备生物航空燃料等前沿技术，形成以生物质为原料高效合成/转化生产交通运输燃料/低碳能源产品技术体系。研发并示范多种类生物质原料高效转化乙醇、定向热转化制备燃油、油脂连续热化学转化制备生物柴油等系列技术。突破多种原料预处理、高效稳定厌氧消化、气液固副产物高值利用等生物燃气全产业链技术，开展适合不同原料类型和区域特点的规模化生物燃气工程及分布式能源系统示范，提升生物燃气工程的经济性和稳定性[17]。

我国生物质资源丰富，分布广泛，理论资源量约为50亿吨，仅每年可作燃料利用的农业剩余物和林业废弃物就有5亿~7亿吨，折合2.5亿~3.5亿吨标准煤[19]。但目前我国生物质能源存在着原料收集范围过大、采购成本过高、严重影响收益的问题。通过对广东省生物质发电的调研发现，广东省生物质电厂存在收集范围过大、原料价格不稳定等问题，导致项目长期处于亏损状态[20]。而单从生物质发电成本来看，与风电、光伏相比，生物质发电并不具备成本大幅度下降的空间，未来环保成本或许还会随着排放标准的提高而进一步提高[21]。

8.3.3.2 生物质发电潜力

如不出台鼓励生物质发电政策，生物质发电在未来发展速度慢，2020—2035年，年均增长0.1亿千瓦，2035年后生物质发电增速略有增加，预计2025年、2030年、2060年装机达到0.4亿千瓦、0.9亿千瓦、1.2亿千瓦[22]。

8.3.4 核电

8.3.4.1 核电重点发展技术

目前，我国已形成了较完备的大型压水堆核电装备产业体系。自主研发"华龙一号"和"国和一号"百万千瓦级三代核电，主要技术和安全性能指标达到世界先进水平。自主研发的具有四代特征的高温气冷堆商业示范堆已投产发电，快中子堆示范项目已开工建设。模块化小型堆、海洋核动力平台等先进核反应堆技术正在抓紧攻关和示范。"十四五"期间，围绕提升核电技术装备水平及项目经济性，开展三代核电关键技术优化研究，支撑建立标准化型号和型号谱系；加强战略性、前瞻性核能技术创新，开展小型模块化反应堆、（超）高温气冷堆、熔盐堆等新一代先进核能系统关键核心技术攻关；开展放射性废物处理处置、核电站长期运行、延寿等关键技术研究，推进核能全产业链上下游可持续发展[17]。

8.3.4.2 核电潜力

从20世纪70年代至今，我国核电大致经历了起步发展、适度发展、积极发展和安全高效发展四个阶段[23]。经过30余年的发展，我国核电发电装机已列全球第三位，形成了完整的研发设计、工程建设、运营维护、燃料保障、设备制造等全产业链体系，建成了秦山、大亚湾、田湾等13个核电基地，从未发生国际核事件分级二级及以上的运行事件，核电安全总体水平已跻身国际先进行列；提升了核电自主创新和独立设计能力，实现了核电技术由"二代"向"三代"跨越；具备了每年新建8~10台套核电主设备能力。截至2019年底，已完成初可研阶段的核电厂址总规划容量约4.1亿千瓦，其中沿海2.3亿千瓦，内陆厂址1.8亿千瓦。

综合考虑核电当前规模、建设周期等因素，按后续每年开工6~8台百万千瓦级机组考虑。预计2025年、2030年、2060年核电装机规模将分别达到7000万千瓦、1.2亿千瓦、2.0亿千瓦[22]。

8.3.5 氢能

8.3.5.1 氢能发展现状与政策

中国具有丰富的氢能供给经验和产业基础,截至 2021 年,中国是世界上最大的制氢国,年制氢产量为 2500 万吨,可为氢能及燃料电池产业化发展初期阶段提供低成本的氢能。2021 年,我国风电、光伏、水电等可再生能源弃电量约 370 亿千瓦·时,可用于电解水制氢约 74 万吨,未来随着可再生能源规模的不断壮大,可再生能源制氢有望成为中国氢能源供给的主要来源。

中国的氢能与燃料电池研究始于 20 世纪 50 年代,但早期国内氢能源的政策属于推广阶段,到"十三五"期间,氢能源相关政策增多,并且在 2019 年首次在政府报告中提及,"十四五"规划中也提出氢能源发展。

8.3.5.2 氢能重点发展技术

高效电解制氢技术。突破适用于可再生能源电解水制氢的质子交换膜和低电耗、长寿命高温固体氧化物电解制氢关键技术,开展太阳能光解水制氢、热化学循环分解水制氢、低热值含碳原料制氢、超临界水热化学还原制氢等新型制氢技术基础研究。

氢气储运关键技术。突破 50 兆帕气态运输用氢气瓶;研究氢气长距离管输技术;开展安全、低能耗的低温液氢储运,高密度、轻质固态氢储运,长寿命、高效率的有机液体储运氢等技术研究。

氢气加注关键技术。研制低预冷能耗、满足国际加氢协议的 70 兆帕加氢机和高可靠性、低能耗的 45 兆帕/90 兆帕压缩机等关键装备,开展加氢机和加氢站压缩机的性能评价、控制及寿命快速测试等技术研究,研制 35 兆帕/70 兆帕加氢装备以及核心零部件,建成加氢站示范工程[17]。

8.3.5.3 氢能发展潜力

根据中国氢能联盟预计[24],到 2030 年,中国氢气需求量将达到 3500 万吨,在终端能源体系中占比 5%。至 2050 年,氢能在交通运输、储能、工业、建筑等领域广泛使用,氢气年需求量将提升至 6000 万吨,在我国终端能源体系中占比达 10%,产业产值达到 12 万亿;至 2060 年为实现碳中和目标,氢气年需求量将增加至 1.3 亿吨左右,在我国终端能源体系中占比达到 20%。

8.4 化石能源清洁高效利用

8.4.1 煤电低碳化

煤电是二氧化碳排放最大的来源,碳中和背景下,煤电低碳化是碳中和的主力。未来一段时间内，煤电将与非化石能源并存，地位由"主体"向"兜底"转变。煤电发电小时数减少，占比逐年下降，面对高比例非化石能源发电时代，煤电未来面临清洁低碳化、深调灵活化等改造挑战，在碳中和时期为电力系统发挥电力平衡和调节作用[25]。

8.4.1.1 清洁低碳化技术

（1）超高参数超临界燃煤发电技术（超超临界发电技术）

先进超超临界发电技术是目前世界上的主要燃煤高效发电技术，其包括二次再热超超临界机组和超超临界循环流化床机组。不断提高火电机组参数，对提升发电效率、减少污染物排放具有重要意义。我国煤电的发展历程，是参数不断提升的过程，现代典型燃煤发电厂的发电效率一般为40%，若要进一步提升到50%以上，蒸汽参数需要朝向700℃、35兆帕的参数发展[26]。

"十五"以来，我国部署重点项目并持续支持超超临界发电技术研发与应用，相继在安源、泰州、莱芜、蚌埠、宿迁、句容投产运行6个二次再热机组，并开工建设贵州威赫和陕西彬长2台超超临界660兆瓦循环流化床燃煤发电机组[27]。2020年，超超临界机组占全国现役煤电机组总装机容量的26%，其中在役1000兆瓦等级超超临界机组共137台，整体供电煤耗平均值为283.59克/千瓦·时。目前，我国已积累了超超临界发电机组设计、制造和运行等方面的丰富经验，相关技术实现了跨越式发展：整体上与国际先进水平同步，部分机组的供电煤耗和发电效率等技术指标实现世界领先，发展速度、装机容量和机组数量稳居世界首位[28]。

（2）整体煤气化联合循环发电系统（Integrated Gasification Combined Cycle，IGCC）与煤气化燃料电池发电（Integrated Gasification Fuel Cell，IGFC）技术

IGCC和IGFC是洁净煤发电技术中被认为最具有前途的发电方式之一，可实现煤的完全清洁利用，且联合循环效率高于传统燃煤机组。

IGCC由煤气化、净化系统和燃气蒸汽联合发电系统联合组成，通常煤粉经气化系统气化后，经过净化系统除去主要污染物如硫化物、氮化物、粉尘等，变成清洁的气体燃料，然后进入燃气轮机燃烧推动燃气透平做功，排汽经过余热锅炉加热给水，产生的高温高压蒸汽推动蒸汽透平做功。美国加利福尼亚州的冷水电站是世界上最早成功运行的IGCC电站。中国首座自主设计和建造的IGCC电站为华能天津IGCC示范电站。2016年，国内首套燃烧前二氧化碳捕集装置在该电站试验成功，煤清洁利用程度进一步提高。目前，IGCC电站投资费用较高，国内外研究机构针对大型煤气化技术、净化技术、空气分离技术、燃气轮机技术以及系统集成控制技术已展开联合攻关研究。

IGFC 是将 IGCC 的燃气蒸汽联合循环发电系统替换成为燃料电池发电系统，主要包括固体氧化物燃料电池和熔融碳酸盐燃料电池系统。IGFC 将煤气化后的氢气、一氧化碳通过燃料电池发电，实现了热力循环发电和电化学发电系统的耦合。一方面，燃料电池理论高温余热可通过余热系统回收利用，综合效率更高；另一方面，燃料电池系统终端排放物为纯水和高浓度二氧化碳，在布置碳捕捉收集系统后，完全实现清洁、低碳、高效循环，二氧化碳近零排放。中国于 2017 年 7 月启动 IGFC 国家重大专项目资助，2020 年 10 月，国内首套 20 千瓦级联合煤气化燃料电池在宁夏煤业实验基地试车成功。目前，IGFC 处于起步阶段，煤气净化提纯技术、高温燃料电池技术、系统耦合控制技术等相关技术研究正逐步开展[27]。

（3）生物质等非煤燃料掺烧技术

燃煤耦合生物质发电对于降低煤耗、促进能源结构调整和节能减排发挥了重要作用。燃气电厂按平均碳排放强度折算相当于供电煤耗为 174 克标准煤/千瓦·时。按照安徽平山电厂煤电机组供电煤耗 251 克/千瓦·时和现阶段新建机组要求设计供电煤耗全面低于 270 克/千瓦·时计，分别需要掺烧 30% 和 36% 比例的生物质燃料可达到单位供电量与燃气电厂一样的碳排放量。2021 年，中国生物质发电量占比仅为 2%，仍有较大的发展空间。除生物质外，中国煤电混氨发电技术实现突破，2022 年建立了世界首个 40 兆瓦等级煤电混氨应用项目，按年利用小时数 4000 小时计，每年可减少煤电机组碳排放 46 万吨[25]。

8.4.1.2 智能灵活深度调峰发电技术

燃气轮机发电机组的运行灵活性要远远高于燃煤发电机组。燃煤发电技术调峰灵活性主要受制于锅炉设备的变负荷运行能力和低负荷稳定燃烧水平，中国目前在役机组实际负荷调节速率仅为 1%~2%Pe/min（Pe 为额定功率），与国际先进水平存在较大差距；纯凝机组的调峰能力一般为 50%Pe，供热机组的调峰能力仅为 20%Pe，远低于国际先进水平的 75%~80%Pe。

《全国煤电机组改造升级实施方案》要求，"十四五"期间完成 2 亿千瓦的煤电机组灵活性改造，增加调峰能力 3 亿~4 亿千瓦。《"十四五"现代能源体系规划》要求，到 2025 年，灵活调节电源占比达到 24% 左右，电力需求侧响应能力达到最大用电负荷的 3%~5%；"十四五"期间燃煤发电灵活性改造的重点是 300 兆瓦机组，调峰困难地区开展 600 兆瓦亚临界燃煤发电机组灵活性改造的研究。

从灵活性技术改造试点项目的实践结果看，火力发电机组进行灵活性改造，实现深度调峰仍然面临大量的技术难题，主要集中于机组运行的安全性、经济性以及污染物排放超标风险。

目前火力发电机组的运行设计值一般基于机组的额定负荷，没有考虑机组的灵活性调峰要求，由于机组频繁启停及大范围、快节奏的负荷变动，造成参与调峰机组需要承受大幅度的温度变化，使锅炉受热面、四大管道以及汽轮机转子、汽缸等厚壁部件产生交变热应力，形成疲劳损伤，减损机组寿命，从而影响机组的运行安全性。

燃煤机组频繁参与深度调峰，锅炉、汽轮机以及各类换热设备运行工况偏离设计值较大且维持时间长，造成锅炉和汽轮发电机组的协调能力下降，锅炉低负荷稳定燃烧控制能力变差，污染物排放浓度上升，汽轮机振动值超标，且设备热膨胀差值增大，易出现汽水管道晃动、水击，机组紧急跳机，发电机短路故障，以及锅炉污染物排放超标等安全性运行事故。

鉴于深度调峰工况大幅度偏离设计值，机组运行的经济性大打折扣，锅炉燃烧效率、汽轮机热耗和厂用电率指标恶化，燃料损耗增加，造成机组煤耗大幅抬升，降低了机组的发电热效率。

灵活性改造需要进行系统改造和设备投资，造成发电系统更加复杂，运行控制难度增加，设备可靠性下降，进一步降低了机组运行的安全性和经济性。火力发电固有的负荷特性限制了全负荷调峰灵活性，随着火电机组灵活性改造进入全系列全参数的深水区，尤其先进的超超临界燃煤发电机组注重燃料利用效率，其汽水换热流程和机组耦合控制技术更为复杂，且锅炉汽水系统干-湿态转换的动态特性具有突变性，其深度调峰水动力稳定性劣于亚临界锅炉，调峰灵活性技术的局限性将更加突出。可以预见，随着储能技术的快速发展和普及，储能技术特有的调峰灵活性将不断侵蚀火力发电技术[29]。

8.4.1.3 发电煤耗发展趋势

在电力行业，燃煤机组发电煤耗每下降10克/千瓦·时，意味着技术领先一个时代。从世界其他国家来看，自1993年以后日本开始大力发展大容量超超临界机组（同时也建造了少量增压流化床联合循环亚临界机组），使得日本燃煤机组的发电煤耗开始进一步稳定下降。虽然总体下降幅度不大，但由于其早期煤耗水平较低（1993年为311克/千瓦·时），一直保持着世界领先的地位。截至2017年，日本燃煤机组的平均发电煤耗已经下降至284克/千瓦·时[30]。

从中国的发电煤耗水平来看[29]，在20世纪90年代，中国燃煤工业的发电煤耗水平与世界平均水平差距较大，相差约70克/千瓦·时。随着中国电力工业近三十年的飞速发展，燃煤工业的发电煤耗逐渐下降，特别是通过"十一五"期间大规模关停小火力发电机组，并新建大量大容量、高参数的高效燃煤机组，2010年中国燃煤工业的发电煤耗已经开始低于世界加权平均水平。明显低于澳大利亚、印度等相对落后的国家,与欧洲主要国家接近,与日本等领先水平还存在25 克/千瓦·时左右的差距(2017 年水平)。总体上看,中国燃煤机组的煤耗水平还有一定的下降空间。

截至 2020 年底,全国累计完成煤电节能改造超过 6 亿千瓦,平均供电煤耗为 305.5 克/千瓦·时,其中超超临界和超临界机组占比 49.5%,还存在占煤电容量 50.5% 的亚临界及以下机组需通过升级改造来提升效率、降低煤耗或淘汰落后机组。此外,还需大力推动煤电机组由超超临界向更高效的二次再热高低位布置、700℃机组、多联供机组等新型燃煤发电方式扩展,将先进煤电机组的供电煤耗降到 250 克/千瓦·时以下[25]。

8.4.2 工业燃煤

除电力领域外,工业领域煤炭燃烧利用形式以燃煤工业锅炉和工业窑炉为主。

燃煤工业锅炉目前在欧洲等发达国家和地区仍有应用,其中大多数为链条锅炉和煤粉锅炉,其燃料质量控制、燃烧技术及自动控制均已达到很高水平。德国是世界上工业煤粉锅炉技术水平最高的国家,其工业煤粉锅炉能够实现全密闭煤粉制备与配送、煤粉精确供料、煤粉浓相燃烧、全自动化无人值守等。国外燃煤工业锅炉由于数量少,燃用高品质煤炭,且燃料特性稳定,故锅炉热效率较高,但对污染物排放要求并不严格。在工业炉窑方面,世界技术领先的有法国的 Stein 和德国的 LOI 等,炉窑热效率高、超低排放、智能运行,且多种煤质燃烧适应性技术先进[31]。

截至 2017 年,我国工业锅炉约有 40.1 万台,总容量合计约 206 万蒸吨,由于能源结构的特殊性,燃煤工业锅炉约 32 万台,占总量的 80%。在目前我国以煤炭为主的能源消费结构下,燃煤工业锅炉在相当长的一段时间内仍然是工业锅炉的主导产品。燃煤工业锅炉主要有链条炉排锅炉、循环流化床锅炉、水煤浆锅炉以及高效煤粉工业锅炉[32]。

我国工业炉窑存量巨大,但因技术和工艺装备落后等原因而普遍存在系统热效率低、能耗高、燃料适应性差、污染物原始排放浓度高等问题。煤炭是冶金、建材等基础工业的主要燃料和原料,以水泥为例,2021 年全国采用干法水泥熟料生产线数量约 1600 多条[33];这些生产线工艺核心设备热效率普遍较低,节能潜力较大,绝大部分未实现常规污染物超低排放,且排出大量二氧化碳。2020 年,我国水泥熟料产量 15.79 亿吨,水泥产量 23.77 亿吨,水泥行业二氧化碳排放占全国排放总量的近 12%[34],减排任务艰巨。因此,工业窑炉领域急需变革性技术,以推动节能环保和有效提高资源利用率的方向发展。

8.4.3 石油和天然气

石油和天然气逐步被可再生能源替代是发展趋势，但短期内中国社会经济仍处于快速发展期，对能源的需求仍保持刚性增长势头，特别在油气对外依存度依然很大的情况下，需要统筹考虑减碳和发展、减污降碳和能源安全的关系，推进油气增储上产依然是保障国家能源供给安全的主要任务。

天然气作为低碳清洁能源，在能源绿色低碳转型过程中，将发挥重要的接续和桥梁作用，是保障国家能源供给安全和实现"双碳"目标的重要过渡能源。油气行业要全面贯彻增储上产发展定位，聚焦产业链高质量发展，统筹国内外资源和市场协同发展，为保障国家能源供给安全发挥重要作用。

8.5 储能与低碳能源转型

储能即能量的存储，指通过特定的装置或物理介质将能量存储起来以便在需要时利用。储能是构建新型电力系统的重要技术和基础装备，是实现能源转型的重要支撑，对实现中国"双碳"目标以及构建新型电力系统发挥着重要作用。

8.5.1 储能与新型电力系统

低碳能源转型是在保证能源安全的前提下，持续推进能源绿色低碳转型。国内能源发展的趋势是化石能源消耗总量要逐渐减少，风电、光伏是增长最快的可再生能源，在能源新增供应量中占较大的比重。而新能源具有随机性、波动性、间歇性特点，导致系统调节资源需求大，系统大范围和长周期电力电量平衡难度显著加大，对电网安全构成严重威胁。与传统电力系统相比，新型电力系统在持续可靠供电、电网安全稳定和生产经营等方面将面临重大挑战。

电力系统是一个时变的实时平衡系统，具有生产和消费实时平衡（同时完成）的特性，有电力、电量两方面的平衡[35]。新能源发电出力的不确定性和随机性，导致电力系统电力电量平衡在从日内到月度时间尺度均面临挑战。风电功率单日波动可达超装机容量的80%，且呈现一定的反调峰特性；光伏发电受昼夜变化、天气变化、移动云层的影响，同样存在间歇性和波动性[7]。随着风电和光伏发电等新能源从补充能源逐渐演变为主力能源，电力系统电力电量平衡模式需要重建。新型电力系统中，储能将成为至关重要的一环，是新能源消纳以及电网安全的保障。

2021年底，我国风电累计装机3.28亿千瓦，其中陆上风电累计装机3.02亿千瓦、海上风电累计装机2639万千瓦；光伏发电累计装机3.06亿千瓦，居世界第一位。随着"十四五"新能源大规模开发，我国新能源消纳矛盾值得关注。风、光等新能源出力具有随机性和波动性，大规模消纳一直是世界性难题。

我国新能源消纳水平不断提升，2021年，全国弃风率3.1%，同比下降0.4个百分点，全国弃光率2%，与上年基本持平。从新能源装机容量与最大负荷的比值（即新能源渗透率）来看，我国为22%，高于美国（10%），低于丹麦（93%）、西班牙（78%）和葡萄牙（63%），处于中等水平[7]。在新能源整体渗透率不突出的情况下，如何建设弃风、弃光，需进一步研究（图8.9）。

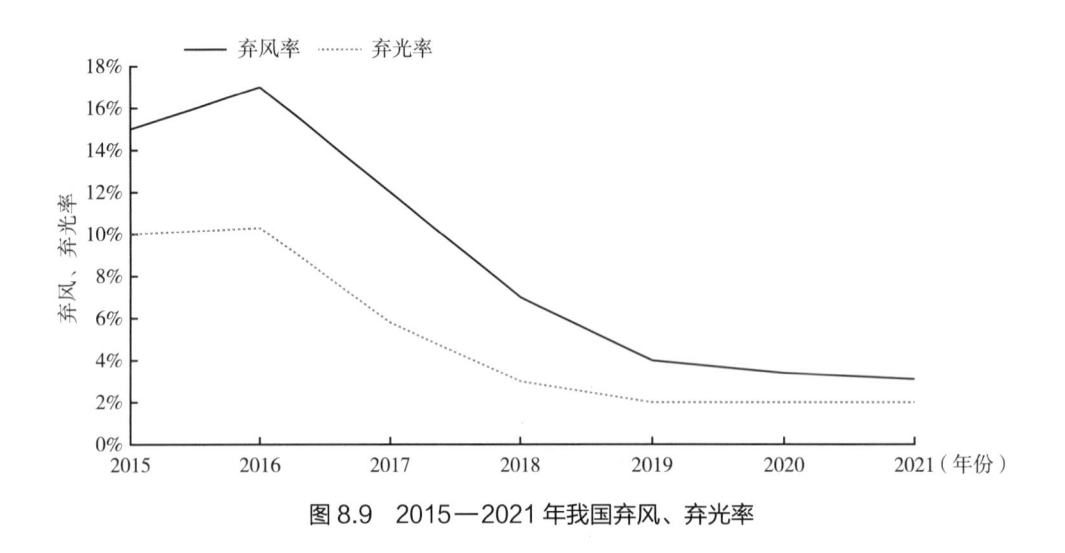

图8.9 2015—2021年我国弃风、弃光率

储能作为电网一种优质的灵活性调节资源，同时具有电源和负荷的双重属性，可以解决新能源出力快速波动问题，提供必要的系统惯量支撑，提高系统的可控性和灵活性。在新型电力系统下，储能是支撑高比例可再生能源接入和消纳的关键技术手段，在提升电力系统灵活性和保障电网安全稳定等方面具有独特优势。

8.5.2 储能与国内外储能发展现状

从储能应用领域看，分为电源侧、输配电侧和用户侧三部分。发电侧储能是指在火电厂、风电场、光伏电站发电上网关口内建设的电储能设施或汇集站发电上网关口内建设的电储能设施。在输配电侧，储能可与火电机组捆绑参与调频服务，解决火电调频能力不足、煤耗高、机组设备磨损严重等问题。在用户侧，储能可在分布式发电、微网及普通配网系统中凭借其能量时移的作用，实现其需求侧响应、电能质量改善、应急备用和无功补偿等附加价值。

根据能量存储方式的不同，储能可以分为机械储能、电气储能、电化学储能、热储能和化学储能五大类。通常来说，新型储能是指除抽水蓄能以外的储能技术[36]。从储能的技术路线来看，抽水蓄能技术相对成熟、单位投资成本低、寿命长，有利于大规模能量储存，但存在投资周期长、响应速度慢的问题。因抽水蓄能可开发资源有限，压缩空气储能、飞轮储能、电化学储能、电磁储能、储热、化学储能（以氢储能为主）等新型储能技术将成为构建新型电力系统的重要基础，有望在长周期平衡调节、安全支撑等方面发挥关键作用[13]。

从当前全球发展态势看，抽水蓄能和储热技术成熟度较高，并已实现商业化运营；氢能、合成燃料、热化学储能等尚处于研发示范阶段；而铅蓄电池、锂离子电池、液流电池、飞轮储能、压缩空气、钠硫电池等整体处于从技术示范到商业运营的过渡阶段。2020年，我国锂离子电池累计储能装机规模最大，规模占比达88.8%。相比电力系统其他灵活性资源，电储能产业协同效应强、技术进步空间大、环境资源约束小，是未来极具市场竞争力的电力系统短周期储能技术，其在电力系统中的价值也更多体现在电力辅助服务层面[36]。

根据中关村储能产业技术联盟数据，截至2021年底，全球已投运储能项目累计装机规模209.4吉瓦，同比增长9%。其中，抽水蓄能的累计装机规模最高，占比86.2%。新型储能累计装机规模为25.4吉瓦，同比增长67.7%，其中锂离子电池占据主导地位，市场份额超过90%。

从我国的发展历程来看，自2005年储能产业展开战略布局，经过5年的探索，2010年储能发展首次被写入法案，初步形成发展体系。2011—2021年，经过10年储能战略布局的构建与实施，储能产业逐步进入较为成熟的发展阶段，体系建设较为完善，储能装机容量呈现出爆发式增长趋势。"十三五"以来，我国新型储能行业整体处于由研发示范向商业化初期的过渡阶段，在技术装备研发、示范项目建设、商业模式探索、政策体系构建等方面取得了实质性进展，市场应用规模稳步扩大，对能源转型的支撑作用初步显现。

截至2021年底，中国已投运储能项目累计装机规模46.1吉瓦，占全球市场总规模的22%，同比增长30%。市场增量主要来自新型储能，累计规模达5729.7兆瓦，占比12%，同比增长75%。在各类新型储能技术中，锂离子电池的累计装机规模最大，占到近90%。主要原因为2020年后国家及地方出台了鼓励可再生能源发电侧配置储能的政策，同时锂电技术商用已经成熟，成本较低，成为电厂配置储能的主要选择[37]。

8.5.3 储能发展潜力

2021年国家发改委、国家能源局发布《关于加快推动新型储能发展的指导意见》，明确到2025年实现新型储能从商业化初期向规模化发展转变，装机规模达30吉瓦以上。许多机构都对2025年或2030年全球及中国的储能空间做出了预测，预测方法为基于宏观经济发展和碳中和目标预测全社会用电量及可再生能源在电力系统中的装机占比；然后根据储能发展历史、成本下降情况、政策等因素推演储能在电源侧、电网侧和用户侧的配比，最后计算得出储能未来装机量。根据IEA预计，到2050年全球储能装机将达到800吉瓦以上，占电力总装机的比例将提高至10%~15%，我国储能装机将达到200吉瓦[38]。

8.6 电力行业碳达峰碳中和路径分析

8.6.1 未来发展情景设计

为分析电力行业碳达峰时间、排放量和不同措施对排放的影响，根据不同电力需求总量、电源结构和发电标准煤耗，形成基准情景、低碳情景、强化情景3个情景。基准情景设定原则为电力需求保持较高水平。电源结构保持"十三五"发展趋势，发电标准煤耗保持当前水平。低碳情景设定原则为电力需求保持较高水平，综合考虑各类电源发展潜力、建设周期、能源价格等方面因素，最大限度开发非化石能源发电，发电标准煤耗设定依据为2015—2019年期间我国发电标准煤耗年均下降2克/千瓦·时，未来发电标准煤耗仍有较大下降空间，但由于煤电灵活性改造将提高煤电的耗煤量，假设未来发电煤耗年均下降1克/千瓦·时，到2025年、2030年、2035年分别达到286克/千瓦·时、280克/千瓦·时、275克/千瓦·时。假设到2060年，全国发电水平均在二次再热高低位布置、700℃机组、多联供机组等新型燃煤发电方式水平，煤电机组的供电煤耗降到250克/千瓦·时[25]。强化情景设定原则为降低电力需求总量，综合考虑各类电源发展潜力、建设周期、能源价格等方面因素，最大限度地开发非化石能源发电，发电标准煤耗与低碳情景相同（表8.5）。

表 8.5 不同情景下的电力行业碳排放控制参数取值

情景名称	年份	用电需求（万亿千瓦·时）	发电标准煤耗（克/千瓦·时）	气电	水电	核电	生物质	风能	太阳能
基准情景	2020	7.6	289	1.0	3.4	0.5	0.3	2.8	2.5
	2025	9.5	289	1.2	3.6	0.7	0.5	3.5	5.2
	2030	11.2	289	1.5	3.8	1.0	0.7	4.2	7.8
	2035	12.7	289	1.7	3.9	1.3	0.9	4.9	10.4
	2060	15	289	2.7	4.3	2.0	1.2	8.4	23.4
低碳情景	2025	9.5	286	1.5	3.9	0.7	0.5	4.7	6.0
	2030	11.2	280	2.0	4.1	1.2	0.9	6.7	9.7
	2035	12.7	275	2.3	4.1	1.7	1.2	8.9	13.8
	2060	15	250	1.0	4.3	2.0	1.2	21.7	28.3
强化情景	2025	9.3	286	1.5	3.9	0.7	0.5	4.7	6.0
	2030	11.0	280	2.0	4.1	1.2	0.9	6.7	9.7
	2035	12.2	275	2.3	4.1	1.7	1.2	8.9	13.8
	2060	12.8	250	1.0	4.3	2.0	1.2	21.7	28.3

8.6.2 路径预测结果分析

情景结果显示，2025 年、2030 年、2035 年电力高需求分别比电力低需求电量高 1.9%、2.1%、4.0%。工业部门、居民生活、第五代移动通信技术基站和大数据中心等将是我国电力增长的主要推动因素，分别占"十四五"期间新增用电量的 27%、25% 和 22%，"十五五"期间新增用电量的 17%、41% 和 7%，"十六五"新增用电量的 14%、37% 和 6%。这些新增用电与国计民生直接相关，属于刚性需求，是支撑我国经济转型升级和未来居民生活水平提高的重要保障。到 2060 年，电力需求在 12.8 万亿~15 万亿千瓦·时。

8.6.2.1 碳排放预测结果

不考虑供热时，电力行业二氧化碳达峰时间在 2028 年后；考虑供热时，二氧化碳排放总量达峰时间在 2029 年后。具体来说，考虑供热的情况下，基准情景在 2035 年前不达峰，低碳情景和强化情景下，电力行业二氧化碳排放总量将分别在 2029 年、2033 年达峰，随后排放量将缓慢下降。不考虑供热的情况下，基准情景在 2035 年前不达峰，低碳情景和强化情景下，电力行业二氧化碳排放总量将分别在 2028 年、2029 年达峰，随后排放量将缓慢下降。在强化情景下，2060 年电力行业碳排放约为 7.1 亿吨（图 8.10）。

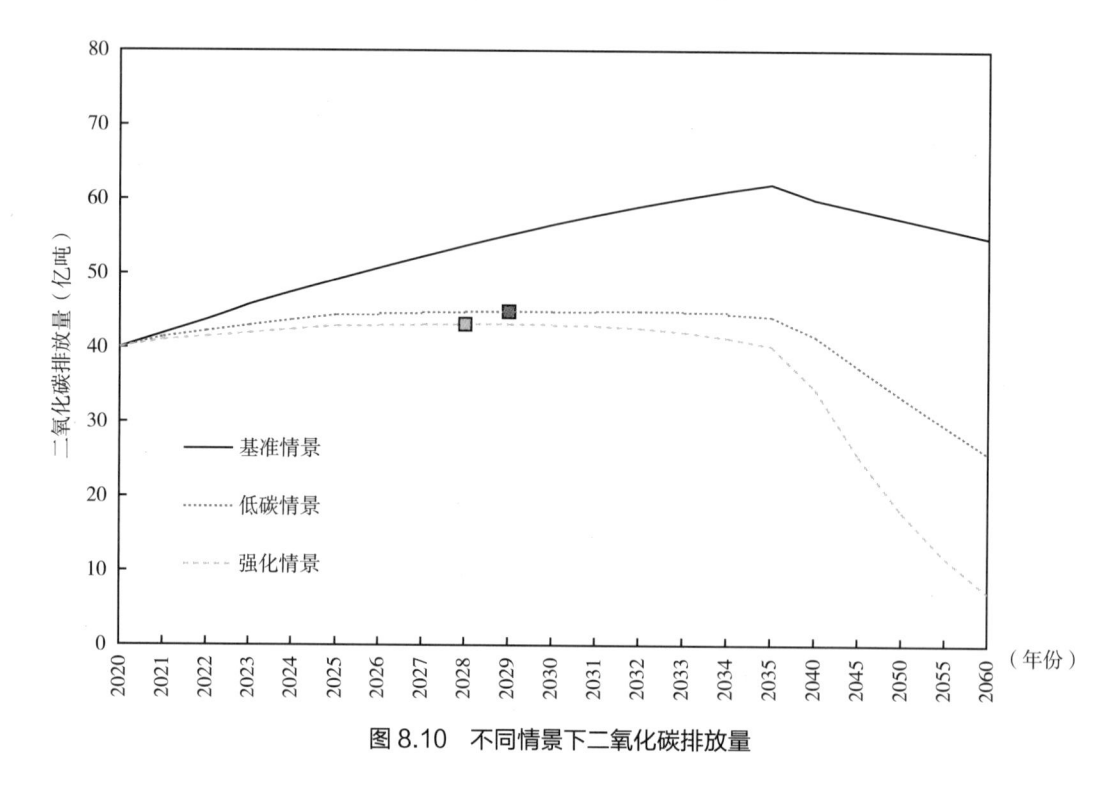

图8.10 不同情景下二氧化碳排放量

8.6.2.2 碳排放影响因素及达峰路径

为识别电力行业碳减排的主要影响因素，结合研究中3类情景设定参数，以2020年为基准年，定量化分析电力需求、气电、核电、水电、生物质、风电、光电发电装机容量、发电绩效等因素对电力行业二氧化碳总排放量产生的影响，不同因素的减排效果测算原则见表8.6。

表8.6 不同情景下的电力行业碳排放控制参数取值

影响因素	碳排放影响测算原则
电力需求变化	电源结构保持不变，电力需求变化对二氧化碳排放的影响
电源结构变化	电力需求保持不变时，提高风电、太阳能发电装机对二氧化碳排放的影响
发电煤耗变化	电力需求保持不变时，发电煤耗改变对二氧化碳排放的影响

电力需求的变化与电力行业达峰紧密相关，在电源结构不变的情况下，电力低需求与电力高需求相比，2025年、2030年、2035年电力需求降低1.9%、2%、3.9%左右时，碳排放量分别削减2.9%、3.5%、7.4%，同时提前达峰4年左右。

电源结构的变化对电力行业达峰起着决定性的作用。与基准情景相比，提高风电、太阳能装机容量是电力行业减少二氧化碳排放潜力最大的措施。到2025

年，提高风光发电、水电、气电、生物质发电装机容量及发电量等各项措施的减排贡献率分别为62.5%、20.6%、7.4%、0.3%。因核电建设周期较长，新建装机与现有开工项目相关，核电减排贡献率无变化。到2030年，提高风光发电、核电、水电、生物质、气电发电装机容量及发电量各项措施的减排贡献率分别为55.3%、10.6%、9.2%、7.6%、5.7%。到2035年，提高风光发电、核电、生物质、气电、水电发电装机容量及发电量等各项措施的减排贡献率分别为60.1%、13.9%、7.2%、4.1%、2.7%。

发电标准煤耗受到考虑到技术进步和发电机组上大压小等措施影响，在电力需求保持不变的情况下，到2025年、2030年、2035年，降低发电煤耗将分别削减碳排放0.4亿吨、1.4亿吨、2.1亿吨，减排贡献率分别为9.3%、11.5%、11.8%。

8.6.2.3 碳中和路径

电力行业实现碳中和，是我国实现碳中和的重要步骤。通过长期发展，氢能技术进一步成熟，电解氢所需要的电力供给进一步增长。因此，在供应侧，非化石能源发电技术将进一步增长，并在一定阶段完成必要的化石能源发电存量替代；从电力传输侧，灵活性电网、智能化电力生产完全成熟[47]，CCUS技术广泛应用，2060年电力系统实现净零排放。低碳情景下，2060年净零排放，其中，煤电、气电碳排放5.8亿吨、1.3亿吨（不计CCUS），火电CCUS碳捕集量为7亿~8亿吨。2060年非化石能源发电装机、发电量占比约为90.3%、92%，风光发电量占比约60%，煤电向基础保障性和系统调节性电源并重转型，2060年装机约5.3亿千瓦，通过CCUS技术改造成为净零排放。

8.6.3 结论与建议

8.6.3.1 主要结论

我国电力需求面临刚性增长压力。随着工业化、城镇化、信息化加快推进以及居民生活水平的进一步提升，我国电力消费将在一定时期内持续增长。工业部门、居民生活、第五代移动通信技术基站和大数据中心等将是我国电力增长的主要驱动，分别占"十四五"期间新增用电量的27%、25%和22%，"十五五"期间新增用电量的17%、41%和7%，"十六五"新增用电量的14%、37%和6%。这些新增用电与国计民生直接相关，属于刚性需求，这决定了我国电力部门碳排放达峰不可避免地要面临新增需求带来的压力。

基准情景下，即非化石能源发展保持"十三五"增速、发电标准煤耗保持当前水平，电力行业无法在2035年前达峰。低碳情景下，即进一步提速风光新能源发展和节能降耗，电力行业二氧化碳排放总量将在2028—2029年达峰；考虑供热的情况下，基准情景下电力行业在2035年前不达峰，低碳情景下达峰时间将推迟1~4年，在2029—2033年达峰。电力行业达峰后排放量将缓慢下降，保持4年左右的平台期，电力行业达峰形势严峻。

水电、核电、生物质发电等对保障电力系统低碳稳定运行意义重大。水电技术成熟、运行灵活，但资源大都已开发，到2030年可新增水电规模仅为0.7亿千瓦，只能满足用电增量的6%。核电是稳定的电源，但其发展规模取决于核电设备生产、项目建设能力和选址等限制，按照现有项目的建设周期和未来最大开工能力计，到2030新增核电装机能力也仅为0.7亿千瓦，可满足用电增量15%左右。生物质发展潜力受燃料供应量及价格影响较大，到2030年新增装机容量能达到0.6亿千瓦，可满足用电增量的8%。

为保证电力行业2030年左右达峰，风电、太阳能发电必须成为承担电力增长需求的主体。在充分挖掘水电、核电、生物质能等资源条件下，到2025年、2030年、2035年，风光装机总量应从2020年的5.3亿千瓦分别上升至10.6亿、16.4亿、22.7亿千瓦，风光发电量应从2020年占总发电量的9.5%分别上升至17.9%~18.2%、22.7%~23.2%、27.5%~28.6%。此外，在非化石能源发电规模一定的情况下，通过实施"上大压小"、现役机组节能升级改造等节能降耗措施，降低煤炭使用量，方可实现2030年左右碳排放达峰。

8.6.3.2 政策建议

非化石能源发展是实现碳达峰目标的关键，建议全面加强顶层设计，着力在风光等新能源开发建设、新能源消纳、电力系统智能化升级、电力体制机制改革以及其他非化石能源发展等方面提前谋划，统筹推进。

研究制定风电太阳能发电提速发展行动方案。以2030年前碳达峰为目标导向，强化顶层设计，出台风电、太阳能发电2021—2030年发展行动方案。明确发展目标和重点任务，指导产业链上下游协同布局，提出各地任务分解方案，完善源网荷储一体化、风光水火储一体化、光伏建筑一体化、海上风电开发送出一体化规划等一揽子配套政策，完善产业技术创新体系和相关标准体系，健全投融资服务体系。

进一步完善新形势下新能源发展消纳保障机制。按照深化电力体制改革总体要求，确定各地可再生能源消纳责任权重，提出电力系统调节能力提升目标。指导各地大力推进火电机组灵活性改造，深度挖掘煤电调峰潜力。因地制宜发展调峰气电项目，鼓励分布式智慧综合能源燃气发电建设。加快抽水蓄能电站建设，做好选址工作。推动新型储能规模化发展，加快推进新型储能技术研发和应用。进一步深化调峰、调频、备用等辅助服务市场建设，加快容量市场、合约市场等配套市场建设，通过合理补偿进一步激励调峰机组参与辅助服务。研究出台自备电厂参与电力系统辅助服务指导意见，全面承担公用电厂义务，明确可再生能源消纳责任。研究出台储能设施成本疏导机制，鼓励抽水蓄能电站、新型储能投资主体多元化，理顺储能设施运行管理体制和电价形成机制。

落实风光大规模开发配套保障政策。坚持系统观念，加强规划衔接，做好新能源发展与国土资源、林业草原、海洋海事、生态环境等衔接，统筹处理好保护与开发的关系，完善新能源开发土地支持政策。加快推进适应新能源快速发展的电力市场建设，丰富交易品种、优化交易机制、扩大交易范围。完善绿色低碳电力调度机制。研究制定适应高比例新能源发展的电力安全供应保障方案，确保电力稳定可靠供应。加快构建新型电力系统，实施电力系统各环节的数字化升级改造，提升复杂电力系统安全水平。

提早谋划核电、生物质等电源发展。积极发展核电是落实碳达峰碳中和战略的重要保障，加快攻关"卡脖子"技术装备研发。提前谋划核电中长期发展规划，做好核电布局和时序安排统筹等工作。进一步完善生物质发电补贴机制，充分挖掘生物质等非常规电源的潜力。因地制宜发展生物质能清洁供暖，推进秸秆等农林剩余物收储体系建设，推动生物质成型燃料产业发展。

参考文献

［1］国家发展改革委，国家能源局. "十四五"现代能源体系规划［EB/OL］.［2022-01-29］. https://www.ndrc.gov.cn/xxgk/zcfb/ghwb/202203/P020220322582066837126.pdf.

［2］严刚，郑逸璇，王雪松，等. 基于重点行业/领域的我国碳排放达峰路径研究［J］. 环境科学研究，2022，35（2）：309-319.

［3］范英，衣博文. 能源转型的规律、驱动机制与中国路径［J］. 管理世界，2021，37（8）：95-105.

［4］何建坤. 能源革命是我国生态文明建设和能源转型的必然选择［J］. 经济研究参考，2014（43）：71-73.

［5］王金南，蔡博峰. 打好碳达峰碳中和这场硬仗［J］. 中国信息化，2022（6）：5-8.

［6］国务院发展研究中心资源与环境政策研究所. 中国能源革命进展报告（2020）［M］. 北京：石油工业出版社，2020.

［7］舒印彪，张智刚，郭剑波，等. 新能源消纳关键因素分析及解决措施研究［J］. 中国电机工程学报，2017，37（1）：1-9.

［8］刘世宇，陈俊杰. "十四五"新能源消纳形势分析与建议［J］. 新能源科技，2021（10）：35-37.

［9］李晓红. 我国步入构建现代能源体系新阶段［N］. 中国经济时报，2022-03-25（02）.

[10] 杜祥琬，冯丽妃．碳达峰与碳中和引领能源革命［N］．中国科学报，2020-12-22（01）．

[11] 韩文科．能源结构转型是实现"碳达峰、碳中和"的关键［J］．中国电力企业管理，2021（13）：60-63.

[12] IEA．中国能源体系碳中和路线图［EB/OL］．［2022-08-23］．https://www.iea.org/reports/an-energy-sector-roadmap-to-carbon-neutrality-in-china?%20language=5zh．

[13] 项目综合报告编写组．《中国长期低碳发展战略与转型路径研究》综合报告［J］．中国人口·资源与环境，2020，30（11）：1-25．

[14] 中国石油集团经济技术研究院．世界与中国能源展望（2021版）［M］．北京：中国石油集团经济技术研究院，2021．

[15] 国网能源研究院有限公司．中国能源电力发展展望2020［M］．北京：中国电力出版社，2020．

[16] 舒印彪，陈国平，贺静波，等．构建以新能源为主体的新型电力系统框架研究［J］．中国工程科学，2021，23（6）：61-69．

[17] 国家能源局，科学技术部．"十四五"能源领域科技创新规划［EB/OL］．［2021-11-29］．http://www.gov.cn/zhengce/zhengceku/2022/04/03/5683361/files/489a4522c1da4a7d88c4194c6b4a0933.pdf．

[18] 于倩倩．关于"十三五"中期我国水电发展的几点思考［J］．水力发电，2019，45（11）：112-116．

[19] 李至，闵山山，胡敏．我国生物质气化发电现状简述［J］．电站系统工程，2020，36（6）：11-13．

[20] 张岳琦，廖翠萍，谢鹏程，等．广东省生物质发电应用的影响因素分析［J］．新能源进展，2020，8（6）：524-532．

[21] 李佩聪．生物质发电的未来展望［J］．能源，2018（Z1）：159-161．

[22] 中国电力企业联合会，电力行业碳达峰碳中和发展路径研究［R］．北京：中国电力企业联合会，2021．

[23] 李光辉，邱国盛，李小丁，等．核安全"十四五"规划的思考与建议［J］．环境保护，2020，48（Z2）：80-83．

[24] 中国氢能联盟．中国氢能源及燃料电池产业白皮书［R］．北京：中国氢能联盟，2019．

[25] 朱法华，徐静馨，潘超，等．煤电在碳中和目标实现中的机遇与挑战［J］．电力科技与环保，2022，38（2）：79-86．

[26] 张全斌，周琼芳．基于"双碳"目标的中国火力发电技术发展路径研究［J/OL］．发电技术，1-15．

[27] 王哮江，刘鹏，李荣春，等．"双碳"目标下先进发电技术研究进展及展望［J］．热力发电，2022，51（1）：52-59．

[28] 吕清刚，柴祯．"双碳"目标下的化石能源高效清洁利用［J］．中国科学院院刊，2022，37（4）：541-548．

[29] 张全斌, 周琼芳. 基于"双碳"目标的中国火力发电技术发展路径研究[J]. 发电技术, 2021（1）：1-15.

[30] 王倩, 王卫良, 刘敏, 等. 超（超）临界燃煤发电技术发展与展望[J]. 热力发电, 2021, 50（2）：1-9.

[31] 吕清刚, 李诗媛, 黄粲然. 工业领域煤炭清洁高效燃烧利用技术现状与发展建议[J]. 中国科学院院刊, 2019, 34（4）：392-400.

[32] 王志强, 杨石. 典型燃煤工业锅炉行业现状和技术经济分析[J]. 工业炉, 2020, 42（5）：7-10, 22.

[33] 吕清刚, 柴祯. "双碳"目标下的化石能源高效清洁利用[J]. 中国科学院院刊, 2022, 37（4）：541-548.

[34] 贺晋瑜, 何捷, 王郁涛, 等. 中国水泥行业二氧化碳排放达峰路径研究[J]. 环境科学研究, 2022, 35（2）：347-355.

[35] 刘永奇, 陈龙翔, 韩小琪. 能源转型下我国新能源替代的关键问题分析[J]. 中国电机工程学, 2022, 42（2）：515-524.

[36] 刘坚, 王思. 电化学储能参与电力辅助服务市场的潜力与障碍[J]. 中国电力企业管理, 2020（22）：29-31.

[37] 绿色和平和中华环保联合会. 电力系统脱碳新动能：电化学储能技术创新趋势报告[R]. 北京：绿色和平和中华环保联合会, 2022.

[38] 刘英军, 刘畅, 王伟, 等. 储能发展现状与趋势分析[J]. 中外能源, 2017, 22（4）：80-88.

[39] 蔡博峰, 庞凌云, 曹丽斌, 等.《二氧化碳捕集、利用与封存环境风险评估技术指南（试行）》实施2年（2016—2018年）评估[J]. 环境工程, 2019, 37（2）：1-7.

[40] 孙祥栋. 解读2014年以来我国电力弹性系数[N]. 北京：中国能源报, 2015-05-04(5).

[41] 郝卫平, 李琼慧, 赵一农. 我国电力弹性系数的现实意义[J]. 中国电力, 2003, 36(5)：8-10.

[42] 国家统计局. 中国能源统计年鉴2020[M]. 北京：中国统计出版社, 2021.

[43] 汪旭颖, 李冰, 吕晨, 等. 中国钢铁行业二氧化碳排放达峰路径研究[J]. 环境科学研究, 2022, 35（2）：339-346.

[44] 庞凌云, 翁慧, 常靖, 等. 中国石化化工行业二氧化碳排放达峰路径研究[J]. 环境科学研究, 2022, 35（2）：356-367.

[45] 金玲, 郝成亮, 吴立新, 等. 中国煤化工行业二氧化碳排放达峰路径研究[J]. 环境科学研究, 2022, 35（2）：368-376.

[46] 王丽娟, 邵朱强, 熊慧, 等. 中国铝冶炼行业二氧化碳排放达峰路径研究[J]. 环境科学研究, 2022, 35（2）：377-384.

[47] 王灿, 张九天. 碳达峰碳中和迈向新发展路径[M]. 北京：中共中央党校出版社, 2021.

第 9 章 加快发展绿色低碳工业

工业部门是国民经济中最重要的物质生产部门,长期引领我国经济快速增长,同时也是我国能源消耗和二氧化碳排放的重点领域。推动工业实现碳达峰碳中和对于中国整体实现"双碳"目标具有关键意义。工业领域要加快绿色低碳转型和高质量发展,力争率先实现碳达峰。本章主要以制造业为研究对象,重点分析使用化石能源较高、碳排放较大的钢铁、水泥、铝冶炼和石化化工 4 个行业的碳排放现状特点、未来排放情景预测以及碳达峰碳中和路径和政策措施。

9.1 工业碳排放现状与趋势分析

推动重点工业行业碳达峰碳中和是实现全国"双碳"目标的重要环节。同时,通过实现"双碳"目标,倒逼传统产业深度调整,推动战略性新兴产业等绿色低碳产业大力发展,产业链供应链现代化水平不断提升,高耗能、高排放、低水平项目盲目发展得到有效遏制,产业结构实现全面优化升级。为此,2022 年 7 月,工信部、国家发改委和生态环境部联合印发《工业领域碳达峰实施方案》[1](以下简称《实施方案》)。《实施方案》从深度调整产业结构、深入推进节能降碳、积极推行绿色制造、大力发展循环经济、加快工业绿色低碳技术变革、主动推进工业领域数字化转型 6 个方面提出重点任务,并提出重点行业达峰、绿色低碳产品供给提升两个重大行动。

9.1.1 全国工业制造业发展形势

党的十八大以来,我国制造业发展取得历史性成就、发生历史性变革,综合实力、创新力和竞争力迈上新台阶,为全面建成小康社会、开启全面建设社会主义现代化国家新征程奠定了更加坚实的物质基础。

一是制造业综合实力持续提升。十年来,我国工业制造业增加值从 2012 年的

16.98万亿元增加到2021年的31.4万亿元,占全球比重从22.5%提高到近30%,持续保持世界第一制造大国地位。体系完整优势更加凸显,按照国民经济统计分类,我国制造业有31个大类、179个中类和609个小类,是全球产业门类最齐全、产业体系最完整的制造业。产品竞争力也显著增强,我国技术密集型的机电产品、高新技术产品出口额分别由2012年的7.4万亿元、3.8万亿元增长到2021年的12.8万亿元、6.3万亿元,制造业中间品贸易在全球的占比达到20%左右。

二是制造业供给体系质量大幅提升。世界500种主要工业产品中有四成以上产品产量位居世界第一,我国汽车保有量从2010年的0.78亿辆大幅增长到2021年的3.1亿辆,特别是新能源汽车,产量已连续7年位居世界第一。2021年我国第五代移动通信技术手机出货量达到2.7亿部,占同期手机出货量的75.9%。截至2021年7月,国家新型工业化产业示范基地已有445家,工业增加值占全国工业增加值比重已超过三成。

三是制造业生产模式发生了深刻变革。制造业向智能、绿色方向升级取得显著成效。数字化方面,2021年,我国重点工业企业关键工序数控化率、数字化研发设计工具普及率分别达到55.3%和74.7%,较2012年分别提高30.7%和25.9%。绿色化方面,我国已初步形成绿色制造体系,规模以上工业单位增加值能耗"十二五""十三五"分别下降28%和16%,2021年又进一步下降5.6%[2]。

我国制造业取得显著成就的同时,也面临更趋复杂严峻的发展环境,产业结构仍面临巨大挑战。当前,工业产业结构未跨越高耗能、高排放阶段,我国第二产业增加值占国内生产总值的39.4%,但能耗占全国能源消费总量的70%[3],二氧化碳排放占全国碳排放总量的80%,传统资源型产业占比仍然偏高,能效水平还有较大提升空间。

一是工业产品有效需求不足,产能过剩问题凸显。目前我国产业结构仍然偏重,特别是高耗能产业占比较大,显著高于发达国家。在工业内部产业结构中,钢铁、建材、石化等高耗能产业占比过高。作为"世界工厂",2020年中国生产世界上近60%的水泥和粗钢、55%~65%的原生钢和铝以及30%的初级化工产品[4]。这些行业中先进产能占比还不够高,存在大量小钢铁、小水泥和小炼油厂等落后产能尚未淘汰。

二是有效供给不能完全适应消费结构升级的需要。随着我国向高收入国家迈进,新型城镇化和消费升级将极大拉动基础设施和配套建设投资,促进钢铁、建材、能源、家电、汽车、高铁及日用品等方面转型升级,增加对绿色、安全、高性价比的高端工业产品需求。而我国工业部门产品结构不尽合理,中低端产品占比较大,高端和高附加值产品占比较小。

三是工业领域减污降碳协同治理不足。我国工业部门是污染物和二氧化碳排放大户,主要大气工业点源污染物中几乎所有二氧化硫和氮氧化物排放源、50%左右的挥发性有机物和85%左右的一次$PM_{2.5}$(不含扬尘)排放源,都与二氧化碳排放源高度一致,而工业企业对污染物和温室气体协同控制远远不足[5]。

9.1.2 工业行业发展和碳排放现状

9.1.2.1 工业行业碳排放现状分析

工业部门2020年碳排放量为72亿吨,其中能源相关直接排放、工业过程排放、间接排放分别为38.6亿吨、14.8亿吨和18.6亿吨。其中,钢铁、水泥、铝冶炼和石化化工碳排放占工业碳排放的70%左右(图9.1)。

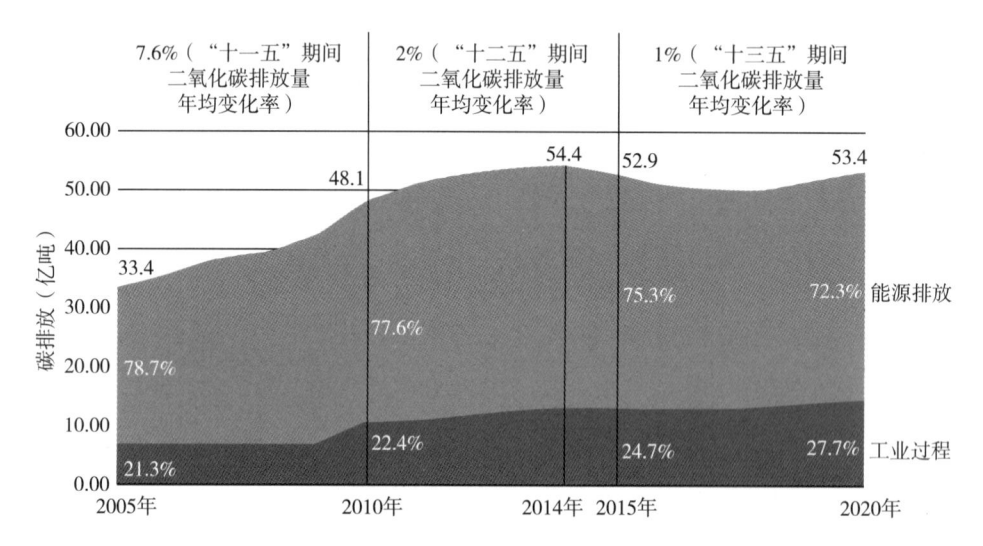

图9.1 2005—2020年工业碳排放量

注:图中白色百分比数据为排放占比,上端为二氧化碳排放总量。

"十一五"期间,全国工业碳排放总量(只计算能源相关的直接排放和工业过程,不包括间接排放)处于快速上升阶段,年均增速7.6%,2009—2010年增速最高,达到13.6%。碳排放量"十一五"期间增长14.7亿吨,增幅43.9%,能源相关的直接排放增长11亿吨,工业过程增长3.7亿吨。

"十二五"期间,全国工业碳排放于2014年达到最高,为54.4亿吨,能源相关的碳排放于2013年达到最高,为41.2亿吨,直到2020年工业碳排放均未超过这一峰值。整体年均增速2%,2010—2011年增速较快,达到6.2%,之后增速明显下降,2014—2015年碳排放总量出现了小幅度下降。"十二五"期间,碳排放量增长4.8亿吨,增幅9.9%,能源相关的直接排放增长2.5亿吨,工业过程增长2.3亿吨。

"十三五"期间,全国工业碳排放在2016—2018年基本保持不变,2019—2020年增速明显加快,年均增速1%,2019年和2020年增速分别为3.1%、2.8%。"十三五"期间,碳排放量增长0.45亿吨,增幅0.85%,能源相关的直接排放下降1.25亿吨,工业过程增长1.7亿吨。

9.1.2.2 钢铁行业发展和碳排放

(1)钢铁行业发展现状

钢铁行业是我国国民经济和社会发展的重要基础产业,在现代化建设进程中发挥了不可替代的支撑作用。2020年粗钢和生铁产量分别达到10.7亿吨和8.9亿吨,分别占全球总产量的57%和63%[6]。2010—2020年,我国粗钢和生铁产量总体呈增长趋势,年均增速分别为5.9%和4.5%;钢材出口量从4256万吨增加到5367万吨,进口量从1643万吨增加到2023万吨,净出口量在2613万吨(2010年)到9962万吨(2015年)之间波动。从单位GDP钢材消费系数来看,2010—2020年,我国逐年钢材消费系数在0.16万吨/亿元至0.22万吨/亿元之间波动[7]。

分阶段来看,"十二五"期间,全国粗钢产量从6.7亿吨增长至8.0亿吨,年均增幅为4.1%,期间单位GDP钢材消费系数年均下降4.5%;"十二五"是2000—2020年全国粗钢产量增幅最低的时期,2015年全国粗钢产量同比下降2.2%。"十三五"期间,全国粗钢产量从8.1亿吨增长至10.7亿吨,年均增幅为7.2%,对应单位GDP钢材消费系数年均增速为2.5%(图9.2)。

从钢铁生产方式来看,我国钢铁生产工艺以长流程炼钢为主,对铁矿石资源以及煤炭、焦炭等能源高度依赖,导致资源能源消耗突出。2020年,我国电

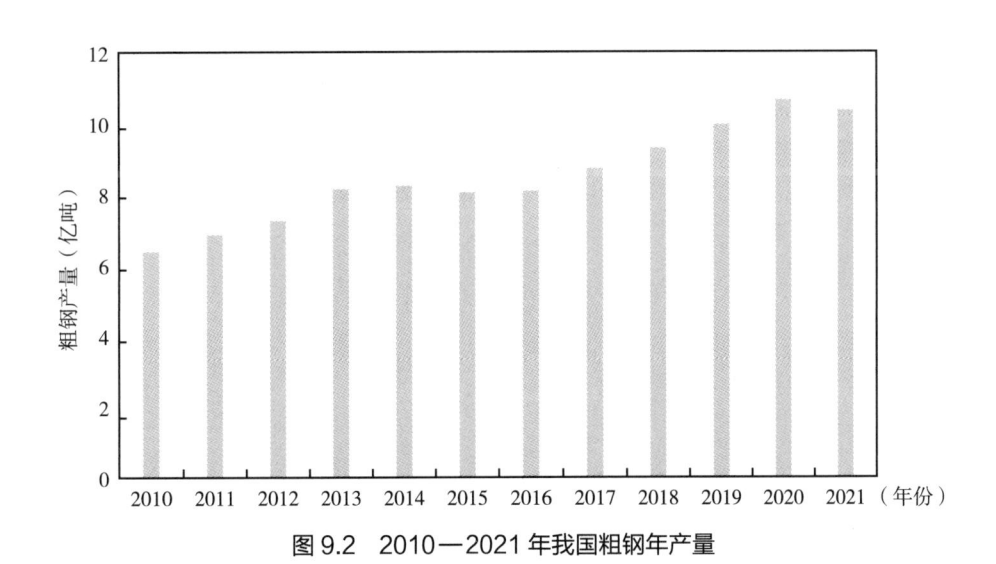

图9.2 2010—2021年我国粗钢年产量

炉钢产量占粗钢比例仅为10%，相较于美国70%、欧盟40%、韩国33%、全球平均28%的电炉钢比例存在较大差距。炼钢废钢比仅为22%，也显著低于美国（70%）、欧盟（55%）、日本（34%）等发达国家和地区的水平[8]。

从钢材消费结构来看，我国钢铁行业的下游消费部门主要包括房屋建设、机械、汽车制造、基础设施建设、家电等，其中，房屋建设、机械以及汽车制造是我国最主要的钢材消费领域，合计钢材消费量约占全国总量的70%，是决定我国未来钢铁产量需求的重要部门。

（2）钢铁行业碳排放现状

钢铁行业是我国重要的二氧化碳排放源。按照燃料燃烧排放、工业生产过程排放等直接排放以及净购入使用的电力、热力等间接排放为测算边界，2020年我国钢铁行业二氧化碳排放总量为18.1亿吨，其中直接排放为16.0亿吨，间接排放为2.1亿吨。直接排放中，化石燃料燃烧排放为14.5亿吨，熔剂使用（碳酸钙分解）排放0.4亿吨，炼钢降碳排放1.1亿吨，间接排放为净购入电力导致的排放[9]。从不同生产工序的贡献来看，钢铁行业二氧化碳排放主要来自高炉炼铁、烧结（球团）、转炉炼钢、炼焦等工序环节，上述工序环节的二氧化碳排放占比分别为72%、13%、9%、5%左右。

9.1.2.3 水泥行业发展和碳排放

（1）水泥行业发展现状

2020年全国水泥产量为23.8亿吨，人均水泥消费量约1700千克。水泥产量已连续35年稳居世界第一，约占世界水泥总产量的57%[10]。2014年我国水泥产量达到阶段性高点24.8亿吨，2015—2020年基本在22亿~24亿吨波动。近年来，我国水泥产品结构发生了变化，高标号水泥使用比例增长，在水泥消费量进入平台期的同时，水泥熟料消费量仍持续增加。2020年全国水泥熟料产量创历史新高，达到15.8亿吨，较2010年增长约37.1%，总体呈年均3%的增长态势[11]（图9.3）。

2017年以前，我国一直是水泥出口远高于进口的国家，水泥和水泥熟料进口量一直保持在300万吨以下。2018年以来，水泥行业实施"错峰生产""停窑限产"等政策措施，造成了水泥区域性、阶段性短缺和价格高位运行，为水泥产能过剩的东南亚国家向中国出口水泥创造了契机。2019年我国水泥和水泥熟料进口量达到2475万吨，其中水泥熟料进口量2274万吨，2020年水泥熟料进口规模进一步上升至3400万吨，占全国水泥熟料消费量的2.1%。

水泥消费领域几乎遍布20个国民经济行业门类，房地产（40%~45%）和基础设施建设（35%~40%）是水泥消费的最重要领域。

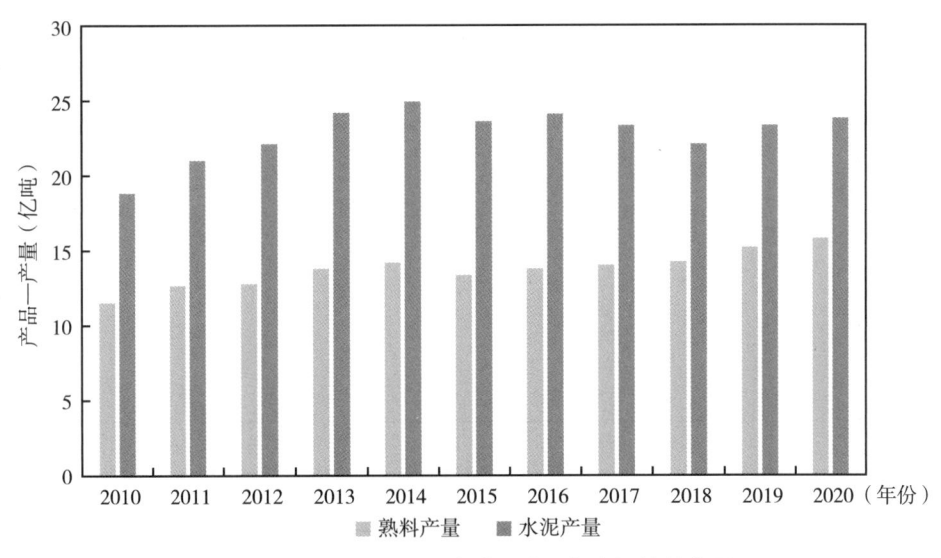

图9.3 2010—2020年中国水泥与水泥熟料产量

（2）水泥行业碳排放现状

水泥生产能耗包括热耗和电耗两部分，能源结构以煤炭为主。煤炭占水泥生产能耗的80%~85%，电力消耗折合标准煤占12%左右，其他燃料占1%~2%。根据900余条水泥熟料生产线实际运行情况分析，正常运行的生产线熟料综合能耗在98~136千克标准煤/吨。2020年已有26家水泥企业熟料综合能耗达到100千克标准煤/吨及以下的世界先进水平。但也存在部分能耗较高的企业亟需改造，综合考虑水泥窑系统余热发电折算的影响，2020年仍有20%左右的水泥熟料产能达不到《水泥单位产品能源消耗限额》（GB16780-2021）中现有企业可比熟料综合煤耗限定值。

水泥生产过程中的二氧化碳排放来源主要包括：工业生产过程的二氧化碳直接排放、燃料燃烧的二氧化碳直接排放和外购电力消耗引起的二氧化碳间接排放。其中，工业生产过程二氧化碳排放约占到60%，主要是石灰质原料在熟料煅烧过程中受热分解产生的，燃料燃烧排放约占35%，外购电力消耗的排放最小。

随着水泥熟料产量的增加，我国水泥行业二氧化碳排放量持续增长。2010—2014年排放量由10.6亿吨增加至12.9亿吨，年均增长5.2%，2015年排放量有所回落，之后又持续增加，到2020年达到13.7亿吨。2020年全国水泥熟料直接排放13.0亿吨，占全国碳排放总量的12%（包括工业过程排放），其中工业过程碳排放8.3亿吨，能源活动的碳排放4.7亿吨[12]（图9.4）。

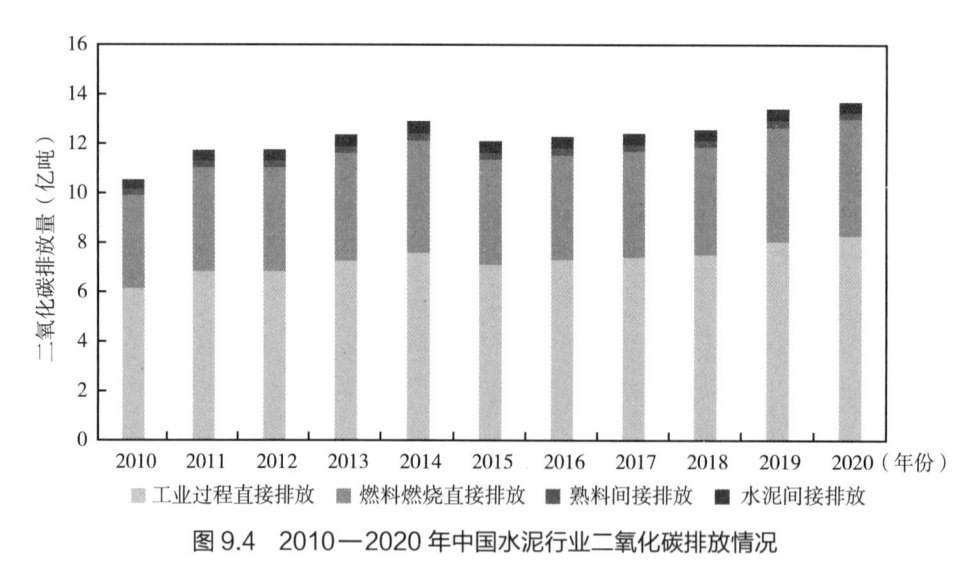

图 9.4　2010—2020 年中国水泥行业二氧化碳排放情况

9.1.2.4　铝冶炼行业发展与碳排放

（1）铝冶炼行业发展现状

2020年，我国电解铝产量3708万吨，2010—2020年，年复合增长率为8.6%。我国是全球最大的电解铝生产国，占全球总产量的57%。电解铝产能主要以低的电力成本为核心进行布局。2019年之前，"煤–电–铝"一体化为主要特征，主要分布在山东、新疆、内蒙古、甘肃等地区。从2019年开始，转变为围绕清洁能源发展的"水–电–铝"，正在向云南等地进行新一轮产能转移[13]。

再生铝为铝工业重要组成部分，2020年产量730万吨，2010—2020年复合增长率为6.2%。再生铝总量约占全球的40%，总量较高；但再生铝占铝供应比重约为17%，低于美国（40%）、日本（30%），且保级回收水平较低，尚有较大发展潜力。再生铝生产主要使用天然气，2020年再生铝能源消耗为82.5万吨标准煤[14]。

氧化铝是生产电解铝的原料，2020年产量7313万吨，占全球总量的54%。2010—2020年，氧化铝产量年复合增长率为9.7%。氧化铝生产主要使用煤气（天然气）、电力和蒸汽，2020年氧化铝行业一次能源消耗量为2618万吨标准煤。

铝广泛应用于建筑结构、交通运输、电子电力、包装容器、耐用消费、机械装备等众多领域。建筑结构是国内消费的第一大领域，占比28%；交通运输、电力领域铝消费依次居第二、第三位，占比分别为19.5%和10.0%（图9.5）。

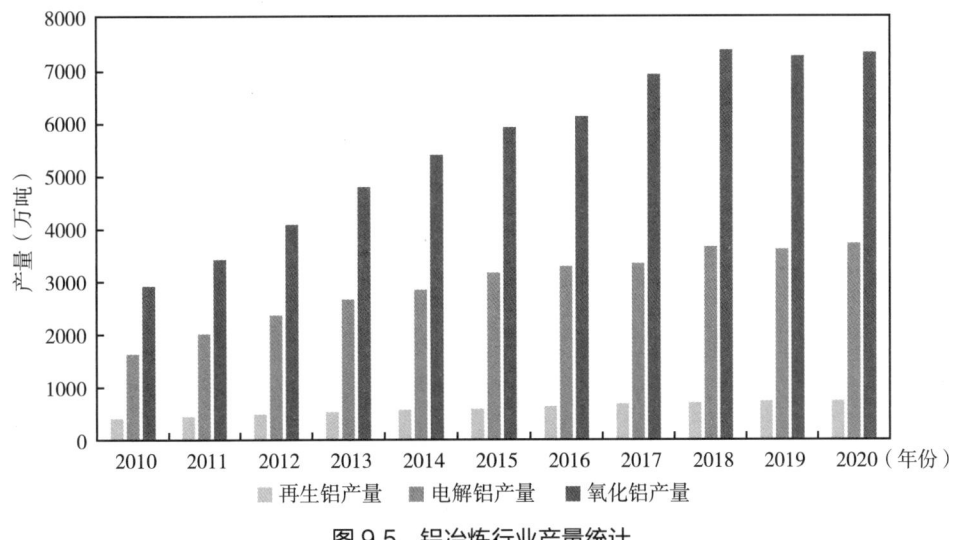

图 9.5 铝冶炼行业产量统计

（2）铝冶炼行业碳排放现状

2020 年我国电解铝行业全年用电量 5022 亿千瓦·时，占全社会用电量的 6.7%。中国电解铝行业的供电模式分为自备电厂供电和购买网电两种类型，其中自备电厂的输电方式又分为自建局域电网和并网运行两种类型。2020 年运行产能中，自备电占比 65.2%、网电占比 34.8%。其中，自备电全部为火电，网电按照各区域电网的发电结构进行划分，火电占比 88.1%，非化石能源占比 11.9%，使用非化石能源的电解铝运行产能为 430 万吨/年[15]。

铝冶炼行业的二氧化碳排放来源主要包括外购电力消耗引起的二氧化碳间接排放、工业过程的二氧化碳直接排放和燃料燃烧的二氧化碳直接排放。其中，外购电力消耗的间接排放约占 74.8%、工业过程二氧化碳排放约占 10.9%、能源排放约占 14.3%。

2020 年我国铝冶炼行业二氧化碳排放量为 5 亿吨，其中电力排放 3.7 亿吨、一次能源排放 0.7 亿吨、碳阳极排放 0.5 亿吨。从三类细分行业来看，电解铝碳排放量 4.2 亿吨，占铝行业总排放的 84.0%，其中自备电排放 2.7 亿吨、网电排放 1.0 亿吨、碳阳极消耗排放 0.5 亿吨。氧化铝排放合计 0.8 亿吨，占铝冶炼总排放的 16.0%，其中一次能源排放 0.7 亿吨、电力排放 0.1 亿吨。再生铝一次能源二氧化碳排放 0.01 亿吨。以上合计，2020 年电解铝行业二氧化碳总排放量为 5.0 亿吨，其中，电力排放 3.7 亿吨、一次能源排放 0.7 亿吨、碳阳极排放 0.6 亿吨[16]（图 9.6）。

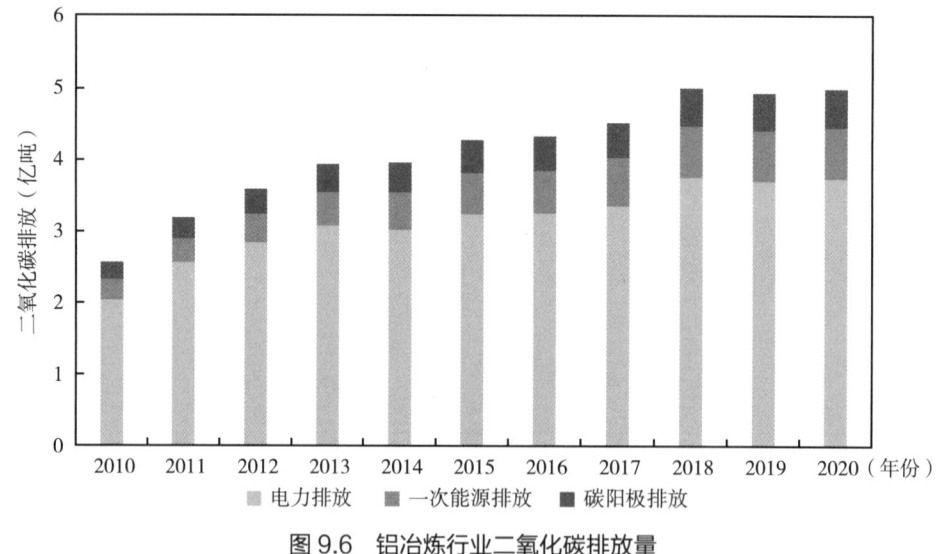

图9.6 铝冶炼行业二氧化碳排放量

9.1.2.5 石化化工行业发展与碳排放

根据行业统计方法，石化和化工行业可划分为三大行业，分别是油气开采行业、石化行业、化工行业，其中化工行业包括煤化工。

（1）油气开采行业发展和碳排放现状

2020年油气开采行业能源消费总量约3628万吨标准煤，我国石油消费量为7.36亿吨标油，进口石油5.42亿吨标油，天然气消费量为3254亿立方米，进口天然气1416.8亿立方米，石油和天然气对外依存度分别为74%和42%，均创下历史新高。2010年以来我国油气产量整体呈波动上升趋势。2010—2020年，油气开采业能源消费量基本与油气产量增长趋势一致[17]。

2020年石油开采行业能源消费中，电力能耗占原油开采能耗总量的40.6%，除电力外的能源消费结构为煤炭6.0%、原油2.8%、天然气91.3%；天然气开采能源消费中，电力能耗占天然气开采能耗总量的26.0%，除电力外的能源消费全部为天然气。根据该能源消费结构测算2010—2020年油气开采行业碳排放量。"十二五"期间，原油开采和天然气开采碳排放量分别占油气开采行业碳排放量的95%和5%左右。"十三五"期间，我国非常规天然气产量大幅增长，天然气开采业碳排放量随之增长，原油开采和天然气开采碳排放量占比调整为86%和14%左右。

（2）石化行业发展和碳排放现状

石化行业产品众多，但最重要的产品为炼油、乙烯、丙烯和对二甲苯。这些产品的发展趋势即代表了石化行业的总体趋势。

炼油：2020年，我国原油加工能力达到8.81亿吨/年，原油加工量6.71亿吨，受新冠肺炎疫情影响2020年成品油产量较2019年下降8%左右，约3.31亿吨。"十三五"以来，我国炼化企业规模化和炼化一体化水平不断提升，千万吨级炼厂增至27家，炼油能力合计3.72亿吨/年，占炼油总能力的42.2%，行业集中度进一步提高，全国炼厂平均规模提高至497万吨/年，但与世界炼厂平均规模759万吨/年相比仍存在一定差距。炼油企业分布具有明显的聚集特点，一是向原油进口通道集中，沿海分布；二是基地化趋势明显，京津冀、长三角、珠三角等地区炼厂分布最为集中。炼厂最集中的省份为山东、辽宁、新疆、江苏和广东，其炼厂数量占全国71%，炼油能力占全国总量的55%。

乙烯：我国是全球第二大乙烯生产国和最大乙烯消费国。2020年乙烯产能增至3458万吨/年，当量消费量约为5900万吨，当量自给率为53.5%。乙烯下游产品众多，其中聚乙烯是乙烯最大的下游衍生物，"十三五"期间，我国聚乙烯市场年均消费增幅达到9.8%，其余消费领域年均消费增速稳定在4.3%左右。54%的聚乙烯用于生产用来制造购物袋、包装薄膜等一次性塑料制品的薄膜，随着快递及外卖行业的驱动，聚乙烯是近年来拉动国内乙烯消费快速增长的核心领域，是国内乙烯当量缺口的主要集中领域。

丙烯：我国是全球最大的丙烯生产国和消费国，2020年国内丙烯产能4600万吨，产量3680万吨，当量消费量4400万吨，当量自给率达到83.6%。丙烯及其下游衍生物的生产、消费与国民经济的发展密切相关，2010年以来国内丙烯当量消费弹性系数为1.08，与GDP增速相当。

对二甲苯：对二甲苯产业链是石化行业重要的产业链之一，2020年对二甲苯产能达到2600万吨/年，对二甲苯产量为2020万吨，自给率达到65.2%[18]。

碳排放情况：2020年石化行业碳排放总量为7.1亿吨，其中电力排放1.9亿吨，占石化行业碳排放总量的27.1%。2010—2020年，石化行业碳排放量随着行业的快速发展保持上升趋势，"十二五"期间，石化行业碳排放量年均增速10.0%，"十三五"期间年均增速9.9%，2019—2020年，由于大型炼化一体化项目集中投产，石化行业碳排放量年均增速高达13.2%[19]。

（3）化工行业发展和碳排放现状

"十三五"期间化工行业重点耗能产品如电石、烧碱、磷酸一铵和磷酸二铵等产能已经过剩。受供需等因素影响，"十四五"期间部分重点产品产量略有增长，但是增长趋缓。

合成氨：2020年合成氨产量为5117万吨。"十二五"以来，合成氨产量总体呈平稳趋势，2010年产量为4963万吨，随后逐渐增加，2014年达到产量峰值6198万吨后逐步降低。从进出口情况看，2020年合成氨进口量105万吨，出口量

0.2万吨，净进口量为104.8万吨。我国合成氨原料路线以煤为主、以天然气为辅。2020年，煤制合成氨的产能占总产能的75%左右，以天然气为原料的合成氨产能占22%，其余3%以焦炉气为原料[20]（图9.7）。

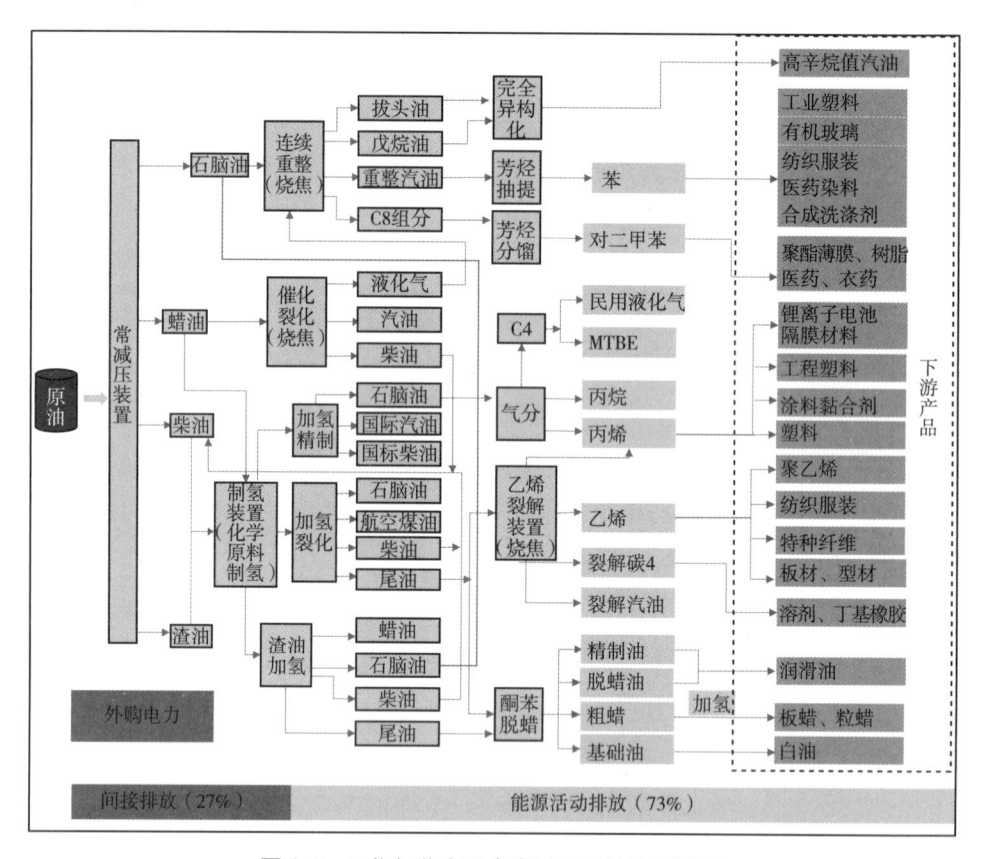

图9.7 石化行业主要生产过程碳排放示意图

煤焦化：2020年我国焦炭产量4.7亿吨，焦炭产能6.3亿吨。2010年以来，我国焦炭产能和产量整体呈平稳趋势，从进出口情况看，2010年以来我国焦炭出口量始终大于进口量，净出口量占总产量维持在2%左右。2020年焦炭出口量652万吨，进口量52万吨，净出口量600万吨。从产能分布情况看，主产区山西、河北、山东三省焦炭产能占40%以上[21]。

甲醇：我国是世界上最大的甲醇生产国和消费国，产能和产量占全球70%以上。2020年煤制甲醇产量为3931万吨。近年来，我国甲醇产量持续增长。据氮肥协会统计，2012—2020年我国甲醇产量从2706万吨增长到3931万吨，增长了45%，其中，以煤、焦炉气和天然气为原料的甲醇产量占总产量的比例分别为75%、15%和10%。我国煤制甲醇主要分布在内蒙古、陕西、山东、山西和宁夏等省（区）。

现代煤化工：自2004年列入国家能源中长期发展规划，经过3个"五年计划"和 10 余年的项目示范,我国现代煤化工产业规模稳步增加[22]。截至 2020 年底,我国煤制油产能 931 万吨/年,煤制天然气产能 51.05 亿立方米/年,煤制烯烃产能 1582 万吨/年,煤制乙二醇产能 488 万吨/年。

2020 年化工行业能源消费中,电力能耗占化工能耗总量的 51.0%,除电力外的能源消费结构为煤炭 78.4%、原油 0.3%、焦炭 5.0%、天然气 16.3%,据此计算化工行业历史碳排放量。2020 年化工行业碳排放总量为 1.25 亿吨二氧化碳,化工行业碳排放已于 2015 年出现局部峰值,之后行业进入平台期,整体趋于平缓。虽然"十四五"期间部分重点产品产量略有增长,但随着技术的进步、能效提升,化工行业碳排放量整体仍将呈现下降趋势。

2020 年全国煤化工行业共消费煤炭(包括焦炭)9.3 亿吨、碳排放量 5.5 亿吨,其中能源活动及工业生产过程产生的直接排放占 88%,电力间接排放占 12%。

从煤化工二氧化碳排放子行业构成看,84% 的碳排放集中在煤制合成氨、煤焦化、煤制甲醇和煤制烯烃四个子行业,碳排放量占行业总排放量比例分别为 26%、21%、19% 和 18%。从碳排放强度看,煤制烯烃工艺过程最长,单位产品碳排放系数最大[23](图 9.8)。

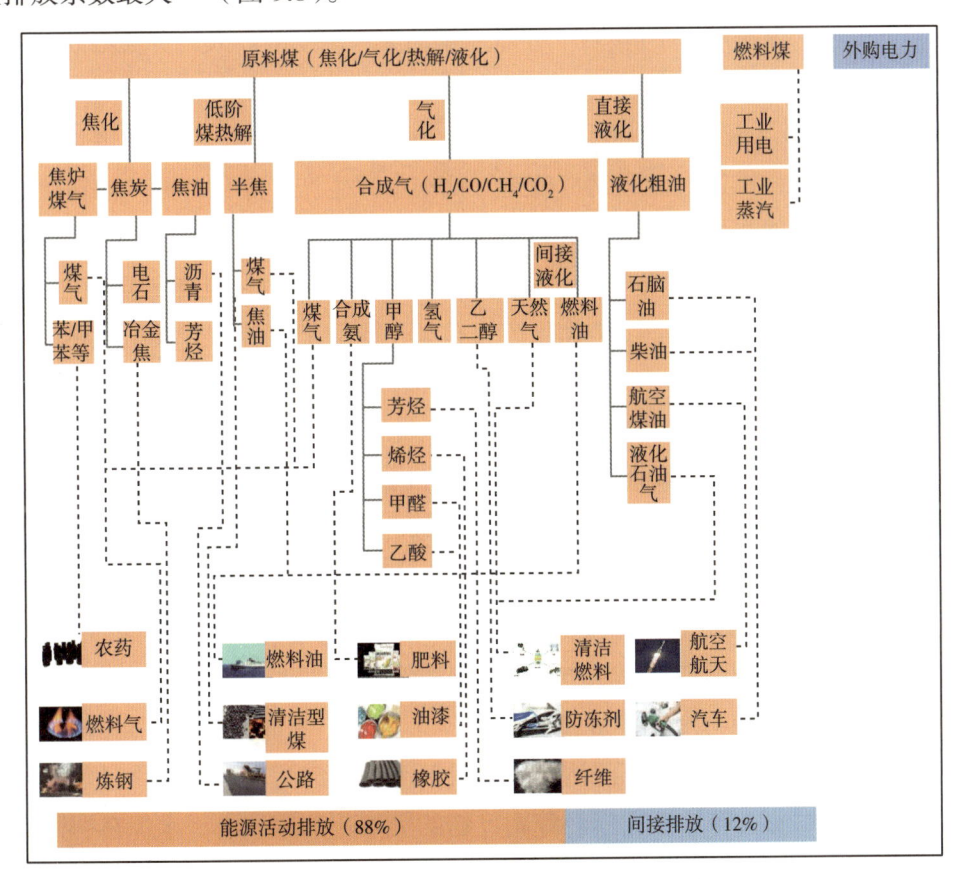

图 9.8　煤化工行业主要生产过程碳排放示意图

9.1.3 工业部门2020—2060年碳排放路径

工业部门2020—2060年经历三个阶段。

2020—2035年是工业碳达峰和平台期,这一阶段不同行业达峰时间各不相同,总体来看碳排放较高的产业和产能过剩的产业要率先实现碳达峰,产品自给率不高、产品需求增长空间大、产品价值链提升前景好的产业要后实现碳达峰,由于产业内部结构调整、淘汰落后技术需要有一定的时间过程,经历一段平台期。

2035—2055年是碳排放快速下降阶段,产业发展与碳排放脱钩。CCUS和BECCS等负碳排放技术可以推广应用,绿电、绿氢、储能等相关技术可以实现规模化应用,氢冶炼、绿氢炼化、乙烯电裂解炉等颠覆性技术开始推广应用。

2055—2060年是全面碳中和时期,工业部门的二氧化碳排放量将下降近95%,剩余的排放量由其他部门的负排放所抵消。2060年剩余的工业排放中,大约80%将来自重工业,包括石化生产中催化剂烧焦、煤化工中煤制甲醇和合成氨等生产过程排放环节,需要通过增加碳汇、碳交易以及CCUS和BECCS等负碳排放技术完全脱除,实现净零碳排放目标。

实现路径:一是调整能源结构,推进非化石能源发展。到2060年,电力用量将增加近一倍,煤炭用量下降83%,从而抵消煤炭的下降。大力普及电锅炉、电工业窑炉、电炉钢等,增加外购清洁电力比例,全面推动电能替代,电力消费将从现在的约4000太瓦·时增加到2060年的7000多太瓦·时;推动更多化石能源从燃料转向原料,推进短流程钢厂改造、低碳水泥生产、炼化产业"油转化"进程;大力发展氢能,提升绿氢供给和利用规模,逐步实现"灰氢"向"绿氢"转变,积极发展氢燃料电池汽车等,探索推进"可再生电力+氢能+应用"、氢冶炼、绿氢炼化等发展方向。二是优化产业布局,推动工业转型升级。强化顶层设计,综合考虑资源供给、市场需求、碳排放和环境容量等因素,统筹优化调整全国钢铁、建材、石化等产业布局,我国主要大宗材料的一次产量下降,全球对钢铁和化工产品的需求将持续增长,在2020年和2060年分别增加20%和35%,而对水泥、铝和纸制品的需求则将在2020年的基础上略有降低。预计中国粗钢的产量将在20世纪20年代中期达到峰值,而2060年的产量将比2020年降低40%。水泥的产量曲线将会出现类似变化,2060年产量将比2020年下降45%。因此,2060年,我国在全球钢铁和水泥产量中的比重将降至30%左右。加大人工智能等新一代信息技术应用力度,推进智能化绿色化发展,培育发展先进制造业集群,推动工业转型升级。加快循环经济发展,发展废钢、废塑料、废矿物油等循环利用技术以及高炉渣、转炉渣和赤泥等副产物的资源化利用技术、水泥窑协同处理废弃物技术等。三是效率提升。许多提效途径将伴随本身能源强度较低的生产方式发展而来，利用新材料、新技术改造升级现有节能技术和设备，持续挖掘节能潜力。强化节能低碳意识，加强节能管理，利用数字化网络化智能化监管能耗，实现对能源产生和消耗的精细化管理，及时排查生产过程碳排放量，不断提升节能减碳水平。建立和完善碳排放和污染物排放协同治理体系，采用源头减污降碳和过程控制减污降碳的技术措施，推动减污降碳协同治理，实现绿色工业革命。四是研发低碳技术，研发电能替代、氢基工业、生物燃料等工艺革新技术，包括全废钢电炉流程集成优化技术、氢还原炼铁技术、水泥熟料替代技术和乙烯电裂解炉技术等，加快发展节能减排先进技术、提高能效技术，从源头上减少二氧化碳排放量。研发低成本的光电、风电、制氢技术，提高新能源使用比例。研发二氧化碳制甲醇、二氧化碳制碳酸二甲酯、二氧化碳和甲烷重整制合成气、二氧化碳制可降解塑料等化学利用技术，将二氧化碳变为宝贵的原料资源。加大二氧化碳矿化利用技术和二氧化碳生物利用技术研究和试验，深化 CCUS 技术、BECCS 等脱碳技术研究，积极推进化石能源制氢 +CCUS 等"蓝氢"技术部署，降低二氧化碳捕集能耗和成本（图 9.9）。

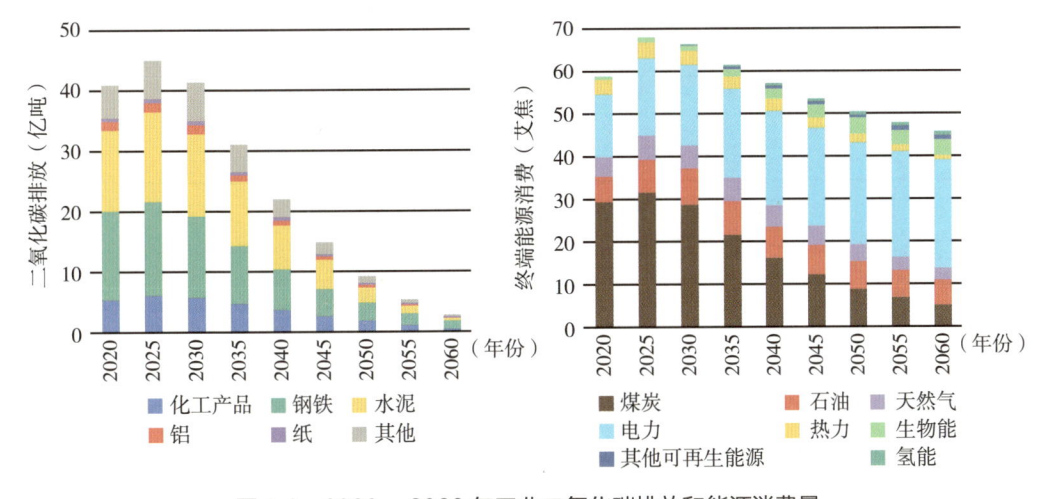

图 9.9 2020－2060 年工业二氧化碳排放和能源消费量

9.2 钢铁行业碳达峰碳中和路径与措施

9.2.1 钢铁行业碳达峰研究方法

9.2.1.1 粗钢产量预测

产量预测包括粗钢产量和废钢资源量两部分内容。粗钢产量预测首先采用消费系数和分部门预测两种方法，同时考虑出口需求等外部因素变化情况，对

2020—2035年逐年粗钢产量进行综合预测，形成两个市场消费需求情景（高需求情景、低需求情景）。其中，消费系数法[24]（高需求情景）立足于我国工业化发展所处阶段，综合参照"十二五"和"十三五"期间我国单位GDP钢材消费系数变化情况，对未来钢材消费量及粗钢产量开展预测；分部门预测法（低需求情景）按照房屋建筑、机械、汽车、基建、家电等分类对钢材消费需求分别开展预测。其次，在上述两个市场需求情景的基础上，从产能产量控制、产品替代、标准提升、进出口调节等角度考虑产量强化控制政策的影响，建立对应的产量强化政策情景（高需求–强化政策情景、低需求–强化政策情景），对相应情景下的粗钢产量进行预测。根据上述方法测算，我国钢需求当前已在高位徘徊，预计"十四五"时期达峰，之后逐步下降，但2030年前总体仍将保持较高水平。其中，高需求情景和高需求–强化政策情景下，预计粗钢产量2025年达峰；低需求情景下，预计粗钢产量2021年达峰；低需求–强化政策情景下，预计粗钢产量2020年达峰（图9.10）。

废钢资源量根据中国工程院评估结果[25]，采用社会钢铁蓄积量折算法，基于历史钢铁蓄积量、钢铁产品生命周期以及废钢进口形势综合判断，对2021—2035年废钢资源产生量进行预测。预计到2025年、2030年我国废钢资源供给量将分别达3.0亿吨和3.6亿吨左右，是2020年的1.2倍和1.5倍。

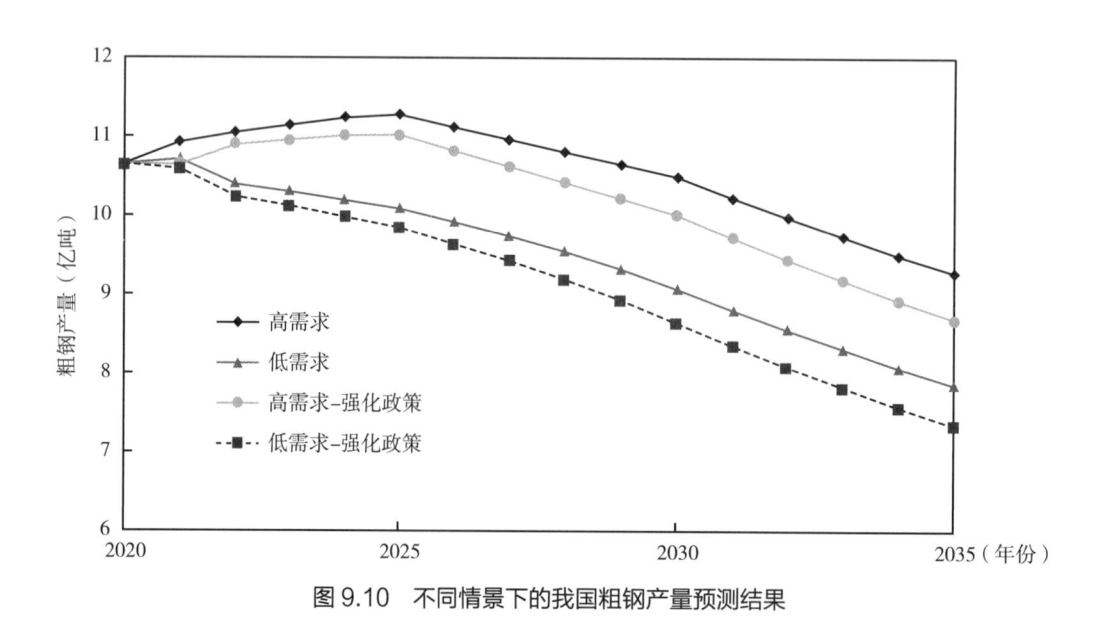

图9.10 不同情景下的我国粗钢产量预测结果

9.2.1.2 控制情景设置

综合考虑粗钢产量以及废钢可用资源量，结合资源基础、技术成熟度、经济可行性等因素，从加大废钢资源利用、推进电炉短流程炼钢、提高系统能效水平等方面筛选可行措施，并确定不同产量情景下2021—2030年炼钢废钢比、电炉钢比例、高炉燃料比、余热余能自发电率等相关参数取值（图9.11）。

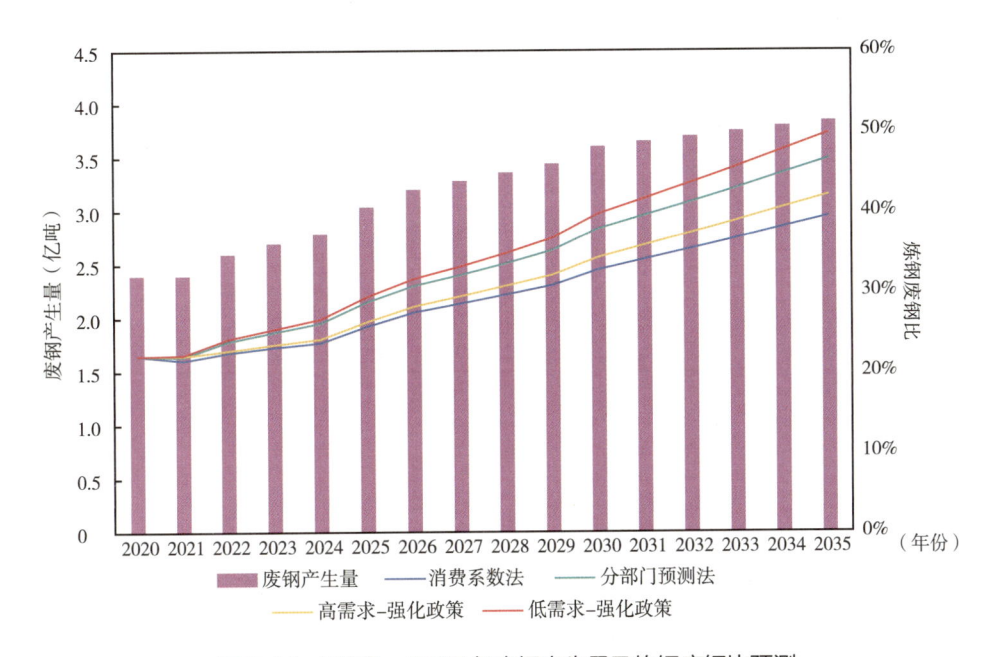

图9.11 2020—2035年废钢产生量及炼钢废钢比预测

9.2.1.3 钢铁行业碳排放分析

排放分析模块基于产量和废钢资源量预测结果以及控制情景设定，对不同情景下的碳排放变化趋势进行测算，分析各类措施的潜在减碳贡献，为行业碳排放达峰形势判定和关键举措以及配套政策措施的识别提供数据基础。根据碳排放核算边界和计算方法，对不同控制情景下的碳排放趋势进行评估，不同情景下的碳排放趋势评估结果如图9.12所示。

在高需求情景（消费系数法）下，钢铁行业二氧化碳排放在2021—2024年处于峰值平台期，直接排放量和总排放量分别在2021年和2024年达峰，峰值为16.4亿吨和18.5亿吨；之后进入下降通道，到2025年、2030年，二氧化碳直接排放量分别比峰值减少0.3亿吨、2.6亿吨，二氧化碳总排放量分别比峰值减少0.4亿吨、3.0亿吨。

在低需求情景（分部门预测法）下，钢铁行业二氧化碳直接排放量和总排放量均将在2021年左右达峰，峰值为16.0亿吨和18.1亿吨；之后逐步下降，到2025年、2030年，二氧化碳直接排放量分别比峰值减少2.2亿吨、4.9亿吨，二氧化碳总排放量比峰值减少2.4亿吨、5.5亿吨。

在高需求-强化政策情景下，钢铁行业二氧化碳直接排放量和总排放量均将在 2022 年达峰，峰值分别为 16.1 亿吨和 18.1 亿吨；之后缓慢下降，到 2025 年、2030 年，二氧化碳直接排放量比峰值减少 0.5 亿吨、3.2 亿吨，二氧化碳总排放量比峰值减少 0.5 亿吨、3.6 亿吨。

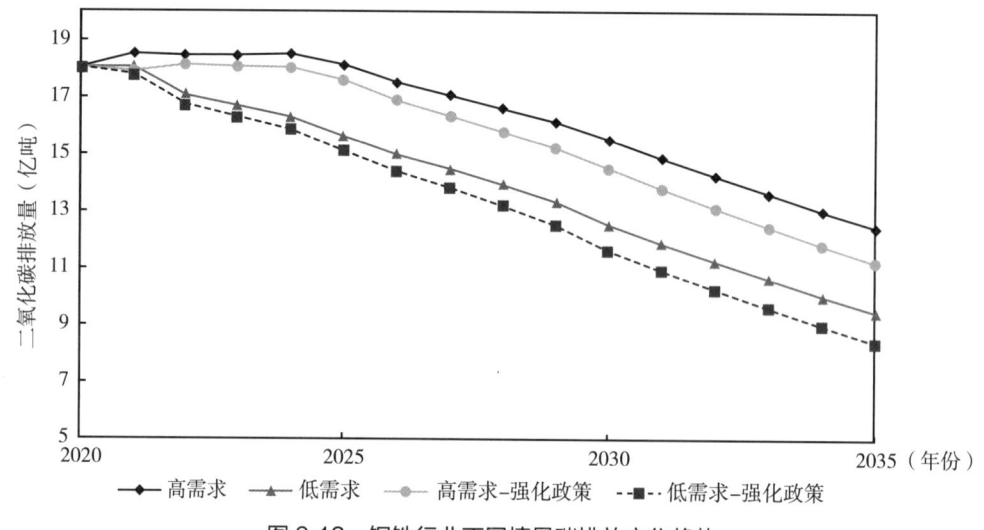

图 9.12 钢铁行业不同情景碳排放变化趋势

在低需求-强化政策情景下，钢铁行业二氧化碳直接排放量和总排放量均在 2020 年达峰，峰值为 16.0 亿吨和 18.1 亿吨；后逐步下降，到 2025 年、2030 年，二氧化碳直接排放量比峰值减少 2.6 亿吨、5.7 亿吨，二氧化碳总排放量比峰值减少 2.9 亿吨、6.4 亿吨。

9.2.2 钢铁行业碳达峰路径

不同情景下的碳排放趋势预测结果显示，粗钢产量是决定钢铁行业碳排放能否快速达峰的关键，也是决定碳达峰后平台期长短的重要因素。从市场消费需求角度出发，我国粗钢产量将在"十四五"时期进入峰值平台期。在实施产量强化控制的情况下，粗钢产量可实现 2020 年达峰。统筹考虑我国构建新发展格局建设要求与 2030 年前国家碳排放达峰目标约束，综合判断市场消费需求驱动下，我国钢铁行业碳排放将在 2021—2024 年达到峰值，实施产量强化控制要求的情况下可在 2020 年达峰。本节选择低需求情景作为钢铁行业达峰推荐情景，在此情景下，我国钢铁行业二氧化碳直接排放量和总排放量均将在 2021 年达峰，峰值分别为 16.0 亿吨和 18.1 亿吨，达峰后到 2030 年排放总量下降 5.5 亿吨。

以 2020—2035 年钢铁行业生产结构、能效水平不发生变化、直接和间接碳排放因子均保持 2020 年水平不变，粗钢产量变化与低需求控制情景设置保持一致的情况下，钢铁行业 2030 年一般控制情景排放量为 14.6 亿吨。从各项人为控制措施的二氧化碳减排潜力来看，加大废钢资源利用、外购电力清洁化以及提升系统能效水平的二氧化碳减排效果最为突出，是有效降低钢铁行业碳排放的重要途径。在该研究设定的强化排放控制情景下，到 2025 年，上述 3 类措施对行业二氧化碳减排总量（与一般控制情景相比）的贡献率分别为 49%~69%、15%~27% 和 13%~22%；到 2030 年，上述措施的减排贡献分别为 59%~72%、15%~22% 和 10%~15%。

9.2.3 钢铁行业碳达峰任务措施

到 2025 年，废钢铁加工准入企业年加工能力超过 1.8 亿吨，短流程炼钢占比达到 15% 以上。到 2030 年，富氢碳循环高炉炼铁、氢基竖炉直接还原铁、CCUS 等技术取得突破应用，短流程炼钢占比达 20% 以上。要实现上述目标，钢铁行业碳达峰行动包括以下任务。

研究制订钢铁产量"天花板"约束机制。坚持绿色发展理念先行，引导钢铁企业摒弃以量取胜的粗放发展方式。钢铁行业的发展应主要通过改善产品结构、提高附加值等方式提升综合竞争力。改变我国钢材需求完全由国内生产满足的传统观念，严格控制国内粗钢产能和产量，逐步建立粗钢产量约束机制，进一步巩固化解过剩产能成效，避免再次出现产能过剩严重的问题。在统筹考虑生态环境保护、国内外气候变化应对政策、铁矿石价格变化、宏观经济形势等综合因素下，进一步强化进口钢材及钢坯对粗钢产量的调节作用，研究限制废钢、钢坯（锭）和中低端钢材产品出口，出台鼓励再生钢铁料、钢坯（锭）、铁合金等钢铁初级产品进口等政策。研究提升建筑标准，加快推进汽车轻量化发展，通过加大高强度钢材、铝、镁等材料应用替代部分钢材消费需求。

完善废钢资源回收利用体系。促进废钢循环回收利用，充分发挥废钢在钢铁冶炼过程中对铁矿石的替代作用，是碳达峰目标背景下钢铁行业生产方式低碳转型、降低碳排放的核心举措。提升炼钢废钢比，随着社会钢铁积蓄量持续增长以及废钢进口政策的适度放开，未来我国废钢资源供应量将进一步增加，有利于促进废钢资源利用水平进一步提高。要加快建立完善废钢铁加工配送体系，构建有效促进废钢资源回收利用的相关政策引导机制，加大废钢资源回收利用力度。

推进发展电炉短流程炼钢。有序引导电炉短流程发展，鼓励有环境容量、废钢保障、有市场需求的地区布局短流程电炉炼钢厂，鼓励具有废钢、电价、市场等优势条件地区的高炉–转炉长流程钢厂通过就地改造转型发展电炉短流程炼钢，推进工艺结构调整，大力发展电炉短流程炼钢，加快对长流程炼钢产能替代，转变钢铁行业"高碳锁定"现状。

化解钢铁过剩产能。严格执行钢铁产能置换办法相关要求，全过程监管产能置换落实情况，定期组织开展专项检查，加强新建项目产能核实，开展退出产能淘汰检查。严格落实关于钢铁行业建成违规项目的相关处理规定，对未达到《产业结构调整指导目录（2019年本）》准入标准，但不属于淘汰类的炼铁和炼钢装备，督促企业限期实施技术升级，并且按照最新产能置换要求进行减量置换。

全面提升系统能效水平，降低高炉燃料比。通过提高高炉球团矿配比，推进高炉"低焦比、高煤比冶炼技术"应用，强化焦炭、喷吹煤等能源介质计量管理和监控，大力推进行业整体高炉燃料比降低。提高余热余能自发电率，加快推广应用高温超高压及以上参数煤气发电机组，提高煤气发电、高炉煤气干式余压发电、烧结炼钢轧钢工序余热发电、干熄焦发电等设施发电效率，推动行业平均余热余能自发电率提升。

大力推广先进适用低碳节能技术，推进低碳技术示范应用。推广烧结烟气循环、高炉炉顶均压煤气回收、炼钢蓄热式烘烤、加热炉黑体强化辐射、无头轧制等工艺技术；重点推广焦炉工序上升管余热回收技术，高炉冲渣水余热回收技术，烧结、炼钢、轧钢工序余热蒸汽回收利用技术，以及低温烟气、循环冷却水等低品质余热回收技术；全面普及干熄焦、高炉煤气干法除尘、转炉煤气干法除尘"三干"技术和钢铁副产煤气高参数发电机组提升改造技术；大幅提高节能型水泵、永磁电机、永磁调速、开关磁阻电机等高效节能机电产品使用比例。加强先进低碳技术试点示范。加快氧气高炉、富氢冶金、直接还原炼铁、CCUS等新技术和突破型技术的研发和应用，为实现碳中和提早谋划布局。

9.2.4 钢铁行业碳中和展望

9.2.4.1 钢铁行业碳中和路径

钢铁生产的二氧化碳排放量将从2020年的18亿吨下降到2060年的1.2亿吨左右，减排量93%。实现路径：一是废钢使用增加，废钢使用贡献2020—2060年累计减排量的50%左右，利用废钢的电弧炉炼钢产量将占钢铁总产量的一半以上；二是技术进步，以CCUS和电解氢技术为主，这两种技术将总共贡献累计减排量的15%左右。

9.2.4.2 钢铁行业碳中和主要措施

钢铁产业实现碳达峰以后，需要进行深度降碳脱碳，快速降低碳排放量。采取的主要手段：一是要继续落实总量控制和结构调整。二是要发展城市钢厂，实现流程结构与产业布局的调整，以全废钢电炉流程生产建筑用长材，替代以中、小高炉-转炉生产螺纹钢、线材等大宗产品，进一步加大废钢资源回收利用，有序引导全废钢电炉流程发展，提高钢铁产业电气化水平；薄板等产品以大型高炉-转炉流程为主。三是要采用先进的节能技术及装备，降低能源消耗，提高能源利用效率。四是要加强具有自主知识产权高炉减排、氢还原、CCUS等创新低碳技术的完善、开发及推广应用。五是要发展区域性的循环经济，形成工业生态链。六是开发高品质生态钢材产品，降低用钢强度。七是加强碳排放管理，关注碳排放权交易与碳税。八是增加生态碳汇的开发，研究不同情景下减碳效益及实现可能性，为实现碳中和提供方向。

9.3 水泥行业碳达峰碳中和路径与措施

9.3.1 水泥行业碳达峰研究方法

9.3.1.1 水泥熟料及水泥产量预测

（1）多因素拟合+类比分析法

依据对城镇化率、人均GDP、固定资产形成总额、三次产业结构和固定资产投资结构发展趋势的分析，采用多因素拟合分析模型，预测"十四五"时期我国水泥熟料消费量；研究借鉴发达国家（地区）水泥消费峰值后的变化趋势，结合我国国情，对中长期水泥熟料消费量进行预测。

多因素拟合分析模型：影响水泥熟料消费量的主要因素包括城镇化率、人均GDP、固定资产形成总额、三次产业结构、固定资产投资结构等。分析水泥熟料消费量与上述影响因素的相关关系，采用层次分析法确定各因素在预测水泥熟料消费量时的权重，建立多因素拟合分析模型。

影响因素趋势分析：虽然受投资结构优化的影响，中国经济增长中投资拉动因素趋于弱化，但固定资本形成总额上行的趋势将保持不变，且有动力保持中等增速，据此预测2025年、2030年和2035年我国固定资产形成总额。制造业、房地产和基础设施是固定资产投资的三大领域，其中房地产和基础设施投资与水泥消费量关联密切。在人口增长、经济发展、城市化进程、乡村振兴等因素推动下，"十四五"期间我国对新建房屋的刚性需求仍可支撑年均26亿平方米以上的建设规模，"十四五"之后，随着住房保障体系的逐步完善和基本住房需求的饱和，房地产投资的比重将下降。未来基建领域放大投资仍将是稳定经济增长的重要举措之一，预计2021—2035年，我国基础设施投资占固定资产投资总额的比重将维持在30%~35%（图9.13）。

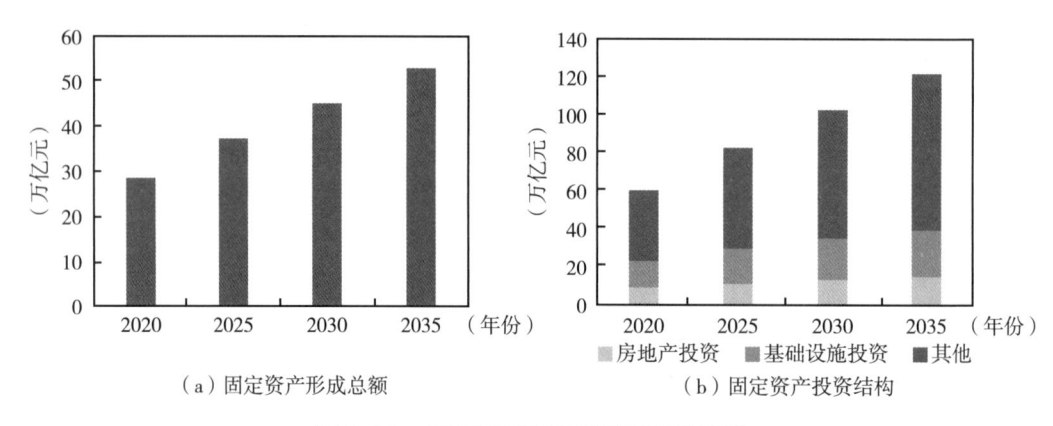

图9.13 水泥熟料消费量影响因素的预测

国内外发达国家和地区年人均水泥消费量达到饱和后，消费量呈缓慢下降趋势，直至达到基本稳定的状态。根据英国、法国、日本等国家和地区水泥消费量的统计表明[26]，峰值后第一个五年内人均水泥消费量平均值比较一致，为峰值的82.8%左右，离散度仅为6.6%；第二个五年样本国家人均水泥消费量平均为峰值的73.2%（图9.14）。

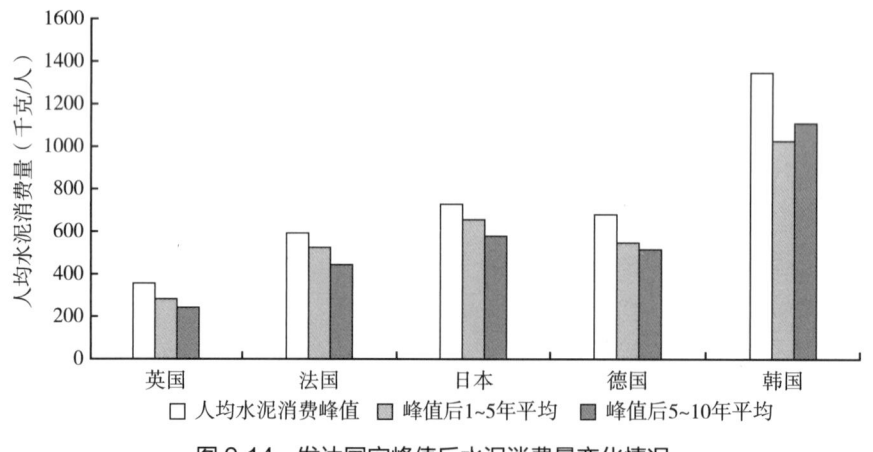

图9.14 发达国家峰值后水泥消费量变化情况

从中长期来看，"十四五"之后，我国经济进入平稳阶段，经历一个规划周期建设高峰，投资需求在"十五五"时期将趋于平缓，水泥市场需求下降。类比发达国家（地区）水泥消费量变化情况，同时考虑我国经济增长中投资贡献率高、政策引导性投资影响大等因素，预计2030年我国人均水泥熟料消费量将保持在消费峰值的86%以上，2035年人均水泥熟料消费量为峰值的80%左右。

（2）需求预测法

从水泥需求构成来看，房地产和基础设施建设在水泥需求中占主要部分。其中，在"十四五"及今后较长时期内，投资趋势存在最大不确定性的是房地产业，其投资走势对水泥需求的影响起主要作用。

2020年我国全社会房屋竣工面积在25亿平方米左右，其中，房地产业房屋竣工面积约10亿平方米，占全社会房屋竣工面积的40%左右。在城镇化建设刚性需求的带动下，预计未来我国房地产业对住房建设的覆盖面将继续扩大，到2035年，房地产业房屋竣工面积预计可达到全社会房屋竣工面积的50%以上。坚持"房住不炒"的定位，在房地产政策平稳持续的条件下，预计未来我国房地产业房屋竣工面积可保持在现状水平。基于"十四五""十五五""十六五"期间全社会房屋竣工面积，依据单位面积房屋建设的水泥消费量，对我国2021—2035年水泥熟料和水泥消费量进行预测[27]。

（3）水泥熟料及水泥产量预测结果

预测结果显示，中国水泥熟料消费量在"十四五"期间仍将有一定上升空间，"十四五"期间将保持在峰值平台期，之后开始下降。考虑到水泥区域性、阶段性供应紧张和价格高位运行的问题将在较长时期内存在，且随着东南亚国家水泥产能继续扩张，对中国的出口动力可能进一步增强，预测我国水泥熟料进口量将不低于现状[28]。据此测算2020—2035年我国水泥熟料及水泥产量，结果见图9.15。

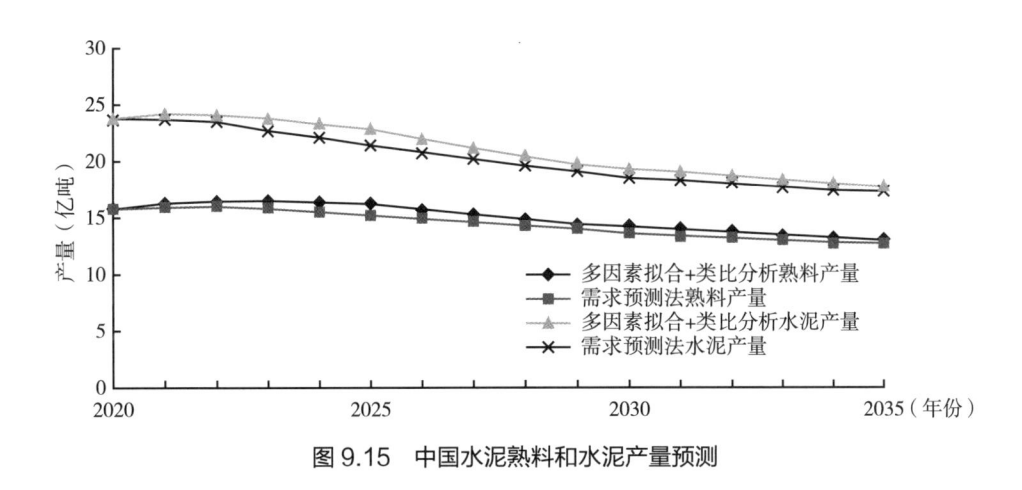

图9.15 中国水泥熟料和水泥产量预测

9.3.1.2 单位产品能耗分析

水泥熟料和水泥产品的能耗是影响水泥行业碳排放的主要因素之一。以2018—2019年水泥企业熟料煤耗调研数据为基础，依据《水泥单位产品能源消耗限额》，"十四五""十五五""十六五"期间，分别对单位熟料煤耗大于112千克、

109千克和105千克标准煤/吨的生产线进行淘汰或技术改造，据此估算，2025年、2030年、2035年水泥行业平均单位熟料煤耗。同时，依据熟料电耗、水泥电耗的变化趋势，参考《水泥单位产品能源消耗限额》，对重点年份单位熟料电耗、单位水泥电耗进行预测，预测结果见图9.16。

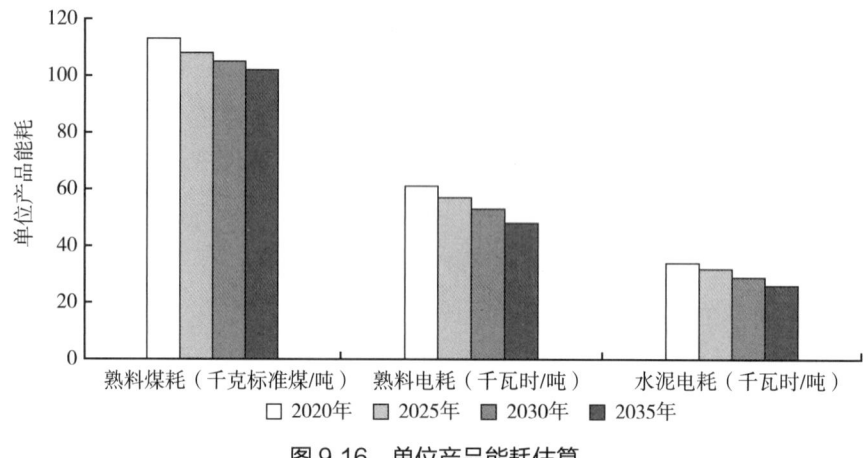

图9.16 单位产品能耗估算

9.3.1.3 水泥行业碳排放分析

基于水泥熟料及水泥产量的预测，并考虑结构调整、节能技术改造等措施，设置水泥行业二氧化碳排放情景，测算二氧化碳排放量。高需求情景采用多因素拟合＋类比分析法的产量预测数据，考虑结构调整、节能技术改造等措施，水泥行业碳排放将在2023年达峰，峰值量为14.2亿吨，能源活动碳排放也将在2023年达峰，峰值量为4.9亿吨；低需求情景采用需求预测法的产量预测数据，考虑结构调整、节能技术改造等措施，水泥行业碳排放将在2022年达峰，峰值量为13.8亿吨，能源活动碳排放也将在2022年达峰，峰值量为4.8亿吨。两种情景下，2021—2035年水泥行业二氧化碳排放趋势见图9.17。

9.3.2 水泥行业碳达峰路径

基于水泥行业碳排放的预测，强化需求管理，保持房地产、基础设施建设投资稳定，通过全面加强产能控制，加大落后产能淘汰力度，推广高效节能技术，积极推进原燃料替代，实施碳排放总量控制，推动水泥行业在2022—2023年达峰，峰值为13.8亿~14.2亿吨，其中，能源活动排放4.8亿~4.9亿吨；经过2~3年的平台期后呈现持续下降的局面，到2030年碳排放量较峰值下降2亿~3亿吨。

在单位产品能耗、原燃料结构保持2020年现状的情况下，仅考虑水泥熟料及

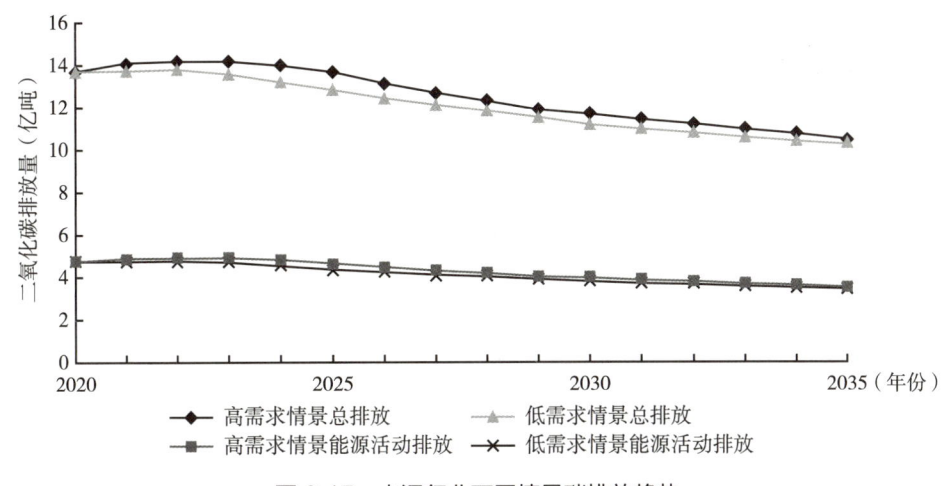

图 9.17 水泥行业不同情景碳排放趋势

水泥产量的变化,水泥行业 2030 年基准情景排放量为 12.3 亿吨,比 2020 年减少 1.4 亿吨。从各项措施的减排贡献来看,节能改造将是水泥行业减少二氧化碳排放潜力最大的措施,到 2030 年节能改造措施有望带动水泥行业二氧化碳排放量较基准情景排放量减少 0.4 亿吨左右;利用固体废物替代燃煤,到 2030 年该措施有望带动行业二氧化碳排放量较基准情景排放量减少约 0.2 亿吨;此外,利用工业废料替代石灰石原料可减少水泥行业工艺过程二氧化碳排放约 0.1 亿吨(图 9.18)。

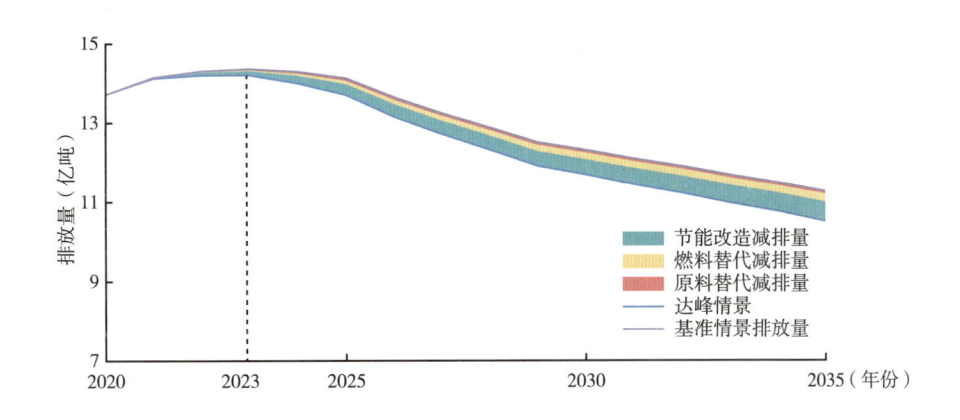

图 9.18 水泥行业碳达峰路径和主要减排措施

9.3.3 水泥行业碳达峰任务措施

到 2025 年,水泥熟料单位产品综合能耗水平下降 3% 以上。到 2030 年,原燃料替代水平大幅提高,突破玻璃熔窑窑外预热、窑炉氢能煅烧等低碳技术,在水泥、玻璃、陶瓷等行业改造建设一批减污降碳协同增效的绿色低碳生产线,实现窑炉CCUS技术产业化示范。要实现上述目标,水泥行业碳达峰行动包括以下任务。

防范新增过剩产能。加快水泥行业产能置换实施办法的修订出台,严格执行水泥熟料产能减量置换,在保证产能总量逐年减少的前提下,实现碳排放量的下降。除西藏外,原则上禁止跨省产能置换,不得以任何理由实行等量置换。全过程监管产能减量置换落实情况,定期组织开展专项检查,加强新建项目产能指标核实,开展退出产能淘汰检查。对弄虚作假、不落实已公告产能置换方案、违规新增产能的企业,依照《企业投资项目核准和备案管理条例》从严处罚,将有关信息纳入全国信用信息共享平台,在"信用中国"网络等平台公布,依法实施联合惩戒和信用约束。

推进结构调整,引导低效产能有序退出。研究修订《产业结构调整指导目录(2019年本)》,提高水泥熟料落后产能和过剩产能淘汰标准,将2000吨/日及以下普通水泥熟料、1000吨/日及以下硫铝酸盐水泥生产线列入"淘汰类"[29]。加快淘汰落后产能进程,"十四五"期间,大力推进2000吨/日及以下普通水泥熟料生产线淘汰或产能置换;对产能利用率较低的内蒙古、新疆、宁夏、黑龙江、吉林、辽宁等省(区),加大2500吨/日及以下普通水泥熟料生产线淘汰力度。

加强能源使用管理,推广高效节能技术。建立企业能源使用管理体系,加强定额计量,利用信息化、数字化和智能化技术加强能耗的控制和监管,进一步提高能效水平。加快《水泥单位产品能源消耗限额》修订版的出台,对超过能耗限额标准的企业实行高效节能技术改造。推广六级预热预分解、两档式短窑、第四代冷却机等先进烧成系统技术;配备低一次风量新型燃烧器,推进现有炉窑系统辅助技术改造;对预热器、分解炉、箅冷机、三次风管和回转窑等更换新型隔热、保温耐火材料,减少散热损失;改造升级余热发电系统,更换带独立蒸汽过热器的窑头余热锅炉、冷却机采用部分循环风。加快推广立磨、辊压机终粉磨以及联合粉磨等高效粉磨技术。

积极推进燃料替代,加大清洁能源使用。替代燃料经预处理后投入水泥回转窑中,可实现煤的替代。2020年,我国仅有4%左右生产线开展固体废物的协同处置,实现了燃料替代。要大力开展水泥窑协同处置,利用废轮胎、生活垃圾、污泥等固体废物替代燃煤[30],加强相关燃料替代技术的研发和应用,提升关键技术和装备的国产化水平。逐步加大清洁能源的使用,鼓励烘干等工序以及生产辅助系统使用余热或电能。

提高能源利用效率水平。引导企业建立完善能源管理体系,建设能源管控中心,开展能源计量审查,实现精细化能源管理。加强重点用能单位的节能管理,严格执行强制性能耗限额标准，加强对现有生产线的节能监察和新建项目的节能审查，树立能效"领跑者"标杆，推进企业能效对标达标。开展企业节能诊断，挖掘节能减碳空间，提高能效水平。

利用工业废料替代石灰质原料。利用电石渣、白泥等替代石灰石生产水泥熟料，可有效降低单线二氧化碳排放。我国电石渣全部用于替代石灰质原料每年可减少二氧化碳排放约1500万吨。同时，加大对粉煤灰、钢渣、硅钙渣、矿渣等氧化钙含量较高的大宗工业固体废物的规模化应用研究，替代石灰质原料，在保障水泥产品质量的基础上，有效降低碳酸盐分解系数。推广使用以高炉废渣、电厂粉煤灰、煤矸石等废渣为主要原料的超细粉替代普通混合材，减少水泥熟料消耗量。

提升固废利用水平。支持利用水泥窑无害化协同处置废弃物。鼓励以高炉矿渣、粉煤灰等对产品性能无害化工业固体废弃物为主要原料的超细粉生产利用，提高混合材产品质量。提升水泥制品固废资源利用水平。支持在重点城镇建设一批达到重污染天气绩效分级B级及以上水平的墙体材料隧道窑处置固废项目。

开展低碳技术研发、示范与推广。加大清洁燃料替代技术研发力度，对窑炉全氧电熔辅助煅烧技术、生物质能技术等开展研发。加强对提高水泥熟料强度技术的研发和推广，降低熟料在水泥及水泥在混凝土中的掺加量。鼓励研发推广新一代"超细粉磨"技术与装备，进一步增加废渣在水泥中的用量。鼓励研发新品种低碳水泥，加快推广、示范高贝利特水泥、硫铝酸盐水泥等低碳水泥新产品的工程化应用。研究水泥行业低碳排放的新途径，优化工艺技术，研发新型胶凝材料技术、低碳混凝土技术、吸碳技术等。

改变建筑结构形式，加强施工管理，减少水泥用量。在大中型城市积极发展装配式混凝土结构、钢结构和现代木结构等装配式建筑。在保证混凝土性能的基础上，对有关混凝土标准规范、建筑设计规范、施工规范等进行完善和修订，依据标准科学规范使用水泥产品，提升水泥产品使用效率。量化绿色建筑、低碳建筑水泥及混凝土消耗标准，通过更优、更细的工程管理，促使水泥用量科学合理下降。

9.3.4 水泥行业碳中和展望

9.3.4.1 水泥行业碳中和路径

水泥生产二氧化碳排放量将从2020年约13亿吨下降至2060年约3000万吨，减排量约97.7%。每吨水泥生产的排放强度将从现在的0.55吨二氧化碳，下降到

2060 年的仅 0.03 吨二氧化碳。

实现路径：一是改用替代燃料。到 2060 年，混入窑炉燃料电解氢配比将达到热能需求的 5% 左右，而生物能的混合配比将约为热能需求的 30%。在经过特殊改造的窑炉中，电力可以提供 8% 的热能需求。二是部署 CCUS 等创新技术。在水泥熟料生产中，配备 CCUS 的窑炉比例将从 2020 年的零起点增加到 2060 年的 85% 左右（相当于在 2030—2060 年平均每年建成 20 个年捕获能力为 100 万吨二氧化碳的工厂）。

9.3.4.2 水泥行业碳中和主要措施

水泥产业实现碳达峰以后，需要进行深度降碳脱碳，快速降低碳排放量，推动实现水泥行业碳中和。采取的主要手段：①使用有热值的垃圾、废旧轮胎、生物质燃料替代煤等化石燃料，减少化石能源消费量；②提高能效水平，应用窑炉尾气能量再利用/余热发电、减少烧成工艺过程热损失、新型预分解系统等节能减排技术，减少碳排放；③提升水泥产品利用效率，有效减少水泥产品用量；④开发并推广应用低碳水泥；⑤优化调整水泥原料结构，减少天然石灰石使用比例；⑥推广应用 CCUS 技术；⑦推动绿色智能化生产，减少熟料煅烧过程波动性，提高稳定性，减少碳排放。

9.4 铝冶炼行业碳达峰碳中和路径与措施

9.4.1 铝冶炼行业碳达峰研究方法

9.4.1.1 铝冶炼行业产品产量预测

本研究中铝冶炼行业主要产品包括电解铝、氧化铝、再生铝等全链条铝冶炼相关产品[31]。基于国内旧废铝、国内新废铝、进口废铝等几个方面综合判断[32]，逐年预测再生铝产量；电解铝产量为铝需求总量减掉再生铝产量、未锻轧铝及铝合金和铝材净进口量，其中未锻轧铝及铝合金和铝材净进出口量根据出口政策、历史趋势综合判断得出；氧化铝需求量主要取决于电解铝生产需求，综合考虑进口量等外部因素，逐年确定 2021—2035 年氧化铝产量。

再生铝由国内旧废铝、国内新废铝、进口废铝等几个方面组成。鉴于铝消费领域分散，回收周期不一；新废铝由当年铝消费量乘以系数进行测算，进口废铝则主要根据进口政策进行预测；同时参考发达国家再生铝在铝供应当中的比重进行测算，2025 年、2030 年、2035 年，再生铝产量分别为 1152 万吨、1786 万吨、2126 万吨[33]。

电解铝产量预测基于铝需求总量、再生铝产量预测，同时结合对今后未锻轧铝及铝合金、铝材进口量和出口量的判断，可反推出电解铝产量。通过对历史数据、进出口政策、国际贸易局势的综合分析，认为未锻轧铝及铝合金和铝材的进、出口量分别保持在 50 万吨和 500 万吨左右的规模。预计电解铝产量呈现先增后降的趋势，2020—2024 年的 5 年间，中国电解铝产量年均增长 100 万吨以上，随后随着国内铝消费量达到峰值平台区及废铝替代的扩大，电解铝产量将趋于下降。到 2025 年、2030 年、2035 年电解铝产量分别达到 4082 万吨、3500 万吨、3136 万吨左右。根据上述分析，电解铝产量在 2024 年前后达到峰值，峰值区间为 3708 万~4532 万吨，随后在再生铝的替代之下进入下降通道。

9.4.1.2 铝需求量预测

铝需求量与社会经济发展，建筑、交通等领域用量以及进出口需求等密切相关。2021—2035 年我国人均铝消费进入增长趋缓区间，预计 2024 年前后达到峰值平台，峰值区间为 30.6~36.4 千克/人，结合人口预测，国内消费量的峰值区间为 4348 万~5172 万吨。综合未锻轧铝及铝合金和铝材出口量的判断，得出铝消费总量的峰值区间为 4858 万~5682 万吨。发达国家的发展历程表明，消费峰值平台将持续数十年的时间。

9.4.1.3 能源消费预测

电解铝生产中能源消耗主要为电力，碳阳极用作还原剂。综合考虑技术进步发展趋势、短流程铝冶炼推广率等节能降耗措施，确定不同阶段铝锭综合电耗水平及其对应的电力消费量；碳阳极消耗主要根据 2020 年单位电解铝碳阳极消耗水平和电解铝产量确定。氧化铝生产中能源消费主要包括煤气、天然气等一次能源，以及电力、热力等二次能源。再生铝能源消耗主要为天然气。氧化铝和再生铝能耗下降空间不大，能源消耗均由 2020 年单位产品能源消耗量及产品产量计算获得。预计到 2025 年、2030 年、2035 年铝冶炼行业能源消费量结果如图 9.19 所示。

9.4.1.4 铝冶炼行业碳排放分析

根据电力消耗量、煤炭和天然气等一次能源消耗量、碳阳极消耗以及对应的碳排放系数，测算铝冶炼行业各类排放。其中电解铝网电、自备电单位用电量排放系数来自电力行业相应排放系数预测值。经计算，在低需求情景下，铝冶炼行业二氧化碳排放量达峰年份为 2024 年，达峰排放量为 5.3 亿吨；在高需求情景下，铝冶炼行业二氧化碳排放量达峰年份为 2024 年，达峰排放量为 5.9 亿吨（图 9.20）。

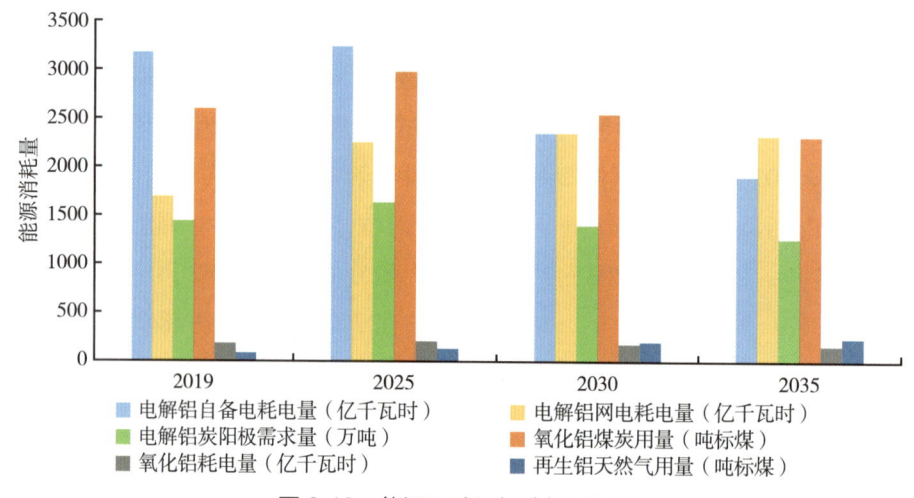

图 9.19　能源及碳阳极消耗量预测

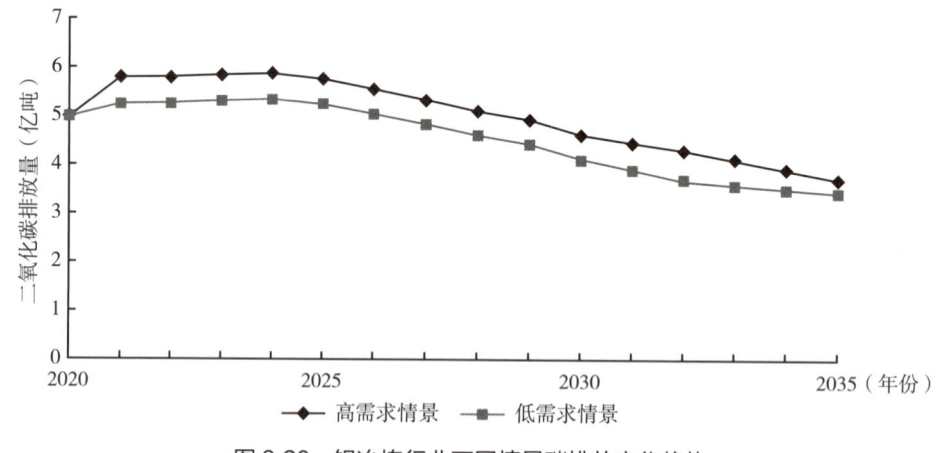

图 9.20　铝冶炼行业不同情景碳排放变化趋势

9.4.2　铝冶炼行业碳达峰路径

基于铝冶炼行业产量和碳排放预测结果，通过严格落实电解铝产能总量控制、提高再生铝利用水平、优化电解铝产业布局、改善供电结构、推动节能降耗等措施，预计可实现铝冶炼行业 2024 年达峰，峰值为 5.3 亿吨，比 2020 年增加 0.3 亿吨，达峰后保持 2 年左右平台期，之后进入持续下降通道，年均降速为 3.9%。不仅如此，从全生命周期来看，用铝材替代钢材等其他材料，由于重量减轻、使用寿命延长且可回收利用，将产生更大的节能减排效益。

在单位产品能耗、燃料结构、产品结构保持 2020 年现状的情况下，仅考虑铝冶炼行业各产品的变化，铝冶炼行业 2030 年基准情景排放量为 5.5 亿吨。从各项措施的减排贡献来看，提高废铝资源利用将是铝冶炼行业减少二氧化碳排放潜力最大的措施，在废铝消费量提高到铝需求量34%左右的情况下，到2030年有望带动铝冶炼行业二氧化碳排放量较基准情景排放量减少1亿吨；电力清洁化和能效分别较基准情景排放量减少二氧化碳排放0.4亿吨和0.03亿吨左右。三项措施的减排贡献分别为70.3%、27.9%和1.8%（图9.21）。

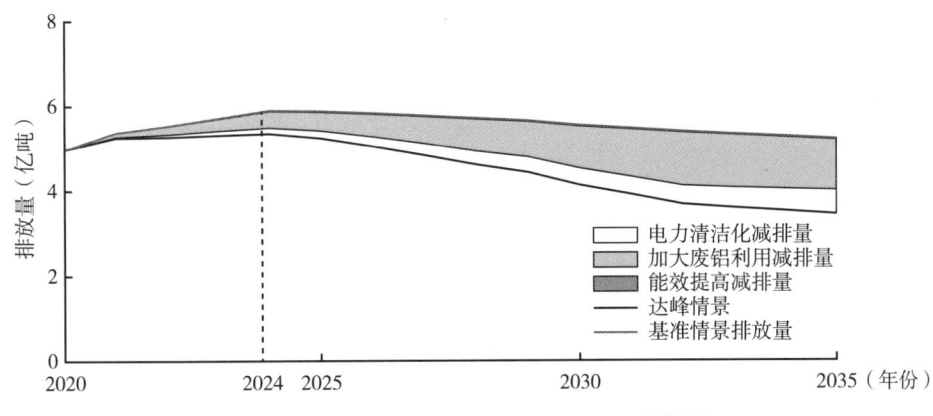

图9.21 铝冶炼行业碳达峰路径和主要减排措施

9.4.3 铝冶炼行业碳达峰任务措施

到2025年，铝水直接合金化比例提高到90%以上，再生铝产量达到1150万吨。到2030年，电解铝使用可再生能源比例提至30%以上。要实现上述目标，水泥行业碳达峰行动包括以下任务。

控制电解铝产能总量。未来铝冶炼行业的发展须在满足国民经济发展需要的前提下，坚持总量控制。电解铝发展立足于满足国内需求，在2024年国内铝消费进入平台期之前，严控电解铝产能"天花板"4500万吨/年不放松。氧化铝不追求完全自给自足，鼓励适量氧化铝进口，根据国内电解铝产量调整国内氧化铝产能规模[34]。

提高行业准入门槛。新建和改扩建冶炼项目严格落实项目备案、环境影响评价、节能审查等政策规定，符合行业规范条件、能耗限额标准先进值、清洁运输、污染物区域削减措施等要求，国家和地方已出台超低排放要求的，应满足超低排放要求，大气污染防治重点区域须同时符合重污染天气绩效分级A级、煤炭减量替代等要求。

强化产业协同耦合。鼓励原生与再生、冶炼与加工产业集群化发展，通过产业中间产品物流运输、推广铝水直接合金化等短流程工艺、共用园区或电厂蒸汽等，建立有利于碳减排协同发展模式，在铝需求一定的情况下，铝行业通过提高再生铝的利用量来降低碳排放，实现能源梯级利用和产业循环发展。到2025年铝水直接合金化比例提高到90%以上,支持电解铝与石化化工、钢铁、建材等行业耦合发展。

加快低效产能退出。修订完善《产业结构调整指导目录(2019年本)》,强化碳减排导向,坚决淘汰落后生产工艺、技术、装备,依据能效标杆水平,推动电解铝等行业改造升级。完善阶梯电价等绿色电价政策,引导电解铝等主要行业节能减排,加速低效产能退出。鼓励优势企业实施跨区域、跨所有制兼并重组,推动环保绩效差、能效水平低、工艺落后的产能依法依规加快退出。

优化产业布局和能源结构。在考虑清洁能源富集地区生态承载力的前提下,鼓励电解铝产能向可再生电力富集地区转移、由自备电向网电转化,减少煤炭消耗,从源头削减二氧化碳排放[35]。利用电解铝等生产用量大、负荷稳定等特点,支持企业参与以消纳可再生能源为主的微电网建设,支持具备条件的园区开展新能源电力专线供电,提高消纳能力。鼓励和引导有色金属企业通过电力直接交易、电网购电、购买绿色电力证书等方式积极消纳可再生能源,确保可再生能源电力消纳责任权重高于本区域最低消纳责任权重。力争2025年、2030年电解铝使用可再生能源比例达到25%、30%以上。

推动节能降耗技术创新。推动电解槽余热回收等综合节能技术创新,提高电解铝智能化管理水平,减少能源消耗环节的碳排放。优化产业模式,提升短流程工艺比重。另外,提高阳极质量,优化电解工艺过程控制,进一步降低阳极单耗,也可以在一定程度上降低电解过程中的碳阳极排放[36]。

推动革命性技术示范应用。加强基础研究,积极开展惰性阳极等电解铝颠覆性技术的研发和推广,减少铝电解环节的碳阳极排放。大力推动先进节能技术改造,重点推广高效稳定铝电解等一批节能减排技术,进一步提高节能降碳水平。对技术节能降碳项目开展安全评估工作。

9.4.4 铝冶炼行业碳中和展望

9.4.4.1 铝冶炼行业碳中和路径

铝冶炼二氧化碳排放量从2020年的5亿吨下降到2060年的2500万吨,下降95%,但是铝的产量将仅下降18%。

实现路径:一是能源结构进一步调整。水电等非化石能源铝产能占比将进一步增加,产能向低碳能源区域转移。二是技术革命性创新。积极开展惰性阳极等电解铝颠覆性技术的研发和推广,减少铝电解环节的碳阳极排放。另外,2020年,我国吨铝电耗已经降到13500千瓦·时以下,处于世界领先水平,但依然是高耗能产业,未来技术上发生革命性创新降低产业能耗,例如探索非电法生成原铝等降低铝冶炼行业碳排放。但革命性的创新难度较高,自1886年美国人霍尔发明电解法生产金属铝以来,这一生产技术已沿用了130多年,至今没能找到替代电解法的新技术。三是废铝回收利用比例大幅上升。再生铝吨二氧化碳排放仅为原铝的2%左右,而从其他国家来看,美国再生铝占铝供应比重约为40%,日本约为30%,而我国仅为17%,再生铝利用大幅提高是实现碳中和的重要途径。

9.4.4.2 铝冶炼碳中和主要措施

铝冶炼产业实现碳达峰以后,需要进行深度降碳脱碳,快速降低碳排放量,推动实现铝冶炼行业碳中和。淘汰燃煤自备电厂,或者通过自备机组发电权置换,利用清洁能源置换火电;对自备电厂进行清洁化改造,用低碳或零碳能源替换燃煤;利用企业厂房及周边环境,建设风、光电站,配合储能技术,实现清洁能源直供;依托水电、核电资源,置换电解铝产能,实现清洁能源直接利用;推行低碳运输,逐步引进电动、氢能运输车辆。围绕节能降碳、清洁生产、清洁能源等领域布局前瞻性、战略性、颠覆性项目,实施绿色技术攻关行动,力争在铝行业中实现无废冶金、高效超低能耗铝电解槽、惰性阳极以及CCUS技术等方面取得突破,为绿色发展提供技术支撑。

9.5 石化化工行业碳达峰碳中和路径与措施

9.5.1 石化化工行业碳达峰研究方法

9.5.1.1 石化化工行业碳达峰总体思路

石化和化工行业产业链交织,产品众多,子行业关联性强。石化和化工行业的上述特点决定了无法使用列举产品的方式对碳排放进行逐一测算和预测,因为这样的测算和预测将导致各种产品反复混杂,梳理不清,无法形成准确模型。考虑到石化和化工行业中有若干产业链上的重点产品,可以决定全行业的总体走势,因此我们采用的总体研究思路如下。

第一步:对于2010年至2020年的全行业历史碳排放量,使用分小类子行业的能源消费量进行测算,再加上若干产品的工业过程排放量而得出;同时,测算产业链上的重点产品的历史碳排放量;找出重点产品的历史碳排放量和全行业历史碳排放总量之间的关系。

第二步:研究预测重点产品2021—2035年的发展趋势,测算未来15年中重点产品的碳排放总量;然后预测未来15年全行业碳排放总量。

9.5.1.2 石化化工发展情景设置

按照基准情景和控排情景两种情景进行预测和分析。

基准情景。分别从消费侧、供给侧预测未来15年重点产品量；其中，消费侧预测分别用历史增长趋势法、国内外人均消费量法，然后互相印证并加权平均得出消费侧的产品量；供给侧预测分别用重大项目建设法、对外依存度自然增长法，然后互相印证并加权平均得出供给侧的产品量；对比消费侧和供给侧两个方面的预测情况，得出基准情景的重点产品量；最后，计算重点产品碳排放量，进而外推得出全行业碳排放量。

控排情景。在基准情景基础上增加控排条件，分别从消费侧、供给侧预测未来15年重点产品量；预测方法与基准情景相同；控排条件包括单位产品碳排放强度控制、增长率控制、对外依存度调节、资源回收和分类梯级利用加强等。在控排情景下，提出实现石化和化工行业碳排放达峰的主要路径和措施。

（1）石油开采行业碳排放情景

未来15年，我国稳油、增气、控煤和力推非化石能源的能源供给格局将持续。"十四五"期间石油和天然气开采业仍以"稳油增气"为主要发展目标。

在需求侧，石油和天然气消费量预测，依据《2020年中国能源化工产业发展报告》和中国石油和化学工业联合会《石油和化学工业"十四五"发展指南》进行预测，2025年我国石油消费量将增长至7.3亿吨，天然气消费量将增长至4500亿立方米，国内油气供应保障任务十分艰巨。"十四五"期间石油需求年均增速显著放缓[37]，约为1.5%，而在能源结构优化、环保政策、降低用户用气成本、重点工业领域"煤改气"等多项政策的推进下，天然气需求将持续增长，年均增速约为7.1%。

在供给侧，原油和天然气产量依据行业发展趋势进行预测。预计2025年石油产量将微增至2.1亿吨左右，2030年石油产量增长至2.2亿吨左右，并保持稳定至2035年左右。预计2025年、2030年、2035年天然气产量将分别增长至2600亿立方米、3000亿立方米和3200亿立方米左右[38]。

基准情景下，假设未来油气开采业能源消费结构不变；控排情景下，由于电气化水平的提升，2025年、2030年和2035年石油开采和天然气开采的电力消耗占比分别比2020年提高5%、10%和15%，除电力外其他能源消费结构保持不变，据此测算出基准情景和控排情景下2021—2035年油气开采行业的能源消费量及碳排放量。

（2）石化行业碳排放情景

炼油：根据已规划在建的主要炼化项目情况，以及淘汰200万吨/年以下的低效产能等情况,预计2025年原油加工量为7.6亿吨。综合考虑新兴一体化炼厂成品油收率仅45%左右,基准情景下,"十五五"期间成品油收率降至50%左右,开工率提升至85%左右,成品油出口量和进口量仍然维持4500万吨/年和480万吨/年水平,2028年原油加工量和炼油能力将分别达到8.6亿吨/年和10.1亿吨/年。综合考虑碳减排目标、成品油消费需求、结构调整压减成品油收率等因素,原油加工量和炼油能力在2028年水平上不再增长。结合单位原油加工综合能耗历史下降趋势和未来能效提升空间,"十四五""十五五"和"十六五"期间,单位原油加工量碳排放分别累计下降5%、4%、3%左右[39]。

乙烯:2025年、2030年和2035年石油基乙烯当量消费量分别为4820万吨、6642万吨和8054万吨,碳排放分别为12209万吨、16299万吨和19273万吨。控排情景下,2030年乙烯当量自给率提高至80%,届时乙烯产量为6200万吨,在碳减排目标约束下,2030年后乙烯产量保持该水平不再增长。综合考虑油价下跌、投资规模大、碳减排及环保约束加强等因素影响,控排情景下乙烯产量在达到6200万吨/年后不再增长,对应2025年、2030年和2035年石油基乙烯产量分别为4820万吨、6200万吨和6200万吨,对于碳排放量为12209万吨、15214万吨和14836万吨。同时,通过减少低质包装塑料产能,限制包装塑料出口,提高包装用废塑料回收比例,预计到2030年和2035年废弃塑料回收利用体系分别增加1000万吨/年、1500万吨/年高水平(能够返回掺入新合成树脂生产的程度)回收和处理能力。

丙烯:基准情景下,"十五五"和"十六五"期间,为满足国内消费需求,丙烯产量仍将继续增长,2025年和2035年丙烯当量自给率分达到99%和100%,2025年、2030年和2035年对应的丙烯(石油基)产量将分别4250万吨、5317万吨和6184万吨,二氧化碳排放量为3778万吨、4588万吨、5213万吨。控排情景下,预计丙烯新增产能在2028年前后全部建成投产,产量将达到6100万吨/年,丙烯当量自给率达到98%左右。控排情景下,丙烯产量保持6100万吨/年水平不再增长,对应丙烯2025年、2030年和2035年二氧化碳排放量分别为4534万吨、5264万吨和5142万吨。

对二甲苯:基准情景下,根据前期已规划的对二甲苯项目,预计对二甲苯新增产能在"十五五"期间全部建成投产,届时对二甲苯产量将到4550万吨/年,对二甲苯自给率达到100%左右,未来保持自然增长趋势。控排情景下,对二甲苯产量保持4550万吨/年水平不再增长,对应2025年、2030年和2035年对二甲苯碳排放量分别为8096万吨、9536万吨和9313万吨。

（3）煤化工行业碳排放情景

合成氨：消费市场对合成氨的需求主要来自农业和工业两大方面，其中2020年农业消费量占合成氨消费量67%左右。农业领域综合考虑未来我国人口增长情况、粮食需求、化肥肥效提高和有机肥替代等因素，预测氮肥消费量变化趋势。工业领域主要考虑环保脱硝剂用量等因素进行预测。在农业消费领域，预计2021—2025年氮肥消费量基本保持不变，2025—2035年消费量降速在1%。在工业消费领域，合成氨在车用尿素和电厂脱硫脱硝领域需求量将持续增长，预计2021—2025年，合成氨在工业领域消费量年均增速在3%；2025—2035年工业领域需求量年均增速在2%以下。在合成氨产业未来向资源地转移的趋势下，未来一段时间其生产原料结构不变，煤制合成氨占比75%、天然气制合成氨占比25%，预计2025年煤制合成氨产量约为4500万吨，2030年约为4500万吨，2035年约为4425万吨。

煤焦化：焦炭下游消费市场主要是用于钢铁行业冶金焦，根据钢铁行业二氧化碳排放达峰研究的高需求高废钢情景预测结果，2025年、2030年、2035年生铁需求量分别为8.7亿吨、6.8亿吨、5.3亿吨。结合重点钢铁企业吨铁平均综合焦比490千克，并考虑节能技术进步，吨铁平均综合焦比将逐年下降，预测我国2025年、2030年和2035年焦炭需求量分别约为4.93亿吨、3.95亿吨和3.19亿吨。

煤制甲醇：甲醇下游消费市场主要是醇醚燃料、传统消费领域、甲醇制烯烃。甲醇在醇醚燃料和传统消费领域，未来市场需求将保持相对稳定，不会出现大幅度的增长。甲醇制烯烃领域，烯烃的市场需求量将持续增长，预计"十四五""十五五""十六五"速率分别为15%、15%和10%，假设甲醇制烯烃保持相同增速，预计2025年、2030年和2035年甲醇制烯烃领域的甲醇需求量分别为1950万吨、2200万吨和2450万吨。基准情景下，2025年、2030年、2035年煤制甲醇产量分别为3863万吨、4125万吨、4388万吨。控排情景下，2025年、2030年和2035年煤制甲醇产量分别为3863万吨、3850万吨和3803万吨。

现代煤化工：一般控制情景按试运行、在建和核准项目正常投产测算。强化控制情景按试运行和在建项目正常投产，核准项目按照各子行业不同投产比例进行测算。采用项目法统计现代煤化工已投产、试运行、在建和核准项目。煤直接液化处于核准阶段项目1个，产能150万吨。煤间接液化处于在建阶段项目2个，产能300万吨；处于核准阶段项目3个，产能580万吨。煤制天然气处于在建阶段项目4个，产能82.6亿立方米；处于核准阶段项目9个，产能297.35亿立方米。煤制烯烃核准、在建、建成和试运行的项目大约有11个，其中建成和试运行产能170万吨、在建360万吨、核准80万吨。煤制乙二醇2020年核准、在建和试运行的项目大约有20个，其中试运行产能305万吨，在建270万吨，核准305万吨[40]（表9.1）。

表9.1 现代煤化工行业情景预测

子行业	一般控制情景	强化控制情景
煤直接液化	"十四五"对核准项目不予考虑，"十五五"核准项目建成投产	对核准项目不予考虑
煤间接液化	"十四五"对核准项目不予考虑，"十五五"建设50%核准项目，"十六五"核准项目全部投产运行	对核准项目不予考虑
煤制天然气	"十四五"对核准项目不予考虑，"十五五"建设50%核准项目，"十六五"核准项目全部投产运行	"十四五"对核准项目不予考虑，"十五五"建设20%核准项目
煤制烯烃	根据市场需求考虑煤制烯烃增长速率"十四五""十五五""十六五"分别控制在15%、15%和10%	根据市场需求考虑煤制烯烃增长速率"十四五""十五五""十六五"分别控制在15%、10%和5%
煤制乙二醇	"十四五"对核准项目不予考虑，"十五五"建设50%核准项目，"十六五"核准项目全部投产运行	"十四五"对核准项目不予考虑，"十五五"建设30%核准项目，"十六五"建设50%核准项目

9.5.1.3 石化化工行业碳排放分析

石化和化工行业二氧化碳排放情景预测结果见图9.22。根据测算，基准情景下，石化和化工行业碳排放持续增长，2035年达到13.5亿吨二氧化碳左右；控排情景下预计在2029年左右达峰，峰值约为11.8亿吨二氧化碳左右，其中化工行业碳排放已于"十三五"期间达峰，未来将继续呈现缓慢下降趋势，油气开采行业、石化行业碳排放将在2030年左右达峰。

基于煤化工行业产品产量和碳排放强度的预测，得出不同情景下煤化工行业二氧化碳排放总量。一般控制情景下，煤化工的二氧化碳排放量逐渐递增，预计2025年、2030年、2035年二氧化碳排放量分别为6.3亿吨、6.8亿吨和7.1亿吨。强化控制情景下，预计煤化工行业在2025年达到碳排放峰值6.3亿吨，之后碳排放量逐年下降，2030年和2035年二氧化碳排放量分别为6.26亿吨和5.8亿吨。其中，传统煤化工行业预计在2025年达到碳排放峰值3.8亿吨，现代煤化工预计在2030年达到碳排放峰值2.8亿吨（图9.23）。

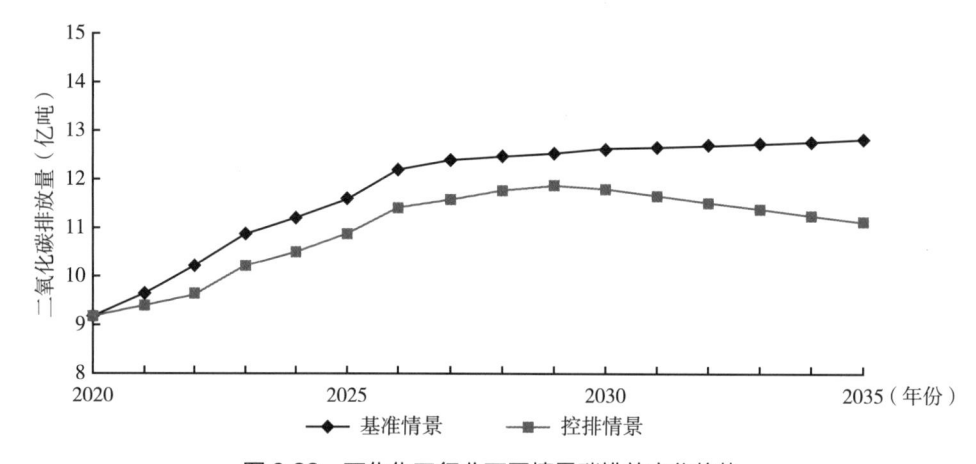

图 9.22　石化化工行业不同情景碳排放变化趋势

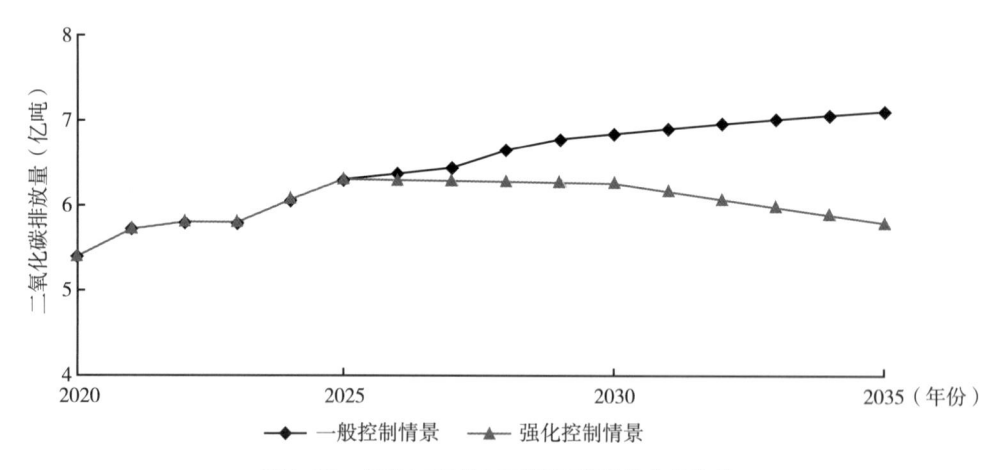

图 9.23　煤化工行业不同情景碳排放变化趋势

9.5.2　石化化工行业碳达峰路径

9.5.2.1　石化和化工行业碳达峰路径

基于对石化化工行业产品产量和碳排放预测结果，通过减油增化，提高化工轻油收率，控制成品油产出规模；通过产业结构调整，推行炼化一体化，加快淘汰落后产能；通过生产高附加值产品、提高资源回收利用率、加大低碳技术研发、推动节能降耗等措施，严格限制石化化工行业自备电新建和实行已有自备电厂网电和周边电厂供电替代，同时考虑 2030 年前国家碳排放达峰目标约束，综合判断石化化工行业碳排放在 2029 年左右达峰，峰值约为 11.8 亿吨左右，其中直接排放 7.0 亿吨，间接排放 4.8 亿吨。

石化化工行业减排主要通过能源结构调整、节能和低碳技术改造、资源循环及高效利用等途径实现，其中，能源结构调整包括能源清洁化改造和可再生能源替代。在原燃料结构、单位产品能耗、产品结构保持2020年现状的情况下，仅考虑石化产品产量的变化，石化行业2030年基准情景排放量为14.4亿吨。通过化石能源利用清洁化改造，增加天然气使用量，替代部分煤炭，年替代量1370万吨标准煤，2030年相对基准情景减排1.2亿吨，贡献占到46%；加大节能和低碳技术改造力度，实现2500万吨标准煤/年节能潜力，2030年相对基准情景减排0.8亿吨，减排贡献率31%；资源循环及高效利用，包括重点领域资源回收、产品高效利用等，该项措施2030年相对基准情景减排量0.6亿吨，减排贡献率约23%（图9.24）。

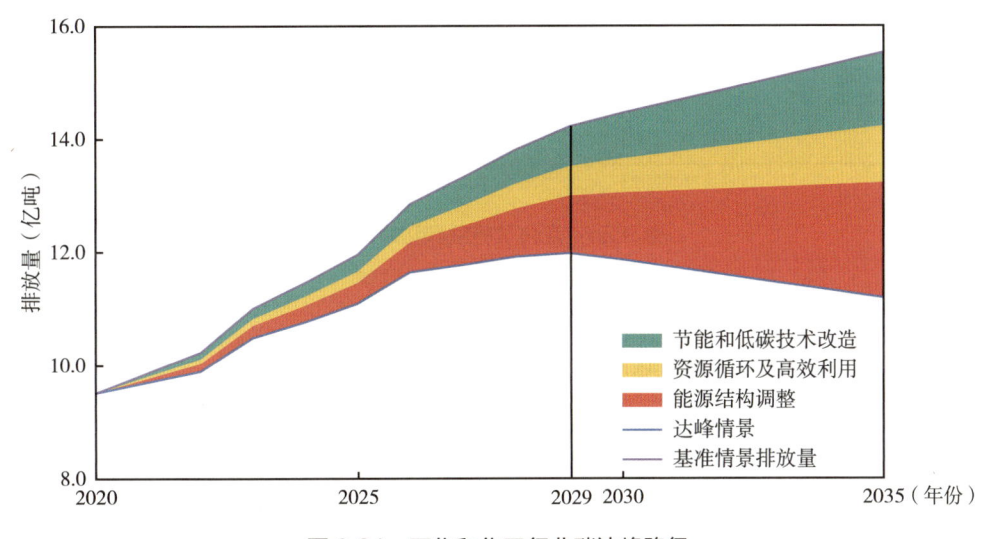

图9.24 石化和化工行业碳达峰路径

9.5.2.2 煤化工行业碳达峰路径

基于煤化工行业产品产量和碳排放的预测，通过全面控制现代煤化工发展规模，严控传统煤化工新增产能，从源头减少化肥、焦炭和甲醇燃料需求，加速淘汰落后产能，采取节能、燃料替代、原料替代等措施，煤化工行业可实现在2025年达到碳排放峰值6.3亿吨。

将现代煤化工项目规模、煤化工用能结构和甲醇行业原料结构按照现有政策发展的二氧化碳排放量作为基准情景排放量，则煤化工行业基准情景排放量为7亿吨。分析2030年各项控碳措施的减排效果，控制现代煤化工发展规模是碳减排潜力最大的措施，到2030年将比基准情景排放量减少约0.5亿吨；其次是优化煤化工用能结构，将煤化工行业燃煤自备电厂全部改为电网取电，在现有电网电源结构不变情况下，可减少碳排放0.2亿吨；第三是优化甲醇行业原料结构，用天然气或焦炉煤气作为原料替代煤炭，将减少碳排放量800万吨。三项措施的减排贡献分别为67%、22%和11%（图9.25）。

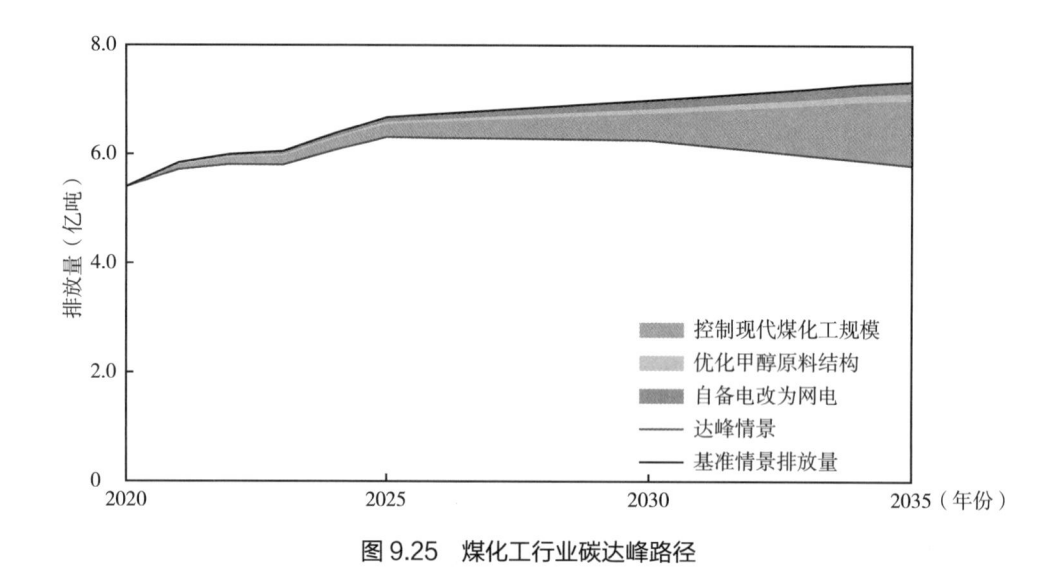

图9.25 煤化工行业碳达峰路径

9.5.3 石化化工行业碳达峰任务措施

到2025年，"减油增化"取得积极进展，新建炼化一体化项目成品油产量占原油加工量比例降至40%以下，加快部署大规模CCUS产业化示范项目。到2030年，合成气一步法制烯烃、乙醇等短流程合成技术实现规模化应用。

9.5.3.1 石化和化工行业碳达峰任务措施

完善全流程低碳产业链。推动石化化工全产业链节能降碳，引导企业转变用能方式。优化原料结构，拓展富氢原料进口来源，推动原料轻质化。推行产品绿色低碳设计，发展新型功能产品，推动产品更新迭代。提升化肥利用率，延长塑料制品使用寿命，增加化学制品废弃物回收利用次数，提高化学产品质量标准，从全生命周期和全产业链提高总体资源利用率。

优化生产供给结构。研究建立石化化工行业高碳产品和工艺名录，以低碳发展为导向，统筹保供给和碳减排，按照以需定产的原则，加强高碳产品产能调控。实施高碳产品生产项目建设分类管理，有效化解结构性过剩矛盾。优化产品结构，减少成品油产出规模，推进炼化一体化发展。加快淘汰落后产能，推动无效产能出清；通过产业结构调整，提高炼油和石化产业基地化、石化和化工园区一体化、集约化程度。

提高产品质量，减少单位产品资源能源消耗量。在橡胶生产行业，提高实际轮胎生产质量，完善轮胎回收利用体系，增加轮胎翻新率，减少轮胎生产总量，降低其碳排放量和生胶使用总量；烯烃和芳烃精馏系统注重能效提升，降低其蒸气和动力电用量，减少能源生产的碳排放量；增加包装和包装材料回收利用次数，有效降低运输总量，减少包装材质用量。

严控新增低端产能。石化和化工行业重点产品减量是决定行业能否尽早达峰的关键。统筹考虑宏观经济形势、下游需求、国家碳达峰约束目标等因素，应进一步严控新增低端产能，合理控制产能总量。对化肥、烧碱、纯碱、电石等产能过剩行业，新、改、扩建项目实施产能"减量置换"；对于炼化一体化项目，应对拟建项目进行严格论证，抑制低端产能重复建设，同时实施"减量置换"。出台产能置换政策，加强产能置换监管，控制行业产能增长速度。开展新增产能碳排放评估，鼓励低单位碳排放量的产品产出量项目投建，禁止或限制高碳排放、低产出量项目的实施[41]。

加大低碳技术研发和推广，提高行业整体技术水平。推广节能低碳技术，提高能效，降低单位产品能耗。加快高选择性催化剂研发和制备、炼化系统能量优化技术、高效精馏技术装备、低品位余热资源回收和高效利用技术、电石和黄磷等显热资源利用技术、高效膜分离技术和产品、可再生能源与石化化工生产系统耦合技术、低能耗碳捕集技术、二氧化碳合成化学品技术等的研发和推广，提高石化和化工行业整体节能和低碳技术水平，降低单位产品碳排放量。

提高能效和碳排放标准，推动节能和低碳项目实施。修订炼油、乙烯等重点产品能耗限额强制性国家标准，增强石化和化工生产企业节能和低碳技术改造项目动力；提高化工泵、空压机、锅炉、加热炉等主要用能设备能效标准，拓展高能效、低排放装备市场空间；完善石化和化工企业能源管理、低碳产品认证等标准，推动企业碳排放管理水平提升。

全面加强石化化工行业自备电厂管控。新建炼化厂不再配备自备电厂，推动已有自备电厂逐步通过网电和周边电厂供电、供热替代，已有燃煤锅炉逐步通过可再生能源、天然气等替代。推动大型央企在自备电厂管控方面发挥表率作用。

9.5.3.2 煤化工行业碳达峰任务措施

控制现代煤化工发展规模。现代煤化工碳排放仍呈增长态势，吨产品二氧化碳排放量是石油化工的3~8倍，若不采取有效控制措施，到"十六五"仍很难达峰。要控制现代煤化工发展规模，统筹考虑环境与经济性，科学把握建设节奏，除确需保能源安全单列的煤化工示范项目外，原则上不再审批新的煤制油气项目。确保新增产能的能耗达到行业内领先水平。煤制烯烃和乙二醇项目碳排放与石油化工对比仍属于高碳排放，应严格审批煤制烯烃和煤制乙二醇项目[42]。

限制甲醇作为车用燃料使用。从生产和使用全过程来看，煤基甲醇单位产品碳排放因子高达 4.6 吨二氧化碳/吨，作为车用燃料其碳排放是汽油的 3 倍，而我国 2020 年 75% 的甲醇产自煤基甲醇，因此要严格限制甲醇作为车用燃料使用，不再扩大试点范围。严禁在普通汽油中掺加甲醇销售，严禁其他燃料汽车改装为甲醇汽车。取消甲醇汽车购买、运行等应用优惠政策，取消甲醇汽车科研成果转化及产业化应用的促进政策。

优化甲醇行业原料结构。煤制甲醇的单位产品碳排放系数是天然气路线的 3 倍左右，是焦炉气原料路线的 1.6 倍左右。甲醇生产应优先考虑用天然气或焦炉煤气作为原料替代煤炭，提高焦炉煤气副产品回收，减少行业整体碳排放水平。

优化煤化工用能结构。2020 年，我国煤化工行业燃煤自备电厂碳排放量约为 0.62 亿吨，若改为电网取电，在现有电网电源结构不变情况下，用电碳排放约为 0.46 亿吨，可减少碳排放 0.16 亿吨。另外，将大型空分和中小型压缩机组由汽轮机驱动调整为电驱，可进一步降低煤炭消耗，从源头削减二氧化碳排放。因此，应禁止新建、扩建燃煤自备电厂，通过电网取电满足用电需求；对于已有的自备电厂必须达到严格的能效标准，鼓励由自备电向网电转化[43]。

从源头减少传统煤化工产品需求。多措并举减少化肥使用，我国 2/3 的合成氨用于农业领域消费，持续推进化肥减量增效，可以从源头减少合成氨需求量，降低碳排放。通过推进废钢利用，加大节能技术改造，进一步降低吨铁平均综合焦比，可降低冶金焦需求量。

提高煤化工行业能效。持续提升转化效率，降低单位产品能耗和碳排放。研发高性能复合新型催化剂，加强低温及高温费托合成、煤直接液化和间接液化等技术集成，进一步降本提效；发展合成气一步法制烯烃等先进技术，进一步优化煤制烯烃工艺流程。合成氨行业推广变频控制技术、回收低位热能、升级换热装置、改造或淘汰间歇式固定床工艺等节能措施。焦化行业提高炼焦工艺各环节的余热回收利用、湿熄焦改为干熄焦、优化生产稳定负荷。煤制甲醇行业采用低温甲醇洗工艺，蒸汽透平直接驱动或电驱动大型压缩机，充分利用煤气化、变换、合成等工艺余热、副产蒸汽等措施提高能效。

9.5.4 石化化工行业碳中和展望

9.5.4.1 石化化工行业碳中和路径

化工（包括煤化工）行业二氧化碳排放量从 2020 年的 7.7 亿吨下降到 2060 年的 6000 万吨，下降 92%，但是 2020 到 2030 年期间初级化工产品的产量将增加近 30%，到 2060 年增加 40%。这相当于化工生产的二氧化碳强度从现在的每吨初级化工产品约 2.5 吨二氧化碳，降低至 2060 年的约 0.2 吨二氧化碳。

实现路径主要是低碳技术创新，尤其是 CCUS 和电解氢。这两类技术在 2060 年前涵盖初级化工产量的 85%，2020—2060 年累计减排量的 40%。电解生产的甲醇和氨将从今天的几乎不存在增加到 2060 年甲醇和氨总产量的 40% 左右。这需要建设约 80 吉瓦的电解能力，大约相当于 2021 年底世界最大的在运工业水电解厂产能的 800 倍。甲醇和氨的大部分其余产能和高价值化学品的几乎所有产能都将配备 CCUS，从现在到 2030 年每年有大约 300 万吨的二氧化碳捕集能力，到 2060 年达到每年 2 亿吨。2030 年后所需的部署速度相当于平均每两个月就有一座年捕集能力为 100 万吨二氧化碳的大型捕集设施投入使用。

9.5.4.2 石化化工行业碳中和主要措施

化工行业实现碳达峰以后，需要进行深度降碳脱碳，快速降低碳排放量，推动实现石化化工行业碳中和。通过持续深挖节能潜力，加快建立循环利用体系，各类节能降碳技术逐步成熟并实现工业化、多元化，化石燃料和化石能源制氢的绿色替代比例快速提升，但催化烧焦等工艺排放以及炼厂干气燃烧等排放压减难度较大，CCUS 规模明显增长，碳排放量快速降低。2060 年前，化工产业总体实现碳中和，建成零碳产业。

9.6 工业减污降碳与数智化绿色低碳转型

9.6.1 工业减污降碳协同增效

2022 年 6 月，生态环境部会同其他六部委联合印发《减污降碳协同增效实施方案》[44]，作为"1+N"政策体系之一，该文件明确提出推进工业减污降碳协同增效。把握工业领域污染防治和气候治理的整体性，坚决遏制高耗能、高排放项目盲目上马，推动产业结构调整和能源绿色低碳转型。把实施结构调整和绿色升级作为减污降碳的根本途径，强化资源能源节约高效利用和低碳转型。工业领域促进节能和提升能效水平，开展重点行业清洁生产改造，循环利用全流程绿色发展，加快绿色低碳共性技术示范、系统集成和产业化发展。工业领域要优化治理目标、治理工艺和技术路线，强化多污染物与温室气体协同控制，增强污染防治与碳排放治理的协调性。鼓励工业企业先行先试，探索实现多种污染物以及温室气体大幅减排的先进技术。

强化源头防控，加快形成有利于减污降碳的产业结构、生产体系和消费模式。我国生态环境问题根本上是高碳能源结构和高耗能、高碳产业结构问题，以重化工为主的产业结构、以煤为主的能源结构、以柴油货车为主的交通运输结构是造成我国大气环境污染和碳排放强度较高的主要原因。《减污降碳协同增效实施方案》把实施结构调整和绿色升级作为减污降碳的根本途径，要求大力支持电炉短流程工艺发展，水泥行业加快原燃料替代，石化行业加快推动减油增化，铝行业提高再生铝比例，加快再生有色金属产业发展。推动能源供给体系清洁化低碳化和终端能源消费电气化，严格合理控制煤炭消费增长，重点削减散煤等非电用煤。加快推进"公转铁""公转水"，提高铁路、水运在综合运输中的承运比例。加快形成绿色生活方式，扩大绿色低碳产品供给和消费，推进构建统一的绿色产品认证和标识体系。

突出空间协同，更好发挥降碳行动对生态环境质量改善的综合效益。环境污染物与二氧化碳排放具有高度类似的空间聚集特征。空间分析结果表明，全国碳排放量排名前5%的网格，合计贡献了全国二氧化碳排放总量的68%，同时贡献了氮氧化物排放总量的60%、一次$PM_{2.5}$排放总量的46%和挥发性有机物排放总量的57%，大气污染严重区域与二氧化碳排放重点区域高度重叠。为此，在充分考虑碳排放气候影响均质性和污染排放空间异质性的特征基础上，《减污降碳协同增效实施方案》提出要强化生态环境分区管控，增强区域环境质量改善目标对能源和产业布局的引导作用，要求污染严重地区加大结构调整和布局优化力度，加快推动重点区域、重点流域落后和过剩产能退出；研究建立以区域环境质量改善和碳达峰目标为导向的产业准入及退出清单制度；到2030年，大气污染防治重点区域新能源汽车新车销售量达到汽车新车销售量的50%左右。通过加强空间协同调控，在落实全国降碳任务的同时，有效提升区域减排效益和环境改善效果。

加强技术优化，增强污染防治与气候治理的协调性。统筹水、气、土、固废等环境要素治理和温室气体减排要求，优化治理目标、治理工艺和技术路线，强化多污染物与温室气体协同控制。在大气污染防治方面，强调一体推进重点行业大气污染深度治理与节能降碳行动，探索开展大气污染物与温室气体排放协同控制改造提升工程试点。在水污染防治方面，大力推进污水资源化利用，构建区域再生水循环利用体系；推进污水处理厂节能降耗及热能利用技术。在土壤污染防治方面，优化土壤污染风险管控和修复技术路线，推动污染地块植树造林增汇，因地制宜规划建设新能源项目。在固废污染防治方面，强化资源循环利用，减少有机垃圾填埋，加强生活垃圾填埋场垃圾渗滤液、恶臭和温室气体协同控制。

加强工业行业资源循环利用。我国工业固废产生量大、堆存量多，强化工业资源化循环利用意义重大。大宗工业固废可以替代天然矿产资源用于生产建筑材料、筑路等，有效减少天然矿石开采，钢铁行业固体废物种类多、产生量大，高炉渣、钢渣、脱硫副产物等可以替代建材生产原料以及进行低碳化利用。加强二次能源及固废资源综合利用，是提高工业资源综合利用效率、推动减污降碳、绿色低碳循环发展的重要抓手。行业层面，开展工业行业资源综合利用评价体系和"无废工厂"评价体系研究工作，推动创建一批"无废工厂"标杆企业；企业层面，积极打造相关示范企业，强化二次能源及固废资源的循环利用和低碳化利用，实现减少污染物排放、协同减碳、增加经济效益目标。

注重政策创新，形成减污降碳激励约束机制。充分利用现有较为完善的生态环境制度体系优势，加强减污和降碳工作在法规标准、管理制度、市场机制等方面的统筹融合。推动将协同控制温室气体排放纳入生态环境相关法律法规，制修订相关排放标准，强化非二氧化碳温室气体管控，制定污染物与温室气体排放协同控制可行技术指南、监测技术指南。坚持政府和市场两手发力，研究探索统筹排污许可和碳排放管理，推动污染物和碳排放量大的企业开展环境信息依法披露，充分运用经济政策和市场化手段促进经济社会发展全面绿色转型。

9.6.2 工业数智化绿色低碳转型

发展绿色低碳产业符合国际发展潮流，是提高我国制造业竞争力、实现高质量发展的内在要求。推动数字赋能工业绿色低碳转型，综合分析应用海量数据，可以优化生产工艺，提高能源利用效率，降低二氧化碳排放。加快推进新一代信息技术、数字化管理体系、"工业互联网+"等技术在绿色低碳发展领域的应用，实现数字化绿色化融合发展。

推动新一代信息技术与制造业深度融合。利用大数据、第五代移动通信、工业互联网、云计算、人工智能、数字孪生等新一代信息技术，开展绿色用能监测评价，加强全流程精细化管理，持续推动工艺革新、装备升级、管理优化和生产过程智能化。重工制造业注重产品研发能力和生产过程优化，通过应用数字化虚拟仿真平台，打造数字化、智能化车间，持续推进智能制造，提高生产效率，缩短研发周期；轻工制造业通过销售管理系统与制造管理系统对接，实现定制产品订单的生成、排产、制造和精度跟踪，高效地为客户提供定制化产品，向产业下游延伸，扩展服务环节。深入实施智能制造，搭建覆盖面更广的废旧资源信息服务平台，衔接后续的资源处理与再利用产业链上下游行业，将废旧资源的交易信息快速推广、匹配、对接和成交，形成有序的废旧资源回收处理链。虚实融合仿真技术通过计算机辅助设计软件等工业软件将产品进行虚拟的设计开发及仿真验证，再通过数字化制造的手段将其加工、制造，最终组装成完整的具备可实用性的产品，很大程度地减少研发过程中的能量消耗与试错成本。

推进"工业互联网+绿色低碳"。统筹推进重点领域智能矿山和智能工厂建设，建立具有工艺流程化、动态排产、能耗管理、质量优化等功能的智能生产系统，构建全产业链智能制造体系。运用人工智能、工业机器人等技术优化工艺流程和物料调度，对生产设备的操控及其互联互通进行改善，进而实现生产过程的优化控制，推动产线智能化升级，降低能耗和物耗。聚焦能源管理、减污降碳等典型场景，培育推广标准化的"工业互联网+绿色低碳"解决方案和工业应用软件，助力行业和区域绿色化转型。针对钢铁、水泥、电解铝、石化化工行业碳排放特点，提炼形成多套数字化、智能化、集成化绿色低碳系统解决方案，并在全行业进行推广。

探索建立数字化碳排放管理体系。推动重点用能设备上云上平台，提升碳排放数字化管理、网格化协同、智能化管控水平。基于工业互联网的数字化能碳管理系统，自动采集水、电、气、热等能源、污染物及碳排放数据，进而智能辨识和分析生产中存在的能效改进机会点，定期给出准确直观的图表分析结果，并形成合理的优化用能方案。打造重点行业碳达峰碳中和公共服务平台，探索建立产品全生命周期碳排放基础数据库，组织开展产品绿色设计评价工作。引导工业生产企业选用绿色原辅料、装备、物流，促进产业链绿色转型升级。

参考文献

［1］工业和信息化部，国家发展改革委，生态环境部. 工业领域碳达峰实施方案［EB/OL］.（2022-07-07）［2022-09-20］. http://www.gov.cn/zhengce/zhengceku/2022-08/01/content_5703910.htm.

［2］工业和信息化部. 工信部举行"新时代工业和信息化发展"系列发布会（第一场）［EB/OL］.（2022-07-26）［2022-08-30］. http://www.scio.gov.cn/xwfbh/gbwxwfbh/xwfbh/gyhxxhb/Document/1728339/1728339.htm.

［3］国家统计局. 中国统计年鉴 1990—2020［M］. 北京：中国统计出版社，2021.

［4］IEA. 中国能源体系碳中和路线图［R］. 2022.

［5］生态环境部. 生态环境部召开2月例行新闻发布会［EB/OL］.（2022-02-23）［2022-08-30］.https://www.mee.gov.cn/ywdt/zbft/202202/t20220223_969793.shtml.

［6］World Steel Association. World Steel in Figures 2021［EB/OL］.（2021-04-30）［2022-08-30］. https://www.worldsteel.org/en/dam/jcr:976723ed-74b3-47b4-92f6-81b6a452b86e/World%2520Steel%2520in%2520Figures%25202021.pdf.

［7］《中国钢铁工业年鉴》委员会. 中国钢铁工业年鉴 1990—2018［M］. 北京：中国冶金出版社，2019.

［8］YIN X, CHEN W. Trends and Development of Steel Demand an China: A Bottom-Up Analysis［J］. Resources Policy, 2013, 38（4），407-415.

［9］汪旭颖，李冰，吕晨，等. 中国钢铁行业二氧化碳排放达峰路径研究［J］. 环境科学研究，2022，35（2）：8.

［10］中国建筑材料联合会. 中国建筑材料工业碳排放报告（2020年度）［J］. 中国建材，2021（4）：59-62.

［11］刘淑娟，高全胜，符敬慧. 中国水泥主要应用领域分析及未来需求趋势预测［J］. 建材发展导向，2012，10（4）：17-19.

［12］贺晋瑜，何捷，王郁涛，等. 中国水泥行业二氧化碳排放达峰路径研究［J］. 环境科学研究，2022，35（2）：10.

［13］熊慧. 中国铝消费现状与前景：2020年中国铝加工产业年度大会论文集（上册）［C］. 北京：中国有色金属加工工业协会，2020.

［14］杨富强，熊慧，宋仁伯. 我国再生铝产业现状及发展方向［J］. 新材料产业，2019（8）：10-14.

［15］段理杰，魏未，唐卉君，等. 电解铝企业温室气体排放现状分析［J］. 节能，2019，38（9）：171-172.

［16］王丽娟，邵朱强，熊慧，等. 中国铝冶炼行业二氧化碳排放达峰路径研究［J］. 环境科学研究，2022，35（2）：8.

［17］中国石化集团经济技术研究院. 2021中国能源化工产业发展报告［M］. 北京：中国石化出版社，2020.

［18］中国石油和化学工业联合会，山东隆众信息技术有限公司. 中国石化市场产能预警报告（2020）［M］. 北京：化学工业出版社，2020.

［19］庞凌云，翁慧，常靖，等. 中国石化化工行业二氧化碳排放达峰路径研究［J］. 环境科学研究，2022，35（2）：12.

［20］温倩. 合成氨行业发展情况及未来走势分析［J］. 肥料与健康，2020，47（2）：6-13.

［21］蒋云峰，邓蜀平，刘永. 独立焦化生产碳排放因子探讨［J］. 现代化工，2015，35（9）：10-15.

［22］贺永德. 现代煤化工技术手册［M］. 北京：化学工业出版社，2019.

［23］金玲，郝成亮，吴立新，等. 中国煤化工行业二氧化碳排放达峰路径研究［J］. 环境科学研究，2022，35（2）：9.

［24］陈程，管志杰，刘琦，等. 我国钢材需求预测研究［J］. 冶金经济与管理，2019（2）：12-16.

［25］"黑色金属矿产资源强国战略研究"专题组. 我国黑色金属资源发展形势研判［J］. 中国工程科学，2019，21（1）：97.

［26］高长明. 世界各国水泥产能利用率及其熟料系数调研报告［J］. 水泥，2016（10）：1-2.

［27］佟贺丰，崔源声，屈慰双，等. 基于系统动力学的我国水泥行业CO_2排放情景分析［J］. 中国软科学，2010（3）：40-50.

［28］数字水泥网. 数字水泥2020［J］. 中国水泥，2020（3）：2.

[29] 李琛. 中国水泥行业可提前实现碳达峰去产能是关键[J]. 中国水泥, 2021（2）: 11-13.

[30] 何捷, 李叶青, 萧瑛, 等. 水泥窑协同处置生活垃圾的碳减排效应分析[J]. 中国水泥, 2014（9）: 69-71.

[31] CHEN W Q, SHI L. Analysis of Aluminum Stocks and Flows in Mainland China From 1950 to 2009[J]. Resources Conservation Recycling, 2012（65）: 18-28.

[32] LIU S, LIANG Y. Quantifying Aluminum Scrap Generation From Seven End-Use Sectors to Support Sustainable Development in China[J]. Ecology and Environmental Research, 2017, 17（4）: 7821-7835.

[33] GUO Y, YU Y, REN H, et al. Scenario-based DEA Assessment of Energy-Saving Technological Combinations in Aluminum Industry[J]. Journal of Cleaner Production, 2020（260）: 121010.

[34] 王龙运, 黄建明, 尤振平. "十四五"有色金属工业需要转型发展[J]. 中国投资, 2020（Z8）: 28-29.

[35] 夏萌. 电解铝生产温室气体减排对策研究[D]. 北京: 清华大学, 2014.

[36] 佘欣未, 蒋显全, 谭小东. 中国铝产业的发展现状及展望[J]. 中国有色金属学报, 2020, 30（4）: 709-718.

[37] 中国石化经济技术研究院. 2021中国能源化工产业发展报告[M]. 北京: 中国石化出版社, 2021.

[38] 陈嘉茹, 燕菲, 陈建荣, 等. 油气体制改革深入推进"双碳"目标推动行业低碳发展——2020年中国油气政策综述[J]. 国际石油经济, 2021, 29（2）: 62-67.

[39] 中国石油和化学工业联合会. 石油和化学工业"十四五"发展指南[R]. 北京, 2021.

[40] 韩红梅, 朱彬彬, 龚华俊, 等. 现代煤化工行业"十三五"回顾和"十四五"发展展望（一）[J]. 化学工业, 2020, 38（4）: 27-30.

[41] 王钰, 温倩, 尚建壮, 等. 传统化工行业"十三五"回顾和"十四五"发展展望（一）[J]. 化学工业, 2020, 38（4）: 15-26.

[42] 张媛媛, 王永刚, 田亚峻. 典型现代煤化工过程的二氧化碳排放比较[J]. 化工进展, 2016, 35（12）: 4060-4064.

[43] 韩红梅. 煤化工生产和消费过程的碳利用分析[J]. 煤化工, 2020, 48（1）: 1-4, 14.

[44] 生态环境部, 国家发展改革委, 工业和信息化部, 等. 减污降碳协同增效实施方案[EB/OL]. （2022-06-17）[2022-09-20]. https://www.mee.gov.cn/ywdt/xwfb/202206/t20220617_985943.shtml.

第 10 章 加快发展绿色低碳建筑

建筑是能源消耗的重点领域，也是二氧化碳的重要排放源。随着城镇化进程加速和居民生活消费水平提升，建筑领域碳排放仍存在较强增长动力。如何在不影响人居环境品质改善和人民群众幸福感获得感的前提下，加快推动建筑领域碳排放达峰并实现深度减排，是我国应对气候变化目标下的重要议题。本章重点介绍建筑领域发展与碳排放现状、实现碳达峰碳中和面临的相关挑战、未来建筑碳排放主要情景以及可能的碳达峰实现路径。

10.1 建筑发展与碳排放现状分析

10.1.1 建筑碳排放定义与口径

明确的建筑领域碳排放定义与口径是形成统一碳减排实现路径的基础。目前，建筑碳排放核算口径尚未统一，部分研究仅核算建筑运行阶段的能耗，而一些研究同时考虑建造阶段与建筑运行两个阶段的能耗[1]。基于全产业链条和建筑业全过程视角，建筑领域碳排放包括与建材生产及运输、建筑物建造及拆除、建筑运行等活动相关的温室气体排放总和[2]。根据这个定义，以推动实现建筑零排放作为出发点，建筑领域碳排放包括建筑运行过程中的直接碳排放、建筑运行过程中使用电力和热力导致的间接碳排放、建筑建造和维修耗材的生产及运输导致的碳排放、建筑运行过程中的非二氧化碳类温室气体排放 4 种类型[3]。根据《中国建筑能耗研究报告（2020）》[4]，2018 年全国建筑全过程碳排放总量为 49.3 亿吨，占全国碳排放的 51.3%，其中，建材生产、建筑施工及建筑运行阶段碳排放分别占全国碳排放的 28.3%、1% 和 21.9%。

减少建筑运行阶段的直接与间接二氧化碳排放是当前住房城乡建设领域推动碳达峰碳中和的重点。其中，建筑运行阶段的直接排放是指城镇供热锅炉、炊事、生活热水等活动所需一次能源（煤炭、石油和天然气）消耗带来的排放，间接排放是指热电联产供暖、空调、照明、电梯、电器等外购热力、电力带来的排放[5]。在能源平衡表中，建筑运行能耗主要包括城乡居民生活、批发零售住宿餐饮业和其他行业的终端能源消费量。由于城市和农村建筑用能特点以及南北方气候差异等，建筑碳排放核算过程中民用建筑的类型涉及城镇居住建筑、城镇公共建筑和农村建筑3类，建筑用能包括非集中供暖用能以及热电联产、集中供热锅炉等北方城镇集中供暖用能（图10.1）。

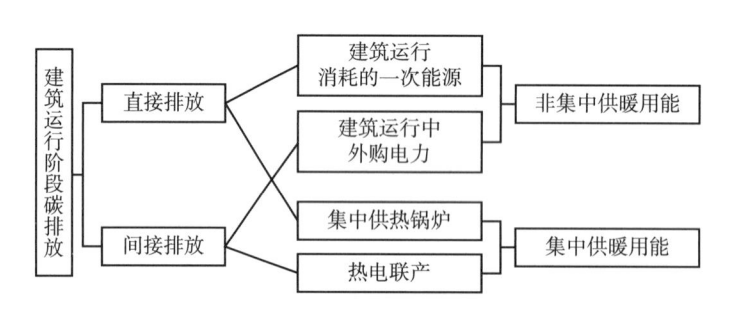

图10.1 建筑运行阶段二氧化碳直接排放与间接排放范围

10.1.2 我国建筑发展与用能现状

城镇化推进过程中，我国建筑面积和能耗总量不断增长。对国内建筑规模、用能情况的了解和把握，是分析建筑领域碳排放现状的前提。目前，我国尚无统计部门发布的官方数据[6]。根据《中国统计年鉴》《中国城乡建设统计年鉴》《中国建筑业统计年鉴》等相关数据、中国建筑科学研究院行业论坛报告以及清华大学建筑节能研究中心发布的历年建筑节能研究报告[7]，对我国2010—2020年建筑规模、建筑运行阶段的用能强度以及用能结构现状进行分析。

10.1.2.1 建筑规模

建筑面积总量和人均建筑面积不断增加。2010—2020年，我国建筑面积总量基本保持年均3%~5%的增速，2020年达到688亿平方米，其中，城镇居住建筑、城镇公共建筑、农村建筑面积分别为287亿、127亿和274亿平方米，占比分别为41.7%、18.5%和39.8%。城镇和农村人均建筑面积均逐年上升，2020年，我国城镇人均居住建筑面积为33.2平方米/人，城镇人均公共建筑面积为14.7平方米/人，农村人均建筑面积为50.6平方米/人。受城镇化进程影响，2010—2020年农村建筑面积增幅较小，城镇居住建筑和公共建筑是建筑规模的主要增长领域（图10.2）。

图 10.2　2010—2020 年我国不同类型建筑面积增长情况

绿色建筑与装配式建筑加快发展，超低能耗建筑发展实现突破。"十三五"时期，我国启动了绿色建筑创建行动，进一步加大城镇新建建筑强制执行绿色建筑标准的力度。目前，全国已基本形成目标清晰、政策配套、标准完善、管理到位的绿色建筑推进体系[8]。截至 2020 年底，全国获得绿色建筑标识的项目累计 2.47 万个，建筑面积超过 25.69 亿平方米，2020 年当年新建绿色建筑面积占城镇新建民用建筑总面积的 77%。同时，以装配式建筑为代表的新型建筑产业规模快速增长。"十三五"期间，新开工的装配式建筑面积年均增长 54%，2020 年当年全国新开工的装配式建筑达 6.3 亿平方米，占当年城镇新建建筑面积的 20% 以上。各地积极开展超低能耗建筑试点示范，地方鼓励政策接连出台，示范项目效果逐步显现，覆盖区域扩大。目前，我国已建成和在建的超低能耗建筑超过 1000 万平方米，涉及住宅、办公、学校等多种类型，主要分布在北京、天津、河北、山东等北方地区。

10.1.2.2　用能强度

我国建筑总能耗和用能强度呈增长趋势。2020 年，我国建筑总能耗为 7.7 亿吨标准煤，其中，城镇居住建筑能耗为 2.0 亿吨标准煤，占当年能耗总量的 25.9%；城镇公共建筑能耗 2.5 亿吨标准煤，占比 32.6%；农村建筑能耗 1.5 亿吨标准煤，占比 19.5%；北方城镇集中供暖能耗 1.7 亿吨标准煤，占比 22.1%。如图 10.3 所示，2010—2020 年，我国建筑总能耗由 4.1 亿吨标准煤增至 7.7 亿吨标准煤，增长 87.8%，其中，城镇居住建筑、城镇公共建筑、农村建筑和北方城镇集中供暖用能分别增长 90.8%、84%、44.1% 和 146%。2010—2020 年，我国建筑用能强度波动上升，由 8.8 千克标准煤/平方米增至 11.2 千克标准煤/平方米，增长 27.3%。

图 10.3　2010—2020 年我国建筑用能强度情况

城镇居住建筑用能强度有所下降，农村建筑用能强度不断攀升。分类型看，2020 年城镇公共建筑用能 20.1 千克标准煤/平方米，是城镇居住建筑的 3 倍、农村建筑的 3.7 倍。从时间趋势看，随着新建建筑节能标准逐步提高（表 10.1）、既有建筑拆除或实施节能改造，2010—2020 年，城镇居住建筑用能强度由 7.3 千克标准煤/平方米降至 6.8 千克标准煤/平方米，城镇公共建筑用能强度基本维持在 20 千克标准煤/平方米左右。由于农村居民生活水平提升，农村建筑用能强度由 2010 年的 4.1 千克标准煤/平方米增至 2020 年的 5.4 千克标准煤/平方米，增长 31.7%。

表 10.1　现行建筑节能设计标准

标准	实施年份	节能率（折算到 20 世纪 80 年代）
公共建筑节能设计标准（GB 50189-2015）	2015	65%
严寒和寒冷地区居住建筑节能设计标准（JGJ 26-2018）	2018	75%
夏热冬冷地区居住建筑节能设计标准（JGJ 134-2010）	2010	65%
夏热冬暖地区居住建筑节能设计标准（JGJ 75-2012）	2012	65%
近零能耗建筑技术标准（GB/T 51350-2019）	2019	85%~92%
建筑节能与可再生能源利用通用规范（GB 55015-2021）	2021	严寒和寒冷地区居住建筑平均节能率应为 75%，其他气候区平均节能率应为 65%；公共建筑平均节能率为 72%[9]

北方城镇集中供暖用能强度不断下降。北方城镇集中供暖主要在严寒、寒冷地区。2020年北方城镇集中供暖面积为115.4亿平方米，是2010年的2.7倍。从热源类型上看，主要包括燃煤锅炉、燃气锅炉和热电联产集中供热，燃煤锅炉供暖用能强度最高，其次是热电联产、燃气锅炉。随着我国对集中供暖节能技术的大力推广，2010—2020年，北方城镇集中供暖用能强度波动中下降，由16.6千克标准煤/平方米降至14.8千克标准煤/平方米，减幅10.8%（图10.4）。

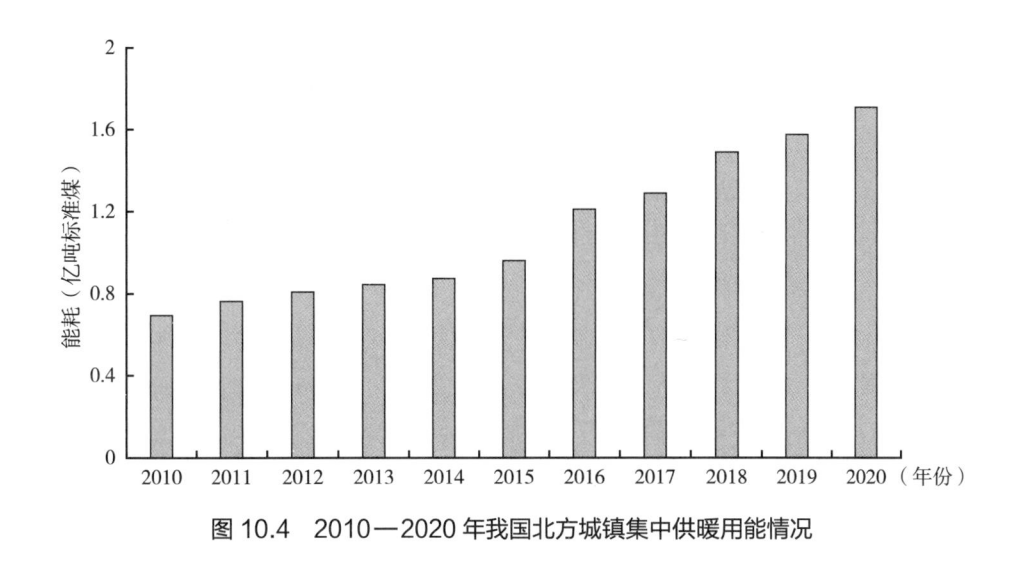

图10.4 2010—2020年我国北方城镇集中供暖用能情况

南方供暖需求呈快速增加态势。南方有供暖需求区域主要是夏热冬冷地区，集中在长江中下游及其周围地区。随着人民生活水平日益提高，南方供暖需求高涨。根据中国建筑科学研究院的测算结果，2015—2019年，南方地区供暖能耗由3800万吨标准煤增加至4500万吨标准煤，增长18.4%。目前南方地区供暖方式仍以空调为主，燃气壁挂炉、各类电供暖为辅，也有部分城市在发展集中供暖，尤其是徐州、合肥、武汉、长沙等城市。根据清华大学建筑节能研究中心的研究，由于集中供暖连续运行与分散供暖间歇式运行方式差异，集中供暖单位面积能耗达到分散供暖的5倍左右。按照住建部要求，除余热废热利用外，不提倡在夏热冬冷地区建设大规模集中供暖热源和市政热力管网设施为建筑集中供暖[10]。

10.1.2.3 用能结构

建筑领域能源消费以电力、煤炭和天然气为主。2020年，我国建筑领域能源总消费量为7.7亿吨标准煤，其中，电力消费量2.9亿吨标准煤，占比38%；煤炭消费量2.2亿吨，占比28%；天然气消费量1.5亿吨标准煤，占比20%；液化石油气消费量0.59亿吨，占比8%；生物质、地热等其他能源消费量0.45亿吨，占比 6%。

北方城镇集中供暖能源消费以煤炭、天然气和电力为主，分别占 75%、24% 和 1%。其中，燃煤热电联产占煤炭消费量的 66%，集中供热锅炉占 34%。未来随着电力、可再生能源、天然气等替代燃煤锅炉，集中供暖煤炭消费量将进一步下降。

城镇居住建筑用能以电力、天然气和液化石油气为主。除集中供暖用能以外，城镇居住建筑用能包括居民生活用能和小区燃煤锅炉、小区燃气锅炉、户式燃气炉、户式燃煤炉、空调分散供暖、直接电加热等供暖用能。2020 年，城镇居住建筑能源消费量为 2.0 亿吨标准煤，其中，电力、天然气、液化石油气、煤炭分别占 39.7%、34.5%、21.5% 和 3.2%；扣除取暖用能后，电力消费占比达到 42%。2010—2020 年，城镇居住建筑用能结构不断优化，2020 年电力、天然气、液化石油气、煤炭消费量分别为 2010 年的 2.1 倍、2.2 倍、2.1 倍和 0.5 倍（图 10.5）。

城镇公共建筑用能以电力、天然气和煤炭为主。城镇公共建筑用能主要包括空调、照明、插座、电梯、炊事、各种服务设施等产生的能源消耗，以及公共建筑自有燃煤锅炉、燃气锅炉等的能源消耗。2020 年，城镇公共建筑能源消费量为 2.6 亿吨标准煤，其中，电力、天然气、煤炭、其他能源分别占 58.4%、18.1%、15.8% 和 6.6%；扣除取暖用能外，电力消费用能占 93.3%。2010 年以来，城镇公共建筑用能清洁化水平不断提高，新增用能基本以电力和天然气为主，2020 年电力、天然气消费量分别达到 2010 年的 2.7 倍和 2.6 倍；煤炭消费量减幅较慢，仅减少 25%（图 10.6）。

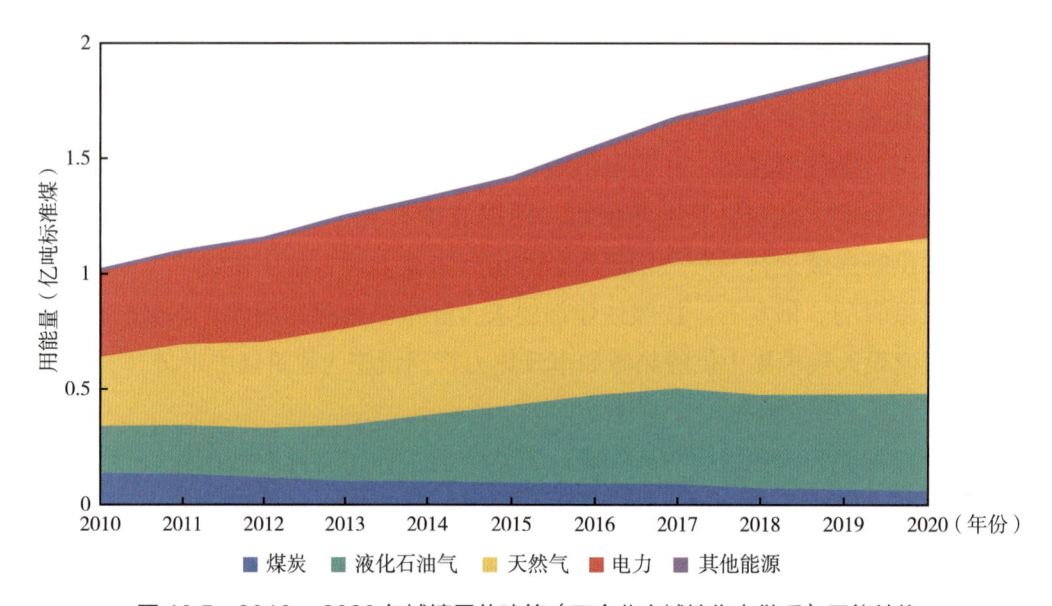

图 10.5　2010—2020 年城镇居住建筑（不含北方城镇集中供暖）用能结构

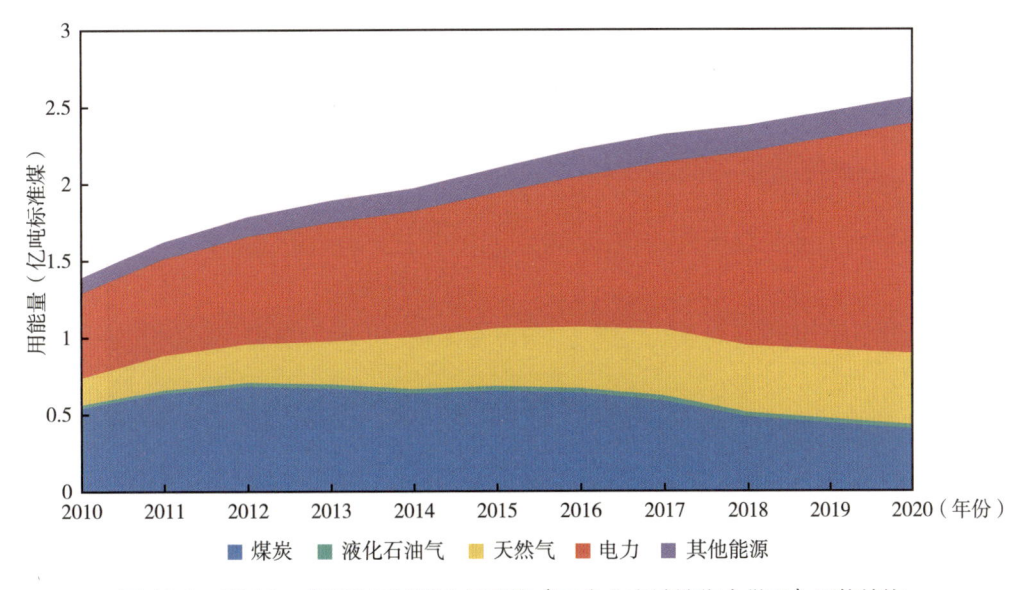

图 10.6　2010—2020 年城镇公共建筑（不含北方城镇集中供暖）用能结构

农村建筑用能以电力、煤炭等为主。农村建筑用能主要包括村民生活用能、取暖用能和农村公共建筑用能。2020 年，农村建筑能源消费量为 1.5 亿吨标准煤，其中，电力、煤炭、生物质、液化石油气分别占 41.8%、30%、17.8% 和 9.6%；扣除取暖用能外，2020 年电力消费占 65.5%。2010—2020 年，随着农村收入水平提升、电力普及率提高、家电使用量增加，电力能源消费量较 2010 年增长 140%；2016 年以来，随着空气污染治理和北方地区清洁取暖工作的深入推进，农村地区煤炭消费量有所下降，由 2016 年的 0.61 亿吨标准煤降到 0.45 亿吨标准煤，降幅 26.2%；用气量有所上升，由 21.7 万吨标准煤增长到 111.1 万吨标准煤，增长 4.1 倍（图 10.7）。

可再生能源建筑在城镇得到较快发展。可再生能源建筑应用重点包括太阳能光热、太阳能光伏、浅层地热能以及生物质能利用等形式，可替代常规能源满足建筑采暖、空调、生活热水、炊事、照明等能源服务需求。"十三五"期间，我国持续推进可再生能源建筑应用，应用规模不断扩大，质量不断提升。全国城镇新增太阳能光热建筑应用面积约 30 亿平方米、新增太阳能光电建筑装机容量约 5700 万千瓦、新增浅层地热能建筑应用面积 2 亿平方米，城镇建筑可再生能源替代常规能源比重超过 6%，较 2015 年提高了约 2%，建筑用能结构进一步优化。

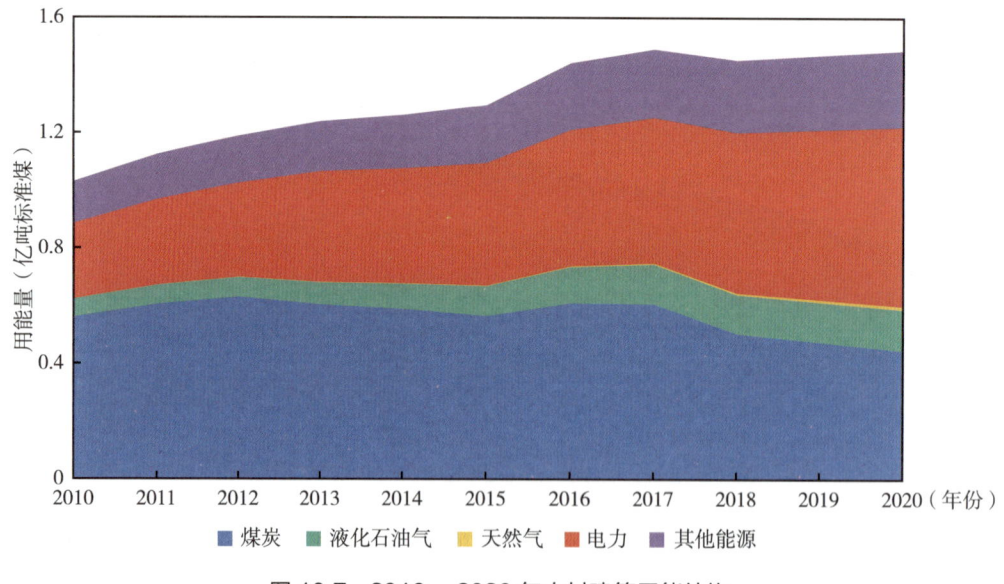

图 10.7　2010—2020 年农村建筑用能结构

10.1.3　我国建筑碳排放现状

2020 年我国建筑领域二氧化碳排放量为 21.7 亿吨，其中，供暖、炊事等活动化石燃料燃烧直接排放 6.9 亿吨，外购热力、电力间接排放 14.8 亿吨（表 10.2）。

表 10.2　2020 年建筑领域碳排放情况（单位：亿吨）

分类	直接排放	间接排放	总量
1. 北方城镇集中供暖	1.7	2.4	4.1
北方城镇集中供暖（热电联产）	—	2.4	2.4
北方城镇集中供暖（锅炉）	1.7	—	1.7
2. 城镇居住建筑（不含北方城镇集中供暖）	2	3.3	5.3
3. 城镇公共建筑（不含北方城镇集中供暖）	1.8	6.4	8.2
4. 农村建筑	1.4	2.7	4.1
合计	6.9	14.8	21.7

2010—2020 年，建筑领域直接排放已经达峰，间接排放仍在快速增长。建筑领域运行阶段二氧化碳总排放量与总能源消耗量均处于上升通道，供暖、炊事等活动一次能源消耗带来的直接排放在 2017 年达峰后有所下降，外购热力、电力带来的间接排放增幅加大。2020 年，我国建筑领域二氧化碳总排放量为 21.7 亿吨，其中，直接排放量 6.9 亿吨，占建筑领域总排放量的 31.8%；间接排放量 14.8 亿

吨，占 68.2%。城镇公共建筑（不含北方城镇集中供暖）二氧化碳排放量最高，为 8.2 亿吨，其中北方城镇集中供暖、城镇居住建筑（不含北方城镇集中供暖）、农村建筑分别排放 4.1 亿吨、5.3 亿吨和 4.1 亿吨（图 10.8）。

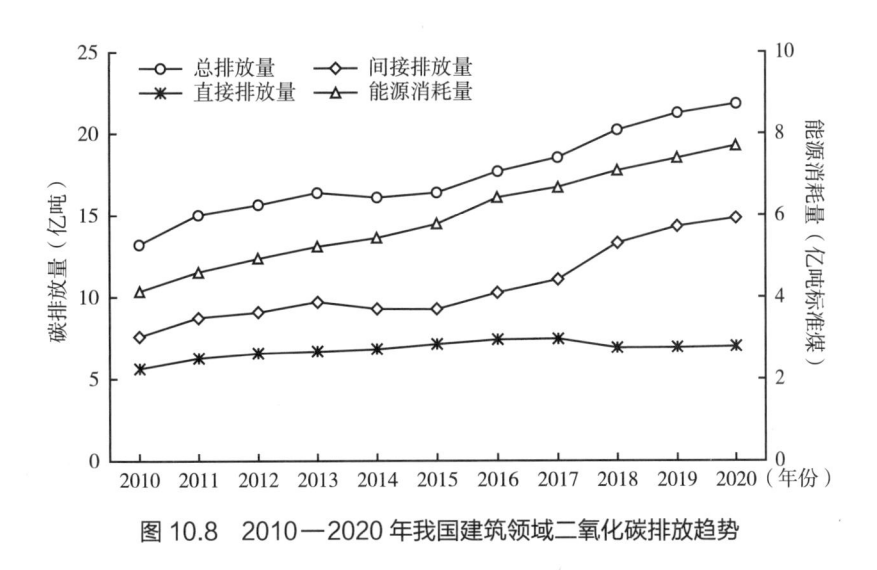

图 10.8　2010—2020 年我国建筑领域二氧化碳排放趋势

未来建筑领域的碳减排，要通过降低不同类型建筑运行用能强度、优化用能结构继续推动直接排放水平的进一步降低。同时，随着电力、热力供给端清洁化水平提升和需求侧电气化等的加快推进，建筑领域间接排放将会下降。

10.2　建筑绿色低碳发展面临的挑战

20 世纪 80 年代以来，我国通过节能标准推动新建建筑节能、财政资金撬动既有建筑节能改造，以及试点城市带动建筑供暖用能清洁化等措施，推动建筑领域低碳发展。不容忽视的是，尽管建筑领域节能减碳工作不断推进，但随着建筑面积的刚性增加以及生活水平提升带来的用能需求直线上升[11]，加之发展绿色低碳建筑以及建筑能源绿色转型面临的突出瓶颈，建筑领域控碳降碳压力依然较大。

10.2.1　建筑碳排放面临刚性增长需求

我国建筑面积总规模尚未达到峰值且持续保持快速增长。我国人均住宅建筑面积已接近发达国家水平，2020 年我国城镇人均住房建筑面积已达 33.2 平方米，农村人均住房建筑面积更是高达 50.6 平方米。尽管如此，近年来我国每年新增建筑竣工面积仍在40亿平方米左右，对城市规模缺乏合理规划，新建建筑不断攀升。随着大量开工和施工，加之建筑材料的性能和产品质量较落后，建筑建造方式仍以传统的现场浇筑施工为主，建筑寿命相对较短，拆除面积快速增长。同时，由于缺乏有效的管控手段，导致一些地方新建建筑和拆除建筑与实际经济发展需求不匹配，造成不必要的资源浪费和温室气体排放。

生活水平提升带来用能需求直线上升。2019年，中国石油经济技术研究院发布的《世界与中国能源展望》指出，我国能源需求重心正在转向生活消费侧，工业用能占比持续回落，建筑用能（居民和商业）占比不断提升。国家能源局数据显示，2021年我国全社会用电量83128亿千瓦·时，同比增长10.3%；其中，城乡居民生活用电量11743亿千瓦·时，同比增长7.3%。2022年1—5月，全国全社会用电量同比增长2.5%，其中居民生活用电量同比增长8.1%。随着生活水平的不断提高，人们对生活环境舒适度的要求也将不断提升，采暖、空调、生活热水、家用电器等终端需求用能将持续增长[12]，所带来的碳排放增量不容小觑。

10.2.2 发展绿色低碳建筑难度大

新建建筑实施更高要求节能标准面临困难。一是我国建筑节能设计标准以提高建筑性能和设备效率为主，从"节能50%"到"节能65%""节能75%"，尽管已有显著提升，但采暖地区建筑围护结构的热工性能要求同气候相近的发达国家比较，仍有一定差距。二是与发达国家相比，绿色建筑占总建筑比例较低，绿色建筑运行标志项目占比低、覆盖率不高、区域发展不平衡的问题突出[13]。三是对比国际发展趋势，我国对加快发展节能低碳建筑的认识和重视不足，对于是否要加速发展近零能耗建筑还未形成统一认识[14]。国内超低能耗建筑、近零能耗建筑还处于示范试点阶段，目前还没有成为各地方的强制性要求。

既有建筑节能改造面临成本和模式挑战。我国是世界上既有建筑面积最大的国家，从建成年代看，2000年以前建成的城镇住房中，1949年以前建成的占1.1%，1949—1979年建成的占9.2%，1980—1989年建成的占28.0%，1990—1999年建成的占61.7%。从地域分布看，严寒和寒冷地区（东北、华北、西北和部分华东地区）占43.3%，夏热冬冷地区（长江流域为主）占46.3%，其他地区（华南地区等）占10.4%[15]。当前，我国城镇开发模式以拆旧建新为主，存量建筑的年翻新率不足0.5%[16]。2019年，在城镇既有建筑面积中，节能建筑面积仅占56%，能耗较高的传统建筑占比还很大，能源利用效率低，居住舒适度较差。农村地区建筑节能起步时间短，对执行建筑节能标准缺乏强制性要求，建筑节能达标率很低。同时，既有建筑节能改造成本高、投资大，缺少资金和成熟的模式阻碍着大规模改造工作的推进。

10.2.3 建筑能源绿色转型任务艰巨

建筑供热系统低碳转型任务艰巨。截至2020年底，我国城镇集中供热面积达约122.7亿平方米，供热管网长度达50.7万千米。现阶段以燃煤为主的大中型集中供热，是城市集中供热的主力军[17]。"千城一面"的供热系统，将带来"高碳锁定"的风险。目前，我国供热系统能源的利用率仅为35%~55%，能源利用率低[18]。与此同时，夏热冬冷地区的近百亿平方米民用建筑取暖需求正在快速释放。随着城镇化率持续提高，城镇供热面积将进一步增加。供热"存量"的低碳转型和"增量"的低碳供热任务艰巨，低碳供热能否用得上、用得起、用得好，这一问题给全社会带来巨大压力和挑战。

农村地区清洁取暖推进存在困难。在中央财政支持下，北方地区清洁取暖取得了显著的成效，但后续推进面临一些困难[19]。包括中央财政补助政策投资压力大，市场化机制尚未真正建立起来，金融支持形式单一；多数试点城市清洁取暖改造未充分体现因地制宜原则，忽视工业余热、污水厂水源、地热、生物质等资源的利用；大规模实施"煤改气"工程引起冬季天然气供应紧张、价格上涨，影响"煤改气"居民用气的安全稳定供应；农村配套电网建设经济效益差，主要依靠国家和电网公司投资建设，国家财政补贴有限，"煤改电"在广大农村地区普遍推广难；地方对建筑能效提升项目重视不够、推进慢、补助少，特别是在农村地区，大多数未同步开展建筑能效提升改造，房屋保温性能和气密性较差，建筑能效低；清洁取暖改造后，取暖支出普遍上涨，上涨幅度差异较大，农村居民采暖支出可承受能力差，取消运行补贴后将无力承担清洁取暖支出。

可再生能源在建筑领域应用还存在瓶颈。2021年6月，国家能源局开始推动屋顶分布式光伏开发试点。试点政策的出台，推动屋顶分布式光伏新增装机规模超过集中式光伏，成为光伏新增装机主要来源。但是，屋顶分布式光伏短时间内的大量增加，超过电网安全运营的阈值，加之屋顶分布式光伏单个规模小、稳定性差，带来了并网困难、设备闲置等问题[20]。同时，对多元化清洁可再生能源的季节性、间歇性和波动性属性、大规模储存难属性研究不够[21]，使得应用效果大打折扣。

10.2.4 绿色低碳政策牵引支持不够

节能低碳标准规范体系尚需完善。科学完善的标准，将使决策者遵守社会、经济和生态的可持续性原则，能够最大限度地减少建筑项目的碳足迹[22]，解决建筑对环境的负面影响。目前国内对于零碳建筑碳排放计算边界和定义尚无准确规定，国家《零碳建筑技术标准》正在制定。超低能耗建筑、装配式建筑等建造的绿色化、低碳化、信息化水平有待提升，数字化技术在建筑运维中应用不足。绿色建筑评估体系亟需由绿色设计向绿色运行转化，2020年底国内2.47万个绿色建筑标识项目，多为设计标识，真正的绿色运行标识项目占比尚不足5%。现行《建筑碳排放计算标准》对建筑施工及拆除阶段碳排放因子未作详细规定，建筑运行阶段碳排放的计算方法还有待完善。

市场化机制和商业模式亟待创新。我国现有建筑节能与绿色建筑支持政策以政府财政投入为主。作为复杂集成系统，零碳建筑开发成本较传统建筑高5%~15%[23]。受制于初始投资额高、回收周期长、零碳监控难度大、生态效益难以测量与折现等，投资汇报预期不确定性较高，加之现有融资机制政策不足，金融机构投资意愿不高。2020年全球约30%的绿色债券募集资金投向绿色建筑领域，美国、东盟的比例均在35%左右，而我国的这一投向比例仅为5%，处于全球较低水平。目前发展绿色建筑已被纳入我国《绿色债券支持项目目录》《绿色产业指导目录（2019年版）》《能效信贷指引》等重要政策文件，但尚未出台针对既有建筑绿色低碳改造的融资支持政策，既有建筑改造资金缺口大，推进困难。

建材与建筑联动减碳体系机制未建立。目前，建材领域的碳计算标准及相关政策较建筑领域更为成熟，但建筑企业与建材行业联动较少，资源信息无法互联互通，尚未形成产业链减碳合力。首先，建材生产全过程碳足迹碳标签尚不健全，建材使用方（施工总承包）无法有效掌握建材的准确碳排放量，其中涉及包括国家通用的计算方法及权威数据，如钢材、水泥、木材等碳排放因子尚不清楚，需进一步深化，同一类产品的不同产地、品牌或工艺的碳排放差异也对碳排放产生影响。其次，绿色建材产品认证体系不完善，产业化程度不够高，对于建筑施工方而言，选用绿色建材有助于工程项目减碳，但也面临着巨额成本。项目大量使用的水泥、石膏板、陶瓷、玻璃、管材、复合地板等材料，环保性能好的往往造价昂贵，难以大规模推广使用[1]，工程项目主动推广使用的动力不足。

10.3 建筑碳排放主要情景分析

借鉴发达国家经验，立足我国基本国情，分析建筑运行碳排放的宏观影响因素和技术影响因素，研究并预测不同情景下建筑领域碳排放总量，量化分析包括新建建筑节能、既有建筑改造、北方供暖、可再生能源建筑应用、农村建筑节能等技术措施的减碳效果，为甄别建筑领域碳达峰碳中和的重点工作、明晰建筑领域碳达峰碳中和战略路径提供支持。

10.3.1 建筑碳排放计算方法

建筑领域碳排放与建筑规模、用能强度、用能结构以及碳排放因子密切相关。目前国际上较为认可的碳排放核算方法模型包括排放因子法、质量平衡法和实测法[24]。建筑领域运行阶段碳排放主要由直接或间接使用化石能源所产生，因此以 IPCC 提出的碳排放计算公式（排放量 = 活动水平 × 活动因子）为基础，根据中国建筑碳排放模型（China Building Carbon Emission Model，CBCEM）[25]框架，采用碳排放因子法进行计算（图 10.9）。

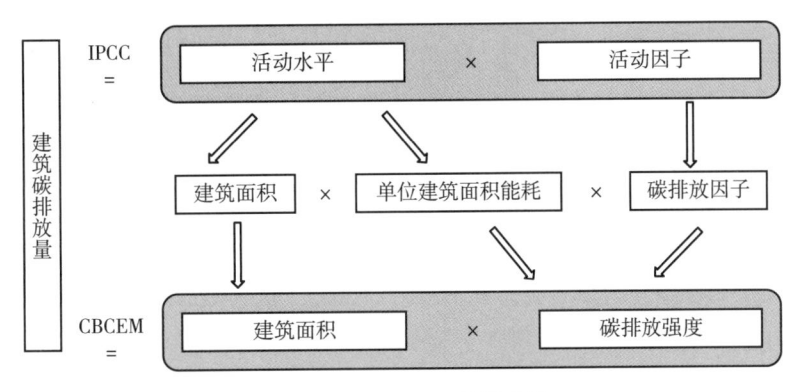

图 10.9 CBCEM 计算方法

基本思路为针对我国北方城镇集中供暖、城镇居住建筑（不含北方城镇集中供暖）、城镇公共建筑（不含北方城镇集中供暖）、农村建筑等不同排放源，获得其能源消耗活动水平数据，明确碳排放因子，将不同排放源的能源消耗与其碳排放因子的乘积进行加和即为建筑领域碳排放的估算值。其中，不同排放源碳排放水平与建筑面积、用能强度及用能结构等息息相关，建筑规模与城镇化发展水平、人口总量、人均建筑面积相关，用能强度和用能结构与用能强度控制政策、清洁能源替代政策相关。

10.3.2 建筑领域发展预测方法

建筑领域发展预测包括建筑规模预测、建筑用能强度预测和建筑用能结构分析 3 个方面，其中，建筑规模预测受人均建筑面积和人口规模共同影响，用能强度预测、用能结构分析均围绕不同类型建筑用能和北方城镇供暖用能两方面进行（图 10.10）。

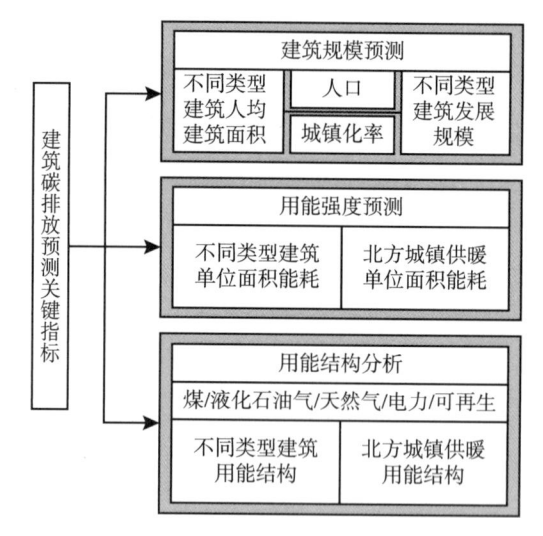

```
                    ┌─────────────────────────────────┐
                    │          建筑规模预测            │
                    │ ┌──────────┬──────┬──────────┐  │
              ┌────▶│ │不同类型   │ 人口 │不同类型   │  │
              │     │ │建筑人均   ├──────┤建筑发展   │  │
              │     │ │建筑面积   │城镇化率│规模     │  │
              │     │ └──────────┴──────┴──────────┘  │
              │     └─────────────────────────────────┘
  建                 ┌─────────────────────────────────┐
  筑                 │          用能强度预测            │
  碳                 │ ┌────────────────┬────────────┐ │
  排   ────────────▶│ │不同类型建筑     │北方城镇供暖 │ │
  放                 │ │单位面积能耗     │单位面积能耗 │ │
  预                 │ └────────────────┴────────────┘ │
  测                 └─────────────────────────────────┘
  关                 ┌─────────────────────────────────┐
  键                 │          用能结构分析            │
  指                 │ 煤/液化石油气/天然气/电力/可再生  │
  标                 │ ┌────────────────┬────────────┐ │
              └────▶│ │不同类型建筑     │北方城镇供暖 │ │
                    │ │用能结构         │用能结构     │ │
                    │ └────────────────┴────────────┘ │
                    └─────────────────────────────────┘
```

图 10.10　建筑领域碳排放预测关键指标

10.3.2.1　人均建筑面积预测

建筑规模是城镇居住建筑、城镇公共建筑、农村建筑 3 种类型建筑面积总和，是影响建筑领域二氧化碳排放达峰峰值和达峰时间的直接因素。我国建筑规模的发展受到民众不断提升的居住舒适度需求、人口总量、城镇化发展水平以及房地产控制政策、可利用土地资源水平等因素的共同影响，且不同住房发展阶段的增长水平不尽相同，无法直接通过趋势分析进行未来发展规模预测。因此，研究中主要在识别影响人均建筑面积关键因素基础上，根据人口、城镇化率、人均 GDP、投资结构、套户比等指标的变化趋势，采用类比分析法，对比韩国、法国、德国、日本等城市化水平较高、可利用土地资源与我国类似的人均居住建筑面积，并结合我国居住模式和房屋面积现状，进行我国不同类型人均建筑面积预测。

10.3.2.2　人口预测

综合联合国、世界银行、国家卫生健康委员会、中国社会科学研究院等有关机构的研究，从当前到 2025 年，我国人口将保持微增态势，人口数量增至 14.25 亿左右，预计至 2029 年前后人口总量将迎来 14.3 亿的峰值，到 2035 年人口规模保持在 14.3 亿左右。2019 年，我国常住人口城镇化率达到 60.6%，城镇化进程总体进入后期阶段。当前至 2035 年是我国城镇化由后期迈向成熟期的关键阶段。预计到 2025 年，我国常住人口城镇化率将达到 65% 左右，进入中级城市型社会，城镇人口数量达到 9.3 亿人；2030 年、2035 年，城镇化率分别达到 69%、72% 左右，城镇人口数量分别为 9.9 亿、10.3 亿。我国建筑规模人口和城镇化影响因素的预测结果如表 10.3 所示。

表 10.3　我国建筑规模人口和城镇化影响因素的预测结果

年份	人口数量（亿）	城镇化率（%）	城镇人口数量（亿）	农村人口数量（亿）
2025	14.25	65.5	9.3	4.9
2030	14.3	69.0	9.9	4.4
2035	14.3	72.0	10.3	4.0

10.3.2.3　用能强度预测

建筑用能强度是指城镇居住建筑、城镇公共建筑、农村建筑等不同类型建筑单位面积的能源消费量，是影响建筑领域二氧化碳排放量的又一主要因素。新建建筑节能标准提升、既有建筑节能改造作为影响用能强度的关键，是政府部门推动建筑运行用能强度降低的主要抓手，居民生活水平提升带来的用能需求增长却会直接带来用能强度的增加。因此，主要采用多因素分析和趋势外推方法开展不同类型建筑用能强度预测。

10.3.2.4　用能结构分析

建筑领域用能包括电力、煤炭、天然气、液化石油气等不同种类，推动取暖用能低碳化、居民生活和公共建筑用能电气化以及加大可再生能源利用等用能结构优化举措，将不断降低化石能源消费占比，推动建筑领域排放达峰。考虑上述因素发展变化趋势，按照调整优化既有建筑用能结构、新建建筑用能结构和发展再生能源3个维度，预测我国北方城镇集中供暖、城镇居住建筑、公共建筑、农村建筑用能结构的变化情况。对于新建建筑供暖，考虑国家"双碳"目标要求，且用能水平已较低，用能种类主要考虑工业余热、新能源和可再生能源，不再新增燃煤锅炉；由于我国电力系统已进入构建以新能源为主体的新型电力系统的发展阶段，未来电网平均碳排放因子将逐步下降，对于新建建筑其他用能，用能种类以电为主，生活热水充分利用太阳能光热，炊事用能使用少量天然气。对于既有建筑用能、供暖及农村炊事活动中仍存有的较大量燃煤是用能结构调整的主要对象。

10.3.3　建筑碳排放达峰情景分析

以下采用建筑领域发展预测方法，开展基于情景分析的建筑领域二氧化碳排放达峰路径研究，综合考虑建筑规模、建筑能耗、用能结构等关键因素，测算2035年前建筑领域二氧化碳排放趋势，分析建筑领域二氧化碳排放峰值出现的时间。

10.3.3.1 建筑碳排放达峰情景设置

建筑领域碳排放与建筑规模、用能强度、用能结构以及碳排放因子密切相关。从建筑规模发展趋势角度出发,设置建筑需求适度增长情景与快速增长情景;从不同建筑类型的用能强度出发,设置建筑用能常规节能与强化节能两个情景,用能结构变化不再设置分情景。

(1)建筑规模情景设置为适度增长和快速增长两种

考虑到未来人均建筑面积预测的不确定性较大,为增加分析结果的可信度,设置了建筑规模适度增长和快速增长两种情景,其中建筑规模适度增长情景采用类比分析结果,快速增长情景以适度增长情景为参照,增幅有所扩大。

城镇居住建筑面积预测情景。2020年我国城镇人均居住建筑面积为33.2平方米,与韩国(34.2平方米)基本相当,与德国(46平方米)、法国(40平方米)、日本(39平方米)[26]尚有一定差距。结合我国政府坚持"房住不炒"和"不把房地产作为短期刺激经济的手段"的定位,适度增长情景下,预计我国人均居住建筑面积可达到法国当前水平,即40平方米;快速增长情景下,预计仍有10%的上涨空间,接近德国水平,达到44平方米(图10.11)。

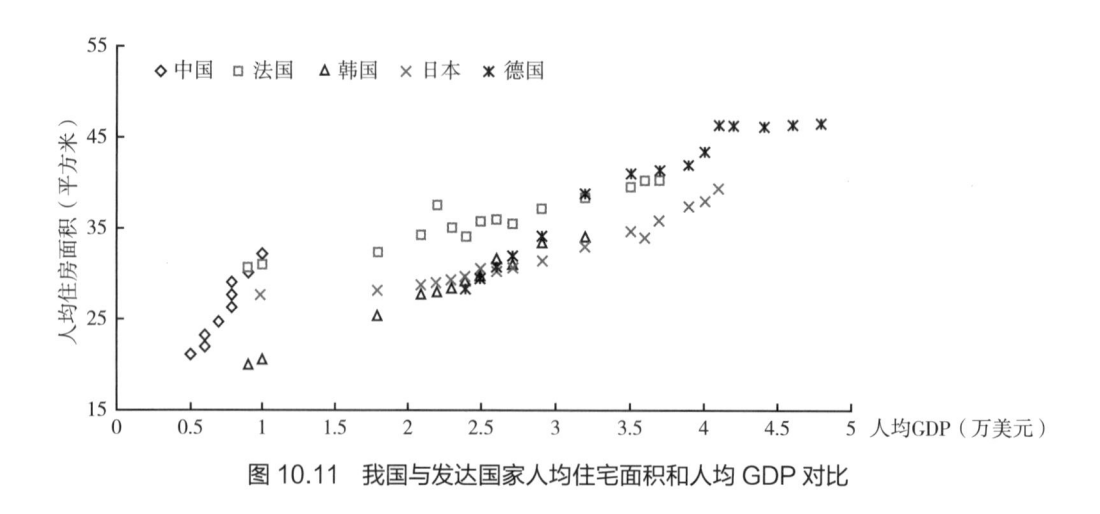

图10.11 我国与发达国家人均住宅面积和人均GDP对比

城镇公共建筑面积预测情景。2020年我国城镇人均公共建筑面积为14.7平方米,高于法国(12.3平方米),与英国(15.4平方米)相当,与德国(20.6平方米)尚有一定差距。预计人均公共建筑面积将进一步缩小与德国的差距,达到18平方米;快速增长情景下,将接近德国水平,达到20平方米。

农村建筑面积预测情景。2020年,我国农村人均建筑面积为51平方米。随着城镇化进程的进一步推进,农村人均住房建筑面积呈上升趋势,预计适度增长情景下，到 2035 年，我国农村人均建筑面积达到 61 平方米；快速增长情景下，农村人均建筑面积进一步增加 10%，达到 67 平方米。

（2）用能强度设置为常规节能和强化节能两种

该研究综合考虑建筑用能强度影响因素，设置常规节能和强化节能两种不同情景，采用多因素分析法进行 2025 年、2030 年、2035 年不同类型建筑用能强度的预测。常规节能情景下，新建建筑节能水平和既有建筑节能改造力度按照历史发展水平进行趋势外推；强化节能情景下，考虑新建建筑节能水平快速提升、既有建筑节能改造力度适度加大进行设置。同时，对于鼓励超低能耗建筑发展、既有建筑改造节能水平、生活水平提升带来的用能需求增加等在预测中统一设置相关参数（表 10.4）。

表 10.4 建筑用能强度不同情景条件设置

情景设置		节能措施
常规节能	新建建筑节能水平	以 2020 年不同类型新建建筑节能标准水平为基准，每 10 年提升 30%
	既有建筑节能改造面积	城镇居住建筑节能改造 1.7 亿平方米/年，城镇公共建筑节能改造 1.9 亿平方米/年，农村建筑节能改造平均 0.34 亿平方米/年
强化节能	新建建筑节能水平	以 2020 年不同类型新建建筑节能标准水平为基准，每 5 年提升 30%
	既有建筑节能改造面积	城镇居住建筑节能改造 2 亿平方米/年，城镇公共建筑节能改造 2.2 亿平方米/年，农村建筑节能改造 0.4 亿平方米/年
统一考虑因素	新建超低能耗建筑面积	"十四五""十五五""十六五"新增城镇居住建筑中超低能耗建筑面积分别为 1 亿、4 亿、20 亿平方米，公共建筑中超低能耗建筑面积分别为 0.2 亿、1 亿、5 亿平方米
	既有建筑节能水平	2035 年前老旧管网、城镇居住建筑、城镇公共建筑、农村建筑改造后节能水平较 2020 年分别提升 20%、50%、20%、15%
	生活水平提升带来用能需求增长	2020—2035 年生活水平提升带来城镇居住建筑用能需求，"十四五"期间提升 50%，"十五五"期间提升 40%，"十六五"期间提升 20%；城镇公共建筑用能需求，"十四五"期间提升 40%，"十五五"期间提升 30%，"十六五"期间提升 15%；农村建筑用能需求，"十四五"期间提升 40%，"十五五"期间提升 30%，"十六五"期间提升 15%

对于建筑领域发展可再生能源，因存在较大不确定性，划分常规和强化两种情景预测，常规情景下，"十四五""十五五""十六五"分别增加光伏发电量 750 亿千瓦·时、1500 亿千瓦·时、1800 亿千瓦·时；强化情景下，分别增加 1050 亿千瓦·时、1650 亿千瓦·时、2250 亿千瓦·时。

10.3.3.2 建筑碳排放达峰预测结果

根据我国建筑规模、建筑能耗、用能结构预测结果，测算2025年、2030年、2035年建筑运行阶段煤炭、天然气、液化石油气、电力等消费量以及对应的碳排放系数，不同情景下我国建筑领域碳排放变化趋势（图10.12）表明，我国建筑领域二氧化碳总排放达峰时间是在2029—2030年，峰值排放量为28.1亿~29.2亿吨。"十四五"期间，建筑领域二氧化碳排放量仍将快速上升，"十五五"后，二氧化碳排放增速逐渐放缓，峰值在"十五五"末出现，并在"十六五"初期保持一段时间平台期，"十六五"末则出现快速下降趋势。

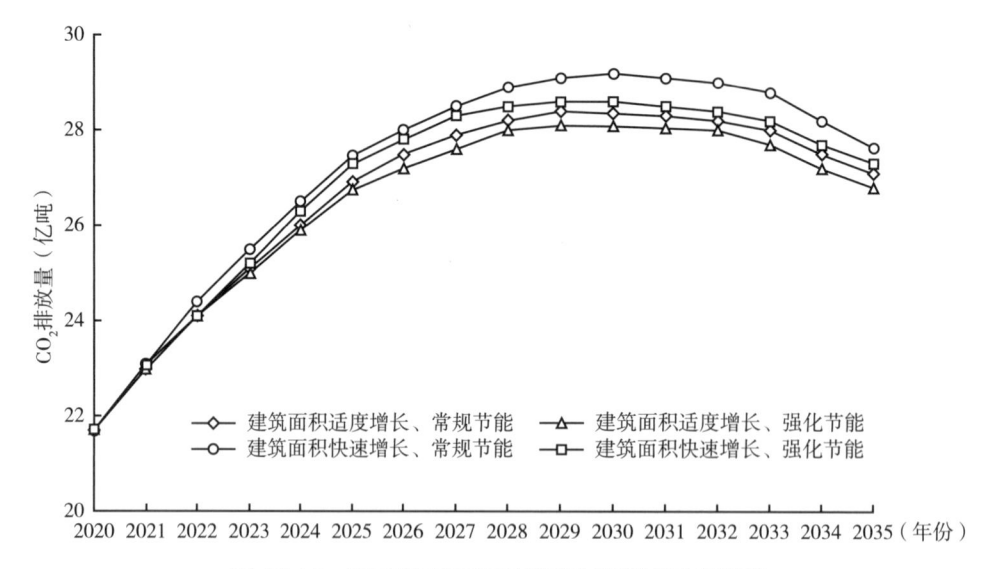

图10.12 不同情景下我国建筑领域碳排放变化趋势

低碳清洁取暖、应用可再生能源、强化建筑节能、合理控制建筑规模是建筑领域降碳的四大主要措施。2021—2035年我国建筑领域采取上述主要措施下的二氧化碳减排贡献如图10.13所示。可以看出，通过以上4项措施的综合实施，我国有望将建筑领域碳排放达峰时间提前到2029年左右，峰值为28.1亿吨，其中直接排放4.7亿吨，间接排放23.4亿吨，达峰后保持2~3年平台期，之后进入下降通道。

为精准施策、明晰达峰路径，基于建筑规模、用能强度、用能结构情景相关设置和达峰情景排放情况，通过计算我国建筑领域基准情景（Business As Usual, BAU）排放量，开展未来建筑领域的主要减排措施贡献研究。在建筑规模快速增长、2035年建筑面积达到922亿平方米的情况下，新建建筑节能标准沿用当前更新力度（每10年提升30%），用能结构与2020年保持一致，且不进行大规模既有建筑节能改造、不推动清洁能源替代和可再生能源建筑应用，2030 年我国建筑领域基准情景下二氧化碳排放量为 31.5 亿吨，较达峰情景下高出 3.4 亿吨。建筑领域主要控碳措施的减排贡献如图 10.13 所示，其中低碳清洁取暖是减排二氧化碳潜力最大的措施，与基准情景相比，到 2030 年实施低碳清洁取暖的二氧化碳排放量将减少约 1.4 亿吨，应用可再生能源下将减少约 0.9 亿吨，强化建筑节能和合理控制建筑规模下将分别减少约 0.6 亿和 0.5 亿吨，低碳清洁取暖、应用可再生能源、强化建筑节能和合理控制建筑规模 4 项措施的减排贡献率分别为 40.7%、27.1%、17.7% 和 14.5%。

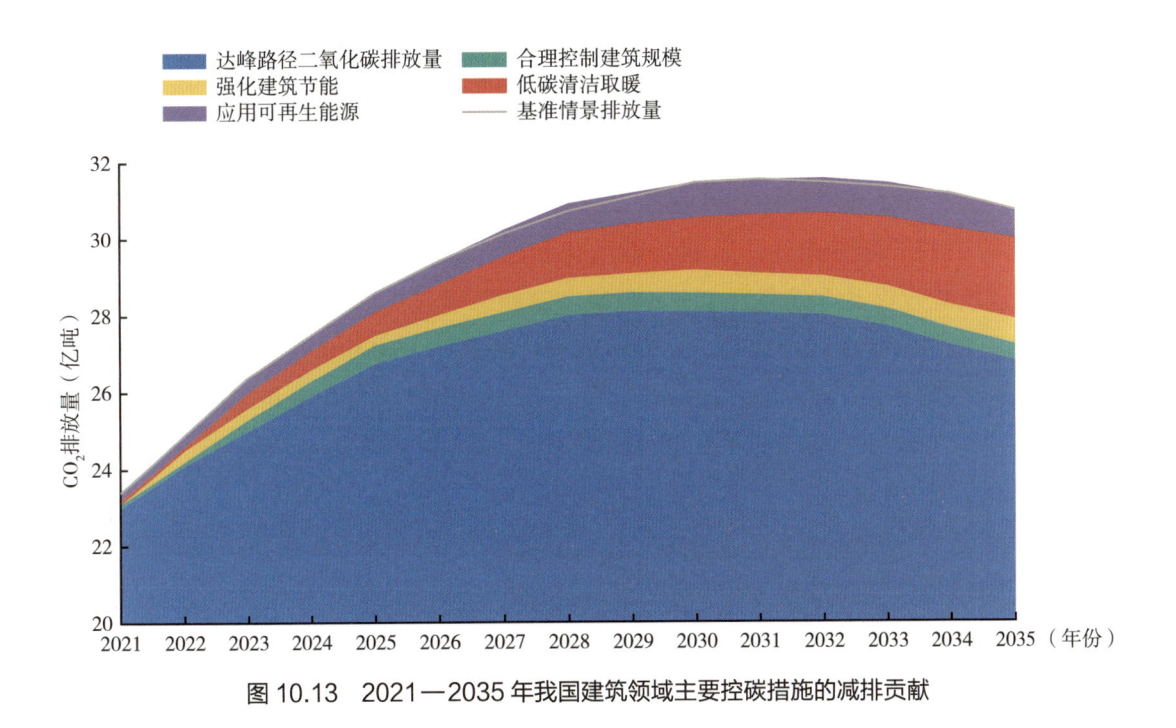

图 10.13 2021—2035 年我国建筑领域主要控碳措施的减排贡献

10.3.4 建筑碳排放中和情景分析

中国建筑节能协会能耗统计委员会发布的《中国建筑能耗研究报告（2020）》，围绕建筑能效提升、发展可再生能源增加建筑"产能"、建筑电气化和电力脱碳、碳汇 / 固碳 /CCUS 四大途径，设置基准情景、节能情景、产能情景、脱碳情景 4 种情景，开展建筑碳排放中和情景分析，结果如图 10.14 所示。基准情景下，建筑领域 2060 年碳排放达到 14.99 亿吨二氧化碳，将严重制约全国碳达峰碳中和目标的实现；采用建筑能效提升的节能情景、叠加建筑能效提升和建筑"产能"增强的产能情景下，到 2060 年建筑领域碳排放将分别达到 11.69 亿吨、8.7 亿吨二氧化碳；综合采取建筑能效提升、建筑"产能"增强、建筑电气化水平提升的脱

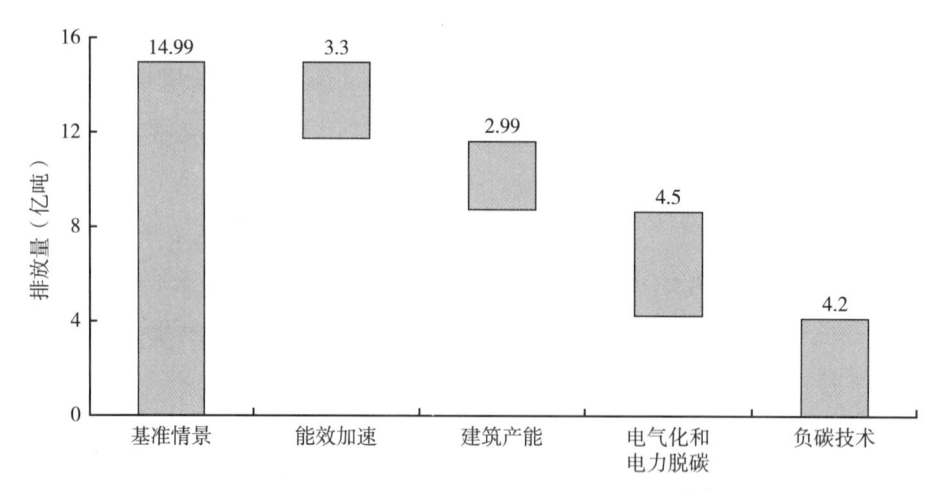

图 10.14 建筑碳中和目标下排放情景分析[4]

碳情景下,预计"十四五"末可实现建筑碳达峰,2060年碳排放4.2亿吨,比基准情景下降72%,但剩余的4.2亿吨二氧化碳需要通过负碳技术予以中和。在实现建筑碳中和的四种途径中,建筑电气化和电力脱碳以及负碳技术贡献度均为29%,建筑能效提升贡献度为22%,建筑"产能"增强贡献度为20%。

国家碳达峰碳中和战略提出后,学者们针对建筑碳中和情景进行了研究。其中,张时聪等[27]构建了建筑运行碳排放长期预测模型,量化分析不同建筑部门减碳工作对"双碳"目标的贡献率,结果表明,通过建筑节能强规提升、建筑光伏一体化、清洁取暖等工作有效开展,到2060年,建筑领域将剩余6亿~8亿吨二氧化碳需要完成碳中和。徐伟等[28]对我国建筑运行碳排放进行中长期预测,结果表明建筑领域按照现有发展模式,到2060年碳排放量仍将有27.2亿吨二氧化碳,无法实现建筑领域2030年前碳达峰及2060年碳中和的目标;通过提升新建建筑能效、建筑可再生能源利用、既有建筑节能改造等现有技术措施的组合实施,可将建筑领域碳达峰时间提前至2030年左右,为碳中和奠定基础。

综合现有研究可看出,建筑部门是实现碳中和目标的关键领域,基准情景下建筑领域不仅晚于2030年达峰,而且高位达峰,难以在2060年前实现碳中和。因此,当前阶段作为推动碳达峰碳中和战略实施关键期,需要瞄准碳中和,兼顾碳达峰,综合采取建筑能效提升、发展可再生能源、建筑电气化推进等措施,确保尽早低位达峰,降低2060年碳中和压力。

10.4 建筑碳达峰碳中和战略路径

建筑碳达峰碳中和是建筑全产业链、全过程、全生命周期的全系统综合行动[29]，将对建筑的建造、运用、维护维修产生革命性变化。根据建筑碳排放情景分析结果，围绕宏观、中观、微观不同层面，聚焦推进城乡建设绿色低碳转型、大力发展节能低碳建筑、加快优化建筑用能结构、推动产业链协同发力四方面提出建筑碳达峰碳中和战略路径。

10.4.1 推进城乡建设绿色低碳转型

城乡建设领域的碳排放主要来自各类建筑和基础设施建造与运行，其土地利用方式、建设强度、空间形态、局部微气候等均会影响建筑能源消耗和碳排放[30]。因此，城乡建设作为推动绿色发展、建设美丽中国的重要载体，也是实现碳达峰碳中和目标的关键领域。推动城乡建设绿色低碳转型，与实现建筑碳达峰碳中和目标息息相关。

全面提升城乡绿色低碳水平。城乡绿色低碳水平的提升，是对城乡高碳发展理念的重塑，要以系统性理念，坚持生态优先、节约优先、保护优先，在城乡规划建设管理各环节全面落实绿色低碳要求，增汇减碳。一是加强城市系统性建设，通过较少交通出行、降低热岛效应，提高设施整体效率、强化碳汇能力等，发挥减碳作用[31]。倡导绿色低碳规划设计理念，增强城乡气候韧性，建设海绵城市。推动城市组团式发展，建设城市生态和通风廊道，提升城市绿化水平。科学规划城市发展，走内涵集约式的高质量发展新路，全面推动绿色低碳发展的新型城镇化建设。推进城市基础设施补短板和更新改造专项行动，着力提升城市品质和人居环境质量。推进社区基础设施绿色低碳化，提高社区信息化智能化水平，培育社区绿色文化，如构建"15分钟生活圈"等[32]，推动绿色低碳社区以及零碳社区建设。二是充分发挥县域亲近自然、融入自然的生态优势，通过加强县域统筹，构建自然紧凑的乡村格局，推进绿色低碳农房建设，推广应用可再生能源等工作，整体提升绿色建设发展水平，促进县城、小城镇、村庄融合发展。

合理控制建筑规模。城镇化发展带动的建筑面积增速，是影响碳排放峰值的关键因素之一。根据清华大学建筑学院专家估算，拆除+新建的综合碳排放在0.6~0.7吨/平方米，而改造延长建筑寿命的碳排放约为0.3吨/平方米。一方面要根据经济社会发展进程，明确建筑规模控制目标，出台合理控制建筑规模的约束性政策。二是要改变既有建筑改造和升级换代模式，由大拆大建改为维修和改造，大幅度降低建材的用量，有效减少工业生产过程的碳排放。健全建筑拆除管理制度，制定建筑拆除管理办法，限制不合理拆迁，杜绝大拆大建，力争2030年新建建筑拆除比例控制在10%以内。同时，建立建筑企业修房获利机制，推动实现城镇房屋建造从以"修建并举、新建为主"向"修大于建"的转变。

10.4.2 加速发展节能低碳建筑

建筑使用周期长，建筑能耗具有"锁定"效应[33]。在设计和营造环节，坚持绿色建筑发展方向，采用绿色技术和方式，持续提高新建建筑节能标准，加快推进超低能耗建筑、近零能耗建筑、低碳建筑规模化发展，大力推进城镇既有建筑和市政基础设施节能改造，提升建筑整个生命周期性能，实现建筑的低碳化甚至是零碳化[23]，是推动建筑碳中和以及实现我国能源结构转型的重要一环。

推动新建建筑低碳化发展。以发展近零能耗建筑为目标，逐步完成传统建筑 – 节能建筑 – 超低能耗建筑 – 近零能耗建筑 – 零能耗建筑的转变，制定超低能耗建筑中长期发展规划目标，启动超低能耗建筑规模化推广试点，推动近零能耗建筑的率先推广应用，不断增加超低能耗建筑和近零能耗建筑在新建建筑面积中的占比。开展产能建筑等新型节能建筑建设试点，鼓励有条件地区探索用装配式方式建造超低能耗建筑的试点示范。加强绿色建筑标识管理，将绿色建筑基本要求纳入工程建设强制规范，提高绿色建筑底线控制水平。在政府投资的办公建筑、医院、学校、体育、文化场馆等类型建筑中，率先执行超低能耗建筑、近零能耗建筑标准。

加强既有建筑节能改造。既有建筑节能改造是当前建筑部门实现碳排放总量和强度双控目标的重要举措。健全既有建筑节能改造标准体系，开展既有建筑超低能耗改造试点。在严寒和寒冷地区，持续推进建筑用户侧能效提升改造、供热管网保温及智能调控改造。在夏热冬冷地区，适应居民采暖用能新需求，研究制定南方既有建筑节能改造标准，改善采暖建筑的围护结构保温隔热性能，统筹推进供暖用能基础设施建设和升级改造。加大城镇老旧小区综合整治升级改造力度，把建筑节能改造作为基础类改造内容，积极推动社区基础设施绿色化和既有建筑节能改造，改善社区人居环境。持续开展公共建筑能效提升重点城市建设，对高能耗建筑实施外墙外保温、照明系统、供热 / 空调系统等节能改造工程。

10.4.3 加快优化建筑用能结构

直流建筑联盟指出在建筑用能需求合理增长的前提下，建筑电气化率、建筑电力供给中非化石比例均达到 90%，大力推进建筑节能工作，建筑碳排放量方能基本满足《巴黎协定》2℃目标的要求。因此，要聚焦清洁能源替代与建筑电气化水平提升两方面，加快建筑能源绿色低碳转型，尽早从快将以化石能源为基础的碳基能源系统转变为以可再生能源为基础的零碳能源系统。

提高建筑电气化水平。电气化是降低建筑领域碳排放的决定性路径[34]。建筑领域用能的全面电气化，主要取决于非集中采暖地区建筑供暖、炊事、生活热水和特殊建筑蒸汽用能的电气化水平提升[35]。引导鼓励长江中下游地区的城镇居民供暖或者是部分公共建筑的供暖通过采用高效空气源热泵或地源水源热泵解决。改变居民长期以来"无火不成灶,无灶不成厨,无厨不成家"的明火烹饪习惯,推进全电气化炉灶技术创新,结合城市更新在城镇既有建筑改造中推广电炊、电卫生热水。对于医院、酒店的蒸汽等特殊用途,鼓励通过电驱动热泵或者采用直接电热来替代分散的和集中的燃气锅炉。在电气化水平提升的同时,持续提高建筑内设施、设备、系统的能源利用效率。

因地制宜推动低碳清洁取暖。近中期因地制宜采用可再生能源、工业余热、热电联产、电力、燃气等方式加快供暖燃煤锅炉与散煤替代。推动城镇分散燃煤替代,逐步启动北方城镇集中供暖锅炉燃煤替代,到2030年实现城镇分散燃煤基本清零。全面推动农村地区散煤替代,到2035年基本实现农村地区无煤化。全面完成城镇每小时10蒸吨及以下燃煤供暖锅炉淘汰,30万千瓦及以上热电联产电厂供热半径30千米范围内的燃煤锅炉和落后燃煤小热电全部关停整合。挖掘严寒和寒冷地区现有电厂供热潜力,南方地区有采暖需求的,要严控集中供暖规模,因地制宜发展适当规模的电厂余热进行集中供热,提倡电动热泵等分散式供暖,确保供暖用能以可再生能源或电力为主。考虑远期碳中和减碳要求,逐步开展智能空气源热泵替代燃煤锅炉、燃气壁挂炉等试点,鼓励地方将燃气锅炉作为调峰热源,鼓励发展核电水热同产同供等试点示范。

推进可再生能源建筑应用。国家已启动"千乡万村驭风计划"和"千乡万村沐光行动",为在建筑业大量采用可再生能源和实现碳的零排放指明了方向,创造了极为有利的条件。统筹可再生能源资源禀赋、建筑利用条件和用能需求,以城镇公共建筑、农村建筑及工业厂房建筑为重点,推广太阳能光伏发电与建筑一体化,并配置分布式储能;推动太阳能光热系统在中低层住宅、酒店、学校等建筑中的应用,推进地热能、生物质能、周边环境热能的综合利用,因地制宜推广使用各类热泵技术,以满足建筑采暖、制冷和生活热水需求。鼓励建设以"光储直柔"为特征的新型建筑电力系统,开展新建建筑"光储直柔"试点示范,实现光伏供电、智慧储能、系统直流、建筑柔性用电,使建筑在电力系统中由用能者转为产能、用能和储能三位一体系统。

10.4.4 推动产业链协同发力

建筑领域产业链分布复杂且时间跨度长,超过80%的碳排放来自产业链上游的建材生产运输与建造和运行阶段电力、热力的间接排放,未来需要推动建立国家建材业与建筑业协同联动机制,围绕设计、建材、施工、运行、拆除等,以智慧化为技术手段，以工业化为生产方式，以绿色建材为物质基础[36]，加强绿色设计的源头把控，推进全产业链协同减碳。在建材生产环节，要加强高性能围护结构等低碳新材料与新产品的研发，持续完善绿色建材产品认证体系，并推动钢铁、水泥等建材生产与运输环节节能减排。在建筑设计环节，要发展充分利用自然能源的被动式设计，推行标准化设计，并将建筑全生命周期的减排考量纳入设计阶段，实现建设立项、规划设计、设计选材、设计深化、施工建造及运维一体化设计。在建筑施工环节，要通过工业化、智能化的建设方式提升效率、降低能耗，创新低碳建设技术，提升施工设备能效。在建筑运行阶段，重点推行电气化、智能化的高效低碳设备，推动供能体系的清洁化，以及存量建筑的结构与材料改造。

10.5 促进建筑碳达峰碳中和政策保障

兼顾碳达峰碳中和双重战略需求，近期与远期相结合，针对不同气候区、不同建筑类型，综合采用提升建筑节能标准、因地制宜实施差异化供热政策、加大政府财政税收支持力度、完善市场和绿色金融政策机制、倡导绿色低碳生活方式等措施，形成政策组合拳，为建筑领域碳达峰碳中和提供政策保障。

从严制定实施建筑节能标准。不断提高新建建筑节能标准，完善绿色建筑标准体系，强化标准在规划、设计、施工、竣工验收等环节的执行监管。基于建筑领域碳减排目标，修编、调整行业现行规范、标准、技术导则和技术指南等。严格实施建筑节能与可再生能源利用通用规范，推动2030年起新建居住建筑和改造居住建筑全面执行《近零能耗建筑技术标准》。加强《农村居住建筑节能设计标准》执行监管，严格新建集中农房申请、审批和施工管理。完善国家公共建筑排放限额标准，探索公共建筑能耗限额管理制度，到2025年，长三角、京津冀等重点地区加快实施各类公共建筑用能（用电、碳排放）限额指标，超额用能实行阶梯加价收费，2030年扩大到全国设区市。及时修订空调、热水器、冰箱、炊具等主要家用电器能效标准，持续提高建筑内设施、设备、系统的能源利用效率。

因地制宜实施差异化供热政策。根据不同类型建筑用能特点、南北方供暖以及不同区域电力清洁化水平差异制定精细化管控政策。按照《民用建筑供暖通风与空气调节设计规范》相关供暖要求，尽快出台南方地区供暖指导意见，严控集中供暖规模。推进城市智慧供热系统建设，热源、热力站、小区热力入口、楼栋热力入口加装热量计量装置，建立供热能耗信息统计上报制度。推广实施用户按热计量收费制度，促进用户行为节能。建立供暖质量抽查通报制度，确保清洁低碳供暖转型，不降低群众温暖过冬水平。瞄准建筑领域碳中和，逐步推进供暖用能结构优化调整政策，将以燃煤锅炉和热电联产为主的供热用能优化调整为电力和可再生能源。

着力加大财税支持力度。完善城镇老旧管网改造、老旧小区节能改造以及农村既有建筑节能改造等的财政支持政策。修订《关于全面推进城镇老旧小区改造工作的指导意见》，推动老旧小区节能改造列入基础类改造内容，推动农村既有建筑节能改造列入北方地区清洁取暖重要内容，积极争取财政资金支持。健全建筑采暖、生活热水、炊事设施设备能源利用清洁化水平财政补贴和价格政策，实施差异性的天然气价格政策，鼓励引导建筑用能向电气化转变。在合理可控的前提下，试点贷款贴息、政府担保、财政补助补贴及奖励、税收减免、加计扣除等方式，引导开发商和业主采购低碳产品。制定新建建筑光储直柔模式试点示范、城镇建筑智慧热泵供暖试点、农村建筑光伏一体化激励政策。在绿色建筑技术推广应用方面，制定研究开发费用享受税前加计扣除优惠等政策，刺激对低能效建筑的翻新、新能效建筑的建设和改善现有建筑的运营的投资[37]。

完善市场和绿色金融政策机制。开展建筑领域用能权、碳排放权交易试点，推动将公共建筑、城镇供暖纳入全国碳排放权交易市场。鼓励采用政府和社会合作的模式推动建筑节能和低碳发展。在建筑节能领域全面推行合同能源管理模式，提供节能咨询、诊断、设计、融资、改造、运行托管等全过程服务。实施精细化、差异化房地产融资政策，加大近零能耗建筑、北方地区清洁取暖、既有建筑节能改造、农村炊事用能电力化等节能改造项目绿色融资支持力度，扩展融资渠道和方式，设计覆盖建设、运营、销售全过程的绿色金融产品。创新绿色建筑保险产品，加快绿色建筑性能责任保险落地，有效降低绿色建筑性能达标的重大风险[38]。针对绿色建筑、超低能耗建筑、零碳建筑等的产业链开发绿色供应链金融产品和服务等。推动金融机构与国内龙头建筑企业达成绿色战略合作关系，支持商业银行通过对龙头企业供应链整体授信规模的调整进行激励引导。

倡导绿色低碳生活方式。广泛开展建筑节能与低碳建筑发展新闻宣传、政策解读和教育普及活动，逐步形成全社会的普遍共识和基本价值观。结合"全民节能行动""节能宣传周"等活动，积极倡导使用节能灯具和家用智能设备，推动形成简约适度、绿色低碳的生活方式，提高生活用电效率。实施建筑节能与低碳建筑建设培训计划，鼓励高等学校增设建筑节能与低碳建筑相关课程。采用垂直及屋顶绿化、立体园林建筑、屋顶雨水收集回用系统，发掘社区"微能源"的建筑脱碳潜力，通过沉浸式游览体验、场景式应用示范，向市民展示清洁能源和低碳科技、倡导绿色生活方式[39]。

参考文献

[1] 胡勤. 建材建筑协同碳达峰的关键是"协同"[N]. 中国建材报, 2022-03-21 (7).

[2] 中国建筑科学研究院. 建筑碳排放计算标准: GB/T 51366-2019 [S]. 北京: 中国标准出版社, 2019.

[3] 江亿, 胡姗. 中国建筑部门实现碳中和的路径 [J]. 暖通空调, 2021, 51 (5): 1-13.

[4] 中国建筑节能协会能耗统计委员会. 中国建筑能耗研究报告 (2020) [EB/OL]. (2021-01-04) [2022-06-15]. https://www.cabee.org/site/content/24020.html.

[5] 袁闪闪, 陈潇君, 杜艳春, 等. 中国建筑领域 CO_2 排放达峰路径研究 [J]. 环境科学研究, 2022, 35 (2): 394-404.

[6] 朱丽, 戴传阳, 严哲星, 等. 基于系统动力学的我国民用建筑面积预测 [J]. 建筑节能, 2022 (5): 127-134.

[7] 清华大学建筑节能研究中心. 中国建筑节能年度发展研究报告 2020 [M]. 北京: 中国建筑工业出版社, 2020.

[8] 倪江波. 绿色建筑十四五规划解读 [J]. 城乡建设, 2021 (11): 9-11.

[9] 徐伟, 邹瑜, 张婧, 等.《建筑节能与可再生能源利用通用规范》标准解读 [J]. 建筑科学, 2022, 38 (2): 1-6.

[10] 住建部. 南方供暖应因地制宜 [EB/OL]. http://www.mohurd.gov.cn/zxydt/201301/t20130129_212715.html.

[11] 侯静. 我国城镇公共建筑能耗预测及能效提升路径研究 [D]. 北京: 北京交通大学, 2017.

[12] 郁聪. 建筑运行能耗实现碳达峰碳中和的挑战与对策 [J]. 中国能源, 2021 (9): 25-31.

[13] 安玉华, 夏添翼. 我国绿色建筑全过程管理现状分析及未来发展推进建议 [J]. 智能建筑与智慧城市, 2021 (5): 96-97.

[14] 龙惟定, 梁浩. 我国城市建筑碳达峰与碳中和路径探讨 [J]. 暖通空调, 2021, 51 (4): 1-17.

[15] 国家统计局. 中国统计年鉴 [EB/OL]. (2021-06-15) [2022-06-15]. http://www.stats.gov.cn/tjsj/ndsj/.

[16] 庄贵阳, 朱仙丽.《欧洲绿色协议》: 内涵、影响与借鉴意义 [J]. 国际经济评论, 2021 (1): 116-133.

[17] 温志杰, 王永涛. 基于碳达峰、碳中和过程的绿色低碳供热问题与对策 [J]. 绿色科技, 2022, 24 (4): 162-165.

[18] 尹冰玉. 供热系统节能评价办法及优化方案研究 [D]. 大连: 大连海事大学, 2014.

[19] 宋玲玲, 何军, 武娟妮, 等. 我国北方地区冬季清洁取暖试点实施评估研究 [J]. 环境保护, 2019, 47 (9): 64-68.

[20] 王轶辰. 别让屋顶光伏"馅饼"变"陷阱"[N]. 经济日报, 2021-12-23.
[21] 郭剑波. 双碳目标下电力系统发展及挑战[R]. 国网大学"碳达峰、碳中和"专家论坛, 2021.
[22] RICS. World Built Environment Forum Sustainability Report 2021[R]. 2021.
[23] 王洋. "零碳建筑"发展趋势与金融支持建议[J]. 工银研究, 2021（88）：33-36.
[24] HUO T F, REN H, ZHANG X L, et al. China's Energy Consumption in the Building Sector：A Statistical Yearbook-Energy Balance Sheet Based Splitting Method[J]. Journal of Cleaner Production, 2018（185）：665-679.
[25] YANG T, PAN Y, YANG Y, et al. CO_2 Emissions In China's Building Sector Through 2050：A Scenario Analysis Based on a Bottom-Up Model[J]. Energy, 2017（128）：208-223.
[26] 沈绠文, 温禾. 国外住房发展报告2018[M]. 北京：中国建筑工业出版社, 2019.
[27] 张时聪, 王珂, 杨芯岩, 等. 建筑部门碳达峰碳中和排放控制目标研究[J]. 建筑科学, 2021, 37（8）：189-198.
[28] 徐伟, 倪江波, 孙德宇, 等. 我国建筑碳达峰与碳中和目标分解与路径辨析[J]. 建筑科学, 2021, 37（10）：1-8, 28.
[29] 龚翔. 建筑业"碳达峰、碳中和"有效路径研究[J]. 北京规划建设, 2022（1）：67-71.
[30] 周霖, 林臻. 基于"双碳"目标的城市建筑碳减排路径探讨[J]. 中国环保产业, 2021（9）：22-28.
[31] 田国民. 城乡建设绿色低碳发展的思考[J]. 建业, 2021（14）：14-19.
[32] 张小宏. 住房和城乡建设部：推动城市绿色低碳建设, 打造绿色低碳乡村[J]. 中国林业产业, 2022（3）：16.
[33] 张建国. "十三五"建筑节能低碳发展成效与"十四五"发展路径研究[J]. 中国能源, 2021（6）：31-38.
[34] 王有为. 建设领域双碳实践的若干认知[J]. 建设科技, 2022（3）：8-12.
[35] 林波荣. 建筑行业碳中和挑战与实现路径探讨[J]. 可持续发展经济导刊, 2021（1）：23-25.
[36] 刘晓君, 贺丽, 胡伟. 中国绿色建筑全产业链政策评价[J]. 城市问题, 2019（6）：71-79.
[37] 王垚. 成都推进绿色建筑高质量发展, 将给予容积率计算、绿地率折算等支持[EB/OL].[2022-06-19]. https://baijiahao.baidu.com/s?id=1709249320483756018&wfr=spider&for=pc
[38] 罗毅. "双碳"目标下发展绿色建筑、建设低碳城市研究[J]. 2022（4）：21-25.
[39] 仇保兴. 城市碳中和与绿色建筑[J]. 城市发展研究, 2021, 28（7）：1-8, 49.

第 11 章 加快发展绿色低碳交通

交通运输是国民经济中具有基础性、先导性、战略性的产业，是经济发展的基本需要与重要纽带。随着我国经济高速发展，工业化、城镇化进程持续推进，带动交通运输业高速发展[1]。《交通强国建设纲要》提出，我国到2035年基本建成交通强国，到21世纪中叶全面建成人民满意、保障有力、世界前列的交通强国目标。在保证交通运输业高质量发展的同时加快形成绿色低碳运输方式，确保交通碳排放增长保持在合理区间的同时尽快实现稳中有降，是我国应对气候变化目标下的重要议题。本章重点梳理我国交通发展趋势与碳排放现状，分析交通绿色低碳发展面临的主要挑战，并对未来交通碳排放发展情景与碳达峰碳中和实现路径进行讨论，提出加快交通能源绿色低碳转型的关键措施。

11.1 交通发展趋势与碳排放现状

2020年我国旅客周转量、货物周转量分别较2000年增长57%和355%，民用汽车拥有量增长至2020年的17倍[2,3]。"十纵十横"综合运输大通道基本贯通，高速铁路对百万人口以上城市覆盖率超过95%，高速公路对20万人口以上城市覆盖率超过98%，民用运输机场覆盖92%左右的地级市，交通运输作为重要的服务性行业和现代化经济体系的组成部分作用凸显[1,4,5]。与此同时，交通运输业以汽油、柴油、煤油等化石燃料为主的能源结构不可避免地产生大量二氧化碳排放。2019年，交通领域运行阶段的二氧化碳排放量达到11.57亿吨，在全国能源活动二氧化碳排放中的占比超过11%[6-8]。2020年受疫情影响，全球交通运输业尤其是航空运输碳排放明显下降[9-11]，中国交通二氧化碳排放量同比略有下降，但占比仍在10.7%以上。

11.1.1 交通运输行业发展现状

11.1.1.1 交通运输规模现状

（1）营业性货运周转量

我国营业性货运周转量整体呈增长趋势，公路货运逐步转向铁路和水运。2020年，包括公路、铁路、水运（不含远洋）和民航（不含国际）在内的营业性货运周转量达到141730亿吨公里，较2009年增长75.9%。其中，公路货运占比最高，2009—2018年公路货运周转量占比在46%~53%。2019年后由于统计口径变化，总质量4.5吨及以下普通货运车辆不再纳入统计范畴，公路货运周转量占比相应下降，2020年公路货运周转量为60172亿吨公里，占总货运周转量的42.5%；水路货运周转量整体呈上升趋势，2020年达到50804亿吨公里，占总货运周转量的35.8%，较2009年上升182%，内河和沿海运输分别占水路货运总量的32%和68%；铁路货运周转量在2009—2015年持续下降，2015年后出现反弹。2020年铁路货运周转量达到30515亿吨公里，占总货运周转量的21.5%；航空货运周转量在2009—2019年间持续增长但运量较低，2019年达到263亿吨公里，较2009年上升109%，受新冠肺炎疫情影响，2020年航空货运周转量下降至240亿吨公里，占总货运周转量的0.2%（图11.1）。

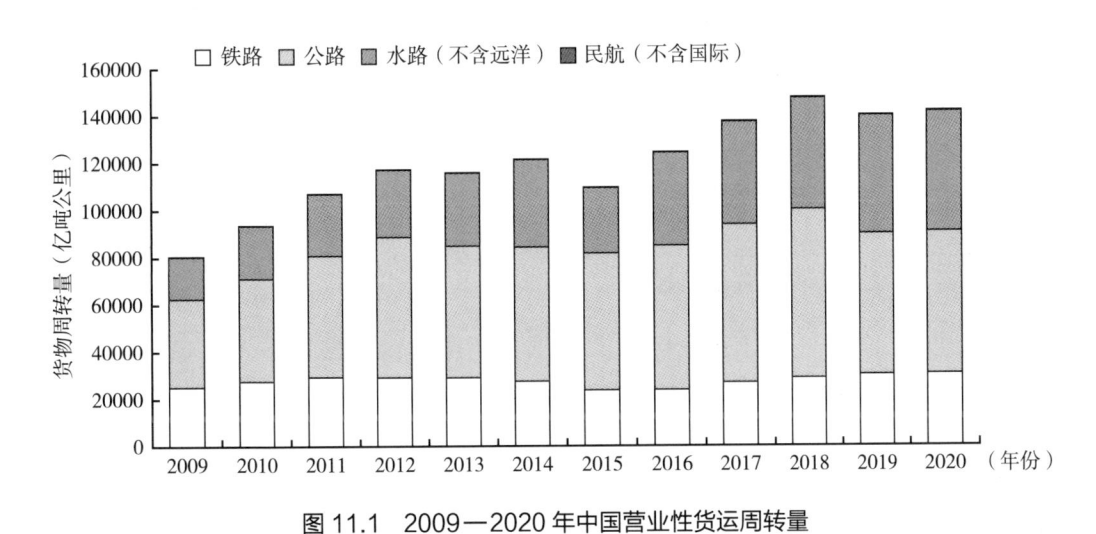

图11.1　2009—2020年中国营业性货运周转量

注：数据来源于中华人民共和国交通运输部。

（2）旅客运输周转量

我国客运周转量呈迅速增长趋势，公路客运逐步转向铁路和民航。2019年，包括公路、铁路、水运（不含远洋）和民航（不含国际）在内的旅客运输周转量达到35349亿人公里，较2009年增长42.3%。2013年由于统计口径变更，营运性公路客运中公交汽车、出租车不再纳入统计范围，导致全国旅客运输周转量明显下降。受疫情管控措施影响，2020年居民出行大幅下降，2020年旅客运输周转量为19252亿人公里，较2019年下降52%。公路客运周转量呈逐年下降趋势，占比由2009年的54.4%下降到2020年的24.1%。铁路承担的客运量持续增长，占比由2009年的31.7%上升到2020年的42.9%，成为我国第一大客运方式。民航客运周转量增长最快，占比由2009年的13.6%上升到2020年的32.8%，年平均增速高达13.3%。水路运输客运量最少，2020年占比仅为0.2%（图11.2）。

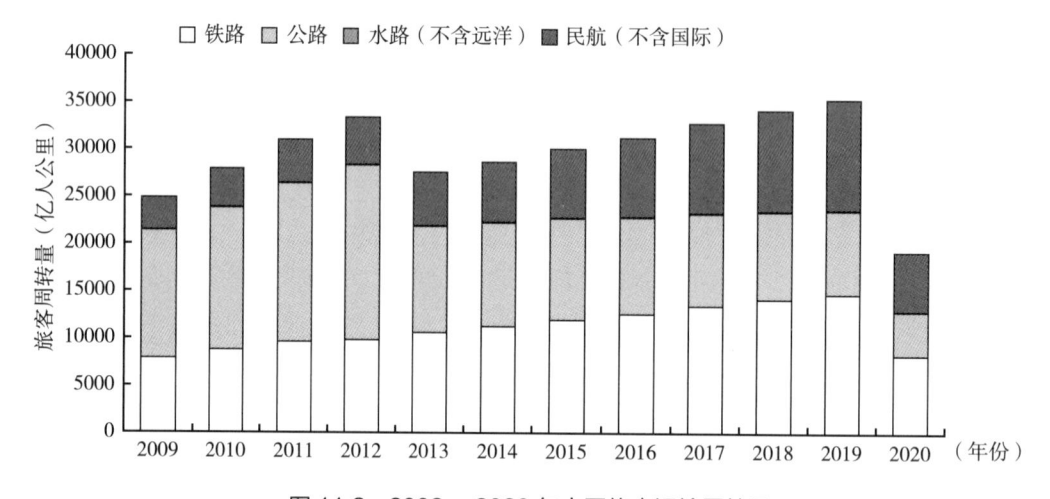

图11.2 2009—2020年中国旅客运输周转量

注：数据来源于中华人民共和国交通运输部。

11.1.1.2 机动车发展现状

我国汽车产业发展迅速，汽车产销量连续13年居世界首位。2020年全国汽车产销量分别为2522.5万辆和2531.1万辆，其中，乘用车和商用车销量分别约占80%和20%。2015—2021年我国新能源汽车产销量位居世界第一，2018—2021年产销量均超过100万辆，新能源乘用车约占91%[12]。

（1）乘用车

我国乘用车产销量均维持在2000万辆上下，占据我国汽车市场主体地位。2020年由于我国疫情防控措施及时有效，汽车产业快速恢复，我国乘用车保有量持续增长，增速逐渐放缓。

民用乘用车保有量于2010年突破5000万辆，"十二五"期间以年均18.8%的高增长率持续增长，2013年突破1亿辆；"十三五"期间年均增速降低至11.6%，2018年突破2亿辆，2020年增长至约2.4亿辆[3, 13-15]（图11.3、图11.4）。

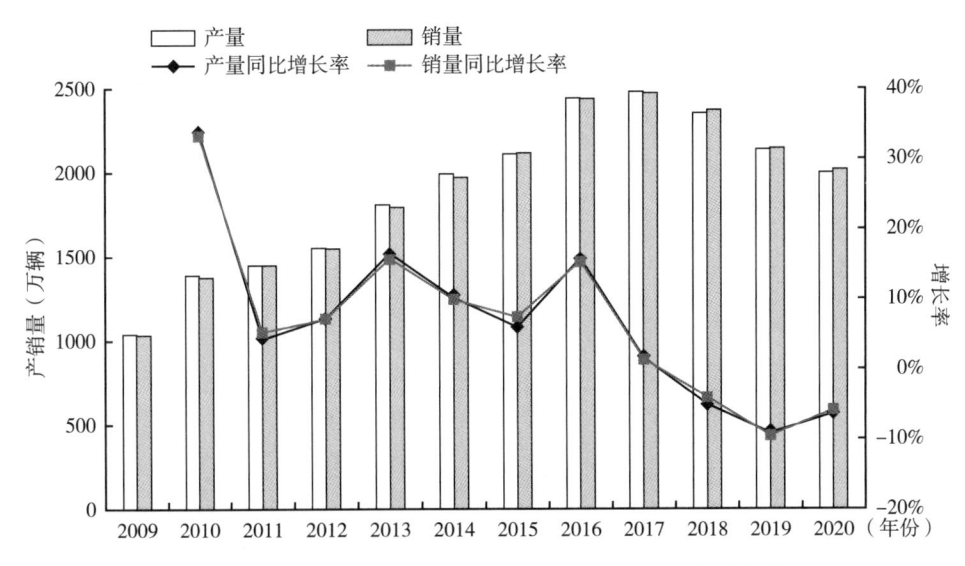

图 11.3　2009—2020 年中国民用乘用车产销量与增长率

注：数据来源于中国汽车工业协会。

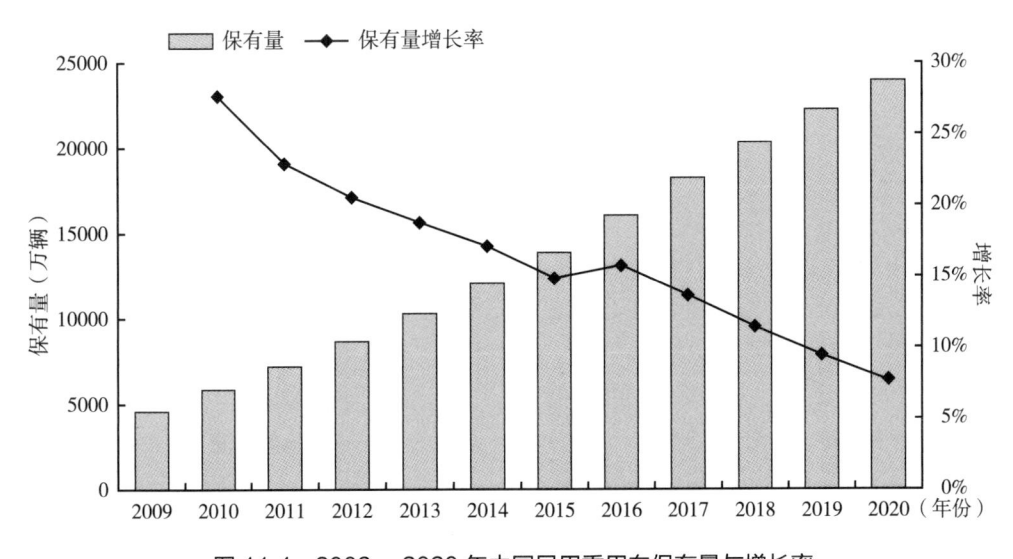

图 11.4　2009—2020 年中国民用乘用车保有量与增长率

注：数据来源于中国统计年鉴。

新能源乘用车发展迅速。新能源乘用车在我国新能源汽车市场占主体地位，发展速度超过商用车。2015 年新能源乘用车产销量均在 20 万辆左右，约占新能源汽车总产销量的 60%，2018 年产销量均首次突破 100 万辆。2020 年产销分别为 124.7 万辆和 124.6 万辆，约占新能源汽车总产销量的 91%。国产自主品牌竞争力提升明显提升，全球新能源乘用车销售量前十强榜单中，6 种车型为中国品牌。截至 2020 年底，我国新能源乘用车保有量为 369 万辆，占我国新能源汽车保有量的75%以上（图11.5、图11.6）。

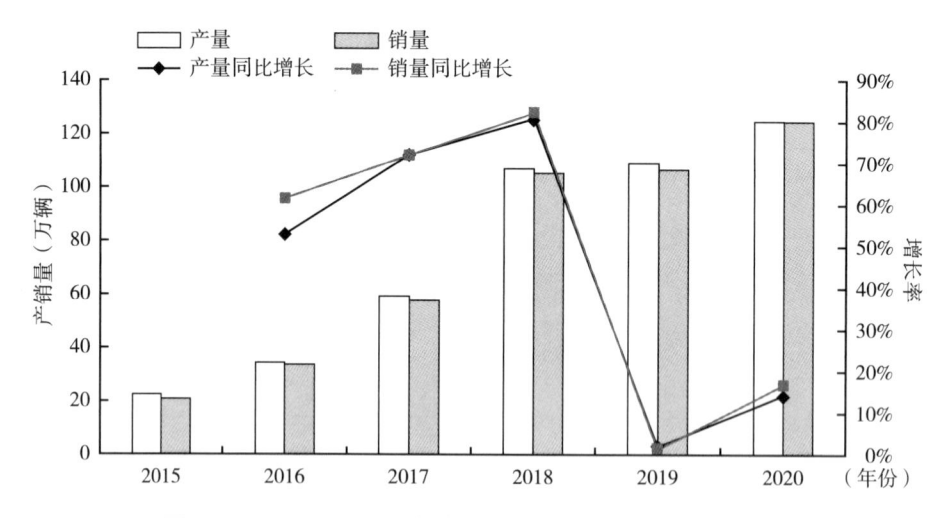

图11.5 2015—2020年中国新能源乘用车产销量与增长率
注：数据来源于中国汽车工业协会。

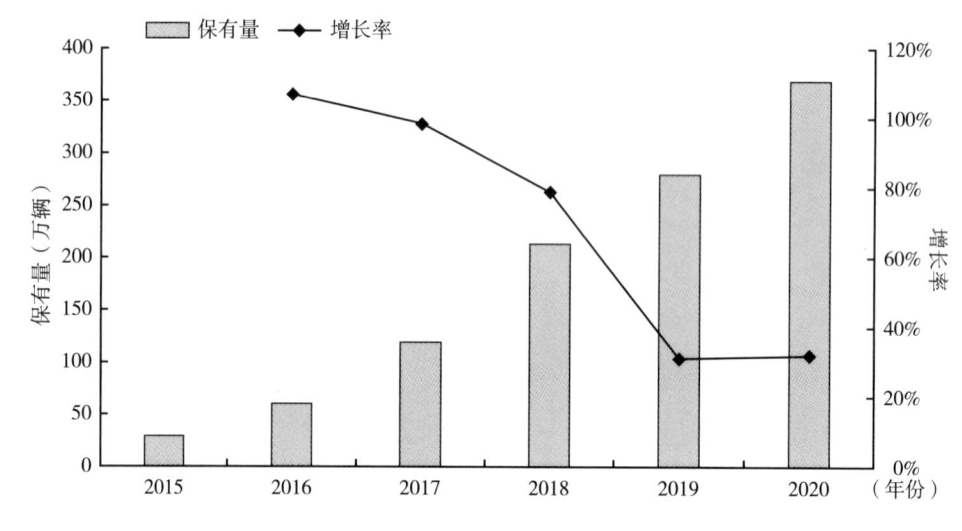

图11.6 2015—2020年中国新能源乘用车保有量与增长率
注：数据来源于中国汽车工业协会。

（2）商用车

我国商用车产销量基本稳定，保有量增长率低于乘用车。商用车涵盖所有载货汽车和9座以上的客车，分为客车和货车两大类。2014年以来，我国商用车年产销量基本维持在400万辆左右，总体呈上升趋势。2020年商用车全年产销首超500万辆，创历史新高。

民用商用车保有量于 2010 年突破 1800 万辆,"十二五"期间以年均 4.4%的增长率持续增长,2013 年突破 1 亿辆;"十三五"期间年均增速降低至 7.3%,2020 年增长至约 3268 万辆[3, 13, 14](图 11.7、图 11.8)。

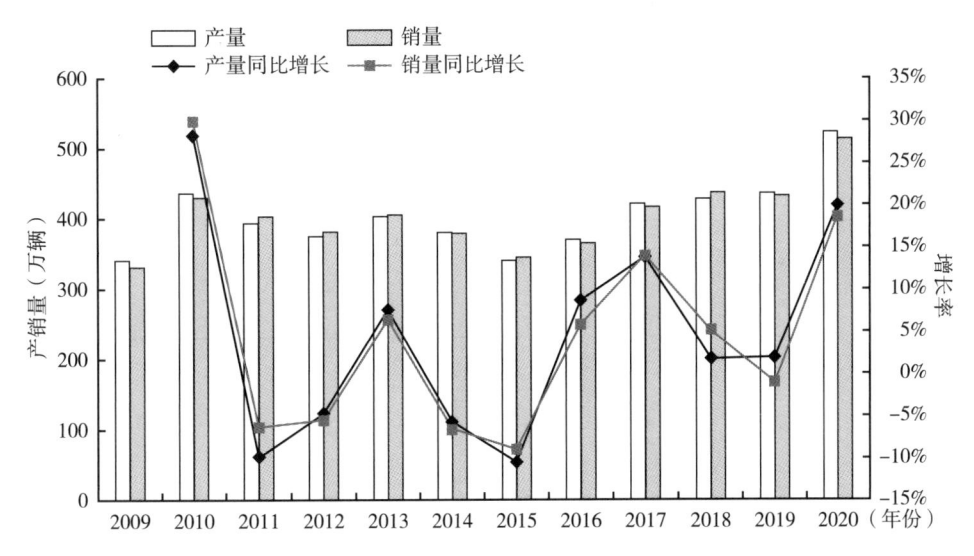

图 11.7　2009—2020 年中国商用车产销量与增长率

注：数据来源于中国汽车工业协会。

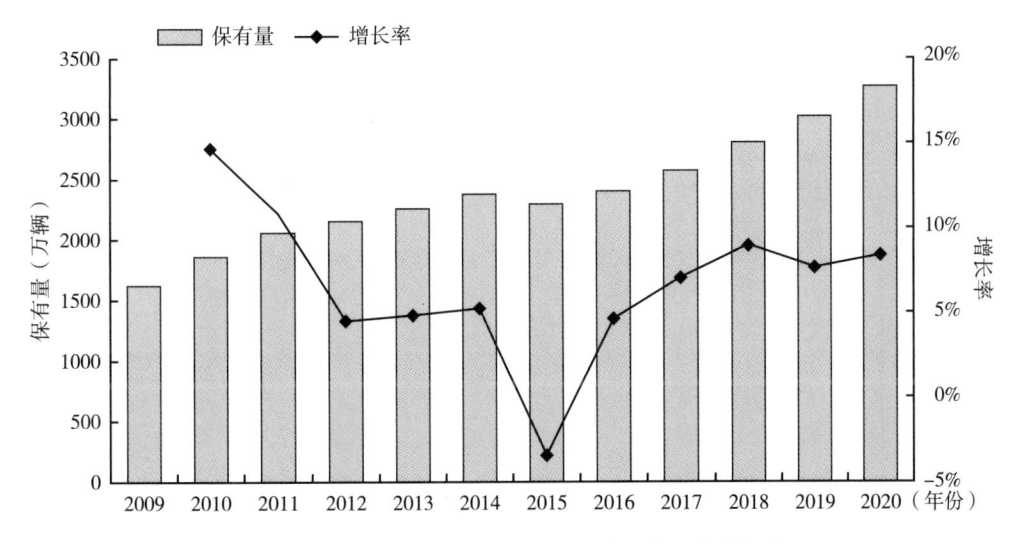

图 11.8　2009—2020 年中国商用车保有量与增长率

注：数据来源于中国统计年鉴。

新能源商用车推广速度相对滞后于乘用车。2015 年新能源商用车销量在 12.5万辆左右,约占新能源汽车总产销量的 40%。2015—2018 年新能源产销量保持增长,2018 年产销量均突破 20 万辆。2019 年受新能源补贴退坡政策影响,产销量下降近30%。截至2020年，新能源商用车产销量分别为12万辆和12.1万辆，新能源客车与货车销量占比分别为65.3%和34.7%。截至2020年底，我国新能源商用车保有量为123万辆，较2015年增长107万辆，保持逐年增长趋势。综合来看，商用车领域低碳化与新能源化推广进程不如乘用车顺利。主要在于政策、技术、成本等方面的挑战，包括国家补贴退坡及地方补贴的取消间接导致购车成本提升、受限于充电效率和电池容量的客观制约、现有新能源商用车运营效率无法取得巨大突破、在售车型较少市场尚未形成规模等[16-19]（图11.9、图11.10）。

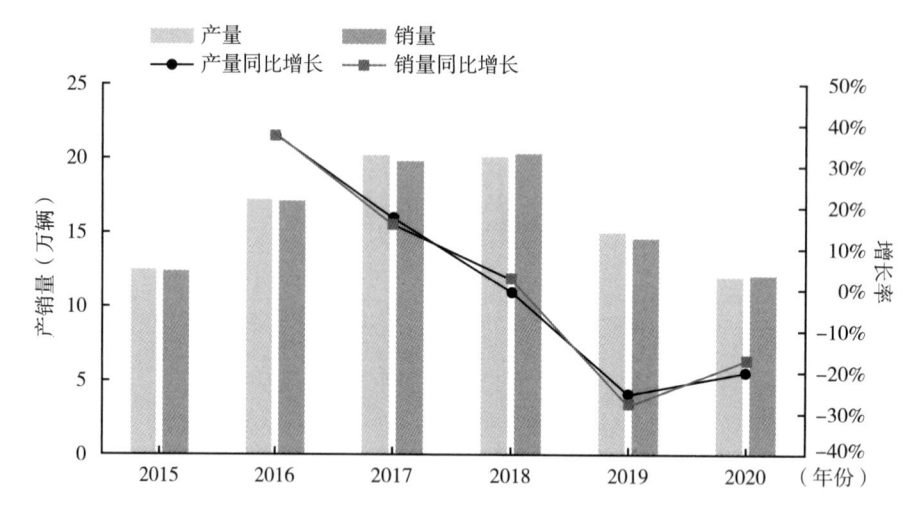

图 11.9 2015—2020年中国新能源商用车产销量与增长率

注：数据来源于中国汽车工业协会。

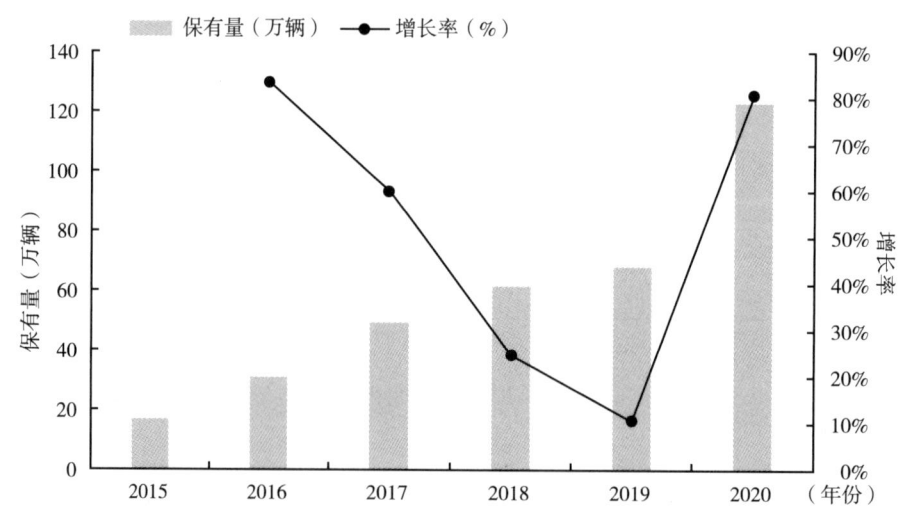

图 11.10 2015—2020年中国新能源商用车保有量与增长率

注：数据来源于中国汽车工业协会。

（3）摩托车

摩托车产销量与保有量逐年降低。我国是摩托车生产和使用大国，摩托车产量和销量在2011年分别达到2700万辆和2693万辆的峰值。此后，受汽车和电动自行车数量增长的冲击，传统摩托车消费市场逐年缩小。2020年，摩托车产销量分别降至1702.4万辆和1706.7万辆[20, 21]。摩托车保有量的变化与产销量基本一致，2009—2020年呈先增后下降的趋势，2012年达到10400万辆的峰值，2020年降为6890万辆[3, 22, 23]（图11.11）。

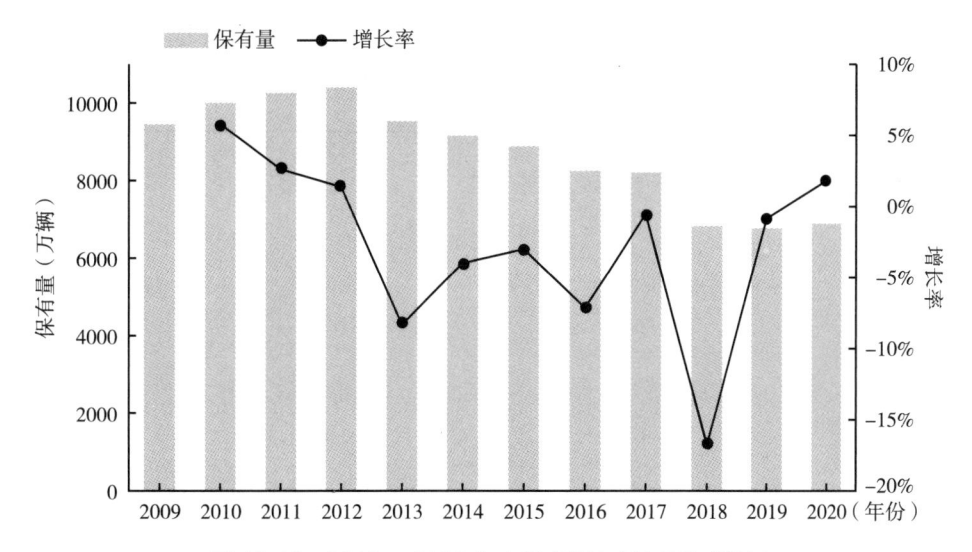

图11.11 2009—2020年中国摩托车保有量与增长率

注：数据来源于中国统计年鉴。

11.1.1.3 水运发展现状

水路运输船舶持续提档升级，向大型化、专业化趋势发展。随着国民经济和对外贸易的发展、海上货运量的快速增加，我国航运业迅速发展，船舶总吨位数、总仓容不断增加。水路产业链上游主要为船舶、集装箱等运输设备制造行业，以及燃油、电力等能源物资港口运输设施；中游为水路运输及相关服务行业，分为货运及客运两大类；下游主要应用于钢铁、工业、制造业、化工、消费品、基建、国际贸易、旅游等领域[24-26]。2020年全国拥有水上运输船舶12.68万艘，比上年末下降3.6%，净载重量27060.16万吨，载客量85.99万客位，集装箱箱位293.03万标准箱。内河运输船舶11.50万艘、沿海运输船舶1.04万艘、远洋运输船舶1499艘[27]。

11.1.1.4 铁路发展现状

铁路列车电气化进程显著，高速铁路建设加快推进。铁路牵引装备主要有机车和动车。自身只有牵引功能的是机车，同时具备牵引和载货或载客功能的是动车。内燃机车又分为干线机车和调车机车，干线机车主要用于国铁等大铁路的货物和旅客列车牵引，有干线货运和干线客运之分[28]；调车机车主要用于铁路站场作业及局部铁路小运转列车的牵引。2007年开始，我国电力机车数量逐年上升，2013年内燃机车数量首次低于电力机车，2020年全国铁路机车共计21865台，其中电力机车保有量约13841台，占比为63%[3, 14]。高速铁路建设加快推进，"四纵四横"高速铁路网基本建成，截至2020年底，中国铁路营业里程达到14.6万公里，其中高速铁路超过3.8万公里，占世界高铁总里程的2/3以上。高速铁路对百万人口以上城市覆盖率超过95%，高速公路对20万人口以上城市覆盖率超过98%。内燃机列车逐步用于抢险救灾和突发事件，使用率持续下降（图11.12）。

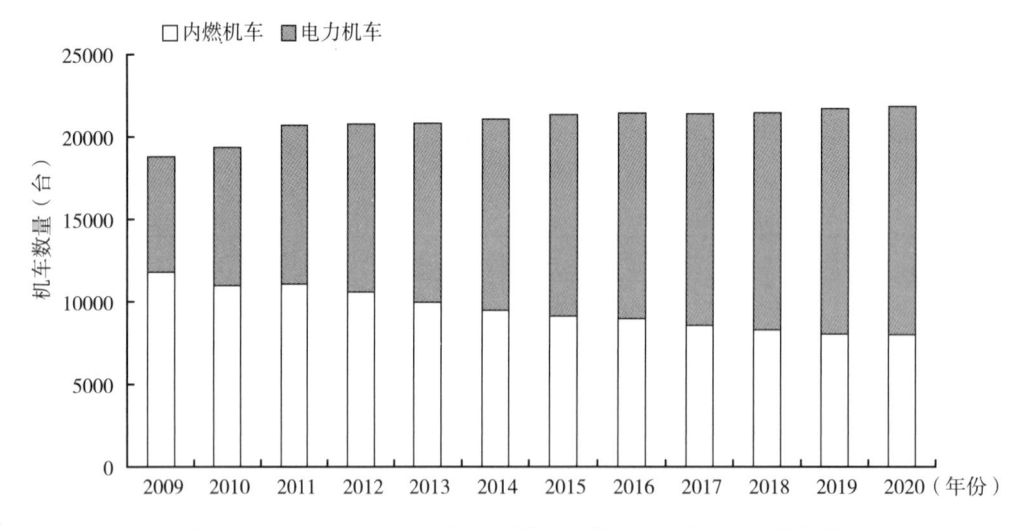

图11.12 2009—2020年中国铁路内燃机车与电力机车保有量
注：数据来源于中国统计年鉴。

11.1.1.5 航空发展现状

航空运输业处于高速发展阶段，能耗水平持续降低。2009—2019年，我国民航运输量、运输周转量、飞行小时、起飞架次、机场数量等指标均持续增长，尤其是旅客运输量，年均增长率为11%。截至2020年底，我国共有运输航空公司64家，境内运输机场（不含香港、澳门和台湾地区）241个，定期航班国内通航城市（或地区）237个，定期航班航线5581条[29]。我国民航已成为全球第二大航空运输系统，正处于从民航大国向民航强国迈进的关键时期[30-32]。新冠肺炎疫情给民航业造成巨大冲击，2020年民航客运量同比下降37%，中国民航在全球率先触底反弹，国内航空运输市场成为全球恢复最快、运行最好的航空市场[33]。在高速发展的同时，航空单位周转量能耗也在持续下降，2020年，中国民航吨公里油耗为0.316千克，较2005年下降7.1%，机场每客能耗较"十二五"末均值上升约2.7%[29]（图11.13）。

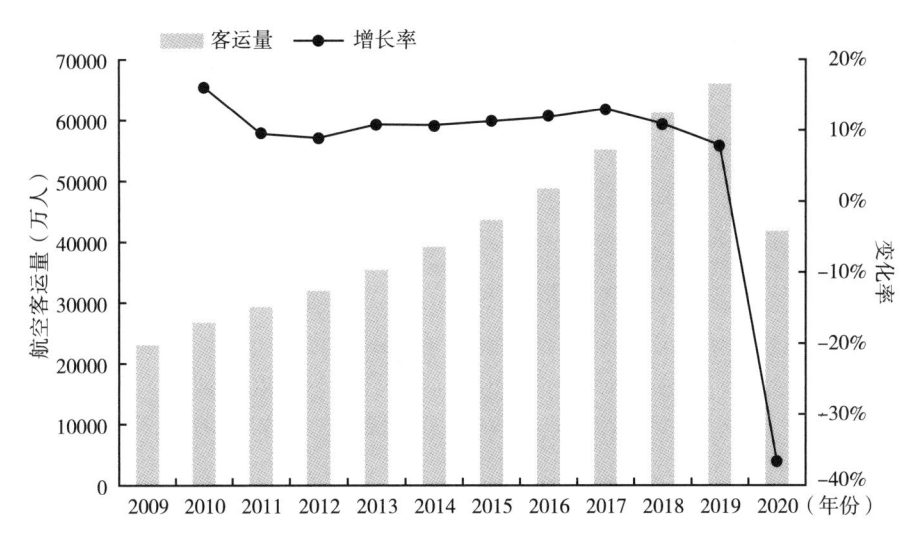

图11.13　2009—2020年中国航空客运量与增长率

注：数据来源于中国统计年鉴。

11.1.2　燃料消耗与碳排放现状

11.1.2.1　交通燃料消费现状

（1）化石燃料消耗量

汽油、柴油、煤油、燃料油和天然气等化石燃料是我国当前交通运输能源消费的主体，交通（含社会车辆）石油消费占我国石油终端消费的比例约为60%。其中，乘用车是汽油消费的主体。初步统计，我国交通运输、仓储和邮政行业汽油消费量在2009—2019年以年均8.1%的增长率逐年增加，2019年达到6245万吨，受新冠肺炎疫情影响，2020年降低至5574万吨[34, 35]；商用车是柴油消费的主体，柴油消费量在2009—2012年迅速增加，2013—2018年基本稳定，2018年达到11167万吨后逐年递减，2020年交通运输、仓储和邮政行业柴油消费量降低至9532万吨；航空运输是煤油消费的主体，煤油消费量在2009—2019年以年均11.0%的增长率逐年增加，2019年达到3689万吨，2020年出现明显下降，降低为3111万吨；水运船舶是燃料油消费的主体，燃料油消费量在2009—2020年以年均4.7%的增长率小幅增加，2020年增至2042万吨；此外，天然气在交通运输行业的消费量呈现增加趋势，2020年交通运输、仓储和邮政行业天然气消费量为272亿立方米[35]（图11.14）。

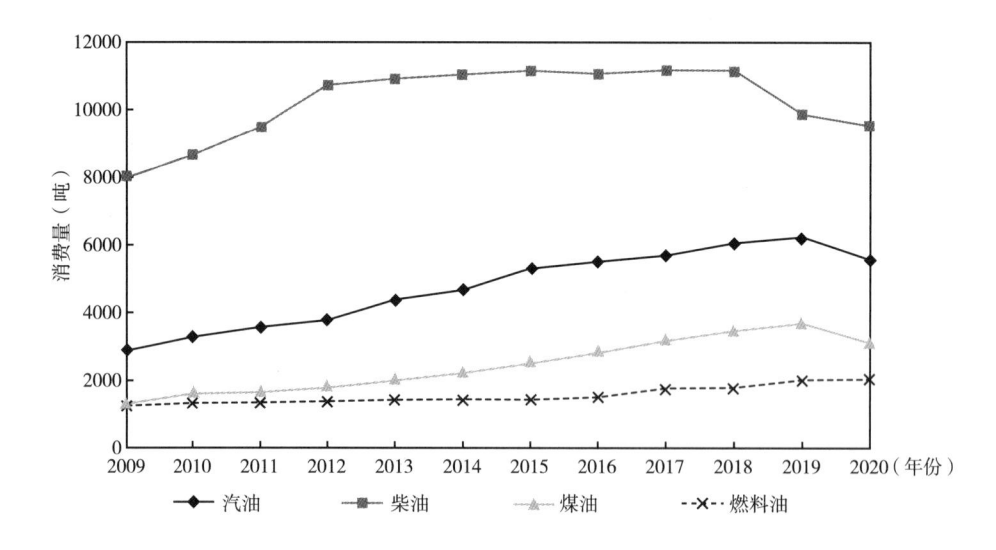

图11.14 2009—2020年中国交通运输油品消费量
注：数据来源于中国能源统计年鉴。

（2）替代燃料消耗量

依据中国石油规划总院统计数据，2020年中国各种车用替代燃料合计替代汽柴油约3600万吨，约占汽柴油总消费量的14%。这其中包括电力、氢能、天然气、生物质液体燃料等对汽柴油的替代。截至2020年，天津、山东、广西、山西、上海已提出或实现乙醇汽油全覆盖，另有广东、河北等12个省份选择部分地市试点进行研究推广[36]。按照实际进度2020年5个省份全覆盖、12个省份半覆盖测算，2020年燃料乙醇替代汽油630万吨，较2018年增长约330万吨；天然气在交通运输领域的消费量逐年上升，2020年达到272亿立方米，约替代汽油1500万吨；国内生物柴油产能约500万吨/年，由于销路等原因的限制，产能利用率仅有20%~25%，每年产量在100万吨左右。生物柴油产品主要进入发电厂和船舶等用油领域，现阶段作为原料的"地沟油"国内平均每年产生约230万吨[37]。目前，仅上海试点推广使用B5生物柴油，截至2019年，上海市已建立B5生物柴油加油站259座，市场供应能力为40万~60万吨/年。

11.1.2.2 交通碳排放现状

交通运输业是受新冠肺炎疫情影响最严重的行业，为排除疫情等极端突发事件对于交通碳排放量的影响，准确展现交通碳排放现状，对2019年与2020年公铁水行二氧化碳排放量分别开展测算。结果显示，道路排放约占交通总排放量的85%，是交通领域最大的排放源；此外，水运排放量变化幅度较小，航空排放量增速最高，同时受疫情影响2020年排放量下降最为明显，铁路排放量占比最低（图11.15）。

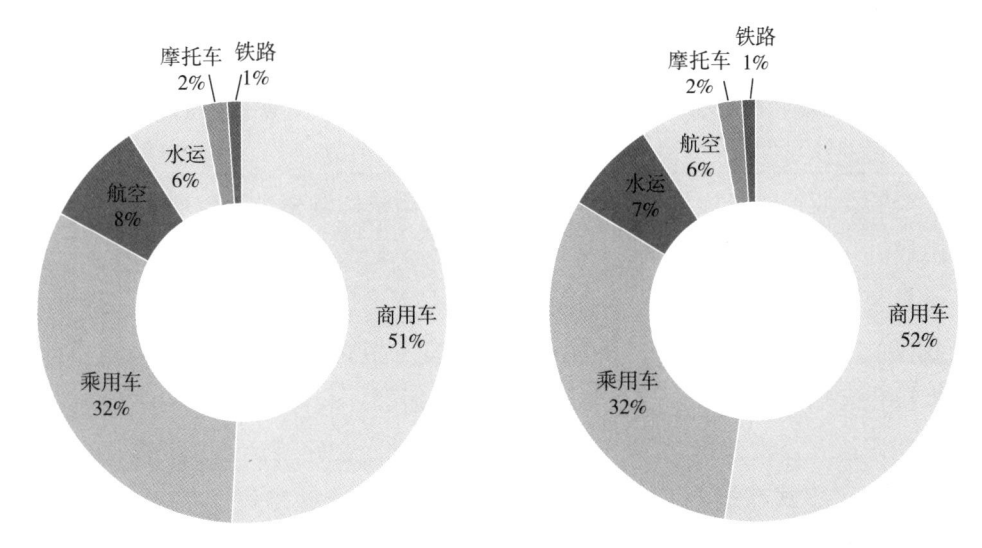

图 11.15　2019 年（左）与 2020 年（右）中国交通二氧化碳排放构成

11.2　交通绿色低碳发展面临的挑战

我国交通领域碳排放约占全国碳排放总量的11%，且对碳排放总量的贡献率持续提升。未来一段时间我国经济社会仍较保持高质量发展，工业化、城镇化进程持续推进，居民生活水平不断提高，客运、货运等交通运输需求刚性增长。同时，当前交通领域发展不平衡、不充分问题仍然突出，且存在新能源车船市场占有率低、用能结构调整不确定性高、配套基础设施不健全、运输结构调整进程缓慢、绿色出行推广存在困难多方面问题[38-42]。

11.2.1　运输需求持续增长导致减排难度加大

交通运输业为经济社会发展发挥基础性、先导性、战略性和服务性作用，交通运输需求变化受上下游行业发展的影响。我国经济已由高速增长阶段转向高质量发展阶段，未来一段时间内我国经济社会持续发展、工业化城镇化进程持续推进、人民生活水平不断提升，交通运输需求将持续增加。根据《国家综合立体交通网规划纲要》，预计2021—2035年旅客出行量（含小汽车出行量）年均增速约为3.2%、全社会货运量年均增速约为2%[4]。运输需求的刚性增长导致交通领域碳排放控制难度较大。

11.2.2 基于公路为主的运输结构调整缓慢

公路货运在我国货运量中的占比超过50%，是我国首要货运方式[43]。公路货运单位周转量二氧化碳排放远高于铁路和水运[44]，2018年国务院发布了《推进运输结构调整三年行动计划（2018—2020年）》[45]，提出了多项举措优化交通运输结构，铁路、水运货运量近年来有所提升，但总体仍低于公路。《"十四五"现代综合交通运输体系发展规划》《2030年前碳达峰行动方案》等文件明确将推进大宗货物与长距离运输"公转铁""公转水"等运输结构调整作为未来重要的交通低碳发展措施[46]。当前我国运输结构调整进程较缓，主要存在三方面挑战。

一是公铁运输存在价差，铁路货运吸引力不足。成本是货运行业的生命线，由于我国上下游产业链条长，各环节企业呈现分散化布局，没有形成规模效应，公路零散化运输优势明显。受到铁路运输两端短驳、装卸等成本影响，铁路运输成本提高，拉大公铁差价[47]。此外，受利益驱动，公路货运超载问题依然存在，进一步加剧了多式联运与公路运输的成本差距，导致铁路竞争优势难以充分发挥。调研发现，运输半径在800千米以下时企业更倾向于选择公路运输。以北京市需求量最大的砂石骨料运输为例，受两端短驳、装卸等成本影响，在标载的情况下，完成同等规模的砂石骨料运量，铁路运输成本较公路直达模式高出35~50元/吨。

二是铁路货运"最后一公里"问题突出。铁路货运虽然具有规模化运输优势，但受限于"最后一公里"衔接不畅的问题，导致铁路运输优势难以充分发挥。调研发现，目前我国企业普遍具有铁路运输需求，但由于不同运输方式之间规划协调不够，一些地方的港口、铁路与公路"连而不畅、邻而不接"，导致货物倒装次数过多、拉低了运输效率[48, 49]。例如部分大型工矿企业、钢铁企业、物流园区缺乏铁路专用线，沿海重要港区铁路进港率偏低，不少货物在铁路上"走不通、走不顺"，只好转向公路。

三是铁路货运增量难以短时间迅速增长。中国铁路市场化的推进较慢，市场化投入特别在货运中投入不足。目前干线铁路和铁路专用线均存在能力制约，铁路基础设施的建设以及铁路货运市场规模的形成均需要时间，铁路货运增量无法在短时间内迎来爆发性增长。

11.2.3 燃料依赖化石能源和用能调整不确定

"双碳"目标下，优化交通用能结构，提高电力、氢能等非化石能源比例是交通领域主要的减排措施。目前我国运输装备新能源替代进程较为缓慢，用能结构调整存在不确定性,飞机、船舶等短期内缺乏成熟的新能源替代方案,机动车电动化率仅为1.8%,政策对于消费者的撬动作用不足,交通新能源推广仍存在巨大挑战。

交通燃料消耗以油品为主,对外依存度高。我国交通燃料消耗量的90%为汽油、柴油、煤油和天然气,化石能源为主体的能源结构不可避免地造成大量二氧化碳排放。且"贫油、少气、富煤"是我国的基本国情,2021年进口原油占原油消费量的79%;天然气进口占天然气消费量的45%,石油、天然气对外依存度高。在当前复杂多变的国际形势下,能源安全问题成为国内外关注的焦点。巨大的交通油品消费量不仅为低碳转型造成挑战,也为能源安全埋下隐患。

用能结构调整存在不确定性。尽管近年来新能源乘用车和轻型物流车技术逐步成熟,但飞机、船舶、重型乘用车等运输工具在短期内缺乏成熟的新能源替代方案。例如,由生物燃料、合成航空煤油等可持续航空燃料替代航空煤油是航空飞机能源转型的重要途径。然而其在全球航空煤油消费量中的占比低于0.1%,而且由于生产水平较低,成本是传统燃料的两倍以上,航空用能结构调整速度较缓[33,50-53]。氢燃料和氨燃料船舶在技术装备研发、安全风险防控、标准规范研究等方面尚处于起步阶段,短期内难以大规模推广新能源船舶;新能源商用车的应用场景与发展路线尚存争议,纯电动卡车在续驶里程、有效载荷等方面具有一定劣势,在应用场景的推广上面临挑战[53,54]。氢燃料电池商用车的关键材料和核心技术存在技术壁垒,在系统的集成度、环境适应性、可靠性和寿命、成本控制、氢气储存等方面和国外仍有差距,且燃料电池汽车产业链长,涉及制氢、储运、加注、应用等环节多项技术尚未成熟。

新能源汽车使用成本较高,缺乏稳定、便捷的能源补给。在综合成本方面,既有补贴情况下,纯电动汽车全国平均的单车综合成本仍较传统燃油车高出15%~30%,而燃料电池汽车则高出2~5倍。基于目前市场主流车型对标分析,新能源汽车全生命周期使用成本较燃油车高约4万元(主要体现在车辆售价高及残值低两个方面),油电成本差是影响消费者选择新能源汽车的主要因素之一。且充电不便利是影响消费者购买新能源汽车的重要因素。在供给侧,随着全面电动化的进展加快,电动车保有量的增长,无序充电将叠加用电高峰,增加电网增容压力。在消费端,一方面是充电桩建设不足,面对规模化的需要,部分特大城市可用于建桩的土地缺乏,充电设施建设面临空间资源不足的问题;另一方面,能源补给需要创新服务模式,车辆补能场景日益复杂,超充、换电等技术尚不成熟,氢能高压储运技术尚不完善,无法满足消费者"省心省力省钱"的服务需求。

11.2.4 高比例私家车绿色出行推广难度较大

交通出行是城市碳排放的重要来源[55],从北京、上海等大城市的数据来看,一年交通出行产生的碳排放超过千万吨量级,在城市碳排放总量中的占比超过25%。进入21世纪以来,私家车消费需求快速增长,私家车保有量与出行比例也持续提升。以公交优先为核心的绿色出行模式正在全国多数城市广泛推广,但仍然面临巨大挑战。

中小型城市绿色出行推广面临困境,特大型城市绿色出行推广进入平台期。中小城市处于城镇化进程快速发展的阶段,城市交通出行需求出现井喷式增长,表现为出行总量剧增、出行频率加大、出行距离变远、出行需求更加多样化以及私家车消费需求快速增长等特点。加之中小型城市交通基础设施建设相对滞后、公共交通车辆投入不足、公共交通线路布设不足、场站资源严重短缺、服务水平较低,导致绿色出行的环境和条件尚不完善,大多数中小城市公共交通出行比例仅为10%左右,绿色出行推广面临困境。特大城市近年来通过大力发展轨道交通、优化地面公交服务、改善慢行出行环境等措施,在推广绿色出行方面取得长足进步,北京、上海等城市近年来绿色出行比例已经超过70%[56]。但与此同时,私家车出行比例居高不下,土地资源和通道资源的利用空间降低,绿色出行推广逐步进入平台期,亟需新的内生动力。

绿色低碳出行理念尚未完全建立。近年来,各大城市为应对车辆出行快速增长带来的交通拥堵和排放问题,相继出台多项交通需求管理政策和措施,如车辆尾号限行、外埠车辆管控等。这些措施虽然在一定程度上缓解了交通压力,但调控手段较为单一,缺乏绿色低碳为导向的需求调控。公众对政策措施的接受度较低,尚未完全建立"主动的、潜意识的、自发的绿色出行行为"。

11.2.5 交通绿色低碳转型的投融资渠道不畅

IPCC第六次评估报告[57]及其他相关研究[58,59]认为,交通运输行业碳减排成本显著高于工业、建筑等行业。根据世界资源研究所预测,中国实现交通碳中和预计需要资金投入39万亿~83万亿元[60]。除了既有出行结构的优化、常规的轨道建设投资外,还需在清洁低碳工具的推广、能源保障设施的建设等方面投入。以北京市为例,全市交通碳中和资金成本约为5000亿元,主要包含出行结构优化、能源结构转型中新能源汽车推广以及能源保障方面。交通绿色低碳发展资金需求量巨大,地方政府、运输企业和个体运输户缺乏内生动力。

11.3 交通碳达峰碳中和情景与路径分析

11.3.1 交通高需求高增长情景

基于我国交通历史发展趋势与未来经济社会发展目标，建立未来交通需求发展情景。由于未来我国经济社会仍将快速发展，工业化和城镇化进程持续推进，人均 GDP 保持增长，旅游、访友、商业等居民出行活动愈加频繁，导致我国客货运输需求仍将保持增长趋势。因此，本研究建立唯一交通需求发展情景，即高增长情景，预测未来货运量、货运周转量、客运量、旅客周转量、车辆保有量等交通需求变化趋势。

同时，充分考虑我国宏观碳达峰碳中和目标约束，结合当前新能源车船推广、交通工具能效提升、运输结构调整、使用强度降低等措施，对目前已实施的减排措施和面向碳中和的潜在减排技术从成熟度、经济性、制度性、可达性、减排效果等多方面综合评估，对标国际发展先进经验，结合未来的政策目标和技术发展潜力构建两种力度不同的减排措施情景，即常规措施情景与强化措施情景。结合未来交通需求高增长情景在交通产业发展的基础上，建立高增长常规措施情景与高增长强化措施情景两种交通发展情景，开展 2020—2060 年二氧化碳排放情景预测分析（图 11.16）。

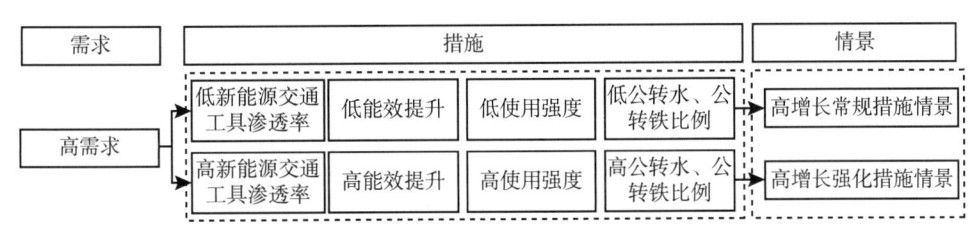

图 11.16 交通碳排放情景设置

11.3.2 交通发展需求情景分析

交通需求与社会经济发展、人民生活水平等因素密切相关。遵循构建新发展格局的总体要求，统筹考虑国内国际双循环对我国经济发展的宏观影响，综合国内外主要研究机构预测情景与最新政策文件精神，分析经济增长态势与产业结构、人口和城镇化发展形势，提出 2020—2060 年不同阶段 GDP 增速、经济总量、人口、人均 GDP、产业结构等主要宏观经济指标，奠定交通碳达峰碳中和情景分析的基础（表 11.1）。

表 11.1 主要年份宏观社会经济参数

年份	GDP 增速	GDP（万亿美元）	人口（万人）	人均 GDP（万美元）	三产结构	城镇化率
2020	2.30%	14.7	14.05	1.05	7.6：37.8：54.6	61.50%
2025	5.4%（5.0%~5.5%）	19.2（18.7~19.2）	14.25	1.35（1.31~1.35）	7：38：55	65.70%
2030	5.00%（4.8%~5.2%）	24.5（24.3~24.7）	14.3	1.72（1.70~1.73）	6：31：63	69.20%
2035	4.00%（3.9%~4.5%）	30.1（29.7~30.5）	14.3	2.10（2.08~2.13）	6：29：65	72%
2040	2.90%（2.8%~3.5%）	31.0（30.5~31.2）	14.0	2.20（2.18~2.23）	5：25：70	74%
2050	2.20%（1.8%~2.5%）	32.4（30.5~33.8）	13.5	2.4（2.26~2.50）	4：24：72	76%
2060	1.50%（0.8%~1.5%）	33.2（30.8~34.4）	12.3	2.7（2.5~2.8）	3：22：75	77%

（1）客运周转量预测

客运周转量通过梳理现有针对客运预测的相关研究[61-65]，参考《交通强国建设纲要》《国家综合立体交通网规划纲要》中分别提出的客运周转量变化趋势预测，遴选出人口、GDP、三产占比、投资率等关键指标，构建多因素回归模型预测交通客运周转量。

预测结果显示，未来一段时间我国客运需求仍将保持增长趋势，但随着人口总量下降客运周转量将在达峰后呈现下降趋势。预计 2021—2035 年客运周转量以年均 2.2% 的增长率持续增长，2035 年将达到 4.8 亿人公里，2035—2060 年以年均 1% 的下降率持续下降，2060 年降低至约 3.8 亿人公里。

（2）货运周转量预测

货运周转量通过梳理现有针对货运预测的相关研究[66-68]，参考《交通强国建设纲要》《国家综合立体交通网规划纲要》中分别提出的货运周转量变化趋势预测[4, 5]，深入分析货运需求变化与各项影响因素的关系，采用多元回归、增长率法、弹性系数三种数学模型，结合定性判断，预测交通货运周转量。

预测结果显示，随着钢铁、水泥等工业行业在"十四五"前期达峰，电力石化等在"十五五"前期达峰，预计大宗散货运量在 2020—2025 年保持高位运行状态，2030—2035 年逐步达到平台期，带动铁路、水运等大宗物资运输方式的货运增速达峰；外贸货物运输保持长期增长态势，而高价值、分散性、小批量、时效性货运需求将快速攀升，促进航空、集装箱、公路等货运需求增长。预计到2035年货运周转量将达到26.9万亿吨公里，年均增长3%，2035—2040年货运周转量处于峰值平台期，2040—2060年以年均1%的下降率持续下降，2060年降低至约22亿吨公里。

（3）乘用车保有量预测

汽车保有量规模与社会经济发展、人口总量变化以及出行结构密切相关。欧美等发达国家汽车增长趋势表明，汽车保有量与人均GDP密切相关，千人乘用车保有量呈现出"缓、急、缓"的S形发展趋势。在人均GDP较低的阶段，乘用车保有量增长速度较为缓慢。在1万~2.5万美元区间，保有量高速增长。人均GDP超过2.5万美元后，汽车普及率趋于饱和状态，导致保有量增长速度再次放缓，应用国际上广泛使用的Gompertz模型预测乘用车保有量[8,69]。

到2025年，我国人均GDP将达到1.35万美元，人口14.25亿，高增长情景下千人乘用车保有量为239辆；到2030年，我国人均GDP将达到1.72万美元，人口14.3亿，千人乘用车保有量分别为299辆；到2035年，我国人均GDP将达到2.10万美元，人口14.3亿，低增长和高增长情景下千人乘用车保有量分别为340辆。2035—2060年，我国千人乘用车保有量达到饱和，而人口总量由14.30亿人逐渐下降至12.30亿人，乘用车保有量将以年均0.6%的降幅逐年下降。

（4）商用车保有量预测

欧美等发达国家汽车产业增长趋势表明，在人均GDP达到2.5万美元之前，商用车保有量一直呈近似线性增加的趋势，在人均GDP达到2.5万美元后，商用车保有量出现了下降或者加速增长的趋势。商用客车使用增长率进行预测，商用货车利用2002—2019年保有量和货运量的线性函数进行预测[8]。

到2050年，我国人均GDP将达到2.4万美元，人口总量自2035年达到14.30亿人后逐渐下降。结合公转铁公转水等结构调整措施，预计2020—2035年高增长情景下商用车保有量将以年均5.1%的增速持续增长，2035—2050年商用车保有量基本保持稳定，2050年后以年均1%的降幅逐年下降。

（5）摩托车保有量预测

我国摩托车保有量自2012年后以年均4.9%的降幅持续下降。随着摩托车行业结构调整的深入，摩托车代步市场进入瓶颈期，多元化和个性化将成为我国摩托车行业发展趋势。未来受到国家环保与限行等政策影响，摩托车行业发展转型进程将进一步加快。预计2020—2060年摩托车保有量将以年均5%的下降率持续下降，到2060年摩托车保有量降低至2020年数量的13%。

11.3.3 交通减碳主要措施分析

推广新能源交通工具、提升能效、降低使用强度与调整运输结构是交通运输业二氧化碳减排的主要举措。根据措施力度不同，建立高增长常规措施情景与高增长强化措施情景。

（1）能源结构预测

根据《2030年前碳达峰行动方案》《新能源汽车产业发展规划（2021—2035年）》《节能与新能源汽车技术路线图2.0》《氢能产业发展中长期规划（2021—2035年）》[46, 70-72]等，同时参考不同研究结果，预测两种不同情景下2020—2060年新能源交通工具发展比例，如表11.2所示。乘用车以纯电动为主；商用车区分公交车、大型客车、微型与中重型货车等车型，以纯电动汽车、氢燃料为主；摩托车以纯电动摩托为主；船舶、铁路机车及航空飞机发展主要考虑液化天然气船舶、电动船舶、电气化机车与生物燃料飞机。乘用车、商用车、摩托车及铁路列车以新能源保有量占比表征能源结构变化，船舶、飞机以新能源替代燃料消费量在总燃料消耗量中的占比表征能源结构变化。

表11.2 两种情景下新能源交通工具比例（单位：%）

类型	情景	2025年	2030年	2035年	2040年	2050年	2060年
新能源乘用车	高需求常规措施	20	30	40	50	70	80
	高需求强化措施	30	40	50	60	80	90
新能源公交车	高需求常规措施	80	85	90	100	100	100
	高需求强化措施	80	90	95	100	100	100
中大型客车	高需求常规措施	6	10	15	35	40	60
	高需求强化措施	10	20	30	50	60	80
轻微型货车	高需求常规措施	10	15	20	30	50	70
	高需求强化措施	15	20	30	40	60	90
中重型货车	高需求常规措施	6	8	10	15	30	50
	高需求强化措施	8	10	15	30	50	70
摩托车	高需求常规措施	10	15	20	40	60	80
	高需求强化措施	15	20	30	50	70	90
铁路电力机车	高需求常规措施	70	75	80	90	95	95
	高需求强化措施	70	75	80	90	95	95
铁路电力机车	高需求常规措施	70	75	80	90	95	95
	高需求强化措施	70	75	80	90	95	95
航空替代燃料	高需求常规措施	5	8	15	30	40	50
	高需求强化措施	5	10	20	30	50	70
水运替代燃料	高需求常规措施	5	10	20	35	50	70
	高需求强化措施	5	15	30	50	70	90

（2）运输结构预测

常规措施情景：基于现有运输结构，依据现行"公转铁""公转水"政策，参考《推进多式联运发展优化调整运输结构工作方案（2021—2025年）》[73]，对政策趋势进行趋势外推，设定"十四五"期间铁路和水路货运量分别提升6.5亿吨、2亿吨；"十五五"期间铁路和水路货运量分别提升9亿吨、8亿吨；"十六五"期间铁路和水路货运量分别提升5亿吨、6亿吨，2035后年各类运输方式货运比例保持与2035年相同。

强化措施情景：结合与铁路总公司座谈调研，充分考虑交通领域对实现"双碳"目标的贡献度，设定"十四五"期间铁路和水路货运量分别提升15亿吨、20亿吨；"十五五"期间铁路和水路货运量分别提升9亿吨、8亿吨；"十六五"期间铁路和水路货运量分别提升5亿吨、6亿吨。且设定"十四五"期间0.5%的航空旅客周转转向铁路；"十五五"期间1%的航空旅客周转量转向铁路，1%的小汽车出行量转向公交；"十六五"期间2%的航空旅客周转量转向铁路，3%的小汽车出行量转向公交。2035年后各类运输方式货运比例保持与2035年相同。

（3）能效提升预测

根据《节能与新能源汽车技术路线图2.0》[71]，并使用实际油耗对公告油耗进行修正，常规措施情景与强化措施情景均设定2025年、2030年、2035年、2040年、2050年和2060年内燃机乘用车（含混合动力车）能耗比2020年新车能耗降低9%、21%、34%、40%、50%、55%。

考虑到商用车下一阶段燃油消耗标准及油耗减排技术的不确定性，常规措施情景下设定2025年、2030年、2035年、2040年、2050年和2060年商用客车（含混合动力车）新车能耗比2020年降低10%、15%、20%、30%、40%、50%，商用货车（含混合动力车）新车能耗分别比2020年降低8%、10%、15%、20%、30%和40%。强化措施情景下设定2025年、2030年、2035年、2040年、2050年和2060年商用客车（含混合动力车）新车能耗比2020年降低10%、18%、25%、35%、45%、60%，商用货车（含混合动力车）新车能耗分别比2020年降低10%、18%、25%、30%、40%和50%。

分别参考船级社、铁路科学研究院、中国民航科学技术研究院的研究结果，在常规措施情景与强化措施情景下，均设定2025年、2030年、2035年、2040年、2050年和2060年船舶发动机能效分别提升1%、1.5%、4%、6%、10%和15%；铁路内燃机车能效分别提升3%、4%、5%、6%、8%和10%；航空器发动机能效分别提升1%、2%、4%、6%、8%和10%。

（4）强度下降预测

绿色出行比例的提升将导致私家车使用强度的降低，直观表现在年行驶里程的下降。以北京市为例，2010年私人小汽车年均行驶里程为19596千米[74]，2020年绿色出行比例上升至73.1%，私人小汽车年均行驶里程下降至10382千米[56]。因此，设置常规措施情景下2020—2060年乘用车年均行驶里程平均每年下降1%，强化措施情景下乘用车年均行驶里程平均每年下降2%。

11.3.4 交通未来碳排放情景分析

研究结果显示，在两种预测情景下交通领域二氧化碳排放将于2028—2030年达峰，峰值在16.0亿~16.7亿吨，较2020年增长5.2亿~5.8亿吨，达峰后有2~4年的平台期。2060年交通领域仍有2.4亿~5.1亿吨二氧化碳排放量，难以实现单领域碳中和（图11.17）。

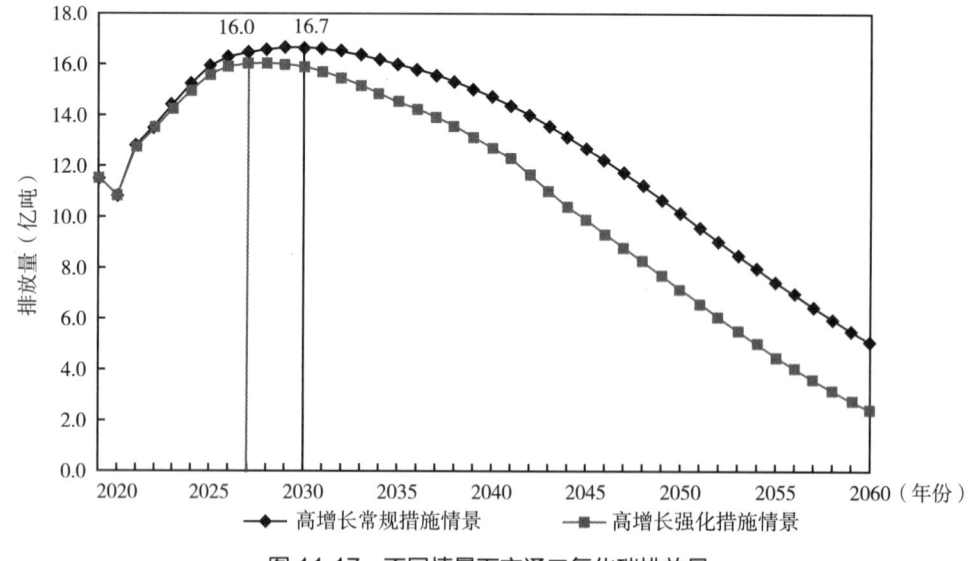

图 11.17 不同情景下交通二氧化碳排放量

高增长常规措施情景下交通二氧化碳排放量将于2030年达峰，峰值为16.7亿吨，较2020年增长约5.8亿吨。碳排放量于"十四五"期间快速增加，"十五五"期间增速减缓，达峰后存在约3年平台期。2030年后排放量持续降低，2060年高增长常规措施情景交通仍有约5.1亿吨二氧化碳排放量，其中，乘用车、商用车、摩托车、航空、水运和铁路分别仍有1.2亿、2.1亿、0.03亿、1.4亿、0.3亿和0.01亿吨。道路、航空、水运和铁路在交通排放量中的占比分别为66.3%、27.7%、5.9%和0.1%。

高增长强化措施情景下交通二氧化碳排放量将于 2028 年达峰，峰值为 16.0 亿吨，较 2020 年增长约 5.8 亿吨。碳排放量于"十四五"期间快速增加，并于"十五五"中期达峰，达峰后存在约 2 年平台期。2028 年后排放量持续降低，2060 年高增长常规措施情景交通仍有约 2.4 亿吨二氧化碳排放量，较高增长常规措施情景低约 2.7 亿吨。道路、航空、水运和铁路在交通排放量中的占比分别为 65.0%、27.2%、7.6% 和 0.3%。

11.3.5 交通碳达峰碳中和战略路径

在 2030 年前国家碳排放达峰与 2060 前碳中和目标约束下，统筹考虑我国经济社会发展立足新发展阶段、贯彻新发展理念、构建新发展格局的要求和承诺，结合我国工业和城镇化进程持续推进、居民出行活动愈加频繁、客货运需求持续增长的趋势，推荐高增长强化措施情景作为交通碳达峰碳中和实现路径。同时，假设交通工具能耗水平、运输结构、新能源车船比例及使用强度保持 2020 年现状的情况下，仅考虑交通需求增长，构建交通领域二氧化碳排放基准情景，从而分析不同阶段各项减排措施的减排贡献（图 11.18）。

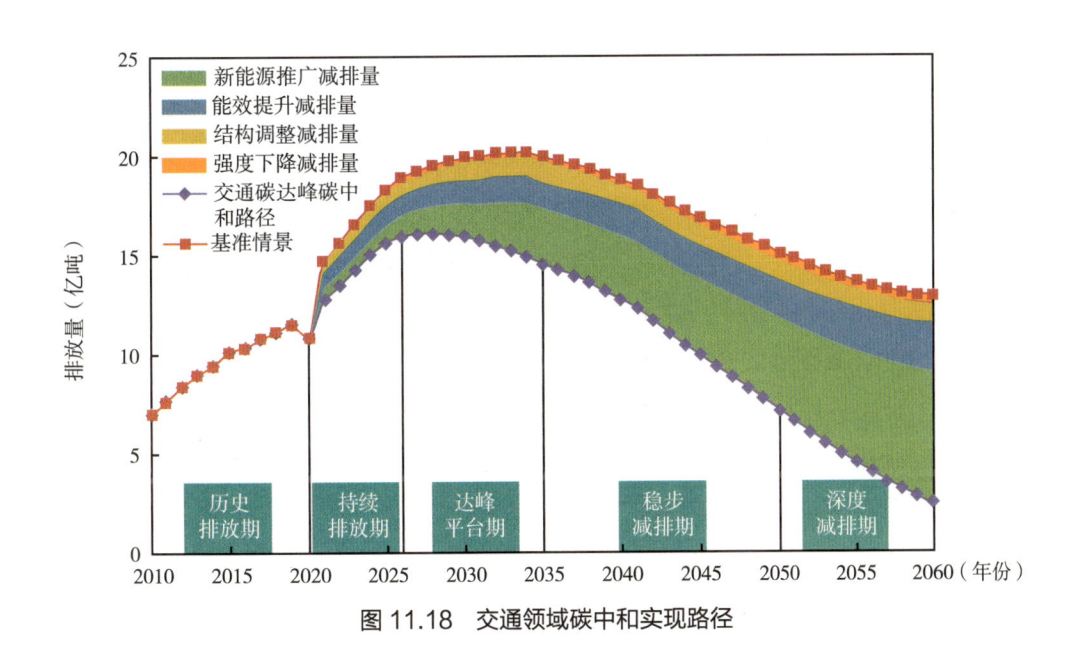

图 11.18　交通领域碳中和实现路径

2010—2060 年，交通领域碳达峰碳中和实现路径经历了历史排放期、持续增长期、达峰平台期。

在历史排放期（2010—2020 年），我国交通运输业快速发展，交通运输需求与运输规模大幅提升，能源结构以化石燃料为主，导致交通二氧化碳排放量以年均5.9%的高增长率快速上升，交通运输成为我国二氧化碳排放的重要贡献领域而引起广泛关注。

在持续增长期（2020—2026年），我国已做出碳达峰碳中和战略目标，同时《2030年前碳达峰行动方案》《"十四五"现代综合交通运输体系发展规划》进一步明确了交通领域加快形成绿色低碳运输方式，确保交通运输领域碳排放增长保持在合理区间的目标。此阶段交通运输需求仍处于刚性增长阶段，交通二氧化碳排放量以年均4.5%的增长率持续上升，交通运输成为我国碳排放增长最快速的领域，且对于排放总量的贡献率进一步提高。且由于此阶段新能源乘用车保有量较低，新能源商用车导入缓慢，新能源船舶、飞机技术尚不成熟，提升交通工具能效是最有效的减排措施，与基准情景相比，能效提升年均减排量约0.9亿吨，约占减排量的36%。

在峰值平台期（2026—2035年），交通运输需求仍呈增长趋势，但随着钢铁、水泥、煤化工、电解铝等大多数高能耗、高排放行业达峰，大宗散货运量逐步下降，高价值、小批量、高时效性货运需求持续攀升。交通碳排放量于2028年左右达峰，达峰后保持2~3年平台期，2029—2035年交通排放量缓慢下降，年均降幅为1.4%。大规模新能源替代是此阶段最有效的减排措施，与基准情景相比，交通工具新能源化年均带来约2亿吨减排量，约占减排量的50%；能效提升与运输结构调整分别约贡献减排量的28%和21%。

在稳步减排期（2035—2050年），交通运输需求呈现下降趋势，交通二氧化碳排放量以年均4.6%的降幅持续下降。私家车、公交车、出租车、铁路机车基本实现全面电动化，中重型货车、船舶新能源化全面提速，与基准情景相比，交通工具新能源化年均减排约3.8亿吨，约占减排量的56%；能效提升与运输结构调整分别约贡献减排量的25%和16%，纯电动重卡、氢燃料电池重卡、纯电动客运船舶、民航生物质替代燃料等技术逐步成熟应用。

在深度减排期（2035—2050年），交通运输需求持续下降，传统的生产生活方式发生颠覆。交通碳排放以年均10.3%的降幅持续下降，到2060年减低至2.4亿吨。交通运输是少数无法实现自身碳中和的领域，需结合其他碳移除措施实现全国碳中和目标。

11.4 加快交通运输绿色低碳转型的措施

11.4.1 通过需求管理合理控制运输规模增长

深化供给侧结构性改革，加速工业化进程，构建现代产业体系，优化产业结构和空间布局，赋能传统产业转型升级，推动战略性新兴产业发展，形成以高新技术产业为先导、基础产业和制造业为支撑、服务业全面发展的产业格局，从源头降低大宗货物等原材料中长距离运输需求。构建便捷顺畅、经济高效、绿色集约、智能先进、安全可靠的现代化高质量国家综合立体交通网，加强现代物流体系建设，提升设施网络化、运输服务一体化和智能化水平，提升综合交通运输整体效率，从源头减少不合理运输。优化城市规划与布局，促进职住平衡，缩短居民出行距离，鼓励发展远程办公、网络会议、云商务、在线政务等，合理引导出行需求优化调整。

11.4.2　推广新能源交通工具和基础设施建设

加快实施交通工具的新能源全面替代。以推广新能源乘用车为重点，大力推进新能源汽车的导入，推动纯电动汽车、氢燃料电池汽车的分场景适配应用[75]。采取财税及使用优惠等综合措施加大新能源商用车推广力度。加快液化天然气和电动船舶技术推广应用，提高轮渡船、旅游船、港作船舶等电动化比例。打造长江干线船舶电动化样板示范，建设沿线换电站。持续推动航空生物燃料的应用，加强航空管理，提高机场桥电使用率。

加快建设充换电、加氢、加气站等基础服务设施，对交通供能场站布局和建设在土地空间等方面予以支持。开展多能融合交通供能场站建设，推进新能源汽车与电网能量互动试点示范，尤其是提高新能源小汽车的充电保障，打造"高质高效、统建统服"的服务新模式，推动建立行业统一的统建统服充电设施建设标准、服务标准和一体化充电服务平台，促进形成更加健康可持续的充电行业新生态。

11.4.3　深入推进多式联运和运输结构调整

在"十三五"货物运输结构调整基础上，继续深入大宗货物运输结构调整力度，优化公路货运结构[73]。制定"十四五"和中长期国家货物运输发展规划，持续推进大宗货物"公转铁""公转水"。到"十五五"末形成大宗货物中长途运输使用铁路、水路，中短途货物运输使用管道或新能源车辆，城市货物运输主要采用新能源轻型物流车的局面。加强运输环节与上下游产业资源的整合，围绕铁路重构产业微生态，沿铁路零距离布设产业集群，从源头上解决运输效率低、碳排放高等问题。结合城市区域规划和产业布局，促进一二级铁路枢纽节点和铁路专用线资源的复用和高效利用，提升铁路运能和服务水平，为货物"公转铁"打造良好的设施网络条件。针对铁路"最后一公里"，使用新能源货车进行短驳，从而形成"铁路+新能源汽车"的全链路绿色运输模式。加快集疏港铁路专用线建设，沿海和内河主要港口大宗货物集疏港原则上由铁路或管道等运输。提升内河航道运输能力，加快推进干散货、集装箱江海直达运输。完善大型工矿企业、物流园区铁路专用线网络，具有铁路专用线的大宗货物原则上由铁路运输。

11.4.4 实施优化出行结构和绿色低碳出行

坚持公交优先战略，持续构建更加完善、友好的绿色出行设施网络和环境。对于中小城市而言，加强公共交通系统的规划，提升公交可达性和服务设施覆盖率，增强公共交通的吸引力。而对于大城市尤其是特大城市而言，进一步发挥轨道交通对于承载大范围、大规模出行客流的骨干作用，加快轨道交通系统的规模化建设以及与地面公交、慢行等网络的协同融合。以提升体验为核心，打造一体化高品质交通服务体系。对于像北京、上海这样的特大城市，一次出行往往涉及多种方式组合，亟需以提升体验为核心，依托"出行即服务"的先进理念[76,77]，聚焦"轨道+""公交+"等出行场景，构建一体化、高品质的交通出行服务体系，提升一次出行中绿色出行的行程比例或一周绿色出行的频次，让出行者享受更绿色、更美好的出行服务[78]。积极探索和实践碳普惠机制，构建绿色出行可持续激励模式[79]。

11.4.5 打造土地利用集约紧凑型城市形态

城市空间形态与土地利用对交通碳排放有重要影响，城市范围越大，可能会导致出行距离加长，城市土地利用与公共交通布局脱离，可能会加剧对私家车出行模式的依赖[80-83]。过去20年来，我国轨道交通建设热潮叠起，但轨道交通布局与土地利用仍存在空间错位，导致轨道交通对人口的"聚拢效应"并未充分发挥。即使上海、深圳、北京等城市轨道交通里程超过300公里的特大城市，轨道交通覆盖的通勤人口比例也仅为15%~40%[84]。未来10年，我国仍将处于新型城镇化背景下大力发展城市轨道交通的关键时期，亟需围绕轨道交通站点进行城市功能的布局，从而形成更加紧凑型的城市形态，从源头上减少对小汽车出行的依赖，从而有效降低碳排放。结合新型城镇化推进的关键时期，优化空间布局和城镇规模结构，充分发挥城市群和都市圈吸纳人口和就业的潜力，构建功能混用、公交导向、多组团集约紧凑发展的城市形态。将居住、就业和公共设施等相对集中于轨道交通枢纽和站点周围，并配合土地混合使用和宜人的步行环境设计，营造出人性化的就业居住空间，打造"15分钟生活圈"的低碳生活模式[85]，减少不必要的机动化出行需求。

11.4.6　科技发展赋能助推交通高质量发展

科技革新是实现交通低碳目标同时保障经济高质量发展的最优路径。未来涌现的大批科技创新力量将不断突破交通领域低碳发展的潜力上限，对交通碳中和进程产生重要影响。以锂电池、氢燃料电池、电池系统与驱动系统集成等动力电池类技术在可靠性、耐久性、经济性上的创新突破为基石，以车网互动式储能、智能有序充电等车载储能类技术实现电网的"削峰填谷"为补充，以电解水制氢、生物质能发电、终端超级快充等绿色能源补给类技术为保障，以出行仿真、供需匹配、碳排放精准统计等大数据技术形成的"出行即服务+一体化预约"及绿色出行碳普惠为完善，深度引领技术发展与创新、持续推动交通碳中和的科技赋能。

参考文献

［1］中华人民共和国中央人民政府. "十四五"现代综合交通运输体系发展规划［EB/OL］.（2022-01-18）. http://www.gov.cn/zhengce/content/2022-01/18/content_5669049.htm.

［2］国家统计局. 2001中国统计年鉴［M］. 北京：中国统计出版社，2001.

［3］国家统计局. 2021中国统计年鉴［M］. 北京：中国统计出版社，2021.

［4］中华人民共和国中央人民政府. 国家综合立体交通网规划纲要［EB/OL］. http://www.gov.cn/gongbao/content/2021/content_5593440.htm.

［5］中华人民共和国中央人民政府. 交通强国建设纲要［EB/OL］. http://www.gov.cn/zhengce/2019-09/19/content_5431432.htm.

［6］蔡博峰，吕晨，董金池，等. 重点行业/领域碳达峰路径研究方法［J］. 环境科学研究，2022，35（2）：320-328.

［7］严刚，郑逸璇，王雪松，等. 基于重点行业/领域的我国碳排放达峰路径研究［J］. 环境科学研究，2022，35（2）：309-319.

［8］黄志辉，纪亮，尹洁，等. 中国道路交通二氧化碳排放达峰路径研究［J］. 环境科学研究，2022，35（2）：385-393.

［9］JACKSON R B, JONES M W. Temporary Reduction in Daily Global CO_2 Emissions During the COVID-19 Forced Confinement［J］. Nature Climate Change，2020，10（7）：647-653.

［10］HAN P F, CAI Q X, ODA T. Assessing the Recent Impact of COVID-19 on Carbon Emissions from China Using Domestic Economic Data［J］. Science of The Total Environment，2021，750（1）：141688.

［11］ABU-RAYASH A, DINCER I. Analysis of Mobility Trends During the COVID-19 Coronavirus Pandemic：Exploring the Impacts on Global Aviation and Travel in Selected Cities［J］. Energy Research & Social Science，2020：68.

[12] 中国汽车工业协会. 2020年12月汽车工业产销综述 [EB/OL]. [2021-01-13]. http://www.caam.org.cn/chn/4/cate_30/con_5232919.html.

[13] 国家统计局. 2011中国统计年鉴 [M]. 北京：中国统计出版社，2012.

[14] 国家统计局. 2014中国统计年鉴 [M]. 北京：中国统计出版社，2015.

[15] 国家统计局. 2019中国统计年鉴 [M]. 北京：中国统计出版社，2020.

[16] 郝春思，赵萌. 中国新能源商用车产业发展展望 [J]. 北京汽车，2017（1）：9-12.

[17] 刘青，刘勇，姚哲皓，等. 中重型新能源卡车应用场景与模式浅析 [J]. 汽车与配件，2021（17）：55-57.

[18] 郑传笔，朱基荣. 浅谈新能源商用车发展趋势 [J]. 重型汽车，2019（2）：40-42.

[19] LIN B，SHI L. Identify and Bridge the Intention-Behavior Gap in New Energy Vehicles Consumption：Based on a New Measurement Method [J]. Sustainable Production and Consumption，2022（31）：432-447.

[20] 中国摩托车商会. 2020年我国摩托车产销量超1700万辆 [EB/OL]. http://www.cccmp.com/yaowen.aspx?id=1203.

[21] 中国摩托车商会. 完美收官，2021我国摩托车产销超2000万辆 [EB/OL]. http://www.cccmp.com/yaowen.aspx?id=1502.

[22] 国家统计局. 2010中国统计年鉴 [M]. 北京：中国统计出版社，2011.

[23] 国家统计局. 2013中国统计年鉴 [M]. 北京：中国统计出版社，2014.

[24] 龚裕霞. 加快我国水运经济发展策略分析 [J]. 中国水运，2014（12）：30-31.

[25] 赵建兰. 我国水运经济发展中存在的问题及完善措施 [J]. 江西建材，2016（21）：182-186.

[26] 李俊娜，文岑，张绪进. 关于我国水运发展概况研究 [J]. 中国水运（学术版），2007（3）：238-239.

[27] 中华人民共和国交通运输部. 2020年交通运输行业发展统计公报 [EB/OL]. [2021-05-19]. https://www.mot.gov.cn/jiaotongyaowen/202105/t20210519_3594381.html.

[28] 朱文忠，颜颖，聂磊. 显性差异特征的铁路客运产品谱系设计研究 [J]. 铁道运输与经济，2022，44（1）：36-43.

[29] 中国民用航空局. 2020年民航行业发展统计公报 [EB/OL]. http://www.gov.cn/xinwen/2021-06/11/5617003/files/c51af61cc760406e82403d99d898f616.pdf.

[30] 马永前，刘毅，张淑杰. 民用航空运输系统的发展趋势研究 [J]. 民用飞机设计与研究，2008（1）：1-5.

[31] 王晓. 我国民航业发展现状及前景分析 [J]. 国有资产管理，2010（1）：63-65.

[32] 秦占欣. 国际航空运输业自由化的现状与中国民航的对策 [J]. 中国民用航空，2003（10）：19-21.

[33] IEA.Aviation [EB/OL]. https://www.iea.org/reports/aviation.

[34] 国家统计局能源统计司. 中国能源统计年鉴2019 [M]. 北京：中国统计出版社，2020.

［35］国家统计局能源统计司. 中国能源统计年鉴 2020［M］. 北京：中国统计出版社，2022.

［36］石文. 车用乙醇汽油将在全国推广［J］. 石油库与加油站，2017，26（5）：21.

［37］王欣，江国和，吴刚. 船用发动机应用生物柴油排放特性研究进展［J］. 应用化工，2022，51（5）：1389-1395.

［38］李晓易，谭晓雨，吴睿，等. 交通运输领域碳达峰、碳中和路径研究［J］. 中国工程科学，2021，23（6）：15-21.

［39］李晓易，吴睿. 交通运输温室气体核算边界和测算方法研究［J/OL］. http://kns.cnki.net/kcms/detail/11.5368.P.20220622.1334.002.html.

［40］凤振华，王雪成，张海颖，等. 低碳视角下绿色交通发展路径与政策研究［J］. 交通运输研究，2019，5（4）：37-45.

［41］刘俊伶，孙一赫，王克，等. 中国交通部门中长期低碳发展路径研究［J］. 气候变化研究进展，2018，14（5）：513-521.

［42］YU Y，LI S，SUN H. Energy Carbon Emission Reduction of China's Transportation Sector：An Input-Output Approach［J］. Economic Analysis and Policy，2021（69）：378-393.

［43］国家统计局 中华人民共和国 2021 年国民经济和社会发展统计公报［EB/OL］. http://www.gov.cn/xinwen/2022-02/28/content_5676015.htm.

［44］吕晨，张哲，陈徐梅，等. 中国分省道路交通二氧化碳排放因子［J］. 中国环境科学，2021，41（7）：3122-3130.

［45］中华人民共和国中央人民政府. 推进运输结构调整三年行动计划（2018—2020 年）［EB/OL］. http://www.gov.cn/zhengce/content/2018-10/09/content_5328817.htm.

［46］中华人民共和国中央人民政府. 2030 年前碳达峰行动方案［EB/OL］. http://www.gov.cn/zhengce/content/2021-10/26/content_5644984.htm.

［47］LI L，ZHANG X. Reducing CO_2 Emissions Through Pricing，Planning，And Subsidizing Rail Freight［J］. Transportation Research，2020（87）：102483.

［48］李利军，姚国君，李艳丽，等. 城域货运"最后一公里"问题及原因分析［J］. 铁路采购与物流，2021，16（10）：55-58.

［49］国建华. 铁路货运向第三方物流的发展与融合［J］. 铁道学报，2001（5）：6-10.

［50］DAHAL K，BRYNOLF S，XISTO C，et al. Techno-Economic Review of Alternative Fuels And Propulsion Systems For The Aviation Sector［J］. Renewable and Sustainable Energy Reviews，2021（151）：111564.

［51］ABRANTES I，FERREIRA A F，SILVA A. Sustainable Aviation Fuels and Imminent Technologies：CO_2 Emissions Evolution Towards 2050［J］. Journal of Cleaner Production，2021（313）：127937.

［52］KOUSOULIDOU M，LONZA L. Biofuels in Aviation：Fuel Demand and CO_2 Emissions Evolution in Europe Toward 2030［J］. Transportation Research Part D，2016（46）：166-181.

［53］STAPLES M D，MALINA R，SURESH P，et al. Aviation CO_2 Emissions Reductions from the Use of Alternative Jet Fuels [J]. Energy Policy, 2018 (114): 342-354.

[54] WERNER V, ONUFREY K. If Electric Trucks Are the Solution, What Are the Problems? A Study of Agenda-Setting in Demonstration Projects[J]. Energy Research & Social Science, 2022(91): 102722.

[55] IEA. Global Energy Review: CO_2 Emissions in 2021 [R/OL]. https://www.iea.org/reports/global-energy-review-co2-emissions-in-2021-2.

[56] 北京交通发展研究院. 2021年北京交通发展年度报告 [R]. 2022.

[57] IPCC. Climate Change 2022 [R/OL]. https://www.ipcc.ch/report/sixth-assessment-report-working-group-3/.

[58] 夏楚瑜, 马冬, 蔡博峰, 等. 中国道路交通部门减排技术及成本研究 [J]. 环境工程, 2021, 39 (10): 50-56, 63.

[59] 董金池, 汪旭颖, 蔡博峰, 等. 中国钢铁行业 CO_2 减排技术及成本研究 [J]. 环境工程, 2021, 39 (10): 23-31, 40.

[60] 世界资源研究所. 迈向碳中和目标：中国道路交通领域中长期减排战略 [R]. 2022.

[61] 应纪来, 孙育峰, 刘新萍. 中国客运周转量预测 [J]. 中国科技信息, 2005 (19): 6.

[62] 杨中才, 张应斌, 袁天昂. 基于灰色关联理论的云南省公路客运周转量预测 [J]. 时代金融, 2018 (14): 101-102, 106.

[63] 温惠英, 贾幼帅, 朱秋萍. 基于组合预测方法与情景分析的广东省客运周转量预测 [J]. 交通信息与安全, 2013, 31 (5): 41-44.

[64] 赵涛, 左相国. 基于 GM (1.1) 模型的交通客运量发展预测 [J]. 交通科技与经济, 2007 (6): 106-107.

[65] LI X, ZHANG Y, DU M, et al. The Forecasting of Passenger Demand Under Hybrid Ridesharing Service Modes: A Combined Model Based on WT-FCBF-LSTM [J]. Sustainable Cities and Society, 2020 (62): 102419.

[66] AL HAJJ HASSAN L, MAHMASSANI H S, CHEN Y. Reinforcement Learning Framework for Freight Demand Forecasting to Support Operational Planning Decisions [J]. Transportation Research Part E, 2020 (137): 101926.

[67] MOSCOSO J A, TURIAS I J T, COME M J. Short-term Forecasting of Intermodal Freight Using ANNs and SVR: Case of the Port of Algeciras Bay [J]. Transportation Research Procedia, 2016 (18): 108-114.

[68] 寇毅. 组合预测模型在公路货运周转量预测中的运用 [J]. 中国水运 (学术版), 2007, (11): 216-217, 236.

[69] SINGH N, MISHRA T, BANERJEE R. Projection of Private Vehicle Stock in India up to 2050 [J]. Transportation Research Procedia, 2020 (48): 3380-3389.

[70] 国务院办公厅. 新能源汽车产业发展规划 (2021—2035年) [EB/OL]. http://www.gov.cn/xinwen/2020-11/02/content_5556762.htm.

[71] 中国汽车工程师学会. 节能与新能源汽车技术路线图2.0［M］. 北京：机械工业出版社，2020.

[72] 国家发展改革委. 氢能产业发展中长期规划（2021—2035年）［EB/OL］. https://www.ndrc.gov.cn/xxgk/zcfb/ghwb/202203/t20220323_1320038.html?code=&state=123.

[73] 中华人民共和国中央人民政府. 推进多式联运发展优化调整运输结构工作方案（2021—2025年）［EB/OL］. http://www.gov.cn/zhengce/content/2022-01/07/content_5666914.htm.

[74] 北京交通发展研究院. 2011年北京交通发展年度报告［R］. 2011.

[75] 国家发展改革委 国家能源局关于完善能源绿色低碳转型体制机制和政策措施的意见［EB/OL］. http://www.gov.cn/zhengce/zhengceku/2022-02/11/content_5673015.htm.

[76] 李晔，王密，舒寒玉. 出行即服务（MaaS）系统研究综述［J］. 综合运输，2018，40（9）：56-65.

[77] 胡峰，黄伟. 基于"出行即服务"理念的城市公共交通系统变革［J］. 规划师，2018，34（11）：101-107.

[78] 中华人民共和国中央人民政府. 绿色出行创建行动方案［EB/OL］. http://www.gov.cn/zhengce/zhengceku/2020-07/26/content_5530095.htm.

[79] 杨建勋，刘逸凡，刘苗苗，等. "互联网+"时代城市绿色低碳交通的挑战与对策［J］. 环境保护，2018，46（11）：43-46.

[80] 邱建华. 交通方式的进步对城市空间结构、城市规划的影响［J］. 规划师，2002（7）：67-69.

[81] 吕斌，孙婷. 低碳视角下城市空间形态紧凑度研究［J］. 地理研究，2013，32（6）：1057-1067.

[82] 杨俊宴. 城市空间形态分区的理论建构与实践探索［J］. 城市规划，2017，41（3）：41-51.

[83] 沈体雁，冯等田，李迅，等. 北京地区交通对城市空间扩展的影响研究［J］. 城市发展研究，2008，15（6）：29-32.

[84] 住房和城乡建设部城市交通基础设施监测与治理实验室. 2020年度全国主要城市通勤监测报告［EB/OL］. https://huiyan.baidu.com/cms/report/2020tongqin/.

[85] 中华人民共和国中央人民政府. 商务部等12部门关于推进城市一刻钟便民生活圈建设的意见［EB/OL］. http://www.gov.cn/zhengce/zhengceku/2021-06/03/content_5615099.htm.

第12章 加快发展绿色低碳农业

农业生产活动产生温室气体属于基础性和生存性排放。农业绿色低碳发展是实现碳达峰碳中和目标的重要途径。虽然我国过去二十多年在发展绿色低碳循环经济方面做出了许多努力，而且在绿色农业领域也取得了不少成就，但农业农村绿色低碳发展仍然面临诸多挑战。本章主要讨论农业温室气体排放现状和未来变化趋势，总结我国在农业农村低碳发展方面的实践和探索历程，结合国家碳达峰碳中和的战略要求和发达国家的经验，最后提出农业绿色低碳发展的战略路径和保障措施。

12.1 农业农村碳排放与控制现状

12.1.1 农业农村温室气体排放现状

12.1.1.1 总体情况

全球农业及农业相关温室气体排放现状如表12.1所示。根据世界资源研究所2020年发布的报告，农业温室气体排放占全球温室气体排放总量的18.4%，主要是农业生产和土地利用变化造成的。根据联合国粮食及农业组织数据，2000—2017年，全球农业排放量增长16%，预期到2050年，农业活动排放量预计将增加30%~40%，温室气体排放总量将达到80亿~90亿吨。

表12.1 全球农业温室气体排放现状

粮食系统	碳排放（亿吨/年）	占比（%）
农业活动	62±14	9~14
农业相关的土地利用和土地利用变化	49±25	5~14
食品供应链（储存、加工、运输零售）	26~52	5~10
总计（加上粮食损失和浪费）	108~191	21~37

注：2007—2016年的平均值，数据来源于IPCC。

目前，我国农业温室气体排放约占全球 17%。根据《公约》[1]规定，我国先后提交了初始、第二次、第三次国家信息通报以及第一次、第二次两年更新报告等 5 次温室气体排放情况，1994 年、2005 年、2010 年、2012 年和 2014 年农业活动排放温室气体分别为 6.05 亿吨、8.20 亿吨、8.28 亿吨、9.38 亿吨、8.3 亿吨（图 12.1）。

2014 年，我国农业温室气体排放的 8.3 亿吨中，甲烷排放 4.67 亿吨二氧化碳当量，占 56.3%；氧化亚氮排放 3.63 亿吨二氧化碳当量，占 43.7%。此外，农机、渔船等农业生产用能（约 1.15 亿吨）没有计入农业温室气体排放，而是纳入能源活动排放。

2014 年的我国温室气体排放数据，是 2018 年底我国向《联合国气候变化框架公约》秘书处提交的最新温室气体排放数据。近几年我国农业温室气体排放量较为平稳，与提交的最后一次数据变化不大。

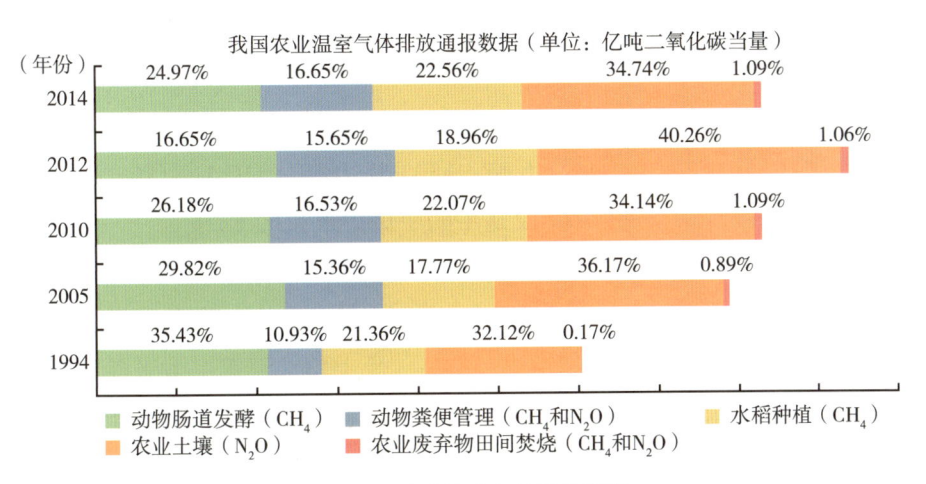

图 12.1 农业温室气体排放情况

注：数据来源于中华人民共和国气候变化信息通报。

12.1.1.2 农业甲烷排放

2014 年，我国农业排放 2224.5 万吨甲烷，占全国甲烷排放总量的 41.5%。主要来源于动物肠道发酵、动物粪便管理、水稻种植等 3 个领域。其中动物肠道发酵排放占农业甲烷总排放的 44.31%；动物粪便管理占 14.18%，水稻种植排放占 40.06%（图 12.2）。

首先是动物肠道发酵甲烷排放。反刍动物通过瘤胃进行厌氧发酵产生甲烷[2]，1990—2019 年，农业领域反刍动物肠道发酵甲烷排放量一直占比第一，变化过程先增后减，1996 年达到峰值 7881.26 万吨，2003 年达到峰比 51.71%；

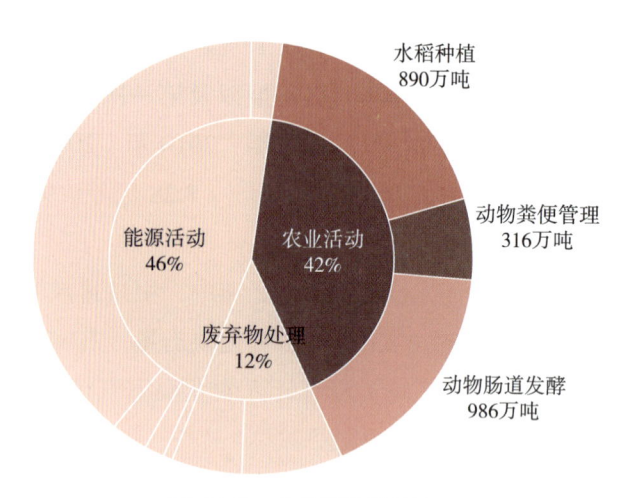

图12.2 农业甲烷排放情况

2012年以后基本维持在6100万吨，占比45%左右。

具体来看，反刍动物如牛、羊和骆驼的甲烷排放量分别占我国大型牲畜动物肠道发酵甲烷排放量的70%以上、20%以上、0.5%以下。我国反刍动物甲烷排放量长期维持在动物肠道发酵甲烷排放量的90%以上。以2019年数据为例，牛、羊、猪的甲烷排放量分为4602.27万吨、1503.61万吨、310.41万吨；在非反刍动物中，猪的甲烷排放量最大，但仅仅是牛的甲烷排放量的6.7%。

其次是水稻生产甲烷排放。我国水稻种植面积占全球18.5%，稻田甲烷排放占全球稻田甲烷排放的21.9%。任万辉等[3]研究认为，稻田甲烷排放是稻田土壤甲烷的产生、转化以及传输共同作用的结果，受土壤、温度、农业管理措施、水稻品种等因素的影响。刘珂纯等[4]发现复合种养、适当的施氮水平、有机肥堆沤发酵后还田、施控释肥或配施生物抑制剂、适量生物炭还田、节水灌溉以及少耕免耕等措施有助于稻田甲烷减排。

2001—2018年我国水稻总播种面积整体呈先降低、后升高、再降低的趋势，其中以2015年水稻播种面积最高，2003年最低[5]。

2001—2018年，我国稻田甲烷排放总量呈先降低、后升高、再降低的趋势，其中以2015年排放总量最高，2003年最低。2001—2009年，我国各区域稻田甲烷排放总量从高到低依次为华东、华中、华南、西南、东北、西北、华北地区；2010—2018年，我国各区域稻田甲烷排放总量从高到低依次为华东、华中、华南、东北、西南、西北、华北地区。2001—2018年，我国稻田单位产量甲烷排放总体呈下降趋势，其中以2003年最高，2018年最低。2001—2018年，我国各区域稻田单位产量甲烷排放量由高到低总体依次为华南、华中、华北、华东、西北、东北、西南地区。排放量受水稻播种面积、气候条件等因素的影响，我国各区域稻田甲烷排放总量和单位产量甲烷排放量总体呈南高北低的趋势。

12.1.1.3 氧化亚氮排放

2014年，我国农业排放117万吨氧化亚氮，占全国氧化亚氮排放总量的59.4%，主要来源于畜禽粪便管理、农业土壤等。其中动物粪便管理排放23.3万吨，占农业氧化亚氮总排放的19.91%；农业土壤排放93万吨，占79.49%。

我国用占世界不到9%的耕地保障了世界约20%人口的粮食供给，其中化肥和农药等农用化学品的使用发挥了至关重要的作用。大量研究证明，氮肥不合理施用是导致农田氧化亚氮排放增加的主要原因。

氮肥施用是影响农田氧化亚氮排放高低的最关键因子。从时间上看，我国农田单位播种面积的氮肥用量在2001—2007年呈明显递增趋势，而后保持相对稳定，2014年后出现下降趋势，但2018年农田单位播种面积的氮肥用量仍高于2001年；各区域的农田单位播种面积氮肥用量达最高点的时间不同，但在2018年均呈下降趋势[6]。在农田氮肥利用现状上，2018年单位播种面积氮肥用量从高到低依次为华东、华北、西北、华南、西南、华中、东北地区。

进入21世纪以来，我国农田氧化亚氮排放一直处于稳定上升状态，2015年达到最高点，而后逐渐下降，主要原因可能是农业农村部启动的"减肥减药"行动在各地区均卓有成效。除华东地区外，各地区农田氧化亚氮排放均呈增长趋势，到2010年或2015年有所下降。近年来，华东地区农田氧化亚氮排放呈下降趋势，截至2018年其农田氧化亚氮排放（与2001年相比）下降约15%。2001—2018年，不同地区农田氧化亚氮排放从高到低依次为华东、华中、华南、西南、东北、华北、西北地区。2018年单位播种面积氧化亚氮排放以华东地区最高，华中地区最低。不同地区环境条件、作物品种、耕作方式和外界碳氮投入的相互作用，使得农田氧化亚氮排放形成南高北低的趋势。

12.1.1.4 我国农业碳排放趋势

近20年来，随着农业产业的高质量发展和绿色低碳政策措施的实施，我国农业碳排放经历了先增加后平稳降低的趋势。其中，种植业（包含稻田甲烷和全部农业用地氧化亚氮排放）从2010年（之前的两次国家温室气体清单没有细分具体领域）的4.66亿吨到2014年的4.75亿吨，期间经历了2012年的高排放之后的下降过程，在农业总排放中的占比也从59.28%降为57.23%。从排放组成来看，稻田甲烷排放在2005年的高排放之后，维持在1.38亿吨二氧化碳当量的较低水平，得益于间歇灌溉等技术的推广。2010—2014年农用地氧化亚氮排放也经历了小幅增加和再次下降的趋势。一方面说明了我国耕地面积的稳定，另一方面也说明了

"减肥减药"等减排技术的有效应用。

畜牧业也是重要的农业碳排放源,其碳排放占我国农业碳排放总量的比例范围为37.6%~48.7%,占全国碳排放总量的范围为2.8%~6.1%,呈现逐年降低的趋势。我国畜牧业碳排放总量从1994年的2.46亿吨增加到2014年的3.46亿吨,累计增长了40.7%。从排放构成分析,动物肠道发酵甲烷排放呈现先增加后逐步降低的趋势,主要原因是规模化养殖比例稳步提升,饲料转化效率和动物生产性能提升,肠道发酵甲烷排放因子呈现降低的趋势。

根据2003—2020年《中国农村统计年鉴》[7],我国的农业碳排放总量呈倒U形,呈现出快速增长然后缓慢下降的趋势[8]。如表12.2所示,我国农业碳排放量分为两个阶段,第一阶段处于阶段性上升趋势,2003—2015年我国农业碳排放量由6476.73万吨增长至9059.55万吨,第二阶段处于阶段性下降趋势,由2015年的9059.55万吨下降为2020年的7824.88万吨。说明第一阶段我国农业处于高消耗、高污染、高排放的阶段,化肥、农药等生产资料适量的投加对农业增产丰收作用显著,而投加过量的生产资料,农作物无法完全利用,致使生产资料残留,都共同导致了农业碳排放量的增加。第二阶段农业碳排放现状得到明显的改善,这可能与我国提出发展生态农业、降低化肥施用量等政策有关。2003—2015年,化肥、农药、农膜、柴油、灌溉、翻耕等农用物资所产生的碳排放量都出现了不同程度增长,但是在2015年后,化肥、农药、农膜等出现了不同程度下降,这可能与2015年我国化肥零增长行动有关。总体来看,2003—2020年的农业碳排放总量的环比增速一直处于阶段性下降态势,2003—2015年增速缓慢下降为0.45%,到2016年出现了-1.11%,2020年达到-6.95%,表明农业碳排放总量的环比增速由增速转变为降速,说明农业碳排放现状得到明显的改善。

表12.2 2003—2020年中国农业碳排放总量和强度变化情况

年份	化肥(万吨)	农药(万吨)	农膜(万吨)	柴油(万吨)	灌溉(万吨)	翻耕(万吨)	农业碳排放总量(万吨)	环比增速
2003	3951.12	657.01	824.49	933.5	110.57	0.0476	6476.73	0.00%
2004	4152.72	683.95	870.23	1073.54	111.52	0.0480	6897.00	6.49%
2005	4268.61	720.36	912.88	1127.79	112.65	0.0486	7142.34	3.56%
2006	4413.25	758.45	955.96	1139.58	114.12	0.0476	7381.42	3.35%
2007	4574.64	800.54	1003.61	1197.55	115.69	0.0480	7692.08	4.21%
2008	4692.23	826.35	1039.59	1119.08	119.69	0.0488	7796.98	1.36%
2009	4662.31	851.81	1077.28	1161.57	121.31	0.0496	7874.34	0.99%

续表

年份	化肥（万吨）	农药（万吨）	农膜（万吨）	柴油（万吨）	灌溉（万吨）	翻耕（万吨）	农业碳排放总量（万吨）	环比增速
2010	4981.15	867.50	1125.61	1199.15	123.53	0.0502	8296.99	5.37%
2011	5108.68	881.76	1188.57	1219.48	126.26	0.0507	8524.80	2.75%
2012	5229.32	891.03	1234.40	1249.35	127.92	0.0511	8732.07	2.43%
2013	5294.52	891.97	1291.47	1277.21	129.93	0.0515	8835.15	1.75%
2014	5370.73	889.70	1336.55	1290.19	132.11	0.0517	9019.34	1.51%
2015	5393.75	879.68	1348.64	1302.58	134.84	0.0520	9059.55	0.45%
2016	5359.54	858.76	1348.15	1254.86	137.44	0.0522	8958.81	-1.11%
2017	5247.68	816.68	1309.69	1241.71	138.82	0.0520	8754.62	-2.28%
2018	5063.19	741.97	1276.76	1187.42	139.75	0.0519	8409.14	-3.95%
2019	4839.46	686.07	1247.17	1146.34	140.58	0.0519	8059.68	-4.16%
2020	4702.53	647.98	1237.32	1095.43	141.57	0.0524	7824.89	-6.95%

12.1.2 农业农村低碳发展探索

针对应对气候变化的需求和减排固碳的各个领域实际情况，农业部门出台了相关政策措施，在保证粮食安全和有效供给的前提下实现减排固碳，助力我国碳中和目标的实现。

为落实《"十二五"节能减排综合性工作方案》[9]，推进农业和农村节能减排工作，农业部于2011年底出台《关于进一步加强农业和农村节能减排工作的意见》[10]。明确提出力争到2015年，农业源化学需氧量排放总量比2010年降低8%，氨氮排放总量比2010年降低10%。借助发展生态农业、循环农业，推广节能高效农业技术来降低能源消耗和减少污染排放；通过建立目标责任制，将农业减排目标落实到位，并建立农业生态补偿机制和统计监测体系，完善农业减排政策体系和监管考核机制。

从2002年开始，国家开始陆续出台了一系列涉及农业低碳发展的专项政策措施。一是支持保护性耕作。从2002年起，中央财政每年投入3000万元专项资金推广保护性耕作，通过技术培训、宣传咨询、作业补贴与样机购置等形式，开展保护性耕作示范工程建设，2009年起实施《保护性耕作工程建设规划（2009—2015年）》[11]。二是推进测土配方施肥。2005年起中央财政实施测土配方施肥专项补助政策，8年累计安排补助资金71亿元，2013年发布《全国测土配方施肥补贴项目实施指导意见》[12]，全面推进农民"按方施肥"。三是实施土壤有机质提升补助政策。2006年起中央开展土壤有机质提升补助政策试点工作。2012年中央投入8亿元，通过技术物资补贴方式，鼓励和支持农民应用土壤改良、地力培肥技术，促进秸秆等有机肥资源转化利用，减少化肥使用量，改善农业生态环境。四是支持标准化规模养殖及其污染防治。标准化规模化养殖有助于减少粪便处理中甲烷气体排放。从2007年起，中央财政每年安排25亿元，支持全国生猪标准化规模养殖场（小区）建设。2008年中央财政安排2亿元资金，支持奶牛标准化规模养殖小区（场）建设，2009年起中央资金增加到5亿元。2012年中央财政新增1亿元，支持内蒙古等7省区肉牛肉羊标准化规模养殖场（小区）改扩建。从2014年1月1日起，全国施行《畜禽规模养殖污染防治条例》[13]。五是支持农机节能减排。2011年工业和信息化部发布《农机工业发展政策》[14]，以财政性资金为导向，借助信贷扶持、税收优惠、关键零部件和原材料进口支持等手段，大力发展节能环保型农用动力机械、保护性耕作机械、种肥药精准施用装备、农作物秸秆和牧草饲料储运机械、新型节水灌溉等装备。

目前，经过一系列农业低碳发展政策的实施，我国已经初步建立起了农业节能减排政策体系，局部效果开始显现。保护性耕作和测土配方施肥技术推广政策，低碳耕作和施肥方式的生产面积持续增加，为农业节能降耗奠定了坚实基础。截至2012年，通过实施测土配方施肥，全国累计减少不合理施肥850多万吨，相当于减少二氧化碳排放量5730万吨。通过土壤有机质提升工程，项目区田间地头秸秆焚烧现象显著减少，化肥亩均使用量也出现了下降。借助畜牧标准化规模养殖场（小区）建设项目，粪污得到规模化规范处理。

2015年，农业农村部出台《农业部关于打好农业面源污染防治攻坚战的实施意见》[15]，明确要求加强组织领导、强化工作落实、加强法制建设、完善政策措施、加强监测预警、强化科技支撑、加强舆论引导、推进公众参与，确保到2020年实现"一控两减三基本"的目标，有效保障我国粮食供给安全、农产品质量安全和农业环境特别是产地环境的安全，促进农业农村生产、生活、生态"三位一体"协同发展。"一控"是指控制农业用水总量和农业水环境污染，确保农业灌溉用水总量保持在3720亿立方米，农田灌溉用水水质达标；"两减"是指化肥、农药减量使用；"三基本"是指畜禽粪污、农膜、农作物秸秆基本得到资源化、综合循环再利用和无害化处理。在该政策的执行下，我国于2017年底实现了化肥农药零增长。

"十三五"以来，按照党中央国务院的部署要求，农业农村部启动农业面源污染防治攻坚战，实施农业绿色发展五大行动，即畜禽粪污资源化利用行动、果菜茶有机肥替代化肥行动、东北地区秸秆处理行动、农膜回收行动、以长江为重点的水生生物保护行动，大力开发农村可再生能源，积极推进农业高质量发展。

2020年，全国三大粮食作物化肥、农药利用率分别达到40.2%、40.6%，施用量连续四年负增长，建设300个化肥减量增效、175个果菜茶有机肥替代化肥重点县；畜禽粪污综合利用率达到76%，在723个县整县推进畜禽粪污资源化利用，大型规模养殖场粪污处理设施装备全部完成配套；秸秆综合利用率达到87.6%，在674个县开展秸秆综合利用重点县建设，农膜回收率达到80%，在100个用膜大县开展农膜回收行动，水产养殖尾水治理初见成效；全国现有沼气工程9.3万处，其中小型和中型8.6万处，大型和特大型7395处，年产气14亿立方米。在保障粮食安全和重要农产品有效供给的前提下，农业农村领域减污降碳协同增效加快推进，农业绿色发展进展明显。

对照国家生态文明建设总体部署和要求，我国农村生态文明建设还存在明显短板和不足。相较其他产业，农业实现碳达峰碳中和具有鲜明的产业内生特征，很有必要单独加以研究。农业自身对气候变化非常敏感，气候变化会给农业带来更多的不确定性。农业是碳排放的重要来源之一，农业生产活动直接和间接产生的温室气体排放占全国总量20%左右，碳排放占全国碳排放总量13%左右。

近些年，我国有效推动"一控两减三基本"、农业绿色发展的等农业生产政策执行，控制农业用水总量和农业水环境污染，减少化肥、农药使用，对畜禽的粪便、农膜、农作物秸秆进行资源化利用和无害化处理。2015—2019年，种植业化肥、农药、薄膜、农用柴油使用量降幅分别为10%、22%、7.5%和12%，农业低碳化和绿色发展取得一定成效。但相较发达国家，我国推动农业低碳发展需要统筹兼顾乡村振兴、生态文明等战略目标，难度更大。

12.2 农业农村绿色低碳发展面临的挑战

12.2.1 农业资源利用效率有待提升

农业资源利用效率低是阻碍绿色低碳发展的一大瓶颈。我国人均农业资源匮乏，资源约束偏紧，人均耕地面积不足世界平均水平的1/2，人均水资源量为世界平均水平的1/4，且分布极不平衡。由于利用方式的不科学与不合理，导致我国农业资源利用效率低下，浪费严重。农业资源利用效率偏低，主要农作物化肥农药利用效率只有40%，远低于发达国家60%~70%的利用水平。每年因施肥方式方法不当形成了大约1000万吨的氮素流失，进而产生了大量的温室气体。据水利部《中国水资源公报》[16]统计数据，2020年我国农业用水量约3612.4亿立方米，占全国用水总量的62.1%，但农田灌溉水利用系数仅为0.565。此外，据农业农村部数据，在水稻、小麦、玉米三大粮食作物中，农药的利用效率也仅为40.6%，形成了近60%的浪费和对外排放。这种低下的农业资源利用水平，不仅造成严重的资源浪费，而且成为农业碳排放增加的重要源头，给农业绿色低碳发展带来严峻挑战。

12.2.2 农业资源环境问题依然突出

我国粮食等主要农产品需求刚性增长，水土资源越绷越紧，确保国家粮食安全和主要农产品有效供给与资源约束的矛盾日益尖锐。全国新增建设用地占用耕地的土壤耕作层资源浪费严重，占补平衡补充耕地质量不高，守住18亿亩耕地红线的压力越来越大。耕地质量下降，黑土层变薄、土壤酸化、耕作层变浅等问题凸显，农田灌溉水有效利用系数比发达国家平均水平低0.2。全国水土流失面积达295万平方千米，年均土壤侵蚀量45亿吨，沙化土地173万平方千米，石漠化面积12万平方千米。高强度、粗放式生产方式导致农田生态系统结构失衡、功能退化，农林、农牧复合生态系统亟待建立。我国是世界上化肥农药消费量最大的国家，三大粮食作物化肥农药利用率为40%，相比欧美等发达国家低10%~20%。畜禽粪污资源化利用水平有待进一步提高，我国年粪污产生总量约30.5亿吨，但由于规模以下畜禽养殖场缺乏有效的粪污处理技术和设施，全国目前仍有24%的粪污未得到有效利用。

12.2.3 农业绿色低碳发展技术储备不足

作为第一生产力，科学技术是实现农业绿色低碳和高质量发展的重要动能。虽然近年来围绕资源节约、环境友好、绿色低碳等方面，在农业生产领域推广推行了一批集约节约型新技术新产品，如节水灌溉、测土配方施肥、绿色防控等，但仍与发达国家存在较大差距。考虑到农业生产和经济社会发展水平的区域差异性，各类农业绿色低碳技术的减排、固碳、增汇效果仍有待验证，技术投入的成本收益也有待考察。农机农艺不配套、智能化水平低，一些产业品种、农艺制度、种养方式等与机械化生产不协调，农机农艺融合不够紧密，造成农机渔机耗能高，农机发动机尾气排放高，不能满足农业高质量发展需要，整体而言，推动农业绿色低碳发展涉及环节复杂，技术种类较多，技术集成困难，缺乏系统性的减排固碳技术。以农作物秸秆还田固碳技术为例，虽然其有减排固碳等社会效益和环境效应，但是否为农业生产经营主体带来了明显的经济收益仍有待进一步研究，而当前政府多是通过补贴等手段促成其采用，在长效利益激励机制的系统设计上则有待进一步加强。

12.2.4 支撑制度体系尚不健全

在政府规制层面，我国尚无系统完善的农村环境污染防治法律体系，既有的农村环境相关法律不仅分散且缺乏系统性，同时涉及农业绿色低碳发展方面的现有条文，也存在着操作性不强和落地实施困难的状况，难以形成对农业各生产经营主体污染排放行为的有效监督。水土等资源资产管理体制机制尚未建立，山水林田湖等缺乏统一保护和修复。农业资源市场化配置机制尚未建立，特别是反映水资源稀缺程度的价格机制没有形成。循环农业发展激励机制不完善，种养业发展不协调，农业废弃物资源化利用率较低。农业生态补偿机制尚不健全，农业污染责任主体不明确，监管机制缺失，污染成本过低。全面反映经济社会价值的农业资源定价机制、利益补偿机制和奖惩机制的缺失和不健全，制约了农业资源合理利用和生态环境保护。此外，由于农业碳排放量大且分散，投入产出品种多且波动大，导致种植业和养殖业的碳排放估算参数不确定且难以计算，碳排放转换系数没有明确标准，估算农业碳达峰时间节点、制定碳中和政策缺乏可靠依据。在市场机制层面，我国的农业碳交易制度尚未起步，具有较大生态功能的农业碳汇产品，其市场价值的实现机制还没有构建起来，导致农业绿色低碳发展缺乏有效的制度支撑与法律保障。

12.3 实施农业绿色低碳发展的战略路径

12.3.1 绿色低碳农业发展思路

农业生产活动必然产生温室气体，是基础性、生存性排放。农业领域要为我国碳达峰碳中和战略实施作出重要贡献，面临一定的压力和挑战。保障国家粮食安全，种植业减排潜力有限，水稻甲烷、农田氧化亚氮是农业温室气体的重要排放源。为保障国家粮食安全，需要稳定粮食播种面积，持续提高单产水平，降低温室气体排放难度较大。保障畜禽重要农产品供给，将会增加温室气体排放，随着人民生活水平提高，我国肉、蛋、奶等农畜产品需求将刚性增长，有可能导致养殖业温室气体排放量增加。

在国家碳达峰碳中和"1+N"政策体系框架下，2022年6月30日，农业农村部、国家发改委联合印发《农业农村减排固碳实施方案》[17]，以保障粮食安全和重要农产品有效供给为前提，以农业农村绿色低碳发展为关键，以实施减污降碳、碳汇提升重大行动为抓手，降低农业温室气体排放强度，提高农田土壤固碳能力，大力发展农村可再生能源，建立完善监测评价体系，强化科技创新支撑，构建政策保障机制。实施方案明确了种植业节能减排、农田固碳扩容、农机节能减排、可再生能源替代等相关任务,为农业农村绿色高质量发展提供了清晰的政策指导。

12.3.2 绿色低碳农业发展趋势

我国是农业生产大国,用占世界9%的土地、6.4%的淡水资源,解决了占世界20%人口的吃饭问题。耕地是粮食生产的"命根子",要牢牢守住18亿亩耕地红线。1980—2020年,我国粮食总产量增加了109%,其中水稻、小麦和玉米分别增加了51%、143%和316%;另外,肉蛋奶产量也分别增加了5.4倍、12.5倍和24.8倍。2021年,我国粮食产量再创新高,全年粮食总产量13657亿斤,连续7年保持在1.3万亿斤以上。我国农业温室气体排放量从1980年到2018年增长了34%,若不采取减排固碳措施,预计到2060年还将进一步增长33%。近年来国家大力推进农业绿色发展,在投入品减量、废弃物利用等方面取得了较大成就,这些成就也体现为碳排放的结构性下降。中国农业在近些年来追求绿色发展的过程中,带来了一定的碳减排效果,预计2020年我国农业碳排放量与2014年基本持平,约为8.4亿吨。

中国农业生产呈现分散化、高成本的特点,整体生产效率较低,这也意味着农业发展仍有较大提效减排空间,绿色发展与碳减排具有高度的协同性,推进农业农村领域减排固碳,是中国碳达峰碳中和的重要举措。在中国实现2030年前碳达峰、2060年前碳中和目标的进程中,农业不仅自身要实现达峰和中和,而且要对全国目标的实现作出积极贡献。在"双碳"目标下,农业领域将持续采取有力的减排举措,预计农业温室气体排放将在2030年之前达到峰值,到2060年将减少32%~50%[18]。我国农业需要深刻和系统性变革来应对气候变化等带来的挑战,同时需要创新综合性农业碳中和解决方案。

12.3.3 绿色低碳农业发展行动路径

实施稻田甲烷减排行动:以水稻主产区为重点,强化稻田水分管理,因地制宜推广稻田节水灌溉技术,改进稻田施肥管理,推广有机肥腐熟还田等技术,选育推广高产优质低碳水稻品种。优化水分管理、肥料管理、品种选育和耕作制度,可有效减少稻田甲烷排放,相对于水稻生长期持续淹灌,晒田可减少稻田甲烷排放;不同水稻品种在相同的土壤条件和水分条件下,甲烷排放相差可达1%~46%[19];稻田养鸭、养鱼模式,甲烷减排效应分别为6.16%和20.79%[20];与传统的翻耕相比,免耕处理会减少12.74%的甲烷排放[21]。

实施化肥减量增效行动:以粮食主产区、果菜茶优势产区、农业绿色发展先行区等为重点，推进氮肥减量增效。研发推广新型肥料产品、水肥一体化等高效施肥技术，提高肥料利用率。研究表明，使用添加脲酶抑制剂、硝化抑制剂的高效氮肥可分别降低氧化亚氮排放 39.8%、27.8%[22]；滴灌相比沟灌降低氧化亚氮排放 32%，相比喷灌降低 46%。从这方面看，化肥减量、优化肥料结构和灌溉方式，可实现农田氧化亚氮减排[23]。

实施畜禽低碳减排行动：以畜禽规模养殖场为重点，推广低蛋白日粮、全株青贮等技术和高产低排放畜禽品种，改进畜禽饲养管理，实施精准饲喂。改进畜禽粪污处理设施装备，推广粪污密闭处理、气体收集利用处理等技术，提高畜禽粪污处理水平。研究表明，优化粪便管理方式，可以减排温室气体 15.93%~76.45%；在同一畜禽粪便管理系统中，粪便甲烷和氧化亚氮的排放存在一定的此消彼长关系，处理好这一关系，也是有效减排的关键[24]。

实施渔业减排增汇行动：以重要渔业产区为重点，推进渔业设施和渔船装备节能改造，大力发展水产低碳养殖，推广节能养殖机械。淘汰老旧木质渔船，鼓励建造玻璃钢等新材料渔船。发展稻渔综合种养、鱼菜共生、大水面增殖等生态健康养殖模式。推进池塘标准化改造和尾水治理，发展工厂化、集装箱等循环水养殖。在近海及滩涂等主要渔业水域，开展多营养层级立体生态养殖，提升贝类藻类固碳能力。继续开展国家级海洋牧场示范区建设，实现渔业生物固碳。

实施农机绿色节能行动：实施更为严格的农机排放标准，减少废气排放。因地制宜发展复式、高效农机装备和电动农机装备，培育壮大新型农机服务组织，提供高效便捷的农机作业服务，减少种子、化肥、农药、水资源用量，提升作业效率，降低能源消耗。加快侧深施肥、精准施药、节水灌溉、高性能免耕播种等机械装备推广应用，大力示范推广节种、节水、节能、节肥、节药的农机化技术。加大能耗高、排放高、损失大、安全性能低的老旧农机淘汰力度，优化农机装备结构。我国农机用柴油消耗大约占全国柴油消耗的 30%~40%，农用柴油机排放标准由目前的"国三"升级到"国四"，氮氧化物将下降 43%；手扶拖拉机抽查检测结果表明，老旧农机平均油耗比出厂标定值高出 11%[25]。

实施农田碳汇提升行动：实施国家黑土地保护工程，推广有机肥施用、秸秆科学还田、绿肥种植、粮豆轮作、有机无机肥配施等技术，构建用地养地结合的培肥固碳模式。实施保护性耕作，因地制宜推广秸秆覆盖还田免少耕播种技术，有效减轻土壤风蚀水蚀，增加土壤有机质。针对土壤酸化、盐碱等耕地退化问题，坚持综合施策，加强集中连片示范区建设，构建因地制宜、分类分区有效治理体系，提高土壤肥力和固碳增汇潜力。加强高标准农田建设，加快补齐农业基础设施短板，提高水土资源利用效率。专家预测，采取合理有效的措施，2030 年全国农田土壤碳汇量为每年 1.91 亿吨，十年内中国农田碳汇量达到历史峰值，然后逐步下降，但在 2060 年农田土壤碳汇仍可维持在 1.69 亿吨以上，为我国实现碳中和整体目标作出重要贡献[26]。

实施秸秆综合利用行动：坚持农用优先、就地就近，以秸秆集约化、产业化、高值化为重点，推进秸秆综合利用。持续推进秸秆肥料化、饲料化和基料化利用。推进秸秆能源化利用，因地制宜发展秸秆生物质能供气供热供电。拓宽秸秆原料化利用途径，支持秸秆浆替代木浆造纸，推动秸秆资源转化为环保板材、碳基产品等。健全秸秆收储运体系，完善秸秆资源台账。据预测，到 2030 年全国秸秆综合利用的温室气体减排贡献潜力为 1.19 亿~1.44 亿吨二氧化碳当量，到 2060 年为 2 亿~2.35 亿吨二氧化碳当量。秸秆综合利用可贡献的减排量占农业温室气体排放总量的 20%~23.5%[27]。

可再生能源替代行动：充分利用乡村大片空旷土地和屋顶等资源，积极推动太阳能、生物质能、地热能、储能等多种能源融合发展，发展农村绿色能源开发利用空间，推广生物质能、太阳能、风能、地热能等可再生能源替代化石能源。大力推广生物质燃料清洁取暖、生物质燃烧发电技术，推进生物质成型燃料、液化天然气、沼气利用，逐步推进风能、光伏、太阳能、地源热泵等清洁能源设备的设计和建设，着力解决偏远乡村清洁用能问题，提升乡村整体用能清洁化水平，提升农民清洁能源消费占比。建立农村综合能源体系，提高能源利用效率。推广生物质成型燃料、打捆直燃、热解炭气联产等技术，配套清洁炉具和生物质锅炉，助力农村地区清洁取暖；将禽畜粪便及生物秸秆制成沼气，利用沼气煮饭、照明、取暖等生活用能及发电、烘干、粮果贮藏等生产用能；根据不同环境和不同需求，推广太阳能热水器、太阳能灯、太阳房，利用农业设施棚顶、鱼塘等发展光伏农业。全国每年可能源化利用的畜禽粪污约 7.2 亿吨，如全部利用可生产约 144 亿立方米沼气，替代 1028 万吨标准煤，减排二氧化碳 2563 万吨。

12.4 推进农业绿色低碳发展的保障措施

12.4.1 加快构建农业绿色低碳科技支撑体系

加强关键核心技术创新。实施碳中和路径与关键技术研发推广重大专项，系统梳理农业农村绿色低碳发展重大科技需求，在国家重点研发计划、国家自然科学基金中设立农业农村减排固碳、减污降碳协同增效等重点专项，采用"技术榜单""揭榜挂帅"制度，充分调动科研人员积极性，加强基础理论、基础方法、前沿颠覆性技术研究。依托现代农业产业技术体系、国家农业科技创新联盟，组织开展农业农村绿色低碳关键核心技术攻关。推广农业农村减排固碳创新技术与模式，大力发展绿色低碳循环农业、气候智慧型农业，发展光伏农业，推进农光互补、"光伏+设施农业"、"海上风电+海洋牧场"等低碳农业模式，发展节能低碳设施农业，开展生态修复、农牧业减排增汇路径与关键技术推广，凝练总结推广一批综合性技术解决方案和典型模式。开展产学研企联合攻关，加快突破农业绿色低碳发展技术瓶颈，形成一批基础性支撑性的创新成果。

加快农业绿色低碳技术推广普及和应用。打造碳中和先行示范区。以生态保护修复、国家农业绿色发展先行区、国家公园、农业产业园和循环经济园区等建设为基础，打造碳达峰与碳中和试点示范区，树立农业农村碳中和示范标杆。加速绿色低碳科技成果转化，建立成果转化平台和激励制度，开展农业绿色低碳技术示范和应用试点等，为技术推广普及和科技指导农业生产提供平台和环境场景。同时，激发和提升各类农业经营主体采用绿色低碳农业技术的意愿水平，通过加大技术培训和提升技术服务水平，鼓励有意愿的生产经营主体积极扩大技术采用规模和使用频率，示范影响周围农户，辐射带动更多主体，不断扩大绿色低碳技术的应用面。

加快建设绿色低碳农业人才队伍。加强农业绿色低碳人才培养，培育形成农业农村减排固碳、减污降碳领域国家战略科技力量，鼓励高等学校加快相关学科建设和人才培养，鼓励企业、高等学校、科研单位联合开展产学研合作协同育人项目。在做好绿色低碳技术基础性创新人才队伍稳定发展的基础上，着力建设技术推广应用型队伍，依托县乡基层的农技机构，加大培养农业绿色低碳技术推广人才，以新型农业经营主体为对象，加大人才培训力度，培育培养一批扎根基层和深入一线的农业生产技术人才，充分发挥他们在应用和推广绿色低碳农业生产技术方面的优势和对周边农户的影响力，加大农业绿色低碳技术普及应用，以形成对农业绿色低碳发展的强大支撑力。

组建农业绿色低碳创新平台。组建相关国家重点实验室、国家技术创新中心、重大科技创新平台。基于国家农业农村碳达峰碳中和科技创新联盟、中国农业科学院温室气体自愿减排项目第三方审定与核证中心、国家农业环境数据中心、国家重点实验室和国家野外科学观测研究站、长江中下游稻田甲烷减排监测网等平台，建立国家级农业农村低碳科技创新研究平台，为农业农村低碳转型"政-产-学-研-用-金"协作攻关提供科技平台支撑。

12.4.2 健全农业农村绿色低碳转型扶持政策

用好现有政策，加强《农业农村减排固碳实施方案》[17]等已出台政策的宣传解读，用好用足用活这些政策措施，充分发挥政策引导扶持效应。积极创设新的政策，创设完善有利于推进农业农村减排固碳的扶持措施，积极引导调动金融资本、社会力量支持农业农村减排固碳（如积极发展绿色农业金融、设立碳减排货币政策工具、有序推进绿色低碳金融产品和服务开发）。探索农业领域参与碳排放权交易有效路径，开展试点示范，通过试点探索、集成熟化，形成适宜不同行业、区域的农业农村绿色低碳发展模式。加强国际交流与合作，农业农村减排固碳已经成为发达国家农业国际合作交流话语体系的一部分，农产品碳足迹核算、碳税等将成为新的农产品国际贸易壁垒。积极参与农业农村减排固碳相关国际标准制定，在国际气候变化谈判中，坚持发展中国家定位，坚持共同但有区别的责任和国家自主贡献原则，守住目标底线，增加话语权和主动权。

12.4.3 提升农业排放监测和统计核算能力

建立科学核算体系，加强农业温室气体排放的监测、核算、报告和核查体系建设，完善监测指标、关键参数、核算方法。开展长期定位监测，在不同区域稻田、农用地、不同类型养殖场等，科学布设监测点位，建立健全监测网络，构建科学布局、分级负责的监测评价体系。加强常态化分析评估，加强农业温室气体排放统计核算能力建设，做好农村可再生能源等监测调查，开展常态化的统计分析。深入系统开展数据比对与分析评估，注重提升监测数据的有效性、一致性、可比性。推进新兴监测技术应用，创新监测方式和手段，加快遥感测量、大数据、云计算等智能化、信息化技术在农业农村减排固碳监测领域的推广应用，实现碳排放高精度、全方位的监测。建立农业农村绿色低碳技术和产品检测、评估、认证体系、交易体系和科技创新服务平台，建立健全绿色低碳农业技术推广服务体系和综合服务平台。建立健全标准体系，制订、修订一批国家标准、行业标准和地方标准。

12.4.4 营造发展绿色低碳农业良好氛围

树立低碳理念，加强对农业农村减排固碳重大决策部署的宣传教育，大力传播"坚持走生态优先、绿色低碳发展道路""倡导简约适度、绿色低碳的生活方式"等，提升公众绿色低碳意识和理念。拓宽宣传渠道，充分发挥传统媒体、新媒体各自优势和特色，多形式、多角度、高效率进行宣传推广。加强交流培训，积极选树宣传典型，举办专题培训，开展观摩交流等。例如，秸秆还田固碳、生物质能开发利用等，各地有不少好的做法与经验，要充分挖掘凝练，选树一批有代表性的区域和实施主体，强化示范带动引领作用。

参考文献

[1] 联合国. 联合国气候变化框架公约[R/OL]. https://unfccc.int/files/essential_background/background_publications_htmlpdf/application/pdf/conveng.pdf.

[2] 陈锐, 陈育涛, 王祖力, 等. 低碳背景下我国反刍动物甲烷排放现状与减排策略研究[J]. 畜牧产业, 2022(8): 37-39.

[3] 任万辉, 许黎, 王振会. 中国稻田甲烷产生和排放研究. 产生和排放机理及其影响因子[J]. 气象, 2004, 30(6): 37.

[4] 刘珂纯, 王旭东, 赵鑫, 等. 稻田甲烷主要减排措施的技术效应与影响因素研究[J]. 吉林农业大学学报, 2022, 44(1): 61-70.

[5] 唐志伟, 张俊, 邓艾兴, 等. 我国稻田甲烷排放的时空特征与减排途径[J]. 中国生态农业学报, 2022, 30(4): 582-591.

[6] 严圣吉, 尚子吟, 邓艾兴, 等. 我国农田氧化亚氮排放的时空特征及减排途径[J]. 作物杂志, 2022(3): 1-8.

[7] 国家统计局. 中国统计年鉴1990—2020[M]. 北京: 中国统计出版社, 2021.

[8] 杨雪. 我国农业碳排放测算与碳减排潜力分析[D]. 吉林: 吉林大学, 2022.

[9] 国务院办公厅. "十二五"节能减排综合性工作方案[EB/OL]. http://www.gov.cn/gongbao/content/2011/content_1947196.htm.

[10] 农业部. 关于进一步加强农业和农村节能减排工作的意见[EB/OL]. [2007-08-20]. http://www.moa.gov.cn/nybgb/2007/dbq/201806/t20180614_6152014.htm.

[11] 农业部, 国家发展改革委. 保护性耕作工程建设规划(2009—2015)[EB/OL]. [2009-09-20]. http://www.moa.gov.cn/nybgb/2009/djiuq/201806/t20180608_6151425.htm.

[12] 农业部办公厅, 财政部办公厅. 2012年全国测土配方施肥补贴项目实施指导意见[EB/OL]. [2012-04-24]. http://www.jcs.moa.gov.cn/trzgl/201205/t20120504_2617657.htm.

[13] 国务院常务会. 畜禽规模养殖污染防治条例[EB/OL]. (2013-11-11). http://www.gov.cn/flfg/2013-11/26/content_2535095.htm.

[14] 工业和信息化部. 农机工业发展政策[EB/OL]. [2011-08-22]. https://www.miit.gov.cn/zwgk/zcwj/wjfb/gg/art/2020/art_5f5b888f983643be979f1f068b6876ed.html.

[15] 农业部. 关于打好农业面源污染防治攻坚战的实施意见[EB/OL]. [2015-09-14]. http://www.moa.gov.cn/ztzl/mywrfz/gzgh/201509/t20150914_4827678.htm.

[16] 水利部. 中国水资源公报2020[M]. 北京: 中国水利水电出版社, 2021.

[17] 农业农村部, 国家发展改革委. 农业农村减排固碳实施方案[EB/OL]. [2022-07-01]. http://www.gov.cn/xinwen/2022-07/01/content_5698717.htm.

[18] FENG L, WARD A J, MOSET V, et al. Methane Emission During On-Site Pre-Storage of Animal Manure Prior to Anaerobic Digestion At Biogas Plant: Effect of Storage Temperature and

Addition of Food Waste [J]. Journal of Environmental Management, 2018 (225): 272-279.

[19] CHEN M, CUI Y, JIANG S, et al. Toward Carbon Neutrality Before 2060: Trajectory and Technical Mitigation Potential of Non-CO_2 Greenhouse Gas Emissions From Chinese Agriculture [J]. Journal of Cleaner Production, 2022 (368): 133186.

[20] 许国春, 刘欣, 王强盛, 等. 稻鸭种养生态系统的碳氮效应及其循环特征 [J]. 江苏农业科学, 2015 (10): 393-396.

[21] ZHAO X, HE C, LIU W S, et al. Responses of Soil pH to No-Till and the Factors Affecting It: A global Meta-Analysis [J]. Global Change Biology, 2022, 28 (1): 154-166.

[22] LUO Z, LAM S K, FU H, et al. Temporal And Spatial Evolution of Nitrous Oxide Emissions in China: Assessment, Strategy And Recommendation [J]. Journal of cleaner production, 2019 (223): 360-367.

[23] KUANG W, GAO X, TENUTA M, et al. A Global Meta-Analysis of Nitrous Oxide Emission From Drip-Irrigated Cropping System [J]. Global Change Biology, 2021, 27 (14): 3244-3256.

[24] 杨璐, 于书霞, 李夏菲, 等. 湖北省畜禽粪便温室气体减排潜力分析 [J]. 环境科学学报, 2016, 36 (7): 2650-2657.

[25] 林立. 关于农机化领域推进减排固碳工作的几点思考 [J]. 农机质量与监督, 2021.

[26] 减排降碳, 农业农村在行动! [N]. 农民日报, 2021-08-27.

[27] 赵立欣. 提升秸秆综合利用水平 助推农业"双碳"目标实现 [N]. 农民日报, 2022-03-10.

第13章 促进全民绿色低碳行动

全民绿色低碳生活和消费是实现可持续碳达峰碳中和的根本措施。《2030年前碳达峰行动方案》明确了推进碳达峰工作的指导思想、工作原则、主要目标和任务举措，要求加快形成绿色生活方式、推动绿色低碳全民行动。本章重点梳理公众行为对实现碳达峰碳中和目标的重要意义，确定国家2030年和2060年全民绿色低碳行动目标，提出构建绿色消费体系、发展绿色低碳产品、建立个人碳普惠、加强公众参与和宣传等措施要求。

13.1 全民绿色低碳是碳达峰碳中和的根本

13.1.1 全球家庭消费碳排放影响

IEA《全球能源部门2050年净零排放路线图》提到[1]，公众行为改变是全球能源系统脱碳的关键支柱之一。在IEA提出的净零路径中，约有55%的累积减排量与消费者选择相关，例如购买电动车、对房屋进行节能改造或安装热泵。行为的改变可贡献约4%的累积减排量，这些行为改变包括以步行、自行车或公共交通代替汽车出行，以及放弃长途飞行等[2]。

联合国环境规划署《2020排放差距报告》指出，当前家庭消费温室气体排放量约占全球排放总量的2/3，加快转变公众生活方式已成为减缓气候变化的必然选择[3]。《全球能源部门2050年净零排放路线图》预测，2030年，公民和企业的行为改变可以避免17亿吨二氧化碳的排放，减缓能源需求增长，促进清洁能源转型。如果没有全民低碳的积极自愿参与，净零排放情景中所展示的能源部门的大规模转型是不可能实现的。推动能源相关产品和服务需求的终究是人，而社会规范和个人选择将在引导能源系统走上可持续发展的路径方面发挥关键作用。净零排放情景中近40%的减排量来自低碳技术的普及，这些技术需要大量的政策支持和投资，但公民或消费者的直接参与很少，例如发电或炼钢技术。还有55%的减排量既需要低碳技术的部署,也需要公民及消费者的积极参与,例如安装太阳能热水器或购买电动车。其余的减排量来自行为改变和材料利用效率提高,从而减少能源需求,例如减少商务飞行。消费者的态度也会影响关注公众形象的企业的投资决策[4](图13.1)。

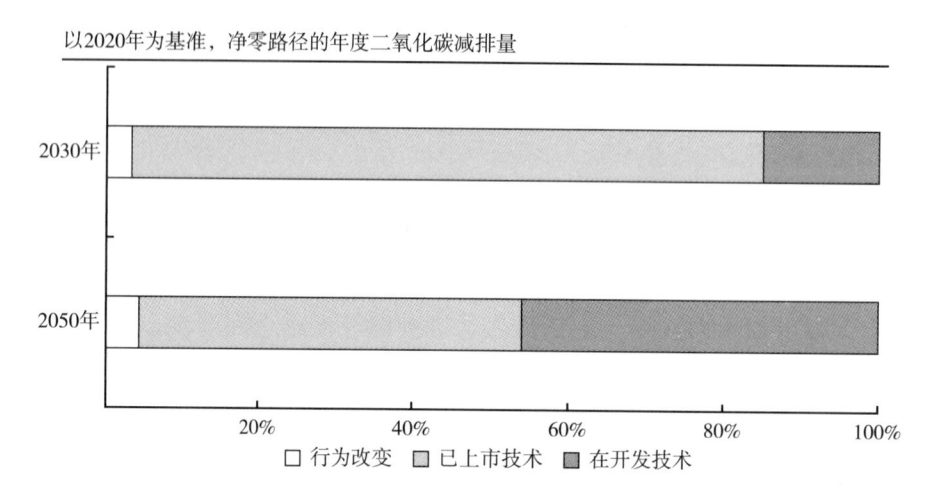

图 13.1 IEA 全球净零路径下碳减排量

注:数据来源于 IEA《全球能源部门 2050 年净零排放路线图》。

13.1.2 中国家庭消费碳排放影响

从我国碳排放结构来看,26%的能源消费直接用于公众生活,由此产生的碳排放占比超过 30%。全民绿色低碳行动,如节能、改用能耗较低的交通运输方式等,也是中国重要的减排杠杆,与通过提高材料使用效率来避免需求,合计将贡献从现在到 2060 年减排总量的 12%。当前我国人均用能约为 3.5 吨,美国、德国、日本等发达国家人均用能分别为 9.9 吨、5.5 吨和 5.2 吨。但我国仍处于工业化、城镇化深化发展阶段,人均用能还有较大提升空间。只有引导全民广泛参与,自觉节水节电、践行低碳出行、杜绝粮食浪费,才能以更低的能耗和碳排放水平实现更高质量的经济增长。此外,公众绿色生活方式将反向推动生产方式转变,推动能源开发、工业生产、交通运输、城乡建筑等各领域发展方式转换,也是助推可再生能源开发、新能源车船替代、低碳建筑发展等减碳政策落地的关键[5]。

13.2 全民绿色低碳行动目标与体系

13.2.1 全面绿色低碳行动国家目标

碳达峰碳中和"1+N"政策体系对推动全民绿色低碳行动,加快形成绿色生产生活方式提出了目标要求。《中共中央 国务院关于完整准确全面贯彻新发展理念做好碳达峰碳中和工作的意见》从清洁生产、绿色消费等方面提出加快形成绿色生产生活方式的要求。生产方面要大力推动节能减排，全面推进清洁生产，加快发展循环经济，加强资源综合利用，不断提升绿色低碳发展水平；绿色消费方面要扩大绿色低碳产品供给和消费，倡导绿色低碳生活方式，同时提出把绿色低碳发展纳入国民教育体系，开展绿色低碳社会行动示范创建，凝聚全社会共识，加快形成全民参与的良好格局[5]。《2030年前碳达峰行动方案》分两个阶段描述了2030年前碳达峰之前全民低碳行动的目标："十四五"期间，绿色生产生活方式得到普遍推行；"十五五"期间，绿色生活方式成为公众自觉选择[6]。

《中国本世纪中叶长期温室气体低排放发展战略》提出，到21世纪中叶将培育绿色低碳生活方式作为改善生活环境和提升社会文明水平的重要指标，广泛宣传和倡导简约适度、绿色低碳、文明健康的生活理念，建立完善推动绿色生活消费的相关政策和管理制度，形成全民参与行动新局面[7]。

不同领域的碳达峰实施方案也对未来绿色低碳生活图景进行了勾画。《城乡建设领域碳达峰实施方案》提出，2030年前，建筑品质和工程质量进一步提高，人居环境质量大幅改善，绿色生活方式普遍形成，绿色低碳运行初步实现[8]。《促进绿色消费实施方案》提出，到2030年，绿色消费方式成为公众自觉选择，绿色低碳产品成为市场主流，重点领域消费绿色低碳发展模式基本形成，绿色消费制度政策体系和体制机制基本健全[9]。

总体而言，根据现有文件对全民绿色行动的部署，到2030年，绿色生活方式成为公众自觉选择，全面绿色低碳行动蔚然成风，绿色消费制度政策体系和体制机制基本健全；到2050年，绿色低碳生活方式成为改善生活环境和提升社会文明水平的重要指标，重点领域消费绿色低碳发展模式更加成熟，绿色生活消费的相关政策和管理制度更加完善，全民绿色低碳行动形成新局面。

13.2.2　全民绿色低碳行动体系构建

IPCC在第四次报告和第五次报告中分别从个人行为、生活方式改变和部门需求侧转型等方面论述了个人行为对减缓气候变化的作用，IPCC第六次报告在上述两个报告基础上，从减缓气候变化的需求侧、服务和社会文化等方面分析了社会低碳行为对减缓气候变化的影响，提出了实现驱动全社会绿色低碳行动的六大关键要素，即通过个人行为转变，社会－文化层面对价值观的塑造，商业企业组织零碳足迹承诺和低碳技术创新以及与消费端的互动，公共机构和基础设施的低碳化，以及政府政策的推动，系统构建全社会绿色低碳行动体系[10]。

中国在"1+N"系列政策相继出台的过程中，逐渐明确了构建全民绿色低碳行动的体系架构。实施全民绿色低碳行动，是一场价值观的绿色革命。构建全民绿色低碳行动体系，就是通过政府的宣传教育、政策引导，增强全民节约意识、环保意识、生态意识，倡导简约适度、绿色低碳、文明健康的生活方式和消费模式，通过建立绿色消费体系的，加快向绿色低碳生活方式的转变，建立和完善公众参与机制，加强绿色低碳宣传教育，多措并举构建政府、企业、公众三管齐下的绿色低碳发展模式，最终把绿色理念转化为全体人民的自觉行动（图13.2）。

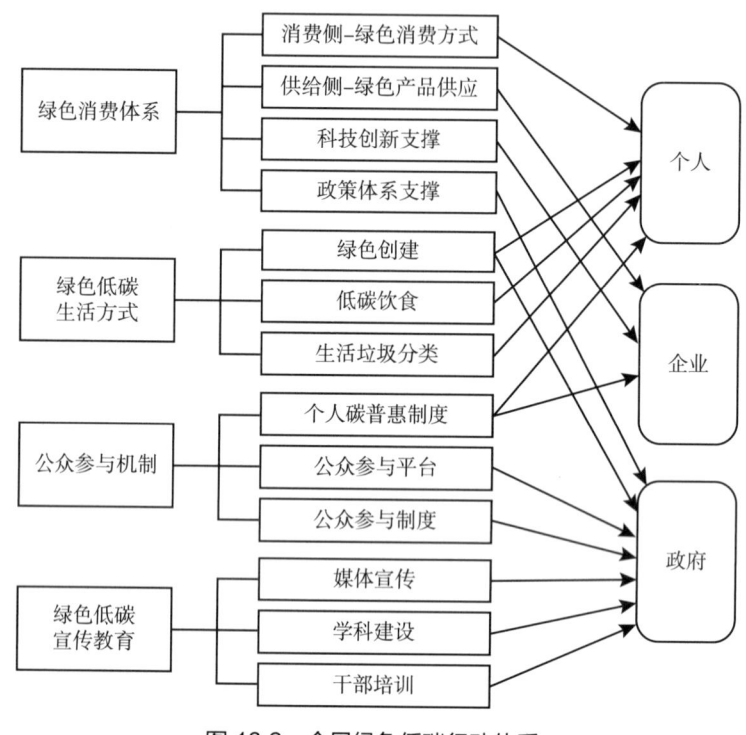

图 13.2 全民绿色低碳行动体系

13.3 促进全民绿色低碳行动的政策措施

13.3.1 构建绿色消费体系

13.3.1.1 绿色消费内涵

绿色消费的内涵，早期代表性观点来自1987年英国的《绿色消费指南》一书，对绿色消费的概念限定于不消费六类产品：不使用危害消费者和他人健康的商品；不使用在生产、使用和丢弃时造成大量资源消耗的商品；不使用过度、超过商品本身价值的包装或过短的使用寿命而造成不必要消费的商品；不使用来自稀有动物或自然资源的商品；不使用含有对动物残忍或不必要剥夺而生产的商品；

不使用对其他国家尤其是发展中国家带来不利影响的商品[11]。从消费对象的角度对绿色消费进行了界定。中国消费者协会早在2001年提出绿色消费的概念：倡导消费者在消费时选择未被污染或有助于健康的绿色产品；消费中注重对废弃物的收集与处置，尽量减少环境污染；在追求生活方便、舒适的同时，注重环境保护，节约资源和能源，实现可持续消费。2016年3月，我国制定并发布了《关于促进绿色消费的指导意见》，明确指出绿色消费的主要特征为节约资源与保护环境，该特征主要体现在倡导勤俭节约，降低损失浪费，选择环保、高效的产品或服务，并且减少在消费过程中的污染排放与资源浪费[12]。这一定义着重强调了消费过程中同资源节约和环境保护相关的"绿色"要求，与国际上认定的绿色消费内涵基本一致。绿色消费是人类意识到环境问题后最先提出的合理消费的概念，具有开创性意义。

随着国内外学者对绿色消费研究的日益深入，其内涵和外延经过不断地扩展与丰富。目前绿色消费的概念可以分为广义和狭义两个方面：从广义上讲，绿色消费是指在人与自然和谐发展理念的指引下，在产品的生产、流通、消费、回收等各个环节都强调自然环境保护；从狭义上讲，绿色消费是指人们以绿色、自然、健康为宗旨，购买绿色产品与服务，以最小的自然资源消耗实现高品质生活的一种新型生活方式，具体表现在衣、食、住、行等方面的绿色产品或服务的购买使用中。

与绿色消费类似的概念有可持续消费、低碳消费等。1994年联合国环境规划署发布的《可持续消费的政策因素》报告提出了可持续消费概念，将可持续消费的内涵界定为：提供相关产品与服务以满足人类的基本需求，提高生活质量，也使自然资源和有毒材料的使用量最少，使产品或服务生命周期中所产生的废物和污染物最少，从而不危及后代人的需求。此后国内外很多学者提出了可持续消费的概念，但是其核心思想不外乎强调在满足消费需求的同时，不危害后代的利益。低碳消费是低碳经济的重要内容，也是各国应对气候变化的重要举措[13]。低碳消费在2003年英国能源白皮书《我们的能源未来：创造低碳经济》中首次提出，内涵是在满足居民生活质量提升需求的基础上，努力削减高碳消费和奢侈消费，实现生活质量提升和碳排放下降的双赢。低碳消费要求消费者在消费过程中坚持低碳理念，践行科学、文明、健康的消费方式。换言之，低碳消费是从碳减排的角度来解决消费的不可持续性问题[14]。

碳达峰碳中和目标下，绿色消费赋予了更丰富的内涵。习近平总书记对发展绿色消费始终高度重视，作出一系列重要指示，强调要推广绿色消费，倡导简约适度、绿色低碳的生活方式，反对奢侈浪费和过度消费；强调要以科技创新为驱动，推进能源资源、产业结构、消费结构转型升级，推动经济社会绿色发展。《中共中央 国务院关于完整准确全面贯彻新发展理念做好碳达峰碳中和工作的意见》和《2030年前碳达峰行动方案》都对发展绿色消费提出明确要求。2022年1月，按照《碳达峰碳中和"1+N"政策体系编制工作方案》的部署，国家发改委联合多部门印发了《促进绿色消费实施方案》，其中对绿色消费进行了界定：绿色消费是各类消费主体在消费活动全过程贯彻绿色低碳理念的消费行为。《促进绿色消费实施方案》提出了面向碳达峰碳中和目标，增强全民节约意识，反对奢侈浪费和过度消费，扩大绿色低碳产品供给和消费，完善制度政策体系，推进消费结构绿色转型升级，加快形成简约适度、绿色低碳、文明健康的生活方式和消费模式的总体思想。新发展形势下绿色消费更强调消费结构的低碳转型和形成绿色低碳的消费模式，凸显从生产端到消费端全流程的低碳化[9]。

13.3.1.2 绿色消费现状及存在的问题

绿色消费是促进消费高质量发展的重要方向和新的增长点。国家层面开展一系列工作，出台了相关的政策，推动了绿色消费取得明显成效。

规范公众行为，坚决制止餐饮浪费。在节约粮食方面，有关部门制定一系列政策措施和标准，规范公共机构、餐饮服务单位、社会组织的餐饮消费行为。开展"光盘行动"，鼓励广大餐饮企业自觉开展勤俭节约活动，"半（小）份菜""不带餐具"外卖等已成为行业新风尚。2021年前三季度，餐饮外卖平台提供小份菜商家同比增长25.4%，购买外卖选择不带餐具人数已超1亿人次。

生产、流通等市场机制不断完善。促进电商绿色发展，出台推动电子商务企业绿色发展的举措，引导电商企业节能增效、快递包装绿色转型，培育电商平台绿色发展生态。扩大汽车绿色消费，推动完善新能源汽车购置财税支持政策，开展新能源汽车下乡活动，扩大二手车流通，提升报废机动车等回收利用水平，推进老旧柴油货车淘汰更新工作，促进高排放车辆退出市场。截至2021年底，全国报废机动车回收企业超过1000家，比2020年底增长30%。2021年报废机动车回收量达297.5万辆，同比增长24.1%，其中汽车回收量达249.3万辆，同比增长20.7%。通过这一系列措施，加快汽车流通全链条绿色消费。完善绿色产品标准供给稳步拓展认证范围，扩大绿色产品规模，我国已纳入绿色产品认证范围的产品，覆盖有机绿色食品、纺织品、汽车摩托车轮胎、塑料制品、洗涤用品、建材、快递包装、电器电子等产品；同时，涉及单一绿色属性的认证服务，如节能、节水、光伏、风电、环保、循环等认证项目，共颁发证书18万余张，获证企业2万余家。

与此同时，我国绿色消费体系仍然存在公众绿色消费习惯尚未养成、绿色消费市场占有率不高、法律法规体制不健全等方面的问题。

过度消费、奢侈浪费、炫耀性消费等现象还在某种程度上存在，在衣食住行游的日常生活中还未养成环保、简约、适度的消费习惯，一定程度上造成了巨大的资源浪费、环境污染和生态退化问题。公众在当前消费模式下对资源环境的压力持续加大，也成为温室气体的重要排放源。低碳生活方式还没有成为社会风尚，公众的绿色消费行为的意愿虽然在不断增强，但是具体实践并不理想。据2020年生态环境部公民环境行为调查报告显示，超九成的受访者认可绿色消费的重要性，但经常做到绿色消费的只有五成；无法识别绿色产品、产品质量没保证是阻碍公众购买绿色产品的主要原因，同时产品价格和类型因素也影响了公众购买。

绿色消费市场占有率不高。在绿色发展理念的倡导下，绿色消费已经成为新的消费风尚，但是由于绿色产品产业薄弱、价格偏高、质量标准不统一、产品成本高等问题，导致我国绿色消费额始终没有超过非绿色消费额。虽然传统产业在环境保护、产品质量等方面有了一定改善，但是依然没有完成真正意义上的绿色发展，其产品还不是完全意义上的绿色产品，但却占据绝大多数市场份额，客观上阻碍了绿色产品的销售和消费。

绿色消费法律法规和政策措施不健全。我国的绿色消费，是以政策引导、自上而下推动的，尚未出台专门的绿色消费法律。相对而言，日本制定了《绿色消费法》《低碳投资促进法》《城市低碳化促进法》《绿色采购法》等一系列的法规。我国现有法规，如《环境保护法》《消费者权益保护法》等，缺乏对绿色低碳消费的具体规定，对知识产权保护力度不够，影响了绿色消费社会氛围的形成和发展。财税政策不能完全落地、招投标机制不健全、市场监管不到位、宣传推广力度不够，尚不能有效激励和引导市场主体和消费者；也存在低碳产品品种少、价格高、"叫好不叫座"现象。

13.3.1.3 建立绿色低碳消费体系

建立绿色低碳消费体系应从生产端和消费端发力。在生产端，应加强绿色低碳产品品质和品牌建设，通过政策激励等手段，提升企业生产绿色低碳产品的意愿。在消费端，应从提升消费者绿色低碳消费理念着手，在衣食住行等消费领域全面提倡绿色消费。面向碳达峰碳中和目标，构建绿色消费体系应加快构建长效机制，推动重点领域消费绿色转型，扩大绿色低碳产品供给和消费，完善政策制度体系，推进消费结构绿色转型升级，加快形成简约适度、绿色低碳、文明健康的消费模式和生活方式。

推动衣食住行游等重点领域消费的绿色转型。饮食方面，加大绿色有机食品的供应，推广绿色有机食品，加强粮食、蔬菜、水果等在生产、运输和加工过程中的损耗，提升效率和食品转化率；餐饮行业创新食品的供应模式，联动餐饮企业和外卖平台降低食品的浪费，推动餐饮持续向绿色、健康、安全和规模化、标准化、规范化发展。加强机关、学校、企事业单位的食堂用餐管理，机关事业单位带头，规范接待、会议、培训等活动中的用餐管理，杜绝用餐浪费。推进厨余垃圾回收处置和资源化利用。衣着方面，推广使用绿色纤维、废旧纤维循环利用、节能印染等制作的符合绿色低碳要求的服装，倡导消费者理性消费、适度购买，强化废旧衣物的再利用。绿色居住方面，推进农房节能改造和绿色农房建设，发展绿色家装，鼓励节能灯具、灶具等节能节水产品的使用，提升建筑用能电气化水平。出行方面，从提升新能源车应用比例、打造高效低碳便捷的公共交通体系，引导公众绿色低碳出行等途径实现低碳化。文化旅游方面，推动大型活动从绿色环保材料的使用、灯光照明以及人员住宿、交通等方面实现低碳化，将绿色设计、节能管理、绿色服务等理念融入景区运营，降低对资源和环境消耗，实现景区资源高效、循环利用，严格限制林区耕地湿地等占用和过度开发，保护自然碳汇，规范引导景区、游客等践行绿色旅游消费。

推广应用先进绿色低碳技术。积极引导企业提升绿色创新技术水平，自主研发和引进先进适用的绿色低碳技术，大力推行绿色设计和绿色制造，淘汰老旧低效、污染环境的生产设备，开发符合绿色低碳、节能提效、环境友好的新设备，研发更多绿色产品，扩大绿色产品供给。加强低碳零碳负碳技术、智能技术、数字技术等研发推广和转化应用，提升餐饮、居住、交通、物流和商品生产等领域智慧化水平和运行效率。

健全绿色消费法律法规和标准体系。完善绿色消费相关的法律法规和标准体系，推动制定绿色消费、绿色采购等相关的法律，清晰界定围绕绿色消费所进行的采购、制造、流通、使用、回收、处理等各环节要求，明确政府、企业、社会组织、消费者等各主体责任义务，加强绿色消费全链条的规范化管理。完善绿色低碳产品和服务、绿色能源消费的标准和认证、标识体系建设，制定重点行业和产品温室气体排放标准，探索建立重点产品全生命周期碳足迹标准。探索建立绿色消费统计制度，加强数据的收集和统计核算，为绿色消费分析预测提供支撑。推动建立绿色消费信息平台，定期发布绿色低碳产品清单等相关信息，提高绿色低碳产品生产和消费透明度，完善绿色消费激励政策。发挥财政、金融和价格机制等的作用，加强对绿色消费的激励和约束。鼓励有条件的地区对智能家电、绿色建材、节能低碳产品等消费品予以适当补贴或贷款贴息，进一步完善居民用水、用电、用气阶梯价格制度。

13.3.2 发展绿色低碳产品

形成绿色消费模式，绿色低碳产品产、供、销全链条健全是重要的一环。通过深化供给侧结构改革，不断提升绿色产品的规模和质量，打造绿色品牌，推广绿色低碳技术，发展绿色物流配送，进一步释放绿色需求，加快推动形成绿色低碳消费体系。

13.3.2.1 扩大绿色低碳产品供应规模

随着我国经济社会的不断发展，消费者对优质、安全、环保的高品质需求显著提升，但是国内高端绿色产品供给验证不足，我国居民境外消费旺盛的现状也反映了我国高端消费供需结构的矛盾。因此绿色产品品牌建设是让企业获利、消费者受益的利国利民的工程。

打造绿色低碳产业供应体系。以核心企业为主导，加快构建涵盖上下游主体、产供销各环节的全生命周期绿色供应链体系，引导上下游供应商和服务商生产领域绿色化改造，鼓励下游企业、商户和居民自觉开展绿色采购，激发全社会生产和消费绿色低碳产品和服务的内生动力，鼓励国有企业率先推进绿色供应链转型。推动电子商务、商贸流通等绿色创新和转型。

提升企业树立绿色产品品牌的意识，从企业文化、能力建设等方面入手，让品牌观念真正成为经验管理的行动指南。重视绿色产品设计，从提升产品的性能的稳定性、类型的多样化为出发点，加强绿色产品开发设计，为用户提供更多消费选择和更好的消费体验。开展绿色低碳品牌示范工程，开展与绿色低碳产品、绿色低碳企业相关的示范工程建设，树立绿色低碳转型的企业标杆和产品标杆，形成企业绿色低碳转型的引领作用。借助互联网和媒体平台全方位宣传和展示绿色低碳品牌，宣传推广典型案例和经验总结。借助各大电商平台加强品牌推介，建立消费者和绿色企业、绿色产品链接机制，降低消费者的搜寻难度。提升企业绿色低碳品牌影响力和品牌形象。

加强绿色产品认证工作。绿色产品认证制度是依据《生态文明体制改革总体方案》和《关于建立统一的绿色产品标准、认证、标识的意见》，由国家推行的自愿性的产品认证制度。2019年市场监管总局、住房和城乡建设部、工业和信息化部联合印发了《绿色建材产品认证实施方案》，大大加快了建筑领域绿色产品认证制度实施，促进了绿色建材的推广应用，培育了绿色建材示范产品和示范企业，推动了绿色建材行业加快发展[15]。企业通过绿色产品认证，有助于消费者识别，提高企业的核心竞争力。激励企业加强绿色产品质量管理，提高绿色产品质量水平。绿色产品由独立第三方机构认证，可以有效避免对企业生产经营能力、绿色产品质量的重复检验评定，既为企业在生产经营过程中节省大量的人力、物力和财力成本，又保证认证结果客观公正，同时也降低了消费者选择绿色产品的成本，满足了绿色消费需求。因此，通过绿色产品认证制度，有利于培育绿色产品品牌，从供给侧推动绿色消费。2021年，市场监管总局会同有关部门将快递包装、塑料制品、洗涤用品等产品纳入绿色产品认证范围。截至2021年底，已颁发绿色产品认证证书近2万张，获证企业2000余家。此外，共颁发节能、节水、低碳等涉及绿色属性的产品认证证书18万余张。

拓宽绿色低碳产品种类。在衣食住行等生活的方方面面提供绿色产品。在食品方面，大力推广绿色有机食品、农产品；完善粮食、蔬菜、水果等农产品生产、储存、运输、加工标准，加强节约减损管理，提升加工转化率。衣着产品方面，推广应用绿色纤维制备、高效节能印染、废旧纤维循环利用等装备和技术，提高循环再利用化学纤维等绿色纤维使用比例，提供更多符合绿色低碳要求的服装。建筑产品方面，全面推广绿色低碳建材，推动建筑材料循环利用，鼓励有条件的地区开展绿色低碳建材下乡活动。大力发展绿色家装，鼓励使用节能灯具、节能环保灶具、节水马桶等节能节水产品，倡导合理控制室内温度、亮度和电器设备使用。

13.3.2.2 畅通绿色低碳产品供应渠道

加快发展绿色物流配送。积极推广绿色快递包装技术和物流标准化器具循环使用，引导电商企业、快递企业优先选购使用获得绿色认证的快递包装产品，促进快递包装绿色转型。鼓励企业使用商品和物流一体化包装，更多采用原箱发货，大幅减少物流环节二次包装。推广应用低克重高强度快递包装纸箱、免胶纸箱、可循环配送箱等快递包装新产品，鼓励通过包装结构优化减少填充物使用，促进包装回收和循环再利用。加快城乡物流配送体系和快递公共末端设施建设，推动建设绿色物流枢纽、园区，引导企业创新开展绿色低碳物流服务。完善农村配送网络，依托商贸、供销、交通、邮政快递等城乡网点资源，创新绿色低碳、集约高效的配送模式，提升物流规模化组织水平，搭建供应链服务平台，提供信息、物流等综合服务，创新一体化物流组织模式，完善县乡村快递物流配送体系，提升末端网络服务能力[16]。应用现代信息技术和职能装备，提升物流自动化和智能化水平。大力发展集中配送、共同配送、夜间配送，引导企业开展绿色低碳物流服务。

推广绿色产品贸易。推动电商平台和商场、超市等流通企业设立绿色低碳产品销售专区，在大型促销活动中设置绿色低碳产品专场，积极推广绿色低碳产品。鼓励有条件的地区开展节能家电、智能家电下乡行动。加强绿色流通标准和技术国际合作，研究制定绿色贸易政策，大力发展高质量、高技术、高附加值的绿色低碳产品贸易，积极扩大绿色低碳产品进口[17]。

拓宽闲置资源共享利用和二手交易渠道。有序发展出行、住宿、货运等领域共享经济，鼓励闲置物品共享交换。积极发展二手车经销业务，推动落实全面取消二手车限迁政策，进一步扩大二手车流通。积极发展家电、消费电子产品和服装等二手交易，优化交易环境。允许有条件的地区在社区周边空闲土地或划定的特定空间有序发展旧货市场，鼓励社区定期组织二手商品交易活动，促进辖区内居民家庭闲置物品交易和流通。规范开展二手商品在线交易，加强信用和监管体系建设，完善交易纠纷解决规则。鼓励二手检测中心、第三方评测实验室等配套发展。

进一步推动绿色采购。积极完善政府绿色采购政策标准，努力推动经济社会绿色低碳转型发展。2021年，国家不断推进政府采购支持绿色建材促进建筑品质提升试点工作，指导绍兴等6个城市试点在医院、学校等公共建筑中使用绿色建材，运用装配式、智能化等新型建造方式，推广绿色建筑。截至2021年底，纳入试点的工程项目222个，投资金额近1000亿元，累计采购各位绿色建材53亿元。2022年进一步扩大试点城市范围，目前正在组织相关城市开展试点申报。研究制订绿色数据中心、打印复印耗材等政府采购需求标准，修订完善商品包装政府采购需求标准，引导采购人采购符合标准的绿色低碳产品。未来应通过进一步完善政府绿色采购标准，继续加大对绿色低碳产品的采购力度。

13.3.3 促进绿色低碳生活方式

实施绿色低碳全民行动，要倡导简约适度、绿色低碳、文明健康的生活方式和消费模式，机关、学校、社区等居民生活的主要场所推进绿色低碳生活方式和绿色活动创建，从衣食住行等居民活动的全方位营造绿色低碳消费环境[18]。

13.3.3.1 开展绿色创建活动

（1）创建绿色低碳的公共机构

公共机构涵盖了国家机关、事业单位和团体组织。2020年全国公共机构约158.6万家，能源消费总量1.64亿标准煤，公共机构能源构成以电力为主，加上取暖煤炭、公务车汽油的使用，造成化石能源消耗总量较大。

绿色机关创建已取得初步成效。据统计，到2021年26个地区、57个中央国家机关部门将反食品浪费工作纳入公共机构节约能源资源考核内容；做好生活垃圾分类工作，国家机关事务管理局会同住房城乡建设部等部门印发《关于做好公共机构生活垃圾分类近期重点工作的通知》，推进示范点建设，各地区开展公共机构生活垃圾分类志愿服务活动约13.2万次；推进节约水资源，组织公共机构节水宣传周系列活动，宣传推介《公民节水行为规范》，引导干部、职工节约用水。

2021年底，国家机关事务管理局等四部门联合印发《深入开展公共机构绿色低碳引领行动 促进碳达峰实施方案》，提出了公共机构绿色低碳发展的目标和任务，强调通过能源电气化、提高能源利用效率、加强用能管理等方面着手开创公共机构节约能源资源绿色低碳发展新局面[19]。推动机关、医院、学校三类高排放典型公共机构电能替代；加强公共建筑屋顶光伏和光伏建筑一体化开发，在屋顶面积充裕、电网接入和消纳条件较好的政府大楼、学校、医院等建筑屋顶发展"自发自用、余电上网的"分布式光伏发电，到2025年公共机构新建建筑力争实现光伏覆盖率达到50%。北方地区通过推广使用空气源、地源等热泵技术，替代燃煤供暖，鼓励开展太阳能供暖试点。健全节约能源资源管理制度，加强用能科学化管理，提升能源利用效率，以能源计量为基础、能源统计和节能改造为手段，鼓励采用合同能源方式开展公共机构绿色化改造，构建完善的公共机构节能管理体系。提升建筑用能智能化管理水平，运用物联网、互联网技术采集和分析能耗状况，实现公共建筑用能智慧监控，提高能源利用效率。持续推广新能源汽车，加快淘汰报废老旧柴油公务用车，提升新增公务用车新能源汽车配备比例，严格控制新建建筑，新建公共建筑全面执行绿色建筑一星及以上标准，加大既有建筑节能改造力度。到2025年，力争80%以上的县级及以上机关达到节约型机关创建要求。

（2）创建绿色学校

针对不同年龄段学生的认知水平和成长规律，因地制宜开展生态文明教育，将生态文明纳入德育工作内容，举办校园绿色创建活动，开展绿色低碳教育和科普活动，充分发挥大学生组织和志愿者的积极作用，开展系列实践活动，增强师生的节约意识以及绿色发展的认知水平和责任感。实行绿色校园管理，推进建筑节能、新能源利用、非常规水资源利用、可回收垃圾利用等工作，持续提升能源资源利用效率。通过节能宣传周、世界水日和中国水周、粮食安全宣传周、低碳环境日等宣传活动，培育绿色校园文化，积极引导全社会绿色低碳生活方式。教育部会同生态环境部等五部门发布了《"美丽中国，我是行动者"提升公民生态文明意识行动计划（2021—2025）》，指导各地和学校统筹推进生态文明宣传教育工作，通过政策的制定，积极引导地方和学校的绿色校园建设工作。

鼓励有条件的学校加强学科专业建设和科学研究，大力推进绿色创新项目研发，加强绿色科技创新成果转化、培养绿色低碳领域高素质人才。建设一批绿色低碳领域未来技术学院、现代产业学院和示范性能源学院等，创新人才培养模式，分类打造能源引领未来低碳技术发展、具有行业特色和区域应用型人才培养实体,发挥示范引领作用[20]。引导高校根据经济社会发展需要和办学能力,加大碳达峰碳中和相关人才培养力度。目前,全国共设有大气科学类、能源动力类和自然保护与生态环境三大类16个气候变化教育相关专业,涉及高校337所,共计布点550个。

(3) 创建绿色社区

开展老旧小区改造,提升社区基础设施绿色化水平。以城镇老旧小区改造、市政基础设施和公共服务设施维护为抓手,积极改造提升社区供水、排水、道路、生活垃圾分类等基础设施,采用节能照明、节水器等绿色产品和材料。加大老旧住房改造力度,通过外墙保温等措施提升住房节能性能。深入开展生活垃圾分类,完善垃圾投放、收集和分类运输设施。合理配建停车及充电设施,优化停车管理。进一步规范管线设置,实施架空线规整,加强噪声治理,提升社区宜居水平。

提升社区管理智能化水平。推进社区市政基础设施智能化改造和安防系统智能化建设。搭建社区公共服务综合信息平台,集成不同部门各类业务信息系统。整合社区安保、车辆、公共设施管理、生活垃圾排放登记等数据信息,推动门禁管理、停车管理、公共活动区域监测、公共服务设施监管等领域智能化升级,鼓励物业服务企业大力发展线上线下社区服务。

培育绿色社区文化。加强宣传和培训,完善宣传场所及宣传方式。运用社区论坛和"两微一端"等信息化媒介,定期发布绿色社区创建活动信息,开展绿色生活主题宣传教育,使生态文明理念扎根社区。依托生态环保知识普及和社会实践活动,带动社区居民积极参与。贯彻共建共治共享理念,编制发布社区绿色生活行为公约,倡导居民选择绿色生活方式、节约资源、开展绿色消费和绿色出行,形成富有特色的社区绿色文化。

13.3.3.2 低碳饮食减少浪费

厉行节约,坚决反对食品浪费。国家于2021年4月正式实行《反食品浪费法》,坚持多措并举、精准施策、科学管理、社会共治的原则,采取技术上可行、经济上合理的措施防止和减少食品浪费。

完善餐饮服务行业反食品浪费制度。督促餐饮企业、餐饮外卖平台落实好反食品浪费的法律法规和要求,推动餐饮持续向绿色、健康、安全和规模化、标准化、规范化发展。加强对食品生产经营者反食品浪费情况的监督。建立健全食品采购、储存、加工管理制度,在企业管理制度培训纳入珍惜粮食、反对浪费内容,提升餐饮供给质量,按照标准规范制作食品,合理确定数量、分量,提供小份餐等不同规格选择;主动对消费者进行防止食品浪费提示提醒,餐饮服务经营者可以运用信息化手段分析用餐需求，通过建设中央厨房、配送中心等措施，对食品采购、运输、储存、加工等进行科学管理。机关、学校等设立食堂的单位，应当建立健全食堂用餐管理制度，制定、实施防止食品浪费措施，加强宣传教育，增强反食品浪费意识。加强接待、会议、培训等活动的用餐管理，杜绝用餐浪费，机关事业单位要带头落实。深入开展"光盘"等粮食节约行动。

完善标准，提升工艺减少食品加工过程中浪费。完善粮食、蔬菜、水果等农产品生产、储存、运输、加工标准，改善食品储存、运输、加工条件，防止食品变质，降低储存、运输中的损耗；提高食品加工利用率，避免过度加工和过量使用原材料。推广使用新技术、新工艺、新设备，加强节约减损管理，提升食品加工转化率。鼓励"种植基地＋中央厨房"等新模式发展，大力推广绿色有机食品、农产品。

引导消费者树立文明健康的食品消费观念，合理适度采购、储存、制作食品和点餐、用餐。家庭及成员在家庭生活中，应当培养形成科学健康、物尽其用、防止浪费的良好习惯，按照日常生活实际需要采购、储存和制作食品。婚丧嫁娶、朋友和家庭聚会、商务活动等需要用餐的，组织者、参加者应当适度备餐、点餐，文明健康用餐。推进厨余垃圾回收处置和资源化利用，做好厨余垃圾分类收集，探索推进餐桌剩余食物饲料化利用。产生厨余垃圾的单位、家庭和个人应当依法履行厨余垃圾源头减量义务。通过中央预算内投资、企业发行绿色债券等方式，支持厨余垃圾资源化利用和无害化处理，引导社会资本积极参与。加强食品绿色消费领域科学研究和平台支撑。把节粮减损、文明餐桌等要求融入市民公约、村规民约、行业规范等。

13.3.3.3 深入推进生活垃圾分类

2017年3月，国家发改委、住建部出台了《生活垃圾分类制度实施方案》，部署推动生活垃圾分类，完善城市管理和服务。《生活垃圾分类制度实施方案》提出生活垃圾分类的指导思想、实施原则、总体目标等，从引导居民自觉开展生活垃圾分类和加强生活垃圾分类配套体系建设等方面提出实施生活垃圾分类的路径。2020年11月，住建部等12部门联合发布了《关于进一步推进生活垃圾分类工作的若干意见》，进一步推进生活垃圾分类工作[21]。

推动垃圾分类成为居民自觉行动。将生活垃圾分类作为加强基层治理的重要内容，发挥居（村）民委员会、业主委员会、物业等基础单位力量，加强生活垃圾分类宣传，普及分类知识，充分听取居民意见，增强将居民分类意识，并努力转化为自觉行动。产生生活垃圾的单位、家庭和个人，依法履行生活垃圾源头减量和分类投放义务。管理部门应加大普及分类知识力度，规范垃圾分类投放方式，进一步健全分类收集转运设施。积极创造条件，广泛动员并调动社会力量参与生活垃圾分类。鼓励探索运用大数据、人工智能、物联网、互联网、移动端应用程序等技术手段，推进生活垃圾分类相关产业发展。加大生活垃圾分类的宣传力度，注重典型引路、正面引导，全面客观报道生活垃圾分类政策措施及其成效，营造良好舆论氛围。

加强科学管理。明确生活垃圾的类别，设置统一规范、清晰醒目的生活垃圾分类标志。从产品包装、禁塑或限塑等途径推动源头减量。鼓励和引导实体销售、快递、外卖等企业严格落实限制商品过度包装的有关规定，避免过度包装。鼓励和引导实体销售、快递、外卖等企业严格落实限制商品过度包装的有关规定，避免过度包装，鼓励使用再生纸制品，加速推动无纸化办公。完善垃圾分类投放、分类运输系统建设，提升垃圾分类处理能力和资源化利用。

加快形成法制、科技等长效机制。贯彻落实固体废物污染环境防治法、清洁生产促进法、循环经济促进法等相关法律法规规定，加强产品生产、流通、消费等过程管理，减少废物产生量和排放量。有条件的地方加快生活垃圾管理立法工作，建立健全生活垃圾分类法规体系，因地制宜细化生活垃圾分类投放、收集、运输、处理的管理要求和技术标准。结合生活垃圾分类情况，按照产生者付费原则，建立生活垃圾处理收费制度。推动生活垃圾分类投放、收集、运输、处理等技术发展。构建生活垃圾从源头到末端、从生产到消费的全过程分类技术支撑体系。

13.3.4 发展建立个人碳普惠体系

生活消费已经成为能源消耗和碳排放增长的重要领域之一。IPCC评估报告显示，在全球碳排放总量中，约有72%是由居民消费引起的。而中国居民消费产生的碳排放量占中国碳排放总量的40%~50%，且经济越发达的地区，这一比例越高[22]。个人碳减排的力量不可忽视，中国是世界第一人口国家，即使每个人的减排能力看似微小，但对于大基数的中国，就是巨大的碳排放量。为了实现"双碳"目标，仅仅针对企业进行减排远远不够，有必要针对家庭或个人进碳减排。

碳普惠作为聚焦生活消费领域的一种创新性自愿减排机制在国内外逐步兴起。碳普惠制的主体对象包括小微企业、社区家庭和个人，通过构建一套公民碳减排"可记录、可衡量、有收益、被认同"的机制，对小微企业、社区家庭和个人的节能减碳行为进行具体量化并赋予一定价值[23]，其核心在于聚焦消费端碳排放管控，运用市场机制和经济手段对社会公众低碳行为进行普惠性质奖励，以激发全社会参与节能减碳的积极性[24]。碳普惠的建立和推广，将个人低碳行为带来的碳减排量在个人、企业间流通起来，将个人低碳行为与生产消费结合起来，在推行低碳生活方式的同时，将需求侧消费诉求传导给供给侧，推动供给侧低碳转型升级，实现低碳价值传递，进而构建政府、企业、公众联动的绿色低碳发展新格局。

13.3.4.1 碳普惠制度多元化探索

国内外已经开展了多种形式碳普惠的探索，挖掘家庭和个人生活消费环节减排潜力，碳普惠制度呈现推动主体多元化、开展方式多样化、涵盖领域广泛等特点，为中国碳普惠制度的实施奠定了良好基础。

从推动主体上可以分为政府推动核企业推动实施的碳普惠制度，从实施方式则有碳账户、碳积分等形式。一是政府推动实施的碳普惠，目前中国广州、深圳、重庆、上海均发布了省级碳普惠专项政策，实施碳普惠制度，以最早实施碳普惠制试点的广东省为代表。2015年，广东省碳普惠制启动，这是我国最早试点的由地方政府主导的碳普惠制，目前发展较为成熟。广东省碳普惠制的试点对象主要为小微企业、社区家庭和个人，基本思路是将用户特定低碳行为进行量化后再转化为碳积分或省级碳普惠核证减碳量，商户、公益组织或政府部门可通过商品优惠活动、公益活动或政策激励等来收集碳积分并在碳排放交易市场上进行交易。截至2022年9月1日，广东省碳普惠平台会员100125人，低碳联盟商户318家，减碳项目23个，累计减碳量21661.25吨[25]。广东省碳普惠制试点在制度设计、碳普惠方法学开发以及与碳市场连接方面取得明显成效。二是依托银行账号建立个人碳账户的碳普惠，该模式依托银行账户建立个人或家庭碳账户，并根据一定规则对碳减排行为进行赋值并将其转换成权益，从而对个人或家庭碳减排行为进行引导和激励。案例有始于2018年浙江衢州的个人碳账户试点，银行账户采集个人碳减排行为数据，建立银行个人碳账户，并按照统一的减排量赋值规则将碳减排行为折算成碳积分或碳信用。随着"互联网+"、移动应用程序、移动支付等新技术应用的涌现，共享经济迅速发展，许多互联网企业也开始积极探索借助自身业态优势来促进公众绿色生活方式的形成[23]。企业推动的碳普惠平台典型的代表是支付宝蚂蚁森林，为开通该服务的支付宝用户提供碳账户，记录绿色出行、减少出行、循环利用、减纸减塑和高效节能5个板块共34种低碳行为，并转化为公益行为实现用户激励。

13.3.4.2 构建个人碳普惠制度难点

从国内外实践看，构建碳普惠制建立与实施难点主要在于数据获取与量化方法构建，低碳生活长期激励不足、效率不高、公众参与度不高等问题。

低碳数据获取难、低碳行为难量化。低碳行为数据一方面涉及个人消费、出行等方方面面，采集难度大，后期数据渠道整合、数据处理和管理等智能技术应用不高，导致个人减排数据收集和管理成本高、准确率低等问题。同时，个人低碳行为数据涉及个人隐私，碳排放数据获取需要在数据隐私保护与公共应用之间取得平衡。目前我国尚未建立统一的碳核算方法体系，现有核算方法主要集中在生产端碳排放，低碳消费行为、碳足迹等碳排放量计算缺乏相应的方法学。

碳普惠公众参与度有待提高。在公众参与度方面，以广东省碳普惠试点工作为例，虽然广东省试点工作开展的各类活动已经影响并鼓励很多居民积极参与，但要想达到碳普惠制的全面推广，公众参与度仍然不够高，碳普惠制加盟商家数量也仅有23家（截至2022年9月1日）。试点工作开展以来，试点地区居民的低碳意识有明显提升，但自主采取低碳行动的频率和积极性还有待提高，原因是过度依赖碳普惠制中的碳币制度，希望通过制度中的金钱效益促使大部分公众采取低碳行动，然而它发挥的作用是有限的，仅靠这一种激励机制是达不到很好的促进效果的[26]。

13.3.4.3 推动建立个人碳普惠制度

目前，碳普惠制度在国内外尚处于探索阶段，相关实践主要以区域性、小范围试点为主，尚未大规模铺开。推进建立碳普惠制度应从以下几个方面开展。

加强数据管理。通过大数据及人工智能技术的应用，拓宽个人低碳行为数据获取渠道，降低数据获取和处理难度，降低数据处理成本。完善数据管理规则，对数据隐私进行保护。确立数据权属界定方法，对数据的管辖权、使用权等权属界定做出合理安排；明确区分数据作为私人产品和公共品的边界，对平台收集、使用、管理个人与家庭碳排放数据等行为的权责作出明确界定，对数据隐私进行严格保护。

推动方法学研究。针对绿色低碳消费行为研发系统性的碳普惠方法学。可借鉴碳排放权交易方法学开发的相关经验，通过试点开发区域绿色低碳生活行为量化核算办法和核证方法学，为碳普惠制提供科学的方法学基础；借鉴相对成熟的生产端碳排放方法学开发的经验及相关标准、规范等，系统开展碳普惠方法学研究。同时，针对相同领域不同行为方式的碳普惠，应加强方法学统一性。

优化激励模式。激励模式是碳普惠制发挥作用的核心因素。采用企业碳普惠平台在提升参与便利性、社交性与公益活动可视性方面的经验做法，增加对用户、商户与公益组织的吸引力，从政策激励、商业激励、交易激励等方面着手，丰富完善激励手段。建立碳普惠补贴与退坡机制。在碳普惠平台运行初期需要建立碳普惠补贴机制，为碳普惠机制建立提供资金保障。同时，也应明确碳普惠补贴退坡机制，给予市场参与主体明确的补贴退出预期[27]。

完善交易、支撑机制。交易机制方面，一是明确交易主体的责任和义务，包括交易的主管部门以及碳积分公开化市场交易主体资质的认定标准等。二是完善碳普惠制交易平台的建设，主要是交易平台的硬件和机制建设，机制建设应围绕制定交易规则、交易信息管理制度、资金结算制度以及风险管理制度等展开。构建支撑机制，一是政府引导、宣传机制，政府制定系统的碳普惠制实施方案，明确区域碳普惠制建设的总体思路、工作目标、主要任务、试点领域、保障措施等，加强政策引导；同时借助重大时间节点，宣传推广与碳普惠制密切相关的低碳知识、资讯、产品和技术等内容，提升企业和公众的认知，提高公众参与的积极性。二是资金投入机制，通过多种渠道资金投入，为奖励碳普惠行为提供资金保障。三是建立碳普惠制和碳排放权交易连接机制，研究设计碳积分或碳普惠核证减排量作为自愿补充机制来抵消一部分控排企业配额清缴。

13.3.5　建立绿色低碳公众参与机制

完善公众参与机制。完善绿色低碳相关的信息发布渠道和制度，搭建企业碳排放信息披露平台，建立公众参与的激励机制和表彰制度。进一步明确公众参与的情形、方式、程序和内容，丰富公众参与的形式与环节，规范公众参与行为要求及保障措施，探索建立公众参与机制。拓宽公众参与和监督渠道，规范公众的知情权和监督权，健全举报、听证、舆论和公众监督等制度。

发挥公众参与平台和新闻媒体推动作用。用好每年"全国低碳日""六五环境日""全国节能宣传周"等公众参与关键节点和互动平台，组织开展丰富多彩的与绿色发展、低碳生产生活气相关的主题活动。坚持"以人为本"的理念，做好"全国低碳日"活动主题及公众参与活动设计，既要展示政府及社会各界在低碳发展方面的政策、行动和成效，也要为普及低碳发展理念和意识，推动公众参与全社会绿色低碳转型搭好台。营造绿色低碳循环发展良好氛围，各类新闻媒体要讲好我国绿色低碳循环发展故事，积极宣传显著成就与先进典型，适时曝光破坏生态、污染环境、严重浪费资源和违规乱上高污染、高耗能项目等方面的负面典型。组织开展绿色低碳生活典型案例评选活动，广泛宣传在节约能源、减少温室气体排放、践行低碳生活等方面贡献突出的集体和个人。鼓励互联网平台为公众参与绿色出行低碳行为提供记录，并获得与其行为碳减排量对应的奖励，创新引领绿色低碳生活新时尚。鼓励新闻媒体设立"曝光台"，对违规行为进行适当曝光。推动绿色低碳循环主体多元化，引导全民树牢绿色低碳意识，组织形成社区、企业网格化协调机制，发展壮大志愿者队伍，动员全社会力量，努力营造全社会减污降碳浓厚氛围。建立公众参与的绿色低碳积分激励制度，将碳作为重要的供应链要素，推进产业链和供应链低碳化，加强指导和鼓励企业开展碳足迹核算。

13.3.6 加强绿色低碳宣传教育

加大宣传力度。围绕绿色低碳生产生活相关的重大活动、重要事件、重点政策、重大技术进步等，根据工作需要适时组织新闻发布会、媒体吹风会等，及时向公众进行宣传解读与政策引导。鼓励媒体加大绿色低碳生活相关主题宣传力度，注重国内外先进经验与典型案例的宣传推介，提升舆论宣传能力。鼓励社会组织开展低碳公益活动，投放低碳公益广告，促进低碳理念的传播普及，强化提升践行绿色低碳、简约适度生活的意识。加强中央企业节能低碳主题宣传活动，组织中央企业发出绿色低碳倡议，号召社会各界共同践行绿色低碳理念，共建美丽家园。

加强学科发展。在基础教育、成人教育、高等教育中丰富绿色低碳普及与教育的内容，是践行绿色低碳生产生活成为素质教育的有机部分。将绿色低碳教育纳入国民教育体系，推动碳达峰碳中和知识进学校、进课堂，普及并提升学生科学知识。探索开展形式多样的课堂教育及实践活动，加强学科建设和研究基地建设，培育全社会绿色低碳发展价值观。全国各高校和科研院所加大对应对气候变化领域相关学科专业建设，增加碳中和科学工程、碳中和技术等相关学科，2021年以来，在化学、大气科学、生态学、动力工程及工程热力物理、林学、草学等与绿色低碳、应对气候变化等相关一级学科以及工程、农业、林业学位类别的相关领域，全国共授予博士学位1.4万人，硕士学位9.9万人。进一步优化工程类专业学位类别的专业领域设置，2021年，教育部在材料与化工、资源与环境、能源动力、土木水利等专业学位类别下设置了林业工程、环境工程、清洁能源技术、储能技术、人工环境工程等与应对气候变化和绿色低碳密切相关的专业领域。

强化培训工作。将绿色低碳知识培训作为干部教育培训体系的重要内容，编写印发绿色低碳领域知识干部读本和培训教材。开设网络学院必修课，组织开展相关主管部门及工作人员培训班。稳步推进碳排放管理员等相关职业标准制定和评价等工作，指导开展相关从业人员职业技能培训。加强大中型企业碳排放管理人员的培训，强化企业绿色低碳发展的社会责任意识，不断提高企业绿色转型管理水平。领导干部要加强碳排放相关知识的学习，增强机遇意识和风险意识，增强抓好绿色低碳的本领。

创新宣传教育方式方法。适应网络新媒体传播方式和发展变化趋势，加强践行绿色低碳生活宣传教育内容建设。准确分析研判热点问题和网络舆情，创新传播手段，拓宽传播渠道，提升传播力、引导力、影响力、公信力。运用大众化、通俗化形式，利用人民群众喜闻乐见的生活话语，切实增强针对性和实效性，加强公众参与的意识培育和能力建设。

参考文献

[1] IEA. Net Zero by 2050：A Roadmap for Global Energy Sector[R]. 2021.

[2] IEA. An Energy Sector Roadmap to Carbon Neutrality in China[R]. 2021.

[3] IEA. Net Zero by 2050：A Roadmap for Global Energy Sector[R]. 2022.

[4] 国家发展改革委. 全民践行绿色低碳行动 助力实现碳达峰碳中和目标[EB/OL].[2021-11-15]. https://www.ndrc.gov.cn/fggz/fgzy/xmtjd/202111/t20211122_1304610_ext.html.

[5] 中共中央 国务院关于完整准确全面贯彻新发展理念做好碳达峰碳中和工作的意见[EB/OL]. http://www.gov.cn/zhengce/2021-10/24/content_5644613.htm.

[6] 国务院. 国务院关于印发2030年前碳达峰行动方案的通知[EB/OL]. http://www.gov.cn/zhengce/content/2021-10/26/content_5644984.htm.

[7] 中华人民共和国. 中国本世纪中叶长期温室气体低排放发展战略[R]. 北京，2021.

[8] 住房和城乡建设部，国家发展改革委. 住房和城乡建设部 国家发展改革委关于印发城乡建设领域碳达峰实施方案的通知[EB/OL]. https://www.mohurd.gov.cn/gongkai/fdzdgknr/zfhcxjsbwj/202207/20220713_767161.html.

[9] 国家发展改革委等部门关于印发《促进绿色消费实施方案》的通知[EB/OL]. http://www.gov.cn/zhengce/zhengceku/2022-01/21/content_5669785.htm.

[10] IPCC. Climate Change 2022：Mitigation of Climate Change[R]. 2022.

[11] ELKINGTON J，HAILES J. The Green Consumer Guide：From Shampoo to Champagne; High-Street Shopping for a Better Environment[M]. London：Gollancz，1988.

[12] 关于促进绿色消费的指导意见的通知[EB/OL].[2016-02-17]. http://www.gov.cn/xinwen/2016-03/02/content_5048002.htm.

[13] 周宏春，史作廷. 双碳导向下的绿色消费：内涵、传导机制和对策建议[J]. 中国科学院院刊，2022，37（2）：188-196.

[14] 尹世杰. 消费文化学[M]. 武汉：湖北人民出版社，2002.

[15] 关于印发绿色建材产品认证实施方案的通知[EB/OL].[2019-10-25]. http://www.gov.cn/zhengce/zhengceku/2019-10/25/content_5457643.htm.

[16] 国家发展改革委."十四五"现代流通体系建设规划[EB/OL].[2022-01-13]. http://www.gov.cn/zhengce/zhengceku/2022-01/24/content_5670259.htm.

[17] 中华人民共和国商务部."十四五"对外贸易高质量发展规划[EB/OL].[2021-11-23]. http://www.mofcom.gov.cn/article/xwfb/xwrcxw/202111/20211103220185.shtml.

[18] 碳达峰碳中和工作领导小组办公室，全国干部培训教材编审指导委员会办公室. 碳达峰

碳中和干部读本［M］．北京：党建读物出版社，2022．

［19］关于印发深入开展公共机构绿色低碳引领行动促进碳达峰实施方案的通知［EB/OL］．［2021-11-19］．http://www.ggj.gov.cn/tzgg/202111/t20211119_33936.htm．

［20］中华人民共和国教育部．加强碳达峰碳中和高等教育人才培养体系建设工作方案［EB/OL］．［2022-04-24］．http://www.moe.gov.cn/srcsite/A08/s7056/202205/t20220506_625229.html．

［21］关于进一步推进生活垃圾分类工作的若干意见［EB/OL］．http://www.gov.cn/zhengce/zhengceku/2020-12/05/content_5567136.htm．

［22］赵梦霏，冯连勇．个人碳普惠势在必行［J］．能源，2021（9）：28-30．

［23］张惠虹．碳普惠：人人皆可为，人人皆愿为［EB/OL］．https://m.gmw.cn/baijia/2022-06/28/35842212.html．

［24］刘航．碳普惠制：理论分析、经验借鉴与框架设计［J］．中国特色社会主义研究，2018（5）．

［25］广东省碳普惠创新发展中心［EB/OL］．https://www.tanph.cn/．

［26］何延昆．碳普惠制试点问题研究——以天津市为例［C］//天津市社会科学界第十五届学术年会优秀论文集：壮丽七十年 辉煌新天津（下），2019．

［27］刘国辉，陈芳．碳普惠制国内外实践与探索［J］．金融纵横，2022（5）：59-65．

第 14 章 加强生态系统碳汇建设

生态系统碳汇是指陆地和海洋生态系统通过光合作用和碳循环过程，将大气中的二氧化碳固定下来的所有过程、活动或机制[1]。根据全球碳收支评估报告，2011—2020年全球陆地和海洋生态系统的碳汇分别约占同期人为二氧化碳排放总量的29%和26%[2]。因此，生态系统碳汇是减缓大气二氧化碳浓度上升和全球变暖的重要手段，也是实现我国碳中和目标的有效途径之一[3]。我国幅员辽阔，多种多样的生态系统具有较大的碳汇潜力[3, 4]。本章梳理我国生态系统碳汇现状，预测未来趋势，提出我国生态系统碳汇研究面临的问题与挑战，展望我国生态系统碳汇建设及其提升路径，以更好地支撑我国碳中和实施路径与行动方案[5]。

14.1 中国生态碳汇现状和趋势

陆地和海洋生态系统具有碳汇功能[6]，能够吸收并固定大气中的二氧化碳，从而降低大气中的二氧化碳浓度，在一定程度上减缓气候变化及其负面影响。

陆地生态系统碳循环可以描述为以下过程[7]：①总初级生产力（GPP），植物通过光合作用同化大气中的二氧化碳形成有机物；②净初级生产力（NPP = GPP − Ra），植物的自养呼吸（Ra）作用会将一部分同化的碳转化为二氧化碳释放至大气，一部分则以植被生物量的形式储存起来；③净生态系统生产力（NEP = NPP − Rh），植物的凋落物、死亡根系以及根系分泌物等会经过土壤微生物的分解（Rh）再次以二氧化碳的形式释放回大气；④净生物群系生产力（NBP = NEP − NR），火灾、采伐、收获等非呼吸作用（NR）释放一部分的碳。如果 NBP 为正值，则生态系统表现为碳汇，否则为碳源。

海洋生态系统捕获的碳主要是有机碳，其机制包括依赖于生物固碳及其之后的以颗粒态有机碳沉降为主的生物泵，以及依赖于微型生物过程的海洋微型生物碳泵[8]。生物泵在近海及中、高纬度海区具有相对优势,微型生物泵则在低纬度热带、亚热带以及广大的贫营养海区具有相对优势[9],这与不同特征海洋生态系统的结构密切相关,但对于这些过程机制的了解和认识迄今仍然非常有限。

14.1.1 陆地生态系统碳汇现状与趋势

20世纪90年代以来,许多科学家利用多种不同方法针对中国陆地生态系统的碳汇进行了估算,研究结果一致表明中国陆地生态系统是一个重要的碳汇。但由于采用的方法、数据来源和评估范围(时段、生态系统、碳库类型)的差异,估算结果存在非常高的不确定性[10]。其中,清查法估算中国陆地碳汇为2.1亿~3.3亿吨碳/年,与基于生态系统过程模型的估算结果相当,但基于大气反演法估算的结果具有很大的不确定性,不同研究结果可相差一个数量级。

LULUCF国家温室气体清单参考IPCC国家温室气体清单指南的方法,评估了全国包括林地、农地、草地、湿地、建设用地和其他土地以及木质林产品在内的温室气体源与汇状况,其中2005年、2010年和2014年结果分别相当于2.1亿、2.7亿和3.1亿吨碳/年[11]。

将不同方法的现有研究结果进行整合后发现,我国陆地生态系统的碳汇强度为1.95亿~2.46亿吨碳/年,大体呈现东、南部高,西、北部低的格局,空间异质性明显[3]。20世纪60年代至20世纪末,我国陆地碳汇变化不明显或呈微弱下降趋势,2000年后中国陆地碳汇有所增加,但存在一定的不确定性。

森林生态系统:过去70年间,中国森林生态系统逐步从碳源转变为碳汇。20世纪80年代以前,由于森林采伐和毁林导致森林面积锐减、森林碳储量显著下降。80年代以来,通过实施多项重大生态工程,坚持不懈地植树造林,同时制定和实施了一系列森林保护政策,中国森林面积和森林蓄积量呈稳步上升趋势。在全球森林面积减少的背景下,近10年来中国人工林面积以及森林面积年均增加量均排在全球第一位,并且远超其他国家[12],从而使中国森林的固碳增汇能力大大加强,中国的森林生态系统也逐步从碳源转变为碳汇[3]。整合不同研究结果后发现,近20年间中国森林生态系统碳汇量约为2.08亿吨碳/年,占全国陆地生态系统碳汇量的80%以上[5],是中国陆地生态系统碳汇的绝对主体。至2050年,中国森林将持续发挥碳汇的功能。2030年中国森林植被碳储量为84.6亿~108.4亿吨碳,2050年为99.7亿~130.9亿吨碳[13,14]。综合文献数据表明,在面积扩增假设情景下我国乔木林生物质碳储量到2020—2029年约为1.72亿吨碳/年,2030—2039年约为1.56亿吨碳/年,2040—2049年约为1.47亿吨碳/年;我国森林土壤碳储量在2050—2059年的年均变化量将达到0.21亿~1.67亿吨碳/年[5]。

在不考虑极端事件和人为干扰的情况下，未来中国森林生态系统的平均固碳速率将达到3.58亿吨碳/年[15]。但要达到预期的固碳潜力，需要国家实施有效的森林管理策略和制定合适的造林政策。

草地生态系统：中国草地碳源汇特征表现出明显的时间动态。其中草地植被在过去几十年逐渐由碳汇转变为碳中性或弱碳源，而草地土壤则表现出由碳中性逐渐转变为碳汇的变化规律[3]。中国草地总碳储量为289.5亿吨碳，其中植被碳储量为18.2亿吨碳，土壤有机碳碳储量为271.3亿吨碳。基于中国科学院"应对气候变化的碳收支认证及相关问题"专项数据的估算却显示，中国草地生态系统在2001—2010年总体上是一个弱的碳源（-0.034亿吨碳/年）[4]。值得注意的是，中国90%以上的天然草地发生了不同程度的退化，其中60%以上为中度和重度退化。通过退化草地的修复、改进放牧地管理、在牧场和人工草地中种植豆科植物等措施，草地生态系统固碳具有非常大的潜力[16]。假设所有退化的草地生态系统通过有效管理措施能恢复到退化前的状态，由此估算的未来草地生态系统植被固碳和土壤固碳将分别增加10亿吨碳和163亿吨碳[17]。

灌丛生态系统：现有的研究显示，我国灌丛生态系统整体表现为碳汇。但由于不同研究使用的灌丛面积差异较大，灌丛生态系统碳汇能力的估算结果存在较大不确定性。基于清查统计的结果显示，中国灌丛生态系统碳储量约在100亿~325亿吨碳；基于过程模型和统计模型的估算，约在74亿~120亿吨碳[3]。2000—2013年中国灌丛年均碳汇约为0.6吨碳/公顷，东南高，其次西南，北方省份较低[18]。基于清查数据估算的中国灌丛植被碳储量在2050年约为6.57亿吨碳[19]。

荒漠生态系统：目前的研究结果显示，我国荒漠生态系统整体表现为碳汇[3]。土壤被认为是荒漠生态系统碳汇的主体，1980—2010年中国荒漠土壤有机碳库增加了约2亿吨碳。荒漠生态系统还可以通过非生物过程固碳，主要是耕种和灌溉干旱/盐碱地会导致盐类下渗，将溶解的无机碳冲刷至咸水层，形成一个较大的碳汇。通量观测显示毛乌素沙漠、古尔班通古特沙漠等荒漠生态系统的碳汇速率为0.3~0.8吨碳/公顷/年[3]。

湿地生态系统：目前国家尺度的湿地碳汇研究尚不多见，总体上看全国湿地呈碳中性或非常弱的碳汇，2000—2020年基于项目的湿地碳汇能力<100万吨二氧化碳当量/年[20]。但从不同区域看，辽河和长江三角洲滨海湿地表现为较强的碳汇（4.6吨碳/公顷/年），松嫩平原和三江平原湿地也表现为碳汇（1.1吨碳/公顷/年和0.6吨碳/公顷/年），但青藏高原湿地则表现为弱源（-0.08吨碳/公顷/年）[21]。从不同类型湿地的碳汇速率来看，滨海湿地＞河流和湖泊湿地＞内陆沼泽[22]。值得注意的是，1978—2008年我国湿地面积约减少50%，1980—2010年我国湿地土

壤碳库由 152 亿吨碳减少至 76 亿吨碳[23]。

农田生态系统：20 世纪 30—80 年代，我国农田土壤有机碳储量略有下降。但自 80 年代以来我国农田土壤有机碳库呈增加趋势，表现为明显的碳汇。80 年代至 20 世纪末，我国农田表层土壤的固碳速率为 0.07~0.28 吨碳/公顷/年，碳汇强度为 0.096~0.26 亿吨/年[3]。当改善我国农田现有耕作制度和管理措施时，预估的农田土壤有机碳固存速率将从 2011 年的 0.306~0.309 亿吨碳/年增加到 2050 年的 0.505~0.884 亿吨碳/年[24]。除黑龙江外，我国东部、中部、南部和西南地区的农田土壤有机碳均显著增加。自 20 世纪末开始推广的少免耕、秸秆还田、有机肥投入等保护性农业措施是我国农田土壤碳汇增强的主要原因。

14.1.2 海洋生态系统碳汇现状与趋势

中国海域总面积约 470 万平方千米，纵跨热带、亚热带、温带等多个气候带。其中，南海链接着"世界第三极"青藏高原以及号称"全球气候引擎"的西太平洋暖池；东海则有着温带最宽广的陆海架区，跨陆架物质运输显著；黄海则是典型的温带陆架海，季节特征明显，水团更替、冷暖流交汇；渤海则是受人类活动高度影响的内湾浅海。中国海内有长江、黄河、珠江等大河输入，外邻全球两大西边界流之一的黑潮。

中国海洋碳库总碳储量约为 1677.7 亿吨碳，其中溶解的无机碳碳库储量约 1641.8 亿吨碳，溶解的有机碳碳库约为 34.6 亿吨碳，颗粒有机碳 1.33 亿吨碳。如果仅考虑海-气界面的二氧化碳交换，中国海总体上是大气二氧化碳的"源"，净释放量为 601 万~903 万吨碳/年。但考虑了河流、大洋输入、沉积输出以及微型生物碳泵作用后，中国海是重要的储碳区[25]。

就海气通量而言，渤海向大气中释放二氧化碳约 22 万吨碳/年，黄海吸收二氧化碳约 115 万吨碳/年，东海吸收二氧化碳 692 万~2330 万吨碳/年，南海释放二氧化碳 1386 万~3360 万吨碳/年。在河流和大洋输入中，渤黄海、东海、南海的无机碳分别为 504 万吨碳/年、1460 万吨碳/年和 4014 万吨碳/年，邻近大洋输入无机碳更是高达 14481 万吨碳/年，远超中国海向大气释放的碳量。从沉积输出来看，渤海、黄海、东海、南海的沉积有机碳通量分别为 200 万吨碳/年、360 万吨碳/年、740 万吨碳/年、749 万吨碳/年。就生态系统而言，中国沿海红树林、盐沼湿地、海草床有机碳埋藏通量为 36 万吨碳/年，海草床溶解有机碳输出通量为 59 万吨碳/年。中国近海海藻养殖移出通量 68 万吨碳/年，沉积和有机碳释放通量分别为 14 万吨碳/年和 82 万吨碳/年。总体而言，中国海有机碳年输出通量为 8172 万~10317 万吨碳/年。中国海的有机碳输出以有机碳形式为主，东海向邻近大洋输出的有机碳通量为 1500 万~3500 万吨碳/年，南海输出约 3139 万吨碳/年[25]。

红树林生态系统：中国红树林主要分布在广东、广西、福建和海南，大多生长在低能海岸潮间带上部。中国红树林碳储量约为 691 万吨碳，未来碳储量是现有碳储量的 1.42~4.78 倍，其中 82% 存在于表层 1 米土壤中，18% 来自红树林生物量[26]。红树林生产力较高，初步估算中国红树林生态系统年平均净固碳量超过 200 克碳/平方米[27]。红树林碳循环的关键过程除了根系分泌物和凋落物在土壤、沉积物中的储存，还包括红树植物群落与大气间的垂直交换和各形态碳向邻近海域的横向输运。

盐沼湿地生态系统：我国盐沼植被生长在渤海、黄海、东海的海滨湿地，主要包括芦苇、碱蓬等盐生植物。盐沼湿地全球平均净固碳量为 218 克碳/平方米，高于红树林和泥炭湿地[28]。盐沼植被根冠比可达 1.4~5，初级生产力固定的碳通过根系周转进入土壤碳库，在海洋潮汐和地表径流的作用下有机碳形式进入邻近水域。我国盐沼植被中初级生产力总体上不高，但生态系统二氧化碳净吸收量相对较高，黄河三角洲盐沼湿地年均初级生产力为 585~1004 克碳/平方米，年均碳吸收量则达到 164~261 克碳/平方米[27]。

海草床生态系统：海草床是一类典型且重要的海洋生态系统，具有较高的生产力，也是底栖藻类固着和繁衍的一个重要生境。海草床生态系统的固碳、储碳过程主要通过海草植物的光合作用以及海草叶片附着的生物群落固碳，一部分被运输到地下根状茎和根部储存，有 15%~18% 的初级生产力固定的碳可以被长期埋存于海底。另外海草通过截获大量有机悬浮颗粒物，并促使其沉积和埋藏于沉积物中，在厌氧状态下比较稳定[27]。目前研究显示，全球海草床的年均固碳能力约为 138 克碳/平方米，分布在桑沟湾大叶藻海草床的初级生产力达到每年 543 克碳/平方米。

14.2 提升生态系统碳汇面临的问题和挑战

14.2.1 国土生态空间提升有限

近年来中国陆地生态系统碳汇功能的提升，主要得益于中国森林面积的不断增加。近 20 年中国森林覆盖率从 16.55% 增加至 23.04%，乔木林生物质碳储量从 45.6 亿吨碳增加至 79.7 亿吨碳[29]。林地面积增加对于中国森林生物质碳储量增长起到了非常重要的作用，1977—2008 年中国森林生物质碳储量的增长有 50.4% 是源自森林面积的增加[30]。

然而，我国森林覆盖率增长已逐渐进入瓶颈期，全国森林覆盖率的年增长率从20世纪90年代初的近20%下降至5%左右，未来仅依托造林面积"量"的增长来发挥森林固碳作用不可持续[31]。中国制定了到2035年森林覆盖率达到26%的目标，这相当于要新增森林面积约3000万公顷。目前，华北、华东、中南等宜林地区的森林覆盖率均已超过40%；西北地区森林覆盖率不足9%，但干旱缺水和沙漠地表导致西北地区植树造林难度较大。全国目前尚存宜林地加上各类迹地的面积总计约5240万公顷，但有约34%分布在内蒙古，29%分布在西北五省区[32]，造林成活率和森林生长速率均较低，很大程度上只适宜于营造灌木林，未来通过新增森林面积来提升碳汇的难度也将越来越大。预测研究结果显示，2010—2060年通过新增森林面积的固碳速率仅约0.25亿吨碳/年[15]。

另外，1980—2018年我国重要生态空间内生态用地呈收缩趋势[31]。生态用地减少的主要原因一方面在于农业开发活动增强，同时生态用地增加也主要来源于农业用地，这说明退耕还林还草生态保护工程修复成效已经凸显；另一方面开发建设和农业活动持续侵占和破坏生态用地，生态保护形势依然严峻。

14.2.2 生态系统固碳能力亟待提升

21世纪以来我国林业发展已从数量增长进入数量和质量并重的新阶段，但人工林质量差、天然林低质化等突出问题普遍存在。根据第九次全国森林资源清查结果[32]，我国乔木林平均蓄积只有94.83立方米/公顷，不到德国等林业发达国家的1/3，也远低于世界平均水平。森林年均生长量为4.73立方米/公顷，只有林业发达国家的1/2左右。全国乔木林中，质量"好"的面积仅20.68%，"中"的占68.04%，"差"的占11.28%。人工林面积占森林面积的36.45%，平均每公顷蓄积只有59.30立方米，而且幼、中龄林面积占比超过70%。天然林的幼、中龄林面积占比也在60%以上。森林质量反映了森林所有生态、社会和经济效益的功能和价值，也包括森林提供的碳汇功能。提升森林质量成为今后相当长一个时期内林业的目标和任务，而森林经营是实现森林质量提升的根本途径[33]。

自1984年实施《中华人民共和国森林法》以来，我国严格限制天然林采伐，全国多地颁布并实施"禁伐令"，长期实施以养护为主的森林管理措施。"十三五"以来，我国全面取消了天然林商业性采伐指标。2017年，全国所有国有天然林均纳入停伐补助范围，非国有天然商品林停伐也分步骤纳入管护补助范围。采伐限额制度一定程度抑制了森林经营者投入造林管护的时间、资本及劳动力，导致"只种不管"或转投其他行业现象出现[31]。目前，我国森林资源中，乔木林中成、过熟林面积超过3600万公顷，面积占比超过20%，蓄积量占比近40%，达到65.8亿立方米[32]。而对比"十三五"期间全国森林采伐限额，全国每年总额为 2.5 亿立方米，远低于我国成、过熟林蓄积量。全国乔木林中近熟林、成熟林、过熟林的年均生长量分别为 4.52 立方米/公顷、3.73 立方米/公顷和 2.99 立方米/公顷，呈现出随着森林的成熟而明显下降的趋势。成、过熟林面积占比增多，大量枯立木、病腐木积压、腐烂，可能会导致森林整体固碳能力下滑，甚至有可能演变成碳排放源[31]。对"天然林资源保护工程"实施以来的多次森林资源清查结果分析显示，工程区内过熟林的碳汇能力呈下降趋势[34]。

14.2.3 海洋碳汇能力尚待保护和发掘

《中共中央 国务院关于完整准确全面贯彻新发展理念做好碳达峰碳中和工作的意见》提出："整体推进海洋生态系统保护和修复，稳定现有海洋固碳作用，提升红树林、海草床、盐沼等固碳能力，开展海洋碳汇本底调查和碳储量评估，实施生态保护修复碳汇成效监测评估。"作为推动实现"双碳"目标的重要内容，海洋碳汇能力建设需将系统观念作为谋划其长远发展的核心观念。

中国沿海海平面持续上升，风暴潮、海岸侵蚀和海水入侵威胁着沿海地区经济社会安全。海岸带蓝碳作为柔性海堤，削浪固滩的适应气候变化作用更为重要。海岸带蓝碳生态系统还是鸟类、海洋生物的栖息地和育幼场，对于维护物种多样性，补充渔业资源具有重要意义。我国红树林生态系统受到气候变化导致的海平面上升、工业化和城市化等对海岸的威胁，面临严重退化和丧失的风险。根据第三次国土空间调查数据，2019 年我国红树林面积仅约 3 万公顷。受全球升温、水体污染和富营养化，以及人类活动的影响，我国海草床退化严重，与 1950 年相比，超过 80% 的海草床退化甚至消失。据估计，我国现存的海草床面积约 2 万公顷。滨海盐沼是我国温带和亚热带主要的滨海湿地类型，总面积约 10.43 万公顷，其中近一半为外来物种互花米草。近些年受疏浚、围填海、排水和道路建设影响，盐沼生态系统消失速度加快。

目前我国海洋碳汇能力建设涉及自然资源部、生态环境部、国家林草局等多个部门职责，建设思路不统一，海洋碳汇监测调查评估方法不清晰，海洋碳汇底数基数不清或不统一等问题普遍存在。部分海洋碳汇理论和实践都较为成熟，而部分新兴类型的海洋碳汇仅处于基础理论研究阶段，导致不同类型的海洋碳汇研究和建设定位并不明确[35]。

14.2.4 政策机制与配套措施不完善

目前，我国的重大生态工程仍以政府投入为主，投资渠道比较单一，资金投入整体有待提高。由于生态保护工程具有明显的公益性、外部性，经济收益低、项目风险高等特征，且目前我国市场投入机制、生态保护补偿机制仍不完善，缺乏有效的激励社会资本投入生态保护、生态修复的有效政策和措施，社会资本参与生态保护工程的意愿并不高。另外，由于生态工程建设的重点区域多为老、少、边、穷等本身财力不足地区，当地民众存在不同程度的"等、靠、要"思想，缺乏鼓励各地统筹多层级、多领域资金、吸引社会资本积极参与重大工程建设的内生动力[31]。

以生态林业工程为例，目前尚存在社会法制观念落后、生态林业建设发展滞后等问题。由于生态林业工程建设系统性较强，必须借助相应的法律法规来推动，现行部分法律法规已不能满足林业发展需求，反而会影响工程建设效率。以重大水利工程为例，工程实施过程中征地补偿相关政策、补偿资金分配政策、移民安置办法等在落实过程中存在一定问题，款项分配透明度不够、分配不合理等，极易引发关联人群负面情绪，甚至阻碍工程进展[31]。

14.3 加强陆地和海洋生态碳汇建设

14.3.1 森林生态系统固碳增汇

无论从过去还是未来的减排潜力看，森林路径都是中国最重要的基于自然的气候解决方案[20]。中国现阶段陆地生态系统碳汇能力的提升，主要得益于森林面积和森林蓄积量的双增长。植树造林、退耕还林、天然林保护等生态工程等都对当前中国陆地生态系统碳汇增加起了很大作用。目前，中国人工林面积约8000万公顷，居全球首位[32]。中国人工林当前以幼龄林和中龄林为主，整体林龄较低，处于森林演替的早期阶段，生态系统碳汇潜力较大。有研究表明，2000—2040年，林龄增加将使中国森林植被碳储量增加66.9亿吨[36]。

在基于自然的解决方案中，比较重要的包括造林、再造林、森林可持续管理、避免毁林和森林退化、混农（牧）林系统等，同时具有气候减缓、适应和可持续发展的协同作用[37]。研究表明，2000—2020年中国通过森林恢复、天然林经营和火管理措施的减排贡献分别为2.47亿吨二氧化碳当量/年、1.89亿吨二氧化碳当量/年和0.1亿吨二氧化碳当量/年。2020年后中国森林恢复的潜在最大面积约为3180万公顷，到2030和2060年时森林恢复的最大增汇潜力将分别达到0.77亿吨二氧化碳当量/年和2.35亿吨二氧化碳当量/年；而天然林经营的最大增汇潜力在未来40年可能会倍增至3.36亿吨二氧化碳当量/年，此外毁林排放0.06亿~0.07亿吨二氧化碳当量/年[20]。

我国林业已经进入了提高森林资源质量和转变发展方式的关键阶段。森林可持续管理、造林和再造林、减少毁林和加强林火管理，是巩固和提升未来中国森林生态系统固碳增汇能力的关键路径。当前应致力于应用和发展的技术措施包括：①实施生态保护修复重大工程，开展不同地理单元的山水林田湖草沙冰一体化保护和修复，持续增加森林面积和蓄积量；②大力推进国土绿化行动，巩固退耕还林还草成果，实施森林质量精准提升工程；③采取多样化的森林经营和管理措施，如延长森林间伐时间、人工林抚育、防火和病虫害防治等[38]。

14.3.2 草地生态系统固碳增汇

草地生态系统碳汇功能的维持和提升有赖于合理有效的管护。2000—2020年中国通过改良放牧管理和草地恢复措施分别贡献了约0.59亿吨二氧化碳当量/年和0.21亿吨二氧化碳当量/年碳汇量[20]。中国草地减排潜力主要受制于草地管理活动的面积。2030年和2060年全国草地改良放牧管理的面积将分别达到1560万公顷和6240万公顷，减排增汇潜力仅约0.08亿吨二氧化碳当量/年和0.29亿吨二氧化碳当量/年；未来中国退耕还草的面积也十分有限，仅约54万公顷，因此退耕还草也仅能贡献约0.03亿吨二氧化碳当量/年的碳汇量[20]。此外，开垦、放牧、刈割、施肥等人为管理措施对草原碳汇的影响也较大。

不过，目前中国农田面积的扩增导致每年草地面积减少约53万公顷，因此未来通过防止草地转化可以提供新的减排机遇，将产生约0.5亿吨二氧化碳当量/年的减排量[20]。退耕还草、围栏封育、补播和人工种草等也是实现草地生态系统增汇经济可行的途径；围封禁牧通过减少人畜对草地土壤的干扰、防止草地植被退化来提高草地生物量和凋落物量；人工种草可以增加优良牧草种类，提高草地生产力和改善土壤质量，促进草地恢复和提升固碳能力[39]。

14.3.3 湿地生态系统固碳增汇

尽管从全国平均水平看，中国湿地是非常弱的碳汇，但未来可能具有较高的增汇潜力。据估计，2030年和2060年全国湿地碳汇将分别达到0.35亿吨二氧化碳当量/年和0.52亿吨二氧化碳当量/年[20]。其中，未来40年通过避免泥炭损失的减排潜力将达到0.24亿吨二氧化碳当量/年，泥炭地还湿恢复的减排潜力在2030年和2060年分别约为0.04亿吨二氧化碳当量/年和0.14亿吨二氧化碳当量/年。

《中华人民共和国湿地保护法》禁止在泥炭沼泽湿地开采泥炭或者擅自开采地下水；禁止将泥炭沼泽湿地蓄水向外排放，因防灾减灾需要的除外。这一条款将有利于维持现有泥炭地水位，防止水位下降和碳释放。同时，采取一定的措施使排水的泥炭地还湿和恢复植被，加强泥炭地水管理是减少泥炭地碳排放最基本、最有效的措施。

退耕还湿、退塘还湿可以作为增加湿地面积的主要举措，促进土壤碳积累的同时，减少甲烷等温室气体排放。例如，宁夏自2002年以来实施的湿地恢复工程，平均土壤碳密度增加708.49克碳/平方米，占湿地生态系统碳汇总量的50%[40]。在实施湿地恢复的过程中，筛选合适的固碳植物、适当控制水域面积和水位，将有利于提升湿地碳汇功能。

14.3.4 农田生态系统固碳增汇

农田的增汇减排潜力主要来自改良农田管理。2000—2020年，全国通过减少氮肥使用、改进施肥技术等农田养分管理措施减少了0.79亿吨二氧化碳当量/年的氧化亚氮排放，种植覆土作物贡献了0.05亿吨二氧化碳当量/年的碳汇量[20]。2014年中国农地通过秸秆还田、农家肥和外源有机碳投入，以及免耕等措施使农地土壤碳储量增加0.49亿吨二氧化碳当量/年[11]。农业的保护性耕作和有机肥使用等措施的固碳潜力每年为1.4亿~1.7亿吨二氧化碳当量[41]。

通过对不同农田长期定位施肥实验的数据进行整合分析发现，化肥和有机肥配施的情况下土壤有机碳累积变化约0.67吨/公顷/年，高于仅施用有机肥的0.49吨碳/公顷/年，也高于仅采用秸秆还田的0.44吨碳/公顷/年[42]。通过采取秸秆还田、少/免耕等保护性耕作措施，可以避免对农田土壤的物理性干扰，减少土壤有机碳的矿化，同时使残茬进入到土壤来增加农田土壤有机碳含量，并减少温室气体排放[43]。

14.3.5 加强海洋蓝色碳汇建设

中国海岸带及其陆架海固碳能力、储碳潜力远大于相同气候带的陆地生态系统和大洋生态系统。但由于沿海地区人口密集、人类活动强烈，不仅影响海岸带生物固碳过程，同时对近海碳循环的生物地球化学过程产生多方面的影响。另外，气候变化效应（如海平面上升、温度升高和海洋酸化等）会加剧对这些地区蓝碳生态系统的影响，直接或间接地影响碳汇过程[27]。

目前，国际上海洋碳汇研发最多的是海岸带蓝碳，即红树林、海草、盐沼等类似陆地植被的碳汇形式[44]。对中国海岸带蓝碳生态系统的蓝碳本底现状分析表明，中国海岸带蓝碳生态系统生境总面积16.16万~38.16万公顷，碳汇量为127万~308万吨二氧化碳当量/年，可预期的海岸带蓝碳碳汇增量为340万~516万吨二氧化碳当量/年[45]。可见，我国海岸带蓝碳总量有限，无法形成碳中和所需的巨大碳汇量，因此必须开发其他负排放途径。

近些年，中国科学家针对我国"蓝色碳汇"，提出陆海统筹负排放生态工程策略：合理施肥、减少陆源营养盐输入，增加近海碳汇。农业生产中过量施肥通过径流进入河流，最后输入近海。大量的陆源营养盐不仅导致近海环境富营养化、引发海洋赤潮等生态灾害，而且使得海水中有机碳难以保存，河口和近海成为排放二氧化碳的源。在陆海统筹理念指导下，合理减少农田的氮、磷等无机化肥用量，从而减少河流营养盐排放量，缓解近海富营养化。在固碳量保持较高水平的同时减少有机碳的呼吸消耗，提高惰性转化效率，使得总储碳量达到最大化。陆海统筹减排增汇，是一项成本低、效益高的海洋负排放途径[44]。

此外，通过在缺氧/酸化海区添加矿物、增加碱度、提高自身碳酸盐产量并随有机碳一起埋藏，可以起到增加海洋储碳量的效果[46]。在海水养殖区通过人工实现上升流，把海底富营养盐带到上层水体，供给养殖海藻等光合作用所需的营养盐，可望打造成可持续发展的健康养殖模式和海洋负排放综合工程[44]。

14.4 全国生态碳汇提升战略路径

14.4.1 优化生态空间和科学生态修复

生态系统碳汇地理格局及自然区划是制定碳中和行动空间布局的基础。提升生态系统碳汇的实施方案必须与现有的国土空间主体功能区划相协调，辨识出重要自然碳汇功能区、人工增汇功能区，进而融合到国家重要生态保护区、生态红线区及生态修复重大工程区的布局之中，强化国土空间范围内的各特定地域"山水林田湖草沙冰"的整体治理[38]。

在规划理念上，要以提升碳汇能力为导向，从末端治理转向源头调控，依托新时代生态修复推动国土空间保护利用方式转型，构建绿色低碳的资源利用方式；要坚持因地制宜，从生态系统演替规律和内在机理出发，基于自然地理格局，关注陆地生态系统碳循环过程、固碳速率及潜力，综合考虑植被、土壤、环境条件和土地利用变化等影响因素及因素间的关联，统筹推进山水林田湖草沙整体保护、系统修复、综合治理[39]。

在重点区域布局上，严格规范生态、农业、城镇三类空间用途转用，将生态保护红线、整合优化后的自然保护地及识别的生态功能极重要区域作为自然恢复优先区，通过保护碳汇型途径夯实陆地生态系统碳汇的基础。基于不同情景下生态系统碳汇空间格局的预测，因地制宜设计固碳增汇的修复措施，加强对碳汇潜力较高的区域空间的保护修复及碳收支监测。衔接全国重要生态系统保护和修复重大工程总体布局，摒弃以往局地修复的方式，转向"点-线-面-网"结合的系统性修复，助力碳汇能力稳中有升[39]。

14.4.2 科学提升生态系统综合固碳能力

陆地碳汇功能是生态系统碳收支响应环境变化的动态结果，而非固有属性。当陆地生态系统的碳吸收量大于排放量时，该系统就成为大气二氧化碳的汇，反之则为碳源。就全球尺度而言，环境变化对生态系统碳输入过程的促进作用大于对碳输出过程的作用，使得目前全球陆地生态系统扮演着大气二氧化碳"汇"的角色[10]。中国陆地生态系统碳汇的驱动因素主要受益于大气二氧化碳浓度升高，成熟生态系统进入非平衡态，其次是过去几十年以来广泛实施的国土绿化、植树造林和天然林保护等生态工程，使得森林生态系统进入生产力较大的早期演替阶段，从而形成显著的碳汇[47,48]。

随着各国"碳中和"战略的陆续实施，全球大气二氧化碳浓度上升趋势可望逐步减缓直到停止，陆地生态系统的碳汇功能将随之由持续上升转为持续下降，并最终趋于零[10]。而且，随着整体林龄的增加，成熟林和老龄林比例上升，森林生态系统趋于平衡，碳汇能力也将逐步降低[15,36]。要想长期维持森林较高的碳汇能力，需要通过科学的森林经营管理措施，适当更新年龄结构，优化林龄时空布局，延长森林碳汇服务时间[10]。

巩固和提升陆地生态系统碳汇功能，需要丰富多样的关键技术及生态系统管理模式应用与示范。传统的农林业减排增汇技术及生态工程增汇技术被认为是技术成熟度最高、经济成本最低、最易普及、规模效应最大的生态系统固碳增汇技术体系。但是，还需要因地制宜地对潜在增汇技术措施的有效性、可行性和经济性进行论证，形成有效的技术模式，并通过实验和示范使其得到普及应用[38]。植树造林、天然林保护、森林管理等生态工程措施有助于实现增汇并延长陆地碳汇服务的窗口期，但造林的时机和宜林区选择要基于科学认知和预估进行优化布局[10]。

14.4.3 创新技术完善海洋碳汇技术体系

继续完善海洋支撑碳中和的技术体系，加强布局前瞻性、颠覆性技术，加强微生物介导的有机-无机联合增汇机制和技术研发，关注多层次渔业碳汇扩增技术和综合养殖增汇技术，在养殖区开展微生物介导的碳酸盐增汇试点。评估滨海湿地碳汇时空格局与潜力，大力发展滨海湿地恢复和保护技术，建立典型滨海湿地-河口-近海碳汇联网观测技术体系，集成示范近海与淡水湿地生态系统固碳增汇关键技术和模式。加强海底碳封存区域潜力评估、二氧化碳地层内迁移机制及泄漏规律研究，开展海底碳封存安全监测研究和技术示范。开展增强海水碳吸收功能、增强矿物风化作用的低沉本、高效率变革性技术研究[49]。

通过修护或种植的方式增加滨海湿地植被覆盖率，提升碳汇功能。在红树林方面已形成废弃虾塘生态修复技术、自然恢复技术、补苗改造技术、重建造林技术、红树林生态农场技术等；在盐沼增汇方面形成了斑块修复技术、多重修复组合技术等；在海草床增汇方面主要有种子法、草皮法、根状茎技术、海底土方格技术等系列修复技术；在海藻场增汇方面形成孢子育苗藻礁构建、网袋捆苗藻礁构建以及苗绳夹苗藻礁构建等技术[49]。

发展海洋微生物介导的惰性有机碳生成、海水碱度增加和碳酸盐生产等联合增汇技术。主要包括近岸缺氧区微生物增汇技术、近海微型生物碳泵智能增汇技术和多泵协同微生物增汇技术等[44]。发展人工上升流增汇技术和机械设备系统，促进海洋碳汇扩增。主要包括人工鱼礁式人工上升流技术、水泵式人工上升流技术、波浪式人工上升流技术和气力提升式人工上升流技术等[49]。实施海水养殖区综合负排放工程，主要技术包括单一或多营养层次综合养殖增汇技术。通过在特定海域发展海洋牧场，可有效增殖养护渔业资源，扩增海洋渔业碳汇潜能，形成人工鱼礁生态修复碳汇扩增技术和渔业资源增殖放流碳汇扩增技术[50]。

14.4.4 加强生态系统碳汇管理能力建设

要制定和实施有效的系统方案，必须发展区域和国家的网络化动态立体监测体系，建立典型生态系统、区域及全国的碳汇功能监测技术，发展自然和社会复合生态系统过程模拟分析系统，发展生态–气候–社会复合系统演变的预测理论和方法[38]。未来研究应加强陆地生态系统碳汇监测体系和核算体系建设，有效提升模型对碳源汇动态的模拟和预测能力，发展规划陆地碳汇管理决策系统，为制定行之有效的增汇减排政策提供科技支撑[10]。

针对生态系统碳汇能力的观测网络及监测能力不足的现状，采用统一的技术标准对生态系统碳库开展系统调查、动态监测，完善数据和信息共享机制，为碳储量评估和增汇潜力分析提供数据保障。通过加大科研投入力度，针对生态生态系统固碳增汇的过程、机理、影响因素等开展研究，加强攻关与研发，综合衡量增汇潜力、技术可行性和经济可行性，并对实践中成效显著的固碳增汇技术开展集成、试验示范与应用推广[39]。融合现场观测—遥感反演—模型模拟等研究手段，系统开展点—面、微观—宏观相结合的相关研究；通过构建陆–海统筹的观测系统和区域碳循环模型，提高对蓝碳增汇机制的科学认识和对未来碳汇强度的预测能力[27]。

生态系统碳汇技术、措施和模式的效应评估、碳汇认证及区域和工程管理是推动区域碳汇功能提升的重要任务。迫切需要发展和完善不同类型及区域生态系统碳汇评估方法，构建不同途径的增汇技术、措施及模式的碳汇效应计量、评估和核查的方法学及技术标准体系。同时，应特别重视建立各种人为增汇技术和措施的碳汇核算方法、气候效果的认证和评估技术标准，发展可报告、可计量和可核查的技术体系，建立国内外通用的碳汇交易的计量、核算及价值评估体系[38]。迄今，国际上尚无对海洋碳汇计量的统一规范和标准，中国碳市场上有关海洋的碳汇标准体系仍是空白。需要组织整合海洋负排放相关的不同学科交叉融合，加快海洋碳中和核算机制与方法学研究，建立海洋碳指纹、碳足迹、碳标识相应的方法与技术、计量步骤与操作规范、评价标准，建立健全海洋碳汇交易体系。

14.4.5 探索生态碳汇价值实现机制与路径

在经济发展需求与生态容量的双重约束下，实现我国碳达峰与碳中和需要探索更多的政策手段。将海洋碳汇与陆地碳汇协同起来，构造一体化碳汇体系，对我国碳汇能力建设具有重要意义[51]。探索碳汇生态产品价值实现机制与路径，推进陆地和海洋生态系统的碳汇交易。跟踪国内外碳汇生态产品价值实现典型模式与案例，从碳交易视角加强陆地和海洋生态系统碳汇潜力的核算研究，评估其固碳减排效应的经济价值，健全碳汇生态产品价值实现机制政策制度体系[39]。将以海洋生态改善为基础的海洋碳汇项目和国土空间生态修复碳汇项目等纳入全国碳排放权交易市场，鼓励各类社会资本参与陆地和海洋生态修复活动以提升生态系统碳汇，通过完善激励性经济政策提高多元化主体参与生态修复的积极性。探索陆地和海洋生态碳汇交易与生态补偿机制的融合路径，开展生态补偿试点与示范。

参考文献

[1] 方精云. 碳中和的生态学透视[J]. 植物生态学报，2021，45（11）：1173-1176.

[2] FRIEDLINGSTEIN P, JONES M W, O'SULLIVAN M, et al. Global Carbon Budget 2021[J]. Earth System of Science Data, 2022, 14（4）：1917-2005.

[3] 杨元合，石岳，孙文娟，等. 中国及全球陆地生态系统碳源汇特征及其对碳中和的贡献[J]. 中国科学：生命科学，2022，52（16）：534-574.

[4] FANG J Y, YU G R, LIU L L, et al. Climate Change, Human Impacts, and Carbon Sequestration in China[J]. Proc Natl Acad Sci USA, 2018, 115（16）：4015-4020.

[5] 朱建华，田宇，李奇，等. 中国森林生态系统碳汇现状与潜力[J]. 生态学报，2023（9）：

1-16.

[6] IPCC. Climate Change 2021: The Physical Science Basis [M]. Cambridge: Cambridge University Press, 2021.

[7] SCHULZE E D, WIRTH C, HEIMANN M. Managing Forests After Kyoto [J]. Science, 2000, 289(5487): 2058-2059.

[8] ZHANG Y, ZHAO M X, CUI Q, et al. Processes of Coastal Ecosystem Carbon Sequestration and Approaches for Increasing Carbon Sink [J]. Science China Earth Sciences, 2017, 60(5): 809-820.

[9] JIAO N Z, ROBINSON C, AZAM F, et al. Mechanisms of Microbial Carbon Sequestration in the Ocean-Future Research Directions [J]. Biogeosciences, 2014, 11(19): 5285-5306.

[10] 朴世龙, 何悦, 王旭辉, 等. 中国陆地生态系统碳汇估算: 方法、进展、展望 [J]. 中国科学: 地球科学, 2022, 52(6): 1010-1020.

[11] 生态环境部. 中华人民共和国气候变化第二次两年更新报告 [R/OL]. http://big5.mee.gov.cn/gate/big5/www.mee.gov.cn/ywgz/ydqhbh/wsqtkz/201907/P020190701765971866571.pdf.

[12] FAO. Global Forest Resources Assessment 2020-Key findings [R]. Rome, 2020.

[13] 徐冰, 郭兆迪, 朴世龙, 等. 2000—2050年中国森林生物量碳库: 基于生物量密度与林龄关系的预测 [J]. 中国科学: 生命科学, 2010, 40(7): 587-594.

[14] HU H F, WANG S P, GUO Z D, et al. The Stage-Classified Matrix Models Project a Significant Increase in Biomass Carbon Stocks in China's Forests Between 2005 and 2050 [J]. Scientific Reports, 2015(5): 11203.

[15] CAI W X, HE N P, LI M X, et al. Carbon Sequestration of Chinese Forests From 2010 to 2060: Spatiotemporal Dynamics and Its Regulatory Strategies [J]. Science Bulletin, 2022, 67(8): 836-843.

[16] BAI Y F, COTRUFO M F. Grassland Soil Carbon Sequestration: Current Understanding, Challenges, And Solutions [J]. Science, 2022, 377(6606): 603-608.

[17] SONG J, WAN S Q, PENG S S, et al. The Carbon Sequestration Potential of China's Grasslands [J]. Ecosphere, 2018, 9(10).

[18] CHUAI X W, QI X X, ZHANG X Y, et al. Land Degradation Monitoring Using Terrestrial Ecosystem Carbon Sinks/Sources and Their Response to Climate Change in China [J]. Land Degradation and Development, 2018, 29(10): 3489-3502.

[19] QIU Z X, FENG Z K, SONG Y N, et al. Carbon Sequestration Potential of Forest Vegetation in China From 2003 to 2050 [J]. Journal of Cleaner Production, 2020(252).

[20] LU N, TIAN H, FU B, et al. Biophysical and Economic Constraints on China's Natural Climate Solutions [J]. Nature Climate Change, 2022.

[21] YU G R, ZHU X J, FU Y L, et al. Spatial Patterns and Climate Drivers of Carbon Fluxes in Terrestrial Ecosystems of China [J]. Global Change Biology, 2013, 19(3): 798-810.

[22] XIAO D R, DENG L, KIM D G, et al. Carbon Budgets of Wetland Ecosystems in China [J]. Global Change Biology, 2019, 25 (6): 2061-2076.

[23] LU M, ZOU Y, XUN Q, et al. Anthropogenic Disturbances Caused Declines in the Wetland Area and Carbon Pool in China During the Last Four Decades [J]. Global Change Biology, 2021, 27 (16): 3837-3845.

[24] YU Y Q, HUANG Y, ZHANG W. Projected Changes in Soil Organic Carbon Stocks of China's Croplands Under Different Agricultural Managements, 2011-2050 [J]. Agriculture, Ecosystems and Environment, 2013 (178): 109-120.

[25] 焦念志, 梁彦韬, 张永雨, 等. 中国海及邻近区域碳库与通量综合分析 [J]. 中国科学: 地球科学, 2018, 48 (11): 1393-1421.

[26] LIU H X, REN H, HUI D F, et al. Carbon Stocks and Potential Carbon Storage in the Mangrove Forests of China [J]. Journal of Environmental Management, 2014 (133): 86-93.

[27] 王秀君, 章海波, 韩广轩. 中国海岸带及近海碳循环与蓝碳潜力 [J]. 中国科学院院刊, 2016, 31 (10): 1218-1225.

[28] ALONGI D M. Carbon Cycling and Storage in Mangrove Forests [J]. Annual Review of Marine Science, 2014, 6 (1): 195-219.

[29] 张煜星, 王雪军, 蒲莹, 等. 1949—2018年中国森林资源碳储量变化研究 [J]. 北京林业大学学报, 2021, 43 (5): 1-14.

[30] LI P, ZHU J, HU H, et al. The Relative Contributions of Forest Growth and Areal Expansion to Forest Biomass Carbon [J]. Biogeosciences, 2016, 13 (2): 375-388.

[31] 樊杰, 王红兵, 周道静, 等. 优化生态建设布局提升固碳能力的政策途径 [J]. 中国科学院院刊, 2022, 37 (4): 459-468.

[32] 国家林业和草原局. 中国森林资源报告 (2014—2018) [M]. 北京: 中国林业出版社, 2019.

[33] 张会儒, 雷相东, 张春雨, 等. 森林质量评价及精准提升理论与技术研究 [J]. 北京林业大学学报, 2019, 41 (5): 1-18.

[34] 张逸如, 刘晓彤, 高文强, 等. 天然林保护工程区近20年森林植被碳储量动态及碳汇（源）特征 [J]. 生态学报, 2021, 41 (13): 5093-5105.

[35] 毛竹, 陈虹, 孙瑞钧, 赵化德, 邢庆会. 我国海洋碳汇建设现状、问题及建议 [J]. 环境保护, 2022, 50 (7): 50-53.

[36] YAO Y T, PIAO S L, WANG T. Future Biomass Carbon Sequestration Capacity of Chinese Forests [J]. Science Bulletin, 2018, 63 (17): 1108-1117.

[37] 张小全, 谢茜, 曾楠. 基于自然的气候变化解决方案 [J]. 气候变化研究进展, 2020, 16 (3): 336-344.

[38] 于贵瑞, 朱剑兴, 徐丽, 等. 中国生态系统碳汇功能提升的技术途径: 基于自然解决方案 [J]. 中国科学院院刊, 2022, 37 (4): 490-501.

［39］孔凡婕，应凌霄，文雯，等. 基于国土空间生态修复的固碳增汇探讨［J］. 中国国土资源经济，2021，34（12）：70-76.

［40］BU X Y，CUI D，DONG S C，et al. Effects of Wetland Restoration and Conservation Projects on Soil Carbon Sequestration in the Ningxia Basin of the Yellow River in China from 2000 to 2015［J］. Sustainability，2020，12（24）：10284.

［41］ZHAO Y C，WANG M Y，HU S J，et al. Economics and Policy Driven Organic Carbon Input Enhancement Dominates Soil Organic Carbon Accumulation in Chinese Croplands［J］. Proceedings of the National Academy of Sciences of the United States of America，2018，115（16）：4045-4050.

［42］李玉娥，朱建华，董红敏，等. 农业、林业和其他土地利用（AFOLU）. 姜克隽，陈迎，主编. 中国气候与生态环境演变：2021，第三卷，减缓［M］. 北京：科学出版社，2021.

［43］LI Y E，SHI S W，WAQAS M A，et al. Long-term（≥20 years）Application of Fertilizers and Straw Return Enhances Soil Carbon Storage：A Meta-analysis［J］. Mitigation and Adaptation Strategies for Global Change，2018，23（4）：603-619.

［44］焦念志. 研发海洋"负排放"技术，支撑国家"碳中和"需求［J］. 中国科学院院刊，2021，36（2）：179-187.

［45］李捷，刘译蔓，孙辉，等. 中国海岸带蓝碳现状分析［J］. 环境科学与技术，2019，42（10）：207-216.

［46］JIAO N，LIU J，JIAO F，et al. Microbes Mediated Comprehensive Carbon Sequestration for Negative Emission in the Ocean［J］. National Science Review，2020，7（12）：1858-1860.

［47］PIAO S L，YIN G D，TAN J G，et al. Detection and Attribution of Vegetation Greening Trend in China Over the Last 30 Years［J］. Global Change Biology，2015，21（4）：1601-1609.

［48］LU F，HU H F，SUN W J，et al. Effects of National Ecological Restoration Projects on Carbon Sequestration in China From 2001 to 2010［J］. Proceedings of the National Academy of Sciences of the United States of America，2018，115（16）：4039-4044.

［49］王文涛，刘纪化，揭晓蒙，等. 海洋支撑碳中和技术体系框架构建的思考与建议［J］. 中国海洋大学学报（自然科学版），2022，52（3）：1-7.

［50］SHKENAZI D Y，ISREAL A，ABELSON A. A Novel Two-Stage Seaweed Integrated Multi-Trophic Aquaculture［J］. Reviews in Aquaculture，2019，11（1）：246-262.

［51］赵云，乔岳，张立伟. 海洋碳汇发展机制与交易模式探索［J］. 中国科学院院刊，2021，36（3）：288-295.

第 15 章 创新构建碳达峰碳中和技术体系

技术创新是实现碳达峰碳中和的核心驱动力，直接影响未来国际经济发展新格局和经济竞争力，成为未来 30 年全球碳中和技术突破和重大工程布局的竞争焦点。2022 年 8 月，科技部等 9 部门印发《科技支撑碳达峰碳中和实施方案》，统筹提出支撑 2030 年前实现碳达峰目标的科技创新行动和保障举措，并为 2060 年前实现碳中和目标做好技术研发储备。本章重点针对能源、工业、交通、建筑和碳移除等领域技术进行分析，阐述各领域先进绿色低碳技术，描述这些技术在碳达峰碳中和进程中发挥的作用，评估技术减排潜力和相应的减排成本，同时针对技术的未来发展提出措施建议，最终对实现碳达峰碳中和提供技术支撑。

15.1 能源领域重大关键技术创新

15.1.1 能源领域关键技术概述

能源是人类社会赖以生存和发展的重要物质基础，人类文明的重大进步往往都伴随着能源的重大变革。从薪柴到煤炭再到油气，当前人类社会正在经历由传统化石能源向新能源的重大转型。从全球来看，二氧化碳排放主要来自化石燃料燃烧，2021 年全球能源相关的二氧化碳排放量上升至历史新高的 363 亿吨，化石燃料使用量激增的同时将温室气体排放推到了一个新的高峰[1]。中国是全球第一大能源消费国，与能源相关二氧化碳排放也是全球第一。通过技术创新推动能源领域绿色低碳转型，是中国实现碳达峰碳中和的重要保障。

化石能源的低碳化和非化石能源的规模化是实现能源领域低碳转型的必由之路。当前，能源领域关键技术主要包括以下几项。

风能：风力发电大多是利用风力涡轮机发电，风电场由许多单独的风力涡轮机组成，通过连接到电力网络传输电力。风能资源具有可再生、永不枯竭、无污染等特点，综合社会效益高，且现阶段风电技术开发较为成熟。需要注意的是，风能作为一种可变的可再生能源，需要匹配相应的电力管理技术或升级电网系统来满足供需关系。2020年，全球风力发电量达到1592太瓦·时，相比2019年增长了约12%，占全球总发电量的6.08%[2-5]。其中，陆上风力发电量新增144太瓦·时，相比2019年增幅11%，总发电量达到1480.4太瓦·时。全球陆上风电新增装机容量增加108吉瓦（约为2019年的2倍），主要由中国和美国贡献，这两个国家合计占全球风力发电部署的79%。2020年海上风力发电量增长达到25太瓦·时，较2019年增长了29%，新增装机容量6吉瓦。

太阳能光伏：光伏发电是利用半导体界面的光生伏特效应将光能直接转变为电能的一种技术。太阳能发电通常使用两种技术，第一种是光伏系统，即在屋顶或地面安装使用太阳能电池板，将阳光直接转换为电力；第二种是集中式太阳能发电，即利用太阳热能产生蒸汽，然后通过涡轮机将蒸汽转化为电能。太阳能光伏发电在全球能源脱碳方面发挥着关键作用。中国蕴藏着丰富的太阳能资源，太阳能利用前景广阔。中国比较成熟的太阳能产品有太阳能光伏发电系统和太阳能热水系统。2007年以来，中国太阳能产业规模已位居世界第一，是全球最重要的太阳能光伏电池生产国，也是太阳能热水器生产量和使用量最大的国家。未来通过技术突破，实现太阳能电池转换效率的提升和能量密度的提高，将有效推动我国大规模高效太阳能电池的使用，为能源转型提供重要支撑。2020年，太阳能光伏发电量增加了创纪录的156太瓦·时，达到821太瓦·时，占全球总发电量的3.2%[3, 6]。在所有可再生能源技术中，太阳能发电量增长位居第二，略落后于风力发电。太阳能光伏发电正在成为世界大部分地区发电成本最低的选择，预计将在未来几年推动投资。

核能：核电是未来零碳电力系统中的重要电源。未来核电发展中，可控核聚变的技术突破是解决零碳能源问题的关键。可控核聚变利用核聚变反应产生的热量来发电，在聚变过程中，两个较轻的原子核结合形成一个较重的原子核，同时释放能量。可控核聚变技术的应用具有理论可行、资源充足、清洁高效等特点，若能保证足够的温度、压力等条件，该技术与核裂变相比可以降低设备运行中的辐射量、产生很少的高放射核废料、保证更加充足的燃料供应和更高的安全性，其突破性进展将为应对全球能源问题提供重要支撑。核能发电已经是当今电力中的重要组成部分，2020年核能发电量为2636太瓦·时，占全球总发电量的10.1%[3]。

生物质能：植物将太阳能转化为化学能储存在生物质内部的能量，可以通过技术将生物质压缩成高密度固体燃料以及将固体生物质转换成可燃气体、焦油、沼气和酒精等。2020年生物质能发电量为718太瓦·时，同比2019年上涨了8%。世界各地支持生物质能发电发展的政策正在改善[7]。合理利用生物质能发电，或者将生物质能转化成优质的零碳燃料，有助于电力或者工业领域实现"双碳"目标。

绿氢：通过利用可再生能源（如太阳能、风能等发电）或核能进行电解水制成的氢被称为绿氢，其生产过程只需要水，从而在源头上实现了零碳排放。氢被认为是一种理想的储能介质，绿氢可用于电力和交通领域的清洁燃料、钢铁和石化等高碳排放行业的替代能源，同时也可以作为甲醇、合成氨和钢铁冶炼的原料，这将有效推动能源转型、工业脱碳和氢燃料电池发展。氢能技术在2020年表现出强劲势头，全世界有十个国家采取了氢能战略，安装了近70兆瓦的电解容量[8]。

15.1.2 能源领域技术潜力和成本评估

科学评估技术减排潜力是实现碳达峰和碳中和目标的一项必要工作。IPCC最新研究结果显示，到2030年，单位二氧化碳排放当量的减排成本不超过100美元的减排措施可将全球温室气体排放量比2019年排放水平至少减少50%[9]。在大多数评估研究中，将气候温升限制在2℃以内所带来的全球经济效益将超过减排成本，在经济上实现净收益[9]。

能源领域减排是重中之重。从全球来看，在各项减排技术中（图15.1），光伏发电和风力发电是碳减排的主要贡献者，估计在2030年比当前排放水平（基准年为2019年）减排45.2亿吨和38.3亿吨，相应的减排成本多数为负值。核能发电、生物质发电和地热能利用也具有一定的减排潜力。研究显示，上述三项措施在2030年（相较于2019年）的减排潜力分别为8.8亿吨、8.6亿吨和7.4亿吨，减排成本在0~200美元/吨二氧化碳当量。相比之下，全球水力发电带来的减排潜力较小，仅为3.2亿吨。

就中国而言，风力发电和光伏发电同样是能源领域的重要减排措施。研究结果显示，通过提高风电和光伏发电装机容量和发电量是电力行业减少二氧化碳排放潜力最大的措施，2030年可实现8.1亿吨和7.3亿吨的减排[10]，减排成本在0~50美元/吨二氧化碳当量。核能发电、水力发电和生物质发电也是能源领域减排的关键措施，到2030年可实现二氧化碳减排4.5亿吨、2.5亿吨和1.7亿吨，相应的减排成本分别为0~20美元/吨二氧化碳当量、20~50美元/吨二氧化碳当量和负值。此外，通过实施"上大压小"、现役机组节能升级改造等节能降耗措施，预计可以在2030年减排1.3亿吨二氧化碳（图15.1）。

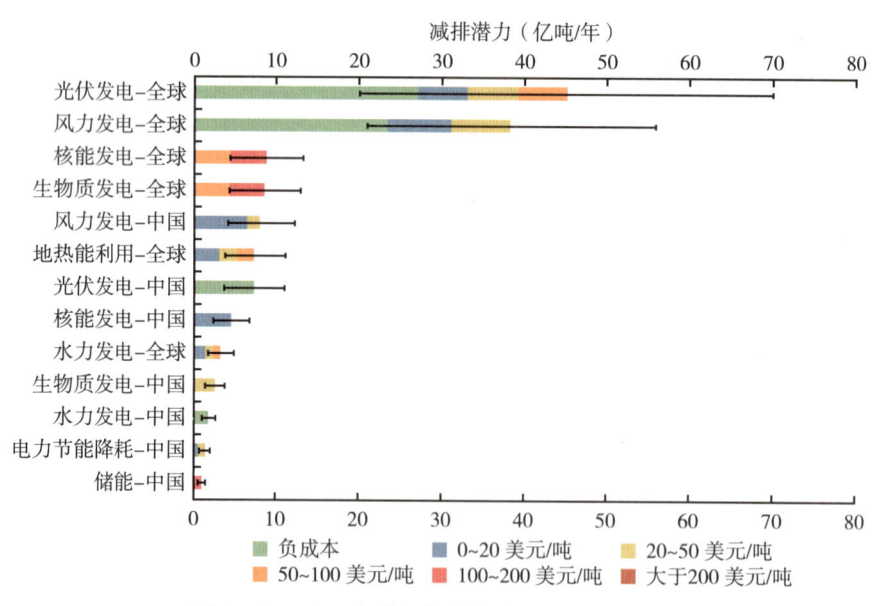

图 15.1　2030 年能源领域技术减排成本和潜力

注：数据来自 IPCC 第六次评估报告、中国重点行业/部门二氧化碳减排技术研究、中国碳中和技术平台等研究[9,13-15]。

　　能源领域技术的突破性进展是实现碳中和目标的根本支撑。风力发电方面，尽管近年来已经加快发展，但是为实现净零排放目标，仍需要付出更大的努力以保持风力装机容量的持续增长。其中，最重要的改进领域是海上风电的成本降低和技术改进，需要攻关大型风机叶片和机组核心控制技术，以及促进陆上风电的许可。类似地，太阳能光伏发电也需要付出更多努力，通过提高光伏系统的集成化和智能化水平以及对新一代太阳能电力的研发、利用和商业化，以达到更具雄心的净零排放情景下的要求[6]。核电方面，新一代核电技术仍处于研发示范阶段，可控核聚变技术仍处于初步探索阶段，突破瓶颈依赖于技术突破。根据当前趋势和政策目标，2040 年的核电装机容量将达到 582 吉瓦，但是仍远低于 2050 年净零排放情景下所需的 730 吉瓦，并且这一差距将在 2040 年后进一步扩大，这对现有核电机组的长期运行和年新增装机容量提出了新的要求，即需在 2020—2050 年保持每年 20 吉瓦的新增装机容量[11]。

　　许多国家的核能政策存在很高的不确定性，需要各国政府兼顾政治承诺、气候目标和电力供应安全。氢能方面，据估计到 2050 年，氢气产量将增长到 5 亿吨。实现这些目标要求电解装机容量从当前的 0.3 吉瓦增加到 2050 年的接近 3600 吉瓦。研究显示，强劲的氢需求增长和清洁技术的采用使得氢和氢基燃料在 2021—2050 年的净零排放情景下可以减少高达 600 亿吨二氧化碳排放，占总累计减排量的 6.5%。在难以实施直接电气化的难脱碳行业，如重工业（尤其是化工生产）、重型公路运输、航运和航空业，氢燃料的使用对于实现碳减排尤为关键。在电力部门，氢能可以提供灵活性，帮助平衡不断增长的可再生能源发电份额，并促进季节性储能[12]。

15.2 工业领域重大关键技术创新

15.2.1 工业领域关键技术概述

工业领域是二氧化碳排放的重要贡献者，就中国而言，2020年工业领域碳排放（包括能源活动、工业过程和间接排放）占中国碳排放总量的比例高达62%。工业领域能否率先实现碳达峰碳中和是中国实现碳达峰碳中和目标的关键，而科技突破是目标实现的重要支撑。

工业领域关键技术主要包括以下几个方面。

全废钢电炉工艺：钢铁行业是中国国民经济和社会发展的重要基础产业，在现代化建设进程中发挥了不可替代的支撑作用。2020年，中国粗钢和生铁的产量为10.7亿吨和8.9亿吨，分别占全球总产量的57%和63%[16,17]。从钢铁生产方式来看，中国钢铁生产工艺以长流程炼钢为主，能耗水平较高，电炉炼钢和废钢炼钢比例与欧盟、美国等存在较大差距。电炉短流程冶炼工艺以废钢作为主要原料，相比高炉-转炉长流程冶炼工艺，短流程工艺可以很大程度地降低能耗和二氧化碳排放水平。全废钢电炉工艺能极大提高废钢的回收和利用，同时如果管理得当，可以通过"削峰填谷"，降低用电成本并提高电能的社会利用效率，促进钢铁行业结构优化和清洁能源替代，是钢铁行业脱碳的核心技术之一。

氢冶金技术：在还原冶炼过程中用氢气取代碳作为还原剂和能量源，还原产物为水，从而在源头上减少钢铁生产过程的碳排放。氢冶金目前主要有高炉富氢冶炼和氢直接还原竖炉工艺。高炉富氢冶炼通过喷吹天然气、焦炉煤气等富氢气体参与炼铁过程，通过加快炉料还原，可在一定程度上减少碳排放，但由于本身仍然是基于传统高炉工艺，碳减排效益为10%~20%。氢直接还原竖炉是通过使用氢气与一氧化碳混合气体作为还原剂，将铁矿石转化为直接还原铁后再投入电炉冶炼。氢直接还原铁技术是对现有高炉为主的炼铁工艺的革新，可减少炼焦、烧结、炼铁等环节，从源头上减少碳排放，可以实现50%以上的碳减排，是实现全氢冶金工艺中的重要技术途径。

二氧化碳资源化利用技术：二氧化碳资源化利用是二氧化碳循环利用和减排的重要途径。二氧化碳物理利用包括惰性气体使用（用作焊接保护气、烟丝膨化剂、灭菌气体）和食品工业中的冷却剂。超临界二氧化碳可以溶解有机物，可用于光学零件、电子器件、精密机械零件进行清洗。在原油开采行业，超临界二氧化碳可以与原油混溶，降低其黏度从而提高老油井石油采出率。在化学利用方面，利用二氧化碳与焦炭在高温下反应制得一氧化碳气体，继而进行羰基合成可生产醋酸、甲酸等产品。利用二氧化碳与氨作用合成尿素，可以生产出碳酸二甲酯等重要化学品。此外，二氧化碳通过催化氢化生成甲醇也是一种很有发展前景的化工利用方法。

15.2.2 工业领域技术潜力和成本评估

工业领域技术有着相当规模的减排潜力。从全球来看（图15.2），通过使用清洁能源替代将在2030年产生最大的碳减排效益，相比2019年基准排放水平可以减排二氧化碳21亿吨，减排成本在20~200美元/吨二氧化碳当量。紧随其后，提升工业领域能源利用效率和材料利用效率也可以带来非常可观的二氧化碳减排，对应的减排潜力分别为11.4亿吨和9.3亿吨，减排成本在0~20美元/吨二氧化碳当量和20~50美元/吨二氧化碳当量之间。资源循环利用和水泥行业熟料替代也可产生一定规模的减排效益，潜力分别为4.8亿吨和2.8亿吨。相比之下，2030年氢冶金技术所能提供的减排潜力有限，仅为1.1亿吨。

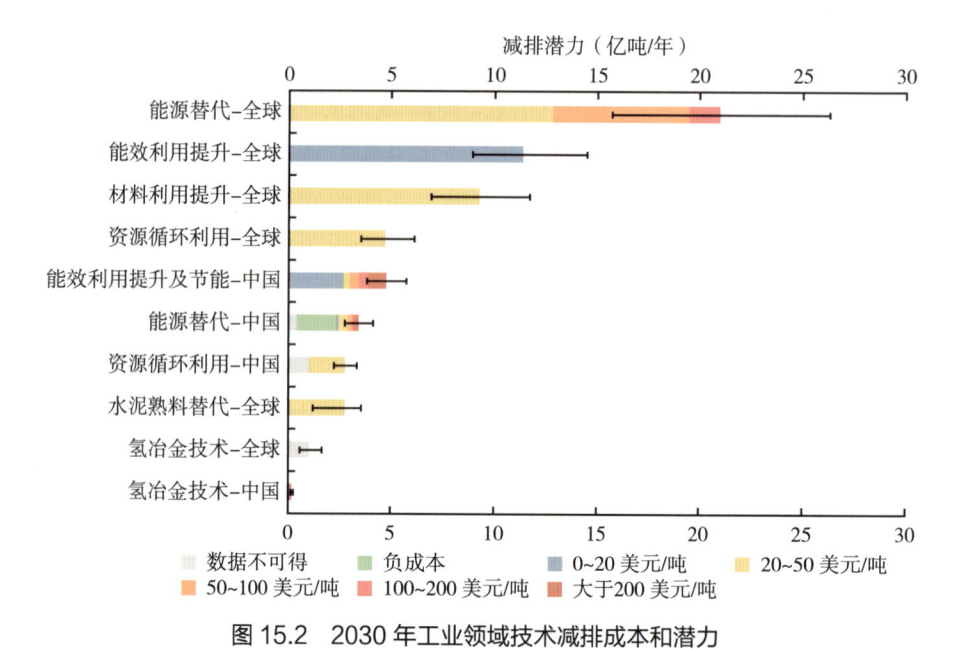

图 15.2 2030年工业领域技术减排成本和潜力

注：数据来自IPCC第六次评估报告、中国重点行业/部门二氧化碳减排技术研究、中国碳中和技术平台等研究[9, 15, 18-20]。

工业领域能源利用效率提升及节能是中国重要减排措施，如钢铁行业优化燃料结构、推进余热余能利用等提升系统能效水平，水泥行业推进熟料烧成系统节能改造和推广高效节能技术，石化行业推广节能低碳技术和提高能效标准推动节能项目实施等措施，到2030年可以带来4.8亿吨二氧化碳减排，减排成本主要集中在0~20美元/吨二氧化碳当量。能源替代也是工业领域的关键减排措施，通过采取钢铁行业外购清洁电力、水泥行业固体废物替代燃料和清洁能源使用、石化行业化石能源清洁化改造和可再生能源替代等工业各行业措施，能源替代在2030年的减排潜力为3.5亿吨二氧化碳，减排成本多数为负值。

资源循环利用，包括在钢铁行业加大废钢资源利用、铝冶炼行业提高废铝资源利用以及石化行业资源回收利用等措施，也可以带来一定程度的二氧化碳减排，潜力为2.85亿吨二氧化碳，减排成本在20~50美元/吨二氧化碳当量。类似的，与全球层面研究结果一致，2030年中国氢冶金技术所能提供的减排潜力相对有限，减排成本较高。

碳中和时期，工业领域需重点突破的技术包括全废钢电炉的集成优化技术、氢冶金和氢燃料使用技术、二氧化碳利用等技术。全废钢电炉流程的集成优化技术将帮助优化钢铁行业工艺，更加充分地利用废钢资源。氢冶金技术的发展，可以从源头避免碳排放，实现深度脱碳，建立清洁高效生产系统。氢燃料在工业中推广使用，可实现绿色能源替代传统化石能源生产，尤其是化工行业增加绿氢化工。比如当前全球范围内氢能煅烧水泥熟料技术均处于起步阶段，以基础理论和实验室研究为主，未来需要技术突破创新，提高利用率。通过攻关二氧化碳利用技术，尤其是针对化工和生物行业，可以实现气候和经济等多重效益。

15.3 交通领域重大关键技术创新

15.3.1 交通领域关键技术概述

交通领域也是化石能源消耗及二氧化碳排放的重点领域。近年来，中国交通相关产业（如汽车产业）快速发展，交通领域碳排放增长迅速。2019年，中国交通领域二氧化碳排放量占全国碳排放总量的10%，其中道路交通、航空、水运是主要排放源，分别占交通领域碳排放的84.6%、8.1%和6.4%[21]。未来，交通领域可以通过优化能源结构、提升能效和调整运输结构等措施实现深度降碳。

交通领域实现碳达峰碳中和的关键技术主要包括以下几个方面：

货车新能源技术：道路货运车能源替代，从以柴油为主的传统化石能源向新能源转变，逐步实现重型货车近零碳排放。考虑到中国货车（包括重型、中型和轻型等类型）的碳排放在道路交通的排放占比超过50%，道路货运车辆的新能源替代是实现道路甚至整个交通领域碳达峰碳中和的关键。

氢能航空动力技术：氢能航空动力包括氢燃料发动机和氢燃料电池推进系统两个方向。氢燃料发动机指通过燃气涡轮推进氢燃料在燃烧室内燃烧，推动涡轮产生推力，或是推动涡轮带动发电机发电，然后带动风扇产生推力。氢燃料电池是指通过电化学反应直接产生电，然后由电动机带动风扇产生推力。由于氢自身特性，相比化石燃料仅产生水或者部分氮氧化物，因而可以极大降低航空飞行的气候影响，同时也给中国航空动力领域提供了一个"换道超车"的机会。需要注意的是，为了适应氢能航空动力技术，需要对航空发动机的燃烧系统进行改造或者重新设计。当前氢燃料电池存在能量密度低、寿命短和输出功率低等问题，需要依赖技术创新实现对氢燃料电池的高效利用。

可持续航空燃料技术：可持续航空燃料是指具有与常规喷气发动机所用燃料煤油几乎相同的特性但碳排放更少的燃料。它由可持续的原料制成，如食用油、动物脂肪、生物质和固体废弃物等，该燃料在全生命周期内最高可以将碳排放减少80%（与被替代的传统喷气燃料相比）。

船舶和港口低碳化技术：船舶电动化是指采用电力驱动的方式替代传统的燃油或者燃气为动力的方式，推进新能源在船舶中应用，具有尾气零排放和低噪音的特点，可以帮助实现船舶行业节能减排和转型升级。此外，以氢燃料电池为主要动力供应系统也是未来船舶低碳化的发展方向，这种方式可以充分发挥氢能清洁、高效的优势，实现船舶运输零排放。相应地，港口低碳化包括使用港口岸电、港口作业和机械车辆新能源化。港口岸电可以通过岸上电力替代船舶自身燃油以满足生产和生活等设施的用电需求，推进港口作业和机械车辆新能源化可以实现运输工具的低碳化转型。

15.3.2 交通领域技术潜力和成本评估

交通领域技术减排潜力主要由能源替代和能效提升贡献。从全球来看（图15.3），通过提升轻型和重型车辆的燃油经济性可产生相当可观的二氧化碳减排效益，将在2030年比2019年的基准排放水平减排二氧化碳约10亿吨，其中轻型车和重型车占比分别为60%和40%，减排成本为负值。紧随其后，交通领域能源替代也将发挥重要作用。通过将车辆电动化可以减少二氧化碳排放8.1亿吨。使用生物燃料可以减少二氧化碳排放7.1亿吨，减排成本在0~100美元/吨二氧化碳当量。此外，船舶和航空交通方面，通过提升能源利用效率也可以产生一定规模的减排效益，潜力分别为5.0亿吨和2.3亿吨二氧化碳，减排成本为负值。

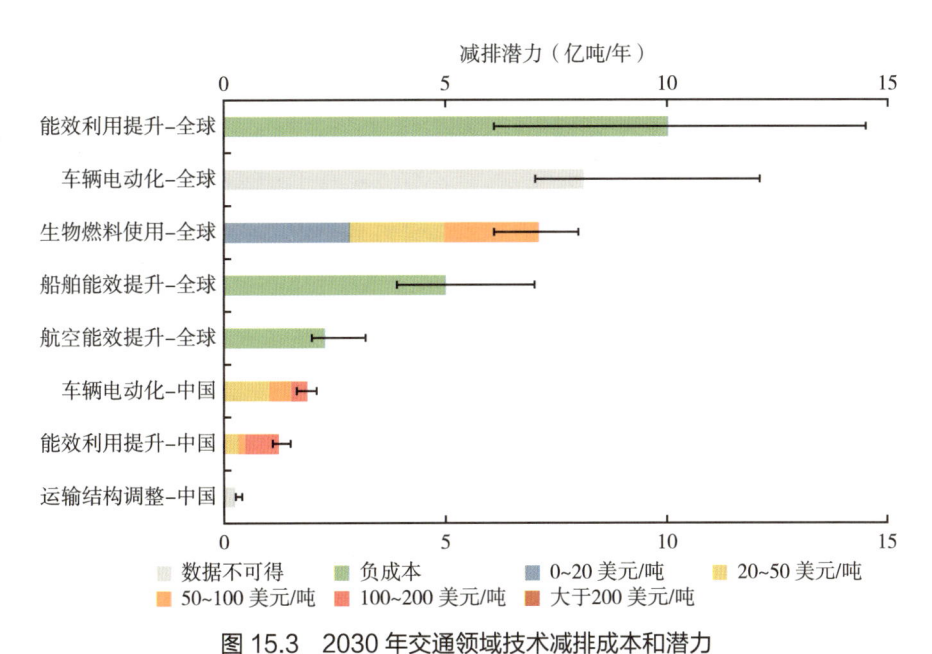

图 15.3　2030 年交通领域技术减排成本和潜力

注：数据来自 IPCC 第六次评估报告、中国重点行业/部门二氧化碳减排技术研究、中国碳中和技术平台等研究[9, 15, 22, 23]。

与全球情况不同的是，能源替代是中国交通领域最重要的减排措施。通过提升新能源汽车的导入速度，采取财税及各种政策优惠措施加大对新能源乘用车和商用车的推广，扩大公共交通、新车采购、载货汽车等新能源车的规模，在 2030 年可以带来二氧化碳减排潜力 1.9 亿吨，减排成本多集中在 20~50 美元/吨二氧化碳当量。此外，能效提升措施，包括参考发达国家经验对中国燃料消耗制定和实施更加严格的标准，引入先进的节能减排技术（如混合动力、涡轮增压、先进变速器等），引导车辆在产品轻量化、热效率提高、轮阻降低等方面进行技术升级和产品结构调整，从而持续降低燃油车碳排放强度，在 2030 年的减排潜力约 1.25 亿吨，减排成本在 20~200 美元吨二氧化碳当量。此外，通过运输结构调整，包括优化公路货运结构、推进大宗货物"公转铁"和"公转水"、加快沿海和内河主要港口大宗货物集疏港铁路或管道运输专线建设等措施，到 2030 年可以带来 0.25 亿吨二氧化碳减排。

为实现碳中和目标，交通领域需要依赖技术进步来完成新能源和清洁能源替代以及提升能效水平。近期交通领域需要依靠对道路车辆的大规模新能源替代，中长期则需要依靠新能源和可再生能源在车辆、船舶和航空的全面替代，包括进一步研究氢燃料和可持续航空燃料技术应用的可行性，同时配套完善电气化建设、基础设施供配电系统升级改造，以满足充电或者换电需求，实现低碳化或无碳化。

15.4 建筑领域重大关键技术创新

15.4.1 建筑领域关键技术概述

建筑是人类工作和生活的重要载体。近年来，随着全球城镇化进程的不断推进，建筑规模在不断增加，尤其是中国。相应地，建筑能耗和相关碳排放也在逐年上升。2020年建筑运行阶段二氧化碳排放约22亿吨，主要由外购电力和热力造成的间接排放贡献[24]。建筑与工业、交通是中国能源消费和二氧化碳排放的三个重要领域。

建筑领域实现碳达峰碳中和的关键技术主要包括以下两个方面。

建筑光储直柔技术：光储直柔是指在建筑领域应用太阳能光伏、储能、直流配电和柔性交互四项技术，以支撑建筑领域零碳能源的发展。具体来说，光储直柔利用建筑的屋顶空间安装分布式光伏发电，然后在建筑内布置分布式蓄电，改变建筑配用电网的形式，从传统的交流配电网变为低压直流配电网，同时建筑用电需求从刚性转变为柔性，建筑用电设备具备可中断和可调节的能力，实现柔性用电。光储直柔技术使得建筑从能源的使用者变成生产者、使用者和调控者三位一体，提高电能利用效率和节能优势。

低碳清洁取暖技术：清洁取暖包括因地制宜通过可再生能源（如地热、生物质、太阳能）、工业余热和热电联产利用等方式加快对供暖燃煤锅炉替代，城镇集中供暖替代分散式燃煤和农村散煤替代，从而提高用能效率，以满足建筑取暖清洁化、低碳化的要求。

15.4.2 建筑领域技术潜力和成本评估

建筑领域的减排潜力由多项减排措施贡献，包括建筑能效提升、对既有建筑进行节能改造、可持续生产使用、控制能耗需求和规模、低碳清洁取暖等。从全球来看（图15.4），提升新建建筑能效水平和对既有建筑进行节能改造是碳减排的主要贡献者，预计到2030年比2019年基准水平减排11.8亿吨和2.7亿吨二氧化碳，相应的减排成本集中在100~200美元/吨二氧化碳当量。通过使用节能灯具和设备充分发挥建筑节能的作用，2030年的减排潜力为7.3亿吨。控制建筑能耗需求也具有一定的减排潜力，研究显示该措施在2030年的减排为5.0亿吨。此外，可持续的生产和使用方式也可以产生4.7亿吨二氧化碳的减排效益，相应的减排成本在0~200美元/吨二氧化碳当量。

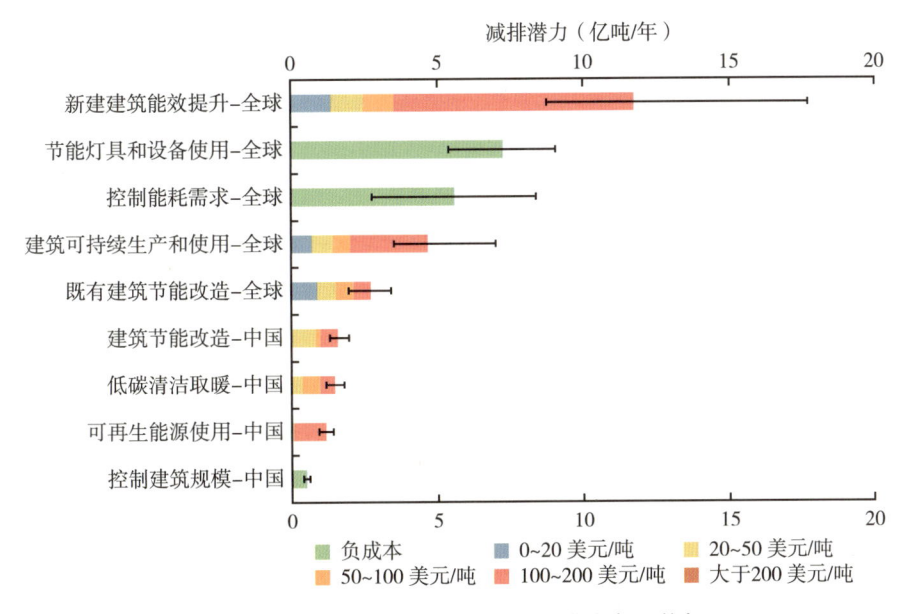

图 15.4　2030 年建筑领域技术减排成本和潜力

注：数据来自 IPCC 第六次评估报告、中国重点行业/部门二氧化碳减排技术研究、中国碳中和技术平台等研究[9, 15, 26, 27]。

就中国而言，建筑节能是非常有效的减排措施，如提升新建建筑节能标准、对既有建筑进行节能改造、发展绿色建筑等，可以在 2030 年带来二氧化碳减排约 1.6 亿吨，相应的减排成本在 20~200 美元/吨二氧化碳当量。建筑领域能源相关措施也具有显著的减排潜力。中国建筑领域碳排放中，北方城镇建筑供暖（包括热电联产和集中供热锅炉）相关碳排放为 4.1 亿吨，占全国建筑领域碳排放的 19%。取暖也是农村建筑的重要组成部分，通过推进清洁取暖，包括城镇建筑集中供暖、农村散煤替代和合理利用能源，有望在 2030 年减排二氧化碳 1.5 亿吨，相应的减排成本在 20~200 美元/吨二氧化碳当量。建筑用能结构改变也是建筑低碳化的重要方向之一，通过使用可再生能源，因地制宜采用太阳能、地热能、生物质能等可再生能源满足建筑供暖、制冷及生活热水等用能需求，推广建筑光伏应用，鼓励新建建筑采用光储直柔模式，实现光伏供电、智慧储能、系统直流、建筑柔性用电于一体的建筑系统，在 2030 年的减排潜力为 1.2 亿吨二氧化碳，减排成本主要集中在 100~200 美元/吨二氧化碳当量。此外，控制建筑规模，防止大拆大建现象和限制不合理拆迁，到 2030 年可以带来约 0.5 亿吨二氧化碳减排，减排成本为负值。

建筑领域用能电气化、光储直柔新型建筑电力系统和分布式光伏能源系统是实现碳中和的关键。现阶段，建筑能效的显著提升推动了能耗与建筑面积增长的脱钩，但是仍远未达到零碳排放的目标[25]。未来更多的电器使用和极端天气事件会给能源系统带来更大的压力。要在2050年前实现建筑行业的净零排放，需要在2030年前迅速转向市场上的最佳可用技术。通过逐步推行建筑用能电气化，实现中长期新建建筑和既有建筑的全面电气化设计和改造。发展和推广使用光储直柔新型建筑电力系统，可以以能源系统的生产者、使用者和储存调控者的身份更有效生产和消纳风电光电，为电力系统碳中和作出积极贡献。此外，农村地区可以大力发展分布式光伏能源系统，替代原有的化石燃料使用，满足其生活和生产用能。

15.5 碳移除领域重大关键技术创新

15.5.1 碳移除领域关键技术概述

碳中和目标的实现需要不仅依赖于碳减排，还需要通过碳移除来抵消不得不排放的二氧化碳。负碳技术的充分发展和应用，可以使碳移除量与二氧化碳排放量基本相当，最终实现碳净零排放。负碳技术中，生态系统碳汇被认为是最稳定的碳移除来源，并且已在过去很长一段时间内帮助抵消同期化石燃料燃烧和工业活动导致的碳排放；此外，CCUS也已经获得了国际社会的普遍认可，它的发展使得二氧化碳得以从能源、工业或者大气中分离出来，然后通过管道、罐车或船舶输送到特定的场地进行利用或者封存，帮助能源、电力和钢铁水泥等重点行业实现低碳转型，是实现碳中和目标的一项托底技术。

碳移除领域的技术主要包括以下几个方面。

森林碳汇：森林作为一种天然碳汇，其碳固定作用对缓解全球变暖有着重要作用。通过实施管理，改变种植、植被移除和土地利用变化可以森林生态系统的碳排放。人为植树造林将是提高森林生态系统碳储量的有效方法。在未来，一方面可以通过加强生态保护以巩固自然生态系统的固碳作用，另一方面可以实施生态工程措施以提升陆地生态系统碳汇能力。

生物质碳捕集与封存：生物质碳捕集与封存（Bioenergy with Carbon Capture and Storage，BECCS）技术是指将生物质能与碳捕集与封存相结合，将生产排放的二氧化碳通过CCS技术进行捕集和封存以实现二氧化碳负排放的技术。其中，生物质可以是纯生物质能源，也可以使用生物质能源与传统化石能源耦合。BECCS已经涉及众多行业，包括生物质燃料发电、热电联产、造纸、乙醇生产、生物质制气等。

直接空气碳捕集与封存技术：直接空气碳捕集与封存（Direct Air Carbon Capture and Storage，DACCS）技术是指从空气中直接捕集二氧化碳并且进行永久地质封存。DACCS通过使用风扇和过滤器从空气中移除二氧化碳，分为液体系统和固体系统。液体系统将空气通过化学溶液去除其中的二氧化碳；固体系统则通过在表面覆盖着化学试剂的过滤器捕集二氧化碳并形成化合物，随后对化合物进行加热，分离和回收二氧化碳，随后将二氧化碳运输和进行封存。DACCS 可以部署在任何一个有电力供应的地方，但是由于大气中二氧化碳浓度较稀薄，这项技术面临着较高的成本和吸附材料等问题。

15.5.2　碳移除领域技术潜力和成本评估

碳移除领域各项技术在未来实现碳中和过程中扮演着重要角色。从全球来看（图15.5），通过对现有林地及自然生态系统保护（包括避免毁林，避免泥炭地、沿海湿地和草地的损失和退化）将在 2030 年产生最大的碳减排效益，相比 2019 年基准排放水平可以减排二氧化碳 40.4 亿吨，减排成本主要集中在 0~100 美元/吨二氧化碳当量。农业固碳措施，包括土壤固碳、混农林业（即将农地上农作物与多年生木本植物交互种植，结合林业与农业间土地利用管理方式）和生物炭应用，也可以产生较大的减排潜力。研究显示到 2030 年农业固碳的减排潜力为 34.4 亿吨，相应的减排成本在 0~100 美元/吨二氧化碳当量。紧随其后，通过植树造林及生态系统修复措施，包括造林、再造林、泥炭地恢复、沿海湿地恢复等，到 2030 年减排潜力为 28.4 亿吨二氧化碳，减排成本主要集中在 50~100 美元/吨二氧化碳当量。此外，可持续林业管理也可带来非常可观的二氧化碳减排，2030 年减排潜力为 13.7 亿吨，相应的减排成本主要集中在 50~200 美元/吨二氧化碳当量。

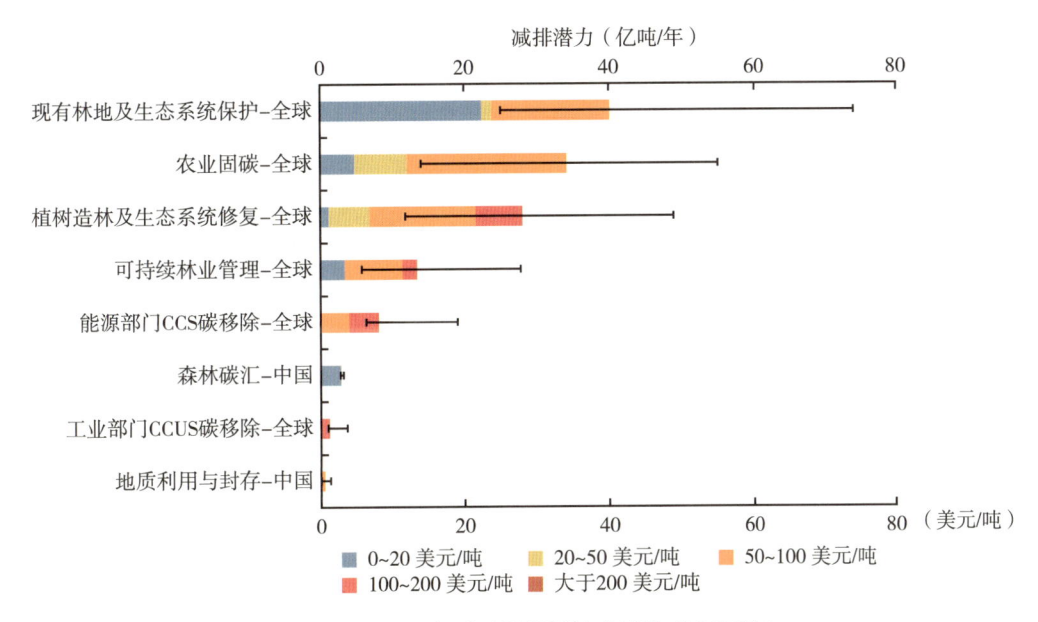

图 15.5　2030 年碳移除领域技术减排成本和潜力

注：数据来自 IPCC 第六次评估报告、中国重点行业/部门二氧化碳减排技术研究、中国碳中和技术平台、中国二氧化碳捕集、利用与封存（CCUS）年度报告（2021）等研究[9, 15, 37, 46]。

除了生态相关的碳移除技术，全球范围内使用CCUS负碳技术也具有一定规模的减排潜力。研究显示，能源部门CCS碳移除技术为主要减排贡献，到2030年的减排潜力为12.8亿吨二氧化碳。相比之下，工业部门CCS或CCUS碳移除技术减排潜力较小，仅为1.5亿吨二氧化碳。CCUS的减排成本在50~200美元/吨二氧化碳当量。

全球CCUS陆上封存容量为6万亿~42万亿吨，海底封存容量为2万亿~13万亿吨[28-32]。根据《IPCC全球升温1.5℃特别报告》评估结果，在未来90种情景中，几乎都需要CCUS负碳技术进行碳移除才能将温升控制在1.5℃范围内[33]。现阶段，2020年的CCUS全球捕集和封存量仅为0.4亿吨/年。根据这90种情景研究结果，90%的情景在2050年对CCUS全球封存量的需求达到36亿吨/年，也就是2020年的将近100倍。此外，其他研究结果也彰显了CCUS在实现净零排放中的重要作用。IEA的可持续发展情景对CCUS进行了描述，研究结果显示，如果全球能源部门在2070年实现净零排放，CCUS将贡献累计减排的15%[34]。国际可再生能源机构在深度脱碳情景下提出了2050—2060年实现净零排放。到2050年CCUS的减排贡献为27.9亿吨/年，占年减排量的约6%[35, 36]。

中国现阶段二氧化碳捕集能力为300万吨/年，累计封存二氧化碳200万吨，捕集、输送、利用和封存环节的技术发展迅速，部分技术已经具备商业应用潜力。根据《中国二氧化碳捕集、利用与封存（CCUS）年度报告（2021）：中国CCUS路径评估》的研究结果，在碳中和目标下中国分阶段CCUS减排需求分别为2030年的2.1亿吨、2050年的10亿吨和2060年的14亿吨[37-43]。到2060年，BECCS和DACCS对整体CCUS有较大贡献，需求分别为4.5亿吨和2.5亿吨；其他部门中，煤电对CCUS需求也较高，为3.5亿吨。通过应用CCUS技术，一方面有助于充分利用现有煤电机组和保留煤电产能，避免提前淘汰面临高昂的资产搁浅成本；另一方面，CCUS技术可以帮助现有煤电机组进行低碳化改造，实现深度脱碳。气电、水泥和钢铁行业对CCUS的需求分别为0.6亿吨、2.0亿吨和1.0亿吨。水泥行业因工业生产过程（石灰石分解）产生大量二氧化碳，需要依赖CCUS技术实现行业深度脱碳。钢铁行业可以在未来氢冶金技术中发挥CCUS的作用，并且在炼焦和高炉炼铁过程中有较大的二氧化碳捕集潜力。

就中国的碳移除潜力来说，研究表明当前森林碳汇对二氧化碳的吸收约为11.22亿吨，固碳作用明显。未来，随着森林植物自身的生长变化，森林碳汇量将在2030年和2035年达到14.26亿吨和14.67亿吨二氧化碳，相应的减排潜力为3.0亿吨和3.5亿吨二氧化碳，可以帮助抵消通气人类活动导致的碳排放[44]。CCUS负碳技术的发展使得其减排潜力将会出现显著增长。在碳中和目标约束下，中国在2030年、2035年、2050年和2060年CCUS技术二氧化碳的减排潜力约为0.9亿吨和2.6亿吨、9.5亿吨和13.5亿吨[31, 37, 43, 45]。需要注意的是，该结果为基于当前研究的判断，未来会存在较大的不确定性。减排成本方面，随着CCUS未来规模化发展、技术进步以及配套政策，成本将会有较大幅度的降低。研究结果显示，中国全流程CCUS的成本到2030年和2060年的成本分别为540元/吨和275元/吨，这涵盖了捕集、运输、封存和利用四个环节的成本。

未来在碳移除领域，一方面要加强生态保护、加强对森林的管理以巩固自然生态系统固碳作用，同时实施生态工程措施以提升陆地生态系统碳汇能力；另一方面，需要科学部署CCUS发展路径，规划CCUS基础设施和工程项目建设，通过完善标准规范体系、加强政策支持，推进CCUS商业化应用，并进行CCUS规模化产业集群建设。当前中国碳中和技术尚处于起步阶段，未来需要强化零碳关键技术的基础研发，依靠科技创新加大对前沿科学技术难题攻关，为实现碳达峰碳中和提供技术支撑。

参考文献

[1] IEA. Global Energy Review: CO_2 Emissions in 2021 [R]. Paris, 2022.

[2] IEA. Wind Power [R]. Paris, 2021.

[3] BP Statistical Review of World Energy [R/OL]. https://www.bp.com/en/global/corporate/energyeconomics/statistical-review-of-world-energy.html.

[4] Ember. Global Electricity Review (2022) [R/OL]. https://ember-climate.org/insights/research/global-electricity-review-2022/.

[5] Ember. European Electricity Review [R/OL]. https://ember-climate.org/insights/research/european-electricity-review-2022/.

[6] IEA. Solar PV [R]. Paris, 2022.

[7] IEA. Bioenergy Power Generation [R]. Paris, 2021.

[8] IEA. Hydrogen [R]. IEA, 2021.

[9] IPCC. Climate Change 2022: Mitigation of Climate Change. Working Group III contribution to the Sixth Assessment Report of the Intergovernmental Panel on Climate Change [R/OL]. https://www.ipcc.ch/report/sixth-assessment-report-working-group-3/.

[10] 王丽娟，张剑，王雪松，等. 中国电力行业二氧化碳排放达峰路径研究[J]. 环境科学研究，2022，35（2）：329-338.

[11] IEA. Nuclear Power [R/OL]. https://www.iea.org/reports/nuclear-power.

[12] IEA. Global Hydrogen Review 2021 [R/OL]. https://www.iea.org/reports/global-hydrogen-

review-2021.

[13] IEA. Projected Costs of Generating Electricity 2020 [R/OL]. https://www.iea.org/reports/projected-costs-of-generating-electricity-2020.

[14] 刘惠,蔡博峰,张立,等. 中国电力行业 CO_2 减排技术及成本研究 [J]. 环境工程, 2021, 39 (10): 8-14.

[15] CNTD. China Carbon Neutrality Technology Database [EB/OL]. http://cntd.cityghg.com/pages/index.

[16] 国家统计局. 中华人民共和国 2020 年国民经济和社会发展统计公报 [EB/OL]. (2021-02-28) [2021-07-11]. http://www.stats.gov.cn/tjsj/zxfb/202102/t20210227_1814154.html.

[17] World Steel Association. World Steel in Figures 2021 [EB/OL]. [2021-07-11]. https://www.worldsteel.org/en/dam/jcr:976723ed-74b3-47b4-92f6-81b6a452b86e/World%2520Steel%2520in%2520Figures%25202021.pdf.

[18] 董金池,汪旭颖,蔡博峰,等. 中国钢铁行业 CO_2 减排技术及成本研究 [J]. 环境工程, 2021, 39 (10): 23-31, 40.

[19] ZHANG S, YI B W, WORRELL E, et al. Integrated Assessment of Resource-Energy-Environment Nexus in China's Iron and Steel Industry [J]. Journal of Cleaner Production, 2019, 232 (20): 235-249.

[20] YUE H, WORRELL E, CRIJNS-GRAUS W. Impacts of Regional Industrial Electricity Savings on the Development of Future Coal Capacity Per Electricity Grid and Related Air Pollution Emissions-A Case Study for China [J]. Applied Energy, 2021 (282): 116252.

[21] 黄志辉,纪亮,尹洁,等. 中国道路交通二氧化碳排放达峰路径研究 [J]. 环境科学研究, 2022, 35 (2): 385-393.

[22] 夏楚瑜,马冬,蔡博峰,等. 中国道路交通部门减排技术及成本研究 [J]. 环境工程, 2021, 39 (10): 50-56.

[23] ANDREAS W, BARRETT S R H, DOYME K, et al. Technological, Economic and Environmental Prospects of All-Electric Aircraft [J]. Nat Energy, 2019 (4): 160-166.

[24] 袁闪闪,陈潇君,杜艳春,等. 中国建筑领域 CO_2 排放达峰路径研究 [J]. 环境科学研究, 2022, 35 (2): 394-404.

[25] IEA. Tracking Buildings 2021 [EB/OL]. https://www.iea.org/reports/tracking-buildings-2021.

[26] 杨璐,杨秀,刘惠,等. 中国建筑部门二氧化碳减排技术及成本研究 [J]. 环境工程, 2021, 39 (10): 41-49.

[27] LANGEVIN J, HARRIS C B, REYNA J L. Assessing the Potential to Reduce U.S. Building CO_2 Emissions 80% by 2050 [J]. Joule, 2019, 3 (10): 2403-2424.

[28] BRADSHAW J, ALLINSON G, BRADSHAW BE, et al. Australia's CO_2 Geological Storage Potential and Matching of Emission Sources to Potential Sinks [J]. Energy, 2004, 29 (9-10): 1623-1631.

[29] Global Status of CCS Report 2019［R］. Global CCS Institute，2019.

[30] Global Status of CCS Report 2020［R］. Global CCS Institute，2020.

[31] WEI N，LI X C，FANG Z M，et al. Regional Resource Distribution of Onshore Carbon Geological Utilization in China［J］. Journal of CO_2 Utilization，2015（11）：20-30.

[32] KIM A R，CHO G C，LEE J Y. Potential Site Characterization and Geotechnical Engineering Aspects on CO_2 Sequestration in Korea［C］//ACEM16，2016，Jeju Island，Korea.

[33] IPCC. Global warming of 1.5℃［R］. World Meteorological Organization. Geneva：Switzerland，2018.

[34] IEA. About CCUS［EB/OL］. https://www.iea.org/reports/about-ccus.

[35] IRENA. Global Renewables Outlook：Energy Transformation 2050（Edition 2020）［R］. International Renewable Energy Agency，Abu Dhabi，2020.

[36] IRENA. Reaching Zero with Renewables：Eliminating CO_2 Emissions From Industry and Transport in Line with the 1.5℃ Climate Goal［R］. International Renewable Energy Agency，Abu Dhabi，2020.

[37] 蔡博峰，李琦，张贤. 中国二氧化碳捕集、利用与封存（CCUS）年度报告（2021）——中国CCUS路径评估［R］. 2021.

[38] 亚洲开发银行. 中国碳捕集与封存示范和推广路线图研究［R］. 2015.

[39] 世界资源研究所（WRI）. 零碳之路："十四五"开启中国绿色发展新篇章［R］. 2021.

[40] 麦肯锡. 迈向2060碳中和：城市在脱碳化进程上的作用［R］. 2021.

[41] 波士顿咨询公司. 中国气候路径报告：承前继后、坚定前行［R］. 2020.

[42] 何建坤. 中国长期低碳发展战略与转型路径研究［C］. 2020.

[43] 中国工程院碳汇与碳封存及碳资源化利用战略研究课题组. 碳汇与碳封存及碳资源化利用战略研究报告［R］. 2021.

[44] CAI W，HE N，LI M，et al. Carbon Sequestration of Chinese Forests From 2010 to 2060：Spatiotemporal Dynamics and Its Regulatory Strategies［J］. Science Bulletin，2022，67（8）：836-843.

[45] JIANG Y，LEI Y，YAN X. Employment Impact Assessment of Carbon Capture and Storage（CCS）in China's Power Sector Based on Input-Output Model［J］. Environmental Science and Pollution Research，2019，26（15）：15665-15676.

[46] FUSS S，LAMB W F，CALLAGHAN M W，et al. Negative Emissions：Part 2［J］. Environmental Research Letters，2018，13（6）：063002.

第 16 章 促进碳达峰碳中和的政策创新

确保如期高质量实现碳达峰碳中和目标，必须不断建立和完善服务于碳达峰碳中和的绿色低碳政策体系，处理好降碳与经济发展的关系，处理好短期与中长期的关系，处理好局部与整体的关系，处理好政府与市场的关系。同时，要全面统筹协调降碳、减污、扩绿、增长，以最低成本实现碳达峰碳中和。本章围绕加快构建"双碳"政策体系，完善现有绿色低碳政策，创新应对气候变化政策手段，加强政策有效衔接协调等展开分析。

16.1 碳排放总量控制政策

目前，我国实施能耗强度和总量双控制度政策，同时实施碳排放强度控制政策，国民经济发展规划制定了相应的约束性指标。实施能耗双控和碳排放强度控制，有力地遏制了我国碳排放增速，为我国控制碳排放作出了积极贡献。2020年我国碳排放强度与 2015 年相比下降 18.8%，超额完成"十三五"约束性目标；与 2005 年相比，2020 年我国碳排放强度下降 48.4%，超额完成了我国向国际社会承诺的到 2020 年下降 40%~45% 的目标。通过实施能耗双控政策和碳排放强度控制政策，我国基本扭转了二氧化碳排放快速增长的局面，为全球应对气候变化作出了突出贡献。

16.1.1 碳排放总量控制政策是必然选择

为了做好碳达峰碳中和工作，必须优化能耗双控政策，并逐渐转化为实施碳排放强度和总量双控政策，最终实施碳排放总量控制政策。能耗双控政策容易直接对经济社会发展造成负面影响。当前我国能源消费仍是以煤炭为代表的化石能源为主，且经济社会发展与化石能源消费密切正相关，如果把握不好能耗双控工作节奏和控制力度，能耗双控政策在某种程度上意味着可能限制经济发展速度。2021年下半年，我国大部分地区出现"拉闸限电"、为完成能耗控制指标而限产等现象的主要原因是部分地区过度强化了能耗双控政策，使得有色金属、钢铁、化工等多个行业甚至人民生活都受到了不同程度的不利影响。此外，现行能耗双控政策虽然在执行上更加直接、简便，但并没有反映不同能源种类的单位能耗强度的差异，且我国能耗总量控制政策覆盖新增可再生能源和原料用能等，因此我国能耗总量控制政策可能会限制可再生能源发展，不利于能源绿色低碳转型和持续优化能源消费结构[1]。

就现行碳排放强度控制政策而言，存在通过做大分母（如国内生产总值）完成碳排放强度控制指标但仍未能有效控制碳排放总量的风险，碳排放强度控制不能有效遏制"高排放、高收益"项目的运行，也难以满足我国2030年前碳排放达峰之后碳排放量稳中有降的目标管理需求[1]。

碳排放总量控制着眼点是总量控制，立足点是绿色低碳发展。采用碳排放总量控制代替能源消费总量和强度双控政策，不仅可以有效降低煤炭等化石能源使用增量及其占比，促进节能和提高能效，同时不限制清洁能源发展，有助于强化可再生能源、零碳能源增长。采用碳排放总量控制政策，有助于提升碳生产力，深入推进能源消费结构和产业结构的低碳化，切实推动经济社会绿色低碳发展转型，实施碳排放总量控制是推动实现碳达峰碳中和的必然选择。

16.1.2 建立完善碳排放总量控制政策

我国从"十二五"时期开始探索碳排放总量控制，"十三五"时期在部分地区试点碳排放总量控制。"十四五"时期我国应在进一步优化完善能耗双控政策的基础上，推动能源双控向碳排放强度和总量双控转变，逐渐实施碳排放总量控制。

建立碳排放总量控制政策，一是应设定明确的碳排放总量控制目标。通过"自上而下"与"自下而上"相结合的方法，一方面根据国家制定的社会经济发展、资源环境保护、能源消费控制、城镇化和人口控制等目标进行综合测算碳排放总量目标，另一方面根据地方、行业的发展需求测算其碳排放总量控制目标，两者协调，处理好降碳与经济高质量发展的关系，统筹考虑公平与效率、阶段性目标和中长期目标，以及地区和行业发展与全国发展的关系，最终制定与我国经济社会发展阶段水平相适应的国家碳排放总量控制目标，并避免过多增加实现目标的社会经济成本和行政管理成本。此外，应将碳排放总量控制目标作为国民经济发展的约束性指标,以法律的形式加以确立,与国家国民经济发展规划其他目标相衔接协调,确保碳排放总量控制政策顺利实施,确保实现碳排放总量控制目标和经济社会高质量发展。

二是有效分解落实国家碳排放总量目标。全国碳排放总量目标确定后,针对特定区域和行业,按照经济发展阶段,产业和能源消费结构调整、技术升级、能源替代等潜力,空气质量和大气污染控制要求等因素,科学合理设定地方和行业碳排放总量控制目标。碳排放总量目标分解应与国家已有能源、环境约束性指标任务的分解有机结合,做好与地方、行业发展规划目标、指标衔接协调,应采取分阶段逐渐趋严的政策部署,有效将国家碳达峰碳中和战略意图和目标传导至地方、部门行业。

三是建立完善与碳排放总量控制相适应的碳排放统计和考核政策与技术规范体系。建立完善与碳排放总量控制相适应的、规范统一的碳排放监测、核算、报告与核查管理政策和技术规范等,出台一系列配套的碳排放控制评估和总量控制考核政策。建立相应的评估和考核指标体系,并应与国家已有能源、环境约束性指标任务的考核有机结合。建立完善上下联动的碳排放总量控制目标责任评估考核机制,对碳排放总量目标的分解、实施进展和成效进行考核,确保碳排放总量控制政策发挥成效。

四是循序渐进实施碳排放总量控制政策。就我国实施碳排放总量控制政策进程而言,应采用循序渐进的方式,逐渐从能耗双控、碳排放强度和总量双控转化为碳排放总量控制。"十四五"初期,在进一步完善能耗双控政策的基础上,如可再生能源不纳入能耗总量双控、能耗强度控制指标与碳排放强度控制指标衔接协调等,建立完善碳排放标准体系,不断完善碳排放强度控制政策;"十四五"中期,总体上逐渐转型为碳排强度控制为主、碳排放总量控制为辅的政策,并在有条件的部分地区、行业开始实施碳排放总量控制。"十五五"初期,实施碳排放总量控制为主、碳排放强度为辅的政策,条件成熟后在全国实施碳排放总量控制政策,确保2030年前如期实现碳排放达峰并稳中有降。此外,还可以探索以全国碳市场为抓手,开展高排放行业碳排放总量控制试点,深化地区碳排放总量试点,积累可复制、可推广经验,条件成熟时在全国范围内推广[2]。

16.2 碳市场与碳价格政策

为了充分发挥市场和价格政策推动经济社会绿色低碳发展,必须创新市场和价格政策,构建有效的绿色低碳市场机制,深入推进价格改革,为绿色低碳发展释放合理的价格信号，提升市场和价格治理能力，从而优化配置能源、资源和碳排放空间，有效减少碳排放，实现节能增效，促进资源节约和环境保护，提升公共服务供给质量，为经济社会绿色低碳发展提供成本效益优化的途径，绿色低碳市场和价格政策是推动经济社会绿色低碳转型发展的重要政策驱动。

16.2.1 处理好政府与市场的关系

为了推动实现碳达峰碳中和目标，必须建立完善推动经济社会绿色低碳发展的市场与价格政策，必须处理好政府与市场的关系，以建立完善的能源市场、碳排放市场及其价格政策为核心，加强市场机制间的衔接与协调，逐渐形成科学合理的能源、资源、碳排放空间等要素市场及价格形成机制，建立健全价格调控机制，由市场决定竞争性领域价格，充分发挥市场与价格政策推动社会经济绿色低碳发展的作用。

建立完善绿色低碳市场与价格政策，必须处理好政府与市场的关系。一方面充分发挥市场配置资源的决定性作用，建设推动经济社会绿色低碳发展的有效市场，必须形成合理的价格信号，准确反映市场供求，有效引导投资；必须建立健全科学合理、公平公正、统一规范、公开透明的市场规则以及统计与绩效评估体系；必须建立长效监管制度，强化日常监管，确保监管有力、交易和竞争有序；从而充分发挥市场配置资源的决定性作用，充分有效激励绿色低碳发展。

另一方面，更好地发挥政府作用。政府必须为市场建章立制，建立完善法律法规体系，按照市场规律制定宏观、长远的发展战略，做好顶层设计；必须强化对市场的监督指导，加强系统性风险防范与应急处置能力，有效防范能源市场安全、产业链供应链安全、粮食安全等，有效应对绿色低碳发展可能伴随的经济、金融、社会风险；必须尊重市场规律，把握好采取行政手段干预市场的方式和力度，维护绿色低碳经济秩序与经济发展能力，加强资源调配能力与政策兜底能力；政府必须做的工作一定要做到位、管理好、见成效[3]。

16.2.2 建立完善电力市场与价格政策

我国已在建立电力市场与价格政策方面开展了大量、细致、探索性的工作。改革开放初期，通过电力市场化改革，较好地解决了全国电力供应紧张、电力建设资金短缺等问题。2015年，中共中央、国务院《关于进一步深化电力体制改革的若干意见》印发，探索通过电力体制改革，实现"三放开、一独立、三加强"，管住中间，放开两头，激活发电侧与售电侧市场动力。2021年10月，国家发改委《关于进一步深化燃煤发电上网电价市场化改革的通知》发布；2022年1月，国家发改委、国家能源局《关于加快建设全国统一电力市场体系的指导意见》印发。进一步深化电力市场和价格改革，建立完善全国统一的电力市场，推动燃煤发电量全部进入电力市场，工商业用户全部进入电力市场，促进新能源消纳，市场形成电价，提高电力企业运行效率，推动电力绿色低碳化和电力行业可持续发展。通过电力市场化，推动形成合理电价，提高电力资源有效配置，降低输配电价负担，使得电力资源的使用率得到提高，降低污染排放量，推进能源电力绿色低碳化。此外，电力市场化还有助于确保电力行业各方市场主体进行良性竞争，提高电力企业市场竞争活力[4,5]。

为了推动碳达峰碳中和，必须进一步建立完善能源电力市场和价格政策，能源电力市场和价格政策是绿色低碳市场和政策体系建设的重中之重。深化电力市场化改革，应从能源供给和消费两端的市场与价格发力，将有助于发展可再生能源，安全消纳可再生能源电力，推动储能发展，提高能源电力的利用效率，推进能源供给结构和能源消费结构绿色低碳化，确保能源电力安全。

一是建立完善推动可再生能源电力发展的市场和价格政策。稳步提高可再生能源在能源消费中的占比是我国实现碳达峰碳中和的重要途径，我国将在2030年和2060年分别实现非化石能源消费比重要达到25%左右和80%以上，2030年风电、太阳能发电总装机容量达到12亿千瓦以上，约是目前风电、太阳能发电装机容量的2倍。为了确保实现可再生能源有序快速发展，解决发展资金、可再生能源发电消纳、抽水蓄能、储能设施建设等需求，必须逐渐建立健全促进可再生能源规模化发展的市场和价格政策，完善绿色电价政策，形成合理的水电、风电、太阳能发电、核电的绿色电价机制，建立调节性电源价格机制。

二是推动形成合理开放的电力市场竞争机制。推动能源电力市场中政府职能的转换，包括放开发电计划，落实绿色调度、效率优先的电力调度政策，提升用户选择市场化水平，推动开展大用户直接交易和跨区域交易。完善省级电网、区域电网、跨省跨区专项工程、增量配电网价格形成机制，建立完善差别化电价和阶梯电价形成机制，优化峰谷分时电价机制，实施支持性电价政策，降低岸电使用服务费，清除不合理的电价优惠政策，特别是对"两高"类型项目和企业的电价优惠政策，促进行业技术进步、产业转型升级和能效水平提升。

三是优化完善居民用电、用热价格机制。持续完善居民阶梯电价政策、分时电价政策，优化电价调整机制；优化居民用热收费模式，加快推进供热计量改革和按供热量收费；在保障民生的前提下，提高居民用电、用热效率。

四是稳步推进石油天然气价格改革。根据"全国一张网"发展方向和天然气管网等基础设施独立运营及勘探开发、供气和销售主体多元化进程，完善天然气管道运输价格形成机制，稳步推进天然气门站价格市场化改革，探索推进终端用户销售价格市场化，完善终端销售价格与采购成本联动机制。

16.2.3 建立碳交易市场与价格政策

全国碳排放权交易市场是我国应对气候变化的机制创新，是控制温室气体排放的激励与约束政策，为全社会实现既定的减排目标提供成本效益优化的途径，推动能源消费结构和产业结构的绿色低碳化，推动经济社会绿色低碳发展转型，是我国实现碳达峰碳中和的重要政策工具，我国将建立完善以全国碳排放权交易市场为核心的碳定价机制[2]。

我国已经建成全球覆盖温室气体排放最大的全国碳排放权交易市场，将逐渐完善配套制度，逐步建立完善市场功能，全国碳排放权交易市场将对实现碳达峰碳中和目标发挥重要推动作用。一是全国碳排放权交易市场是碳减排的约束机制，通过市场机制压实了企业碳减排的责任，推动碳市场管控的高排放行业实现产业结构和能源消费结构的绿色低碳化。二是全国碳排放权交易市场是碳减排的激励机制，为碳减排释放价格信号，以成本效益优化的社会成本控制碳排放，将资金、绿色低碳技术引导至减排潜力大的行业企业和绿色低碳发展领域，为行业、区域绿色低碳发展转型提供投融资渠道，推动绿色低碳技术创新，推动高排放行业绿色低碳发展。三是通过构建全国碳排放权交易市场丰富市场要素、构建抵消机制等配套政策，促进增加林业碳汇，促进可再生能源的发展，助力区域协调发展和生态保护补偿，倡导绿色低碳的生活和消费方式。国内外实践表明，与传统行政管理手段相比，碳排放权交易市场既能够将碳排放控制的责任压实到企业，又能够为碳减排提供相应的经济激励，降低全社会碳减排成本，并且带动绿色技术创新和产业投资，为兼顾经济发展和碳减排提供了有效的市场机制途径和政策工具[6]。

充分发挥全国碳排放权交易市场推动碳达峰碳中和的作用必须不断建立完善相关政策体系。在全国碳排放权交易市场政策体系建设中，首先必须坚持将碳市场作为控制温室气体排放政策工具的工作定位，在加快建立完善全国碳排放权交易市场律法法规体系的基础上，完善配套政策体系。具体地说，全国碳排放权交易市场应尽快实施碳排放总量控制政策；优化完善配额分配与管理政策，包括科学设定排放配额总量，不断优化排放配额分配方法；完善市场化功能政策，包括逐渐扩大全国碳排放权交易市场覆盖的行业企业范围，适时扩大交易主体范围、交易产品的种类和交易方式，加强交易、金融风险防范与管理政策等[7]。

探索实施碳税政策，辅助全国碳排放权交易市场有效发挥控制碳排放的市场机制作用,建立完善碳定价机制。碳排放权交易和碳税是碳定价的两种主要形式,碳排放权交易和碳税各有特点,简单地说,碳排放权交易减排目标明确,价格由市场形成;碳税的税率(碳价)由政府确定,减排目标具有不确定性。碳排放权交易和碳税可以协同增效,但适用的范围有所差异。实施碳排放权交易为主、碳税为辅的碳定价政策,一方面提升碳定价政策控制碳排放的覆盖范围及成效,防止碳泄漏和转移,另一方面形成全面碳定价的格局,充分发挥碳定价对碳减排的激励和约束作用。就我国的具体情况而言,在全国碳排放权交易市场不适于覆盖的领域,如碳排放量在全国碳排放权交易市场重点排放单位纳入门槛以下且相对较小、参与碳交易成本较高的行业、企业或者产品开征碳税,同时加强对税率、征税环节、免税条款、税收收入使用等方面的研究,完善碳税顶层设计,开展碳税试点,使得碳税和碳交易实现协同增效,推动实现碳达峰碳中和[2]。

建立完善温室气体自愿减排交易市场政策。建立完善温室气体自愿减排交易市场有助于激励碳排放权交易市场机制覆盖范围外的温室气体减排项目发展,进一步强化市场机制对温室气体减排的作用。2012年6月,国家发改委《温室气体自愿减排交易管理暂行办法》发布,我国开始建设统一规范的温室气体自愿减排交易机制。为了进一步适应"放管服"的管理要求,服务碳达峰碳中和,我国温室气体自愿减排交易机制正在进行制度改革。在做好碳达峰碳中和工作的要求下,修订出台温室气体自愿减排交易管理办法及项目审定和减排量核证管理政策与技术规范等,进一步优化完善温室气体自愿减排项目审定和减排量核证方法学体系。此外,还应制定配套政策激励企业开展项目级温室气体减排活动,倡导绿色低碳生活,鼓励利用温室气体自愿减排项目产生的国家核证的减排量进行碳中和[7]。

建立完善碳汇交易政策,尽快将碳汇纳入全国碳排放权交易市场。坚持因地制宜、分类施策的原则,有序开发碳汇项目,逐渐构建碳汇交易体系,积极规范参与全国碳排放权交易市场交易和抵消机制,强化通过市场机制激励大规模国土绿化,挖掘农业固碳增汇潜力,扩大增绿质量、数量和能力,切实促进生态系统的增汇减排。

16.3 全国碳排放权交易市场建设

2021年是全国碳排放权交易市场(以下简称"全国碳市场")建设的里程碑。2020年12月底,生态环境部发布《碳排放权交易管理办法(试行)》,启动全国碳市场第一个履约周期。2021年7月16日,全国碳市场启动配额上线交易。全国碳市场制度体系不断建立完善，市场运行平稳有序，初步形成碳定价机制，为进一步深化完善全国碳市场功能，发挥市场机制推动实现碳达峰碳中和目标奠定了良好基础。

16.3.1 碳市场是碳达峰碳中和的重要工具

建立完善全国碳市场是利用市场机制控制碳排放、推动经济社会绿色低碳发展的重大制度创新，是推动实现碳达峰碳中和目标的重要政策工具。全国碳市场的基本定位是碳减排政策工具，通过配额管理与市场机制相结合的方式，对企业碳减排发挥激励和约束作用。首先，建立完善全国碳市场有助于形成"排碳有成本，减碳有收益"的理念；全国碳市场有助于形成对碳减排的激励与约束机制，以市场方式形成合理碳价，降低全社会碳减排成本，为控排企业以成本效益优化的方式实现减排目标提供了有效途径；全国碳市场以市场机制的方式压实了企业碳减排的责任，有利于倒逼能源消费结构和产业结构低碳化，破解高碳锁定效应，实现减污降碳协同增效，还有利于引导资金、技术、人才等资源要素向绿色低碳发展领域聚集，推动低碳技术和产业发展；全国碳市场将提升我国在碳定价领域的全球影响力，也是彰显我国积极应对气候变化负责大国形象的重要窗口[7-9]。

党中央、国务院高度重视全国碳市场建设。2015年以来，习近平总书记在多个国际场合就全国碳市场建设作出重要宣示，强调加快推进碳排放权交易机制，要充分发挥市场机制作用，完善碳定价机制。2021年4月22日，习近平总书记在领导人气候峰会上宣布中国将启动全国碳市场上线交易。李克强总理在2021年《政府工作报告》中强调要加快建设碳排放权交易市场。《中共中央 国务院关于完整准确全面贯彻新发展理念做好碳达峰碳中和工作的意见》和《2030年前碳达峰行动方案》提出，加快建设完善全国碳排放权交易市场，发挥全国碳排放权交易市场作用，完善配套制度，逐步扩大交易行业范围等要求。

16.3.2 积极稳妥科学推进全国碳市场建设

借鉴试点和国外碳市场建设与管理经验，全国碳市场建设总体思路：一是必须坚持将全国碳市场作为控制温室气体排放政策工具的基本定位，处理好降碳与经济发展的关系；二是全国碳市场配额管理与国家碳排放控制目标相适应，逐渐从碳排放强度控制转向碳排放总量控制；三是循序渐进推进全国碳市场建设，逐渐扩大覆盖行业，丰富交易要素，有效发挥市场作用；四是建立完善多层级、多部门联合监管和支持机制，更好发挥政府作用；五是在逐步完善全国碳市场的基础上，将其建设成为国际碳交易中心、碳金融中心、碳定价中心[8]。

全国碳市场选择将发电行业作为首个纳管行业，主要是因为：发电行业排放总量大，约占全国碳排放总量的40%；多数发电行业企业仅从事电力生产，产品单一，配额分配方法相对简单；行业管理水平相对较高，数据质量相对较好；从国际经验来看，发电行业也是各国碳市场优先纳入的行业。

全国碳市场体系框架主要包括法律法规体系、制度体系、运行支撑系统体系、监管体系等。法律法规体系是全国碳市场建设和运行的基础；制度体系包括碳排放数据管理制度、配额分配制度、交易及监管制度等，运行支撑系统体系包括排放数据报告系统、注册登记系统、交易系统、结算系统等。监管体系目前是由生态环境部、省级生态环境部门、设区市级生态环境部门组成的监管体系，之后将建立中央、地方、行业、社会公众多层级监管、部委联合监管体系，对碳交易及相关活动实施全流程、闭环监管。

生态环境部作为全国碳市场的主管部门，从法律法规体系、制度与政策体系、技术规范、基础支撑设施和综合能力等方面入手，积极推进全国碳市场建设。生态环境部高度重视全国碳市场法律法规体系建设，积极推动构建支撑全国碳市场运行的法律法规体系。《碳排放权交易管理暂行条例》（以下简称《条例》）是全国碳市场的"基本法"，生态环境部广泛征求各部委、地方、行业企业、专家学者和社会各界对条例的意见，起草完成条例征求意见稿和草案修改稿，积极配合司法部持续推进《条例》立法进程。出台《碳排放权交易管理办法（试行）》（以下简称《管理办法（试行）》），规范了全国碳市场交易及相关活动，明确了监管主体及权责和处罚规则。在《管理办法（试行）》框架下，配套发布了《碳排放权登记管理规则（试行）》《碳排放权交易管理规则（试行）》《碳排放权结算管理规则（试行）》（以下简称《登记、交易、结算管理规则（试行）》），进一步细化规定了全国碳市场碳排放权注册登记、交易、结算开户和账户管理、相关活动流程及监管、市场风险跟踪、预警和应急处置以及监督管理职责和处罚等。目前，形成了以《管理办法（试行）》为基础，以《登记、交易、结算管理规则（试行）》为支撑的政策法规体系，为全国碳市场的启动运行和监管提供依据。

建立完善全国碳市场碳排放数据管理制度，强化数据质量管理。碳排放数据质量是全国碳市场开展碳排放管理的基础和生命线，生态环境部高度重视碳排放数据质量，持续组织开展重点排放单位碳排放核算、报告和核查工作，已经初步建立了2013—2020年电力、钢铁、有色金属、石化、化工、建材、造纸和民航行业6000余家全国碳市场重点排放单位碳排放数据库，有力地支撑了全国碳市场碳排放管理以及配额分配与清缴管理。结合全国碳市场数据管理和配额分配的要求，制定出台了《企业温室气体排放核算方法与报告指南 发电设施》《企业温室气体排放报告核查指南（试行）》，进一步规范管理碳排放数据核算、报送和核查。在《管理办法（试行）》中规定，省级生态环境主管部门应当根据生态环境部有关规定，以"双随机、一公开"方式开展重点排放单位温室气体排放报告的核查工作。2021年5—6月，生态环境部组织开展了重点排放单位碳排放核查工作调研和监督帮扶，提升碳排放数据质量管理能力。2021年10月，生态环境部印发《关于做好全国碳排放权交易市场数据质量监督管理相关工作的通知》，组织地方开展数据质量自查，推动建立全国碳市场数据质量管理长效机制。2021年底，生态环境部在全国范围内开展发电行业重点排放单位温室气体排放报告专项监督执法工作，严管、严查、严办碳排放数据管理违法违规现象。

在处理好碳排放控制与经济发展关系的前提下，全国碳市场稳妥制定配额分配实施方案，积极推动重点排放单位完成配额清缴履约。2020年12月，生态环境部印发《2019—2020年全国碳排放权配额总量设定与分配实施方案（发电行业）》，实施全国碳市场统一的配额分配方案，开展配额免费分配，采取重点排放单位基准线配额分配方法并"自下而上"设定配额总量。配额分配方法与我国现行碳排放强度管理制度相衔接，基于重点排放单位实际产出量，并对标行业先进碳排放水平，为重点排放单位不同类型机组设定不同的碳排放基准线并分配配额，通过淘汰高碳排放产能而不是限制机组生产实现碳减排。

完成全国碳市场基础支撑设施建设并投入运行，为全国碳市场顺利运行和有效监管提供平台工具。数据报送系统、注册登记系统、交易系统是全国碳市场的基础支撑设施。依托全国排污许可证管理信息平台，生态环境部组织建设了重点排放单位温室气体排放数据报送信息管理系统，实现了全国电力、钢铁、有色金属、石化、化工、建材、造纸、民航行业共6700余家重点排放单位在线编制数据质量控制计划、报送温室气体排放报告和补充数据表等，支持地方各级生态环境主管部门在线组织完成碳排放数据核查与监管，支持生态环境部开展碳排放数据质量管理，为全国碳市场配额分配工作提供数据支撑。

在生态环境部指导下，湖北省、上海市分别牵头建设全国碳排放权注册登记系统、交易系统。注册登记系统上线以来，实现了安全、稳定、无中断运行，未发生网络安全事件，为各级生态环境主管部门和重点排放单位提供专业、高效的登记结算服务。交易系统已实现交易开户、交易委托、成交处理、行情展示、风险控制、交易监控各类功能，支持挂牌协议交易、大宗协议交易和单向竞价交易三种交易模式，实现与全国碳排放权注册登记系统、生态环境部环境综合信息大屏等的有效数据交互，并提供专门的交易监控端和监管客户端，实现各环节全方位的监管。

16.3.3 顺利启动交易和完成第一个履约周期

全国碳市场首批纳入发电行业重点排放单位共2162家，年覆盖二氧化碳排放量约45亿吨，是全球覆盖排放量规模最大的碳市场。2021年7月16日，韩正副总理出席全国碳市场上线交易启动仪式，并宣布全国碳市场上线交易正式启动。

截至履约日2021年12月31日，全国碳市场共运行114个交易日，碳排放配额累计成交量1.79亿吨，累计成交额76.61亿元，成交均价42.8元/吨。自上线交易以来，全国碳市场整体运行平稳，重点排放单位减排意识不断提升并积极参与市场交易和进行清缴履约，市场活跃度稳步提高，市场成交价格稳中有升，符合甚至超出各方预期，得到国内外的高度关注和积极评价。

各级生态环境主管部门和重点排放单位协力做好配额清缴履约工作。截至履约日2021年12月31日，重点排放单位已完成配额清缴率高达99.5%。生态环境部还制定了"配额清缴履约上限"等政策，并允许价格较低的CCER用于配额清缴抵消，尽可能减轻企业配额清缴履约负担。重点排放单位累计使用3300万吨CCER进行配额清缴抵消，在降低履约成本的同时，支持可再生能源、林业碳汇等温室气体减排项目的发展，推动能源结构调整和生态保护补偿。全国碳市场已经开始发挥了碳定价功能，提升了企业碳排放、碳资产管理的能力，促进发电企业碳排放强度降低。总体来看，全国碳市场促进企业减排温室气体和加快绿色低碳转型的作用初步显现。

16.3.4 完善全国碳市场助力碳达峰碳中和

2011年我国开始碳排放权交易试点，经过大量细致探索性的工作，全国碳市场建设取得了阶段性成就，但同时又来到了新起点，面临新挑战，迈入新征程。生态环境部将以建立完善制度体系为关键，以强化制度落实执行和监管为抓手，持续建立完善全国碳市场。

第一，不断夯实法律法规基础。推动条例尽早出台，明晰碳交易及相关活动参与主体的责任，规范碳交易及相关活动程序；明确相关部委的监管职责，构建部委联合多层级监管与支持机制，加大对违法违规处罚力度。在条例框架下，修订完善碳排放权交易、登记、结算管理规则，制定出台碳排放核算和报告、核查技术与管理规则等其他配套管理规章和文件，不断完善法律法规和政策体系[7,9]。

第二，强化数据质量监管力度和运行管理水平。一是加大对数据质量管理违法违规惩处力度，建立健全信息公开和征信惩戒管理机制。二是充分发挥市场监管等部门的职责作用，完善数据质量管理长效机制，强化数据质量日常监管等，如开展"双随机、一公开"的日常监督检查，开展"定期检查+日常抽查"的常态化监管，将全国碳市场数据质量执法检查纳入生态环境执法检查等。三是建立完善技术规范体系，充分应用数字化、智能化技术，实现数据在线填报、可追溯、可交叉核验。四是建立常态化能力建设机制，建立完善碳排放管理员等职业资格管理机制[7, 9]。

第三，不断强化市场功能建设。逐步扩大全国碳排放权交易市场行业覆盖范围，逐步纳入水泥、有色、钢铁、石化、化工等高排放行业，届时全国碳排放权交易市场年覆盖二氧化碳排放总量约占全国二氧化碳排放总量70%以上。逐年收紧配额分配，探索碳排放总量控制，适时引入有偿分配配额。逐步丰富交易主体、交易品种和交易方式，适时引入非履约主体和个人参与碳交易，强化碳金融标准和绩效评估体系建设，健康有序发展碳金融[7, 9]。

全国碳市场建设是复杂的系统工程，不能一蹴而就。全国碳市场建设中必须兼顾降碳与经济发展，兼顾局部与整体，兼顾短期与中长期，兼顾公平与效率，有效发挥市场机制控制温室气体排放的作用，更好发挥政府作用，推动经济社会绿色低碳发展转型，助力我国实现碳达峰碳中和目标。

16.4 碳财政与税收政策

我国碳达峰碳中和需要巨大的资金支持经济社会绿色低碳转型发展，特别是在能源绿色低碳转型领域。虽然财政和税收为绿色低碳发展转型提供的资金量有限，但是政府是绿色低碳转型投资的主导者，构建绿色低碳财政和税收政策，将发挥财政与税收政策对绿色低碳发展的激励与约束作用，推动有为政府和有效市场更好结合，引导更多的社会资金流向绿色低碳发展领域，积极促进资源、能源高效利用和节约，推动绿色低碳发展。

16.4.1 建立完善绿色低碳财税政策

我国已经出台了一系列鼓励节能环保的财政和税收优惠政策，初步构建了一套绿色低碳财政和税收政策体系，包括实施各种财政补贴，开征资源税、消费税、环境保护税等政策，有力地推动了我国节能、环保、新能源等领域的快速发展。绿色财政和税收为经济社会绿色低碳转型发展提供重要保障，是推动如期高质量实现碳达峰碳中和的重要政策工具[10]。

发挥财政资金和税收的引导作用。充分发挥国家绿色发展基金等政府投资基金的引导作用，以财政资金为撬动设立国家低碳转型基金，鼓励社会资本以市场化方式设立绿色低碳产业投资基金，支持传统产业和资源富集地区绿色转型。此外，健全市场化多元投入机制，在财政和税收的撬动下，建立良性的绿色低碳发展资金支持机制。

不断丰富财政和税收政策工具。构建绿色低碳财政和税收政策并发挥推动碳达峰碳中和作用，必须不断丰富财政和税收政策工具，灵活、有效地结合财政、税收和市场机制，实现财政资金引导、多元化投入、税收调节、政府绿色采购，注重财政和税收政策对绿色低碳发展的精准、可持续支持，逐步形成促进绿色低碳发展的财政和税收长效机制。

加大对重点领域和重点行业碳达峰碳中和的财政和税收支持。设立碳达峰专项财政资金，用好专项资金，加大碳达峰碳中和关键领域、重点行业财政和税收的支持力度，包括支持构建清洁高效、绿色低碳、安全的能源体系，推动构建新能源占比逐渐提高的新型电力系统，推进新能源有序减量替代化石能源，因地制宜发展新型储能、抽水蓄能等。支持重点行业领域绿色低碳转型如工业、交通、建筑、农业农村等领域，特别是在重工业和长途交通运输、电能替代、高端化智能化绿色化先进制造业、交通运输业、新能源汽车制造等，支持绿色低碳科技创新和基础能力建设，加强对低碳零碳负碳、节能环保等绿色技术、新材料、新装备的研发和推广应用的支持，支持绿色低碳生活和资源节约利用。加强中央对地方转移支付资金，包括重点生态保护修复治理资金、林业草原转移支付资金、海洋生态保护修复资金，以及农业资源及生态保护补助资金，提升森林、草原、湿地、海洋等生态碳汇能力，推动山水林田湖草沙一体化保护和修复等。

优化财政对绿色低碳发展的供给政策。建立完善财政投入稳定增长政策，统筹财政资源，科学设定财政投入与增长比例，优化财政支出结构，完善优化财政奖励补贴政策和指标体系，持续发挥财政在节能减排、绿色低碳发展、新能源、绿色低碳技术创新等领域直接支持和有效撬动资金作用。值得注意的是，为了不断提升财政资源配置效率和财政支持碳达峰碳中和资金使用效益，必须坚持财政资金投入与做好碳达峰碳中和工作任务相衔接，做到预算资金绩效管理全覆盖，强化日程管理，强化预算硬约束。

建立健全有利于绿色低碳发展的税收政策体系。更好地发挥税收对绿色低碳发展的激励与约束作用，有效发挥税收的调节作用，发挥税收优惠政策引导作用，更好发挥税收对市场主体绿色低碳发展的促进作用。落实环境保护税、资源税、消费税、车船税、车辆购置税、增值税、企业所得税等税收政策，探索建立碳达峰税优惠目录，落实节能节水、资源综合利用等税收优惠政策，完善和落实促进形成绿色低碳、资源节约的生产方式、生活方式和空间格局的税收优惠政策，通过一系列配套的税收优惠政策，来引导绿色消费与绿色生产。

16.4.2 完善绿色低碳政府采购政策

绿色低碳政府采购是绿色低碳财政与税收政策的具体体现。政府采购绿色低碳产品对于降低能耗、节约能源、推动企业技术进步、实现经济社会可持续发展等具有重要意义，并对全社会形成绿色低碳、资源节约、环境保护风尚起到了良好的引导作用。"十二五"时期以来，我国财政部等部门不断健全完善绿色低碳采购政策，对节能产品和环保产品实施强制采购或者优先采购，采购的节能环保产品规模占同类产品政府采购规模的比例达到 90% 以上。因此，建立完善政府绿色低碳采购政策，并不断拓展政府绿色低碳采购范围，优化政策，强化实施力度，将切实推动经济社会绿色低碳转型发展。

为了进一步强化绿色低碳政府采购，各级政府必须强化对采购人绿色低碳需求管理责任，建立健全绿色低碳产品的政府采购需求标准体系，将绿色低碳采购政策目标嵌入采购项目的需求中，通过对需求指标及履约条件的要求，体现政府采购对绿色低碳发展的政策支持。建立绿色低碳产品清单、目录并及时更新，对于未列入清单的产品不宜采购，如推行采购绿色建筑、绿色材料、绿色商品包装和快递包装、新能源汽车等，加大公务领域的绿色建材、低碳交通工具的使用。各级政府预算单位可综合考虑节能、节水、环保、循环、低碳、再生、有机及绿色供应链等因素，在采购需求中提出相关绿色低碳采购要求。通过优化政府采购等政策，加快新型基础设施建设和现有设施的绿色改造。完善绿色低碳政府采购政策落实机制，应支持政府将绿色采购作为对省区市等地方政府部门及投资主体的年度绩效考核。

16.5 减碳投资与消费政策

构建绿色低碳投资与消费的制度化安排和活动，实施绿色低碳投资与消费，将系统性地推动企业或项目实现绿色低碳发展。绿色低碳投资与消费能够有效地引导经济社会绿色低碳发展，有力地促进能源绿色低碳转型，推动形成绿色低碳、资源节约的生产方式、生活方式和空间格局，降低绿色低碳发展的生态环境成本与风险。

16.5.1 建立完善绿色低碳投资政策

碳达峰碳中和是中华民族永续发展和构建人类命运共同体的重大战略，要求社会经济发生全面而深刻的绿色低碳发展转型，即能源结构、产业结构、经济结构、技术创新等领域发展发生广泛而深刻的变革，将带来百万亿元投资新机遇。

国家发改委价格监测中心研究表明，我国 2030 年前实现碳达峰，每年需要绿色低碳发展资金 3.1 万亿~3.6 万亿元；2060 年前实现碳中和，需要在新能源发电、先进储能和绿色零碳建筑等领域新增投资约 139 万亿元。据中国金融学会绿色金融专业委员会《碳中和愿景下的绿色金融路线图研究》课题组研究，按《绿色产业目录》的"报告口径"测算，未来三十年我国绿色低碳投资累计需求将达 487 万亿人民币（按 2018 年不变价计）。

绿色低碳投资将形成新的绿色低碳供给能力，带动供给侧和需求侧的绿色复苏与绿色经济增长，成为经济高质量发展和可持续增长的投资驱动。能源基金会分析表明，碳中和相关的投资将在今后 30~40 年为经济增长提供可观的投资推动力，到 2050 年面向我国碳中和的直接投资至少可达 140 万亿元，实际投资潜力远大于这个规模；"十四五"期间，在生态友好型可再生能源或电力系统建设领域、传统产业的数字化升级和绿色改造领域、绿色低碳城镇化和现代城市建设领域，以及绿色低碳消费领域等的总投资可达近 45 万亿元，平均每年约 8.9 万亿元，占 2021 年全社会总投资的 16% 左右。

由此可见，一方面碳达峰碳中和将催生大量的、崭新的绿色低碳投资机会，另一方面绿色低碳投资也将推动解决碳达峰碳中和所需大量的资金缺口，绿色低碳投资将成为 21 世纪我国影响最深远的投资主题，为了推动绿色低碳投资健康有序发展，必须构建服务于碳达峰碳中和的绿色低碳投资政策体系。

做好绿色低碳投资工作，应充分发挥财政和政府投资引导作用，包括设立国家绿色低碳转型基金，撬动更多的社会资金投资到绿色低碳产品及生产、绿色低碳前沿技术创新等绿色低碳发展领域，支持传统产业和资源富集地区绿色低碳发展转型，还应在以下领域加大政策创新与支持力度。

加强重点领域的绿色低碳投融政策建设，发挥政策的引导作用，推进重点领域绿色低碳转型。制定以能源绿色低碳转型为关键的投资政策，并加大在建筑、交通领域如低碳交通运输装备和组织方式、战略性新兴产业如低碳节能、清洁生产、生态环保产业，以及低碳、零碳、负碳前沿技术创新研发领域如 CCUS 技术创新研发与工程化应用等的投资政策引导作用。中国工商银行现代金融研究院研究发现，在面向碳达峰碳中和的投资中，80%~90% 投资需求集中在能源、建筑、交通、核工业四大行业。从能源领域投资需求看，围绕能源生产和消费产业链，主要涉及电力清洁化带来的投资需求、终端电气化带来的投资需求和非电降碳带来的投资需求。

强化政策与行动有效遏制两高项目投资。严格限制两高项目投资是在碳达峰碳中和目标引领下，解决产业结构偏重、能源消费结构偏重、碳排放较高等突出问题的重要手段，也是新旧动能转换的重要推动力。应建立完善"两高"项目清单，明确项目类别，细分行业高耗能、高排放环节，特别是应严控煤电、钢铁、电解铝、水泥、石化、煤化工、焦化、建材等高排放行业、传统行业的两高项目投资，严格分类处置，严格设定投资条件，严格限制盲目发展。

不断完善支持社会资本参与政策绿色低碳融资，鼓励国有企业要加大绿色低碳投资，鼓励社会资本以市场化方式设立绿色低碳产业投资基金，助推实体经济向绿色低碳发展转型，为构建新发展格局、推动高质量发展积极贡献力量。

健康有序发展绿色投资，必须有关部门统一规划，不断完善有关配套政策，构建风险防范机制，投资统筹协调国家、地方、企业绿色低碳投资项目，避免重复建设造成资源和投资的浪费，充分发挥绿色低碳投资成效，并确保安全降碳。

16.5.2 建立完善绿色低碳消费政策

绿色低碳消费是推进碳达峰碳中和目标任务完成的重要路径，必须积极倡导绿色低碳消费。绿色低碳消费具有丰富的内涵，包含资源节约、减少碳排放、简约适度、循环利用、保护生态、文明健康、和谐共生等消费理念，不仅包括形成绿色低碳、简约适度的生活方式，还包括政府和企业事业单位的绿色低碳采购等。绿色低碳消费正由理念逐渐转化为政府、企事业单位、个人绿色低碳自觉行动。

就企事业单位而言，积极推行绿色低碳采购政策，包括设立绿色低碳产品目录，制定绿色低碳采购指标，实施绿色低碳采购绩效评估，建立绿色低碳产品目录，鼓励发展符合节能减排、清洁生产、循环经济要求的新产品，鼓励采购消费绿色低碳产品，逐步提高绿色低碳产品的占有率，让绿色低碳产品逐步成为市场主流产品，让绿色低碳消费方式逐步成为公众的自觉选择。对于未列目录的产品类别不宜采购，例如，推行采购绿色建筑、绿色材料、绿色商品包装、快递包装、新能源汽车等。将绿色低碳采购政策目标嵌入采购需求中，建立绿色低碳采购标准，如建立完善节能、节水、环保、循环、低碳、再生、供应链等绿色低碳采购标志体系，完善绿色产品认证与标识制度，在采购需求中提出综合绿色低碳指标要求，促进绿色产品推广应用，推动构建绿色供应链。推广绿色低碳产品。发挥企事业单位、社会组织等公共机构引领全社会绿色低碳消费的作用，不断提升绿色低碳产品在采购中的比例，推行企事业单位、公共机构绿色低碳采购制度，将支持绿色采购作为企事业单位等的年度绩效考核重要内容，建立完善绿色低碳消费监督管理制度。

就推广绿色低碳生活方式而言，首先，必须加强宣传教育，增强全民节约意识、环保意识、绿色低碳意识、生态意识，树立绿色低碳生活新风尚，推动生态文明理念更加深入人心，把绿色低碳、简约适度的理念转化为全体人民的自觉行动。在全社会倡导节约用能、节约资源、坚决遏制奢侈浪费和不合理消费，着力破除奢靡铺张的歪风陋习，坚决制止餐饮浪费行为，积极培育绿色低碳消费群体。开展绿色低碳社会行动示范创建，深入推进绿色生活创建行动，建立完善绿色低碳消费信息平台，创新发展碳普惠机制，鼓励个人、小微企业、社区等绿色低碳消费，评选宣传一批优秀示范典型，营造绿色低碳生活新风尚。

16.6　绿色低碳金融政策

绿色金融是推动经济社会绿色低碳发展的金融制度和活动安排，包括绿色贷款、绿色股权、绿色债券、绿色保险、绿色基金、碳金融、气候投融资等，是经济社会绿色低碳发展的重要驱动。通常，碳金融是指依托于碳市场的基于碳信用或碳减排活动实施的金融活动与制度安排。绿色金融和碳金融均有助于开展资源、能源、碳排放空间等绿色低碳发展生产力要素的预算管理，促进完善资源、能源、碳排放等的定价机制，将资金、技术、人才等要素引导至绿色低碳发展领域，解决经济社会绿色低碳转型发展所需的资金问题。

16.6.1　我国绿色金融和碳金融实践

我国绿色金融发展驶入快车道，实现了跨越式发展。2016年8月，七部委联合发布了《关于构建绿色金融体系的指导意见》，明确绿色金融的发展方向和目标任务，确定绿色金融体系规则，包括绿色债券、绿色股票指数及相关产品、绿色发展基金、绿色保险、碳金融等所有主要金融工具，强化了对绿色投融资的若干激励机制，包括再贷款、贴息、担保、政府参与的绿色基金投资、宏观审慎评估、简化审批流程等措施，创新性提出我国设立国家级的绿色发展基金、建立强制性环境信息披露和强制性环境责任保险制度，为支持我国发展绿色金融释放了强有力的政策信号。"十三五"时期以来，我国着力完善绿色金融发展的政策框架和标准体系，不断夯实绿色金融基础设施，努力促进绿色金融产品和市场创新，持续深化地方试点和国际合作，积极以绿色金融发展助推人类命运共同体建设。截至2020年末，我国绿色债券存量超过8000亿元，居世界第二，主要用于清洁能源、绿色交通、绿色建筑等绿色低碳发展领域。

2020年10月，生态环境部等五部委发布了《关于促进应对气候变化投融资的指导意见》，为推动气候投融资绘制路线图。2021年12月，生态环境部等9部委出台《气候投融资试点工作方案》，组织开展气候投融资试点，探索差异化的气候投融资体制机制、组织形式、服务方式和管理制度，形成可复制可推广的成功经验，为通过气候投融资的形势推动我国碳达峰碳中和目标的实现奠定坚实基础。生态环境部等9部委在综合考虑申报地方工作基础、实施意愿和推广示范效果等因素的基础上，2022年8月确定了23个地方入选气候投融资试点。这23个地方包括12个市、4个区、7个国家级新区，生态环境部将会同有关部门支持和指导试点地方建立各相关部门间的工作协调机制，积极培育具有显著气候效益的重点项目，加强对碳排放数据质量的监管，积极搭建国际交流与合作平台。同时，定期组织对试点工作进展和成效进行总结评估，及时梳理先进经验和好的做法，力争通过3~5年的努力，探索一批气候投融资发展模式，形成可复制、可推广的成功经验，助力实现碳达峰碳中和目标。

我国试点碳市场积极探索发展碳金融，为健康有序发展碳金融积累了宝贵经验。广东、湖北、上海、北京、深圳试点碳市场探索开展了基于试点碳市场碳排放配额和国家核证减排量的质押、回购、基金、现货远期、掉期、债券、绿色结构性存款等十余种碳金融业务。例如，北京、广东试点碳市场开展了回购业务，上海、湖北、深圳试点碳市场发行了碳基金，北京、上海、湖北、广东试点碳市场开展了配额掉期交易，上海、湖北试点碳市场开发了配额远期交易，湖北、广东、深圳试点碳市场开展了碳信托业务，深圳碳市场开发了绿色结构性存款等。

2014年5月，深圳碳排放权交易所和中广核风电有限公司以及其他合作伙伴合作，成功发行国内首单"碳债券"。该碳债券以中广核风电有限公司所开发的5个CCER项目的收益为浮动利率根据，发行了规模为10亿元的中广核风电碳债券，该债券是信誉良好的AAA级债券，期限5年，固定利率为5.65%。

2014年9月，湖北碳排放权交易中心与兴业银行武汉分行、湖北宜化集团合作发放了全国首单碳排放权质押贷款，宜化集团利用自有的碳排放配额，获得兴业银行4000万元质押贷款。2014年11月，湖北试点碳市发布规模为3000万元的全国首只碳基金，基金由诺安基金子公司诺安资产管理有限公司管理，华能碳资产经营有限公司作为该基金的投资顾问，基金主要用于投资湖北碳市场，其盈利模式主要是通过买卖交易所的配额获利，探索将碳市场与金融市场连接。同时，华电湖北发电有限公司与民生银行武汉分行，签署了规模达20亿元的全国最大碳债券意向合作协议。

2016年4月27日，我国首个碳排放权现货远期产品在湖北碳排放权交易中心正式上线，首日成交量达约680万吨二氧化碳当量，交易额突破1.5亿元。截至2018年11月27日，湖北碳市场配额累计成交3.23亿吨，成交金额为74.70亿元,其中配额现货远期成交 2.58 亿吨,成交金额为 61.87 亿元,现货远期交易规模超过配额交易规模的 80%。

广东试点碳市场自 2013 年启动以来,先后推出了配额抵押融资、回购融资、远期交易、托管等多个碳金融相关业务产品,服务控排企业碳资产管理和节能减排融资需求。截至 2021 年 12 月 31 日,碳排放权回购 43 笔,金额 1.75 亿元;碳配额托管 53 笔,累计托管配额 1870.99 万吨;碳排放权远期 138 笔,金额 1.60 亿元;碳排放权抵质押融资 20 笔,涉及碳排放权 776.16 万吨,融资金额合计 8820.73 万元。针对社会关注度较高的林业碳汇产品,联合保险公司推出碳保险创新业务,分别落地广东省首单碳汇价值保险和碳汇价格保险,有力丰富了广东碳金融发展的内涵,为绿色金融支持碳达峰碳中和构建了鲜明的示范体系。

总体来看,试点碳市场的碳金融规模小、可复制性差、尚未形成体系,配额或 CCER 的金融价值难以实现,碳金融潜在风险大,虽一定程度盘活了控排企业的配额和 CCER,但提升交易活跃度的作用非常有限,尚未发挥发现碳排放价格的作用[11]。

结合试点碳市场碳金融发展经验,我国碳金融健康有序发展面临上述问题与挑战的主要原因:一是碳交易法律法规层级低,碳金融法律法规体系尚不完善,未明确碳排放权的法律属性和碳金融产品的合法性等;二是碳金融发展及发挥作用的程度紧密依托碳市场的成熟程度,我国碳交易体系还处在建设初期,碳交易市场化发展还不成熟,现货交易活跃度低;三是碳金融内容复杂,受政策影响显著,杠杆作用强,规模小且易被操纵,因此碳金融风险程度高,必须从监督管理制度、技术标准体系等方面强化碳金融风险管理,但是目前碳交易、碳金融的监管机制、配套监管政策尚不健全等;四是发展碳金融的能力不足,碳金融统计体系、标准化体系不健全,碳金融产品创新能力有限。虽然由于上述原因,我国试点碳市场碳金融发展缓慢,但试点碳市场碳金融发展探索拓展了碳市场控排单位碳资产的投融资渠道,也为我国发展健康有序发展碳金融提供了宝贵经验[11]。

值得注意的是,绿色金融和碳金融是"双刃剑",一方面健康有序发展绿色金融和碳金融有助于对冲交易市场风险,确保市场机制发挥成效;另一方面过度的金融活动也可能导致价格剧烈波动,增加经济社会绿色低碳转型发展的成本。因此,必须健康有序发展绿色金融和碳金融,必须有效防范和应对金融风险。

16.6.2 完善绿色金融和碳金融政策

建立完善绿色金融和碳金融政策,健康有序发展绿色金融和碳金融,是推动我国实施碳达峰碳中和目标的重要举措。必须以新发展理念为指导,瞄准碳达峰碳中和目标正确发展方向，构建与碳达峰碳中和需求相适应的绿色金融和碳金融政策体系，引导金融机构按照市场化、法治化原则为绿色低碳发展提供长期限、低成本资金，拓展绿色低碳债券市场的深度和广度，激励更多的社会资本投入绿色低碳发展领域，进一步激发全社会推动绿色低碳发展的内生动力和市场活力。

一是建立完善绿色金融和碳金融的法律法规基础，尽快明确绿色金融、碳金融产品的法律属性。目前我国绿色金融、碳金融及相关活动的法律法规不完善，法律层级普遍较低，尚未明确绿色金融、碳金融产品法律属性及其合法性等。此外，缺乏绿色金融、碳金融配套法律法规，亟待建立完善支撑绿色金融、碳金融健康有序发展的强有力的法律法规体系。在加强立法的同时，必须强化执法，强化绿色金融、碳金融活动依法监管，对违法违规的绿色金融、碳金融活动严格惩戒，形成威慑力，为健康有序发展绿色金融和碳金融夯实法律法规基础。

二是做好绿色金融和碳金融健康有序发展的顶层设计。充分认识绿色金融和碳金融发展的系统性、复杂性和长期性特点，围绕推动实现碳达峰碳中和目标，摸清家底、探明需求，科学谋划做好健康有序发展绿色金融、碳金融的顶层设计，建立长效机制，对金融支持绿色低碳发展和应对气候变化作出系统性安排，出台金融持续支持绿色低碳发展的专项政策，既要立足当下，扎实稳妥做好绿色金融、碳金融发展的基础工作；又要做好前瞻性布局，鼓励探索创新绿色金融、碳金融，开展绿色金融和碳金融试点示范，打造一批特色绿色金融、碳金融项目。有效抑制不顾资源环境承载能力、盲目追求增长的短期行为，推动高碳行业全面低碳转型，坚决遏制"两高"项目盲目发展，重点培育绿色建筑、绿色交通、可再生能源等绿色产业。加大金融对绿色技术研发推广、清洁生产、工业部门绿色和数字化转型的支持力度。逐步将绿色消费纳入绿色金融支持范围，推动形成绿色生活方式。

三是建立完善绿色金融和碳金融标准体系建设，积极创新绿色金融、碳金融工具与产品。夯实绿色金融和碳金融健康发展的技术规范和标准基础。重点聚焦气候变化、污染治理和节能减排三大领域，遵循"国内统一、国际接轨"的原则，推动建立和完善跨领域、市场化、具有权威性且内嵌于金融机构全业务流程的绿色金融、碳金融标准体系发展绿色保险，发挥保险费率调节机制作用。以高质量数据为目标，建立完善规范统一的绿色金融、碳金融相关的统计制度；以碳减排成效为导向，建立完善绿色金融产品标准体系，构建绿色金融、碳金融绩效和信用评估标准体系，开展绿色金融、碳金融产品和服务标准化认证，开展绿色金融、碳金融绩效和信用评估。

四是不断创新绿色金融工具与产品。金融必须针对控排企业不同时期的不同需求，针对产品的全生命周期和整个生产环节的不同层次创新开发不同类型绿色金融、碳金融产品，丰富产品结构和覆盖范围，不断扩大参与方。政府主管部门必须坚定不移地鼓励多渠道、多尺度、多维度创新发展绿色金融和碳金融工具与产品，为绿色金融、碳金融产品创新创造有利条件。

五是建立完善绿色金融、碳金融监管制度，强化对绿色金融、碳金融及相关活动的全流程监管，有效防范风险。梳理分析绿色金融、碳金融及相关活动的风险点，针对风险点并结合国务院监督管理职责分工，不断完善绿色金融、碳金融监管机制顶层设计与建设，构建有效的联合监管机制，消除部门管理条块分割和利益偏差，避免机构重复和职权交叉，提高管理效率。构建绿色金融、碳金融预警机制与风险管理机制，实施目标管理，制定针对性强的应急预案。建立健全绿色金融、碳金融信息披露制度、征信管理体系和行业自律管理政策体系，强化政策要求推动金融机构、证券发行人、公共部门分类提升环境信息披露的强制性和规范性，着力提升绿色金融市场透明度。组织金融机构和部分地区试点开展环境风险压力测试，健全审慎管理，探索将气候和环境相关风险纳入宏观审慎和监管框架。

六是建立能力建设长效机制，不断提升参与绿色金融和碳金融的能力。金融机构和控排企业缺乏既懂生态资源产品管理又懂金融管理的专业人才，例如，就碳金融而言，或者对碳排放管理、碳市场管理的政策与技术了解不全面，或者对于碳金融产品操作与风险管理经验不足，碳金融产品创新能力有限。因此，必须构建能力建设长效机制，持续加强培养绿色低碳金融中介服务机构与人才，探索建立从业人员职业资格管理、考核评估机制，不断提升金融机构提供绿色低碳金融服务能力，提升各类主体参与绿色低碳金融的积极性和能力。

七是积极开展试点示范和国际合作。积极推动地方绿色金融、碳金融、气候投融资试点，支持金融机构和相关企业在国际市场开展绿色投融资，推动国际绿色金融标准趋同，深度开展国际绿色金融合作，有序推进绿色金融市场双向开放，特别是"一带一路"绿色金融合作，大力发展绿色贷款、绿色股权、绿色债券、绿色保险、绿色基金等金融工具，设立碳减排支持工具，引导金融机构为绿色低碳项目提供长期限、低成本资金。

16.7 低碳政策衔接协调增效

碳达峰碳中和是我们自己要做的重大事业，对我国实现高质量发展、全面建设社会主义现代化强国具有重大意义。实现碳达峰碳中和是一场硬仗，也是对我们党治国理政能力的一场大考，必须建立健全切实可行的碳达峰碳中和政策体系。

碳达峰碳中和是涉及能源、产业、经济、技术创新等各方面的复杂的系统工程，为了顺利推动碳达峰碳中和工作，已制定出台了一系列政策，将在诸多领域实施相关政策与行动。为了防止出现"九龙治水"的现象，应结合现阶段我国碳排放控制与能源消费控制高度重合的特点，坚持全国一盘棋、统筹协调的原则，在碳排放总量控制指引下，以"降碳和高质量发展"为核心，实现法律法规、政策、规划有效衔接，统筹协调，形成合力，提高碳达峰碳中和工作效能。

在法律法规方面，修订现有法律法规中与碳达峰碳中和目标、指导思想、工作原则和要求不相适应的方面，加强应对气候变化法律法规与节能、生态环保、资源开发利用、可再生能源发展等领域法律法规的衔接协调。在政策与机制方面，将能源双控与碳排放双控政策有效衔接协调，并逐渐过渡到碳排放双控制度政策；碳排放统计管理政策与污染物排放统计管理政策、生态环境执法政策的协调融合；碳排放权交易与碳税协同增效，完善碳定价机制；加强碳排放权交易、用能权交易、电力交易等政策协同，充分发挥市场机制作用；加强碳排放信息披露机制与生态环境、国土资源等信息披露机制协同等。构建碳达峰碳中和的政策体系，必须注重目标导向和问题导向相衔接协调；以目标为导向，构建战略性政策体系，精准研判、科学谋划、合理布局碳达峰碳中和工作；以问题为导向，构建策略性政策体系，因地制宜、分类施策、综合施策、科学把握工作节奏、强化推动落实行动，完善监督考核机制；战略性政策和策略性政策形成政策合力，协同增效，确保高质量、如期实现碳达峰碳中和目标。在战略规划方面，将降碳、减污、扩绿、增长指标作为美丽中国、生态文明建设和经济社会发展目标指标体系的重要内容，将碳达峰碳中和目标全面融入经济社会和生态文明建设各项规划中。

实现碳达峰碳中和意义重大、任务艰巨、使命光荣，在党的坚强领导下，在习近平新时代中国特色社会主义思想指引下，完整、准确、全面贯彻新发展理念，不断建立完善绿色低碳政策体系，坚持强化中央政府顶层设计职能与发挥地方政府自主创新有机结合，坚持发挥政府完善制度环境职责与激发市场内生动能有机结合，坚持服务经济高质量发展与有效防范风险有机结合，坚持立足国情彰显中国特色与引领参与制定国际规则有机结合，强化政策与行动力度，有力有序有效推进碳达峰碳中和各项工作。

参考文献

[1] 张昕. 加强碳排放权交易、用能权交易、电力交易衔接协调，充分发挥市场机制作用推动碳达峰碳中和[J]. 气候战略研究，2022（16）：1-10.

[2] 张昕. 碳达峰政策与行动研究报告[R]. 北京：国家应对气候变化战略研究和国际合作中心，2022.

[3] 张昕. 改进全国碳市场监管机制[R]. 北京：国家应对气候变化战略研究和国际合作中心，2021.

[4] 孙素苗，迟东训，于波，等. 构建新型电力市场体系及电价机制[J]. 宏观经济管理，2021（3）：71-77.

[5] 马莉. 建设全国统一电力市场，开启电力行业新局面[EB/OL].［2021-2-10］. https://www.ndrc.gov.cn/fggz/fgzy/xmtjd/202202/t20220209_1314497.html?code=&state=123.

[6] 张昕. 以碳达峰碳中和为引领深化建设全国碳排放权交易市场[J]. 中国生态文明，2021（2）：66-67.

[7] 张昕. 建设服务碳达峰碳中和的全国碳市场[M]//应对气候变化报告（2021）：碳达峰碳中和专辑. 北京：社会科学文献出版社，2021.

[8] 张昕. 中国碳市场进展：应对气候变化报告（2019）防范气候风险[M]. 北京：社会科学文献出版社，2019.

[9] 张昕. 以碳达峰碳中和为引领深化建设全国碳排放权交易市场[J]. 中国生态文明，2021（2）：66-67.

[10] 财政部. 财政支持做好碳达峰碳中和工作的意见[EB/OL].［2022-5-30］. http://www.gov.cn/zhengce/zhengceku/2022-05/31/content_5693162.htm.

[11] 张昕. 健康有序发展碳金融的思考与建议[J]. 现代金融导刊，2022（4）：4-8.

第 17 章　建立碳排放核算体系

碳排放核算为科学制定国家应对气候变化政策、评估考核工作进展、参与国际谈判履约等提供必要的数据依据，是开展碳达峰碳中和行动的一项重要基础性工作。2022 年，国家发改委、国家统计局和生态环境部印发了《关于加快建立统一规范的碳排放统计核算体系实施方案》。本章首先对中国碳排放核算体系和国际通行的国家温室气体清单编制规则进行分析，提出中国碳排放核算体系构建框架，最后在区域、企业、项目和产品层面提出完善建议。

17.1　中国碳排放核算体系框架构建

17.1.1　碳排放核算现状与挑战

为满足应对气候变化国际履约要求，以及支撑实现中国提出的控制温室气体排放目标，中国在区域、企业、项目和产品碳核算层面开展了大量的工作，也取得了积极成效。国家和各省都建立了应对气候变化统计指标体系，完善了与温室气体清单编制相匹配的基础统计制度；向《公约》提交了国家温室气体清单，接受了《公约》秘书处组织的两轮国际评审，清单质量得到国际专家认可；印发了《省级温室气体清单编制指南（试行）》，开展了多轮地方清单能力建设，先后组织了 31 个省（自治区、直辖市）开展清单编制工作和全覆盖的联审，各地区还自发开展了温室气体清单编制；从"十二五"时期开展了全国及 31 个省（区、市）年度碳强度下降率核算，支撑了国家碳强度下降约束性目标进展评估、省级碳强度考核以及形势分析等工作；分三批陆续发布了 24 个行业企业温室气体排放核算方法与报告指南，其中 11 个转化成了国家标准，印发和修订了发电设施核算方法和报告指南，组织了发电、石化、化工、建材、钢铁、有色、造纸、民航八大重点排放行业企业开展了年度碳排放数据报送，初步形成了企业按要求报告、技术服务机构开展核查、主管部门进行监督管理的工作机制；先后分 12 批共备案 200

个基于项目碳减排核算方法学，涵盖工业、电力、能源、农业等多个重点行业和领域，支持了1300多个注册减排项目，签发减排量约为7700万吨二氧化碳当量；一些地区和机构发布了产品碳足迹核算的地方标准和团体标准，也有部分企业自发尝试开展了产品碳核算；培养了一批碳核算管理和技术人才队伍，初步建立了信息化的碳排放数据报送和分析管理系统。

虽然中国之前圆满完成了历次国际履约任务，也有力支撑了以碳强度下降目标为核心指标的控制温室气体排放工作，但在国内外新形势下，国内"双碳"和其他应对气候变化工作对碳核算数据准确性、及时性、一致性、可比性和透明性等提出更高需求，《巴黎协定》下强化的透明度框架以及后续实施细则对发展中国家碳核算报告和审评提出强化要求，以欧盟碳边境调节机制为代表的碳关税对出口行业碳核算提出紧迫要求，大型跨国公司从供应链及生命周期角度对产品碳核算产生倒逼效应，国际碳数据库影响力扩大对中国官方数据形成更大压力，外加中国全球首位的排放量体量、复杂多样的能源品种、门类齐全的工业体系和千差万别的工艺水平，原有的碳核算工作面临一系列挑战。《中共中央 国务院关于完整准确全面贯彻新发展理念做好碳达峰碳中和工作的意见》和《2030年前碳达峰行动方案》提出要建立统一规范的碳排放统计核算体系。为贯彻落实党中央、国务院部署，2022年4月，国家发改委、国家统计局、生态环境部印发《关于加快建立统一规范的碳排放统计核算体系实施方案》（以下简称《实施方案》）[1]，系统部署了"十四五"时期全国及地方、行业企业、产品碳核算等重点任务，强化碳核算工作的统一领导、明确相关主体的分工和责任、规范方法标准、强化政府数据权威性将是未来中国碳核算工作的重点。

17.1.2 碳排放核算体系初步构建

为构建我国的碳排放核算体系，《实施方案》提出以下原则：①坚持从实际出发。立足于国情实际和工作基础，围绕我国碳达峰碳中和工作的阶段特征和目标任务，加快建立统一规范的碳排放统计核算体系。②坚持系统推进。加强碳达峰碳中和工作领导小组对碳排放统计核算工作的统一领导，理顺工作机制，优化工作流程，形成各司其职、协同高效的工作格局。③坚持问题导向。聚焦碳排放统计核算工作面临的突出困难挑战，深入分析、科学谋划，推动补齐短板弱项、强化支撑保障，筑牢工作基础。④坚持科学适用。借鉴国际成熟经验，充分结合我国国情特点，按照急用先行、先易后难的顺序，有序制定各级各类碳排放统计核算方法，做到体系完备、方法统一、形式规范。

根据《实施方案》，要求到2023年，基本建立职责清晰、分工明确、衔接顺畅的部门协作机制，各行业碳排放统计核算工作稳步开展，碳排放数据对碳达峰碳中和各项工作支撑能力显著增强，统一规范的碳排放统计核算体系初步建成。到2025年，统一规范的碳排放统计核算体系进一步完善，碳排放统计基础更加扎实，核算方法更加科学，技术手段更加先进，数据质量全面提高，为碳达峰碳中和工作提供全面、科学、可靠的数据支持。

为全面支持建立气候治理体系、实现碳达峰碳中和，结合碳核算国际经验以及国内基础，中国碳核算体系应主要包括区域、企业、项目和产品四个部分（图17.1）[2]，其中区域层面包括滞后两年、细化到部门行业的温室气体清单和时效性更强、口径稍窄以及方法学略粗的初步碳核算。国家碳核算数据要兼顾国内"双碳"工作需要与国际履约需求，要实现清单与初步碳核算数据可衔接、不同年份数据可衔接。区域、企业、项目和产品碳核算相辅相成、相互依托，清单可为其他类别碳核算提供缺省排放因子，企业和设施核算和报告可提供实测排放因子等基础参数，但由于各类碳核算的核算范围不同，因此四个类别间不是简单加总关系。同时，完善核算方法标准、加强统计调查和监测基础、规范数据质量管理，以及健全碳核算相关法律法规、工作机制，研发和推广应用先进技术，强化人员和资金保障等贯穿全程。

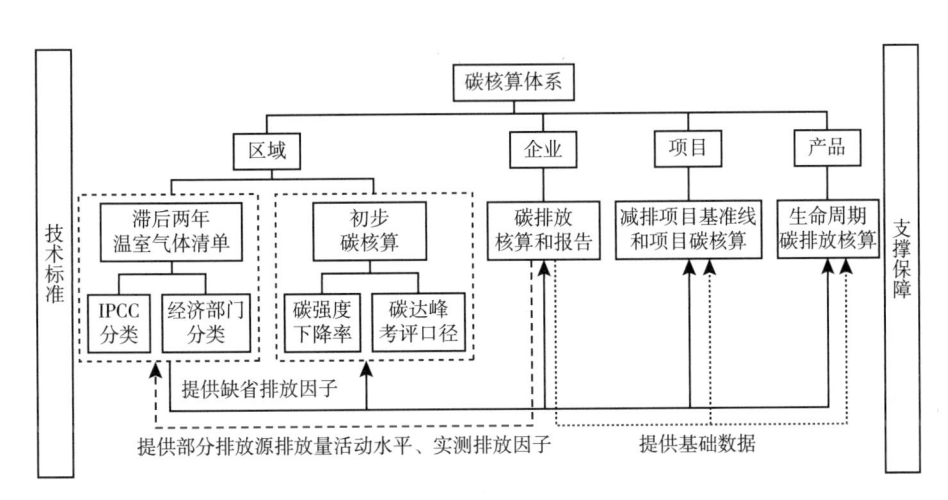

图 17.1 中国碳核算体系构建思路

在碳排放统计核算体系中，温室气体监测也可发挥重要作用。部分排放源如井工煤矿的甲烷逃逸、硝酸生产过程的氧化亚氮排放量可通过在线连续监测得出，部分排放源的排放因子如油气设施的单位时间甲烷逃逸量可通过间歇监测得出。此外，随着大气温室气体浓度监测反演排放量方法的发展，其在排放监管、数据校核等方面的应用潜力也将会越来越大。

17.2 建立区域层面碳排放核算体系

区域碳核算根据核算边界不同又进一步划分为国家级和次国家级行政区域，如省、州、领地以及地市和县等，核算的是一定时间一定行政区域内温室气体排放和吸收量。由于温室气体排放导致的气候变化是全球性问题，因此需要全球共同治理。在《公约》体系下，有一套国际通行的国家温室气体排放和吸收核算方法。但不同于国家级碳核算，省级及以下碳核算主要服务于国内碳排放管理，各国一般会根据自身国情做进一步调整。

17.2.1 国家清单编制的国际规则
17.2.1.1 气候公约的相关规定

根据《公约》，所有缔约方都要报告其履行《公约》活动的情况和国家温室气体清单报告，还明确了第一次信息通报的时限[3]。在随后的缔约方大会上，各方又通过谈判确定了国家温室气体清单的报告和审评频率及应遵循的指南。

1995 年，《公约》第一次缔约方大会 3 号决议中明确附件一国家应每年提交温室气体清单，但未规定非附件一国家提交温室气体清单的频率。2010 年通过的《坎昆协议》正式建立了透明度的"对称二分"体系[4]，发达国家和发展中国家都需要每两年提交报告，对于发展中国家来说，《坎昆协议》要求在履行《公约》要求提交国家信息通报的基础上，每两年提交一次更新报告（简称两年更新报），其中需要更新温室气体清单信息。另外，发展中国家提交信息通报或者两年更新报的前提是得到国际资金、技术和能力建设。因此，目前理论上来说，发达国家需要每年向《公约》提交国家温室气体清单，发展中国家在得到资金、技术和能力建设的前提下，国家温室气体清单作为信息通报或者两年更新报的一个章节而非一个单独报告进行提交。

1994 年，《公约》谈判委员会通过了最早的附件一国家信息通报指南，并明确附件一国家应遵循 IPCC 指南草案编制其温室气体清单，并在随后的缔约方大会上对国家信息通报指南和温室气体清单指南进行了更新，目前发达国家采用的是 2013 年通过的报告指南。根据该指南要求，发达国家需要在每年 4 月 15 日前，根据《2006 年 IPCC 国家温室气体清单指南》（以下简称《IPCC 2006 指南》）编制提交年度温室气体清单报告，并采用通用的电子报表。发达国家清单报告需遵循透明、一致、可比、完整、准确的原则，提交自 1990 年开始的连续年份的温室气体清单。相对发达国家的要求，对发展中国家清单报告要求要简化很多。目前发展中国家必须采用的是《IPCC 国家温室气体清单指南（1996 年修订版）》（以下简称《IPCC 1996 指南》）。

1994 年的第 1 次缔约方大会 2 号决议就明确提出，每一份发达国家提交的国家温室气体清单要在一年内接受国际专家组的深度审评。审评专家根据《公约》报告指南及 IPCC 方法学指南要求，对清单报告和通用报表中数据的准确性、完整性、一致性、可比性和透明度进行审评。审评分为案头审评、集中审评和到访审评，对于不同的审评形式有不同的频率要求。对于发展中国家来说，《坎昆协议》要求发展中国家提交的两年更新报告要经过国际磋商与分析，其中包括国际专家对其两年更新报开展的技术分析和所有缔约方共同参加的促进性信息分享。相比于发达国家严苛的清单审评，国际磋商与分析则明显宽松，其目的也在于帮助发展中国家识别能力建设需求，在专家审评参与的人数、审评的范围、严格程度、过程形式甚至报告写作的口吻都与发达国家有着较大区别。

2018 年底卡托维兹气候大会通过的《巴黎协定》"强化的透明度框架"实施细则对 2024 年后的透明度提出了更高要求[5]。对于温室气体清单来说，一是强化了清单方法学，规定所有缔约方都要用《IPCC 2006 指南》以及后续更新的国家温室气体清单方法学编制清单；二是强化了清单报告频率和年份，规定所有缔约方都要提供连续年度的国家温室气体清单，其中发达国家应报告 1990 年以来的时间序列，发展中国家至少报告国家自主贡献基准年和从 2020 年起的时间序列；三是强化了发展中国家温室气体清单报告内容的详细程度；四是强化了专家审评形式和多边审议范围，相比此前对发展中国家开展的技术分析更为严格。

17.2.1.2 IPCC 国家温室气体清单指南

1989 年 IPCC 成立，下设三个工作组和一个清单专题组，其中清单专题组负责编写国家温室气体清单指南，为《公约》缔约方提交透明、准确、完整、一致和可比的国家温室气体清单提供方法学工具。IPCC 历次指南制修订都会向各国政府征集主要作者，开展专家研讨，并公开征求专家和政府意见，可以说指南反映了国际的主流科学认识，其基于数据可获得性提出的不同层级计算方法，能有效满足不同国家对国家温室气体清单核算方法的基本要求。目前《公约》各缔约方均按照 IPCC 国家温室气体清单指南编制和提交国家温室气体清单。此外，其他国际组织和国家开展的国家以下区域、企业（组织）和项目等碳核算也将 IPCC 国家温室气体清单指南作为一个重要参考。

IPCC 正式发布的第一版指南是《1995 年 IPCC 国家温室气体清单指南》，脱胎于经济合作组织国家的清单编制经验，该指南很快被《IPCC 1996 指南》[6]取代。随后基于各国在应用《IPCC 1996 指南》过程中积累的经验和好的做法，

IPCC 在 2000 年组织出版了《IPCC 2000 国家温室气体清单优良做法指南和不确定性管理》（以下简称《IPCC 优良做法指南》）[7]，在 2003 年出版了《IPCC 土地利用、土地利用变化和林业清单编制优良做法指南》（以下简称《IPCC LULUCF 优良做法指南》）[8]。之后，IPCC 组织专家对已有指南进行整合，并于 2006 年出版了《IPCC 2006 指南》。2006 年之后，IPCC 又陆续出版了两个土地利用、土地利用变化和林业领域的增补指南，分别为《湿地增补指南》和《源自京都议定书的方法和优良做法 2013 修订增补指南》（简称《KP LULUCF 优良做法增补指南》）[9]，这些增补指南与《IPCC 2006 指南》联合使用。自 2014 年起，IPCC 组织了一系列专家讨论会，并于 2019 年 5 月最终于 IPCC 第 49 次全会通过了《2006 年 IPCC 国家温室气体清单指南：2019 修订》（以下简称《IPCC 2019 指南》）[10]。需要特别说明的是，《IPCC 2019 指南》并不是一个独立指南，需要和《IPCC 2006 指南》及其配套的两个 LULUCF 增补指南联合使用，即《IPCC 2019 指南》并未取代《IPCC 2006 指南》，而是修订、补充和完善了《IPCC 2006 指南》。因此，《IPCC 2019 指南》和《IPCC 2006 指南》结构完全一致，每部分仅列出了在《IPCC 2006 指南》基础上更新和修改的内容，对于未做改动的部分则直接说明该部分无修订[11]。另外需要说明的是，目前《公约》下对各缔约方采用《IPCC 2019 指南》编制国家温室气体清单没有要求，2021 年《巴黎协定》第 3 次缔约方大会上达成的相关决议中提及 2024 年后各缔约方可自愿使用 2019 指南。

IPCC 清单指南给出的各排放源和吸收汇的计算方法一般分为三个层级，其中层级 1 和层级 2 方法的计算原理相同，均基于活动水平（如化石能源燃烧量）和排放因子（即单位活动水平的排放量）的乘积计算，两个层级方法的区别在于层级 1 使用缺省排放因子，如 IPCC 提供的全球或区域平均排放因子，而层级 2 方法使用的为本国特征排放因子，层级 3 方法则是指使用详细的排放估算模型或对排放量进行连续监测，或者基于"自下而上"的单个工厂级排放数据汇总得到国家排放量。

17.2.2 国家和地方碳排放核算

17.2.2.1 国家

（1）发达国家

经过二十多年的探索和实践，发达国家根据自己的国情已经建立了一套和本国实际情况相适应的国家温室气体清单编制和国家报告工作机制，大部分发达国家通过立法或政府间书面协议确定权责义务，委派专人负责数据收集和报告撰写工作，实现了国家温室气体清单报告的机制化和常态化。除此之外，美国、欧盟成员国、澳大利亚等为了向决策者、市场和公众提供更及时的碳排放数据信息，还会定期采用初步核算的方式估算年度、季度或月度等更高频的碳排放相关数据。

在核算范围及方法方面。根据《公约》的相关协议要求和规定，美国、欧盟成员国等发达国家均报告了1990年至滞后两年时间序列的国家温室气体清单，每年还会对以往年份清单开展回算。此外，立足于本国的管理需求和数据的可获得性，美国、欧盟和澳大利亚还报告了以经济部门分类的国家温室气体清单结果或滞后一年、滞后一个季度、滞后三个月等初步碳核算，其中部分初步碳核算口径略小于IPCC范围。

在工作机制安排方面。美国、欧盟成员国在履约报告编写和国家温室气体清单编制方面已形成较为成熟的工作机制，大部分发达国家通过立法或政府间书面协议确定权责义务，成立了专职的国家温室气体清单办公室，并委派专人负责数据收集和清单报告撰写等工作，实现了清单编制的机制化和常态化，能够较好地应对国际社会的清单编制和审评要求。

在法律法规和资金保障方面。日本在应对气候变化顶层法规中要求报告温室气体相关情况，欧盟、美国和澳大利亚等发布了区域层面和/或企业设施层面强制性的碳排放数据报告规则制度，明确了各个主体的数据收集、核算和报告责任，确保了相关基础数据的全面、准确和及时，为国家碳核算奠定了坚实的法律基础。发达国家碳核算经费主要来源为政府财政，在政府预算中设有专门的预算，资金来源较为稳定及时。

在信息化和数据发布方面。美国、德国和澳大利亚等国家于21世纪初开发了国家温室气体清单信息系统，其中德国和澳大利亚的国家温室气体清单编制在输入线下处理后的数据、排放量计算、清单报告的编写和通用表格生成、清单数据发布以及公众查询等一系列功能均在信息系统中得以实现，极大提高了清单编制效率和质量。此外，美国、欧盟和澳大利亚等在相应主管部门的官方网站上，提供了分类别和指标的碳排放数据，方便不同用户查询和使用。

（2）中国

中国作为《公约》非附件一缔约方，在全球环境基金的支持下，已经提交了三次国家信息通报和两次两年更新报告，其中包括1994年、2005年、2010年、2012年和2014年共5个年度的国家温室气体清单，初步建立了国家温室气体清单编制的工作体系和技术方法体系。最新国家清单涵盖能源活动、工业生产过程、农业活动、LULUCF以及废弃物处理5个领域的温室气体排放和吸收情况，涉及二氧化碳、甲烷、氧化亚氮、氢氟碳化物、全氟碳化物、六氟化硫6类气体。中国国家清单编制主要遵循《IPCC 1996 指南》，部分排放源和排放因子参考《IPCC 2006 指南》，符合《公约》相关决议要求，基础参数主要来自官方统计以及专项调研和实测。中国履约报告接受了多次《公约》秘书处组织的国际磋商和分析，清单质量得到国际专家认可。此外，中国从自身实际出发向国际社会承诺的一个关键指标为单位国内生产总值二氧化碳排放（以下简称碳强度）下降目标，2009 年 11 月 25 日的国务院常务会议决定，到 2020 年中国碳强度比 2005 年下降 40%~45%，自"十二五"时期起碳强度降低率成为"国民经济和社会发展规划纲要"中的一项约束性指标。为了弥补国家清单时效性不足的问题，有效支撑目标进展评估、形势分析等工作，中国从"十二五"时期开展了上年度及季度的碳强度下降核算，该核算范围仅包括能源活动的二氧化碳排放，并自 2017 年起发布于国民经济和社会发展统计公报。

2018 年卡托维兹气候大会达成《巴黎协定》实施细则，对发展中国家温室气体清单的报告时效、内容、质量和频次等都提出了更加严苛的履约要求，实施时间不晚于 2024 年。这些要求包括清单编制应全面遵循《IPCC 2006 指南》，每两年提交一次连续年度的国家温室气体清单，且清单最新年份不能早于提交年前三年，应确保 2020 后年度清单与基础年份清单数据可比，这对中国意味着每次均需对 2005 年清单进行回算，此外还对清单关键排放源分析、不确定性分析、完整性分析等提出了细化要求。国内"双碳"工作也亟需时效性强、数据颗粒度细、准确性高、可比性好以及透明可获取的碳排放数据。参考发达国家经验和发展中国家好的做法，建议中国在国家碳核算方法、核算和报告要求、基础统计监测数据、数据质控、数据发布、工作机制、人员和资金保障、法律法规等方面进一步强化，从而为下一步的国际履约和国内"双碳"工作提供坚实基础。

17.2.2.2 省级

（1）发达国家

不同于服务国际履约的国家温室气体清单，其需要满足国际通行规则，核算边界和核算方法等较为一致，缔约方核算结果也基本横向可比。省级碳核算主要服务于国内碳排放管理，因此各国会根据自身国情做进一步调整。各国经验总结如下。

明确职责分工，确保相关工作常态化开展。大部分国家通过气候立法等方式明确了相关部门的碳核算责任和义务。大部分发达国家的应对气候变化主管部门同时开展国家和省级两级碳核算，这一组织方式易于国家总量和地区加总量的衔接。此外，美国、加拿大、澳大利亚等联邦制国家的部分省级地区还同时开展了独立的碳核算，如美国的加州、加拿大的大不列颠哥伦比亚省，核算边界等方面与国家主管部门开展的下算一级并不完全相同。

保持方法学动态更新，并对历史数据开展回算。随着核算口径、各排放源方法以及数据来源变化，省级碳核算方法学也在不断变化。另外，随着方法学的不断升级和更新，美国、加拿大、英国、澳大利亚等国每年新发布省级碳核算数据时，均会对以往发布的历史年度数据做更新和修订，对时间序列数据尽量采用当时能力所能达到的最高层级的方法和最准确的数据来源开展核算。

实现常态化发布，数据透明度较高。无论是各排放源方法、基础数据来源，还是核算结果，美国、加拿大、澳大利亚、新西兰、英国等均实现了公开发布，从而方便政府机构、研究人员以及公众等查询使用，最大程度发挥数据的应用价值。

（2）中国

为落实国务院"十二五"和"十三五"控制温室气体排放工作方案中定期编制地方温室气体清单的要求，中国陆续开展了省级温室气体清单指南编写和发布、清单编制能力建设、省级关键年份清单编制、清单联审等一系列工作，基本形成常态化的地方温室气体清单编制工作机制，收集了31个省（区、市）多个年份的省级温室气体排放和吸收数据，为支撑中央和地方政府制定温室气体排放控制政策奠定了初步基础。此外，2009年国务院常务会决定，到2020年中国碳强度比2005年下降40%~45%，自"十二五"时期起碳强度降低率成为《规划纲要》中的一项约束性指标，同时分解落实到省级人民政府。为了弥补我国省级温室气体清单时效性的不足，有效支撑地方碳强度控制目标进展评估、考核和形势分析等工作，我国从"十二五"时期开展了省级年度碳强度下降率核算，同国家层级碳强度核算一样，省级核算范围也仅包括能源活动的二氧化碳排放，核算结果运用于省级人民政府的控制温室气体排放目标责任考核。

虽然从"十一五"开始，中国已着手部署省级清单编制工作，"十二五"时期起开展了常态化的省级碳强度统一核算，但随着"双碳"工作的深入推进，对省级碳核算数据的时效性、准确性、数据颗粒度等需求均有进一步提升，目前中国的省级碳核算还存在现行省级编制指南与国家清单以及新的IPCC清单指南不同步，缺少按经济部门划分清单，缺少时间序列清单，省级清单时效性不强，2005年、2010年、2012年和2014年四个年度外清单缺少统一联审等质量控制/质量保证手段，以及省级碳强度精确度有待提高等问题。建议下阶段中国省级碳核算可以从以下几个方面强化工作。

定期修订省级温室气体清单编制指南。为与最新国家温室气体清单方法学保持一致，建议尽快着手开展省级温室气体清单编制指南的修订工作。组织国家温室气体清单各领域牵头单位，根据国家温室气体清单编制经验，更新省级温室气体清单指南内容。之后，建议年度开展省级温室气体清单指南更新评估，视需要及时修订。

强化省级温室气体清单编制要求和数据质量管理。明确省级清单编制频率以及报告要求。借鉴2005年、2010年、2012年和2014年四个年度省级温室气体清单联审经验，对各地区提交的年度温室气体清单数据开展质量评估，各地区根据国家反馈的修改意见进一步修改完善，对各地区清单做好数据管理、数据分析和应用。

加强省级碳核算法律法规、资金、人力以及信息平台等基础保障。为进一步规范化省级碳核算工作，需在相关的法律法规等层面纳入省级碳核算内容。国家明确省级碳核算和报告机制、频率以及资金来源，组织开展对省级碳核算管理和技术人员的培训，建立省级碳核算系统和平台，提高省级碳核算数据管理的信息化水平以及同相关数据信息系统的互联互通。

17.3 建立企业、项目和产品碳排放核算体系

企业（组织）碳核算指对一定时间内不同行业企业或社会组织、机构等生产和经营活动产生的温室气体排放和吸收进行核算，与区域碳核算相比，核算的是微观主体的碳排放和吸收。另外，欧盟和中国等碳排放权交易市场下纳入配额管控的一般为设施排放，如火电企业的发电机组排放、水泥企业的水泥熟料生产线排放等，上述设施排放一般为企业排放的一部分，是企业中的主要排放环节，可以理解为企业（组织）级核算范畴，但与一般的企业碳核算相比，碳排放权交易市场下的设施排放数据监测、报告和质量控制要求更高。产品碳核算通常核算的是产品或服务所蕴含的碳排放量，包括从原材料获取、生产、使用、运输到废弃或回收利用等多个阶段产生的碳排放，通常也被称为产品的碳足迹，核算的是产品整个生命周期碳排放。不同于上述3个类别的碳核算，对于项目碳核算来说，核算的是温室气体减排项目的碳减排量，即对因为开发了这个项目（如新建一个风电站、为一条硝酸生产线安装氧化亚氮催化销毁装置等）而导致的温室气体排放量的变化情况进行量化。减排项目的碳核算不仅需要核算项目运行后本身的碳排放，还需要计算假设没有开展减排项目时的基准线情景碳排放和因为开展减排项目导致的碳泄漏情况。将项目的碳排放情况与基准线情景下的碳排放情况进行比较，结合项目的碳泄漏情况，最终计算并确定减排项目的碳减排量。

17.3.1 企业

17.3.1.1 国际

根据发布机构的类型和应用目的不同，国际企业层面的碳核算方法通常可以分为国家或区域应对气候变化主管部门根据辖域内企业温室气体管控需求发布的核算技术规范，以及国际各类专业研究机构、国家或区域标准化计量或检验机构、行业协会组织等根据专业研究或行业分析目的等发布的核算标准规范两大类。前一类包括欧盟碳交易制度下《关于监测和报告温室气体排放的条例》（以下简称监测和报告条例）中规定的不同类型重点设施的监测及报告规范，美国《温室气体强制报告制度》下分行业分层级受管控的企业重点设施的核算方法、澳大利亚《国家温室气体和能源数据报告法案2007》下的《国家温室气体和能源数据报告（测量）决议》等。上述核算方法技术规范通常与报告制度配合出台，企业除开展碳核算之外还需要按照规定的流程或模式进行数据报告，且通常这些核算技术规范及企业的报告义务被纳入国家或区域的法律法规，具有较强的约束力，为国家进而采用不同的措施开展温室气体排放管控提供基础。后一类的典型代表包括世界资源研究所和世界可持续发展工商理事会共同发布的温室气体核算体系，国际标准化组织发布的14064系列标准等。

欧盟对于设施的碳核算按照设施排放体量大小和源流排放量的大小进行了分类和界定，固定设施根据历史排放量大小分为A、B、C三类：A类设施排放量相对较低，年排放量等于或低于5万吨二氧化碳当量；B类设施排放量高于5万吨二氧化碳当量，等于或低于50万吨二氧化碳当量；C类设施排放量高于50万吨二氧化碳当量。除了按照排放门槛区分设施类别外，运营商还需要将设施源流分为主要源流、次要源流和极小源流，次要源流年排放量"低于5000吨化石二氧化碳或低于设施排放值的10%，但总量不超过10万吨二氧化碳当量，二者取最大值"，极小源流年排放量"低于1000吨化石二氧化碳或低于设施排放值的2%，但总量不超过2万吨化石二氧化碳，二者取最大值"，其余均为主要源流。进行上述分类和界定的主要目的是确定不同的设施或源流需要采用的监测方法学层级。虽然欧盟以"监测"命名其方法学，但实际上欧盟将排放量化的方法分为两类，一类为基于计算的方法，另一类为基于在线连续监测的方法，计算方法又进一步划分为排放因子法和质量平衡法两种。与美国、澳大利亚等国按照不同的数据粒度或数据获取方式规定分层级的核算方法不同，欧盟主要以通用的核算方法原则介绍为主，而在其附件中分行业规定了不同源流的活动水平和排放因子数据层级。其中不同层级活动水平数据对应于不同的不确定性，层级越高不确定性要求越低。这种针对不同设施和源流分层级管理的方式，一方面降低了企业的监测成本，另一方面也尽量保证了碳核算结果的准确度。在线连续监测是指根据温室气体排放口的温室气体流量测量值和浓度测量值相乘计算得出温室气体排放量。欧盟对于硝酸、己二酸、乙二醛等生产过程中产生的氧化亚氮排放以及二氧化碳的转移明确要求采用在线连续监测方法；如果企业可提供证据证明其监测数据的不确定度符合设施的不确定度范围要求，则企业也可以对二氧化碳排放源采用基于在线连续监测的方法学。欧盟在碳排放交易体系设施监测和报告数据质量监管方面采取了非常严格的要求，从设施或航空运营商的角度，制定了非常详细的监测计划报告和执行要求，运营商需要执行严格的内部数据质量管理和控制。从监管端，欧盟委员会专门发布了《温室气体排放及吨公里报告核查与核查机构认证条例》，对核查规范、核查机构要求、认可规范、认可机构要求、信息共享机制等进行了规定，上述法律文件和技术导则构成了欧盟碳交易的核查制度。

世界资源研究所是关注和研究温室气体排放核算和报告方法较早的机构之一。2001年9月，世界资源研究所联合世界可持续发展工商理事会发布了第一版《温室气体核算体系：企业核算与报告标准》，该标准早期得到了国际上许多企业、非政府组织、政府等的认可和采用，如知名的汽车企业福特汽车公司、信息技术企业IBM等都是早期采用该标准的企业代表。基于企业对第一版企业标准的应用反馈，2004年世界资源研究所又对该标准进行了修订。修订后的标准结合具体的案例详细阐述了包括确定核算边界及核算范围的方法和原则，如在确定核算组织边界方面，规定了可以按照股权比例法和控制权法两种原则。在核算运营边界方面规定了3个范围的排放，范围1是公司持有或控制的排放源的直接排放；范围2是公司消耗的外购电力、热力等产生的排放；范围3是其他间接排放，一般指所有不属于范围2的间接排放，即由企业的业务导致的，但排放源不由企业拥有或控制的，且不属于外购电力、热力、蒸汽、冷气所导致的温室气体排放，如购买原材料的生产过程产生的排放或销售的产品使用过程的碳排放等，一般要求公司必须报告的是范围1和范围2排放。该标准不仅提供了企业开展温室气体排放量核算的方法和原则，同时还提供了企业如果实施减排行动时的减排量核算方法指导，此外还有一个特色是指导企业如何制定减排目标。

17.3.1.2 中国

为支撑全国碳排放权交易市场建设，我国配套出台了24个行业企业温室气体核算与报告指南，其中11个指南被陆续转化成国家标准，从2016年起，我国组织发电、钢铁、水泥、石化和化工等八大行业年度温室气体排放量达到2.6万吨二氧化碳当量企业报送了2013年以来的排放数据。7个碳排放权交易试点地区根据需求，也陆续出台了试点地区企业温室气体排放核算方法与报告指南。此外，随着全国碳市场工作的推进以及重点行业企业碳监测试点工作的启动，我国还开展了设施层面的碳核算和企业层面的碳监测。但结合运行经验以及同国际比较，我国企业碳核算还存在无法满足碳排放精细化管理需求、方法学较为单一以及数据质量有待提升等方面的问题和挑战。针对上述问题和挑战，我国企业层级碳核算可以从以下方面进行进一步的改进和完善。

不断完善技术规范。 在生态环境部最新发布的发电行业数据报告要求中，结合前期的企业排放数据核算和报告经验，将《中国发电企业温室气体排放核算方法与报告指南》与"补充数据表"相结合，修订并发布了《企业温室气体排放核算方法与报告指南 发电设施》，将核算和数据报告细化到设施层级；其他行业也亟需尽快细化报告层级及核算方法。此外，扎实做好碳监测试点工作，根据试点经验研究制定监测点位布置、运行维护、连续监测等一系列技术标准规范。

加强对企业排放数据质量的监管。 对控排企业碳排放数据质量管理由过去的单纯依靠技术服务机构核查，转变为核查加日常抽查的模式，将碳排放数据质量纳入主管部门日常监督执法管理范畴。推动将核查技术服务机构、检测机构等纳入认可范围，开展多部门联合监管。通过智能化、信息化方式对排放数据开展校核，并通过同其他部门以及在线连续监测等多源数据比对等手段进一步识别潜在的数据质量问题。加快推进企业碳排放信息披露，充分发挥社会监督作用。另外，对发现的问题，要严格督促落实整改措施和处罚力度。

加强企业等相关主体的能力建设。 依托行业协会、地方主管部门等力量，通过监督帮扶、政策标准解读培训等手段，帮助企业完善数据质量控制计划，健全完善与企业已有管理制度相衔接的碳排放数据质量管理体系。充实国家和地方主管部门企业碳排放监管人员队伍，强化相关人员的专业技术能力，为提升企业碳核算数据质量提供有力支撑。

17.3.2 减排项目

17.3.2.1 国际

减排项目的碳核算服务于各类碳抵消机制，通过将量化的项目碳减排结果用于完成国家减排目标、企业碳市场履约以及抵消企业、活动或个人的碳排放等，来实现其对于减缓气候变化的贡献。减排项目碳核算方法和过程都必须满足相应的碳抵消机制框架要求。减排项目的碳核算通常由三部分组成，除了需要计算项目本身的碳排放外，还必须要计算基准线情景的碳排放和项目的碳泄漏情况，其中项目本身的碳排放核算与企业或者设施碳核算的方法比较类似，尤其是项目与企业或者设施边界一致的时候。进行减排项目碳核算时需要采用项目所要参与的碳抵消机制中相对应的方法学，不同的碳抵消机制都有大量的碳核算方法学供不同类型的减排项目选择。减排项目的碳核算方法学是确保项目减排量真实、可测量和长久有效的核心，一般都包括适用范围、基准线情景识别和额外性论证、详细的减排量计算方法以及监测要求等部分。

虽然国际上的碳抵消机制众多，但是中国的减排项目实际能参与的只有清洁发展机制（CDM）、黄金标准（GS）、核证碳标准（VCS）和全球碳委员会（GCC）。我国的减排项目主要是在CDM和CCER注册。截至2021年12月，我国在CDM注册的减排项目达到3764个，约占全部CDM注册减排项目的48%；我国CDM项目获签发的减排量约11.2亿吨二氧化碳当量，约占全部CDM项目签发减排量的51%。我国也有数百个减排项目应用于GS和VCS两个碳抵消机制：截至2021年12月，有391个减排项目注册于VCS，约占VCS全部注册项目的22%；有213个减排项目注册于GS，约占GS全部注册项目的13.4%。GCC虽然也允许我国的减排项目参与，但目前仅有两个项目注册，还没有我国减排项目参与。

17.3.2.2 中国

CCER是中国于2012年建立的项目级减排机制。2012年，原应对气候变化主管部门国家发改委发布实施了《温室气体自愿减排交易管理暂行办法》[12]和《温室气体自愿减排项目审定与核证指南》[13]，对温室气体自愿减排项目、减排量、方法学、审定与核证机构以及交易机构5个事项采取备案管理，对中国境内的温室气体自愿减排活动进行了规范，逐步建立了我国CCER制度体系和技术规范体系。2017年3月，国家发改委发布公告，暂缓受理CCER备案申请[14]。2018年4月，应对气候变化职能划转至生态环境部，CCER备案事项转由生态环境部管理。目前，生态环境部正在研究修订管理办法，完善自愿减排交易机制。截至2021年12月，我国共有1315个CCER注册减排项目，签发的减排量约为7700万吨二氧化碳当量。

在CCER机制下，中国自2013年至今已发布了200个方法学，其中最为常用的是可再生能源、燃料/原料转换、温室气体销毁、能源效率、避免温室气体排放、碳汇等类型的方法学。上述方法学大部分是在2013—2014年从CDM方法学转化而来，在一定程度上不能完全贴合中国的当前现状。而且，从CCER方法学发布以来，中国的气候变化政策和减排技术已经有了长足的发展和较大的变化。因此，有必要进一步完善中国CCER中的减排项目碳核算方法学，以适应目前的新情况和新要求，更好地促进中国温室气体减排活动的发展。具体建议如下。

尽快梳理和修订CCER现有方法学。首先，CCER方法学大部分是从CDM方法学转化而来，而CDM方法学已经更新了多次。其次，部分CDM转化而来的方法学可能不完全符合中国减排项目的实际情况。再次，随着全国碳市场的启动及扩容，管控设施上开发的减排活动就失去了额外性，相关行业的减排项目的碳核算方法学的适用性也需要持续跟踪调整。最后，完善碳汇相关方法学。在遇到火灾或者被砍伐时，碳汇项目吸收的二氧化碳可能会重新释放到大气中，碳汇项目的减排效果存在被逆转的可能性。

进一步完善管理架构、技术文件以及信息化公开等。完善CCER的管理体系，设立常设专家技术咨询委员会，负责减排项目碳核算方法学的日常维护。设立技术管理机构，在主管部门的指导下，负责项目的申请和批准等具体日常事务。完善CCER技术文件体系，制定项目标准文件、完善项目申请流程、完善审定与核证标准、制定方法学申请和修订流程等。提高项目申请的信息化，全流程公布，提高项目透明度，接受公众监督。

加强对第三方审定与核证机构的管理和监督。第三方审定与核证机构是确保减排项目质量的关键环节。可以借鉴CDM的经验，定期抽查和走访第三方审定与核证机构，查阅管理制度、人员能力、审定与核证项目存档，做好事后监督工作，发挥第三方审定与核证机构积极作用，以确保CCER减排项目的数据质量。

17.3.3 产品

17.3.3.1 国际

产品碳核算，通常也被称为核算产品的碳足迹，是指核算产品所蕴含的包括从原材料获取、生产、使用、运输到废弃或回收利用等多个阶段产生的温室气体排放或吸收量。根据核算的目的、要求以及被核算产品的类型，产品碳核算的主要方法有投入产出方法和生命周期评价方法。其中，投入产出方法适用于核算宏观类产品的碳排放，可以更好地了解和分析宏观产业部门中的内在联系，不会忽略一些与产品生产相关联的、平时很难注意到的部门间联系，但是核算时不太容易反映产品实际的生产、使用和回收等细节；生命周期评价方法适用于核算中、微观产品的碳排放，可以直观的、较为全面的反映产品生命周期各个阶段的碳排放，但是核算时所需要的数据量和工作量较大、需要进行一定的简化，而且当缺乏某些环节的直接数据时核算结果可能会产生较大不确定性。

投入产出方法在产品碳核算方面的应用相对较少，目前国际上还缺少统一的标准和规范。由于现实中通常需要核算的产品都是中、微观层面的具体产品，生命周期评价方法是产品碳核算实践中应用最为广泛的方法，国内外有许多使用生命周期评价方法进行产品碳核算的研究和应用。目前已有多个国家和组织制定了生命周期评价方法的产品碳核算标准和规范，包括ISO 14067系列规范标准、PAS

2050系列规范标准以及GHG Protocol系列标准等。三个系列标准都对产品生命周期碳核算的各个环节做出了具体规定，方便用户按标准开展核算。

ISO 14067系列规范标准、PAS 2050系列规范标准以及GHG Protocol系列标准的结构大体类似，都包括标准适用范围、术语定义、系统边界、功能单元、数据获取、分配原则、不确定性分析和报告等环节。在一些具体的细节上，各个标准也存在部分差别。首先，在产品"生命周期"的界定上，ISO 14067更加侧重于对于产品完整"生命周期评价"的核算，核算的是产品从"摇篮到坟墓"整个生命周期过程的碳排放；而PAS 2050以及GHG Protocol都在"摇篮到坟墓"范围外，也允许用户选择"摇篮到大门"的生命周期范围，即只核算产品的原材料获取、生产直到产品从企业运输出去的过程碳排放。其次，在需核算的温室气体范围上，ISO 14067和PAS 2050都明确规定了需要核算的温室气体包括《京都议定书》规定的六种气体和《蒙特利尔议定书》中管制的气体等，共63种气体；GHG Protocol只明确规定需要核算六种气体，对于其他温室气体只要求在报告清单中列出。再次，在截断原则的规定上，PAS 2050设置了明确的定量性截断阈值；ISO 14067和GHG Protocol对于截断原则的阈值并没有明确规定，允许用户自行设定，只要求在报告中明确说明。最后，在对间接排放源的处理上，ISO 14067对于需要核算环节的明确规定相对较少，只对回收利用和后续使用过程中持续发生的碳排放或吸收等环节有明确规定；PAS 2050的规定更加细致和明确，对于固定资产、经营场所的运维、交通运输、存储过程、消费者交通以及回收利用等多个环节是否需要纳入核算范围均有明确的规定；GHG Protocol对于各过程的规定最为细致和明确，对于从原材料获取和预加工、生产、产品分销和储存、产品使用和寿命终止等各个过程都有详细的分解和举例来说明，对于诸如固定资产、辅助运营、团体活动和服务、员工交通和消费者交通等不需要核算的环节也有明确的规定。

世界上多个国家和地区也都在2008年前后开始尝试应用各类产品碳核算标准进行本国的产品碳核算研究，并给一些产品贴上了碳标签。英国、美国、日本、德国和韩国等国家均是一些大型企业带头进行产品碳核算试点，依靠试点经验改进本国相关政策或标准，进而将碳标签推向更多的日用品领域，使更多的普通消费者了解到日常消费产品所蕴含的碳排放信息。

17.3.3.2 中国

与上述国家相比，中国的产品碳核算还停留在研究阶段，缺少官方认可的标准和规范，也缺乏统一、权威、完整、可操作的产品碳标签制度，仅有部分地方和行业协会开发了一些碳足迹评价地方标准和团体标准，如中国质量认证中心广州分中心等机构颁发的《产品碳足迹评价技术通则》，上海市质量技术监督局发布的《产品碳足迹核算通则》，北京市市场监督管理局发布的《电子信息产品碳足迹核算指南》，中国电子节能技术协会发布的《电器电子产品碳足迹评价通则》和《LED道路照明产品碳足迹评价规范》等，也有部分企业参考、使用国际标准或国内相关的地方、行业协会标准自发尝试开展了产品碳核算。建议一是尽快制定适合中国企业和国情的产品碳核算标准，充分参考国际上现有的标准、规范，针对中国企业和产品的特点进行本地化改进，并选择部分产品开始试算，通过试算经验不断修订完善标准；二是政府应组织研究结构、专家学者针对欧盟可能施加碳关税的产品开展碳核算，提前做好数据储备，避免或降低碳关税贸易壁垒造成的经济损失；三是加强企业和设施层面的基础统计数据基础，建立企业、产品层面的基础统计数据库，加强对产品全生命周期流程（特别是回收、再利用环节）的跟踪和监控，为产品碳核算推广打下坚实的数据基础；四是建立和推广产品碳标签制度，提高公众的低碳意识，从消费端倒逼企业低碳生产和转型，助力中国实现碳达峰碳中和战略。

参考文献

[1] 国家发展改革委，国家统计局，生态环境部. 关于加快建立统一规范的碳排放统计核算体系实施方案的通知［EB/OL］.［2022-08-19］. https://www.ndrc.gov.cn/xwdt/tzgg/202208/P020220819537968476486.pdf.

[2] 马翠梅. 碳核算理论与实践［M］. 北京：中国环境科学出版社，2022.

[3] UNFCCC. FCCC/INFORMAL/84［EB/OL］.［2022-6-14］. https://unfccc.int/resource/docs/convkp/conveng.pdf.

[4] 王田，董亮，高翔.《巴黎协定》强化透明度体系的建立与实施展望［J］. 气候变化研究进展，2019，15（6）：684-692.

[5] UNFCCC. Modalities，Procedures and Guidelines for the Transparency Framework for Action and Support Referred to in Article 13 of the Paris Agreement［EB/OL］.［2022-6-5］. https://unfccc.int/sites/default/files/resource/CMA2018_03a02E.pdf.

[6] IPCC. Revised 1996 IPCC Guidelines for National Greenhouse Gas Inventories［M］. Kanagawa：The Institute for Global Environmental Strategies，1996.

[7] IPCC. Good Practice Guidance and Uncertainty Management in National Greenhouse Gas Inventories［M］. Kanagawa：The Institute for Global Environmental Strategies，2000.

[8] IPCC. Good Practice Guidance for Land Use，Land-Use Change and Forestry［M］. Kanagawa：The Institute for Global Environmental Strategies，2003.

[9] IPCC. 2013 Revised Supplementary Methods and Good Practice Guidance Arising from the Kyoto Protocol［M］. Kanagawa：The Institute for Global Environmental Strategies，2013.

[10] IPCC. 2019 Refinement to the 2006 IPCC Guidelines for National Greenhouse Gas Inventories [M]. Kanagawa：The Institute for Global Environmental Strategies，2019.

[11] 蔡博峰，朱松丽，于胜民，等.《IPCC2006年国家温室气体清单指南2019修订版》解读 [J]. 环境工程，2019，37（8）：1-11.

[12] 国家发展改革委. 温室气体自愿减排交易管理暂行办法 [EB/OL].［2012-6-13］.https://www.mee.gov.cn/ywgz/ydqhbh/wsqtkz/201904/P020190419527272751372.pdf.

[13] 国家发展改革委. 国家发展和改革委员会办公厅关于印发《温室气体自愿减排项目审定与核证指南》的通知 [EB/OL].［2012-10-09］. https://www.ccchina.org.cn/Detail.aspx?newsId=73520&TId=70.

[14] 国家发展改革委. 中华人民共和国国家发展和改革委员会公告（2017年第2号）[EB/OL].［2017-3-14］. https://www.ndrc.gov.cn/xxgk/zcfb/gg/201703/t20170317_961176.html?code=&state=123.

第 18 章 积极参与和引领全球气候治理

习近平总书记明确提出中国"引导应对气候变化国际合作，成为全球生态文明建设的重要参与者、贡献者、引领者"，为中国在全球气候治理中所扮演的积极角色定调。中国始终秉持人类命运共同体理念，推动共建公平合理、合作共赢的全球气候治理体系，为全球气候治理积极贡献中国方案，提出中国倡议。本章重点讨论中国参与和引领全球气候治理的理念以及在全球气候谈判中的角色变迁，分析我国应对气候变化国际承诺和实施成效，梳理加强应对气候变化的"南南合作"、"一带一路"绿色低碳合作以及与发达国家的气候合作。

18.1 参与和引领全球气候治理的理念

随着气候变化等新兴全球性挑战日益严峻，全球经济发展格局也在发生深刻转变，原有以国家中心治理模式为主、由欧美等发达国家主导建立的全球治理体系已无法适应局势变化，正在经历关键变革时期[1]。中国作为全球第二大经济体、第一大发展中国家，积极担当大国责任，代表发展中国家发声，是推动全球治理变革的重要力量。中国作为东方文明古国，拥有深厚独特的思想文化底蕴，通过挖掘中华文化中积极的处世之道和治理理念与当今时代的共鸣点，可为全球治理理念创新和体制变革提供有用智慧。2015 年巴黎气候变化大会上，习近平主席在《携手构建合作共赢、公平合理的气候变化治理机制》讲话中提出"各尽所能、合作共赢""奉行法治、公平正义""包容互鉴、共同发展"的全球气候治理理念。上述理念主张均承继自中华优秀传统文化，充分贴合当前的全球气候治理形势，组合形成了具有鲜明中国特色的全球气候治理观。

18.1.1 从"和合"到"合作共赢"

中国的"和合"文化源远流长,是儒释道流派之间长期碰撞交融所形成的思想精髓。"和"蕴含着和谐、和平、中和,"合"则指向汇合、融合、联合,以和为贵,和合善治,"和""合"二者共同孕育了中华民族数千年以来的凝聚力和创造力,也奠定了中国处理外交关系的普适规则和最高理想[2]。《管子》载道:"夫轻重强弱之形,诸侯合则强,孤则弱。"古代诸侯列国相处之道如是,现代国际关系亦如是,"和合"思想至今仍被继续发展应用。面对全球性的气候变化威胁,无论国家大小强弱,各方均福祸相依、休戚与共,自私短视封闭的功利主义终将导向不可逆转的危机。中国因此提出构建以合作共赢为核心的新型国际关系,倡导尽快摒弃以邻为壑、零和博弈的狭隘竞争思维,主张各方同舟共济、互惠合作、坚持多边主义,共商应对气候变化大计,探索拓展自愿合作的领域与空间,深化扩大彼此间的利益交汇点,进而推动应对气候变化双赢、多赢、共赢。

18.1.2 从"大同"到"公平正义"

在中国传统政治实践中,实现公平正义是治国理政的价值追求。《吕氏春秋》记载道,"昔先圣王之天下也,必先公,公则天下平也",彰显了不偏倚、重公心、公本位的治理理念。"大道之行也,天下为公",出自《礼记·礼运》,描绘出理想的"大同"社会愿景,并从中展现了中国传统公平正义观对整体利益的关注和重视[3]。现代语境下的"天下",可指包含所有国家在内的人类整体乃至人与自然的整体[4],在全球气候治理中贯彻公平正义可被解释为"天下"这一整体寻求可持续生存利益的最优解。在实现公平正义的途径和方式上,中国历代儒家典籍中早有记载以名定责、责权对应、权责依赖等思想,构建起合乎理、以责任为核心的伦理观[5]。儒家责任伦理中的"责任",既涵盖职责、尽责、位责等分内之责,也包含为自身行为所引发的后果承担责罚,重视事后性[6]。全球气候变化危机演变至今,发达国家和发展中国家所应承担引发气候变化的历史责任不同;同时,发达国家与发展中国家的发展阶段和应对能力不同,发达国家向发展中国家提供必要支持与全球整体利益诉求相符。因而在全球气候治理进程中,中国始终坚持共同但有区别的责任原则,强调发达国家应向发展中国家提供足够的资金、技术和能力建设支持,有力保障发展中国家在平衡发展和应对气候变化时的正当权益,以此切实维护全球气候治理中的公平正义。

18.1.3 从"和而不同"到"包容互鉴"

中华文化素来具有包容性。《孟子·滕文公上》有言,"夫物之不齐,物之情也",这是对事物差异的客观承认。"和而不同"出自《论语·子路》,以中道的态度处理差异,既认可差异的内在性和普遍性,同时在具有差异的各方之间进行组织协调,以实现对差异与合作秩序的兼容[7]。作为一种调和的世界观,"和而不同"充分尊重国家及文化间的多样性,注重求同存异的相处之道,致力于促进彼此理解、共同发展。全球气候治理体系下,各国的基础国情和应对气候变化的能力不尽相同,甚至差距悬殊,各国应对气候变化工作难有统一标准和规范。因此,中国主张"包容互鉴",即各国间尊重各自主要关切,寻找与本国国情和能力最为适配的应对之策,并通过强化对话交流、构建合作秩序来推动多元共生、包容共进。《巴黎协定》所确立的以"国家自主贡献"为核心、以"自下而上"为特征的减排机制,从制度安排上实现了差异与秩序兼备,可被视为全球气候治理贯彻"和而不同"理念、彰显"包容互鉴"精神的一项典型实践。

18.1.4 从"天人合一"到"人与自然生命共同体"

"天人合一"作为中国古代自然观、宇宙观的表达,深植于中华传统文化之中,也在习近平生态文明思想中得以承继,在与马克思主义自然辩证法相结合后形成中国现代生态治理观[8]。面对气候变化、生物多样性丧失等多重全球环境及生存危机,在吸收对人与自然关系的深刻反思后,全球治理视域中的"人类命运共同体"在全球气候治理视域中被进一步表达为"人与自然生命共同体"。"人与自然生命共同体"这一理念对此前的全球气候治理观进行了包容阐发,其丰富内涵和核心要义主要体现为"六个坚持",即坚持人与自然和谐共生、绿色发展、系统治理、以人为本、多边主义以及共同但有区别的责任原则。全球气候治理并非孤立的治理领域,推进全球气候治理、全球生物多样性治理协同,推动全球生态文明之路行稳致远,是中国对拓展全球气候治理理念的又一贡献。

18.2 积极参与联合国气候谈判

全球气候治理的核心在于通过建立原则、规范和规则,推动全球有效开展气候变化集体行动[9]。国际气候变化法确立了对主权国家具有约束效果的应对气候变化基本原则,因此可被视为处于全球气候治理的中心[10]。《公约》是全球首个国际应对气候变化法律文件,奠定其在全球气候治理中的主渠道地位。在《公约》框架之下,全球气候治理规则体系不断演变,从以《京都议定书》为代表的"自上而下"逐步转变为以《巴黎协定》为中心的"自下而上"的治理模式。自2016年11月《巴黎协定》正式生效以来,全球气候治理已迈入了"后巴黎时代"[11]。

由于气候变化具有高度复杂性和不确定性，在国际气候谈判进程中，IPCC通过发布系列评估报告为国际气候谈判提供重要科学依据支撑，科学评估（评估轨道）与政治谈判（谈判轨道）交互联动，形成了全球气候治理中标志性的"双轨"[12,13]。在历时超30年的联合国气候谈判中，中国作为关键缔约方之一，在不同时期扮演的角色和所发挥的作用不断变化。同时，中国专家学者在IPCC前六轮评估周期中也积极参与并作出贡献，持续推动国际科学评估进程向前。

18.2.1 中国参与联合国气候谈判的角色变迁

学界在不同时间对中国参与联合国气候谈判的角色构建展开了分析，受分析时间跨度不同、一线谈判证据和材料掌握程度不同的影响，各项研究对中国参与联合国气候谈判角色变迁的理解、角色阶段的划分存在差异[14-18]。较近期研究（2015年后）多倾向于评价中国参与联合国气候谈判的地位有所提升，所发挥作用也更加核心。2021年，一项角色分析跨度达30年的研究表示，以《公约》《京都议定书》《巴黎协定》等里程碑文件为节点，中国在联合国气候谈判中的角色被视为实现了从积极参与者、积极贡献者到积极引领者的转变[19]。

18.2.1.1 《公约》到《京都议定书》的积极参与者

联合国气候谈判之初，尽管彼时中国对气候变化的科学认知尚为不足，对应对气候变化阻碍经济发展仍存担忧，且谈判经验有限，总体较为被动，中国始终秉持着"积极认真，坚持原则，实事求是和科学态度"的方针[20]，展现出积极的参与姿态。1990年底，第45届联合国大会决定成立气候公约"政府间谈判委员会"，联合国气候谈判进程由此启动。同年年初，中国国务院已专门成立了"国家气候变化协调小组"，统筹协调国家参与联合国气候谈判。在《公约》谈判中，中国参与谈判磋商代表发展中国家发声，成了提出完整公约草案提案的两个发展中国家之一（另一为印度），为"七十七国集团+中国"的《公约》草案提案提供了关键蓝本。中国在《公约》谈判中主张优先确定原则，强调发达国家应承担主要责任，并明确在草案中提出"各国在对付气候变化问题上具有共同但又有区别的责任"，与《公约》最终所确立的共同但有区别的责任原则相一致。该原则主张各缔约方依照影响气候变化的历史排放责任和所具备的能力水平，承担共同但有区别的义务，这为全球气候治理的规则谈判奠定了基石。1992年6月《公约》达成，中国全国人大也于同年11月快速批准该公约并于次年1月交存批准书至联合国，成为推动《公约》尽快生效的关键力量之一。

《公约》进一步实施有赖于后续规则谈判，《京都议定书》谈判成为各方交锋的战场，各方围绕温室气体减排责任分担、如何平衡公平与效率持续拉锯。中国及其他发展中国家坚持推动《京都议定书》体现共同但有区别原则,1997年通过的《京都议定书》最终以附件一发达国家缔约方承担强制定量减排责任、发展中国家缔约方依据自身情况采取积极减排行动的形式确立了责任分担。同时,在《京都议定书》谈判过程中,中国谈判立场逐渐变得更为开放,对三项灵活履约机制(排放交易、联合履行、清洁发展机制)作为减排义务补充手段的接受程度发生了转变,表态称清洁发展机制为发达国家与发展中国家间的双赢机制[21],并积极投入相关谈判之中。《京都议定书》作为首个具有法律约束力的国际气候协议,因受美国宣布拒绝批准《京都议定书》影响,从通过到生效历经七年沉浮,期间谈判颇为曲折。中国始终参与其中,参与达成《马拉喀什协定》《德里宣言》等,努力推动各方加快批准《京都议定书》尽早生效并付诸实施。

18.2.1.2 后《京都议定书》时代的积极贡献者

《京都议定书》在2005年实现生效,其关键进程谈判和实施的进展均较为有限。在后《京都议定书》时代,中国更为积极地推动气候谈判进程,在关键节点中发挥建设性作用。2005年第11届联合国气候变化大会通过《蒙特利尔路线图》,提出《京都议定书》和《公约》框架下开展"双轨"谈判进程。2007年第13届联合国气候变化大会达成具有里程碑意义的《巴厘岛路线图》,进一步明确在"双轨制"中,《京都议定书》下发达国缔约方承诺2012年后量化减排指标,《公约》所有发展中国家及发达国家(含美国)就2012年后的减缓、适应、资金、技术转让"四个轮子"议题展开谈判,并应在2009年形成一揽子协议[22]。中国在此次谈判前公布了《中国应对气候变化国家方案》,既是中国首部应对气候变化的政策性文件,也是发展中国家在气候领域的首部国家方案。中国还建立了由温家宝总理担任组长的国家应对气候变化及节能减排工作领导小组,充分展示了负责任的大国态度。中国提出的加强落实《公约》并强化合作、"四个轮子"并行等重要主张均得到体现。

2009年哥本哈根联合国气候变化大会前,中国对外宣布"2020年单位GDP二氧化碳排放比2005年下降40%~45%"的自愿减排目标以示决心,会中推动形成"基础四国"成果文件草案为最终主席案文提供支持,并在谈判濒临失败关头持续斡旋,通过"基础四国"协调、与美国协商及一系列领导层磋商,最终促成《哥本哈根协议》。面对发达国家模糊中期和长期目标、推动双轨并一轨等削弱自身责任的企图,中国及其他发展中国家坚守谈判阵地,有效维护《公约》原则[23]。尽管会议未达成具备法律约束力的文件,距离各方政治预期较远,在程序上体现为失败,但《哥本哈根协议》实质性反映了多方共识,为2010年《坎昆协议》达成提供了基础,也决定了未来应对气候变化国际合作的趋势[24]。

2011—2015年"德班平台"谈判进程中，中国在2011年德班联合国气候变化大会上召开新闻发布会表示接受具有法律约束力的全球协议，将承担与自身发展阶段与水平相适应的责任与义务，再次体现了责任担当和谈判诚意，得到多方赞赏。2012年多哈联合国气候变化大会中，各方就《京都议定书》第二承诺期谈判、气候资金等议题陷入僵局，中国继续斡旋其中，推动会议主席及秘书处会议最后采用一揽子方式通过会议成果，达成《〈京都议定书〉多哈修正案》以及长期气候资金等多项决议。整个"德班平台"谈判过程中，中国致力于在关键问题上代表发展中国家整体利益，并提出发达国家与发展中国家间的搭桥方案，助力各方相向而行，切实扮演了积极贡献者的角色。

18.2.1.3 《巴黎协定》及后巴黎时代的积极引领者

2015年巴黎联合国气候变化大会上各方协商一致通过《巴黎协定》，既标志着全球气候治理确立了新的模式、开启新的阶段[25]，也意味着中国在联合国气候谈判中的角色逐渐进阶为积极引领者。中国在《巴黎协定》的达成、生效和实施过程中均发挥了核心作用[26]。

在《巴黎协定》达成过程中，中国首先通过大国双边外交促进高层意愿，在多边场合打造政治势头。自2014年起，中国持续发布中英、中印、中美、中欧气候变化联合声明，以及中美元首及中法元首等一系列气候变化联合声明，为巴黎联合国气候变化大会成功举办释放积极信号。作为发展中大国，中国在会前提出富有雄心的国家自主贡献意向，承诺建立"中国气候变化南南合作基金"以帮助发展中国家提升应对气候变化能力等，提振了各方信心。大会期间，习近平主席出席开幕式并发表体现中国方案的主旨演讲，与多国元首及联合国秘书长展开密切会谈，这是中国国家元首首次出席联合国气候大会，为大会贡献了不容忽视的政治推动力以及理念指导。其次，中国积极引导多边谈判磋商取得实质性进展[27]。中国与主要国家联合声明中对于共同但有区别的责任、透明度、全球盘点、资金等关键问题的共识表述，为《巴黎协定》谈判提供了重要参考。中国在会前全面推进部长级和工作层的气候变化双边对话磋商，尤其是与大会主席国法国建立中法气候变化磋商机制，为大会的多边技术谈判做足铺垫。谈判最后就减排相关条款的表述出现重大分歧时，中方为避免重开谈判，积极出面对个别发展中国家反复做工作，最终促成《巴黎协定》顺利通过。

在《巴黎协定》生效过程中，中国继续发挥元首气候外交的引领作用，2016年3月与美国再度发布"中美元首气候变化联合声明"，宣布双方定于《巴黎协定》开放签署日签署协定。双方又选择在G20杭州峰会时共同交存《巴黎协定》

批准文书,同时发布声明呼吁《公约》缔约方尽早加入《巴黎协定》以期促其当年生效[28]。后两份联合声明中,双方将重点从承诺转向履约,以积极示范角色引领更多缔约方签署并批准《巴黎协定》,切实加速《巴黎协定》生效,有力推动多边合作进程。

尽管美国于2017年宣布退出《巴黎协定》,中国始终强调《巴黎协定》成果来之不易,仍在全球气候治理多边机制框架下持续贡献力量推进《巴黎协定》实施。2018年卡托维茨联合国气候变化大会需完成《巴黎协定》实施细则谈判,中国在此前的G20峰会上明确表达对卡托维茨大会的支持,并在峰会期间与法国、联合国共同举行气候变化问题三方会议,从而强化政治动力。通过在各发展中国家集团中增进沟通协调,与发达国家方面密切磋商,中国为推动卡托维茨大会取得一揽子全面、平衡、有力度的谈判结果作出了重要贡献[29]。2021年格拉斯哥联合国气候变化大会临近谈判尾声陷入胶着,中国与再度回归《巴黎协定》的美国共同发布了《中美关于在21世纪20年代强化气候行动的格拉斯哥联合宣言》,为大会最终完成实施细则遗留问题谈判、达成《格拉斯哥气候协议》注入"强心剂"[30]。至此,"后巴黎时期"谈判为"自下而上"基于各国自主决定贡献的全球气候行动合作模式设定了规则体系[31],2020年后全球气候治理也得以开启新的征程,而中国在此中所发挥的引领作用功不可没。

18.2.2 中国参与国际科学评估的贡献

IPCC在科学界多次呼吁尽快开展全球气候变化状况评估的背景下诞生。中国自其诞生之初便贡献其中,参与其各项科学活动,截至2022年已积极参与六轮IPCC评估,见证了国际科学评估发展历程。

中国首先为IPCC组建贡献了决策力量。中国专家对历次IPCC科学评估报告编写提供了重要支撑力量。截至2022年第六轮评估周期进行时,中国政府已累计推荐上千名中国科学家参与IPCC评估进程,近150名中国科学家加入IPCC各次评估报告作者团队,且随着评估周期往后,中国作者绝对数量有所增加,主要作者召集人和主要作者占比增加,总体呈现出对IPCC支撑力度不断加大的特征。从第三轮IPCC评估开始,来自中国气象局的丁一汇院士、秦大河院士和翟盘茂研究员,连续担任IPCC第一工作组联合主席,在IPCC科学评估进程中,特别是气候自然科学基础评估进程中,发挥了重要领导作用。但由于中国气候变化研究总体科研实力落后于发达国家,IPCC评估报告对中国科学家的文献引用率较低,IPCC核心观点对于中国科研成果的反映不足[32]。

此外,中国向IPCC科学评估管理体系改革贡献了意见建议。IPCC科学评估工作涉及规划、确立大纲、提名作者、专家及政府评审、全会批准及出版等多个流程环节，随着数轮科学评估周期不断推进，如何强化其严谨性和实用性、调和评估参与方与报告使用方之间的冲突矛盾逐渐显现出重要性[33]。中国参与了IPCC管理体系改革各项进程，促成IPCC通过联合工作会及研讨会等形式提高各工作组间协作水平，同时推动各方就提高发展中国家在主席团及技术支撑组中的参与能力、提高非英文文献引用率，以及强化对发展中国家青年科学家支持与培训等多个方面达成共识。

18.3 积极践行气候治理国际承诺

"以实则治"是习近平主席向2021年格拉斯哥联合国气候变化大会世界领导人峰会发表书面致辞时所提出的重要理念，强调各方应聚焦务实行动，不仅仅停留在制定目标与愿景，而应各尽所能推动应对气候变化举措落地实施。作为《公约》非附件一缔约方的发展中国家，中国积极履行国际义务，根据2010年《坎昆协议》提交包含2020年目标的国家适当减缓行动，遵循2015年《公约》第1/CP.21号决定提交包含2030年目标的国家自主贡献，又依据《巴黎协定》相关要求于2021年提交名为《中国落实国家自主贡献成效和新目标新举措》的国家自主贡献更新文件（下称"国家自主贡献更新文件"）。国家自主贡献更新文件重申了习近平主席在2020年12月气候雄心峰会上所宣示的承诺，纳入"双碳"目标，相较此前的国家自主贡献整体承诺力度加大。该文件指出，尽管中国实现新的国家自主贡献"面临巨大挑战与困难，将为之付出巨大努力"，但中国"落实应对气候变化承诺的决心不会改变"[34]，直接展现了中国在面对国际承诺时所采取的基本态度，即重信守诺、言出必行。

18.3.1 气候治理国际承诺的主要内容

在《公约》框架之下，中国多次向联合国提交书面国际承诺，积极履行缔约方义务；在联合国大会、气候变化峰会等重要多边场合中，中国也曾多次对外庄严宣示承诺，通过展示中方决心来显示对多边主义的坚定支持（表18.1）。中国历次有关减缓的国际承诺涵盖近期、中期、长期目标[35]，量化目标要素主要体现为碳达峰及碳中和时间点、碳排放强度、能源转型（以非化石能源占比及可再生能源装机容量为关键指标）、碳汇（以森林面积及森林蓄积量为关键指标）等。中国作出国际承诺的同时也注重平衡反映适应、资金、技术、能力建设等领域，提出的非量化目标要素包括提升重点领域和地区气候韧性，发展绿色循环经济，研发气候友好技术，为其他发展中国家提供资金（"中国气候变化南南合作基金"）、能力建设（"十百千"倡议）和能源转型支持（停止新建海外煤电并支持能源绿色低碳发展）等。既有国际承诺显示，中国不仅关注国内自主行动贡献，也出于负责任大国定位，通过作出支持发展中国家应对气候变化的有力承诺，进一步实现对全球气候治理更为广泛的贡献。

表 18.1 中国历年所作有关应对气候变化的重要国际承诺

提出时间	承诺场合/来源	承诺表述
2009年9月	联合国气候变化峰会	争取到2020年单位GDP二氧化碳排放比2005年有显著下降；非化石能源占一次能源消费比重达到15%；森林面积比2005年增加4000万公顷，森林蓄积量比2005年增加13亿立方米；大力发展绿色经济，积极发展低碳经济和循环经济，研发和推广气候友好技术
2009年	向联合国提交的"国家适当减缓行动"	争取到2020年单位GDP二氧化碳排放比2005年下降40%~45%；非化石能源占比目标、森林面积目标及森林蓄积量目标同上
2015年6月	向联合国提交的《强化应对气候变化行动——中国国家自主贡献》	重申2020年目标；提出二氧化碳排放在2030年左右达到峰值并争取尽早达峰；单位GDP二氧化碳排放比2005年下降60%~65%，非化石能源占一次能源消费比重达到20%，森林蓄积量比2005年增加45亿立方米左右；继续主动适应气候变化，在农业、林业、水资源等重点领域和城市、沿海、生态脆弱地区形成有效抵御气候变化风险的机制和能力，逐步完善预测预警和防灾减灾体系
2015年9月	《中美元首气候变化联合声明》	建立200亿元人民币的"中国气候变化南南合作基金"，支持其他发展中国家应对气候变化，包括增强其使用绿色气候基金资金的能力
2015年11月	巴黎气候变化大会开幕式	2016年启动在发展中国家开展10个低碳示范区、100个减缓和适应气候变化项目及1000个应对气候变化培训名额的合作项目（"十百千"项目）
2020年9月	第75届联合国大会一般性辩论	二氧化碳排放力争于2030年前达峰，努力争取2060年前实现碳中和
2020年12月	气候雄心峰会	重申碳达峰碳中和目标；进一步宣布到2030年，单位GDP二氧化碳排放将比2005年下降65%以上，非化石能源占一次能源消费比重将达到25%，森林蓄积量将比2005年增加60亿立方米，风电、太阳能发电总装机容量将达到12亿千瓦以上
2021年9月	第76届联合国大会一般性辩论	重申碳达峰碳中和目标；提出中国将大力支持发展中国家能源绿色低碳发展，不再新建境外煤电项目
2021年10月	向联合国提交的《中国落实国家自主贡献成效和新目标新举措》	与2020年12月气候雄心峰会所提承诺一致

18.3.2 践行国际承诺的举措与成效

根据《公约》第 4 条及第 12 条规定和《坎昆协议》要求，中国需承担履约信息报告义务，向联合国提交国家信息通报和两年更新报告。中国最新于 2018 年 6 月提交了第三次国家信息通报和第二次两年更新报告。2021 年 10 月，中国先后发布《中国应对气候变化的政策与行动》白皮书和提交国家自主贡献更新文件。以上履约报告和文件为全球各方了解中国践行国际承诺所开展举措和所取得成效提供了全面、透明的信息。

18.3.2.1 面向 2020 年的国际承诺践行成效

立足 2020 年这一承诺时间节点，中国已全面超额完成国家适当减缓行动中提出的 2020 年减缓量化承诺。其中，中国 2020 年碳排放强度相较 2005 年下降 48.4%，目标完成度超出所承诺的 40%~45%；在能源转型目标方面，中国 2020 年非化石能源占一次能源消费总量比重达 15.9%，相较 2005 年提升 8.5 个百分点，比重同样高于原先承诺的 15%；2020 年底中国森林面积达 2.2 亿公顷，第六次全国森林资源清查（1999—2003 年）时中国森林面积尚为 1.75 亿公顷，前者已相对增加 4509 万公顷，高于"增加 4000 万公顷"的目标；而第九次全国森林资源清查（2014—2018 年）显示中国森林蓄积量为 175.60 亿立方米，相较第六次已高出 51.04 亿立方米，接近原定承诺的 4 倍[36-38]。

在 2015 年提交的国家自主贡献中，中国在对 2020 年减缓承诺做出重申的同时，额外提出了 10 项面向 2020 年的量化行动指标，涵盖能源、交通、建筑、农业、工业及交叉部门（表 18.2）[39]。据 2020 年官方公开数据（涉及 7 项目标），过半目标实现了超额完成或提前完成，能源部门中天然气、煤层气相关指标，以及交叉部门中与绿色低碳循环经济相挂钩的战略性新兴产业指标的完成情况，与预期尚存在一定差距。结合国家适当减缓行动承诺达成情况来看，中国践行面向 2020 年的国际承诺整体展现出显著成效，为践行 2030 年前碳达峰及 2060 年前碳中和等相关承诺打下良好基础。同时，中国践行国际承诺也呈现出待提升空间，需在迈向碳达峰碳中和进程中加以关注。

表 18.2 中国面向 2020 年的国际承诺履行情况

承诺类型	承诺目标和指标	目标完成情况
国家适当减缓行动承诺	单位 GDP 二氧化碳排放比 2005 年下降 40%~45%	超额完成
	非化石能源占一次能源消费总量比重达 15%	超额完成
	森林面积比 2005 年增加 4000 万公顷	超额完成
	森林蓄积量比 2005 年增加 13 亿立方米	超额完成

续表

承诺类型		承诺目标和指标	目标完成情况
国家自主贡献中额外提出的2020年量化指标	能源部门	天然气占一次能源消费比重达到10%以上	未完成
		煤层气产量达到300亿立方米	未完成
		风电装机容量达到2亿千瓦	超额完成
		光伏装机容量达到1亿千瓦	超额完成
		地热能年利用规模达到5000万吨标准煤	无官方公开数据
	建筑部门	城镇新建建筑中绿色建筑占比达到50%	超额完成
	交通部门	大中城市公共交通占机动化出行比重达到30%	无官方公开数据
	农业部门	化肥农药使用增长率达0%	提前完成
	工业部门	二氟一氯甲烷产量相较2010年下降35%	无官方公开数据
	交叉部门	战略性新兴产业增加值占GDP比重达15%	未完成

数据来源：生态环境部、国家能源局、国家林业与草原局、国家统计局、住房和城乡建设部、农业农村部。

18.3.2.2 践行国际承诺的系统性举措

按照《坎昆协议》要求，与其他发展中国家一样，中国面向2020年的国家适当减缓行动国际承诺侧重减缓。进入《巴黎协定》时期，中国面向中长期的国际承诺（以国家自主贡献为主体）所关注要素则更为平衡综合，所采取举措也体现出系统性。根据国家自主贡献更新文件，中国在落实国家自主贡献过程中，就完善制度体系、强化温室气体控排、增强适应主动性、形成支撑保障体系四个方面取得了积极成效。图18.1展示了中国践行国际承诺所采取的各方向举措与细化行动。

中国践行国际承诺所采取举措的系统性可从四个方面得以体现：一是制度体系的系统性。中国不仅将应对气候变化工作纳入国民经济发展规划，还创新性推动构建碳达峰碳中和"1+N"政策体系。碳达峰碳中和工作领导小组设置、目标分解机制、碳排放权交易机制等均服务于保障或促进规划和政策体系落实。二是减排增汇行动的系统性。为强化减排，中国既注重不同治理尺度的低碳发展模式试点，也推动各能源、工业、农业、交通、建筑等关键排放部门通过结构优化、替代、循环等途径来构建各自的低碳化体系；增汇行动也同时从增量提质的角度一齐推进。三是适应能力建设的系统性。《国家适应气候变化战略2035》制定了一系列适应目标、重点任务和有侧重的任务，各实施部门和地方政府相应地都为此调整相关政策和制度安排，系统性实施适应气候变化行动。因地制宜开展的适应能力建设举措可包括但不限于适应试点和专项整治、灾害防护工程、监测预警系统、生态修复、未来风险评估等。四是支撑保障提升的系统性。中国认识到践行承诺取得成效离不开有利环境的支撑，温室气体排放基础统计、气候相关基础

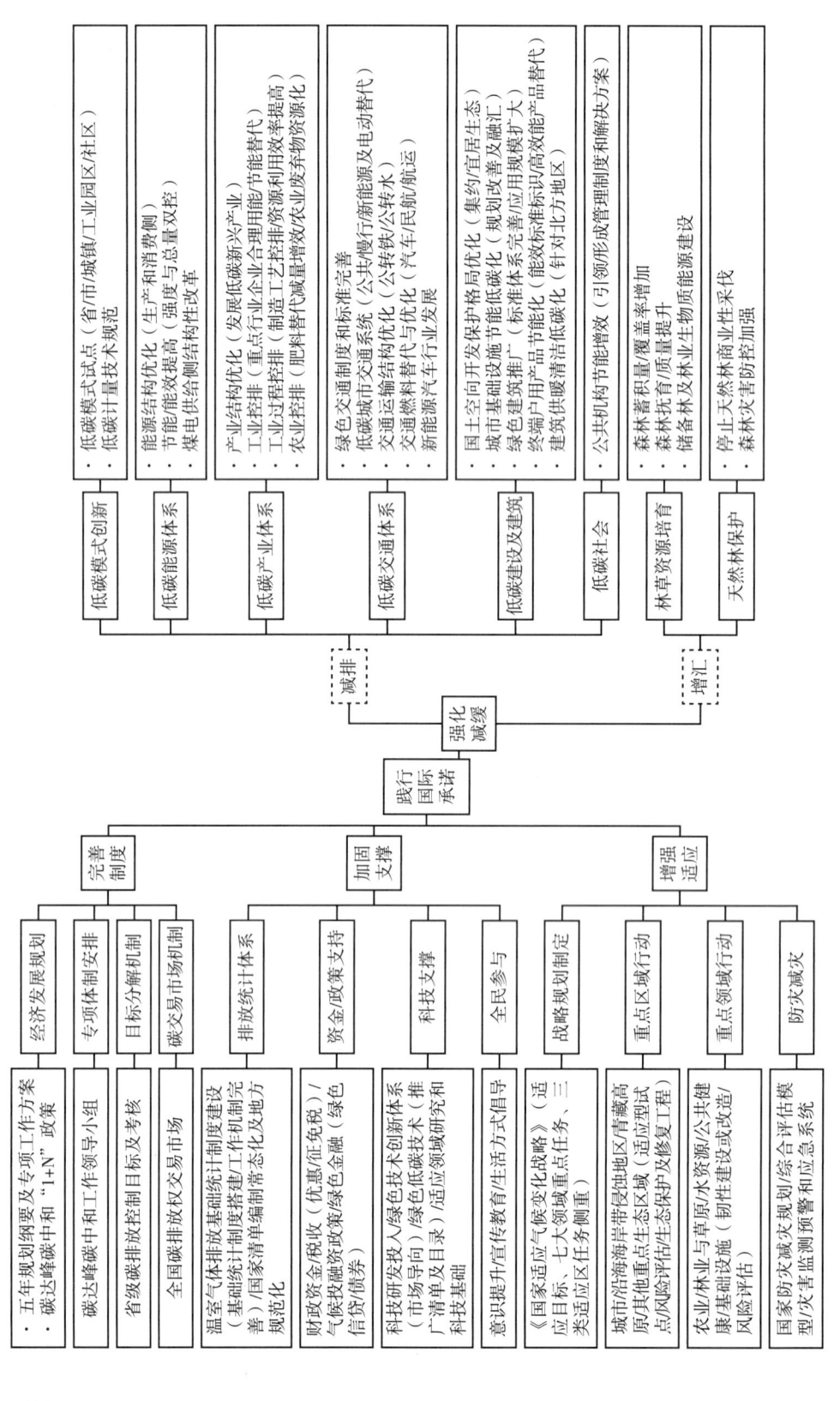

图 18.1 中国为践行国际承诺已开展的系统性举措（基于国家自主贡献更新文件）

研究和技术研发、财政与金融工具、公民社会认知度与参与度不足或缺失等均会影响承诺实施效果，提升相应支撑保障可有助于促进承诺践行。中国更新的国家自主贡献对未来举措提出了更高要求，中国也自主提出未来将在统筹有序推进碳达峰碳中和、适应气候变化、强化支撑保障体系等方面继续深化举措，积极践行国际承诺。

18.4 力所能及帮助其他发展中国家

作为负责任的发展中大国，中国的国际责任体现在维护并增进发展中国家及全人类的共同利益[40]。尽管在《公约》框架下，中国作为非附件一缔约方和《巴黎协定》下的发展中国家缔约方，无须承担向其他发展中国家提供资金、技术和能力建设支持的义务，然而为推动共建人类命运共同体，中国仍选择自愿、力所能及地帮助其他发展中国家应对气候变化。秉持着"授人以渔"的理念，中国与广大发展中国家开展应对气候变化"南南合作"，致力于形成看得见、摸得着、有实效的成果。中国还坚持推进共建"一带一路"绿色发展，寻求与共建"一带一路"国家应对气候变化最大公约数，帮助共建"一带一路"发展中国家有效提升应对气候变化能力[41]。由于"南南合作"与共建"一带一路"的参与主体重叠度较高，后者可被视为通过促进沿线国家加强协作来推动前者更为深化和精细化，同时前者已具备的实施基础也可为后者形成新的区域合作机制提供助推力[42]。

18.4.1 持续推进气候变化"南南合作"

"南南合作"最早产生于 20 世纪 50 年代，由发展中国家在双边、多边、地区及地区间等多个层次自主发起、组织和管理，意在促进共同的发展目标。发展中国家对外援助也被视为"南南合作"的表现形式之一[43]。应对气候变化是中国对外援助六个首要关注领域之一[44]，在"南南合作"框架下，中国不断加大对其他发展中国家在应对气候变化领域的援助力度，深化应对气候变化"南南合作"内容与模式，从而为其他发展中国家，特别是最不发达国家、非洲国家和小岛屿国家，应对气候变化提供全面且有力的支持。从发展历程看，中国推进应对气候变化"南南合作"历时已久，可被分为早期行动、加快开展、形成规模化与规范化合作机制三个阶段[19]。

在 20 世纪 80 年代的早期行动阶段，中国依托在小水电、沼气等清洁能源利用方面的工程技术优势，为亚非发展中国家修建中小型水电站及输变电工程，并通过与联合国相关机构合作及双边渠道向众多发展中国家传授沼气技术，取得一定援助成果。在加快开展阶段，中国应对气候变化"南南合作"工作进一步强化，合作内容更加丰富，合作形式也更为多样化。中国开始通过援建项目、提供物资、能力建设培训等多种途径促进应对气候变化"南南合作"，合作领域涵盖清洁能源、农业抗旱、水资源利用和管理、森林可持续管理、粮食种植、适应气候变化能力建设、水土保持、气象信息服务等。据中国提交给联合国的《第二次国家信息通报》统计，中国曾于2005—2010年与亚非拉及南太平洋地区发展中国家之间开展了30个实施、物资、技术合作项目，典型如农业技术示范中心、水利工程修复项目等；开展了85项援外培训项目，例如非洲国家清洁发展机制项目研修班等，为分布于122个国家的3500余名官员或技术人员提供了专项培训（表18.3）。

表18.3 中国应对气候变化减缓和适应相关项目示例

方向	选项	支持形式
减缓	清洁能源基础设施建设	减缓类能源援建项目可包括水电站、输变电和配电网、地热钻井工程等；能源物资赠送可包括风能和太阳能发电及照明设备、节能空调等用电设备、太阳能移动电源、沼气设备、高效清洁炉灶等；能力建设培训可包括各类清洁能源技术开发应用培训
适应	水资源管理与利用	水资源管理与利用适应类援建项目可包括防洪工程，水资源勘探、引水、打井及蓄水工程，农业水利工程，城乡供水及水处理工程等；物资赠送可包括各类饮水、供水器材；能力建设培训可包括农业防洪及抗旱技术、城乡水资源利用与管理技术培训等

在形成规模化和规范化合作机制阶段，中国在政策引导和对外承诺方面更具系统性和主动性。"十二五"规划明确提出"对发展中国家应对气候变化提供帮助和支持"；《国家应对气候变化规划（2014—2020）》作为中国应对气候变化领域首个国家专项规划，明确要求加强"南南合作"机制建设，与有关国际机构探讨建立"南南合作基金"，结合发展中国家需求支持其能力建设，重点加强与最不发达国家、小岛屿国家以及非洲国家的合作[45]。自2012年起，中国开始多次面向国际社会做出强化应对气候变化"南南合作"资金支持和项目实施的承诺，该阶段的标志性节点在于中国2015年宣布投入200亿人民币建立"中国应对气候变化南南合作基金"并启动"十百千"项目（涵盖低碳示范区、减缓和适应气候变化项目及应对气候变化培训），这代表着中国应对气候变化"南南合作"的体量、组织形式和合作深度再上一个台阶。

根据2021年更新的国家自主贡献，中国已在"南南合作"框架下与其他发展中国家签署38份气候变化"南南合作"谅解备忘录，合作建设低碳示范区；已帮助28个国家实施37项减缓和适应气候变化项目；并已举办100余期应对气候变化及节能减排培训班，培训对象超4000人[46]。中国持续在应对气候变化"南南合作"领域提出创新举措,例如 2021 年宣布启动中非应对气候变化 3 年行动计划专项,2022 年成立中国 – 太平洋岛国应对气候变化"南南合作"中心等,为助力其他发展中国家积极应对气候变化不断提供"中国方案"。

18.4.2 携手共建绿色低碳"一带一路"

中国于 2013 年首次提出"一带一路"倡议,将其作为推动共建人类命运共同体的重要实践平台。2015 年,中国发布《推动共建丝绸之路经济带和 21 世纪海上丝绸之路的愿景与行动》白皮书,首次提出共建绿色丝绸之路。中国随后在 2017 年发布《关于推进绿色"一带一路"建设的指导意见》,对建设绿色"一带一路"做出路线安排。绿色"一带一路"后逐渐发展为多方共识。2019 年第二届"一带一路"高峰论坛圆桌峰会上,40 个国家(包含 32 个发展中国家[①])和国际组织领导人就"促进绿色发展,应对环境保护和气候变化的挑战,包括加强在落实《巴黎协定》方面的合作"达成共识并将其写入联合公报,另有 132 个参与方在峰会分论坛上发起了"一带一路"绿色发展国际联盟,旨在打造绿色发展国际合作网络。2021 年,中国与 29 个国家(包含 28 个发展中国家)共同发起"一带一路"绿色发展伙伴关系倡议,强调所有国家特别是发展中国家均受气候变化不利影响,倡导"一带一路"合作伙伴"聚焦落实《巴黎协定》和分享最佳实践""加强可再生能源国际合作""在减缓和适应方面加强人力资源和机构能力建设"等[47]。为加快推动绿色"一带一路"共识转化落地,中国于 2022 年发布《关于推进共建"一带一路"绿色发展的意见》,明确提出 2025 年和 2030 年的共建"一带一路"绿色发展目标,对绿色发展理念、务实合作领域、绿色伙伴关系、绿色示范项目、境外项目环境风险防控体系等作出安排,要求 2025 年共建"一带一路"绿色发展需取得明显成效,2030 年共建"一带一路"绿色发展格局需基本形成。这为未来数年的落地实践提供了明确方向。

截至 2022 年初,中国已同 149 个国家(包含 134 个发展中国家)及 32 个国际组织签署超 200 份共建"一带一路"合作文件,并已建立超过 90 个双边合作机制,这为共建"一带一路"绿色发展提供了全方位、多元化的合作伙伴基础。若聚焦"一带一路"沿线国家(共 64 个),多数"一带一路"沿线国家现仍处于经济发展水平相对较低的阶段。世界银行数据统计显示,2020 年沿线国家人均国内生产总值不足 4000 美元。鉴于多国整体经济发展模式较为粗放、碳排放强度相对较高,在推进经济低碳发展方面可具有显著提升空间。同时,"一带一路"沿线

---

① 参照 2021 年世界贸易组织对发展中国家的划分。

国家多处于环太平洋及北纬 20°~50° 的自然灾害带范围内，气候风险暴露程度较高，受气候灾害影响严重，对气候变化适应能力提升的需求较高。多数沿线国家也已制定并提交了包含减缓和适应承诺的国家自主贡献，"一带一路"绿色合作将在各国落实国家自主贡献中发挥促进作用。自绿色"一带一路"构想提出以来，除建立双边合作机制外，中国也已在构建绿色发展基础、绿色能源、绿色工业、绿色金融、绿色人才等领域积极推进多边合作，依托绿色"一带一路"国际合作平台，助推沿线发展中国家进行绿色低碳转型和韧性建设，为全球气候变化治理贡献经济发展与应对气候变化相平衡的优秀样本。中国未来也将在面向 2025 年、2030 年的发展目标指导下继续推进"一带一路"绿色发展渐深渐实（表 18.4）。

表 18.4 中国推进"一带一路"绿色发展多边合作的行动示例

合作领域	行动示例
绿色发展合作基础	设立"泛第三极环境变化与绿色丝绸之路建设"科技专项 联合成立"一带一路"绿色发展国际联盟 联合发起"一带一路"绿色发展伙伴关系倡议 成立"一带一路"环境技术交流与转移中心 搭建"一带一路"生态环保大数据服务平台
绿色能源	联合发起"一带一路"绿色能源合作青岛倡议
绿色工业	联合发起"一带一路"绿色照明行动倡议 联合发起"一带一路"绿色高效制冷行动倡议
绿色金融	首发"一带一路"银行间常态化合作机制绿色债券 联合发布"一带一路"绿色金融指数 联合发起"一带一路"投资基金 联合发布《"一带一路"绿色投资原则》
绿色人才	实施"绿色丝路使者计划"

18.5 积极开展与发达国家的气候合作

发展中国家与发达国家之间的合作，对于应对气候变化这一全球性问题，具有重要影响[48]。主要发达国家，在身为经济及排放大国的同时，掌握着低碳转型先进经验和资源，并担负着向发展中国家提供资金、技术和能力建设支持的重大责任，在全球气候治理进程中扮演着关键的助推或阻碍角色。由于发达国家和发展中国家在历史责任、发展水平、义务和能力方面存在显著差异，双方利益关切度有别，应尤其加强国际合作，以强化双方信任建设[49]。中国作为当前全球最大的发展中国家和排放大国，在南北合作框架下与主要发达国家建立气候变化合作机制，可有助于促进南北相向而行，共商应对气候变化大计，进而切实推进全球气候治理进程。

18.5.1 积极推动高层气候外交

习近平外交思想强调"十个坚持"，其中之一为"以深化外交布局为依托打造全球伙伴关系"[50]。习近平主席在2021年4月22日出席领导人气候峰会时也指出，各方应"坚持多边主义，强化自身行动，深化伙伴关系，提升合作水平，在实现全球碳中和新征程中互鉴互学、互利共赢"。正是通过积极开展与主要发达国家的高层气候外交，中国加强构建伙伴关系、维护多边主义，最终促进全球互利共赢。

中国曾数次通过与主要发达国家的元首层气候外交，有力助推了联合国气候谈判进程加快，在气候谈判中打破僵局。以巴黎联合国气候变化大会为例，会前中国与美、英、法联合发布一系列合作声明，习近平主席出席大会开幕式并发表讲话，均为大会成功举办奠定了信心基础，也为凝聚各方共识提供了根本动力。在往届谈判中，中国能够在谈判焦灼之际灵活斡旋于发展中国家和发达国家缔约方之间，同样有赖于其长期以来在高层气候外交上所作出的努力。2021年，在中美关系降至冰点、经贸等领域持续交恶的背景下，中美气候外交依然从中突围。经两国气候特使团队的持续磋商，中美于当年4月签署了《中美应对气候危机联合声明》，并在格拉斯哥联合国气候变化大会期间联合发布《中美关于在21世纪20年代强化气候行动的格拉斯哥联合宣言》。该宣言不仅彰显了中美未来十年将深化气候合作，也为各方对于温控目标、煤电等争论性表述提供了定位和参考，从而切实加速谈判进程。两国气候高层间所保持的畅通交流渠道，在促成双方合作、缓和中美关系以及推动全球气候治理都发挥着积极正面的作用[51]。2022年世界经济论坛年会期间，中方气候特使也与美、德、瑞等多方政要开展会谈，围绕气候政策行动、双多边气候合作等交换意见，积极推进气候外交。中国与欧盟于2020年宣布成立中欧环境与气候高层对话，将其作为强化环境与应对气候变化合作的重要平台；此前双方早在2005年建立"中国-欧盟气候伙伴关系"，并通过《中欧气候变化联合声明》《中欧能源合作路线图》及《中欧领导人气候变化和清洁能源联合声明》等一系列重要声明。中德虽未单独建立高层气候对话或沟通机制，但自2011年起设有最高层级的中德政府磋商机制，并在这一机制下成立了中德环境论坛。2021年第六轮中德政府磋商后，中德总理共同签约了包含应对气候变化议题在内的7份双边合作文件。针对此次磋商，中方表示中德应当为"开放、互利、共赢合作"做出表率。

中国积极开展高层气候外交的历次政治成果表明,南北国家间推进应对气候变化对话合作可真正展现开放、互利与共赢。

18.5.2 积极探索务实气候合作

中国一贯主张坚持行动导向、推进务实合作,在运用高层气候外交推动构建合作伙伴关系的同时,重在促进后续合作机制化、具体化、务实化。

作为全球最大的发展中国家和发达国家,中国和美国在应对气候变化领域的合作最早可追溯至中美建交之际,彼时双方广泛开展科学技术合作,气候变化、能源等均被纳入其中。在中美关系缓和时期,中美陆续建有多项气候对话与合作机制,曾形成能源环境十年合作框架并通过新行动计划拓展框架,也曾在载重汽车与其他汽车、智能电网、CCS、温室气体排放数据收集与管理、建筑和工业领域能效5项重点减排领域取得实质性合作进展[52]。2021年中美声明所提出的具体合作领域范围相对更为广泛,并且对甲烷控排提出重点关注,这一阶段的务实合作还有待"21世纪20年代强化行动工作组"做出细化安排。

欧盟长期扮演着全球气候治理的先锋角色,中欧气候合作始自20世纪末,经历了从单边援助转向双向合作、从独立议题转向全面战略对话的变化,呈现出合作机制规范化、合作主体多层化、合作内容日益专业化的特征[53,54]。双方在2018年《中欧领导人气候变化和清洁能源联合声明》中明确提出"推动双边务实合作",将合作领域定为长期温室气体低排放发展战略、碳排放交易、能源效率、清洁能源、低排放交通、低碳城市、应对气候变化相关技术、气候与清洁能源投资,以及与其他发展中国家开展合作,中欧基于上述领域推进实质合作,以落实最后一项为例,欧盟委员会气候行动总司和中国生态环境部已于2020年共同发起"中欧+"三方应对气候变化专家合作倡议,并以东盟国家为试点对象,创新展开"南北南"模式的《巴黎协定》透明度能力建设三方合作。

此外,中国与法国、德国、日本等其他主要发达国家的气候合作也呈现出务实化的特点。中法气候合作被评价为"务实高效",即每轮元首会晤达成共识都可直接助推双方气候合作取得新的进展,例如搭建多部门合作框架直接推进减排项目实施。中德气候合作关注技术层面,重视联合研究与能力建设,多围绕低碳经济转型、可再生能源、碳交易机制等展开[55]。中日环境合作较早转向环境与气候并重,在气候合作双边协定下开展较多能源节能及环保示范、清洁发展机制、气候科研人员培养等合作项目[56]。依托于东亚环境合作基础,中日韩三方制订了《中日韩环境合作联合行动计划(2021—2025)》,提出增设碳中和政策对话机制。通过积极探索与发达国家的务实气候合作,中国得以借鉴学习发达国家经验和教训，强化应对气候变化能力和建设转型基础，并可借助与发达国家的合作充分宣介中方发展模式和理念。此外，中国与发达国家的务实气候合作还可进一步推及其他发展中国家，形成积极溢出效应。

参考文献

[1] 赵可金. 全球治理的中国智慧与角色担当[J]. 人民论坛，2016（2）：18-20.

[2] 田嵩燕. 以和为贵 和合善治——中国古代和平理念与实践[N]. 学习时报，2020-02-24.

[3] 廖小明. 中国传统社会公平观的多维审视及其当代启示[J]. 经济与社会发展，2016，14（5）：47-50.

[4] 林存光. 大道之行也，天下为公[N]. 光明日报，2016-11-23.

[5] 阎德学，高勤. 习近平国际公平正义观的理论内涵与实践路径[J]. 东北亚论坛，2022，31（1）：3-16，127.

[6] 涂可国. 儒家责任伦理考辨[J]. 哲学研究，2017（12）：97-106.

[7] 姚中秋. "和而不同"蕴含的政治智慧[J]. 人民论坛，2021（24）：104-106.

[8] 郗戈，荣鑫. 马克思主义自然观与习近平关于"生命共同体"的重要论述[J]. 马克思主义理论学科研究，2020，6（1）：88-97.

[9] 薄燕，高翔. 中国与全球气候治理机制的变迁[M]. 上海：上海人民出版社，2017

[10] IPCC. Summary for Policymakers[M]//Climate Change 2013: The Physical Science Basis. Contribution of Working Group I to the Fifth Assessment Report of the Intergovernmental Panel on Climate Change. Cambridge: Cambridge University Press, 2013.

[11] 董长贵，齐晔. 后巴黎时代对中国的启示[R/OL]. [2021-07-08]. https://www.brookings.edu/wp-content/uploads/2017/08/e5908ee5b7b4e9bb8ee697b6e4bba3e5afb9e4b8ade59bbde79a84e590afe7a4ba.pdf.

[12] 张永香，巢清尘，李婧华. 气候变化科学评估与全球治理博弈的中国启示[J]. 科学通报，2018，63（23）：2313-2319.

[13] 董亮. 全球气候治理中的科学评估与政治谈判[J]. 世界经济与政治，2016（11）：62-83，158-159.

[14] 唐更克，何秀珍，本约朗. 中国参与全球气候变化国际协议的立场与挑战[J]. 世界经济与政治，2002（8）：34-40.

[15] 张海滨. 中国在国际气候变化谈判中的立场：连续性与变化及其原因探析[J]. 世界经济与政治，2006（10）：36-43，5.

[16] 严双伍，肖兰兰. 中国参与国际气候谈判的立场演变[J]. 当代亚太，2010（1）：80-90.

[17] 庄贵阳，薄凡，张靖. 中国在全球气候治理中的角色定位与战略选择[J]. 世界经济与政治，2018（4）：4-27，155-156.

[18] 薄凡，庄贵阳. 中国气候变化政策演进及阶段性特征[J]. 阅江学刊，2018，10（6）：

[19] 张海滨, 黄晓璞, 陈婧嫣. 中国参与国际气候变化谈判30年：历史进程及角色变迁 [J]. 阅江学刊, 2021, 13（6）: 15-40, 134-135.

[20] 国家气候变化协调小组第四工作组. 关于气候变化公约谈判准备情况的汇报 [M] // 国务院环境保护委员会秘书处. 国务院环境保护委员会文件汇编（二）. 北京: 中国环境科学出版社, 1995.

[21] 刘江. 2000年在气候变化公约第六次缔约方会议上的发言 [EB/OL]. （2002-07-18）[2022-07-09]. https://www.ccchina.org.cn/Detail.aspx?newsId=28204&TId=61.

[22] 冯升波. 巴黎气候变化大会——回顾与展望 [J]. 世界环境, 2015（6）: 25-26.

[23] 庄贵阳. 哥本哈根气候博弈与中国角色的再认识 [J]. 外交评论（外交学院学报）, 2009, 26（6）: 13-21.

[24] 张晓华, 祁悦. 应对气候变化国际合作进程的回顾与展望 [EB/OL]（2015-08-13）[2022-07-12]. http://www.ncsc.org.cn/yjcg/fxgc/201508/t20150813_609656.shtml.

[25] 李慧明. 《巴黎协定》与全球气候治理体系的转型 [J]. 国际展望, 2016, 8（2）: 1-20, 151-152.

[26] 庄贵阳, 薄凡, 张靖. 中国在全球气候治理中的角色定位与战略选择 [J]. 世界经济与政治, 2018（4）: 4-27, 155-156.

[27] 徐崇利. 《巴黎协定》制度变迁的性质与中国的推动作用 [J]. 法制与社会发展, 2018, 24（6）: 198-209.

[28] 中国政府网. 中美气候变化合作成果 [EB/OL]. http://www.gov.cn/xinwen/2016-09/03/content_5105149.htm, 2016-09-03/2022-07-13.

[29] 生态环境部. 中国应对气候变化的政策与行动2019年度报告 [R/OL]. （2019-11-27）[2022-07-13]. https://www.mee.gov.cn/ywdt/hjnews/201911/W020191127531889208842.pdf.

[30] 刘元玲. "后格拉斯哥时代"全球气候治理 [J]. 世界环境, 2022（3）: 80-83.

[31] FALKNER R. The Paris Agreement and the New Logic of International Climate Politics. International Affairs [J]. 2016, 1, 92（5）: 1107-1125.

[32] 郑秋红, 巢清尘, 吴灿. 气候变化研究的中国知识贡献及其影响局限 [J]. 中国人口·资源与环境, 2020, 30（3）: 10-18.

[33] 董亮. 科学认知、制度设计与国际气候评估改革 [J]. 中国地质大学学报（社会科学版）, 2017, 17（3）: 12-21.

[34] UNFCCC. 中国落实国家自主贡献成效和新目标新举 [R/OL]. （2021-10-28）[2022-07-14]. https//unfccc.int/sites/default/files/NDC.

[35] 傅莎, 邹骥, 刘林蔚. 对中国国家自主贡献的几点评论 [R/OL]. [2022-07-16]. http://www.ncsc.org.cn/yjcg/zlyj/201506/W020180920484693490826.pdf.

[36] UNFCCC, Compilation of Information on Nationally Appropriate Mitigation Actions to Be

Implemented By Developing Country Parties[EB/OL].(2015-01-19)[2022-07-17]. https://unfccc.int/sites/default/files/resource/docs/2013/sbi/eng/inf12r03.pdf.

[37] 国家林业与草原局政府网. 2005年中国林业基本情况[EB/OL].(2006-12-11)[2022-07-17].http://www.forestry.gov.cn/portal/main/s/58/content-89.html.

[38] 国家林业网. 国家森林资源清查数据发布和展示系统[EB/OL].[2022-07-17]. http://www.forestry.gov.cn/gjslzyqc.html.

[39] 国务院新闻办公室. 强化应对气候变化行动——中国国家自主贡献[EB/OL].(2015-11-18)[2022-07-18].http://www.scio.gov.cn/xwfbh/xwbfbh/wqfbh/33978/35364/xgzc35370/Document/1514539/1514539.htm.

[40] 罗建波. 负责任的发展中大国：中国的身份定位与大国责任[J]. 西亚非洲，2014（5）：28-45.

[41] 国家发展改革委等四部门关于推进共建"一带一路"绿色发展的意见[EB/OL].(2022-03-16)[2022-07-18].https://www.ndrc.gov.cn/xxgk/zcfb/tz/202203/t20220328_1320629.html?code=&state=123.

[42] 赵斌，唐佳. 绿色"一带一路"与气候变化南南合作——以议题联系为视角[J]. 教学与研究，2020（11）：86-97.

[43] 黄梅波，唐露萍. 南南合作与中国对外援助[J]. 国际经济合作，2013（5）：66-71.

[44] 高翔. 中国应对气候变化南南合作进展与展望[J]. 上海交通大学学报（哲学社会科学版），2016，24（1）：38-49.

[45] 国家发展改革委. 国家应对气候变化规划（2014—2020）[EB/OL].[2022-07-24]. http://www.scio.gov.cn/xwfbh/xwbfbh/wqfbh/33978/35364/xgzc35370/Document/1514527/1514527.htm.

[46] 傅莎，邹骥，刘林蔚. 对中国国家自主贡献的几点评论[R/OL].[2022-07-16]. http://www.ncsc.org.cn/yjcg/zlyj/201506/W020180920484693490826.pdf.

[47] 中国政府网. "一带一路"绿色发展伙伴关系倡议[EB/OL].[2022-07-27]. http://www.gov.cn/xinwen/2021-06/24/content_5620487.htm.

[48] 张海滨. 应对气候变化：中日合作与中美合作比较研究[J]. 世界经济与政治，2009（1）：38-48.

[49] 顾震球. 推动应对气候变化南北合作——访联合国副秘书长沙祖康[J]. 绿色经济与应对气候变化国际合作会议会刊，2010（17）：67.

[50] 中共中央宣传部，中华人民共和国外交部. 习近平外交思想学习纲要[M]. 北京：人民出版社，2021.

[51] 刘元玲. 中美气候外交走向分析[J]. 世界环境，2021（6）：66-69.

[52] 王联合. 中美应对气候变化合作：共识、影响与问题[J]. 国际问题研究，2015（1）：114-128.

[53] 金玲. 中欧气候变化伙伴关系十年：走向全方位务实合作[J]. 国际问题研究，2015（5）：

38-50.

[54] 关孔文,房乐宪. 中欧气候变化伙伴关系的现状及前景[J]. 现代国际关系,2017(12):49-56,59.

[55] 李彦. 中德应对气候变化合作现状与建议[J]. 中国经贸导刊,2014(32):15-16.

[56] 李玲玲,邸慧萍,刘云,等. 中日环境合作的历史与未来方向[J]. 国际研究参考,2017(5):1-6.